Linear Algebra for Education Students

2nd Edition

사범대생을 위한

제2판

선형대수학

정상조 지음

머리글

수학과의 1-2학년에서 기초과목으로 배우는 선형대수학(linear algebra, 線型代數學)은 연립 1차 방정식의 해를 구하는 과정에서 발생한 학문으로 대수학(algebra)의 한 분야이다. 선형대수에서 주로 다루는 분야는 행렬, 연립 1차방정식, 벡터, 벡터 공간, 선형사상 등을 연구한다. 선형대수학은 추상대수학, 함수해석학은 물론 자연과학과 공학에도 널리 활용된다.

선형대수학과 관련된 고등학교 수학과 교육과정을 보면 2011개정 수학과 교육과정에서는 기하와 벡터(평면벡터의 성분과 내적)과 고급 수학 I (벡터와 행렬/선형사상/고윳값과 행렬의 거듭제곱)에서 비교적 많이 다루었으나 2015개정 교육과정에서 기하(평면벡터의 성분과 내적)로 내용이 대폭 줄어들었다. 이는 중요하지 않아서가 아니라 수포자가 늘어남에 따라 수학내용을 줄인 결과이다.

하지만 선형대수학의 선형사상은 군론이나 표현론의 영역에서 중요한 역할을 한다. 또한 미적분학에선 변수가 조금만 많아져도 선형대수학을 이용해야하고, 기하학에선 거의 모든 공간을 선형대수학의 벡터를 이용하여 연구할 수 있다. 그리고 통계학, 암호론이나 부호이론(coding theory) 등에서도 선형대수는 매우 중요하게 쓰이는 도구이다.

저자는 중등학교 교사가 되고자 하는 학생들에게 대수학 분야를 공부하는데 도움을 주고자 이 책을 쓴다. 수학을 잘 가르치기 위해서는, 정의와 정리의 기본개념을 잘 이해-암기와 이해의 차이를 알 것-해야 수학 수업을 잘 할 수 있게 된다.

이 책은 중고등학교 교과과정에서 필요한 내용의 이론적 배경을 주로 다루었으며, 두 학기 동안 강의할 수 있는 주제로 교재를 작성하였다. 2판에서는 1판에서 다루었던 복소수와 관련된 부분을 축소하였으며 연습문제를 많이 손질하였다. 또한 2018학년도 까지 출제된 임용시험문제를 관련된 단원에 수록해 놓았으므로 임용시험을 준비하는 학생들에게 참고가 되길 바란다.

끝으로 이 책은 Latex을 이용하여 작성하였으며, 이 책을 만드는 동안 헌신적인 내조를 해준 아내 오순임 교장 선생님과 격려와 조언을 해주신 오옥환님에게도 특히 감사를 드린다.

2017년 12월

정 상 조

※ 추신: 이 책의 내용이나 구성 등에 대한 조언 또는 첨가하거나 교정할 사항이 있으면, 저자의 메일(math888@naver.com)로 알려주면 감사하겠다.

〈그리스 문자 읽기〉

문자	읽기	문자	읽기	문자	읽기
α	alpha	ι	iota	ρ, ϱ	rho
β	beta	κ	kappa	σ, Σ	sigma
γ, Γ	gamma	λ, Λ	lambda	τ	tau
δ, Δ	delta	μ	mu	υ, Υ	upsilon
ε	epsilon	ν	nu	ϕ, φ, Φ	phi
ζ	zeta	ξ, Ξ	xi	χ	chi
η	eta	o	omicron	ψ, Ψ	psi
θ, ϑ, Θ	theta	π, Π	pi	ω, Ω	omega

표 1: 2008 학년도 중등수학 선형대수분야 평가기준(한국교육평가원)

이수 과목	평가영역	평가 내용 요소	중등학교교육 과정 관련성
선형 대수	행렬	연립1차방정식, 가우스-조르당 소거법, 행렬의 기본 성질 및 법칙, 역행렬과 가역성, 행렬식, 행렬식의 계산법, 여인수전개	▹10 학년- 문자와 식 ▹11학년- 행렬과 그래프
	벡터 공간	벡터의 개념, 2-3차원 공간의 벡터, 벡터공간, 선형공간 및 부분 공간, 일차독립성과 종속성, 벡터공간의 기저와 차원, 내적공간, 정규직교기저, 좌표 및 기저변환	▹11 학년-벡터
	선형 변환	선형변환의 기본 성질과 행렬의 관계, 행렬과 선형변환의 고윳값, 고유벡터, 고유다항식, 최소다항식, 행렬과 선형변환의 대각화	▹11학년- 일차변환과 행렬, 벡터

표 2: 2018학년도 중등 임용수학 평가기준

<table>
<tr><th rowspan="2">구분</th><th rowspan="2">과목
교시</th><th rowspan="2">출제범위 및 내용</th><th colspan="3">교과 출제비율</th><th rowspan="2">배점
시간</th></tr>
<tr><th>교육</th><th>수교</th><th>수내용</th></tr>
<tr><td rowspan="4">1차</td><td>1교시
교육학
(논술형
1문항)</td><td>교육철학 및 교육사,
교육과정 및 교육평가,
교육방법 및 교육공학,
교육학 개론, 교육심리,
교육행정 및 교육경영,
교육사회, 기타관련과목</td><td>20점
(09:00</td><td>0점
~</td><td>0점
10:00)</td><td>20점
60분</td></tr>
<tr><td>2교시
전공A
(기입형
8문항)
(서술형
6문항)</td><td>○ 수학교육학 :
기입형 1문항(2점)
서술형 2문항(8점)
○ 수학내용학 :
기입형 7문항(14점)
서술형 4문항(16점)</td><td>0점
(10:40</td><td>25~
35%
10점
~</td><td>65~
75%
30점
12:10)</td><td>40점
90분</td></tr>
<tr><td>3교시
전공B
(서술형
7문항)
(논술형
1문항)</td><td>○수학교육학 :
서술형 1문항(4점)
논술형 1문항(10점)
○수학내용학 :
서술형 6문항(26점)
논술형 0문항(0점)</td><td>0점
(12:50</td><td>14점
~</td><td>26점
14:20)</td><td>40점
90분</td></tr>
<tr><td>계</td><td></td><td>20</td><td>24</td><td>56</td><td>100점</td></tr>
<tr><td rowspan="4">2차</td><td>교수·학습
지도안</td><td>교수·학습 지도안 작성</td><td colspan="3">15~0(경기)점
(09:00 ~ 10:00)</td><td>15점
60분</td></tr>
<tr><td>수업실연</td><td>수업실연</td><td colspan="3">45~60(경기)점
(12:00 ~ 완료)</td><td>45점
20분</td></tr>
<tr><td>교직적성
심층면접</td><td>교원적성, 교직관,
인격및소양(5문항)
(구상형 3~2문항,
즉답형 1~2문항,
추가 질의 0~1문항)</td><td colspan="3">40점
(09:00 ~ 완료)</td><td>40점
10분</td></tr>
<tr><td>계</td><td>수업실연과 심층면접은
다른날 실시</td><td colspan="3">100</td><td>100점</td></tr>
</table>

차 례

제 1 장

집합과 대수적 구조

19세기 말에 개발된 집합론은 수학의 다른 이론들에 비해 역사가 짧은 편이나, 현대 수학의 거의 모든 이론은 집합론을 토대로 이루어져 있다.

논리학(論理學)은 올바른 추론과 증명의 법칙을 연구하는 학문을 말한다. 일반적으로는 논증의 학문이라고 정의되며, 판단·추리·개념 등의 올바른 조리에 관한 과학이라고도 한다. 논리학이 구체적으로, 정확하게 무엇인지에 대해 답하기는 쉽지 않다고도 한다.

논리는 이미 메소포타미아, 이집트, 고대 인도 및 중국 문명에서 수학과 더불어 부분적으로 연구된 것으로 알려졌다. 그러나 우리가 지금 학교에서 배우는 논리학은 일반적으로 기원전 약 6세기를 전후로 고대 그리스에서 시작되었다고 보고 있으며, 기원전 4세기 아리스토텔레스에 의해 지금의 논리학이라 불리는 학문의 체계가 잡혔다.

수학, 특히 추상대수학에서, 대수적 구조(algebraic structure)는 일반적으로 하나 이상의 유한 연산을 갖는 집합(set)을 나타내는 용어로, 군, 환, 체, 속 등이 이에 속한다. (참조 : [8])

1.1 명제와 집합

수학(數學, mathematics)이란 수량 및 공간의 성질에 관하여 연구하는 학문이고 과학을 표현하는 언이다. 수학에서 정의는 논의의 시작이고 정리(定理, theorem)는 항상 참인 문장이다.

정의 1.1.1 [*명제(statement, 命題), 단순명제(primary statement, 單純命題), 합성명제(compound statement, 合成命題)의 정의*]

문장 p(또는 P), q에 대하여

p가 **명제**	$\overset{\text{정의}}{\Longleftrightarrow}$	p는 참(true) 또는 거짓(false)를 판별할 수 있는 문장.
p가 **단순명제**	$\overset{\text{정의}}{\Longleftrightarrow}$	p는 더 이상 간단한 명제로 분해할 수 없는 1개의 문장으로 된 명제.
P가 **합성명제**	$\overset{\text{정의}}{\Longleftrightarrow}$	P는 1개 이상의 명제를 유한개의 논리연산자(p가 아니다, p이고 q, p이거나 q, p이면 q, p일 때에만 q)로 연결한 명제.

※ 주어진 명제 p의 참 또는 거짓을 그 명제의 **진리값**(truth value, 眞理값)이라 한다. 참인 진리값을 T 또는 1, 거짓인 진리값을 F 또는 0으로 쓴다. 또한

※ 감탄문, 명령문, 의문문은 명제가 아니다.

※ 단순명제는 보통 소문자로 표기하며, 합성명제는 보통 대문자로 표기한다.

예 1.1.2 다음에서 명제인 것은?

(1) 1은 홀수이다.

(2) 2는 홀수일까?

(3) $1+2=4$.

(4) $x+1>5$이면 $x>4$이다 (단, x는 자연수).

(5) 김태희는 예쁘다.

(6) x는 홀수이다.

위에서 (1), (3), (4)는 명제이고, (2), (5), (6)은 명제가 아니다. 한편 (6)은 명제가 아니지만 x에 적당한 조건을 주면 명제가 된다. 이에 대해서는 명제함수(정의 1.1.11)에서 다룬다.

한 개 이상의 단순명제들을 연결하여 합성명제를 만들어 보자. 이때 필요한 연결자 (connector)들을 연산자(operator)라 한다.

정의 1.1.3 [*논리연산자(logic operator, 論理演算子): 부정(not p, 否定), 논리곱(p and q, -곱), 논리합(p or q, -合), 조건문(if p, then q, 條件文), 쌍조건문(p if and only if q, 雙-)*]

*p, q가 명제일 때, 다음을 **논리연산자**(logic operator)라한다.*

p의 **부정** $\sim p$	$\overset{\text{정의}}{\Leftrightarrow}$	p가 아니다.
p와 q의 **논리곱** $p \wedge q$	$\overset{\text{정의}}{\Leftrightarrow}$	p이고 q이다.
p와 q의 **논리합** $p \vee q$	$\overset{\text{정의}}{\Leftrightarrow}$	p이거나 q이다.
p와 q의 **조건문** $p \rightarrow q$	$\overset{\text{정의}}{\Leftrightarrow}$	p이면 q이다. 'p를 조건문의 **가정**(hypothesis, assumption, 假定)', 'q를 조건문의 **결론**(conclusion, 結論)'이라 한다.
p와 q의 **쌍조건문** $p \leftrightarrow q$	$\overset{\text{정의}}{\Leftrightarrow}$	p일 때에만 q이다.

※ 조건문 $p \rightarrow q$의 **역**(Converse)은 $q \rightarrow p$, **이**(Inverse)는 $\sim p \rightarrow \sim q$, **대우**(Contraposition)는 $\sim q \rightarrow \sim p$라 정의한다.

[논리연산자의 진리값(truth value, 眞理값)의 정의]

p	q	$\sim p$	$p \wedge q$	$p \vee q$	$p \rightarrow q$	$p \leftrightarrow q$
1	1	0	1	1	1	1
1	0	0	0	1	0	0
0	1	1	0	1	1	0
0	0	1	0	0	1	1

※ 조건문의 가정이 **거짓**이면 결론의 참·거짓에 관계없이 항상 참이 된다. 이런 경우, 증명없이 명제를 참이라 인정하고 무의미한 정리라 한다.

※ 조건문의 결론이 **참**인 경우에도 가정의 참· 거짓에 관계없이 항상 참이 된다. 이런 경우, 증명없이 정리가 참이라 인정한다.

정의 1.1.4 [*동치명제(Propositional equivalence, 同値命題), 항진명제(tautology, 恒眞-), 모순명제(contradiction, 矛盾-)와 사건명제(contingency, 事件-)*]

합성명제 P와 Q에 대하여

P와 Q가 **동치명제**	$\overset{\text{정의}}{\Leftrightarrow}$	P와 Q가 변수의 모든 가능한 진리값에 대하여 진리값이 항상 같은 경우. $P \equiv Q$ 또는 $P \Leftrightarrow Q$라 표기한다.
P가 **항진명제**	$\overset{\text{정의}}{\Leftrightarrow}$	P가 변수의 모든 가능한 진리값에 대하여 항상 참인 경우.
P가 **모순명제**	$\overset{\text{정의}}{\Leftrightarrow}$	P가 변수의 모든 가능한 진리값에 대하여 항상 거짓인 경우.
P가 **사건명제**	$\overset{\text{정의}}{\Leftrightarrow}$	P가 항진명제도, 모순명제도 아닌 경우

※ 정리는 항진명제임이 증명된 명제이다.

※ 두 동치명제 $P \Leftrightarrow Q$를 쌍조건문 $P \leftrightarrow Q$로 바꾸면 항진명제가 된다.

예 1.1.5 [조건문, 역, 이, 대우의 진리표]

p	q	$p \to q$	$q \to p$	$\sim p \to \sim q$	$\sim q \to \sim p$
1	1	1	1	1	1
1	0	0	1	1	0
0	1	1	0	0	1
0	0	1	1	1	1

표에서 $p \to q \equiv \sim q \to \sim p$이므로, 조건문과 그의 대우는 동치명제이다. 또한 조건문과 역은 동치명제가 아니므로 조건문을 증명할 때 역을 증명하면 안된다.

예 1.1.6 [항진명제와 모순명제의 예]

$$p \vee \sim p \equiv T \text{ 이고 } p \wedge \sim p \equiv F \text{ 이다.}$$

(풀이)

p	p	$\vee$	$\sim p$
1	1	1	0
0	0	1	1
단 계	①	②	①

p	p	$\wedge$	$\sim p$
1	1	0	0
0	0	0	1
단 계	①	②	①

단계 ②를 보면 $p \vee \sim p$는 항진명제이고, $p \wedge \sim p$는 모순명제이다.

두 (합성)명제 p, q에 대하여 조건문 $p \longrightarrow q$ 가 항진명제(tautology, 恒眞命題: 항상 참인 명제)일 때

$$p \Longrightarrow q$$

로 나타내고, **함의**(implication)라 한다. 이때,

'p(가정)를 q(결론)의 (q이기 위한) **충분조건**' (sufficient condition, 充分條件)이라 하고,

'q(결론)를 p(가정)의 (p이기 위한) **필요조건**' (necessary condition, 必要條件)이라 한다.

두 (합성)명제 p, q에 대하여 쌍조건문 $p \longleftrightarrow q$가 항진명제(항상 참인 명제)일 때

$$p \Longleftrightarrow q \text{ 또는 } p \equiv q$$

로 나타내고,

'p와 q는 **필요충분조건**'(necessary and sufficient condition, 必要充分條件)이라 한다. 또한 p와 q는 **동치명제**(equivalent statement, 同値命題) 또는 간단히 **동치**(equivalence)라고도 한다.

※ 수학에서 문장은 대부분 조건문 또는 쌍조건문으로 주어진다. 이때 항진명제인 조건문과 쌍조건문을 정리라 부른다.

정리 1.1.7 *명제 p, q, r에 대하여 다음이 성립한다.*

(1) *(이중부정)* $\sim(\sim p) \equiv p$

(2) *(교환법칙)* $(p \wedge q) \equiv (q \wedge p)$, $\quad (p \vee q) \equiv (q \vee p)$

(3) *(결합법칙)* $(p \wedge q) \wedge r \equiv p \wedge (q \wedge r)$, $\quad (p \vee q) \vee r \equiv p \vee (q \vee r)$

(4) *(분배법칙)* $p \wedge (q \vee r) \equiv (p \wedge q) \vee (p \wedge r)$, $\quad p \vee (q \wedge r) \equiv (p \vee q) \wedge (p \vee r)$

(증명) 연습문제로 남긴다. ■

다음 정리의 (1) ~ (5)는 일반적인 정리를 증명할 때 사용하므로 잘 기억하기 바란다.

정리 1.1.8 *명제 p, q, r에 대하여 다음이 성립한다.*

(1) $p \wedge \sim p$*은 모순명제(귀류법, 모순법 증명시 사용)*

(2) *(조건문)* $\boxed{(p \to q) \Leftrightarrow (\sim p \vee q)}$

(3) *(삼단논법)* $(p \to q) \wedge (q \to r) \Rightarrow (p \to r)$

(4) *(쌍조건문)* $(p \leftrightarrow q) \Leftrightarrow (p \to q) \wedge (q \to p)$

(5) *(대우법칙)* $(p \to q) \Leftrightarrow (\sim q \to \sim p)$

(6) *(De Morgan 법칙)* $\sim(p \vee q) \Leftrightarrow (\sim p \wedge \sim q)$

(7) *(De Morgan 법칙)* $\sim(p \wedge q) \Leftrightarrow (\sim p \vee \sim q)$

(증명) (2)만 증명하고 나머지는 연습문제로 남긴다.

p	q	$(p \to q)$	$\leftrightarrow$	$(\sim p$	$\vee$	$q)$
1	1	1	1	0	1	1
1	0	0	1	0	0	0
0	1	1	1	1	1	1
0	0	1	1	1	1	0
단 계		②	③	①	②	①

$p \to q$와 $\sim p \vee q$의 진리값(단계③ 참조)이 항상 참(항진명제)이므로 동치명제이다. ■

집합(set, 集合)이란 어떤 대상(object)들의 모임(collection)을 말한다. 어떤 집합이 주어졌을 때 그 집합에 속한 대상을 집합의 **원소**(element, 元素)라고 한다. **전체집합**(universal set, 全體集合)이란 어떤 문제를 논할 때 대상이 되는 전체를 말한다. 예를 들면, 자연수(natural number, 自然數)에 대해서만 논할 때는 자연수 전체의 집합이 전체집합이 되며 실수(real number, 實數)를 대상으로 하는 문제를 논할 때는 실수 전체의 집합이 전체집합이 된다. 일반적으로 전체집합에 대한 언급이 없으면, 전체집합을 [명제가 정의되는 실수 중 최대집합]이라 가정한다.

> ※ 수집합기호 : 자연수(natural number, 自然數) 전체집합은 $\mathbb{N}$, 정수(integer, 整數) 전체집합은 $\mathbb{Z}$, 유리수(rational number, 有理數) 전체집합은 $\mathbb{Q}$, 실수(real number, 實數) 전체집합은 $\mathbb{R}$, 복소수(complex number, 複素數) 전체집합은 $\mathbb{C}$로 표기한다. 포함관계는 다음과 같다.
>
> $$\mathbb{N} \subset \mathbb{Z} \subset \mathbb{Q} \subset \mathbb{R} \subset \mathbb{C}$$

원소를 하나도 가지고 있지 않는 집합을 **공집합**(empty set, null set, 空集合)이라고 하고 $\varnothing$로 표기한다. 앞으로 특별한 언급이 없는 한 주어진 집합은 공집합이 아니라고 가정 한다!

집합을 표현하는 방법에는 다음과 같은 두 가지가 있다.

(1) **원소나열법**(元素羅列法) : 집합의 원소들을 { } 사이에 하나씩 나열하는 방법이다. 예를 들면, $A = \{1, 2, 3, 4, 5\}$. 이때 $1 \in A$라 표기한다.

(2) **조건제시법**(條件提示法) : 집합에 속하는 원소를 하나하나 나열하지 않고, 모든 원소들이 공통으로 가지는 성질을 조건으로 제시하여 $\{x \mid x$의 조건$\}$과 같은 형태로 집합을 나타내는 방법. 예를 들면 $A = \{x \mid x$는 $1 \le x \le 5$인 자연수$\}$.

※ 정리에서 원소는 주로 조건제시법으로 주어지는데 '|' 의 왼쪽이 원소 x이고 오른쪽이 원소 x가 될 조건이다. 오른쪽의 조건은 주어진 집합에 속하는 증명(x가 조건에 맞는지 확인)할 때 사용하므로 잘 적용하도록 해야한다.

> **정의 1.1.9** [*원소의 개수(기수)(number of elements, cardinality, 元素數, 基數)의 정의*]
> *A가 집합일 때,*
>
> | A의 **원소의 개수(기수)** $\lvert A \rvert$ | $\overset{\text{정의}}{\Longleftrightarrow}$ | 집합 A의 원소의 개수를 의미한다. |
> |---|---|---|

예 1.1.10 [원소수의 예] $|\{3, 4, \{3,4\}\}| = 3$, $|\{1, 2, 1\}| = 2$이고 $|\mathbb{N}| = \infty$.

※ 집합에서 같은 원소는 아무리 많아도 1개의 원소로 취급한다.

즉, $\{1, 2, 1\} = \{1, 2\}$이다(참조 : 정의 1.1.14(8쪽) 집합의 상등). 하지만 수열 1, 2, 1과 수열 1, 2는 다른 수열이다. 또한 원소의 배열순서를 볼 때, 집합에서 $\{1, 2\} = \{2, 1\}$이지만 순서쌍에서는 $(1, 2) \neq (2, 1)$이다.

정의 1.1.11 [*명제함수(Propositional function, 命題函數), 진리집합(truth set, 眞理集合)*]

U는 ***전체집합****(또는 논의영역 : Universe of discourse, 論議領域), x는 U의 원소이다. $p(x)$가 변수 x를 포함하는 문장일 때,*

$p(x)$가 **명제함수**	$\overset{\text{정의}}{\Leftrightarrow}$	전체집합 U에 속하는 변수 x 값에 따라 참· 거짓을 판별할 수 있는 문장.
P가 $p(x)$의 **진리집합**	$\overset{\text{정의}}{\Leftrightarrow}$	$P = \{x \in U \mid p(x)\text{가 참}\} = \{x \in U \mid p(x)\}$

※ 명제함수 p는 정의역이 U이고 공역이 $\{T, F\}$ 인 함수 $p : U \to \{T, F\}$이다.

정의 1.1.12 [*한정기호(Determination, 限定記號): 전칭기호(For All, 全稱-), 존재기호(Exist, 存在-) 의 정의*]

U는 전체집합, $p(x)$는 명제함수일 때,

전칭기호 $\forall$	$\overset{\text{정의}}{\Leftrightarrow}$	전체집합 U에 속하는 모든 원소를 의미한다.
존재기호 $\exists$	$\overset{\text{정의}}{\Leftrightarrow}$	전체집합 U에 속하는 어떤 원소를 의미한다.

'모든 $x \in U$에 관해서 $p(x)$는 참이다'는 '$(\forall x \in U)\ p(x)$' 또는 '$\forall x\ p(x)$'로 나타낸다.
'$p(x)$를 참으로 하는 $x \in U$가 존재한다'는 '$(\exists x \in U)\ p(x)$' 또는 '$\exists x\ p(x)$'로 나타낸다.

※ 명제함수는 명제가 아니지만 한정기호를 함께 사용하면 명제가 된다.

예 1.1.13 [명제함수와 한정기호의 예] 전체집합 $U = \{x \mid x\text{는 정수}\}$일 때 명제함수 '$p(x)$: x는 짝수이다'와 '$q(x)$: $(x+1)^2 = x^2 + 2x + 1$'에 대하여 다음을 알아보자.

(1) '$\forall x\ p(x)$'는 '모든 정수 x에 대하여 x는 짝수이다'이고 진리값은 거짓이다.

(2) '$\exists x\ p(x)$'는 '어떤 정수 x에 대하여 x는 짝수이다'이고 진리값은 참이다.

(3) '$\forall x\ q(x)$'는 '모든 정수 x에 대하여 $(x+1)^2 = x^2 + 2x + 1$'이고 진리값은 참이다.

(4) '$\exists x\ q(x)$'는 '어떤 정수 x에 대하여 $(x+1)^2 = x^2 + 2x + 1$'이고 진리값은 참이다.

정의 1.1.14 [*집합(set, 集合), 부분집합(subset, 部分-), 교집합(intersection, 交-), 합집합(union, 合-), 차집합(difference, 差-), 여집합(complement, 餘-), 상등(equal, 相等)의 정의*]

전체집합 U가 집합 A, B를 포함할 때,

A는 B의 **부분집합** $A \subset B$	$\overset{\text{정의}}{\Leftrightarrow}$	$\forall x \in A \ (x \in A \Rightarrow x \in B)$
A와 B의 **교집합** $A \cap B$	$\overset{\text{정의}}{\Leftrightarrow}$	$A \cap B = \{x \in U \mid (x \in A) \wedge (x \in B)\}$
A와 B의 **합집합** $A \cup B$	$\overset{\text{정의}}{\Leftrightarrow}$	$A \cup B = \{x \in U \mid (x \in A) \vee (x \in B)\}$
A와 B의 **차집합** $A - B$	$\overset{\text{정의}}{\Leftrightarrow}$	$A - B = \{x \in U \mid (x \in A) \wedge \sim (x \in B)\} = \{x \in U \mid (x \in A) \wedge (x \notin B)\}$
A의 **여집합** A^c	$\overset{\text{정의}}{\Leftrightarrow}$	$A^c = U - A = \{x \in U \mid \sim (x \in A)\} = \{x \in U \mid x \notin A\}$
A와 B가 **상등** $A = B$	$\overset{\text{정의}}{\Leftrightarrow}$	$(A \subset B) \wedge (B \subset A)$

정의 1.1.15 [*곱집합(Cartesian product, 곱集合), 멱집합(power set, 冪集合)의 정의*]

A, B가 집합일 때,

$A \times B$는 A와 B의 **곱집합**	$\overset{\text{정의}}{\Leftrightarrow}$	$A \times B = \{(a,b) \mid (a \in A) \wedge (b \in B)\}$
$\mathscr{P}(A)$는 A의 **멱집합**	$\overset{\text{정의}}{\Leftrightarrow}$	$\mathscr{P}(A) = \{A' \mid A' \subset A\}$ 즉, A의 모든 부분집합의 집합.

※ $A^n = \overbrace{A \times A \times \cdots \times A}^{n} = \{(a_1, a_2, \cdots, a_n) \mid a_i \in A, i = 1, 2, \cdots, n\}$라 표기한다.

예 1.1.16 $A = \{a_1,\ a_2,\ a_3\}$, $B = \{b_1,\ b_2,\ b_3,\ b_4\}$일 때, $A \times B$, $\mathscr{P}(A)$, $\mathscr{P}(B)$를 구하라.

(1) $A \times B = \{(a_1,\ b_1),\ \cdots,\ (a_3,\ b_4)\}$이고, $|A \times B| = |A||B| = 12$이다.

(2) $\mathscr{P}(A) = \{\varnothing,\ \{a_1\},\ \cdots,\ A\}$이고, $|\mathscr{P}(A)| = 2^3 = 8$이다.

(3) $\mathscr{P}(B) = \{\varnothing,\ \{b_1\},\ \cdots,\ B\}$이고, $|\mathscr{P}(B)| = 2^4 = 16$이다.

연 습 문 제 (1.1)

1. 정리 1.1.7를 증명하라.

2. 정리 1.1.8를 증명하라.

3. 전체집합 U의 부분집합 X, Y, Z에 대하여 다음을 증명하라.

(1) $(X \subset Y) \wedge (Y \subset Z) \Rightarrow X \subset Z$

(2) $X \subset Y \Leftrightarrow X - Y = \varnothing \Leftrightarrow X^c \supset Y^c$

(3) $X - (X - Y) = X \cap Y$

(4) $X \cap (Y - Z) = X \cap Y - X \cap Z$

(5) $X \cap Y \subset (X \cap Z) \cup (Y \cap Z^c)$

(6) $(X \cup Z) \cap (Y \cup Z^c) \subset X \cup Y$

(7) $(X \cap Y) \cup Z \supset X \cap (Y \cup Z)$

(8) $(X \cap Y) \cup Z = X \cap (Y \cup Z) \Leftrightarrow Z \subset X$

4. $A \subset B,\ C \subset D$이면 $(A \times C) \subset (B \times D)$임을 증명하라.

5. 집합 A의 원소수가 $n \in \mathbb{N}$일 때 멱집합 $\mathscr{P}(A)$의 원소수는 2^n임을 증명하라.

6. 공집합 $\varnothing$은 임의의 집합 A의 부분집합임을 증명하라.

7. $(p \to r) \vee (q \to s) \equiv (p \wedge q) \to (r \vee s)$임을 진리표와 논리법칙을 이용해서 증명하시오. 어느 것을 이용하는 것이 수월한지 논의하시오.

8. $(p \to q) \equiv \sim (p \wedge \sim q)$임을 진리표와 논리법칙을 이용해서 증명하시오.

1.2 증명 방법

먼저 이 책에서 사용하는 정리의 서술 방법에 대하여 잠깐 언급한다. 대부분의 정리는 가정부분과 결론부분으로 구성된 조건문형태이다. 이때 가정부분을 먼저 언급하였고, 결론부분은 둥근 상자 안에 넣었다. 가정은 참일 때에만 증명하면 되므로 증명할 필요가 없으며, 결론을 유도할 때 반드시 사용해야 한다.

☜ 조건문 형태의 정리를 증명할 때 유의점 ☞

① 가정부분은 증명하지 않음.
② 가정은 증명할 때 중요한 요소이므로 반드시 사용해야 함.
③ 가정이 참일 때, 결론에서 무한개의 경우가 참이라더라도
단 한 경우라도 거짓이면 정리는 거짓이 됨.
④ 덧셈에 대한 항등원 0과 곱셈에 대한 항등원 1 에서 오류를 범할 경우가 많음.

(1) 정리의 결론 부분은 반드시 증명해야 함.
(2) 가정을 이용하여 괄호숫자인 결론 부분을 증명하면 됨.
증명할 때에 반드시 가정을 사용해야 함.
(3) 정리의 증명방법을 알 수 없으면 힌트**(가정, 정의)**를 생각하면 증명 방향이 보임.
(4) 증명할 때 각 단계마다 성립하는 이유를 쓰는 습관을 기르면 증명할 때 오류를 범하지 않음.

※ 임용 시험 서술형 답안 또는 정리를 증명할 때 '증명 단계의 어느 부분까지 상세하게 증명해야 하는가'를 고민하는 경우가 많은데, **(가정, 정리와 관련된 정의, 이름이 붙은 정리)**가 아니면 모두 증명하는 것이 좋다. 이때도 증명을 생략하는 대신 앞의 3 가지 중에 어떤 것을 사용했는지 언급한다. 다만 통상적인 계산인 경우는 별다른 언급없이 계산 과정을 생략해도 좋다.

다음은 한정기호($\forall$, $\exists$)가 붙은 명제의 4 가지 형태와 이 명제의 참· 거짓을 증명하는 방법을 살펴보자. U는 변수 x의 전체집합이고 $p(x)$를 명제함수라 할 때, $p(x)$의 진리집합은 $P=\{x\in U \mid p(x)\text{가 참}\}=\{x\in U \mid p(x)\}$이다.

종 류	P와 U 관계	증 명
(1) **명제 $\forall x\ p(x)$가 참(true)** (예; $\forall n \in \mathbb{N}$, n^2은 양수)	$P = U$	한 원소 $x \in P$를 정리에 대한 **예**(例, example) 라 한다. 즉 한 가지 x에 대하여 $p(x)$가 참. 따라서 모든 경우에서 참인 것을 확인하지 않았으므로 예는 증명이 아님. 완전한 증명은 모든 경우의 $x \in U$에 대하여 $p(x)$가 참임을 보여야 한다.
(2) **명제 $\forall x\ p(x)$가 거짓(False)** (예; $\forall n \in \mathbb{N}$, n^2은 짝수)	$P \neq U$	$x \in U - P$를 **반례**(反例, counter example) 라 한다. 즉 $p(x)$가 거짓.
(3) **명제 $\exists x\ p(x)$가 참(true)** (예; $\exists n \in \mathbb{N}$, n^2은 짝수)	$P \neq \varnothing$	$x \in P$ 찾는 과정을 **증명**(證明, proof)이라 한다.
(4) **명제 $\exists x\ p(x)$가 거짓(False)** (예; $\exists n \in \mathbb{N}$, n^2은 음수)	$P = \varnothing$	$p(x)$가 참인 경우의 원소 x가 한 개도 없음.

※ 정리(항진 명제를 정리(定理, theorem)라 함)는 대부분 (1), (3)번 형태이고, (3)번 증명을 존재성(existence)의 증명이라고 한다.

공리 1.2.1 (수학적 귀납법(mathematical induction, 數學的 歸納法))

(수학적 귀납법 I) *자연수들로 이루어진 집합 ($\varnothing \neq$)S가 다음 2가지 성질*

(1) '정수 1은 S에 속한다'

(2) '1보다 크거나 같은 정수 k가 S에 속하면, $k+1$이 또한 S에 속한다'

를 만족하면 $S = \mathbb{N}$이다.

(수학적 귀납법 II) *자연수들로 이루어진 집합 ($\varnothing \neq$)S가 다음 2가지 성질*

(1) '정수 1은 S에 속한다'

(2) 'k보다 작거나 같은 자연수가 모두 S 에 속하면, $k+1$이 또한 S에 속한다'

를 만족하면 $S = \mathbb{N}$이다.

※ 서술형 임용시험의 증명문제 답안 작성시 어떤 학생들은 몇 가지 참인 예 (example)를 보이고 증명했다고 하는 경우가 있는데, 예는 정리를 이해하기 위한 수단이지 증명이 아니다. 예컨데

모든 소수는 홀수다

(증명) 3은 홀수다. 5도 홀수다. 그러므로 '모든 소수는 홀수다.'

라고 하면 증명이 안된다. 이것은 귀납적 증명의 일부분만 증명한것으로 나머지 부분의 증명이 생략되어 완전한 증명이 되지 않았기 때문이다. 즉 무한개의 경우에 참이 되고 단 한 경우(위의 예에서 2인 경우)라도 거짓이면 명제는 거짓명제이므로, 정리가 아니다. 몇 개의 예로 증명하는 것은 증명이 아니고, 유비추론의 오류를 범할 가능성이 크다.

☜ 증명방법 ☞

조건명제 P(가정) $\to Q$(결론) 가 참(항진 명제이면 $P \Rightarrow Q$ 라 표기)임을 증명하는 방법은 아래의 동치 명제 중에 증명하기 쉬운 하나를 선택하여 증명하면 된다.

$P \to Q$ 가 참 **(연역증명 또는 귀납증명)**

$\Leftrightarrow$ $\sim P \vee Q$ 가 참

$\Leftrightarrow$ $\sim(\sim Q) \vee \sim P$ 가 참

$\Leftrightarrow$ $\sim Q \to \sim P$ 가 참 **(대우증명)**

$\Leftrightarrow$ $\sim(\sim P \vee Q)$ 가 거짓

$\Leftrightarrow$ $P \wedge \sim Q$ 가 거짓 **(귀류증명)**

예 1.2.2 *다음 정리를 위에서 언급한 여러 가지 방법으로 증명해보자.*

자연수 $n \in \mathbb{N}$에 대하여 n이 짝수(가정) 이면 n^2도 짝수(결론) 이다.

(증명) 다음은 위 정리를 여러 가지 방법으로 증명한 것이다.

(1) **[연역증명]** 가정, 정의, 공리와 이미 증명된 정리를 사용하여 논리적인 설명으로 결론을 이끌어 내는 방법.

n을 짝수라 하자. 그러면 적당한 자연수 a 가 존재하여 $n = 2a$. $n^2 = (2a)^2 = 2(2a^2)$. 그러므로 n^2은 짝수이다. ■

(2) **[귀납증명]** 몇 개의 구체적인 사실을 확인해 보고(대부분 1 과 n인 경우), 수학적 귀납법을 사용하여 결론을 이끌어 내는 방법.

짝수 $n = 2a$일 때 자연수 a에 관한 수학적 귀납법I을 이용한다. $a = 1$인 경우는 $n^2 = 2^2 = 2 \cdot 2$가 되어 성립한다.

1보다 크거나 같은 자연수 a인 경우 성립한다고 가정하자. 즉, $n^2 = 4a^2$이 짝수라 하자. 그러면 적당한 자연수 b가 존재하여 $4a^2 = 2b$이다. (귀납가정)

$n = 2(a+1)$이라 하면, $n^2 = 2^2(a+1)^2 = 4a^2 + 8a + 4 = 4a^2 + 2(4a+2) = 2b$[귀납가정]$+ 2(4a+2) = 2(b+4a+2)$이므로 짝수가 된다.

따라서 모든 자연수 a (즉, 모든 짝수 $n = 2a$)에 대하여 n^2은 짝수이다. ■

(3) **[대우증명]** 동치명제인 대우를 사용하여 증명하는 방법. 증명할 때 결론을 부정(가정이 된다)하고 연역증명을 이용하여 가정을 부정(결론이 된다)하는 것을 이끌어 내는 증명법.

n^2이 짝수가 아니라 하자. 그러므로 적당한 음이 아닌 정수 a가 존재하여 $n^2 = 2a+1$이다. $2a = n^2 - 1 = (n-1)(n+1)$이고 2 가 소수이므로 $n-1$이 2 의 배수이거나 $n+1$이 2의 배수가 되어야 한다. 어느 경우나 n은 홀수이다.

대우에 의해 명제는 참이다. ■

(4) **[귀류증명(모순법)]** 결론을 부정하여 가정에 모순임을 이끌어 내는 방법.

n이 짝수일 때 n^2이 짝수가 아니라 하자. 그러면 적당한 자연수 a가 존재하여 $n^2 = 2a + 1$이다. 대우증명에서와 같은 방법으로 증명하면 n은 홀수가 되어야 한다. 이것은 가정에 모순이다. 따라서 n^2은 짝수이다. ■

※ 다음은 결론이 2개 이상인 명제의 증명 방법을 알아 보자.

☜ 결론이 2개 이상인 명제의 증명 방법 ☞

(1) $\boxed{A \Longrightarrow B\text{이고 } C}$ 인 경우 증명. 이 명제의 증명은 결론 B와 C가 모두 참이어야 성립하므로 $A \Longrightarrow B$와 $A \Longrightarrow C$를 증명해야 한다.

(2) $\boxed{A \Longrightarrow B \text{ 또는 } C}$ 인 경우 증명. 이 명제를 증명하다 보면 2가지 경우가 나오는데 각 경우에 따라 결론 B 또는 C가 성립함을 보이면 된다. 증명의 또 다른 방법으로, 결론이 B와 C 둘 중 하나만 참이면 성립하므로 B(또는 C)가 성립하지 않는다고 가정하고 나머지 C(또는 B) 가 성립함을 보이면 증명이 완성된다. 배타적 또는 (exclusive or) 인 경우가 여기에 해당한다.

연 습 문 제 (1.2)

1. 수학적 귀납법을 이용하여 다음을 증명하라.

(1) $1+2+3+\cdots+n = \dfrac{n(n+1)}{2}$

(2) $1+3+5+\cdots+(2n-1) = n^2$

(3) $a^n - 1 = (a-1)(a^{n-1}+a^{n-2}+a^{n-3}+\cdots+a+1)$

(참조: 수학적 귀납법 II와 $a^{n+1}-1 = (a-1)(a^n-1) - a(a^{n-1}-1)$.)

2. 두 개의 홀수 n, m의 곱이 홀수임을 대우증명법을 이용하여 증명하라.

3. 정수 n에 대하여 $n+m=0$이 되는 정수 m이 유일하게 존재함을 귀류증명을 이용하여 증명하라.

4. 실수 x에 대하여 $|-x|=|x|$임을 연역증명법을 이용하여 증명하라.

5. p, q가 모두 홀수일 때, 이차방정식 $x^2-px+q=0$의 유리수 근이 존재하지 않음을 증명하라.

6. 모든 자연수 n에 대하여 $\sum_{k=1}^{n}(5k-3)\left(\frac{1}{k}+\frac{1}{k+1}+\cdots+\frac{1}{n}\right)=\frac{n(5n+3)}{4}$이 성립함을 보여라.

1.3 관계

정의 1.3.1 [*관계(關係, relation), 역관계(逆關係, inverse relation)*]
A, B가 집합일 때,

집합 R은 A에서 B로의 **관계**	$\overset{\text{정의}}{\Longleftrightarrow}$	$R \subset A \times B$

※ 이때 $(a,b) \in R$을 aRb라고도 쓴다. $(a,b) \notin R$이면 $a \not R b$라 쓴다. 또 $A = B$이면 R을 <u>A 위에서 관계</u>라 한다.

집합 R^{-1}은 관계 R의 **역관계**	$\overset{\text{정의}}{\Longleftrightarrow}$	$R^{-1} = \{(b,a) \in B \times A \mid (a,b) \in R\}$

정의 1.3.2 [*반사관계(反射關係, reflexive relation), 대칭관계(對稱-, symmetric -), 추이관계(推移-, transitive -), 동치관계(同値-, equivalent -)*]
집합 A에 대하여, R이 A 위에서 <u>관계</u>일 때,

R이 A 위에서 **반사관계**	$\overset{\text{정의}}{\Longleftrightarrow}$	$\forall a \in A \ (a,a) \in R$
R이 A 위에서 **대칭관계**	$\overset{\text{정의}}{\Longleftrightarrow}$	$(a,b) \in R$이면 $(b,a) \in R$
R이 A 위에서 **추이관계**	$\overset{\text{정의}}{\Longleftrightarrow}$	$(a,b) \in R$이고 $(b,c) \in R$이면 $(a,c) \in R$
R이 A 위에서 **동치관계**	$\overset{\text{정의}}{\Longleftrightarrow}$	R이 A 위에서 반사, 대칭, 추이관계를 만족하는 경우

예 1.3.3 집합 $A = \{1,\ 2,\ 3\}$ 위의 다음 관계 R에 대하여 알아 보자. 모든 관계의 수는 $2^9 = 512$개이다.

(1) 공집합 $\varnothing$은 A 위에서 대칭, 추이관계이다. (이해하기 어려우면 조건문의 진리값을 생각해 볼것.)

(2) $R = \{(1,1)\}$은 A 위에서 대칭, 추이관계이다.

(3) $R = \{(1,1),\ (2,2),\ (3,3)\}$ 은 A 위에서 동치관계이다.

(4) $R = \{(1,1),\ (2,2),\ (3,3),\ (1,2)\}$은 A 위에서 반사, 추이관계이다.

(5) $R = \{(1,1),\ (2,2),\ (3,3),\ (1,2),\ (2,3)\}$은 A 위에서 반사관계이다.

정의 1.3.4 [동치류(同値類, equivalent class), 상집합(商集合, quotient set)]

공이 아닌 집합 A에 대하여, A 위에서 관계 R이 동치관계이고, $a \in A$ 일 때,

집합 $\overline{a}$가 a의 **동치류**	$\overset{\text{정의}}{\Leftrightarrow}$	$\overline{a} = \{x \in A \mid (a,x) \in R\}$
집합 A/R가 R에 의한 A의 **상집합**	$\overset{\text{정의}}{\Leftrightarrow}$	$A/R = \{\overline{a} \mid a \in A\}$

예 1.3.5 [동치류 예] 집합 $A = \{1, 2, 3\}$ 위의 동치관계

$$R = \{(1,1), (2,2), (3,3)\}\text{과 } S = \{(1,1), (2,2), (3,3), (1,2), (2,1)\}$$

에 대하여 R과 S의 상집합 A/R과 A/S를 구하여 보자.

(1) $A/R = \{\overline{1} = \{1\}, \overline{2} = \{2\}, \overline{3} = \{3\}\} = \{\overline{1}, \overline{2}, \overline{3}\}$

(2) $A/S = \{\overline{1} = \{1,2\}, \overline{2} = \{2,1\}, \overline{3} = \{3\}\} = \{\overline{1}, \overline{3}\}$

정의 1.3.6 [분할(partition, 分割)]

공이 아닌 집합 A와 첨자 집합 I에 대하여, $P = \{P_i \mid P_i \subset A,\ i \in I\}$가 A의 부분집합들의 모임일 때,

P가 A의 **분할**	$\overset{\text{정의}}{\Leftrightarrow}$	① $A = \cup_{P_i \in P} P_i$ ② $\forall P_i,\ P_j \in P,\quad P_i = P_j$이거나 $P_i \cap P_j = \varnothing$

정리 1.3.7 *공이 아닌 집합 A 위의 관계 R에 대하여 다음이 성립한다.*

R이 A 위에서 동치관계	$\Rightarrow$	R의 상집합 A/R은 A의 분할

(증명) 연습문제로 남긴다. ■

연 습 문 제 (1.3)

1. 집합 $A = \{1, 2, 3\}$ 위의 관계 R에 대해 다음 물음에 답하시오.

(1) $R = \{(1,2)\}$은 A 위에서 어떤 관계인가를 밝히고, R에 최소로 추가하여 동치관계 R'이 되는 집합 B를 구하고, R'의 상집합 A/R'을 구하라.

(2) $R = \{(1,1),\ (2,2)\}$은 A 위에서 어떤 관계인가를 밝히고, R에 최소로 추가하여 동치관계 R'이 되는 집합 B를 구하라. 이때 R'의 상집합 A/R'을 구하라.

(3) A 위에서 모든 동치관계를 구하라.

2. 정리 1.3.7를 증명하라.

3. 다음 물음에 답하라.

(1) 정수 $\mathbb{Z}$ 위에서 관계 R이 다음과 같이 정의되면 동치관계임을 증명하고, 1의 동치류 $\overline{1}$와 R의 상집합 $\mathbb{Z}/R$을 구하라.

「정수 x, y에 대해 $xRy \Leftrightarrow x-y$가 5의 배수이다」

(2) $\mathbb{Z}\times\mathbb{Z}$ 위에서 관계 R이 다음과 같이 정의되면 동치관계임을 증명하고, $(1,1)$의 동치류 $\overline{(1,1)}$와 R의 상집합 $(\mathbb{Z}\times\mathbb{Z})/R$을 구하라.

「$(a,b),(c,d)\in\mathbb{Z}\times\mathbb{Z}$에 대해 $(a,b)R(c,d) \Leftrightarrow a+d=b+c$이다」

4. 실수 $\mathbb{R}$ 위의 함수 $f:\mathbb{R}\longrightarrow\mathbb{R}$에 대해 $\mathbb{R}$ 위에서 관계 S를 다음과 같이 정의한다.

$$\forall x, x' \in \mathbb{R} \ \text{「} xSx' \Leftrightarrow f(x)=f(x') \text{」}$$

(1) 관계 S는 $\mathbb{R}$ 위에서 동치관계임을 보여라.

(2) f가 $f(x)=x^2$으로 정의될 때, 1의 동치류를 구하라.

(3) $f:\mathbb{R}-\{0\}\longrightarrow\mathbb{R}-\{0\}$가 $f(x)=\begin{cases} -\dfrac{1}{x}, & x>0 \\ -x, & x<0 \end{cases}$ 으로 정의될 때, -2의 동치류를 구하라.

5. 실수 전체의 집합 $\mathbb{R}$의 멱집합 $\mathscr{P}(\mathbb{R})$에 대하여 $X=\mathscr{P}(\mathbb{R})-\{\varnothing\}$이라고 하자. 집합 X에서의 관계 $\sim$을

$$\forall A,\ B\in X \ \text{「} A\sim B \Leftrightarrow A\cap B\neq\varnothing \text{」}$$

로 정의할 때, 관계 $\sim$이 동치관계인지 논하라.

6. 공이 아닌 집합 A 위에서 공이 아닌 관계 R과 S에 대하여 다음 명제의 참·거짓을 밝혀라.

(1) R이 대칭이면, 역관계 R^{-1}도 대칭이다.

(2) R이 반사이면, $R\cap R^{-1}\neq\varnothing$.

(3) R이 대칭이면, $R\cap R^{-1}\neq\varnothing$.

(4) R과 S가 대칭이면, $R\cap S$도 대칭이다.

(5) R과 S가 대칭이면, $R\cup S$도 대칭이다.

(6) R과 S가 추이이면, $R\cap S$도 추이이다.

(7) R과 S가 추이이면, $R\cup S$도 추이이다.

1.4 함수

정의 1.4.1 [*함수(function, 函數), 상등(equality, 相等)*]

두 집합 X, Y에 대하여, f는 X에서 Y로의 관계일 때,

f는 X에서 Y로의 **함수**	$\overset{정의}{\Longleftrightarrow}$	① 임의의 X의 원소 x에 대하여 $(x,y) \in f$인 $y \in Y$가 존재한다. ② $(x,y) \in f$, $(x',y') \in f$이고 $x = x'$이면 $y = y'$이다.

※ 관계 f가 함수인 경우 '잘 *정의된다(well-defined)*' 라고 하고, $(x,y) \in f$ 또는 xfy 대신 $y = f(x)$라 쓴다. 또한 함수관계를 간단히 $f : X \to Y$ 로 나타낸다.

집합 X를 함수 f의 **정의역**(domain, 定義域), 집합 Y를 함수 f의 **공역**(codomain, 共域)이라 하고, 집합 $\{f(x) \in B \mid x \in X\}$를 함수 f의 **치역**(range, 値域) 또는 **상**(像, image)이라 하고 $f(X)$ 또는 $Im(f)$로 표시한다.

함수 $f : X \to Y$ 함수 $g : X' \to Y'$가 **상등** : $f = g$	$\overset{정의}{\Longleftrightarrow}$	① $X = X'$이고 $Y = Y'$. 즉, 정의역과 공역이 같다. ② $\forall x \in X\ f(x) = g(x)$

※ 함수의 상등을 정의할 때, ①의 조건에서 정의역만 같고 ② 를 만족하면 상등이라 정의하는 경우도 있다.

※ 함수에서 정의역과 공역에 대한 언급이 없으면 정의역은 실수 $\mathbb{R}$ 집합 중 정의할 수 있는 최대 부분집합을 의미하고, 공역은 실수 전체 집합 $\mathbb{R}$로 한다.

증명을 할 때 함수가 필요하면 함수를 정의하고 함수가 잘 정의되었음을 보여야 하는데, 잘 정의되었음을 보이려면 x, $x' \in X$가 $x = x'$이면 $f(x) = f(x')$ 임을 보이면 된다.

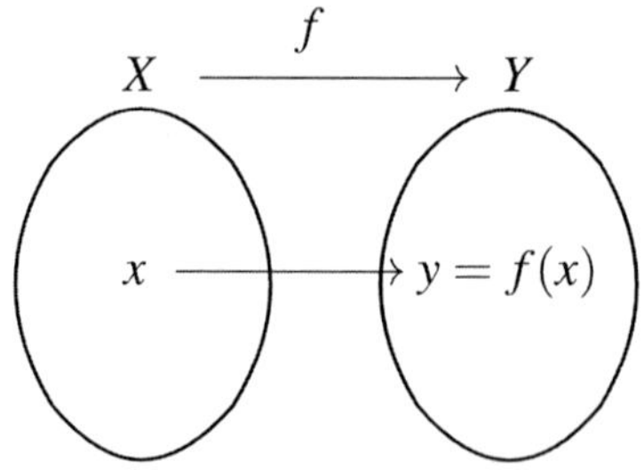

문제 1.4.2 실수 $\mathbb{R}$ 위에서 두 함수 f, $g : \mathbb{R} \longrightarrow \mathbb{R}$, $f(x) = x^2$과 $g(y) = y^2$은 같은 함수인가?

정의 1.4.3 [*단사함수(injective function, 單射函數), 전사함수(surjective function, 全射函數), 전단사함수(bijective function, 全單射函數)*]

집합 X, Y 에 대하여, f 는 X 에서 Y 로의 함수이고 x, $x' \in X$ 일 때,

f가 **단사함수**	$\overset{\text{정의}}{\Longleftrightarrow}$	$x \neq x'(x,x' \in X) \Rightarrow f(x) \neq f(x')$: 즉, $f(x) = f(x')$이면 $x = x'$ 이때 $\lvert X\rvert = \lvert Im(f)\rvert \leq \lvert Y\rvert$.
f가 **전사함수**	$\overset{\text{정의}}{\Longleftrightarrow}$	$Y = Im(f)$, 즉, $\forall y \in Y\ \exists x \in X\ y = f(x)$. 이때 $\lvert X\rvert \geq \lvert Im(f)\rvert = \lvert Y\rvert$.
f가 **전단사함수**	$\overset{\text{정의}}{\Longleftrightarrow}$	f가 단사이고 전사함수인 경우. 이때 $\lvert X\rvert = \lvert Im(f)\rvert = \lvert Y\rvert$.

※ 단사함수를 **1대1 함수**(1:1 function)라고도 하고, 전단사함수를 **1대1 대응**(1:1 correspondence) 이라고도 한다.

예 1.4.4 세 함수 $f : \mathbb{R} \to \mathbb{R}$가 $f(x) = x^2$일 때, f는 단사함수도 아니고, 전사함수도 아니다. 하지만 정의역과 공역을 적당히 조절하면 단사, 전사, 전단사함수를 만들 수 있다.

(1) f의 공역을 줄여 함수 $f_1 : \mathbb{R} \to \mathbb{R}_{\geq 0}$ (단, $\mathbb{R}_{\geq 0} = \{x \in \mathbb{R} \mid x \geq 0\}$)을 $f_1(x) = f(x)$라 정의하면, 공역 $\mathbb{R}_{\geq 0}$의 임의의 음이 아닌 실수에 x 에 대하여 $f_1(\sqrt{x}) = x$가 되어 $f_1(x) = x^2$는 전사함수이다.

(2) f의 정의역을 줄여 함수 $f_2 : \mathbb{R}_{\geq 0} \to \mathbb{R}$을 $f_2(x) = f(x)$라 정의하면 f_2는 단사함수이다. 왜냐하면 $f_2(x) = f_2(x')$이라 하자. 즉, $x^2 = x'^2$이므로 $(x-x')(x+x') = 0$이다. $x+x' = 0$인 경우에는 x, x'은 음이 아닌 실수이므로 $x = 0 = x'$이어야 한다. $x+x' \neq 0$인 경우는 $x - x' = 0$이 되어 $x = x'$이다. 그러므로 $f_2(x) = x^2$은 단사함수가 된다.

(3) f의 정의역과 공역을 동시에 줄여 함수 $f_3 : \mathbb{R}_{\geq 0} \to \mathbb{R}_{\geq 0}$을 $f_3(x) = f(x)$이라 정의하면 f는 전단사함수이다.

정의 1.4.5 [*항등함수(identity function, 恒等函數), 합성함수(composite function, 合成函數), 역함수(inverse function, 逆函數)*]

집합 X, Y, Z에서 함수 $f : X \to Y$와 $g : Y \to Z$와 임의의 $x \in X$에 대하여,

I_X가 **항등함수 (항등사상)**	$\overset{\text{정의}}{\Longleftrightarrow}$	① 정의역과 공역이 같다. ② $I_X : X \to X$, $I_X(x) = x$인 함수.
$g \circ f$가 f와 g의 **합성함수**	$\overset{\text{정의}}{\Longleftrightarrow}$	① f의 공역과 g의 정의역이 같다. ② $g \circ f : X \longrightarrow Z$, $(g \circ f)(x) = g(f(x))$인 함수.
g(또는 f^{-1})가 f의 **역함수**	$\overset{\text{정의}}{\Longleftrightarrow}$	합성함수 $f \circ g = I_Y$와 $g \circ f = I_X$를 만족하는 함수 $g : Y \longrightarrow X$가 존재하는 경우.

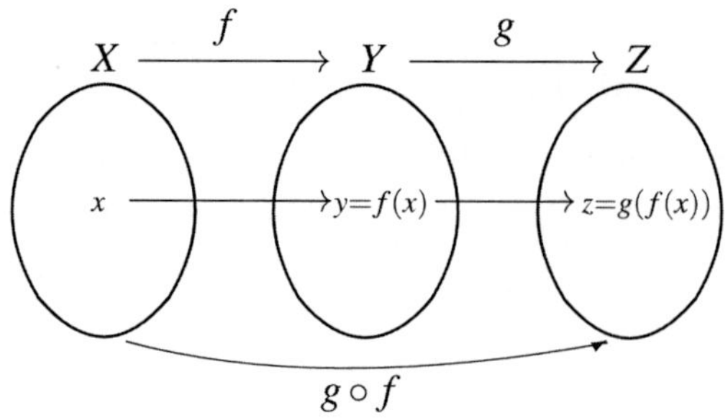

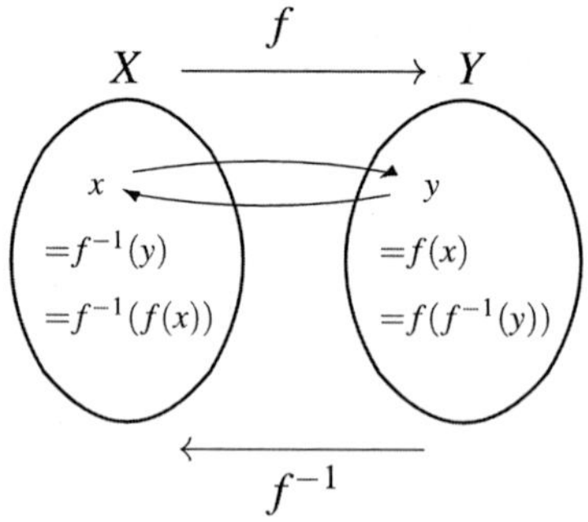

예 1.4.6 두 함수 $f,\ g:\mathbb{R}\longrightarrow\mathbb{R}$가 $f(x)=x+1$과 $g(x)=x^2$일 때, f와 g의 합성함수 $f\circ g$와 $g\circ f$를 구해보면

$$f\circ g(x)=f(g(x))=f(x^2)=x^2+1$$

이고

$$g\circ f(x)=g(f(x))=f(x+1)=(x+1)^2=x^2+2x+1$$

이므로 $f\circ g\neq g\circ f$이다. 즉, 합성을 연산으로 보았을 때 함수의 합성은 교환법칙이 성립하지 않는다.

정리 1.4.7 *집합 X,Y,Z에 대하여 다음이 성립한다.*

$f:X\longrightarrow Y,$ $g:Y\longrightarrow Z,$ $h:Z\longrightarrow W$가 함수	$\Rightarrow$	$(h\circ g)\circ f=h\circ(g\circ f)$이 성립한다. 즉, 합성함수에 대한 결합법칙이 성립한다.

(증명) 임의의 원소 $x\in X$에 대하여

$$(h\circ g)\circ f(x)=(h\circ g)(f(x))=h(g(f(x)))$$

이고

$$h\circ(g\circ f)(x)=h((g\circ f)(x)))=h(g(f(x)))$$

이므로, $(h\circ g)\circ f=h\circ(g\circ f)$이 성립한다 ■

정리 1.4.8 *함수 $f : X \longrightarrow Y$ 의 역함수가 존재하면 유일하다.*

※ 이때 f를 **가역함수(가역사상)**(invertible function, 可逆函數)라 하고, f의 역함수를 f^{-1}이라 표기한다.

(증명) 연습문제로 남긴다. ■

정리 1.4.9 *함수 $f : X \longrightarrow Y$ 에 대하여 다음은 동치이다.*

(1) f의 역함수 f^{-1}가 존재한다.
⇔ (2) f가 전단사함수이다.

(증명) 연습문제로 남긴다. ■

정리 1.4.10 *가역함수 $f : X \longrightarrow Y$, $g : Y \longrightarrow Z$ 에 대하여 다음이 성립한다.*

$$(g \circ f)^{-1} = f^{-1} \circ g^{-1}$$

(증명) 합성함수의 성질에 의하여

$$\begin{cases} (g \circ f) \circ (f^{-1} \circ g^{-1}) = g \circ (f \circ f^{-1}) \circ g^{-1} = g \circ I_Y \circ g^{-1} = g \circ g^{-1} = I_X \\ (f^{-1} \circ g^{-1}) \circ (g \circ f) = f^{-1} \circ (g^{-1} \circ g) \circ f = f^{-1} \circ I_Y \circ f = f^{-1} \circ f = I_X \end{cases}$$

이므로 $(f \circ g)^{-1} = g^{-1} \circ f^{-1}$이다. ■

예 1.4.11 함수 $f : \mathbb{R} \longrightarrow \mathbb{R}$가 $f(x) = 2x + 1$일 때, f의 역함수 f^{-1}을 구하자.

(Step 1) $f(x) = f(x')$이라 하자. $2x + 1 = 2x' + 1$이므로 $x = x'$이어서 f는 단사함수이다. 또 임의의 $t \in \mathbb{R}$(공역)에 대하여 $f\left(\frac{1}{2}t - \frac{1}{2}\right) = t$이므로 f는 전사함수이다. 즉, f는 전단사 함수이므로 정리 1.4.9에 의하여 역함수가 존재한다.

(Step 2) 변수 x와 y를 교환하여 $x = 2y + 1$을 얻는다. x와 y를 교환하는 이유는 역함수의 정의역은 함수 f의 공역이기 때문이다.

(Step 3) y에 관하여 정리하면 $y = \frac{x-1}{2}$이 되어 f의 역함수는

$$f^{-1}(x) = \frac{x-1}{2}$$

이다. y에 관하여 정리하는 이유는 전통적으로 수식이 '$y = *$' 로 표현하기 때문이다.

(그래프) $f(x) = 2x + 1$와 역함수 $f^{-1}(x) = \frac{1}{2}x - \frac{1}{2}$은 $y = x$에 관하여 대칭이다. 이유는 (Step 2)에서 x와 y를 교환하기 때문이다.

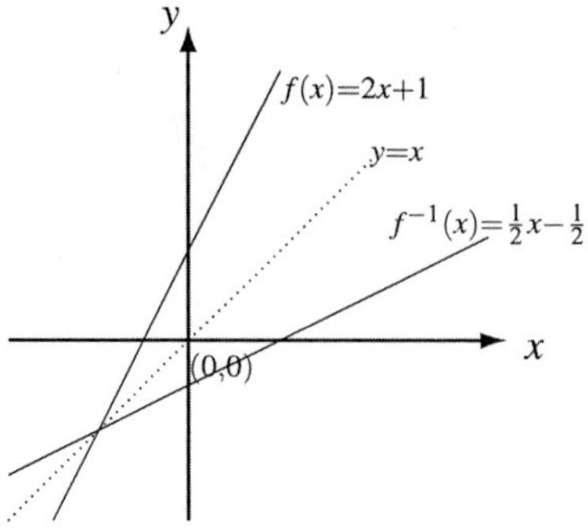

역함수가 맞는지 확인하기 위하여 함수를 합성해 보면

$$f\circ f^{-1}(x)=f(f^{-1}(x))=f\left(\frac{x-1}{2}\right)=x$$

$$f^{-1}\circ f(x)=f^{-1}(f(x))=f^{-1}\left(\frac{1}{2}x-\frac{1}{2}\right)=x$$

이므로 $f\circ f^{-1}=I$이고 $f^{-1}\circ f=I$이다.

연 습 문 제 (1.4)

1. 정리 1.4.8를 증명하라.

2. 정리 1.4.9를 증명하라.

3. 함수 $f:X\to Y$에 대하여 $A,\ A'\subset X$와 $B,\ B'\subset Y$일 때 다음이 참이면 증명하고 거짓이면 반례를 들어라.

(1) $A\subset f^{-1}(f(A))$

(2) $f(f^{-1}(B))\subset B$

(3) $B\neq\varnothing$이면 $f^{-1}(B)\neq\varnothing$

(4) $f(A\cup A')=f(A)\cup f(A')$

(5) $f(A\cap A')=f(A)\cap f(A')$

(6) $f(A-A')=f(A)-f(A')$

(7) $f^{-1}(B\cup B')=f^{-1}(B)\cup f^{-1}(B')$

(8) $f^{-1}(B\cap B')=f^{-1}(B)\cap f^{-1}(B')$

(9) $f^{-1}(B-B')=f^{-1}(B)-f^{-1}(B')$

(10) $f(f^{-1}(B))=B$

4. 함수 $f: X \to Y$에 대하여 $A \subset X$, $B \subset Y$일 때 다음을 증명하라.

(1) $f(A \cap f^{-1}(B)) = f(A) \cap B$

(2) $f(f^{-1}(B)) = f(X) \cap B$

5. 함수 $f: X \longrightarrow Y$에 대해 $g: Y \longrightarrow X$를 f의 역관계라 하자. 이때 g가 함수일 필요충분조건은 g가 f의 역함수가 됨을 보여라.

6. 다음 함수의 역함수를 구하라.

(1) 함수 $f(x) = e^{x+2} - 1$의 역함수가 존재하도록 f의 정의역과 공역을 구하고 역함수를 구하라.

(2) 실수 $\mathbb{R}$에 대해 함수 $f: (\mathbb{R} - \{1\}) \longrightarrow (\mathbb{R} - \{2\})$가 $f(x) = 2 + \dfrac{1}{x-1}$일 때, f의 역함수 f^{-1}를 구하라.

7. 함수 $f(x) = 3x + 4$가 전단사함수임을 증명하고, 역함수를 구하라.

8. 두 함수 $f: X \to Y$와 $g: Y \to Z$에 대하여 다음을 증명하라.

(1) f와 g가 단사이면, 합성함수 $g \circ f$가 단사이다.

(2) f와 g가 전사이면, 합성함수 $g \circ f$가 전사이다.

(3) f와 g가 전단사이면, 합성함수 $g \circ f$가 전단사이다.

(4) 합성함수 $g \circ f$가 단사이면, f가 단사이다.

(5) 합성함수 $g \circ f$가 전사이면, g가 전사이다.

(6) 합성함수 $g \circ f$가 전단사이면, f가 단사이고 g가 전사이다.

1.5 대수적 구조

일차 방정식 $x+2=5$의 해를 구하는 과정을 살펴 보자. 먼저 연산이 주어져 있을 때, 각 단계마다 적용되는 법칙을 살펴보면 3 가지 법칙(결합법칙, 항등원 존재, 역원 존재)이 성립하면 해를 구할 수 있다는 것을 알 수 있다.

$$\begin{aligned} x+2 &= 5 \\ (x+2)+(-2) &= 5+(-2) \text{ (2의 + 에 대한 역원)} \\ x+(2+(-2)) &= 3 \text{ (+에 대한 결합법칙)} \\ x+0 &= 3 \text{ (+에 대한 역원)} \\ x &= 3 \text{ (+에 대한 항등원)} \end{aligned}$$

이처럼 방정식의 해를 구할 때 사용되는 성질을 정의해보자. 먼저 이항연산에 대하여 정의하고, 나머지 성질에 대하여 정의한다.

정의 1.5.1 [*이항연산(binary operation, 二項演算)*]
공이 아닌 집합 S에 대하여, $*$는 $S\times S$에서 S로의 관계일 때,

$*$는 집합 S 위에서 **이항연산** $\overset{\text{정의}}{\Leftrightarrow}$ 관계 $*$가 함수(function)가 되는 경우.

※ 이항연산 $*$를 간단히 집합 S 위에서 **연산**이라고도 한다. 각 순서쌍 $(a,b)\in S\times S$에 대하여 S의 원소 $*(a,b)$를 $a*b$로 나타낸다. 이때 집합과 연산을 함께 $(S,*)$ 라 쓰고 **대수적 구조**(algebraic structure, 代數的構造)라 한다. 즉, 연산을 가지고 있는 집합을 대수적구조라 한다.

우리가 공부하는 선형대수학과 앞으로 공부할 현대대수학은 대수적구조를 연구하는 학문 분야이다. 즉, 어떤 집합과 그 집합의 원소들 사이에 연산이 주어졌을 때, 어떤 성질을 가지고 있는지 밝히는 것이다. 집합이 수학의 기본인 것처럼 원소들 사이의 연산도 중요하고 따라서 대수적 구조는 수학에서 매우 중요하다.

※ S의 부분집합 H 위에서 연산 $*':H\times H\to H$를 $*'(x,y)=*(x,y)$이라 정의하면 $*'$는 $*$에 의해 **유도된 연산**(derived operation)이라 하고, 집합 H는 '**연산 $*$에 관하여 닫혀있다**'(closed)라고 한다. 일반적으로 $*'=*$라 쓴다.

예 1.5.2 사칙연산 $+$, $-$, $\times$, $\div$중 정수 $\mathbb{Z}$ 위에서 닫혀있는 이항연산은 $+$, $-$, $\times$이다.

$\mathbb{Z}$ 위에서 사칙연산의 대한 예;

(1) 연산 $+:\mathbb{Z}\times\mathbb{Z}\to\mathbb{Z}$에서 함수값 $+(1,2)=1+2=3\in\mathbb{Z}$

(2) 연산 $-:\mathbb{Z}\times\mathbb{Z}\to\mathbb{Z}$에서 함수값 $-(1,2)=1-2=-1\in\mathbb{Z}$

(3) 연산 $\times : \mathbb{Z}\times\mathbb{Z}\to\mathbb{Z}$에서 함수값 $\times(1,2) = 1\times 2 = 2\in\mathbb{Z}$

(4) 함수 $\div : \mathbb{Z}\times(\mathbb{Z}-\{0\})\to\mathbb{Q}$에서 함수값 $\div(1,2) = 1\div 2 = \frac{1}{2}\notin\mathbb{Z}$. 따라서 $\mathbb{Z}\times(\mathbb{Z}-\{0\})$에서 $\mathbb{Q}$로의 관계 $\div$는 $\mathbb{Z}$ 위에서 닫혀있지 않다. 그러므로 관계 $\div$는 $\mathbb{Z}$ 위에서 닫혀있는 연산이 아니다.

정의 1.5.3 [*결합법칙(associative law, associative law, 結合法則), 항등원(identity element, 恒等元), 역원(inverse element, 逆元), 교환법칙(commutative law, 交換法則), 군(group, 群), 가환군(commutative group, 可換群)*]

$(S,*)$가 대수적 구조일 때,

(G_1) S는 연산 $*$에 관하여 **결합법칙** 성립	$\overset{\text{정의}}{\Leftrightarrow}$	$\forall a,b,c\in S \quad a*(b*c) = (a*b)*c$
(G_2) $e\in S$는 연산 $*$에 관하여 **항등원**	$\overset{\text{정의}}{\Leftrightarrow}$	$\exists e\in S \quad \forall a\in S\ a*e = e*a = a$
(G_3) b는 연산 $*$에 관한 a의 **역원**	$\overset{\text{정의}}{\Leftrightarrow}$	$\forall a\in S \quad \exists b\in S\ a*b = b*a = e$
(G_4) S는 연산 $*$에 관하여 **교환법칙** 성립	$\overset{\text{정의}}{\Leftrightarrow}$	$\forall a,b\in S \quad a*b = b*a$
$(S,*)$가 **군**	$\overset{\text{정의}}{\Leftrightarrow}$	$(G_1)\sim(G_3)$를 만족
$(S,*)$가 **가환군**	$\overset{\text{정의}}{\Leftrightarrow}$	$(G_1)\sim(G_4)$를 만족

예 1.5.4 군과 가환군의 예

(1) $(\mathbb{Z},+)$에서 0이 (좌우)항등원.
$(\mathbb{Z},-)$에서 0이 우항등원이지만 좌항등원이 아님. $a-0=a,\ 0-a\neq a$.
$(\mathbb{N},+)$에서 항등원 없음.
$(\mathbb{N},\cdot)$에서 1이 항등원.

(2) 여러 가지 대수적 구조의 예.

대수적 구조	결합	항등원	역원	교환
$(\mathbb{N},+)$	○	×	×	○
$(\mathbb{N},\cdot)$	○	○	×	○
$(\mathbb{Z},+)$	○	○	○	○
$(\mathbb{Z},-)$	×	×	×	×
$(\mathbb{Z},\cdot)$	○	○	×	○
$(\mathbb{Q},+)$	○	○	○	○
$(\mathbb{Q},\cdot)$	○	○	×	○

여기서 $(\mathbb{Z},+)$와 $(\mathbb{Q},+)$은 가환군이다.

정리 1.5.5 *군 $(G,\circ)$에 대하여 다음이 성립한다.*

(1) G의 원소 e, e'이 $\circ$에 대한 항등원이면 $e=e'$이다.
(2) G의 원소 a', a''이 $\circ$에 대한 a의 역원이면 $a'=a''$이다.
※ 군에서 일반적으로 연산 $\circ$은 생략하고, a의 역원을 a^{-1}라 표기
※ 특별히 가환군에서 연산은 덧셈 $+$을 사용하고, $+$에 대한 a의 역원은 $-a$라 표기

(증명)이 정리는 항등원과 각 원소에 대한 역원의 유일성에 관한 것으로 연습문제로 남긴다. ■

정리 1.5.6 *군 $(G,*)$에 대하여 다음이 성립한다.*

(1) $\forall a,\ b,\ c\in G,\quad a*c=b*c$이면 $a=b$이다. (우소거법칙)
(2) $\forall a,\ b,\ c\in G,\quad c*a=c*b$이면 $a=b$이다. (좌소거법칙)
(3) $\forall a,\ b\in G,\quad$ 일차방정식 $a*x=b$와 $y*a=b$는 유일한 해 존재 (해의 유일성)

(증명) 연습문제로 남긴다. ■

정의 1.5.7 [*체(field, 體)의 정의*]
$(F,+,\cdot)$는 연산 2개 $+$와 $\cdot$ 을 가진 대수적 구조.

$(F,+,\cdot)$가 **체**

$\overset{\text{정의}}{\Longleftrightarrow}$

① $\forall a,\ b,\ c\in F,\quad (a+b)+c=a+(b+c)$ (+에 대한 결합법칙)
② $\exists 0\in F,\ \forall a\in F,\quad a+0=0+a=a$ (+에 대한 항등원 0 존재)
③ $\forall a\in F,\ \exists -a\in F,\quad a+(-a)=(-a)+a=0$ (+에 대한 역원 존재)
④ $\forall a,\ b\in F,\quad a+b=b+a$ (+에 대한 교환법칙)
⑤ $\forall a,\ b,\ c\in F,$
$a\cdot(b+c)=a\cdot b+a\cdot c$ (·에 대한 좌분배법칙)
$(a+b)\cdot c=a\cdot c+b\cdot c$ (·에 대한 우분배법칙)
⑥ $\forall a,\ b,\ c\in F,\quad (a\cdot b)\cdot c=a\cdot(b\cdot c)$ (·에 대한 결합법칙)
⑦ $\exists 1\in F,\ \forall a\in F,\quad a\cdot 1=1\cdot a=a$ (·에 대한 항등원 존재)
⑧ $\forall a(\neq 0)\in F,\ \exists a^{-1}\in F,\quad a\cdot a^{-1}=a^{-1}\cdot a=1$ (·에 대한 역원 존재)
⑨ $\forall a,\ b\in F,\quad a\cdot b=b\cdot a$ (·에 대한 교환법칙)

※ 체에서 $0=1$이면 $F=\{0\}$(각자 증명해 볼 것)이므로, 앞으로 체에서 $0\neq 1$이라 간주한다. 즉, 체는 적어도 2 개의 원소 $\{0,\ 1\}$을 포함하는 것으로 생각한다.

※ 체가 두 연산 $+$와 $\cdot$를 가지고 있는 이유는 아무리 추상화된 수학이라 하더라도 덧셈과 곱셈으로 모델링하기 때문이다.

※ **주의**: 0과 1은 수(number)에서 숫자 0, 1을 빌려온 것임을 주의해야 한다.

※ **참고**: 일반적으로 a의 곱셈역원 a^{-1}은 $\frac{1}{a}$이 아니다. $\frac{1}{a}$은 수의 표현 형태이다. 정수 2^{-1}은 자연수(양수) 2의 '곱셈에 대한 역원'이고 $\frac{1}{2}$은 '유리수'인데 수에서는 이들이 일치하여, 곱셈역원에서 a^{-1}과 $\frac{1}{a}$은 같은 개념이란 오류를 범하기 쉽다. 예를 들면 역함수에서

$$f^{-1} \neq \frac{1}{f}$$

이다. 하지만 곱셈에 대한 가환법칙이 성립할 때, a의 곱셈에 대한 역원을 $a^{-1} = \frac{1}{a}$이라 표기하기도 한다.

또한 덧셈 $+$에서도 정수 -2는 자연수(양의 정수) 2의 덧셈에 대한 역원인데 수에서는 이를 음수라 특별히 부른다. 그리고 $-(-2) = 2$는 -2의 덧셈에 대한 역원인데 음수라 하지 않는다.

예 1.5.8 체의 예.

(1) $(\mathbb{Q},+,\cdot)$, $(\mathbb{R},+,\cdot)$, $(\mathbb{C},+,\cdot)$은 체.

(2) $(\mathbb{Z},+,\cdot)$은 체가 아니다. 왜냐하면 $2^{-1} = \frac{1}{2} \notin \mathbb{Z}$.

※ 실생활에서 주로 체는 $\mathbb{R}$와 $\mathbb{C}$에 대하여 사용한다.

정리 1.5.9 *체 $(F,+,\cdot)$에 대하여 다음이 성립한다.*

$$\forall a \in F, \quad a \cdot 0 = 0 \cdot a = 0.$$

(증명) 연습문제로 남긴다. ■

정리 1.5.10 *대수적 구조 $(F,+,\cdot)$에 대하여 다음은 동치이다.*

(1) $(F,+,\cdot)$가 체.

$\Leftrightarrow$ (2)
1) $(F,+)$가 가환군 .
2) $(F-\{0\},\cdot)$가 가환군.
3) $\forall a,\ b,\ c \in F, \quad a \cdot (b+c) = a \cdot b + a \cdot c.$

(증명) 정의에 의해 성립한다. ■

연 습 문 제 (1.5)

1. 정수 n에 대하여 $n\mathbb{Z} = \{na \mid a \in \mathbb{Z}\}$일 때, $(n\mathbb{Z}, +)$는 군임을 증명하라.

2. 다음 6개의 함수

$$f_1(x) = x, \quad f_2(x) = \frac{1}{1-x}, \quad f_3(x) = \frac{x-1}{x}$$
$$f_4(x) = \frac{1}{x}, \quad f_5(x) = 1-x, \quad f_6(x) = \frac{x}{x-1}$$

의 집합 $A = \{f_1, f_2, f_3, f_4, f_5, f_6\}$ 위에서 연산 $\circ$이 함수의 합성으로 주어졌다. 이때 다음 물음에 답하라.

(1) 연산 $\circ$은 교환법칙이 성립하는가?

(2) 연산 $\circ$에 관한 항등원을 구하라.

(3) 연산 $\circ$에 관한 모든 원소의 역원을 구하라.

(4) 대수적구조 $(A, \circ)$은 군인지 아닌지 판단하라.

3. 정리 1.5.5를 증명하라.

4. 정리 1.5.6를 증명하라.

5. 정리 1.5.9를 증명하라.

6. 정리 1.5.10를 증명하라.

7. 복소수 집합 $\mathbb{C} - \{0\}$을 $\mathbb{C}^*$라고 정의할 때, 곱셈연산 $\cdot$에 대하여 대수적구조 $(\mathbb{C}^*, \cdot)$이 가환군임을 복소수의 성질을 이용하여 증명하라.

8. 군 G의 원소 a에 대하여 $a^2 = a$이면, a가 항등원임을 보여라.

제 2 장

행렬과 행렬식

행렬식(determinant)은 연립 1차방정식의 성질을 결정하기 위해 탄생되었으며, 16 세기에 카르다노가 2×2행렬식을, 17세기에는 라이프니츠가 일반적인 크기의 행렬식을 정의하였다. 역사적으로 행렬식은 행렬보다 앞서 등장하였다. '성분들의 직사각형 배열'이 수학에 사용된 것은 매우 오래전이나, 행렬이라는 이름은 수학자 실베스터(Sylvester, 1814~1897)가 1850년에 쓴 논문에 처음 나온다.

행렬은 과학의 곳곳에서 그 응용 분야가 발견된다. 물리학에서는 전기회로, 광학, 양자역학 등에서 쓰이고, 컴퓨터 그래픽에서는 3 차원 이미지를 2차원 평면에 투영하거나 사실적인 움직임을 그려내기 위해서 사용한다. 행렬 미적분학의 발견으로 미분이나 지수함수 같은 고전 해석학적 개념을 더 높은 차원으로 일반화시키기도 했다. 행렬이론이 발전하게 된 큰 동기는 선형 연립방정식계와 그것의 해를 구하는 문제로부터 출발하였다. 많은 미지수를 갖는 선형 연립방정식계가 자연과학, 공학, 경제학, 암호론이나 부호이론(coding theory) 등의 문제를 수학적으로 모델링할 때 나타난다. 일상에서 만나는 그 구체적인 예로 교통망, 일기예보, 의사결정 등이 있다. 뿐만 아니라, 병원에서 환자들의 건강 상태를 조사하는 CT 촬영도 선형방정식계를 푸는 문제이고, 전기회로를 설정하는 문제도 선형방정식계이다.

행성이론이나 원자론에서는 무한 행렬도 등장하는데, 함수의 테일러 전개에 적용하는 미분 연산자의 행렬이 그 예다. 요즘은 행렬이 인터넷을 통해 디지털소리와 이미지를 전송하는 도구로 테이블 형식을 이용하여 정보를 저장하고 검색하는데 이용되기도 한다. (참조 : [8])

2.1 행렬과 연산

다음 연립1차 방정식의 해를 구해보자. 왼쪽은 연립방정식의 해를 구하는 과정이고 오른쪽은 해를 구할 때 미지수 x, y는 아무 역할도 하지 않으므로 미지수를 제거하고 방정식의 계수 위치만 표시한 행렬표현이다.

②+①는 ②식에 ①식을 더하는 것을, ①−②는 ②식에 −1 배하여 ①식에 더하는 것 (①−② = ①+(−1)②)을, R_i는 i행(Row)을 의미한다.

$$\begin{cases} x+y = 3 & -① \\ x-y = -1 & -② \end{cases} \longrightarrow \left(\begin{array}{cc|c} 1 & 1 & 3 \\ 1 & -1 & -1 \end{array}\right) \begin{array}{l} \cdots R_1 \\ \cdots R_2 \end{array}$$

$$\xrightarrow{②+①} \begin{cases} x+y = 3 & -① \\ 2x+0y = 2 & -② \end{cases} \xrightarrow{R_2+R_1} \left(\begin{array}{cc|c} 1 & 1 & 3 \\ 2 & 0 & 2 \end{array}\right) \begin{array}{l} \cdots R_1 \\ \cdots R_2 \end{array}$$

$$\xrightarrow{\frac{1}{2}②} \begin{cases} x+y = 3 & -① \\ x+0y = 1 & -② \end{cases} \xrightarrow{\frac{1}{2}R_2} \left(\begin{array}{cc|c} 1 & 1 & 3 \\ 1 & 0 & 1 \end{array}\right) \begin{array}{l} \cdots R_1 \\ \cdots R_2 \end{array}$$

$$\xrightarrow{①-②} \begin{cases} 0x+y = 2 & -① \\ x+0y = 1 & -② \end{cases} \xrightarrow{R_1-R_2} \left(\begin{array}{cc|c} 0 & 1 & 2 \\ 1 & 0 & 1 \end{array}\right) \begin{array}{l} \cdots R_1 \\ \cdots R_2 \end{array}$$

$$\xrightarrow{①\leftrightarrow②} \begin{cases} x+0y = 1 \\ 0x+y = 2 \end{cases} \xrightarrow{R_1\leftrightarrow R_2} \left(\begin{array}{cc|c} 1 & 0 & 1 \\ 0 & 1 & 2 \end{array}\right)$$

이처럼 행렬을 이용하면 연립1차방정식의 해를 쉽게 구할 수 있다. 해를 구할 때 쓰이는 연산 방법은 3가지(두 식의 교환/한 식에 숫자배/한 식에 숫자배하여 다른 식에 더함)만을 사용한다는데 유의하자.

행렬이론은 연립방정식의 해를 구하기 위해 고안되었지만 자연과학, 공학, 사회과학 등 여러분야에서 활용되는 행렬의 성질에 대하여 알아보자.

정의 2.1.1 [*행렬(matrix, 行列), 스칼라(scalar)*]
$(F, +, \cdot)$는 *체이고 자연수* $n,\ m \in \mathbb{N}$*에 대하여* $a_{ij} \in F(i = 1,\ 2,\ \cdots,\ n, \quad j = 1,\ 2,\ \cdots,\ m)$ *일 때,*

A는 체 F 위의 $n \times m$ **행렬**

$\overset{\text{정의}}{\Longleftrightarrow}$

$$A = \begin{pmatrix} a_{11} & a_{12} & a_{13} & \cdots & a_{1m} \\ \vdots & \vdots & \vdots & & \vdots \\ a_{i1} & a_{i2} & a_{i3} & \dots & a_{im} \\ \vdots & \vdots & \vdots & & \vdots \\ a_{n1} & a_{n2} & a_{n3} & \dots & a_{nm} \end{pmatrix} \text{ 또는 } \begin{bmatrix} a_{11} & a_{12} & a_{13} & \cdots & a_{1m} \\ \vdots & \vdots & \vdots & & \vdots \\ a_{i1} & a_{i2} & a_{i3} & \dots & a_{im} \\ \vdots & \vdots & \vdots & & \vdots \\ a_{n1} & a_{n2} & a_{n3} & \dots & a_{nm} \end{bmatrix}$$

와 같이 수를 직사각형 형태로 표기하고, 간단히

$$A = (a_{ij}) \text{ 또는 } [a_{ij}],\ i = 1,\ 2,\ \cdots,\ n, \quad j = 1,\ 2,\ \cdots,\ m$$

라 쓰며, 같은 의미로 $(a_{ij})_{n \times m}$ 또는 $[a_{ij}]_{n \times m}$라 표기하고, 앞뒤 문맥에서 분명히 행과 열의 수를 알면 더 간단히 (a_{ij}) 또는 $[a_{ij}]$라 표현한다.

A_i는 A의 **제i행**(i-th row) $\overset{\text{정의}}{\Longleftrightarrow}$ $A_i = (a_{i1}\ a_{i2}\ a_{i3}\ \dots\ a_{im})$ 또는 $[a_{i1}\ a_{i2}\ a_{i3}\ \dots\ a_{im}]$

A^j는 A의 **제j열**(j-th column) $\overset{\text{정의}}{\Longleftrightarrow}$

$$A^j = \begin{pmatrix} a_{1j} \\ a_{2j} \\ \vdots \\ a_{nj} \end{pmatrix} \text{ 또는 } \begin{bmatrix} a_{1j} \\ a_{2j} \\ \vdots \\ a_{nj} \end{bmatrix}$$

※ a_{ij}를 A의 **제(i, j)성분**((i, j)-th component, 成分)이라 한다.
※ a_{ij}를 **스칼라**(scalar) 또는 **수**(number)라 부른다.

따라서 주어진 행렬 A는 다음과 같이 쓸 수 있다.

$$A = \begin{pmatrix} A_1 \\ A_2 \\ \vdots \\ A_n \end{pmatrix} = \left(A^1, \quad A^2, \quad \dots, \quad A^m\right)$$

또한 증명의 편의를 위해 세로로 표기한 행을 가로로 나열하여 같은 행렬이라 간주하기도 한다.

$$A = \begin{pmatrix} A_1 \\ A_2 \\ \vdots \\ A_n \end{pmatrix} := \begin{pmatrix} A_1, & A_2, & \ldots, & A_n \end{pmatrix}$$

체 F의 원소를 성분으로 갖는 $n\times m$ 행렬 전체집합을 다음과 같이 쓴다.

$$M_{n\times m}(F) = \{A \mid A = (a_{ij}),\ i = 1,\cdots,n,\ j = 1,\cdots,m,\ a_{ij}\in F\}$$

특히 행의 수와 열의 수가 같은 행렬 전체집합은 $M_{n\times n}(F) = M_n(F)$이라 표기한다.

정의 2.1.2 [*행렬의 상등(equal, 相等)*] 두 행렬

$$A = (a_{ij}) \in M_{n\times m}, \quad B = (b_{ij}) \in M_{p\times q}$$

에 대하여

A와 B가 **갈다(상등)** $A = B$	$\overset{정의}{\Longleftrightarrow}$	① $n = p,\ m = q$ (행과 열의 수 일치) ② $a_{ij} = b_{ij},\ \forall i, j$ (대응 성분 일치)

예 2.1.3 $A = \begin{pmatrix} 1 & x-y \\ x+y & 3 \end{pmatrix}, B = \begin{pmatrix} a-b & 0 \\ 2 & a+b \end{pmatrix}$에 대하여 $A = B$일 필요충분조건은

$$\begin{cases} x-y=0 \\ x+y=2 \end{cases} \qquad \begin{cases} a-b=1 \\ a+b=3 \end{cases}$$

이므로 $x = 1,\ y = 1,\ a = 2,\ b = 1$이다.

정의 2.1.4 [*정사각행렬(square matrix, 正四角行列), 영행렬(zero matrix, 零行列)*]
$(F,+,\cdot)$*는 체이고, 자연수* $n,\ m\in\mathbb{N}$*에 대하여* $A\in M_{n\times m}(F)$ *일 때,*

A는 n**차 정사각행렬**	$\overset{정의}{\Longleftrightarrow}$	A는 행의 수와 열의 수가 같은 행렬. 즉, $n = m$
$\mathbb{O}$은 **영행렬**	$\overset{정의}{\Longleftrightarrow}$	모든 성분이 0인 행렬로 $\mathbb{O}$이라 표기한다. 즉, $\mathbb{O} = \begin{pmatrix} 0 & 0 & \cdots & 0 \\ \vdots & \vdots & & \vdots \\ 0 & 0 & \cdots & 0 \end{pmatrix}_{n\times m} = (0)_{n\times m}$

정의 2.1.5 [덧셈(addition), 스칼라곱(scalar multiple)]

$(F,+,\cdot)$는 체, 자연수 $n,\ m \in \mathbb{N}$, 행렬 $A=(a_{ij}),\ B=(b_{ij}) \in M_{n\times m}(F)$와 스칼라 $r \in F$에 대하여, 덧셈 $+$와 스칼라곱 $\cdot$은 다음과 같이 정의된 함수이다.

$$+: M_{n\times m}(F) \times M_{n\times m}(F) \to M_{n\times m}(F)$$
$$\cdot: F \times M_{n\times m}(F) \to M_{n\times m}(F)$$

A와 B의 **덧셈** $A+B$	$\overset{\text{정의}}{\Leftrightarrow}$	$A+B=(a_{ij})+(b_{ij})=(a_{ij}+b_{ij})$
r과 A의 **스칼라곱** $r\cdot A$	$\overset{\text{정의}}{\Leftrightarrow}$	$r\cdot A = r\cdot(a_{ij})=(ra_{ij})$

※ 스칼라곱 기호 $\cdot$는 보통 생략한다. 덧셈은 연산이지만 스칼라곱은 연산이 아니다(연산의 정의를 잘 생각해 볼 것).

예 2.1.6 실수를 성분으로 갖는 2차 정사각행렬 전체집합

$$M_2(\mathbb{R}) = \left\{ \begin{pmatrix} a & b \\ c & d \end{pmatrix} \middle| \ a,b,c,d \in \mathbb{R} \right\}$$

의 원소 $A=\begin{pmatrix} 1 & 2 \\ 3 & 4 \end{pmatrix}, B=\begin{pmatrix} -1 & 0 \\ 2 & 5 \end{pmatrix}$에 대하여 다음 덧셈과 스칼라곱을 구해보자.

$$A+B=\begin{pmatrix} 1 & 2 \\ 3 & 4 \end{pmatrix}+\begin{pmatrix} -1 & 0 \\ 2 & 5 \end{pmatrix}=\begin{pmatrix} 1-1 & 2+0 \\ 3+2 & 4+5 \end{pmatrix}=\begin{pmatrix} 0 & 2 \\ 5 & 9 \end{pmatrix}$$
$$2A=2\begin{pmatrix} 1 & 2 \\ 3 & 4 \end{pmatrix}=\begin{pmatrix} 2\cdot1 & 2\cdot2 \\ 2\cdot3 & 2\cdot4 \end{pmatrix}=\begin{pmatrix} 2 & 4 \\ 6 & 8 \end{pmatrix}$$
$$2A-3B=2\begin{pmatrix} 1 & 2 \\ 3 & 4 \end{pmatrix}-3\begin{pmatrix} -1 & 0 \\ 2 & 5 \end{pmatrix}=\begin{pmatrix} 2 & 4 \\ 6 & 8 \end{pmatrix}+\begin{pmatrix} 3 & 0 \\ -6 & -15 \end{pmatrix}=\begin{pmatrix} 5 & 4 \\ 0 & -7 \end{pmatrix}$$

정리 2.1.7 스칼라 $r,s \in F$와 $A,B,C \in M_{n\times m}(F)$에 대하여 다음이 성립한다.

(1) $(A+B)+C=A+(B+C)$

(2) $A+\mathbb{O}=\mathbb{O}+A=A$

(3) $A+(-1)A=(-1)A+A=\mathbb{O}$

(4) $A+B=B+A$

(5) $r(A+B)=rA+rB$

(6) $(r+s)A=rA+sA$

(7) $(rs)A=r(sA)$

(8) $1A=A$(1은 F의 곱셈항등원)

(증명) (1) $A=(a_{ij}), B=(b_{ij}), C=(c_{ij})$라 하자.

$$\begin{aligned}(A+B)+C &= [(a_{ij})+(b_{ij})]+(c_{ij})=((a_{ij}+b_{ij})+c_{ij}) \\ &= (a_{ij}+(b_{ij}+c_{ij}))=(a_{ij})+(b_{ij}+c_{ij}) \\ &= (a_{ij})+[(b_{ij})+(c_{ij})]=A+(B+C)\end{aligned}$$

(2) $A+\mathbb{O}=(a_{ij})+(0)=(a_{ij}+0)=(a_{ij})=A$

(3) $\sim$ (8) 연습문제로 남긴다. ■

정리 (6), (8)을 이용하면 자연수 k에 대하여

$$A+A=2A,\quad A+A+A=3A,\quad \cdots,\quad \overbrace{A+A+\cdots+A}^{k\text{개}}=kA$$

을 증명할 수 있다.

※ $-A=(-1)A$라 쓰고 A의 **덧셈에 대한 역원**이라 한다.

※ $A-B=A+(-B)=A+(-1)B$이라 정의한다.

※ 위 정리에 의해 $(M_{n\times m}(F),+)$는 가환군이다.

다음은 행렬의 곱셈에 대하여 알아보자. 행렬의 곱은 선형사상(특별한 형태의 1차함수)의 합성과 밀접한 관계가 있다. 예를 들어 행렬

$$A=\begin{pmatrix} a & b \\ c & d \end{pmatrix},\quad B=\begin{pmatrix} a' & b' \\ c' & d' \end{pmatrix}$$

에 대하여 1차함수 $f_A,\ f_B:\mathbb{R}\times\mathbb{R}\longrightarrow\mathbb{R}\times\mathbb{R}$이 다음과 같이 주어졌다고 하자.

$$f_A(x,\ y)=(ax+by,\ cx+dy)=\begin{pmatrix} a & b \\ c & d \end{pmatrix}\begin{pmatrix} x \\ y \end{pmatrix}$$

$$f_B(x,\ y)=(a'x+b'y,\ c'x+d'y)=\begin{pmatrix} a' & b' \\ c' & d' \end{pmatrix}\begin{pmatrix} x \\ y \end{pmatrix}$$

라 하면 두 함수 f_A와 f_B의 합성 $f_A\circ f_B$는 어떻게 주어질까?

단, $(ax+by,\ cx+dy)=\begin{pmatrix} ax+by \\ cx+dy \end{pmatrix}$이다.

$$\begin{aligned}
f_A\circ f_B(x,y) &= f_A(a'x+b'y,\ c'x+d'y)\\
&=(a(a'x+b'y)+b(c'x+d'y),\ c(a'x+b'y)x+d(c'x+d'y))\\
&=((aa'+bc')x+(ab'+bd')y,\ (ca'+dc')x+(cb'+dd')y)\\
&=\begin{pmatrix} \underline{aa'+bc'} & ab'+bd' \\ ca'+dc' & cb'+dd' \end{pmatrix}\begin{pmatrix} x \\ y \end{pmatrix}\\
&=\begin{pmatrix} \underline{a} & \underline{b} \\ c & d \end{pmatrix}\begin{pmatrix} \underline{a'} & b' \\ \underline{c'} & d' \end{pmatrix}\begin{pmatrix} x \\ y \end{pmatrix}=AB\begin{pmatrix} x \\ y \end{pmatrix}
\end{aligned}$$

선형사상의 합성 $f_A\circ f_B$는 이상하게 정의(?)된 행렬 AB로 대체할 수 있다는 것을 알 수 있다. 즉, 행렬의 곱셈은 선형사상의 합성에 대응되도록 만든 것이다. 이러한 배경을 근거로 행렬의 곱을 다음과 같이 정의한다. 또한 행렬을 함수(선형사상)로 볼 수 있다.

정의 2.1.8 [곱셈(*multiplication*)]

체 F와 자연수 $n,m,p \in \mathbb{N}$에 대하여,

$$A=(a_{ij})\in M_{n\times m}(F),\quad B=(b_{ij})\in M_{m\times p}(F)$$

라 하자. 행렬 A와 B의 곱 $A\cdot B$을 다음과 같은 함수로 정의한다.

$$\cdot : M_{n\times m}(F)\times M_{m\times p}(F)\to M_{n\times p}(F)$$

$A\cdot B$는 A와 B의 **곱셈**

$\overset{\text{정의}}{\Longleftrightarrow}$

$$A\cdot B=\begin{pmatrix} a_{11} & a_{12} & \cdots & a_{1m}\\ a_{21} & a_{22} & \cdots & a_{2m}\\ \vdots & \vdots & & \vdots\\ a_{n1} & a_{n2} & \cdots & a_{nm}\end{pmatrix}\cdot\begin{pmatrix} b_{11} & b_{12} & \cdots & b_{1p}\\ b_{21} & b_{22} & \cdots & b_{2p}\\ \vdots & \vdots & & \vdots\\ b_{m1} & b_{m2} & \cdots & b_{mp}\end{pmatrix}$$

$$=\begin{pmatrix} A_1\cdot B^1 & A_1\cdot B^2 & \cdots & A_1\cdot B^p\\ A_2\cdot B^1 & A_2\cdot B^2 & \cdots & A_2\cdot B^p\\ \vdots & \vdots & & \vdots\\ A_n\cdot B^1 & A_n\cdot B^2 & \cdots & A_n\cdot B^p\end{pmatrix}$$

$$=\left(A_i\cdot B^j\right)_{n\times p}=\left(a_{i1}b_{1j}+a_{i2}b_{2j}+\cdots+a_{im}b_{mj}\right)_{n\times p}$$

단, $A_i\cdot B^j=\begin{pmatrix} a_{i1} & a_{i2} & \cdots & a_{im}\end{pmatrix}\cdot\begin{pmatrix} b_{1j}\\ b_{2j}\\ \vdots\\ b_{mj}\end{pmatrix}$

$=a_{i1}b_{1j}+a_{i2}b_{2j}+\cdots+a_{im}b_{mj}=\Sigma_{k=1}^{m}a_{ik}b_{kj}$라 정의한다.

※ 곱셈 기호 ·은 보통 생략한다. 행렬의 곱셈에서 주의해야 할 점은 함수의 합성이 가능하도록 왼쪽 행렬의 열의 수 m과 오른쪽 행렬의 행의 수 m이 일치해야 한다.

※ 자연수 k와 정사각행렬 A에 대하여 $\overbrace{A\cdot A\cdot\ \cdots\ \cdot A}^{k\text{개}}=A^k$라 쓴다.

예 2.1.9 다음 행렬 $A=\begin{pmatrix}1 & 2 & 3\end{pmatrix}$, $B=\begin{pmatrix}-1\\ 2\\ -4\end{pmatrix}$의 곱을 구하라.

$$AB=\begin{pmatrix}1 & 2 & 3\end{pmatrix}_{1\times 3}\begin{pmatrix}-1\\ 2\\ -4\end{pmatrix}_{3\times 1}=(-1+4-12)=(-9)_{1\times 1}$$

$$BA = \begin{pmatrix} -1 \\ 2 \\ -4 \end{pmatrix}_{3\times 1} \begin{pmatrix} 1 & 2 & 3 \end{pmatrix}_{1\times 3} = \begin{pmatrix} -1 & -2 & -3 \\ 2 & 4 & 6 \\ -4 & -8 & -12 \end{pmatrix}_{3\times 3}$$

$AB \neq BA$이므로 행렬은 곱셈에 대한 교환법칙이 성립하지 않는다.

정의 2.1.10 [*주대각성분(principal diagonal component, 主對角成分), 대각행렬(diagonal matrix, 對角行列), 단위행렬(identity matrix, unit matrix, 單位行列)*]

F는 체, 자연수 $n \in \mathbb{N}$, $A = (a_{ij}) \in M_n(F)$가 n차 정사각행렬일 때,

A의 **주대각성분**	$\overset{\text{정의}}{\Leftrightarrow}$	$a_{11},\ a_{22},\ \cdots,\ a_{nn}$
A가 **대각행렬**	$\overset{\text{정의}}{\Leftrightarrow}$	$A = \begin{pmatrix} a_{11} & 0 & 0 & \cdots & 0 \\ 0 & a_{22} & 0 & \cdots & 0 \\ \vdots & \vdots & \vdots & & \vdots \\ 0 & 0 & 0 & \cdots & a_{nn} \end{pmatrix}$ $A = \mathrm{diag}\{a_{11},\ a_{22},\ \cdots,\ a_{nn}\}$이라 쓴다.
I_n이 n차 **단위행렬**	$\overset{\text{정의}}{\Leftrightarrow}$	$I_n = \begin{pmatrix} 1 & 0 & 0 & \cdots & 0 \\ 0 & 1 & 0 & \cdots & 0 \\ \vdots & \vdots & \vdots & & \vdots \\ 0 & 0 & 0 & \cdots & 1 \end{pmatrix}$ I_n 또는 I라 쓴다.

예 2.1.11 단위 행렬의 예.

$$I_2 = \begin{pmatrix} 1 & 0 \\ 0 & 1 \end{pmatrix}, \quad I_3 = \begin{pmatrix} 1 & 0 & 0 \\ 0 & 1 & 0 \\ 0 & 0 & 1 \end{pmatrix}, \quad I_n = \begin{pmatrix} 1 & 0 & \cdots & 0 \\ 0 & 1 & \cdots & 0 \\ \vdots & \vdots & & \vdots \\ 0 & 0 & \cdots & 1 \end{pmatrix}$$

정리 2.1.12 *스칼라 $r \in F$와 행렬 $A \in M_{n\times m}(F)$에 대하여 다음이 성립한다. 단, 행렬 $A,\ B,\ C$는 곱셈 가능하고, $\mathbb{O}$는 영행렬이다.*

(1) $(AB)C = A(BC)$

(2) $AI_m = I_nA = A$

(3) $(A+B)C = AC+BC$

(4) $A(B+C) = AB+AC$

(5) $r(AB) = (rA)B = A(rB)$

(6) $A\mathbb{O}_m = \mathbb{O}_nA = \mathbb{O}_{n\times m}$

(증명) (1) 행렬 $A=(a_{ij})\in M_{n\times m}(F)$, $B=(b_{ij})\in M_{m\times p}(F)$, $C=(c_{ij})\in M_{p\times q}(F)$라 하자. (AB)의 제(i,s)성분은 $\Sigma_{r=1}^{m}a_{ir}b_{rs}$이고, (BC)의 제(r,j)성분은 $\Sigma_{s=1}^{p}b_{rs}c_{sj}$이다. 행렬 $(AB)C$의 제(i,j)성분은

$$\sum_{s=1}^{p}\left(\sum_{r=1}^{m}a_{ir}b_{rs}\right)c_{sj}=\sum_{\substack{1\le r\le m\\1\le s\le p}}a_{ir}b_{rs}c_{sj}$$

행렬 $A(BC)$의 제(i,j)성분은

$$\sum_{r=1}^{m}a_{ir}\left(\sum_{s=1}^{p}b_{rs}c_{sj}\right)=\sum_{\substack{1\le r\le m\\1\le s\le p}}a_{ir}b_{rs}c_{sj}$$

행렬 $(AB)C$와 행렬 $A(BC)$의 제(i,j)성분이 모두 같으므로 $(AB)C=A(BC)$이다.

(3) 행렬 $A=(a_{ij})\in M_{n\times m}(F)$, $B=(b_{ij})\in M_{n\times m}(F)$, $C=(c_{ij})\in M_{m\times p}(F)$라 하자. $(A+B)C$의 (i,j)성분은 $\sum_{k=1}^{m}(a_{ik}+b_{ik})c_{kj}$이고, AC의 (i,j)성분은 $\sum_{k=1}^{m}a_{ik}c_{kj}$이고, BC의 (i,j)성분은 $\sum_{k=1}^{m}b_{ik}c_{kj}$이다. 그러므로 $AC+BC$의 (i,j)성분은
$\sum_{k=1}^{m}a_{ik}c_{kj}+\sum_{k=1}^{m}b_{ik}c_{kj}$이 되어 $(A+B)C$의 (i,j) 성분과 일치한다. 즉,

$$\sum_{k=1}^{m}(a_{ik}+b_{ik})c_{kj}=\sum_{k=1}^{m}a_{ik}c_{kj}+\sum_{k=1}^{m}b_{ik}c_{kj}$$

이 되어 $(A+B)C=AC+BC$이다.

(2), (4), (5), (6) 연습문제로 남긴다. ■

정의 2.1.13 [*상삼각행렬(upper triangle matrix, 上三角行列), 하삼각행렬(lower triangle matrix, 下三角行列)*]

F는 체, 자연수 n, $m\in\mathbb{N}$, $A=(a_{ij})\in M_n(F)$가 n차 정사각행렬일 때,

A가 **상삼각행렬** $\overset{\text{정의}}{\Longleftrightarrow}$ $a_{ij}=0\ (i>j)$. 즉, $A=\begin{pmatrix}a_{11}&a_{12}&a_{13}&\cdots&a_{1n}\\0&a_{22}&a_{23}&\cdots&a_{2n}\\\vdots&\vdots&\vdots&&\vdots\\0&0&0&\cdots&a_{nn}\end{pmatrix}$

A가 **하삼각행렬** $\overset{\text{정의}}{\Longleftrightarrow}$ $a_{ij}=0\ (i<j)$. 즉, $A=\begin{pmatrix}a_{11}&0&0&\cdots&0\\a_{21}&a_{22}&0&\cdots&0\\\vdots&\vdots&\vdots&&\vdots\\a_{n1}&a_{n2}&a_{n3}&\cdots&a_{nn}\end{pmatrix}$

※ n차 정사각 영행렬 $\mathbb{O}$은 대각행렬, 상삼각행렬, 하삼각행렬이 된다.

정의 2.1.14 [*전치행렬(transposed matrix, 轉置行列)*]

자연수 $n,\ m \in \mathbb{N}$, $A = (a_{ij}) \in M_{n\times m}(F)$*가* $n \times m$ *행렬일 때,*

A^T는 A의 **전치행렬** $\overset{\text{정의}}{\Longleftrightarrow}$ $$A^T = (a_{ji})_{m\times n} = \begin{pmatrix} a_{11} & a_{21} & a_{31} & \cdots & a_{n1} \\ a_{12} & a_{22} & a_{32} & \cdots & a_{n2} \\ \vdots & \vdots & \vdots & & \vdots \\ a_{1m} & a_{2m} & a_{3m} & \cdots & a_{nm} \end{pmatrix}_{m\times n}$$

예 2.1.15 $A = \begin{pmatrix} 1 & 2 & 3 \end{pmatrix}_{1\times 3}$, $B = \begin{pmatrix} 1 & 2 \\ 3 & 4 \\ 5 & 6 \end{pmatrix}_{3\times 2}$, $C = \begin{pmatrix} 1 & 2 & 3 \\ 4 & 5 & 6 \\ 7 & 8 & 9 \end{pmatrix}_{3\times 3}$ 의 전치행렬을 구해 보자.

$$A^T = \begin{pmatrix} 1 \\ 2 \\ 3 \end{pmatrix}_{3\times 1}, \quad B^T = \begin{pmatrix} 1 & 3 & 5 \\ 2 & 4 & 6 \end{pmatrix}_{2\times 3}, \quad C^T = \begin{pmatrix} 1 & 4 & 7 \\ 2 & 5 & 8 \\ 3 & 6 & 9 \end{pmatrix}_{3\times 3}$$

정리 2.1.16 *스칼라* $r \in F$ *이고,* $A,\ B$*는 행렬 곱이 가능할 때, 다음이 성립한다.*

(1) $(A+B)^T = A^T + B^T$ (2) $(A^T)^T = A$

(3) $(rA)^T = rA^T$ (4) $(AB)^T = B^T A^T$

(증명) (1) $A = (a_{ij})_{n\times m}$, $B = (b_{ij})_{n\times m}$라 하자.

$$\begin{aligned} (A+B)^T &= ((a_{ij}) + (b_{ij}))^T \\ &= \{(a_{ij} + b_{ij})_{n\times m}\}^T \\ &= (a_{ji} + b_{ji})_{m\times n} \\ &= (a_{ji}) + (b_{ji}) = A^T + B^T \end{aligned}$$

(2) $(A^T)^T = \left((a_{ij})^T\right)^T = (a_{ji})^T = (a_{ij}) = A$

(3) $(rA)^T = (ra_{ij})^T = (ra_{ji}) = r(a_{ji}) = rA^T$

(4) $A = (a_{ij})_{n\times m}$, $B = (b_{ij})_{m\times p}$라 하자.

$$
\begin{aligned}
[(AB)_{n\times p}]^T &= \left[\left(A_iB^j\right)_{n\times p}\right]^T \\
&= \left[\left(\begin{pmatrix} a_{i1} & a_{i2} & \cdots & a_{im}\end{pmatrix}\begin{pmatrix} b_{1j} \\ b_{2j} \\ \vdots \\ b_{mj}\end{pmatrix}\right)_{n\times p}\right]^T \\
&= \left[(a_{i1}b_{1j} + a_{i2}b_{2j} + \cdots + a_{im}b_{mj})_{n\times p}\right]^T \\
&= (a_{1i}b_{j1} + a_{2i}b_{j2} + \cdots + a_{mi}b_{jm})_{p\times n} \\
&= (b_{j1}a_{1i} + b_{j2}a_{2i} + \cdots + b_{jm}a_{mi})_{p\times n} \\
&= \left(\begin{pmatrix} b_{j1} & b_{j2} & \cdots & b_{jm}\end{pmatrix}\begin{pmatrix} a_{1i} \\ a_{2i} \\ \vdots \\ a_{mi}\end{pmatrix}\right)_{p\times n} \\
&= \left((B^T)_j(A^T)^i\right)_{p\times n} \\
&= (B^TA^T)_{p\times n}
\end{aligned}
$$

■

예 2.1.17 $A = \begin{pmatrix} 1 & 2 \\ 3 & 4\end{pmatrix}$, $B = \begin{pmatrix} -1 & 5 \\ 0 & 4\end{pmatrix}$일 때 다음을 계산해보자.

$(A+B)^T = \begin{pmatrix} 0 & 7 \\ 3 & 8\end{pmatrix}^T = \begin{pmatrix} 0 & 3 \\ 7 & 8\end{pmatrix}$이고

$A^T + B^T = \begin{pmatrix} 1 & 3 \\ 2 & 4\end{pmatrix} + \begin{pmatrix} -1 & 0 \\ 5 & 4\end{pmatrix} = \begin{pmatrix} 0 & 3 \\ 7 & 8\end{pmatrix}$이므로 $(A+B)^T = A^T + B^T$이다.

또한

$(AB)^T = \left(\begin{pmatrix} 1 & 2 \\ 3 & 4\end{pmatrix}\begin{pmatrix} -1 & 5 \\ 0 & 4\end{pmatrix}\right)^T = \begin{pmatrix} -1 & 13 \\ -3 & 31\end{pmatrix}^T = \begin{pmatrix} -1 & -3 \\ 13 & 31\end{pmatrix}$이고,

$B^TA^T = \begin{pmatrix} -1 & 0 \\ 5 & 4\end{pmatrix}\begin{pmatrix} 1 & 3 \\ 2 & 4\end{pmatrix} = \begin{pmatrix} -1 & -3 \\ 13 & 31\end{pmatrix}$이므로 $(AB)^T = B^TA^T$이다. 한편

$A^TB^T = \begin{pmatrix} 1 & 3 \\ 2 & 4\end{pmatrix}\begin{pmatrix} -1 & 0 \\ 5 & 4\end{pmatrix} = \begin{pmatrix} 14 & 12 \\ 18 & 16\end{pmatrix} \neq (AB)^T = B^TA^T$이다.

정의 2.1.18 [*대칭행렬(symmetric matrix, 對稱行列), 교대행렬(alternating matrix, 交代行列)*]

$A = (a_{ij}) \in M_n(F)$가 n차 정사각행렬일 때,

A가 **대칭행렬**	$\overset{\text{정의}}{\Longleftrightarrow}$	$A^T = A$. 즉, $a_{ji} = a_{ij}$, $\forall i, j = 1, 2, \cdots, n$
A가 **교대행렬**	$\overset{\text{정의}}{\Longleftrightarrow}$	$A^T = -A$. 즉, $a_{ji} = -a_{ij}$, $\forall i, j = 1, 2, \cdots, n$

예 2.1.19 $A = \begin{pmatrix} 1 & 2 \\ 2 & 4 \end{pmatrix}$는 대칭행렬이고 $B = \begin{pmatrix} 0 & 1 \\ -1 & 0 \end{pmatrix}$는 교대행렬이다.

$$A^T = \begin{pmatrix} 1 & 2 \\ 2 & 4 \end{pmatrix} = A, \quad B^T = \begin{pmatrix} 0 & -1 \\ 1 & 0 \end{pmatrix} = -\begin{pmatrix} 0 & 1 \\ -1 & 0 \end{pmatrix} = -B$$

문제 2.1.20 $A \in M_n(\mathbb{R})$가 교대행렬이면, 모든 대각 성분이 0임을 증명하라.

정리 2.1.21 *$A \in M_n(F)$에 대하여 다음이 성립한다.*

(1) AA^T와 $A + A^T$는 각각 대칭행렬이다.

(2) $A - A^T$는 교대행렬이다.

(3) 임의의 행렬 $A \in M_n(F)$에 대하여 $A = A' + B'$인 대칭행렬 A'와 교대행렬 B'가 존재하고, 이때 $A' = \dfrac{A + A^T}{2}$이고 $B' = \dfrac{A - A^T}{2}$이다.

※ (3)은 임의의 정사각행렬은 대칭행렬과 교대행렬의 합으로 유일하게 표현할 수 있음을 의미한다.

(증명) (1) 정리 2.1.16(4)에 의해

$$(AA^T)^T = (A^T)^T A^T = AA^T$$

이다. $(AA^T)^T = AA^T$이므로 AA^T는 대칭행렬이다. 한편

$$(A + A^T)^T = A^T + (A^T)^T = A^T + A = A + A^T$$

이다. 그러므로 $A + A^T$는 대칭행렬이다.

(2) 정리 2.1.16에 의해

$$(A - A^T)^T = A^T - (A^T)^T = A^T - A = -(A - A^T)$$

이므로 $A-A^T$는 교대행렬이다.

(3) (1)과 (2)에 의해 $\frac{A+A^T}{2}$는 대칭행렬이고, $\frac{A-A^T}{2}$는 교대행렬이다. $A = \frac{A+A^T}{2} + \frac{A-A^T}{2}$이므로 A는 대칭행렬과 교대행렬의 합으로 표현된다. 다음에 대칭행렬 A'와 교대행렬 B'에 대하여 ① $A = A' + B'$이라 하자. $(A')^T = A'$이고 $(B')^T = -B'$이므로
② $A^T = (A')^T + (B')^T = A' - B'$이다.
①+② $A + A^T = 2A'$에서 $A' = \frac{A+A^T}{2}$이고
①−② $A - A^T = 2B'$에서 $B' = \frac{A-A^T}{2}$이므로 정리가 성립한다. ■

예 2.1.22 $A = \begin{pmatrix} 1 & 2 \\ 3 & 4 \end{pmatrix}$을 대칭행렬과 교대행렬의 합으로 나타내어라.

행렬 A에서 A^T, $A+A^T$, $A-A^T$를 나타내 보면,

$$A^T = \begin{pmatrix} 1 & 3 \\ 2 & 4 \end{pmatrix}$$

$$A + A^T = \begin{pmatrix} 1 & 2 \\ 3 & 4 \end{pmatrix} + \begin{pmatrix} 1 & 3 \\ 2 & 4 \end{pmatrix} = \begin{pmatrix} 2 & 5 \\ 5 & 8 \end{pmatrix}$$

$$A - A^T = \begin{pmatrix} 1 & 2 \\ 3 & 4 \end{pmatrix} - \begin{pmatrix} 1 & 3 \\ 2 & 4 \end{pmatrix} = \begin{pmatrix} 0 & -1 \\ 1 & 0 \end{pmatrix}$$

이므로

$$A = \begin{pmatrix} 1 & 2 \\ 3 & 4 \end{pmatrix} = \frac{1}{2}\begin{pmatrix} 2 & 5 \\ 5 & 8 \end{pmatrix} + \frac{1}{2}\begin{pmatrix} 0 & -1 \\ 1 & 0 \end{pmatrix} = \begin{pmatrix} 1 & \frac{5}{2} \\ \frac{5}{2} & 4 \end{pmatrix} + \begin{pmatrix} 0 & \frac{-1}{2} \\ \frac{1}{2} & 0 \end{pmatrix}$$

이 되어 $A = \frac{A+A^T}{2} + \frac{A-A^T}{2}$이다.

정의 2.1.23 [*역행렬(inverse matrix, 逆行列), 가역행렬(invertible matrix, 可逆行列), 정칙행렬(regular matrix, 正則行列)*]

$A = (a_{ij}) \in M_n(F)$가 n차 정사각행렬일 때,

B가 A의 **역행렬**	$\overset{\text{정의}}{\Longleftrightarrow}$	$\exists B \in M_n(F), \quad AB = BA = I_n$

※ 모든 n차 정사각행렬이 역행렬을 갖는 것은 아니다. 또 역행렬 있으면 단 하나 존재한다. (문제 2.1.24 참조)

※ A의 역행렬 B를 A^{-1}이라 표기하고, A를 **가역행렬(정칙행렬)**이라 한다. 가역행렬이 아니면 **특이행렬**(singular matrix)이라한다.

문제 2.1.24 가역행렬 A의 역행렬이 A', A''이면 $A' = A''$임을 증명하라.

정리 2.1.25 *2차 정사각행렬 $A = \begin{pmatrix} a & b \\ c & d \end{pmatrix} \in M_2(F)$에 대하여 다음은 동치이다.*

(1) A는 가역행렬이다.
$\Leftrightarrow$ (2) $ad - bc \neq 0$이다.
이때 A의 역행렬 A^{-1}은 $A^{-1} = \dfrac{1}{ad-bc}\begin{pmatrix} d & -b \\ -c & a \end{pmatrix}$

(증명) 연습문제로 남긴다. ■

예 2.1.26 $A = \begin{pmatrix} 1 & 2 \\ 3 & 4 \end{pmatrix}$일 때 A의 역행렬 A^{-1}을 구하라.

$$A^{-1} = \begin{pmatrix} 1 & 2 \\ 3 & 4 \end{pmatrix}^{-1} = \frac{1}{4-6}\begin{pmatrix} 4 & -2 \\ -3 & 1 \end{pmatrix} = \frac{1}{-2}\begin{pmatrix} 4 & -2 \\ -3 & 1 \end{pmatrix} = \begin{pmatrix} -2 & 1 \\ \frac{3}{2} & -\frac{1}{2} \end{pmatrix}$$

정리 2.1.27 *가역행렬 $A, B \in M_n(F)$에 대하여 다음이 성립한다.*

(1) $(A^{-1})^{-1} = A$ (2) AB는 가역이고, $(AB)^{-1} = B^{-1}A^{-1}$

(증명) (1) A가 가역행렬이므로 $AA^{-1} = A^{-1}A = I_n$인 행렬 $A^{-1} \in M_n(F)$이 존재한다. 즉,

$$(A^{-1})^{-1}A^{-1} = A^{-1}(A^{-1})^{-1} = I_n$$

이므로 가역행렬의 정의에 의해 A의 역행렬은 A^{-1}이고 A^{-1}의 역행렬은 $(A^{-1})^{-1}$이다. 문제 2.1.24의 역행렬의 유일성에 의해 $A = (A^{-1})^{-1}$ 이다.

(2)

$$(AB)(B^{-1}A^{-1}) = A(BB^{-1})A^{-1} = AI_nA^{-1} = I_n$$

$$(B^{-1}A^{-1})(AB) = B^{-1}(A^{-1}A)B = B^{-1}I_nB = B^{-1}B = I_n$$

이므로 $(AB)^{-1} = B^{-1}A^{-1}$이다. 그러므로 AB는 가역행렬이다. ■

※ 역행렬의 정의 $AB = BA = I_n$에서 $AB = BA$를 언급하는 이유는 한쪽만 성립하는 경우가 있어, 연산에 대한 교환법칙이 성립할 필요가 있다. 다음 예를 살펴보자. 함수의 합성연산에서 미분과 적분함수을 생각하자. $\frac{d}{dx}F(x) = f(x)$인 미분에서

$$\frac{d}{dx}\left(\int f(x)dx\right) = f(x)\text{이지만 } \int\left(\frac{d}{dx}F(x)\right)dx = F(x) + C$$

이어서 교환법칙이 성립하지 않는다. 즉, $\frac{d}{dx}(\int(-)dx) = Id$(항등함수)이지만 $\int\left(\frac{d}{dx}(-)\right)dx \neq Id$이다.

정리 2.1.28 *n차 정사각행렬 $A \in M_n(F)$에 대하여 다음은 동치이다.*

(1) A가 가역행렬이다.
⇔ (2) A^T가 가역행렬이다. 이때 $\left(A^T\right)^{-1} = \left(A^{-1}\right)^T$이다.

(증명) ((1) ⇒ (2)) A가 가역행렬이라 하자. $AA^{-1} = A^{-1}A = I_n$이므로

$$\left(AA^{-1}\right)^T = \left(A^{-1}A\right)^T = I_n^T = I_n \text{ 이거나 } \left(A^{-1}\right)^T A^T = A^T\left(A^{-1}\right)^T = I_n.$$

그러므로 A^T는 가역행렬이고, $\left(A^T\right)^{-1} = \left(A^{-1}\right)^T$이다.

((2) ⇒ (1)) 각자 증명해 볼 것. ■

정의 2.1.29 [*트레이스(흔적)(trace, 痕跡)*]
$A = (a_{ij}) \in M_n(F)$가 n차 정사각행렬일 때,

A의 **트레이스(흔적)** $\mathrm{tr}(A)$	$\overset{\text{정의}}{\Leftrightarrow}$	$\mathrm{tr}(A) = a_{11} + a_{22} + \cdots + a_{nn}$($A$의 대각원소의 합)

예 2.1.30 $\mathrm{tr}\begin{pmatrix} 1 & 2 \\ 3 & 4 \end{pmatrix} = 1 + 4 = 5$

정리 2.1.31 *n차 정사각행렬 $A, B \in M_n(F)$, $\alpha \in F$에 대하여 다음이 성립한다.*

(1) $\mathrm{tr}(A+B) = \mathrm{tr}(A) + \mathrm{tr}(B)$
(2) $\mathrm{tr}(A) = \mathrm{tr}\left(A^T\right)$
(3) $\mathrm{tr}(\alpha A) = \alpha \cdot \mathrm{tr}(A)$
(4) $\mathrm{tr}(AB) = \mathrm{tr}(BA)$

(증명) (1) ~ (3)은 정의에 의해 성립.

(4) $\operatorname{tr}(AB) = \operatorname{tr}(BA)$임을 보이자.

$$\operatorname{tr}(AB) = \operatorname{tr}\begin{pmatrix} A_1B^1 & A_1B^2 & \cdots & A_1B^n \\ A_2B^1 & A_2B^2 & \cdots & A_2B^n \\ \vdots & \vdots & & \vdots \\ A_nB^1 & A_nB^2 & \cdots & A_nB^n \end{pmatrix} = A_1B^1 + A_2B^2 + \cdots + A_nB^n$$

$$= \begin{pmatrix} a_{11} & a_{12} & \cdots & a_{1n} \end{pmatrix}\begin{pmatrix} b_{11} \\ b_{21} \\ \vdots \\ b_{n1} \end{pmatrix} + \begin{pmatrix} a_{21} & a_{22} & \cdots & a_{2n} \end{pmatrix}\begin{pmatrix} b_{12} \\ b_{22} \\ \vdots \\ b_{n2} \end{pmatrix}$$

$$+ \cdots + \begin{pmatrix} a_{n1} & a_{n2} & \cdots & a_{nn} \end{pmatrix}\begin{pmatrix} b_{1n} \\ b_{2n} \\ \vdots \\ b_{nn} \end{pmatrix}$$

$$= (\underline{a_{11}b_{11}} + a_{12}b_{21} + \cdots + a_{1n}b_{n1}) + (\underline{a_{21}b_{12}} + a_{22}b_{22} + \cdots + a_{2n}b_{n2})$$

$$+ \cdots + (\underline{\underline{a_{n1}b_{1n}}} + a_{n2}b_{2n} + \cdots + a_{nn}b_{nn})$$

$$= (\underline{b_{11}a_{11}} + \underline{b_{12}a_{21}} + \cdots + \underline{\underline{b_{1n}a_{n1}}}) + (b_{21}a_{12} + b_{22}a_{22} + \cdots + b_{2n}a_{n2})$$

$$+ \cdots + (b_{n1}a_{1n} + b_{n2}a_{2n} + \cdots + b_{nn}a_{nn})$$

$$= B_1A^1 + B_2A^2 + \cdots + B_nA^n$$

$$= \operatorname{tr}(BA)$$

그러므로 $\operatorname{tr}(AB) = \operatorname{tr}(BA)$가 성립한다. ■

정의 2.1.32 [*스칼라행렬(scalar matrix)*]

$$aI_n = \begin{pmatrix} a & 0 & \cdots & 0 \\ 0 & a & \cdots & 0 \\ \vdots & \vdots & & \vdots \\ 0 & 0 & \cdots & a \end{pmatrix}$$

인 n차 정사각행렬을 **스칼라행렬**이라 한다.

연 습 문 제 (2.1)

1. 정리 2.1.7 (3) ∼ (8) 을 증명하라.

2. 정리 2.1.25을 증명하라.

3. 다음 행렬 A, B, C에 대하여 $(AB)C = A(BC)$임을 보여라.

$$A = \begin{pmatrix} 1 & 1 \\ -1 & 2 \\ 0 & 3 \end{pmatrix} \qquad B = \begin{pmatrix} 3 & -1 \\ 0 & 1 \end{pmatrix} \qquad C = \begin{pmatrix} 1 & 0 & 2 \\ 1 & 1 & 0 \end{pmatrix}$$

4. 실수체 $\mathbb{R}$ 위의 두 행렬

$$A = \begin{pmatrix} 1 & 2 \\ 0 & 3 \end{pmatrix} \qquad B = \begin{pmatrix} 1 & 0 \\ 1 & 1 \end{pmatrix}$$

에 대하여 $(AB)^T = B^T A^T$, $(AB)^{-1} = B^{-1}A^{-1}$임을 확인하라.

5. 다음 행렬의 기본행렬의 곱을 구하라.

(1) $\begin{pmatrix} 0 & 1 \\ 1 & 0 \end{pmatrix}\begin{pmatrix} a_{11} & a_{12} \\ a_{21} & a_{22} \end{pmatrix}$ (2) $\begin{pmatrix} a_{11} & a_{12} \\ a_{21} & a_{22} \end{pmatrix}\begin{pmatrix} 0 & 1 \\ 1 & 0 \end{pmatrix}$

(3) $\begin{pmatrix} 1 & 0 \\ 0 & k \end{pmatrix}\begin{pmatrix} a_{11} & a_{12} \\ a_{21} & a_{22} \end{pmatrix}$ (4) $\begin{pmatrix} a_{11} & a_{12} \\ a_{21} & a_{22} \end{pmatrix}\begin{pmatrix} 1 & 0 \\ 0 & k \end{pmatrix}$

(5) $\begin{pmatrix} 1 & 0 \\ k & 1 \end{pmatrix}\begin{pmatrix} a_{11} & a_{12} \\ a_{21} & a_{22} \end{pmatrix}$ (6) $\begin{pmatrix} a_{11} & a_{12} \\ a_{21} & a_{22} \end{pmatrix}\begin{pmatrix} 1 & 0 \\ k & 1 \end{pmatrix}$

6. 다음 행렬 A에서 $f(A) = 2A^3 - 4A + 5I$를 구하라.

$$A = \begin{pmatrix} 1 & 2 \\ 4 & -3 \end{pmatrix}$$

7. 다음 행렬 A에서 A^n을 구하라.

$$A = \begin{pmatrix} \cos\theta & -\sin\theta \\ \sin\theta & \cos\theta \end{pmatrix}$$

8. 체 F 위의 행렬

$$A = \begin{pmatrix} a & 0 & 0 \\ 0 & b & 0 \\ 0 & 0 & c \end{pmatrix} \qquad B = \begin{pmatrix} 0 & a & 0 \\ 0 & 0 & b \\ 0 & 0 & 0 \end{pmatrix}$$

에 대하여 다음 물음에 답하라.

(1) 양의 정수 m에 대하여 mA와 A^m을 구하라.

(2) 양의 정수 m에 대하여 mB와 B^m을 구하라.

9. 다음 행렬 A, B에서 A^n, B^n을 구하라.

$$A = \begin{pmatrix} \alpha & a \\ 0 & \alpha \end{pmatrix} \qquad B = \begin{pmatrix} \alpha & 1 & 0 \\ 0 & \alpha & 1 \\ 0 & 0 & \alpha \end{pmatrix}$$

10. 행렬 $A = \begin{pmatrix} a & b \\ 0 & c \end{pmatrix} \in M_{2\times 2}(\mathbb{R})$일 때 $A^3 = A$인 모든 행렬 A를 구하라.

11. 영행렬이 아닌 2차 정사각행렬 A, B, C에 대해 $AB = AC$가 성립하고, $B \neq C$인 A, B, C를 구하라.

12. $(A+B)^2 \neq A^2 + 2AB + B^2$ 인 2차 정사각행렬 A, $B \in M_2(\mathbb{R})$의 예를 들어라.

13. 체 F 위의 정사각행렬 A, B에 대하여 다음이 성립함을 확인하라.

(1) $AB = BA \iff (A+B)^2 = A^2 + 2AB + B^2$

(2) $AB = BA \iff (A+B)(A-B) = A^2 - B^2$

14. $A = (a_{ij})$, $B = (b_{jk})$인 행렬 A, B가 모두 상3각행렬이면 AB도 상3각행렬임을 증명하라.

15. 체 F위의 정사각행렬 A에서 한 행 또는 한 열의 성분이 모두 0이면, A는 가역행렬이 아님을 증명하라.

16. 체 F위에서 다음 행렬이 가역행렬이기 위한 필요충분조건을 구하고, 또 이 행렬이 가역행렬인 경우에 그 역행렬을 구하라.

(1) $A = \begin{pmatrix} a & 0 & 0 \\ 0 & b & c \\ 0 & 0 & c \end{pmatrix}$ (2) $A = \begin{pmatrix} 0 & 0 & a \\ 0 & b & 0 \\ c & 0 & 0 \end{pmatrix}$

17. 체 F 위의 n차 정사각행렬 A가 가역행렬일 때, 다음이 성립함을 밝혀라.

(1) 체 F 위의 $n \times r$행렬 B, C에 대하여 $AB = AC$이면, $B = C$이다.

(2) 체 F 위의 $n \times r$행렬 X, B에 대하여 $AX = B$이면, $X = A^{-1}B$이다.

(3) B가 가역행렬, $\lambda \neq 0$, $A = \lambda B$일 때, $A^{-1} = \frac{1}{\lambda}B^{-1}$이다.

(4) A, B가 대칭행렬이고 B가 가역행렬일 때, $\left[(AB)^T\right]^{-1} = A^{-1}B^{-1}$이다.

(5) 체 F 위의 n차 정사각행렬 X에 대하여 $AX = A$이면, $X = I_n$이다.

(6) 체 F 위의 n차 정사각행렬 Y에 대하여 $YA = A$이면, $Y = I_n$이다.

(7) 행렬 A, B, $C \in M_n(F)$, $A = BC$이면, BC도 가역행렬임을 보여라.

18. n차 정사각행렬 A, B가 대칭행렬일 때, $AB + BA$, $P^TAP(P \in M_{n\times m}(F))$은 대칭행렬인가?

19. $X^T = \begin{pmatrix} x_1 & \cdots & x_n \end{pmatrix}$, $A \in M_n(\mathbb{R})$에 대하여 다음이 성립한다.

(1) 모든 X에 대하여 $X^TAX = \mathbb{O}$일 필요충분조건은 A가 교대행렬인 것이다.

(2) 대칭행렬 A에 대하여 $X^TAX = \mathbb{O}$일 필요충분조건은 $A = \mathbb{O}$인 것이다.

20. 체 F 위의 두 정사각행렬 A, B 에 대하여 다음이 성립함을 밝혀라.

(1) A가 대칭행렬이고 가역행렬이면, A^{-1}는 대칭행렬이다.

(2) A가 교대행렬이고 가역행렬이면, A^{-1}는 교대행렬이다.

21. 정사각행렬 A, B에 대하여 $\operatorname{tr}(B^{-1}AB) = \operatorname{tr}(A)$임을 보여라.

22. 정사각행렬 A와 가역행렬 P와 자연수 n에 대하여 $(P^{-1}AP)^n = P^{-1}A^nP$임을 증명하라.

23. 정사각행렬 A와 자연수 n에 대하여 다음을 증명하라.

(1) $A^2 = \mathbb{O}$이면 $A(I+A)^n = A$

(2) $I - A^n = (I-A)(I+A+\cdots+A^{n-1})$

24. 정사각행렬 A, B와 자연수 n에 대하여 다음을 증명하라.

(1) $AB = \mathbb{O}$이면, A, B 중 어느 하나는 가역이 아니다.

(2) $A^n = I$이면 A는 가역이고 $A^{-1} = A^{n-1}$이다.

(3) $A^n = \mathbb{O}$인 n이 존재하면 A는 특이행렬이지만, $I-A$, $I+A$는 가역행렬이다.

(4) $A^2 = A$, $A \neq I$이면 A는 가역행렬이 아니다. 즉, 특이행렬이다.

25. 실수 성분 정사각행렬 A가 $A^TA = AA^T = I$를 만족, 즉, $A^{-1} = A^T$일 때 A를 **직교행렬**(orthogonal matrix, 直交行列)이라 한다. 다음에 답하라.

(1) A, B가 직교행렬이면 AB, A^{-1}도 직교행렬이다.

(2) 항등행렬 I는 직교행렬이다.

26. $I+A$가 실수 성분 가역행렬이고 $B = (I-A)(I+A)^{-1}$일 때 다음 물음에 답하라.

(1) $I+B$는 가역행렬이다.

(2) A가 직교행렬이면 B는 교대행렬이고, A가 교대행렬이면 B는 직교행렬이다.

2.2 행렬의 기본연산과 기본행렬

F가 체일 때, $n\times m$행렬 $A=(a_{ij})\in M_{n\times m}(F)$에 대하여 (i,j) 성분만 1이고 나머지 성분은 모두 0 인 행렬을 e_{ij}라 정의한다. 즉,

$$e_{ij}=\begin{pmatrix} 0 & \cdots & 0 & \cdots & 0 \\ \vdots & & \vdots & & \vdots \\ 0 & \cdots & 1 & \cdots & 0 \\ \vdots & & \vdots & & \vdots \\ 0 & \cdots & 0 & \cdots & 0 \end{pmatrix} \begin{matrix} \\ \\ \leftarrow i\text{행} \\ \\ \\ \end{matrix} \quad (j\text{열})$$

이다. 모든 $n\times m$행렬은 이 행렬들의 스칼라곱의 합으로 나타낼 수 있다. 이런 의미에서

$$S=\{e_{ij}\mid 1\le i\le n,\ 1\le j\le m\}$$

을 $M_{n\times m}(F)$의 **생성원(표준기저)**(generator(standard basis), 生成元(標準基底))이라 한다.

예 2.2.1 다음 2차 정사각행렬을 생각하자.

$$\begin{aligned} A &= \begin{pmatrix} a & b \\ c & d \end{pmatrix} \\ &= \begin{pmatrix} a & 0 \\ 0 & 0 \end{pmatrix}+\begin{pmatrix} 0 & b \\ 0 & 0 \end{pmatrix}+\begin{pmatrix} 0 & 0 \\ c & 0 \end{pmatrix}+\begin{pmatrix} 0 & 0 \\ 0 & d \end{pmatrix} \\ &= a\begin{pmatrix} 1 & 0 \\ 0 & 0 \end{pmatrix}+b\begin{pmatrix} 0 & 1 \\ 0 & 0 \end{pmatrix}+c\begin{pmatrix} 0 & 0 \\ 1 & 0 \end{pmatrix}+d\begin{pmatrix} 0 & 0 \\ 0 & 1 \end{pmatrix} \\ &= ae_{11}+be_{12}+ce_{21}+de_{22} \end{aligned}$$

이므로, 모든 2차 정사각행렬은 e_{11}, e_{12}, e_{21}, e_{22}의 스칼라곱의 합으로 표현된다.

연립방정식의 풀이 과정에서 쓰이는 규칙은 3가지(두 식의 교환, 한 식에 숫자배, 한 식에 숫자배하여 다른 식에 더함)만을 사용하였다. 연립방정식의 풀이 과정을 행렬로 표현했을 때, 행렬에서 이에 대응하는 연산규칙을 기본행연산이라한다.

정의 2.2.2 [*기본행연산(elementary row operation, 基本行演算), 기본열연산(elementary column operation, 基本列演算)*]

$A \in M_{n\times m}(F)$에 대하여, $i \neq j$이고 $0 \neq \alpha \in F$일 때,

$$A = \begin{pmatrix} a_{11} & a_{12} & \cdots & a_{1m} \\ \vdots & \vdots & & \vdots \\ a_{i1} & a_{i2} & \dots & a_{im} \\ \vdots & \vdots & & \vdots \\ a_{n1} & a_{n2} & \dots & a_{nm} \end{pmatrix} = \begin{pmatrix} A_1 \\ \vdots \\ A_i \\ \vdots \\ A_n \end{pmatrix} \begin{matrix} \cdots R_1(\text{제}1\text{행}) \\ \vdots \\ \cdots R_i(\text{제}i\text{행}) \\ \vdots \\ \cdots R_n(\text{제}n\text{행}) \end{matrix}$$

기본행연산 $\overset{\text{정의}}{\Longleftrightarrow}$

① i행과 j행을 교환: $R_i \leftrightarrow R_j$라 표기하고,
A에 ①연산한 행렬을 $A_{(R_i \leftrightarrow R_j)}$라 정의함.

② i행에 α배: αR_i라 표기하고,
A에 ②연산한 행렬을 $A_{(\alpha R_i)}$라 정의함.

③ j행에 α배하여 i행에 더함: $R_i + \alpha R_j$라 표기.
A에 ③연산한 행렬을 $A_{(R_i + \alpha R_j)}$라 정의함.

※ 같은 방법으로 행렬 A의 행 대신 열로 바꾸어 열에 대한 **기본열연산**(elementary column operation) 3가지를 정의할 수 있다. 행연산에 대응하는 열연산기호는 $C^i \leftrightarrow C^j$, αC^i, $C^i + \alpha C^j$로 표기하고, A에 열연산한 행렬을 $A^{(C^i \leftrightarrow C^j)}$, $A^{(\alpha C^i)}$, $A^{(C^i + \alpha C^j)}$라 정의함.

정의 2.2.3 [*행동치(row equivalent, 行同値)*]

$A,\ B \in M_{n\times m}(F)$일 때,

A와 B가 **행동치(행동등)** $A \sim_R B$ $\overset{\text{정의}}{\Longleftrightarrow}$ A에 유한 번의 기본행연산을 하여 B가 되는 경우

※ 같은 방법으로 행렬 A에 유한번의 열연산하여 B가 되면 **열동치(열동등)**(column equivalent)라 정의하고 $A \sim_C B$라 쓴다.

예 2.2.4 (2) $A = \begin{pmatrix} 1 & 2 \\ 3 & 4 \end{pmatrix}$일 때, 기본행연산의 예.

$$A_{(R_1+2R_2)} = \begin{pmatrix} 1+2\cdot3 & 2+2\cdot4 \\ 3 & 4 \end{pmatrix}, \quad A_{(2R_2+R_1)} = \begin{pmatrix} 1 & 2 \\ 2\cdot3+1 & 2\cdot4+2 \end{pmatrix}$$

(2) 행동치의 예.

$$A = \begin{pmatrix} 1 & 2 & 3 \\ 4 & 5 & 6 \end{pmatrix} \xrightarrow{R_1 \leftrightarrow R_2} A_{(R_1 \leftrightarrow R_2)} = \begin{pmatrix} 4 & 5 & 6 \\ 1 & 2 & 3 \end{pmatrix} \xrightarrow{R_1 - R_2} \begin{pmatrix} 3 & 3 & 3 \\ 1 & 2 & 3 \end{pmatrix}$$

이므로 $\begin{pmatrix} 1 & 2 & 3 \\ 4 & 5 & 6 \end{pmatrix}$과 $\begin{pmatrix} 3 & 3 & 3 \\ 1 & 2 & 3 \end{pmatrix}$은 행동치이다. 즉,

$$A_{(R_1 \leftrightarrow R_2)(R_1 - R_2)} = \begin{pmatrix} 3 & 3 & 3 \\ 1 & 2 & 3 \end{pmatrix} \text{ 이고 } \begin{pmatrix} 1 & 2 & 3 \\ 4 & 5 & 6 \end{pmatrix} \sim_R \begin{pmatrix} 3 & 3 & 3 \\ 1 & 2 & 3 \end{pmatrix}$$

(3) 열동치의 예.

$$A = \begin{pmatrix} 1 & 2 & 3 \\ 4 & 5 & 6 \end{pmatrix} \xrightarrow{C^1 \leftrightarrow C^2} A^{(C^1 \leftrightarrow C^2)} = \begin{pmatrix} 2 & 1 & 3 \\ 5 & 4 & 6 \end{pmatrix} \xrightarrow{C^1 - C^2} \begin{pmatrix} 1 & 1 & 3 \\ 1 & 4 & 6 \end{pmatrix}$$

이므로 $\begin{pmatrix} 1 & 2 & 3 \\ 4 & 5 & 6 \end{pmatrix}$과 $\begin{pmatrix} 1 & 1 & 3 \\ 1 & 4 & 6 \end{pmatrix}$은 열동치이다. 즉,

$$A^{(C^1 \leftrightarrow C^2)(C^1 - C^2)} = \begin{pmatrix} 1 & 1 & 3 \\ 1 & 4 & 6 \end{pmatrix} \text{ 이고 } \begin{pmatrix} 1 & 2 & 3 \\ 4 & 5 & 6 \end{pmatrix} \sim_C \begin{pmatrix} 1 & 1 & 3 \\ 1 & 4 & 6 \end{pmatrix}$$

정의 2.2.5 *[기본행렬(elementary matrix, 基本行列)]*

n차 단위행렬 I_n에 대하여, $i \neq j$이고 $0 \neq \alpha \in F$일 때,

E가 n차 기본행렬	$\overset{\text{정의}}{\iff}$	E는 단위행렬 I_n에 기본행연산을 1 번 시행하여 얻은 행렬. 즉, 기본행렬은 다음 3가지 형태가 존재한다. $I_{n(R_i \leftrightarrow R_j)}$, $I_{n(\alpha R_i)}$, $I_{n(R_i + \alpha R_j)}$

예 2.2.6 모든 2차 기본행렬의 예. 단, $0 \neq \alpha \in F$는 스칼라.

(1) $I_{2(R_1 \leftrightarrow R_2)} = \begin{pmatrix} 0 & 1 \\ 1 & 0 \end{pmatrix}$

(2) $I_{2(1R_1)} = \begin{pmatrix} 1 & 0 \\ 0 & 1 \end{pmatrix}$, $I_{2(\alpha R_1)} = \begin{pmatrix} \alpha & 0 \\ 0 & 1 \end{pmatrix}$, $I_{2(\alpha R_2)} = \begin{pmatrix} 1 & 0 \\ 0 & \alpha \end{pmatrix}$

(3) $I_{2(R_2 + \alpha R_1)} = \begin{pmatrix} 1 & 0 \\ \alpha & 1 \end{pmatrix}$, $I_{2(R_1 + \alpha R_2)} = \begin{pmatrix} 1 & \alpha \\ 0 & 1 \end{pmatrix}$

문제 2.2.7 모든 3차 기본행렬을 구하라.

정리 2.2.8 *n차 기본행렬 E에 대하여 다음이 성립한다. 단, $i \neq j$이고, $0 \neq \alpha \in F$*

기본행렬 E는 가역행렬이고, 기본행렬의 역행렬 E^{-1}은 역시 기본행렬이다.
즉, 다음이 성립한다.

(1) $\left(I_{n(R_i \leftrightarrow R_j)}\right)^{-1} = I_{n(R_i \leftrightarrow R_j)}$

(2) $\left(I_{n(\alpha R_i)}\right)^{-1} = I_{n\left(\alpha^{-1} R_i\right)}$

(3) $\left(I_{n(R_i + \alpha R_j)}\right)^{-1} = I_{n(R_i - \alpha R_j)}$

(증명) 정의에 의해 쉽게 증명되므로 연습문제로 남긴다. ■

예 2.2.9 2차 기본행렬의 역행렬을 구해보자. 단, $0 \neq \alpha \in F$는 스칼라.

(1) $I_{2(R_1 \leftrightarrow R_2)} = \begin{pmatrix} 0 & 1 \\ 1 & 0 \end{pmatrix}$의 역행렬을 구해보자.

$$\begin{pmatrix} 0 & 1 \\ 1 & 0 \end{pmatrix}\begin{pmatrix} 0 & 1 \\ 1 & 0 \end{pmatrix} = \begin{pmatrix} 0 & 1 \\ 1 & 0 \end{pmatrix}\begin{pmatrix} 0 & 1 \\ 1 & 0 \end{pmatrix} = \begin{pmatrix} 1 & 0 \\ 0 & 1 \end{pmatrix}$$

이므로 $\left(I_{2(R_1 \leftrightarrow R_2)}\right)^{-1} = \begin{pmatrix} 0 & 1 \\ 1 & 0 \end{pmatrix} = I_{2(R_1 \leftrightarrow R_2)}$이다.

(2) $I_{2(\alpha R_1)} = \begin{pmatrix} \alpha & 0 \\ 0 & 1 \end{pmatrix}$의 역행렬을 구해보자.

$$\begin{pmatrix} \alpha & 0 \\ 0 & 1 \end{pmatrix}\begin{pmatrix} \alpha^{-1} & 0 \\ 0 & 1 \end{pmatrix} = \begin{pmatrix} \alpha^{-1} & 0 \\ 0 & 1 \end{pmatrix}\begin{pmatrix} \alpha & 0 \\ 0 & 1 \end{pmatrix} = \begin{pmatrix} 1 & 0 \\ 0 & 1 \end{pmatrix}$$

이므로 $\left(I_{2(\alpha R_1)}\right)^{-1} = \begin{pmatrix} \alpha^{-1} & 0 \\ 0 & 1 \end{pmatrix} = I_{2\left(\alpha^{-1} R_1\right)}$이다.

(3) $I_{2(R_2 + \alpha R_1)} = \begin{pmatrix} 1 & 0 \\ \alpha & 1 \end{pmatrix}$의 역행렬을 구해보자.

$$\begin{pmatrix} 1 & 0 \\ \alpha & 1 \end{pmatrix}\begin{pmatrix} 1 & 0 \\ -\alpha & 1 \end{pmatrix} = \begin{pmatrix} 1 & 0 \\ -\alpha & 1 \end{pmatrix}\begin{pmatrix} 1 & 0 \\ \alpha & 1 \end{pmatrix} = \begin{pmatrix} 1 & 0 \\ 0 & 1 \end{pmatrix}$$

이므로 $\left(I_{2(R_2 + \alpha R_1)}\right)^{-1} = \begin{pmatrix} 1 & 0 \\ -\alpha & 1 \end{pmatrix} = I_{2(R_2 - \alpha R_1)}$이다.

예 2.2.10 행렬 A에 기본행연산을 1회 시행한 것과 A의 왼쪽에 기본행렬을 곱한 결과는 같다.

예를 들어 행렬 A에 1번의 기본행연산을 시행한

$$A = \begin{pmatrix} 1 & 2 \\ 3 & 4 \end{pmatrix} \xrightarrow{R_2 - 3R_1} \begin{pmatrix} 1 & 2 \\ 0 & -2 \end{pmatrix} = A_{(R_2-3R_1)}$$

을 생각해 보자. 기본행연산 $R_2 - 3R_1$에 대응하는 기본행렬 $I_{2(R_2-3R_1)}$을 A의 왼쪽에 곱하면

$$I_{2(R_2-3R_1)}A = \begin{pmatrix} 1 & 0 \\ -3 & 1 \end{pmatrix}\begin{pmatrix} 1 & 2 \\ 3 & 4 \end{pmatrix} = \begin{pmatrix} 1 & 2 \\ 0 & -2 \end{pmatrix} = A_{(R_2-3R_1)}$$

이다. 즉, $A_{(R_2-3R_1)} = I_{2(R_2-3R_1)}A$가 성립한다. 여러 번의 기본행연산을 실시하여도 항상 성립한다.

$$A = \begin{pmatrix} 1 & 2 \\ 3 & 4 \end{pmatrix} \xrightarrow[I_{2(R_2-3R_1)}]{R_2-3R_1} \begin{pmatrix} 1 & 2 \\ 0 & -2 \end{pmatrix} \xrightarrow[I_{2(R_1+R_2)}]{R_1+R_2} \begin{pmatrix} 1 & 0 \\ 0 & -2 \end{pmatrix} \xrightarrow[I_{2\left(-\frac{1}{2}R_2\right)}]{-\frac{1}{2}R_2} \begin{pmatrix} 1 & 0 \\ 0 & 1 \end{pmatrix}$$

여기에서

$$I_{2\left(-\frac{1}{2}R_2\right)} I_{2(R_1+R_2)} I_{2(R_2-3R_1)} A = \begin{pmatrix} 1 & 0 \\ 0 & 1 \end{pmatrix} = A_{(R_2-3R_1)(R_1+R_2)\left(-\frac{1}{2}R_2\right)}$$

이 된다. 여기서 A의 역행렬 $A^{-1} = I_{2\left(-\frac{1}{2}R_2\right)} I_{2(R_1+R_2)} I_{2(R_2-3R_1)}$은 다음

$$A^{-1} = \begin{pmatrix} 1 & 2 \\ 3 & 4 \end{pmatrix}^{-1} = \underline{\begin{pmatrix} 1 & 0 \\ 0 & -\frac{1}{2} \end{pmatrix}\begin{pmatrix} 1 & 1 \\ 0 & 1 \end{pmatrix}\begin{pmatrix} 1 & 0 \\ -3 & 1 \end{pmatrix}} = \begin{pmatrix} -2 & 1 \\ \frac{3}{2} & -\frac{1}{2} \end{pmatrix}$$

이 됨을 쉽게 확인할 수 있다(정리 2.1.27, 정리 2.2.8).

※ 기본행연산을 이용하면 역행렬을 구할 수 있다(정리 2.2.19). 행렬의 역행렬을 구할 때는 한 쪽 역원만 구하면 된다(정리 2.2.16).

※ 기본행연산을 할 때 기본행렬은 주어진 행렬의 왼쪽에 시행한 순서대로 곱해야한다.

예 2.2.11 기본행렬을 왼쪽과 오른쪽에 곱할 때 연산결과가 달라진다.

기본행렬 $I_{2(R_1\leftrightarrow R_2)} = \begin{pmatrix} 0 & 1 \\ 1 & 0 \end{pmatrix}$을 $A = \begin{pmatrix} 1 & 2 \\ 3 & 4 \end{pmatrix}$의 좌우측에 곱해보자. 앞에서 기본행렬을 왼쪽에 곱하면 기본행연산이 되었다. 즉,

$$\underline{I_{2(R_1\leftrightarrow R_2)}}A = \underline{\begin{pmatrix} 0 & 1 \\ 1 & 0 \end{pmatrix}}\begin{pmatrix} 1 & 2 \\ 3 & 4 \end{pmatrix} = \begin{pmatrix} 3 & 4 \\ 1 & 2 \end{pmatrix} = A_{(R_1\leftrightarrow R_2)}$$

이번엔 오른쪽에 곱하여 보자.

$$\underline{AI_{2(R_1\leftrightarrow R_2)}} = \begin{pmatrix}1 & 2\\ 3 & 4\end{pmatrix}\underline{\begin{pmatrix}0 & 1\\ 1 & 0\end{pmatrix}} = \begin{pmatrix}2 & 1\\ 4 & 3\end{pmatrix} = A^{(C^1\leftrightarrow C^2)}$$

즉, 기본행렬을 행렬 A의 오른쪽에 곱하면 A 에 대응하는 기본열연산을 실시한 것이 된다.

다음은 연립방정식의 해와 역행렬 등을 구할 때 유용하게 쓰이는 정의에 대하여 알아보자.

정의 2.2.12 [*행사다리꼴(row-echelon form, 行사다리꼴), 기약 행사다리꼴(reduced row-echelon form, 旣約 行사다리꼴)*]

$A \in M_{n\times m}(F)$가 $n \times m$ 행렬일 때,

A가 **행사다리꼴** **(Gauss 행렬)**	$\overset{\text{정의}}{\Longleftrightarrow}$	① 영이 아닌 행의 0이 아닌 성분 중 첫 성분은 1이다. ② 아래 행의 선두 1은 윗 행의 선두 1보다 오른쪽 열에 위치한다. ③ 모든 성분이 0인 행은 0이 아닌 행의 아래 행에 위치한다.
A가 **기약 행사다리꼴** **(기약 Gauss 행렬)**	$\overset{\text{정의}}{\Longleftrightarrow}$	①~③ 만족(즉, A가 행사다리꼴). ④ 영이 아닌 행의 선두가 1인 열의 아래/위 성분은 모두 0이다.

문제 2.2.13 다음 행렬 중 행사다리꼴과 기약 행사다리꼴을 구분하라.

(1) $\begin{pmatrix}0 & 1\\ 1 & 0\end{pmatrix}$ (2) $\begin{pmatrix}1 & 1\\ 1 & 0\end{pmatrix}$ (3) $\begin{pmatrix}1 & 2 & 0\\ 0 & 0 & 1\end{pmatrix}$

(4) $\begin{pmatrix}1 & 2 & 3\\ 0 & 0 & 2\\ 0 & 0 & 0\end{pmatrix}$ (5) $\begin{pmatrix}1 & 2 & -1\\ 0 & 0 & 1\\ 0 & 0 & 0\end{pmatrix}$ (6) $\begin{pmatrix}1 & 2 & 0\\ 0 & 0 & 0\\ 0 & 0 & 1\end{pmatrix}$

정리 2.2.14 *체 F 위의 $n \times m$ 행렬 $A = (a_{ij}) \in M_{n\times m}(F)$에 대하여 다음이 성립한다.*

행렬 A에 유한 번(r번)의 기본행연산을 하여 기약 행사다리꼴(기약 Gauss 행렬) A'으로 변형할 수 있다. 즉, 기본연산에 대응하는 기본행렬 $E_1, \cdots, E_r$가 존재하여 $A' = E_r \cdots E_1 A$은 기약 행사다리꼴이다.

이때 $P = E_r \cdots E_1$라 하면 P는 가역행렬이다.

(증명) 연습문제로 남긴다. ■

예 2.2.15 (1) 예 2.2.10에서 $A = \begin{pmatrix} 1 & 2 \\ 3 & 4 \end{pmatrix}$에 대한 기약 행사다리꼴은 $\begin{pmatrix} 1 & 0 \\ 0 & 1 \end{pmatrix}$이고,

$$\begin{pmatrix} 1 & 0 \\ 0 & -\frac{1}{2} \end{pmatrix}\begin{pmatrix} 1 & 1 \\ 0 & 1 \end{pmatrix}\begin{pmatrix} 1 & 0 \\ -3 & 1 \end{pmatrix}\begin{pmatrix} 1 & 2 \\ 3 & 4 \end{pmatrix} = \begin{pmatrix} 1 & 0 \\ 0 & 1 \end{pmatrix}$$

이다.

(2) $B = \begin{pmatrix} 1 & 2 & 3 \\ 3 & 4 & -3 \\ 4 & 6 & 0 \end{pmatrix} \xrightarrow{R_2-3R_1} \begin{pmatrix} 1 & 2 & 3 \\ 0 & -2 & -12 \\ 4 & 6 & 0 \end{pmatrix} \xrightarrow{R_3-4R_1} \begin{pmatrix} 1 & 2 & 3 \\ 0 & -2 & -12 \\ 0 & -2 & -12 \end{pmatrix}$

$\xrightarrow{R_3-R_2} \begin{pmatrix} 1 & 2 & 3 \\ 0 & -2 & -12 \\ 0 & 0 & 0 \end{pmatrix} \xrightarrow{-\frac{1}{2}R_2} \begin{pmatrix} 1 & 2 & 3 \\ 0 & 1 & 6 \\ 0 & 0 & 0 \end{pmatrix} \xrightarrow{R_1-2R_2} \begin{pmatrix} 1 & 0 & -9 \\ 0 & 1 & 6 \\ 0 & 0 & 0 \end{pmatrix}$이므로

B의 기약 행사다리꼴은 $\begin{pmatrix} 1 & 0 & -9 \\ 0 & 1 & 6 \\ 0 & 0 & 0 \end{pmatrix}$이다.

※ 정리를 만족하는 기본행렬을 구하기 위해서는 예 2.2.10과 같은 방법으로 각각의 기본행연산에 대응하는 기본행렬을 구하면 된다. 또한 이를 이용하여 역행렬도 구할 수 있다(정리 2.2.19).

정리 2.2.16 *체 F 위의 n차 정사각행렬 A, B에 대하여 다음이 성립한다.*

$AB = I_n$이면, A는 가역행렬이고 $B = A^{-1}$이다. 즉,

$$AB = I_n \iff BA = I_n.$$

(증명) A가 비가역행렬이라 하자. 그리고 A'이 A의 기약행사다리꼴이라고 하자. 정리 2.2.14에 의해 가역행렬 P가 존재하여 $A' = PA$이다. 그러면 기약 행사다리꼴 A'의 마지막 행은 모든 성분이 0이어야 한다. 만약 그러한 행이 하나도 없다면 $I_n = A' = PA$이 되고 P가 가역행렬이므로,

$$P^{-1} = P^{-1}I_n = P^{-1}PA = A$$

이 되어 A가 가역행렬이 되어 모순이다. 가정에 의해

$$A'B = (PA)B = P(AB) = PI_n = P$$

이고 A'의 한 행의 모든 성분이 0이므로 $A'B$의 한 행의 모든 성분이 모두 0이어야 한다. 즉, P의 한 행의 성분이 모두 0이 되어 P가 가역행렬이 될 수 없어 P가 가역행렬이라는데 모순이다. 그러므로 행렬 A는 가역행렬이어야 한다. 그러면 가정에 의해

$$B = I_nB = (A^{-1}A)B = A^{-1}(AB) = A^{-1}I_n = A^{-1}$$

이 성립한다. ■

※ 42쪽에서 역원을 구할 때 좌우측 역원의 존재성의 중요성에 대하여 이야기 했으나, 행렬의 역행렬의 경우는 한 쪽만 존재하면 정리 2.2.16에 의해 그것이 역행렬이 된다.

정의 2.2.17 *계수(rank, 階數)*]

F는 체, $A \in M_{n\times m}(F)$가 $n \times m$행렬일 때,

rank(A)는 A의 **계수** $\overset{\text{정의}}{\Longleftrightarrow}$ rank(A)는 A의 기약 행사다리꼴 A'의 영이 아닌 행의 개수

※ rank(A)는 A의 행사다리꼴에서 영이 아닌 행의 개수와도 일치한다.

※ $\text{rank}(A) = \text{rank}(A') = (A'$의 선두성분 1 을 포함하는 행의 개수)

$= (A'$의 선두성분 1을 포함하는 열의 개수)

예 2.2.18 예 2.2.15에서 주어진 A, B의 계수를 구해보자.

(1) $\text{rank}(A) = \text{rank}\begin{pmatrix} 1 & 2 \\ 3 & 4 \end{pmatrix} = \text{rank}\begin{pmatrix} 1 & 0 \\ 0 & 1 \end{pmatrix} = 2$

(2) $\text{rank}(B) = \text{rank}\begin{pmatrix} 1 & 2 & 3 \\ 3 & 4 & -3 \\ 4 & 6 & 0 \end{pmatrix} = \text{rank}\begin{pmatrix} 1 & 0 & -9 \\ 0 & 1 & 6 \\ 0 & 0 & 0 \end{pmatrix} = 2$

정리 2.2.19 *체 F 위의 n차 정사각행렬 $A \in M_n(F)$에 대하여 A'을 A의 기약 행사다리꼴이라 하자. 그러면 다음은 동치이다.*

(1) A가 가역행렬

$\Leftrightarrow$ (2) $A' = I_n$ (A와 I_n이 행동치)

$\Leftrightarrow$ (3) $A = E_r \cdots E_2E_1$ 인 기본행렬 E_1, E_2, $\cdots$, E_r가 존재

$\Leftrightarrow$ (4) $\text{rank}(A) = n$

※ $A \not\sim_R I_n \Longleftrightarrow A$는 가역행렬이 아니다.

(증명) 정리 2.2.14에 의하여 기본행렬 E_1, E_2, $\cdots$, E_r가 존재하여 $A' = E_r \cdots E_2E_1A$이고, 이때 $P = E_r \cdots E_2E_1$는 가역행렬이다.

(1)⇒(2) A가 가역행렬이면, 정리 2.1.27에 의해 $A' = PA$는 가역행렬이다. 따라서 기약 행사다리꼴 A'의 행중에 모든 성분이 0인 행은 없다(정리 2.2.16의 증명 참조). 또한 A'은 n차 정사각행렬이므로 $A' = I_n$이다.

(2)⇒(3) 조건 (2)가 성립하면 $E_r \cdots E_2E_1A = A' = I_n$이다.

$$A = (E_r \cdots E_2E_1)^{-1} = E_1^{-1}E_2^{-1} \cdots E_r^{-1}$$

정리 2.2.8에 의하여 $E_1^{-1}, E_2^{-1}, \cdots, E_r^{-1}$은 기본행렬이므로 (3)이 성립한다.

(3)⇒(1) A가 기본행렬 $E_1, E_2, \cdots, E_r$의 곱 $A = E_r \cdots E_2E_1$로 나타내어지면 정리 2.2.8에 의해 기본행렬은 가역행렬이므로 정리 2.1.27에 의해 A는 가역행렬이다.

(2)⇔(4) A의 계수의 정의에 의하여 $\text{rank}(A) = \text{rank}(A')$이다. 따라서 $A' = I_n$이면

$$\text{rank}(A) = \text{rank}(A') = \text{rank}(I_n) = n$$

이다. 역으로 $\text{rank}(A) = n$이면

$$\text{rank}(A) = \text{rank}(A') = n$$

이고 A'이 n차 기약 행사다리꼴이므로 $A' = I_n$이어야 한다. ■

따름정리 2.2.20 *n차 정사각행렬 A, P에 대하여 다음이 성립한다.*

$$\boxed{(A \mid I_n) \sim_R (I_n \mid P)} \quad \Longrightarrow \quad \begin{cases} 1)\ A\text{는 가역행렬.} \\ 2)\ P = A^{-1}. \end{cases}$$

(증명) 행렬 A를 유한 번의 기본행연산을 하여 기약 행사다리꼴 A'을 얻을 때, 기본행연산에 대응하는 기본행렬을 순서대로 $E_1, E_2, \cdots, E_r$라 하자. $A \sim_R I_n$이므로 정리 2.2.19에 의해 A는 가역행렬이고 $A' = I_n$이다. 위 기본행연산 과정을 아래 그래프로 나타내면

$$(A|I_n) \to (E_1A|E_1) \to (E_2E_1A|E_2E_1) \to \cdots \to (A'|E_r \cdots E_2E_1) \to (I_n|P)$$

와 같다. 그러므로

$$E_r \cdots E_2E_1A = A' = I_n$$

이 되고, 기본행연산에 의해 $P = E_r \cdots E_2E_1$이다. 즉, $PA = I_n$이므로 정리 2.2.16에 의해

$$A\text{는 가역행렬이고,} \quad A^{-1} = P$$

이다. ■

예 2.2.21 (1) 2차 정사각행렬 $A = \begin{pmatrix} 1 & 2 \\ 3 & 4 \end{pmatrix}$의 역행렬을 2가지 방법으로 구해보자.

(방법1) 공식(정리 2.1.25)을 이용하는 방법(2차 정사각행렬만 적용됨).

$$A^{-1} = \frac{1}{4-6}\begin{pmatrix} 4 & -2 \\ -3 & 1 \end{pmatrix} = \begin{pmatrix} -2 & 1 \\ \frac{3}{2} & -\frac{1}{2} \end{pmatrix}$$

(방법2) 따름정리 2.2.20 을 이용하는 방법(<u>모든 n차 정사각행렬</u>에 적용됨).

$$(A|I_2) = \left(\begin{array}{cc|cc} 1 & 2 & 1 & 0 \\ 3 & 4 & 0 & 1 \end{array}\right) \xrightarrow{R_2-3R_1} \left(\begin{array}{cc|cc} 1 & 2 & 1 & 0 \\ 0 & -2 & -3 & 1 \end{array}\right)$$

$$\xrightarrow{R_1+R_2} \left(\begin{array}{cc|cc} 1 & 0 & -2 & 1 \\ 0 & -2 & -3 & 1 \end{array}\right) \xrightarrow{-\frac{1}{2}R_2} \left(\begin{array}{cc|cc} 1 & 0 & -2 & 1 \\ 0 & 1 & \frac{3}{2} & -\frac{1}{2} \end{array}\right) = (I_2|A^{-1})$$

여기서 A의 역행렬 A^{-1}은

$$A^{-1} = \begin{pmatrix} -2 & 1 \\ \frac{3}{2} & -\frac{1}{2} \end{pmatrix}$$

(2) 2차 정사각행렬 $B = \begin{pmatrix} 1 & 2 \\ 2 & 4 \end{pmatrix}$의 역행렬이 없음을 알아보자.

(방법1) 공식(정리 2.1.25)을 이용하는 방법(2차 정사각행렬만 적용됨).

$$1 \cdot 4 - 2 \cdot 2 = 0$$

이므로 정리 2.1.25에 의해 역행렬이 존재하지 않는다.

(방법2) 따름정리 2.2.20 을 이용하는 방법(<u>모든 n차 정사각행렬</u>에 적용됨).

$$(B|I_2) = \left(\begin{array}{cc|cc} 1 & 2 & 1 & 0 \\ 2 & 4 & 0 & 1 \end{array}\right) \xrightarrow{R_2-2R_1} \left(\begin{array}{cc|cc} 1 & 2 & 1 & 0 \\ 0 & 0 & -2 & 1 \end{array}\right) \not\sim_R (I_2|*)$$

$B \not\sim_R I_2$이므로 정리 2.2.19에 의해 B의 역행렬은 없다.

(3) $C = \begin{pmatrix} 1 & 2 \\ -1 & 3 \end{pmatrix}$의 역행렬 C^{-1}를 구하고, 기본행렬의 곱으로 표현하자. 다음 기본행연산에서 화살표 아래는 기본행연산에 대응하는 기본행렬이다.

$$\left(\begin{array}{cc|cc} 1 & 2 & 1 & 0 \\ -1 & 3 & 0 & 1 \end{array}\right) \xrightarrow[I_{2(R_2+R_1)}]{R_2+R_1} \left(\begin{array}{cc|cc} 1 & 2 & 1 & 0 \\ 0 & 5 & 1 & 1 \end{array}\right)$$

$$\xrightarrow[I_{2\left(\frac{1}{5}R_2\right)}]{\frac{1}{5}R_2} \left(\begin{array}{cc|cc} 1 & 2 & 1 & 0 \\ 0 & 1 & \frac{1}{5} & \frac{1}{5} \end{array}\right) \xrightarrow[I_{2(R_1-2R_2)}]{R_1-2R_2} \left(\begin{array}{cc|cc} 1 & 0 & \frac{3}{5} & -\frac{2}{5} \\ 0 & 1 & \frac{1}{5} & \frac{1}{5} \end{array}\right)$$

그러므로 C의 역행렬은

$$C^{-1} = \begin{pmatrix} \frac{3}{5} & -\frac{2}{5} \\ \frac{1}{5} & \frac{1}{5} \end{pmatrix}$$

이다. 또한

$$I_n = I_{2(R_1-2R_2)} I_{2\left(\frac{1}{5}R_2\right)} I_{2(R_2+R_1)} C$$

이므로 C^{-1}을 기본행렬의 곱으로 나타내면 다음과 같다.

$$C^{-1} = I_{2(R_1-2R_2)} I_{2\left(\frac{1}{5}R_2\right)} I_{2(R_2+R_1)} = \begin{pmatrix} 1 & -2 \\ 0 & 1 \end{pmatrix} \begin{pmatrix} 1 & 0 \\ 0 & \frac{1}{5} \end{pmatrix} \begin{pmatrix} 1 & 0 \\ 1 & 1 \end{pmatrix}$$

이다. 이를 계산해보면

$$C^{-1} = \begin{pmatrix} 1 & -\frac{2}{5} \\ 0 & \frac{1}{5} \end{pmatrix} \begin{pmatrix} 1 & 0 \\ 1 & 1 \end{pmatrix} = \begin{pmatrix} \frac{3}{5} & -\frac{2}{5} \\ \frac{1}{5} & \frac{1}{5} \end{pmatrix}$$

예 2.2.22 $A = \begin{pmatrix} 1 & 2 & 3 \\ 1 & 0 & -1 \\ 2 & 1 & 2 \end{pmatrix}$의 역행렬 A^{-1}를 구하라.

(풀이) 따름정리 2.2.20을 이용하자.

$$\left(\begin{array}{ccc|ccc} 1 & 2 & 3 & 1 & 0 & 0 \\ 1 & 0 & -1 & 0 & 1 & 0 \\ 2 & 1 & 2 & 0 & 0 & 1 \end{array}\right) \xrightarrow[R_3-2R_1]{R_2-R_1} \left(\begin{array}{ccc|ccc} 1 & 2 & 3 & 1 & 0 & 0 \\ 0 & -2 & -4 & -1 & 1 & 0 \\ 0 & -3 & -4 & -2 & 0 & 1 \end{array}\right)$$

$$\xrightarrow{-\frac{1}{2}R_2} \left(\begin{array}{ccc|ccc} 1 & 2 & 3 & 1 & 0 & 0 \\ 0 & 1 & 2 & \frac{1}{2} & -\frac{1}{2} & 0 \\ 0 & -3 & -4 & -2 & 0 & 1 \end{array}\right) \xrightarrow[R_3+3R_2]{R_1-2R_2} \left(\begin{array}{ccc|ccc} 1 & 0 & -1 & 0 & 1 & 0 \\ 0 & 1 & 2 & \frac{1}{2} & -\frac{1}{2} & 0 \\ 0 & 0 & 2 & -\frac{1}{2} & -\frac{3}{2} & 1 \end{array}\right)$$

$$\xrightarrow{\frac{1}{2}R_3} \left(\begin{array}{ccc|ccc} 1 & 0 & -1 & 0 & 1 & 0 \\ 0 & 1 & 2 & \frac{1}{2} & -\frac{1}{2} & 0 \\ 0 & 0 & 1 & -\frac{1}{4} & -\frac{3}{4} & \frac{1}{2} \end{array}\right) \xrightarrow[R_2-2R_3]{R_1+R_3} \left(\begin{array}{ccc|ccc} 1 & 0 & 0 & -\frac{1}{4} & \frac{1}{4} & \frac{1}{2} \\ 0 & 1 & 0 & 1 & 1 & -1 \\ 0 & 0 & 1 & -\frac{1}{4} & -\frac{3}{4} & \frac{1}{2} \end{array}\right)$$

그러므로 A의 역행렬은

$$A^{-1} = \begin{pmatrix} -\frac{1}{4} & \frac{1}{4} & \frac{1}{2} \\ 1 & 1 & -1 \\ -\frac{1}{4} & -\frac{3}{4} & \frac{1}{2} \end{pmatrix}$$

이다.

연 습 문 제 (2.2)

1. 정리 2.2.8를 증명하라.

2. 다음 행렬의 계수를 구하라.

(1) $\begin{pmatrix} 0 & 1 & 2 \\ 3 & 2 & 1 \\ 4 & 3 & 2 \end{pmatrix}$ (2) $\begin{pmatrix} 1 & 1 & 1+a \\ 1 & 1+a & 1 \\ 1+a & 1 & 1 \end{pmatrix}$

3. 체 F 위의 $2 \times n$행렬

$$A = \begin{pmatrix} a_1 & a_2 & \cdots & a_n \\ b_1 & b_2 & \cdots & b_n \end{pmatrix} \neq \mathbb{O}_{2\times n}, \quad n \geq 2$$

에 대하여 rank$(A) = 1$일 필요충분조건과 rank$(A) = 2$일 필요충분조건을 구하라.

4. 행렬 $A = \begin{pmatrix} 1 & 2 \\ 2 & 3 \end{pmatrix}$을 기본행렬의 곱으로 나타내라.

5. 실수체 $\mathbb{R}$ 위에서 다음과 같은 행렬 A에 유한 번의 기본 행연산을 시행하여 기약 행사다리꼴 행렬 A'으로 변형하고, 또 $A' = PA$인 가역행렬 P를 구하라.

(1) $A = \begin{pmatrix} 2 & -1 & 1 \\ 1 & 2 & 3 \end{pmatrix}$ (2) $A = \begin{pmatrix} 1 & 4 & 1 & 3 \\ 2 & 8 & 3 & 5 \\ 1 & 4 & 2 & 7 \end{pmatrix}$

6. 다음 행렬의 역행렬을 구하라.

(1) $\begin{pmatrix} 1 & 1 \\ 2 & 3 \end{pmatrix}$ (2) $\begin{pmatrix} 1 & 2 & 0 \\ 0 & 1 & -1 \\ 0 & 0 & 1 \end{pmatrix}$ (3) $\begin{pmatrix} 1 & 0 & -1 \\ 0 & -1 & 1 \\ 1 & 2 & 2 \end{pmatrix}$

7. 체 F 위에서 다음 행렬은 가역행렬임을 밝히고 그 역행렬을 구하라.

(1) $\begin{pmatrix} 1 & 0 & 0 \\ a & 1 & 0 \\ 0 & a & 1 \end{pmatrix}$ (2) $\begin{pmatrix} 1 & 0 & 0 & 0 \\ a & 1 & 0 & 0 \\ 0 & a & 1 & 0 \\ 0 & 0 & a & 1 \end{pmatrix}$

8. 모든 θ값에 대하여 행렬

$$A = \begin{pmatrix} \cos\theta & \sin\theta & 0 \\ -\sin\theta & \cos\theta & 0 \\ 0 & 0 & 1 \end{pmatrix}$$

가 가역임을 보이고, A^{-1}을 구하라.

9. 행렬 $A = \begin{pmatrix} 1 & 0 & 1 \\ 0 & a & 1 \\ 1 & 2 & 0 \end{pmatrix}$가 역행렬을 가질 조건 a를 구하고, 그 때 역행렬 A^{-1}을 구하라.

10. A가 가역이기 위한 k값을 구하라.

(1) $A = \begin{pmatrix} k-3 & -2 \\ -2 & k-2 \end{pmatrix}$ (2) $A = \begin{pmatrix} 1 & 3 & k \\ 2 & 1 & 3 \\ 4 & 6 & 2 \end{pmatrix}$

11. 다음 행렬이 가역인지 판정하고, 만약 그렇다면 기본행연산(Gauss의 소거법)을 시행하여 그의 역행렬을 구하라.

(1) $\begin{pmatrix} 2 & 1 & 2 \\ 4 & 0 & 1 \\ 2 & 3 & 4 \end{pmatrix}$ (2) $\begin{pmatrix} 0 & 2 & 0 \\ 0 & 1 & 0 \\ 1 & 0 & 0 \end{pmatrix}$

12. Gauss의 소거법으로 다음 행렬의 역행렬을 구하라.

(1) $\begin{pmatrix} 2 & 1 & 1 \\ 1 & 1 & 2 \\ 1 & 1 & 1 \end{pmatrix}$ (2) $\begin{pmatrix} 2 & 5 & 3 \\ 1 & 2 & 1 \\ 1 & 0 & -3 \end{pmatrix}$

13. $A, B \in M_n(F)$ 위에서 관계 '$\approx$' 을 행렬 $A, B \in M_n(F)$에 대하여

$$A \approx B \quad \Leftrightarrow \quad \exists P(\text{가역행렬}) \in M_n(F),\ B = P^{-1}AP$$

라 정의할 때, 관계 $\approx$는 $M_n(F)$ 위에서 동치관계임을 보여라.

14. 행렬 $A \in M_n(F)$와 가역행렬 $P \in M_n(\mathbb{F})$와 양의 정수 r에 대하여 $(P^{-1}AP)^r = P^{-1}A^rP$임을 보여라.

15. 정리 2.2.14를 증명하라. (참고: [4, 67쪽])

2.3 연립1차방정식과 가우스-조르당 소거법

행렬을 이용한 연립1차방정식의 해법에 대하여 알아보자.

정의 2.3.1 [*연립1차방정식(simultaneous linear equations, 聯立一次方程式)*]
a_{ij} $(i=1,2,\cdots,m,\ j=1,2,\cdots,n)$, b_1, b_2, $\cdots$, b_m을 체 F의 원소라 하고, x_1, x_2, $\cdots$, x_n이 F에서의 n개의 미지수일 때,

F에서 n원 연립1차방정식 $\overset{\text{정의}}{\Longleftrightarrow}$

$$\begin{cases} a_{11}x_1+a_{12}x_2+\cdots+a_{1n}x_n &= b_1 \\ a_{21}x_1+a_{22}x_2+\cdots+a_{2n}x_n &= b_2 \\ \quad\vdots & \quad\vdots \\ a_{m1}x_1+a_{m2}x_2+\cdots+a_{mn}x_n &= b_m \end{cases}$$

$$\Leftrightarrow \begin{pmatrix} a_{11} & a_{12} & \cdots & a_{1n} \\ a_{21} & a_{22} & \cdots & a_{2n} \\ \vdots & \vdots & & \vdots \\ a_{m1} & a_{m2} & \cdots & a_{mn} \end{pmatrix} \begin{pmatrix} x_1 \\ x_2 \\ \vdots \\ x_n \end{pmatrix} = \begin{pmatrix} b_1 \\ b_2 \\ \vdots \\ b_m \end{pmatrix}$$

※ 연립1차방정식을 **연립방정식**이라고도 한다.

$$A=\begin{pmatrix} a_{11} & a_{12} & \cdots & a_{1n} \\ a_{21} & a_{22} & \cdots & a_{2n} \\ \vdots & \vdots & & \vdots \\ a_{m1} & a_{m2} & \cdots & a_{mn} \end{pmatrix}_{m\times n},\quad X=\begin{pmatrix} x_1 \\ x_2 \\ \vdots \\ x_n \end{pmatrix}_{n\times 1},\quad B=\begin{pmatrix} b_1 \\ b_2 \\ \vdots \\ b_m \end{pmatrix}_{m\times 1}$$

라 정의하고, A를 연립1차방정식의 **계수행렬**(coefficient matrix, 係數行列), X를 연립1차방정식의 **변수행렬**(variable matrix, 變數行列), B를 연립1차방정식의 **상수행렬**(constant matrix, 常數行列)이라 한다.

앞으로 체 F에서 n개의 미지수 x_1, x_2, $\cdots$, x_n에 대하여 m개의 1차방정식으로 이루어진 n원 연립1차방정식을 간단히

$$AX=B$$

라 쓴다. 또한,

$$(A|B)=\left(\begin{array}{cccc|c} a_{11} & a_{12} & \cdots & a_{1n} & b_1 \\ a_{21} & a_{22} & \cdots & a_{2n} & b_2 \\ \vdots & \vdots & & \vdots & \vdots \\ a_{m1} & a_{m2} & \cdots & a_{mn} & b_m \end{array}\right)_{m\times(n+1)}$$

를 연립1차방정식의 **첨가행렬**(augmented matrix, 添加行列)이라 한다. 첨가행렬에서 오른쪽의 세로줄 '|'은 계수행렬과 상수행렬의 경계선을 의미하며 생략해야하는데 계산의 편의상 남겨둔다.

정리 2.3.2 *체 F에서 n개의 미지수 $x_1, x_2, \cdots, x_n$에 대하여 m개의 일차방정식으로 이루어진 n원 연립1차방정식*

$$AX = B$$

의 해의 존재성에 대하여 다음이 성립한다. 단, A는 $m \times n$ 계수행렬, X는 $n \times 1$ 변수행렬, B는 $m \times 1$ 상수행렬이다.

(1) 해가 존재 $\iff$ $\text{rank}(A|B) = \text{rank}(A)$.

 (1-1) 유일한 해 존재 $\iff$ $\text{rank}(A|B) = \text{rank}(A) = n$(미지수의 개수).

 (1-2) 무수한 해(부정:否定) $\iff$ $\text{rank}(A|B) = \text{rank}(A) < n$.

  (매개변수의 개수 $= n - \text{rank}(A)$)

(2) 해가 없음(불능:不能) $\iff$ $\text{rank}(A|B) \gneq \text{rank}(A)$.

(증명) 연습문제로 남긴다. ■

※ 계수행렬과 첨가행렬의 계수(rank)를 구할 때, 기본행연산을 하여 기약 행사다리꼴 행렬로 변형하는데, 이와 같이 하여 주어진 연립1차방정식을 푸는 방법을 **가우스-조르당 소거법**(Gauss-Jordan elimination, Gauss-Jordan 消去法)이라 한다.

해를 구하는 방법을 설명하자. A'을 A의 기약 행사다리꼴이라 하면, 정리 2.2.14에 의해 적당한 가역행렬(기본행연산에 대응하는 기본행렬들의 곱으로 됨) P가 존재하여 $A' = PA$이다. 또한 첨가행렬에 기본행연산을 하므로 $B' = PB$라 하면 다음이 성립한다.

$$(A|B) \sim_R (PA|PB) = (A'|B')$$

이 되어 $\text{rank}(A|B) = \text{rank}(A'|B')$이다. $(A'|B')$은 각 행의 선두성분이 1이므로 연립1차방정식의 해를 구하기가 쉽다. 예를 통해 연립1차방정식의 해를 구해보자.

예 2.3.3 가우스-조르당 소거법을 이용하여 다음 연립1차방정식의 해를 구해보자.

(1) $\begin{cases} x + 2y = 3 \\ 2x + 3y = 5 \end{cases}$ 의 해를 구해보자.

계수행렬을 $A = \begin{pmatrix} 1 & 2 \\ 2 & 3 \end{pmatrix}$, 상수행렬을 $B = \begin{pmatrix} 3 \\ 5 \end{pmatrix}$라 하자. 그러면 첨가행렬은 $(A|B) =$

$\left(\begin{array}{cc|c} 1 & 2 & 3 \\ 2 & 3 & 5 \end{array}\right)$ 이다. 가우스-조르당 소거법을 시행하면

$$\left(\begin{array}{cc|c} 1 & 2 & 3 \\ 2 & 3 & 5 \end{array}\right) \xrightarrow{R_2-2R_1} \left(\begin{array}{cc|c} 1 & 2 & 3 \\ 0 & -1 & -1 \end{array}\right) \xrightarrow{R_1+2R_2} \left(\begin{array}{cc|c} 1 & 0 & 1 \\ 0 & -1 & -1 \end{array}\right) \xrightarrow{-R_2} \left(\begin{array}{cc|c} 1 & 0 & 1 \\ 0 & 1 & 1 \end{array}\right)$$

이 되고

$$\text{rank}(A|B) = \text{rank}(A) = 2$$

가 되어 정리 2.3.2에 의해 유일한 해가 존재한다. 즉, 해는 마지막 단계에서

$$\begin{cases} 1 \cdot x + 0 \cdot y = 1 \\ 0 \cdot x + 1 \cdot y = 1 \end{cases} \text{이므로 해는} \begin{cases} x = 1 \\ y = 1 \end{cases}$$

이다.

(2) $\begin{cases} x + 2y = 3 \\ 2x + 4y = 6 \end{cases}$ 의 해를 구해보자. 첨가행렬에 가우스-조르당 소거법을 시행하면 다음과 같다.

$$\left(\begin{array}{cc|c} 1 & 2 & 3 \\ 2 & 4 & 6 \end{array}\right) \xrightarrow{R_2-2R_1} \left(\begin{array}{cc|c} 1 & 2 & 3 \\ 0 & 0 & 0 \end{array}\right)$$

이므로, 계수행렬을 A, 상수행렬을 B라 하면

$$\text{rank}(A|B) = \text{rank}(A) = 1 < 2$$

가 되어 정리 2.3.2에 의해 부정이 된다. 매개변수의 개수는 $2-1=1$개이다. 즉, $x+2y=3$에서 y를 매개변수 t라 하면

$$x = -2y + 3 = -2t + 3$$

이고, 구하는 해는 다음과 같다.

$$\begin{cases} x = -2t + 3 \\ y = \quad t \qquad (t \in \mathbb{R}) \end{cases}$$

(3) $\begin{cases} x + 2y + 3z = 5 \\ 2x + 4y + 6z = 10 \end{cases}$ 의 해를 구해보자. 첨가행렬에 가우스-조르당 소거법을 시행하면 다음과 같다.

$$\left(\begin{array}{ccc|c} 1 & 2 & 3 & 5 \\ 2 & 4 & 6 & 10 \end{array}\right) \xrightarrow{R_2-2R_1} \left(\begin{array}{ccc|c} 1 & 2 & 3 & 5 \\ 0 & 0 & 0 & 0 \end{array}\right)$$

계수행렬을 A, 상수행렬을 B라 하면

$$\text{rank}(A|B) = \text{rank}(A) = 1 < 3$$

가 되어 정리 2.3.2에 의해 부정이 된다. 매개변수의 개수는 $3-1=2$개이다. 즉, $x+2y+3z=5$에서 y, z를 각각 매개변수 t, s라 하면

$$\begin{cases} x = -2t - 3s + 5 \\ y = \quad t \\ z = \quad s \quad (t, s \in \mathbb{R}) \end{cases}$$

이다.

(4) $\begin{cases} x+2y=3 \\ 2x+4y=5 \end{cases}$ 의 해를 구해보자. 첨가행렬에 가우스-조르당 소거법을 시행하면 다음과 같다.

$$\left(\begin{array}{cc|c} 1 & 2 & 3 \\ 2 & 4 & 5 \end{array}\right) \xrightarrow{R_2-2R_1} \left(\begin{array}{cc|c} 1 & 2 & 3 \\ 0 & 0 & -1 \end{array}\right)$$

계수행렬을 A, 상수행렬을 B라 하면

$$\text{rank}(A|B) = 2 \gneq \text{rank}(A) = 1$$

이 되어 정리 2.3.2에 의해 불능이 된다. 즉, 오른쪽 행렬의 2번째 행에 해당하는 2번째 1차 방정식은

$$0 \cdot x + 0 \cdot y = -1$$

이 되어 해를 가질 수 없어 불능이다.

문제 2.3.4 체 F에서 연립1차방정식 $AX=B$가 서로 다른 해 X', X''을 가지면 적어도 체의 개수만큼 해가 존재함을 보여라.

정의 2.3.5 [*동차 연립일차방정식(homogeneous system of linear equation, 同次 聯立一次方程式)*]

a_{ij} $(i=1,2,\cdots,m,\ j=1,2,\cdots,n)$를 체 F의 원소라 하고, $x_1, x_2, \cdots, x_n$가 F에서의 n개의 미지수일 때,

F에서 **동차 연립1차방정식**

$$\overset{\text{정의}}{\Longleftrightarrow} \begin{cases} a_{11}x_1 + a_{12}x_2 + \cdots + a_{1n}x_n = 0 \\ a_{21}x_1 + a_{22}x_2 + \cdots + a_{2n}x_n = 0 \\ \quad \vdots \qquad\qquad\qquad\qquad \vdots \\ a_{m1}x_1 + a_{m2}x_2 + \cdots + a_{mn}x_n = 0 \end{cases} \Longleftrightarrow \begin{pmatrix} a_{11} & a_{12} & \cdots & a_{1n} \\ a_{21} & a_{22} & \cdots & a_{2n} \\ \vdots & \vdots & & \vdots \\ a_{m1} & a_{m2} & \cdots & a_{mn} \end{pmatrix} \begin{pmatrix} x_1 \\ x_2 \\ \vdots \\ x_n \end{pmatrix} = \begin{pmatrix} 0 \\ 0 \\ \vdots \\ 0 \end{pmatrix}$$

동차 연립차1방정식을 간단히

$$AX = \mathbb{O}$$

이라 쓰고 **동차 연립방정식**이라고도 한다. $AX = B(\neq \mathbb{O})$인 연립방정식을 **비동차 연립방정식**이라 한다.

동차 연립방정식은 항상 자명한 해 $(0,0,\cdots,0)$을 갖는다. 또 동차 연립방정식의 해와 비동차 연립방정식의 해 사이에는 어떤 관계가 성립한다. 다음 예를 살펴보자.

예 2.3.6 동차 연립1차방정식

$$(*)\cdots\begin{cases} x+2y+3z=0 \\ 2x+4y+6z=0 \end{cases}$$

의 해를 구해보자. 첨가행렬에 가우스-조르당 소거법을 시행하면 다음과 같다.

$$\left(\begin{array}{ccc|c} 1 & 2 & 3 & 0 \\ 2 & 4 & 6 & 0 \end{array}\right) \xrightarrow{R_2-2R_1} \left(\begin{array}{ccc|c} 1 & 2 & 3 & 0 \\ 0 & 0 & 0 & 0 \end{array}\right)$$

계수행렬을 A, 상수행렬을 B라 하면

$$\text{rank}(A|B) = \text{rank}(A) = 1 < 3$$

가 되어 정리 2.3.2에 의해 부정이 된다. 매개변수의 개수는 $3-1=2$개이다. 즉, y, z를 각각 매개변수 t, s라 하면 $x+2y+3z=0$에서

$$\begin{cases} x = -2t-3s \\ y = \quad t \\ z = \quad s \quad (t,\ s \in \mathbb{R}) \end{cases}$$

이다.

예 2.3.3의 연립1차방정식 (3)

$$(**)\cdots\begin{cases} x+2y+3z=5 \\ 2x+4y+6z=10 \end{cases}$$

의 해를 보면

$$\begin{cases} x = -2t-3s+5 \\ y = \quad t \\ z = \quad s \quad (t,\ s \in \mathbb{R}) \end{cases}$$

인데 이는 동차 연립방정식 $(*)$의 일반해에 비동차 연립1차방정식 $(**)$의 특수해 $(5,\ 0,\ 0)$을 더한 것과 같다.

정리 2.3.7 *체 F에서 n개의 미지수 $x_1, x_2, \cdots, x_n$과 m개의 일차방정식으로 이루어진*

<u>*비동차(非同次)*</u> *연립1차방정식 $AX = B$의* <u>*해 전체의 집합(일반해)*</u>

과

<u>*동차(同次)*</u> *연립1차방정식 $AX = \mathbb{O}$의* <u>*해 전체의 집합(일반해)*</u>

사이에는 다음 관계가 성립한다.

① 비동차 연립1차방정식 $\underline{AX = B}$<u>의 일반해 집합</u>을

$$U = \{X' \in M_{n\times 1}(F) \mid AX' = B\}$$

② 비동차 연립1차방정식 $\underline{AX = B}$<u>의 특수해</u>를 X_S

③ 동차 연립1차방정식 $\underline{AX = \mathbb{O}}$<u>의 일반해 집합</u>을

$$U_0 = \{X_0 \in M_{n\times 1}(F) \mid AX_0 = \mathbb{O}\}$$

$$\Longrightarrow \quad \boxed{U = X_S + U_0}$$

※ 단, $X_S + U_0 = \{X_S + X_0 \in M_{n\times 1}(F) \mid AX_0 = \mathbb{O}.$ 즉, $X_0 \in U_0\}$

※ 동차 연립1차방정식의 해집합 U_0는 특별한 성질을 갖는다(정리 3.6.1).

(증명) $X' \in U$이면 $AX' = B$이다. 한편 $AX = B$의 특수해 X_S 에 대하여

$$A(X' - X_S) = AX' - AX_S = B - B = \mathbb{O}$$

가 되어 $X' - X_S$는 동차 연립1차방정식 $AX = \mathbb{O}$의 한 해이다. 그러면 $X_0 \in U_0$가 존재하여 $X' - X_S = X_0$이므로 다음이 성립한다.

$$X' = X_S + X_0 \quad \Longrightarrow \quad U \subset X_S + U_0.$$

역으로 $X_S + X_0 \in X_S + U_0$라 할 때, $AX = B$의 해임을 보이자.

$$A(X_S + X_0) = AX_S + AX_0 = B + \mathbb{O} = B$$

이므로 $X_S + X_0$는 $AX = B$의 해이다. 그러므로 $X_S + X_0 \in U$가 되어

$$X_S + U_0 \subset U.$$

따라서 $U = X_S + U_0$. ■

연 습 문 제 (2.3)

1. 실수체 $\mathbb{R}$에서 다음 연립방정식을 풀어라.

(1) $\begin{cases} x + 2y + z = 0 \\ x - \ \ y - z = 0 \end{cases}$ (2) $\begin{cases} x + y = 2 \\ 3x - y = 2 \\ x - y = 0 \end{cases}$ (3) $\begin{cases} 3x - 3y + 15z = 1 \\ 4x - 2y + \ \ \ z = 4 \\ 4x + 3y + \ 8z = 13 \end{cases}$

2. 실수체 $\mathbb{R}$ 위의 행렬

$$A = \begin{pmatrix} 3 & 1 & -1 \\ 2 & 2 & -1 \\ 2 & 2 & 0 \end{pmatrix}, \qquad X = \begin{pmatrix} x \\ y \\ z \end{pmatrix}$$

에 대하여 다음 물음에 답하라.

(1) 등식 $AX = X$를 만족시키는 행렬 X를 구하라.

(2) 등식 $(2I_3 - A)X = \mathbb{O}_{3\times 1}$을 만족시키는 행렬 X를 구하라.

3. 연립방정식 $\begin{cases} 3x - 6y + 2z - 2w = -9 \\ 2x - 4y + 3z - 3w = 4 \\ 5x - 10y + 7z - 7w = k \end{cases}$ 이 해를 가지도록 실수 k의 값을 구하라.

4. 연립방정식 $\begin{cases} x - 2y - z = 1 \\ -2x + 3y + 5z = 2 \\ x - y - 2kz = 3 \end{cases}$ 이 해를 갖지 않을 때, k의 값을 구하라.

5. 실수체 $\mathbb{R}$에서 다음 동차 연립방정식이 자명한 해 이외의 해를 가지도록 실수 k의 값을 구하라.

(1) $\begin{cases} x_1 = 4x_2 + kx_1 \\ x_1 = x_2 + kx_1 \end{cases}$

(2) $\begin{cases} kx_1 + x_2 + x_3 = 0 \\ x_1 + kx_2 + x_3 = 0 \\ x_1 + x_2 + kx_3 = 0 \end{cases}$

6. 실수체 $\mathbb{R}$에서 다음 연립방정식의 해를 구하라. (단, a는 실수)

(1) $\begin{cases} x - y + z = 1 \\ x + 2y + az = 2 \\ 2x + ay + 3z = 3 \end{cases}$

(2) $\begin{cases} x - 3y + 4z - 2w = 5 \\ 2y + 5z + w = 2 \\ y - 3z = a \end{cases}$

7. 연립방정식 $\begin{cases} ax + by + cz = a \\ bx + cy + az = b \\ cx + ay + bz = c \end{cases}$ 의 해를 구하라. 단, a, b, c는 0이 아닌 실수이고, $a + b + c = 0$이다.

8. 서로 다른 실수 a, b, c에 대하여 연립방정식 $\begin{cases} x + y + z = 1 \\ ax + by + cz = k \\ a^2x + b^2y + c^2z = k^2 \end{cases}$ 의 해를 구하라.

9. 정리 2.3.2를 증명하라.

2.4 행렬식의 성질

행렬식은 원래 연립1차방정식의 해를 구하기 위해서 고안되었는데 행렬보다 앞서 등장하였다. 행렬식은 17 세기에 라이프니쯔(G. W. Leibnitz: 1646∼1716)가 일반적인 크기의 행렬식을 정의하였고, 크래머(G. Crammer: 1704∼1752)가 행렬식에 대한 완전한 체계를 갖추었다.

정의 2.4.1 *[치환(permutation, 置換)]*

A를 공이 아닌 집합이라 하자. A 위에서 함수 $\sigma : A \longrightarrow A$에 대하여,

σ는 A 위에서 **치환** $\overset{\text{정의}}{\Longleftrightarrow}$ σ는 전단사 함수.

정리 2.4.2 *A를 공이 아닌 집합이라하자.*

$S_A = \{\sigma \mid \sigma : A \longrightarrow A$는 전단사함수(치환)$\}$에 대하여 다음이 성립한다.

대수적구조 $(S_A, \circ)$은 군이다. 단, 연산 $\circ$은 함수의 합성이다.
즉, σ, $\delta \in S_A$에 대하여, $\sigma \circ \delta(a) = \sigma(\delta(a))$, $\forall a \in A$로 정의한다.

(증명) $\sigma, \delta \in S_A$는 전단사이므로 σ와 δ의 합성함수 $\sigma \circ \delta$는 전단사함수가 되어 $\sigma \circ \delta \in S_A$이다. 즉, 연산 $\circ$에 관하여 닫혀있다. 정리 1.4.7에 의해 연산 $\circ$은 결합법칙이 성립한다.

항등함수 $\mathbf{i} : A \longrightarrow A$, $\mathbf{i}(a) = a, \forall a \in A$은

$$\mathbf{i}\sigma = \sigma\mathbf{i} = \sigma, \forall \sigma \in S_A$$

이므로 $\mathbf{i}$는 연산 $\circ$에 관하여 항등원이다. 또한 $\sigma \in S_A$의 역함수 σ^{-1}은 전단사함수이므로 $\sigma^{-1} \in S_A$이다.

$$\sigma\sigma^{-1} = \sigma^{-1}\sigma = \mathbf{i}$$

이므로 $(S_A, \circ)$은 군이다. ■

※ 군 $(S_A, \circ)$을 **대칭군** 또는 **치환군**이라하며, $|A| = n$이면 $\boxed{S_A = S_n}$이라 쓴다. 대칭군에서 함수의 대응관계만을 생각하므로 $|A| = n$이면 $A = \{1, 2, \cdots, n\}$이라 생각해도 좋다. 그리고 대칭군 $(S_n, \circ)$의 원소수는 n개의 원소를 일렬로 늘어 놓는 순열의 수와 같으므로 $|S_n| = n!$이다.

치환 $\sigma \in S_n$을 다음과 같이 원소의 대응관계로 나타낼 수 있다.

$$\sigma = \begin{pmatrix} 1 & 2 & \cdots & n \\ \sigma(1) & \sigma(2) & \cdots & \sigma(n) \end{pmatrix}$$

예를 들어 $\sigma = \begin{pmatrix} 1 & 2 & 3 \\ 3 & 2 & 1 \end{pmatrix}$ 이면 $\sigma(1) = 3,\ \sigma(2) = 2,\ \sigma(3) = 1$ 이다.

예 2.4.3 다음 대칭군의 예를 살펴 보자.

(1) $A = \{1,\ 2\}$ 인 경우 대칭군 S_2는 다음과 같다.

$$S_2 = \left\{ \begin{pmatrix} 1 & 2 \\ 1 & 2 \end{pmatrix}, \begin{pmatrix} 1 & 2 \\ 2 & 1 \end{pmatrix} \right\}$$

(2) $A = \{1,\ 2,\ 3\}$ 인 경우 대칭군 S_3은 다음과 같다.

$$S_3 = \left\{ \begin{pmatrix} 1 & 2 & 3 \\ 1 & 2 & 3 \end{pmatrix}, \begin{pmatrix} 1 & 2 & 3 \\ 1 & 3 & 2 \end{pmatrix}, \begin{pmatrix} 1 & 2 & 3 \\ 3 & 2 & 1 \end{pmatrix}, \begin{pmatrix} 1 & 2 & 3 \\ 2 & 1 & 3 \end{pmatrix}, \begin{pmatrix} 1 & 2 & 3 \\ 2 & 3 & 1 \end{pmatrix}, \begin{pmatrix} 1 & 2 & 3 \\ 3 & 1 & 2 \end{pmatrix} \right\}$$

정의 2.4.4 [*호환(transposition, 互換), 순환치환(cyclic permutation, 循環置換)*]

$\sigma \in S_n$가 치환, $i, j \in \{1,\ 2,\ \cdots,\ n\}$ 일 때,

σ가 **호환**	$\overset{\text{정의}}{\Longleftrightarrow}$	$\exists i \neq j,\ \sigma(i) = j,\ \sigma(j) = i,\ \sigma(k) = k(k \neq i, j)$
σ가 길이 r인 **순환치환**	$\overset{\text{정의}}{\Longleftrightarrow}$	$B = \{i,\ \sigma(i),\ \sigma^2(i),\ \cdots,\ \sigma^{r-1}(i)\}$, $\lvert B \rvert = r,\ \sigma^r(i) = i,\ \sigma(k) = k(k \notin B)$ 인 i가 존재

※ 길이 r인 순환치환 σ를 간단히 $\sigma = (i\ \sigma(i)\ \sigma^2(i)\ \cdots\ \sigma^{r-1}(i))$라 표기한다. 특히, 호환은 길이가 2인 순환치환이다.

예 2.4.5 다음 치환과 순환치환의 예를 살펴 보자.

(1) $A = \{1,\ 2\}$ 인 경우 모든 치환은 다음과 같다.

$$\begin{pmatrix} 1 & 2 \\ 1 & 2 \end{pmatrix} = (1), \quad \begin{pmatrix} 1 & 2 \\ 2 & 1 \end{pmatrix} = (1\ 2)$$

치환 (1)은 길이 1인 순환치환이고, 치환 $(1\ 2)$는 길이 2인 순환치환(호환)이다.

(2) $A = \{1,\ 2,\ 3\}$ 인 경우 모든 치환은 다음과 같다.

$$\begin{pmatrix} 1 & 2 & 3 \\ 1 & 2 & 3 \end{pmatrix} = (1), \quad \begin{pmatrix} 1 & 2 & 3 \\ 1 & 3 & 2 \end{pmatrix} = (2\ 3), \quad \begin{pmatrix} 1 & 2 & 3 \\ 3 & 2 & 1 \end{pmatrix} = (1\ 3),$$

$$\begin{pmatrix} 1 & 2 & 3 \\ 2 & 1 & 3 \end{pmatrix} = (1\ 2), \quad \begin{pmatrix} 1 & 2 & 3 \\ 2 & 3 & 1 \end{pmatrix} = (1\ 2\ 3), \quad \begin{pmatrix} 1 & 2 & 3 \\ 3 & 1 & 2 \end{pmatrix} = (1\ 3\ 2)$$

치환 (1)은 길이 1인 순환치환, 치환 (1 2), (1 3), (2 3)는 길이 2인 순환치환(호환)이고, 치환 (1 2 3), (1 3 2)는 길이 3인 순환치환이다.
따라서 S_3에서 호환은 {(1 2), (1 3), (2 3)}이다.

(3) $A = \{1, 2, 3, 4, 5\}$인 경우 치환

$$\sigma = \begin{pmatrix} 1 & 2 & 3 & 4 & 5 \\ 3 & 1 & 2 & 5 & 4 \end{pmatrix} = (1\ 3\ 2)(4\ 5)$$

은 길이가 3인 순환치환 (1 3 2)과 길이가 2인 순환치환(호환) (4 5)의 곱(합성)이고, σ는 순환치환이 아니다.

※ 항등치환일 때는 (1)이라 쓰고, 항등치환이 아닌 때에는 길이 1인 치환은 모두 생략한다. 예를 들면 $\sigma = \begin{pmatrix} 1 & 2 & 3 & 4 & 5 \\ 3 & 1 & 2 & 4 & 5 \end{pmatrix} = (1\ 3\ 2)(4)(5) = (1\ 3\ 2)$라 쓴다.

예 2.4.6 S_3에서 호환에 대한 다음 예를 살펴 보자.

$$(1\ 2)(1\ 2) = \begin{pmatrix} 1 & 2 & 3 \\ 2 & 1 & 3 \end{pmatrix}\begin{pmatrix} 1 & 2 & 3 \\ 2 & 1 & 3 \end{pmatrix} = \begin{pmatrix} 1 & 2 & 3 \\ 1 & 2 & 3 \end{pmatrix} = (1)$$

이고 일반적으로 임의의 호환 $(i\ j)$은 자기 자신이 자기 자신의 곱셈에 대한 역원이다. 즉,

$$(i\ j)^{-1} = (i\ j)$$

이다.

(1 2 3) = (1 3)(1 2)으로 임의의 치환은 호환의 곱으로 분해할 수 있다.

※ 치환의 곱을 시행할 때는 함수의 합성이므로 연산을 할 때 뒤에서 앞으로 연산해야 한다. 위의 예에서 (1 3)(1 2)을 계산할 때는 아래와 같이 해야 한다.

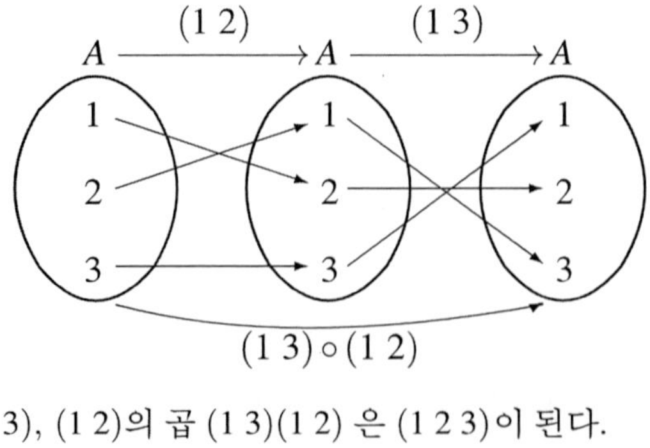

따라서 두 호환 (1 3), (1 2)의 곱 (1 3)(1 2) 은 (1 2 3)이 된다.

정리 2.4.7 *대칭군 S_n에서 다음이 성립한다.*

(1) $\sigma \in S_n$이 치환이면 쌍마다 서로소(겹치는 숫자가 없음)인 순환치환의 곱으로 표현된다.

(2) $\tau \in S_n$이 호환이면 $\tau^{-1} = \tau$

(3) $(a_1\ a_2\ a_3\ \cdots\ a_{r-1}\ a_r) \in S_n$이 길이 r인 순환치환이면

$$(a_1\ a_2\ a_3\ \cdots\ a_{r-1}\ a_r) = (a_1\ a_r)(a_1\ a_{r-1})\cdots(a_1\ a_3)(a_1\ a_2)$$

(증명) 연습문제로 남긴다. ■

예 2.4.8 정리 2.4.7의 (1)과 (3)에 의하여 모든 치환은 호환의 곱으로 표현된다. 하지만 호환의 곱의 표현은 유일하지 않다. 다음 예를 살펴 보자.

$$(1\ 2\ 3) = (1\ 3)(1\ 2) = (1\ 3)(1\ 2)(1\ 2)(1\ 2)$$

그러나 다음 정리에서 호환의 곱의 갯수가 홀수/짝수개인 유일성을 보장한다. 즉, 호환의 곱으로 나타냈을 때, 한 번 짝수개로 되었으면 다른 어떠한 호환의 곱으로 표현하여도 항상 짝수개로 나타난다. 먼저 정리를 증명하기 위해 차적(差積:차이의 곱셈)의 정의와 예를 알아보자

예 2.4.9 다음 차적의 정의와 예를 살펴 보자.

(1) n개의 서로 다른 수로 이루어진 집합 $\{x_1,\ x_2,\ \cdots,\ x_n\}$에 대한 **차적**(difference product, 差積)은 서로 다른 두 수를 차례로 2쌍씩 선택하여 앞수에서 뒷수를 뺀 $(x_i - x_j)$를 모두 곱한 것으로 정의하고, 기호로 $Q(x_1, x_2, \cdots, x_n)$라 쓴다. 즉, 다음과 같은 곱셈이다.

$$\begin{aligned} Q(x_1, x_2, \cdots, x_n) = (x_1 - x_2)(x_1 - x_3)&\cdots(x_1 - x_n) \\ \times(x_2 - x_3)&\cdots(x_2 - x_n) \\ &\vdots \\ \times&(x_{n-1} - x_n). \end{aligned}$$

(2) 차적의 구체적인 예를 살펴보자.

$$\begin{aligned} Q(x_1, x_2, x_3) &= (x_1 - x_2)(x_1 - x_3)(x_2 - x_3). \\ Q(x_3, x_2, x_1) &= (x_3 - x_2)(x_3 - x_1)(x_2 - x_1) \\ &= (-1)^3(x_1 - x_2)(x_1 - x_3)(x_2 - x_3) \\ &= (-1)^3 Q(x_1, x_2, x_3) \\ &= -Q(x_1, x_2, x_3). \end{aligned}$$

$$
\begin{aligned}
Q(x_3,x_1,x_2) &= (x_3-x_1)(x_3-x_2)(x_1-x_2) \\
&= (-1)^2(x_1-x_2)(x_1-x_3)(x_2-x_3) \\
&= Q(x_1,x_2,x_3).
\end{aligned}
$$

정리 2.4.10 *$\sigma \in S_n$가 치환일 때, 다음이 성립한다.*

$\sigma = \tau_1\tau_2\cdots\tau_r = \tau_1'\tau_2'\cdots\tau_s'$인 호환 $\tau_1,\ \tau_2,\ \cdots,\ \tau_r,\ \tau_1',\ \tau_2',\ \cdots,\ \tau_s'$가 존재하면

$r-s$가 2의 배수이다.

즉, r이 짝수(홀수)일 필요충분조건은 s 가 짝수(홀수)이다.

(증명) 호환 $\tau = (i\ j)$에 대하여 차적 $Q(x_1,x_2,\cdots,x_n)$과의 곱을 다음과 같이 정의하자.

$$\tau Q(x_1,\cdots,x_i,\cdots,x_j,\cdots,x_n) = Q(x_1,\cdots,x_j,\cdots,x_i,\cdots,x_n).$$

그러면

$$\tau Q(x_1,x_2,\cdots,x_n) = -Q(x_1,x_2,\cdots,x_n)$$

임을 쉽게 알 수 있다. 가정에 의해

$$\sigma Q(x_1,\cdots,x_n) = \tau_1\cdots\tau_r Q(x_1,\cdots,x_n) = (-1)^r Q(x_1,\cdots,x_n)$$

이고

$$\sigma Q(x_1,\cdots,x_n) = \tau_1'\cdots\tau_s' Q(x_1,\cdots,x_n) = (-1)^s Q(x_1,\cdots,x_n)$$

이다. 그러므로

$$(-1)^r Q(x_1,\cdots,x_n) = \sigma Q(x_1,\cdots,x_n) = (-1)^s Q(x_1,\cdots,x_n)$$

이므로 $(-1)^r = (-1)^s$이다. 즉, r이 짝수(홀수)일 필요충분조건은 s가 짝수(홀수)이다. ■

정의 2.4.11 *[우치환(짝치환, even permutation, 偶置換), 기치환(홀치환, odd permutation, 奇置換), 부호(sign, 符號)]*

치환 $\sigma \in S_n$에 대하여 $\sigma = \tau_1\tau_2\cdots\tau_r$ 인 호환 $\tau_1,\ \tau_2,\ \cdots,\ \tau_r$가 존재할 때,

σ가 **우치환(짝치환)**	$\overset{\text{정의}}{\Leftrightarrow}$	r이 짝수
σ가 **기치환(홀치환)**	$\overset{\text{정의}}{\Leftrightarrow}$	r이 홀수
σ의 **부호** $\mathrm{sgn}(\sigma)$	$\overset{\text{정의}}{\Leftrightarrow}$	$\mathrm{sgn}(\sigma) = \begin{cases} 1 & (\sigma\text{가 우치환일 때}) \\ -1 & (\sigma\text{가 기치환일 때}) \end{cases}$

예 2.4.12 S_3에서 치환의 부호를 알아보자.

(1) $\text{sgn}(1) = \text{sgn}(1\ 2)(1\ 2) = 1$이다.

(2) $\text{sgn}(1\ 2) = \text{sgn}(1\ 3) = \text{sgn}(2\ 3) = -1$이다.

(3) $\text{sgn}(1\ 2\ 3) = \text{sgn}(1\ 3)(1\ 2) = 1$이고, $\text{sgn}(1\ 3\ 2) = \text{sgn}(1\ 2)(1\ 3) = 1$이다.

S_3에서 우치환과 기치환은 각각 3개씩 존재한다.

※ 일반적으로 S_n에서 우치환과 기치환은 같은 개수를 갖는다.

문제 2.4.13 자연수 $n(\geq 2)$일 때, 대칭군 S_n의 부분집합 $A_n = \{\sigma \in S_n \mid \text{sgn}(\sigma) = 1\}$과 $B_n = \{\sigma \in S_n \mid \text{sgn}(\sigma) = -1\}$ 에 대하여 다음 물음에 답하라.

(1) $|A_n| = |B_n| = \dfrac{n!}{2}$임을 증명하라.

(2) A_n은 군임을 증명하라.

※ 군 A_n을 **교대군**(alternating group, 交代群)이라 한다.

치환을 이용하여 행렬식을 정의해보자.

정의 2.4.14 [*행렬식(determinant, 行列式)*]

$A \in M_n(F)$가 체 F 위의 n차 정사각행렬일 때,

행렬 A의 **행렬식** $\lvert A\rvert$	$\overset{\text{정의}}{\Leftrightarrow}$	$\lvert A\rvert = \sum_{\sigma\in S_n} \text{sgn}(\sigma) a_{1\sigma(1)}a_{2\sigma(2)}\cdots a_{n\sigma(n)}$

※ A의 행렬식을 $|A|$ 또는 $\det(A)$라 표기한다. 이 행렬식의 정의는 Leibniz(독, 1646~1716)가 하였다.

예 2.4.15 (1) 2차 행렬 $A = \begin{pmatrix} a_{11} & a_{12} \\ a_{21} & a_{22} \end{pmatrix}$의 행렬식을 구해보자.

$$S_2 = \left\{ \sigma_1 = \begin{pmatrix} 1 & 2 \\ 1 & 2 \end{pmatrix},\ \sigma_2 = \begin{pmatrix} 1 & 2 \\ 2 & 1 \end{pmatrix} \right\}$$

이므로

$$\begin{aligned} |A| = \begin{vmatrix} a_{11} & a_{12} \\ a_{21} & a_{22} \end{vmatrix} &= \sum_{\sigma\in S_2} \text{sgn}(\sigma) a_{1\sigma(1)}a_{2\sigma(2)} \\ &= \text{sgn}(\sigma_1)a_{1\sigma_1(1)}a_{2\sigma_1(2)} + \text{sgn}(\sigma_2)a_{1\sigma_2(1)}a_{2\sigma_2(2)} \\ &= \text{sgn}\begin{pmatrix} 1 & 2 \\ 1 & 2 \end{pmatrix} a_{11}a_{22} + \text{sgn}\begin{pmatrix} 1 & 2 \\ 2 & 1 \end{pmatrix} a_{12}a_{21} \\ &= a_{11}a_{22} - a_{12}a_{21} \end{aligned}$$

(2) 3차 행렬 $B = \begin{pmatrix} a_{11} & a_{12} & a_{13} \\ a_{21} & a_{22} & a_{23} \\ a_{31} & a_{32} & a_{33} \end{pmatrix}$ 의 행렬식을 구해보자.

$S_3 = \{\sigma_1 = (1),\ \sigma_2 = (2\ 3),\ \sigma_3 = (1\ 3),\ \sigma_4 = (1\ 2),\ \sigma_5 = (1\ 2\ 3),\ \sigma_6 = (1\ 3\ 2)\}$이므로

$$
\begin{aligned}
|B| = \begin{vmatrix} a_{11} & a_{12} & a_{13} \\ a_{21} & a_{22} & a_{23} \\ a_{31} & a_{32} & a_{33} \end{vmatrix} &= \sum_{\sigma \in S_3} \operatorname{sgn}(\sigma) a_{1\sigma(1)} a_{2\sigma(2)} a_{3\sigma(3)} \\
&= \operatorname{sgn}(\sigma_1) a_{11}a_{22}a_{33} + \operatorname{sgn}(\sigma_2) a_{11}a_{23}a_{32} + \operatorname{sgn}(\sigma_3) a_{13}a_{22}a_{31} \\
&\quad + \operatorname{sgn}(\sigma_4) a_{12}a_{21}a_{33} + \operatorname{sgn}(\sigma_5) a_{12}a_{23}a_{31} + \operatorname{sgn}(\sigma_6) a_{13}a_{21}a_{32} \\
&= \operatorname{sgn}(1) a_{11}a_{22}a_{33} + \operatorname{sgn}(2\ 3) a_{11}a_{23}a_{32} + \operatorname{sgn}(1\ 3) a_{13}a_{22}a_{31} \\
&\quad + \operatorname{sgn}(1\ 2) a_{12}a_{21}a_{33} + \operatorname{sgn}(1\ 2\ 3) a_{12}a_{23}a_{31} + \operatorname{sgn}(1\ 3\ 2) a_{13}a_{21}a_{32} \\
&= a_{11}a_{22}a_{33} - a_{11}a_{23}a_{32} - a_{13}a_{22}a_{31} \\
&\quad - a_{12}a_{21}a_{33} + a_{12}a_{23}a_{31} + a_{13}a_{21}a_{32} \\
&= a_{11}a_{22}a_{33} + a_{12}a_{23}a_{31} + a_{13}a_{21}a_{32} (\text{오른쪽 대각선 원소의 곱}) \\
&\quad - a_{12}a_{21}a_{33} - a_{11}a_{23}a_{32} - a_{13}a_{22}a_{31} (\text{왼쪽 대각선 원소의 곱})
\end{aligned}
$$

※ 3차 정사각행렬은 아래와 같은 방법(오른쪽 대각선 원소의 곱은 +, 왼쪽 대각선 원소의 곱은 −)으로 행렬식을 쉽게 구할 수 있는데, 이 방법을 프랑스 수학자 Sarrus(1798∼1861)가 고안하여 **Sarrus 전개(법칙)**라고 한다. 단, 이 법칙은 **3차 행렬에서만 적용됨**.

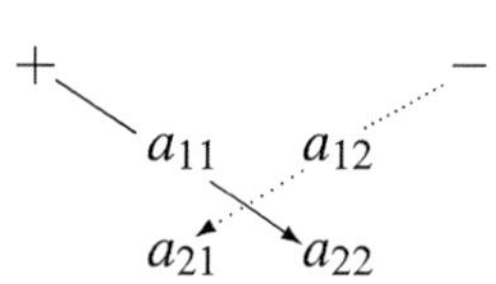

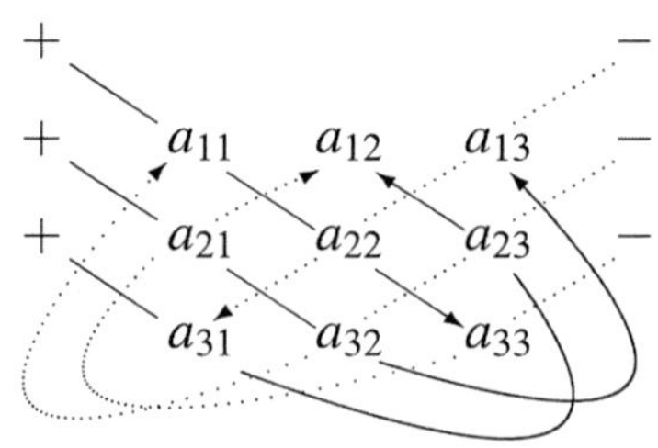

예 2.4.16 다음 3차 행렬의 행렬식을 Sarrus 전개로 구해 보자.

$$
\begin{aligned}
\begin{vmatrix} 1 & 2 & 3 \\ 4 & 0 & 1 \\ -1 & 1 & 4 \end{vmatrix} &= 1\cdot 0\cdot 4 + 4\cdot 1\cdot 3 + 2\cdot 1\cdot(-1) - 3\cdot 0\cdot(-1) - 1\cdot 1\cdot 1 - 4\cdot 2\cdot 4 \\
&= 12 - 2 - 1 - 32 = -23
\end{aligned}
$$

행렬식을 구할 때, 정의에 의해 구하려고 하면 꽤 귀찮은 계산을 해야한다. 다음 정리를 활용하면 행렬식의 계산을 수월하게 할 수 있다.

다음 문제는 정리를 증명할 때 사용된다.

문제 2.4.17 대칭군 S_n에 대하여 다음을 증명하라.

(1) 함수 $T : S_n \to S_n$를 임의의 치환 σ에 대하여 $T(\sigma) = \sigma^{-1}$라 정의하면, T는 전단사이다.

(2) τ가 한 호환일 때, 함수 $T' : S_n \to S_n$를 임의의 치환 σ에 대하여 $T'(\sigma) = \tau\sigma$라 정의하면, T'은 전단사이다.

(3) 임의의 $\sigma \in S_n$에 대하여, $\mathrm{sgn}(\sigma) = \mathrm{sgn}(\sigma^{-1})$이다.

정리 2.4.18 (행렬식의 성질)

체 F 위의 n차 정사각행렬 $A = (A_1, \cdots, A_i, \cdots, A_j, \cdots, A_n)$의 행렬식 $|A|$에 대하여 다음이 성립한다. 단, $i \neq j$이고 $0 \neq \alpha \in F$이다.

(1) $|A| = |A^T|$ (A^T는 A의 전치행렬).

(2) $|A_1, A_2, \cdots, A_i + A_{i'}, \cdots, A_n| = |A_1, A_2, \cdots, A_i, \cdots, A_n| + |A_1, A_2, \cdots, A_{i'}, \cdots, A_n|$.

(3) $|A_1, A_2, \cdots, \mathbb{O}, \cdots, A_n| = 0$. ($A_i = \mathbb{O}$. 즉, A의 i행이 0 행).

(4) $|A_{(R_i \leftrightarrow R_j)}| = -|A|$ (A의 i행과 j행 교환). 즉,
$|A_1, \cdots, A_i, \cdots, A_j, \cdots, A_n| = -|A_1, \cdots, A_j, \cdots, A_i, \cdots, A_n|$.

(5) $|A_1, \cdots, A_i, \cdots, A_j, \cdots, A_n| = 0$. ($A_i = A_j$. 즉, A의 i행과 j행 일치).

(6) $|A_{(\alpha R_i)}| = |A_1, \cdots, \alpha A_i, \cdots, A_n| = \alpha|A|$ (A의 i행에 α배).

(7) $|A_{(R_i + \alpha R_j)}| = |A_1, \cdots, A_i + \alpha A_j, \cdots, A_j, \cdots, A_n| = |A|$
(A의 j행에 α배하여 i행에 더함).

※ 위 정리의 (1), (4), (6), (7)은 행렬식을 간단하게 계산할 때 자주 쓰이므로 잘 기억해야 한다. 특히, (1)에 의해 열연산에 대하여서도 같은 성질이 성립한다.

(증명) 행렬 $A = (a_{ij})$의 행렬식의 정의 $|A| = \sum_{\sigma \in S_n} \mathrm{sgn}(\sigma) a_{1\sigma(1)} a_{2\sigma(2)} \cdots a_{n\sigma(n)}$을 생각하자.

(1) $A^T = (b_{ij})$라면 전치행렬의 정의에 의해 $b_{ij} = a_{ji}$이다. 그러므로 $\mathrm{sgn}(\sigma) = \mathrm{sgn}(\sigma^{-1})$이므로

$$
\begin{aligned}
|A^T| &= \sum_{\sigma \in S_n} \mathrm{sgn}(\sigma) b_{1\sigma(1)} b_{2\sigma(2)} \cdots b_{n\sigma(n)} = \sum_{\sigma^{-1} \in S_n} \mathrm{sgn}(\sigma^{-1}) b_{\sigma^{-1}(1)1} b_{\sigma^{-1}(2)2} \cdots b_{\sigma^{-1}(n)n} \\
&= \sum_{\sigma^{-1} \in S_n} \mathrm{sgn}(\sigma^{-1}) a_{1\sigma^{-1}(1)} a_{2\sigma^{-1}(2)} \cdots a_{n\sigma^{-1}(n)} = \sum_{\sigma \in S_n} \mathrm{sgn}(\sigma) a_{1\sigma(1)} a_{2\sigma(2)} \cdots a_{n\sigma(n)} \\
&= |A|
\end{aligned}
$$

(2) 주어진 행렬의 i행이 $A_i + A_{i'}$ 이므로 행렬식은 다음과 같다.

$$\begin{aligned}
&|A_1, A_2, \cdots, A_i + A_{i'}, \cdots, A_n| \\
&= \sum_{\sigma \in S_n} \operatorname{sgn}(\sigma) a_{1\sigma(1)} a_{2\sigma(2)} \cdots \left(a_{i\sigma(i)} + a_{i\sigma(i')}\right) \cdots a_{n\sigma(n)} \\
&= \sum_{\sigma \in S_n} \operatorname{sgn}(\sigma) a_{1\sigma(1)} a_{2\sigma(2)} \cdots a_{i\sigma(i)} \cdots a_{n\sigma(n)} \\
&\quad + \sum_{\sigma \in S_n} \operatorname{sgn}(\sigma) a_{1\sigma(1)} a_{2\sigma(2)} \cdots a_{i\sigma(i')} \cdots a_{n\sigma(n)} \\
&= |A_1, A_2, \cdots A_i, \cdots, A_n| + |A_1, A_2, \cdots A_{i'}, \cdots, A_n|
\end{aligned}$$

(3) A의 i행이 0행. 즉, $A_i = \mathbb{O}\left(a_{i\sigma(i)} = 0\right)$ 이므로 행렬식은 다음과 같다.

$$\begin{aligned}
|A_1, \cdots, \mathbb{O}, \cdots, A_n| &= \sum_{\sigma \in S_n} \operatorname{sgn}(\sigma) a_{1\sigma(1)} \cdots a_{i\sigma(i)} \cdots a_{n\sigma(n)} \\
&= \sum_{\sigma \in S_n} \operatorname{sgn}(\sigma) a_{1\sigma(1)} \cdots a_{i-1\sigma(i-1)} 0 a_{i+1\sigma(i+1)} \cdots a_{n\sigma(n)} \\
&= 0
\end{aligned}$$

(4) A의 행렬식 $|A| = |A_1, \cdots, A_i, \cdots, A_j, \cdots, A_n| = |(a_{ij})|$와 A의 i 행과 j행을 교환한 행렬식 $\left|A_{(R_i \leftrightarrow R_j)}\right| = |A_1, \cdots, A_j, \cdots, A_i, \cdots, A_n| = |(b_{ij})|$과 호환 $\tau = (i\ j)$를 생각하자. 그러면 행렬식은 다음과 같다.

$$\begin{aligned}
\left|A_{(R_i \leftrightarrow R_j)}\right| &= |A_1, \cdots, A_j, \cdots, A_i, \cdots, A_n| = |(b_{ij})| \\
&= \sum_{\sigma \in S_n} \operatorname{sgn}(\sigma) b_{1\sigma(1)} \cdots b_{n\sigma(n)} = \sum_{\tau\sigma \in S_n} \operatorname{sgn}(\sigma) b_{1\sigma(1)} \cdots b_{n\sigma(n)} \\
&= \sum_{\tau\sigma \in S_n} \operatorname{sgn}(\tau\sigma) a_{1\tau\sigma(1)} \cdots a_{n\tau\sigma(n)} = -\sum_{\sigma \in S_n} \operatorname{sgn}(\sigma) a_{1\sigma(1)} \cdots a_{n\sigma(n)} \\
&= -|A_1, A_2, \cdots, A_i, \cdots, A_j, \cdots, A_n| \\
&= -|A|
\end{aligned}$$

위 증명을 3차 행렬에서 예를 들어보면 다음과 같다. 호환 $\tau = (2\ 3)$에 대하여 문제 2.4.17 (2)에서 $S_n = \tau S_n$이다. 행렬

$A = (A_1, A_2, A_3) = \begin{pmatrix} a_{11} & a_{12} & a_{13} \\ a_{21} & a_{22} & a_{23} \\ a_{31} & a_{32} & a_{33} \end{pmatrix}$ 의 2행과 3행을 교환한 행렬은

$A_{(R_2 \leftrightarrow R_3)} = (A_1, A_3, A_2) = \begin{pmatrix} a_{11} & a_{12} & a_{13} \\ a_{31} & a_{32} & a_{33} \\ a_{21} & a_{22} & a_{23} \end{pmatrix} = \begin{pmatrix} b_{11} & b_{12} & b_{13} \\ b_{21} & b_{22} & b_{23} \\ b_{31} & b_{32} & b_{33} \end{pmatrix}$ 이다.

$$\begin{aligned}
&|A_{(R_2 \leftrightarrow R_3)}| \\
&= b_{11}b_{22}b_{33} + b_{12}b_{23}b_{31} + b_{13}b_{21}b_{32} - b_{12}b_{21}b_{33} - b_{11}b_{23}b_{32} - b_{13}b_{22}b_{31} \\
&= a_{11}a_{32}a_{23} + a_{12}a_{33}a_{21} + a_{13}a_{31}a_{22} - a_{12}a_{31}a_{23} - a_{11}a_{33}a_{22} - a_{13}a_{32}a_{21} \\
&= -\left(a_{11}a_{22}a_{33} + a_{12}a_{23}a_{31} + a_{13}a_{21}a_{32} - a_{12}a_{21}a_{33} - a_{11}a_{23}a_{32} - a_{13}a_{22}a_{31}\right) \\
&= -|A|
\end{aligned}$$

(5) (4)에 의해

$$\begin{aligned}
|A| &= |A_1, \cdots, A_i, \cdots, A_j, \cdots, A_n| = -|A_1, \cdots, A_j, \cdots, A_i, \cdots, A_n| \\
&= -|A_1, \cdots, A_i, \cdots, A_j, \cdots, A_n| = -|A|
\end{aligned}$$

그러므로 $|A| = -|A|$이고 $2|A| = 0$이므로 $|A| = 0$ 이다.

(6) A의 i행에 α배한 행렬식은 다음과 같다.

$$\begin{aligned}
|A_1, \cdots, \alpha A_i, \cdots, A_n| &= \sum_{\sigma \in S_n} \operatorname{sgn}(\sigma) a_{1\sigma(1)} a_{2\sigma(2)} \cdots \left(\alpha a_{i\sigma(i)}\right) \cdots a_{n\sigma(n)} \\
&= \alpha \left(\sum_{\sigma \in S_n} \operatorname{sgn}(\sigma) a_{1\sigma(1)} \cdots a_{n\sigma(n)} \right) \\
&= \alpha |A|
\end{aligned}$$

(7) A의 j행에 α배하여 i행에 더한 행렬식은 (2), (5), (6)에 의해

$$\begin{aligned}
&|A_1, \cdots, A_i + \alpha A_j, \cdots, A_j, \cdots, A_n| \\
&= |A_1, \cdots, A_i, \cdots, A_j, \cdots, A_n| + |A_1, \cdots, \alpha A_j, \cdots, A_j, \cdots, A_n| \\
&= |A| + \alpha |A_1, \cdots, A_j, \cdots, A_j, \cdots, A_n| \\
&= |A|
\end{aligned}$$

이다. ■

따름정리 2.4.19 *체 F 위의 n차 기본행렬에 대하여 다음이 성립한다. 단, $i \neq j$이고, $0 \neq \alpha \in F$이다.*

(1) $\left|I_{n(R_i \leftrightarrow R_j)}\right| = -1$
(2) $\left|I_{n(\alpha R_i)}\right| = \alpha$
(3) $\left|I_{n(R_i + \alpha R_j)}\right| = 1$

(증명) 정리 2.4.18 (4), (6), (7)에 의하여 성립한다. ■

정리 2.4.20 체 F 위의 n차 정사각행렬 $A=(a_{ij})\in M_n(F)$가 상삼각행렬이거나 하삼각행렬이면 $|A|=a_{11}a_{22}\cdots a_{nn}$이다. 즉,

$$\begin{vmatrix} a_{11} & 0 & \cdots & 0 \\ a_{21} & a_{22} & \cdots & 0 \\ \vdots & \vdots & & \vdots \\ a_{n1} & a_{n2} & \cdots & a_{nn} \end{vmatrix} = \begin{vmatrix} a_{11} & a_{12} & \cdots & a_{1n} \\ 0 & a_{22} & \cdots & a_{2n} \\ \vdots & \vdots & & \vdots \\ 0 & 0 & \cdots & a_{nn} \end{vmatrix} = a_{11}a_{22}\cdots a_{nn}$$

(증명) 행렬 A가 상삼각행렬이거나 하삼각행렬이면

$$|A| = \sum_{\sigma\in S_n} \operatorname{sgn}(\sigma)a_{1\sigma(1)}a_{2\sigma(2)}\cdots\cdots a_{n\sigma(n)}$$

의 항중 $a_{11}a_{22}\cdots a_{nn}$을 제외한 모든 항이 0이므로 $|A|=a_{11}a_{22}\cdots a_{nn}$이다. ■

위 정리의 예를 살펴보자.

문제 2.4.21 체 F 위의 n차 정사각행렬과 $\alpha\in F$에 대하여 $|\alpha A|=\alpha^n|A|$임을 증명하라.

예 2.4.22 행렬 $A=\begin{pmatrix} 1 & 2 \\ 3 & 4 \end{pmatrix}$에 대하여 다음 예를 살펴 보자.

(1) $|A|=\begin{vmatrix} 1 & 2 \\ 3 & 4 \end{vmatrix}=4-6=-2$이고 $|A^T|=\begin{vmatrix} 1 & 3 \\ 2 & 4 \end{vmatrix}=4-6=-2$이다.

(2) $\begin{vmatrix} 1 & 2+5 \\ 3 & 4+6 \end{vmatrix}=\begin{vmatrix} 1 & 2 \\ 3 & 4 \end{vmatrix}+\begin{vmatrix} 1 & 5 \\ 3 & 6 \end{vmatrix}=(4-6)+(6-15)=-11$

$\begin{vmatrix} 1 & 2+5 \\ 3 & 4+6 \end{vmatrix}=\begin{vmatrix} 1 & 7 \\ 3 & 10 \end{vmatrix}=10-21=-11$

(3) $\begin{vmatrix} 1 & 2 \\ 0 & 0 \end{vmatrix}=0-0=0$

(4) $|A|=\begin{vmatrix} 1 & 2 \\ 3 & 4 \end{vmatrix}=4-6=-2$이고, $|A^{(C^1\leftrightarrow C^2)}|=\begin{vmatrix} 2 & 1 \\ 4 & 3 \end{vmatrix}=6-4=2=-|A|$이다.

(5) $\begin{vmatrix} 1 & 2 \\ 1 & 2 \end{vmatrix}=2-2=0$

(6) $\begin{vmatrix} 1 & 2 \\ 3 & 4 \end{vmatrix}=4-6=-2$이고 $\begin{vmatrix} 1 & 2\times 5 \\ 3 & 4\times 5 \end{vmatrix}=20-30=-10=(-2)5$이다.

(7) $\begin{vmatrix} 1 & 2 \\ 3 & 4 \end{vmatrix}=\begin{vmatrix} 1 & 2 \\ 3-3\times 1 & 4-3\times 2 \end{vmatrix}=\begin{vmatrix} 1 & 2 \\ 0 & -2 \end{vmatrix}=-2$

예 2.4.23 (1) $\begin{vmatrix} 1 & 2 & 3 \\ 0 & 1 & 7 \\ 5 & 8 & 4 \end{vmatrix} \xlongequal{R_3-5R_1} \begin{vmatrix} 1 & 2 & 3 \\ 0 & 1 & 7 \\ 0 & -2 & -11 \end{vmatrix} \xlongequal{R_3+2R_2} \begin{vmatrix} 1 & 2 & 3 \\ 0 & 1 & 7 \\ 0 & 0 & 3 \end{vmatrix} = 3$

(2) 문자가 있는 행렬식을 계산해 보자.

$$\begin{vmatrix} 1 & x & x^2 \\ 1 & y & y^2 \\ 1 & z & z^2 \end{vmatrix} \xlongequal{C^3-xC^2} \begin{vmatrix} 1 & x & 0 \\ 1 & y & y^2-xy \\ 1 & z & z^2-xz \end{vmatrix} \xlongequal{C^2-xC^1} \begin{vmatrix} 1 & 0 & 0 \\ 1 & y-x & y^2-xy \\ 1 & z-x & z^2-xz \end{vmatrix}$$

$$\xlongequal{R_2(R_3)-R_1} \begin{vmatrix} 1 & 0 & 0 \\ 0 & y-x & y^2-xy \\ 0 & z-x & z^2-xz \end{vmatrix} = (y-x)(z-x) \begin{vmatrix} 1 & 0 & 0 \\ 0 & 1 & y \\ 0 & 1 & z \end{vmatrix}$$

$$\xlongequal{R_3-R_2} (y-x)(z-x) \begin{vmatrix} 1 & 0 & 0 \\ 0 & 1 & y \\ 0 & 0 & z-y \end{vmatrix} = (y-x)(z-x)(z-y)$$

보조정리 2.4.24 *체 F 위의 n차 정사각행렬 $A=(A_1, A_2, \cdots, A_n)$와 n차 기본행렬 E에 대하여*

$$|EA| = |E||A|$$

이 성립한다. 즉, 다음이 성립한다. 단, $i \neq j$이고, $0 \neq \alpha \in F$이다.

(1) $\left|I_{n(R_i \leftrightarrow R_j)}A\right| = \left|I_{n(R_i \leftrightarrow R_j)}\right| |A|$
(2) $\left|I_{n(\alpha R_i)}A\right| = \left|I_{n(\alpha R_i)}\right| |A|$
(3) $\left|I_{n(R_i+\alpha R_j)}A\right| = \left|I_{n(R_i+\alpha R_j)}\right| |A|$

(증명) 행렬 A의 행렬식을 $|A| = |A_1, \cdots, A_i, \cdots, A_j, \cdots, A_n|$라 하자.

(1) 예 2.2.11, 정리 2.4.18 (4)와 따름정리 2.4.19 (1)에 의해

$$\left|I_{n(R_i \leftrightarrow R_j)}A\right| = \left|A_{(R_i \leftrightarrow R_j)}\right| = -|A| = \left|I_{n(R_i \leftrightarrow R_j)}\right| |A|$$

(2) 예 2.2.11, 정리 2.4.18 (6) 과 따름정리 2.4.19 (2)에 의해

$$\left|I_{n(\alpha R_i)}A\right| = \left|A_{(\alpha R_i)}\right| = \alpha |A| = \left|I_{n(\alpha R_i)}\right| |A|$$

(3) 예 2.2.11, 정리 2.4.18 (7) 과 따름정리 2.4.19 (3)에 의해

$$\left|I_{n(R_i+\alpha R_j)}A\right| = \left|A_{(R_i+\alpha R_j)}\right| = |A| = \left|I_{n(R_i+\alpha R_j)}\right| |A|$$

이 성립한다. ■

정리 2.4.25 *체 F 위의 n차 정사각행렬 A, B에 대하여 다음이 성립한다.*

$$|AB| = |A||B|. \quad 즉, |AB| = |A||B| = |B||A| = |BA|$$

※ 일반적으로 $AB \neq BA$이지만 행렬식값($|AB| = |BA|$)은 같다.

(증명) (i) A가 가역행렬인 경우. 정리 2.2.19에 의해 기본행렬 $E_1, \cdots, E_r$이 존재해서

$$A = E_1E_2\cdots E_r$$

이다. 그러면 보조정리 2.4.24에 의해

$$|AB| = |E_1E_2\cdots E_rB| = |E_1||E_2|\cdots|E_r||B| = |E_1E_2\cdots E_r||B| = |A||B|$$

(ii) A가 비가역행렬인 경우. 정리 2.2.14에 의해 가역행렬 P(기본행렬의 곱)과 A의 기약 행사다리꼴 A'이 존재해서 $PA = A'$이다. 한편 정리 2.2.19에 의해 $\text{rank}(A') < n$이다. 그러면 $PA = A'$의 제n행의 모든 성분은 0이므로 $PAB = A'B$의 제n행의 모든 성분은 0이다. 정리 2.4.18 (3)에 의해

$$|P||AB| = |PAB| = |A'B| = 0$$

이고 $|P| \neq 0$(보조정리 2.4.24와 따름정리 2.4.19)이므로 $|AB| = 0$이다. 또한, 정리 2.4.18 (3)에 의해

$$0 = |A'| = |PA| = |P||A|$$

이므로 $|A| = 0$이다. 따라서

$$|AB| = 0 = |A||B|$$

이다. ■

정리 2.4.26 *체 F 위의 n차 정사각행렬 $A \in M_n(F)$에 대하여 A'을 A의 기약 행사다리꼴이라 하자. 그러면 다음은 동치이다.*

(1) A가 가역행렬
⇔ (2) $A' = I_n$ (A와 I_n이 행동치)
⇔ (3) $A = E_r\cdots E_2E_1$ 인 기본행렬 $E_1, E_2, \cdots, E_r$가 존재
⇔ (4) $\text{rank}(A) = n$
⇔ (5) $|A| \neq 0$

(증명) (1)⇔(2)⇔(3)⇔(4) 정리 2.2.19에 의해 성립한다.

(1)⇒(5) A가 가역행렬이라 하자. 그러면 (3), 따름정리 2.4.19와 보조정리 2.4.24에 의해 $|A| \neq 0$이다.

(5)⇒(1) $|A| \neq 0$이라 하자. 정리 2.2.14에 의해 가역행렬 P와 A의 기약 행사다리꼴 A'이 존재해서 $PA = A'$이다. 그러면 (1)⇒(5)증명에 의해 $|P| \neq 0$이고, 정리 2.4.25에 의해

$$|A'| = |PA| = |P||A| \neq 0$$

이다. A가 비가역행렬이면 (4)⇒(1)의 대우명제에 의해

$$\operatorname{rank}(A') = \operatorname{rank}(A) < n$$

이므로 A'의 제n행의 모든 성분이 0이어야 한다. 그러면 정리 2.4.18 (3)에 의해 $|A'| = 0$이 되어 모순이다. 그러므로 A는 가역행렬이다. ■

따름정리 2.4.27 *[정리 2.2.16 참조] 체 F 위의 n차 정사각행렬 A, B에 대하여 다음이 성립한다.*

(1) A가 가역행렬이면, $|A^{-1}| = |A|^{-1}$이다.

(2) $AB = I_n, \quad \Longrightarrow \quad \begin{cases} A\text{는 가역행렬}, \\ B = A^{-1}, \\ BA = I_n. \end{cases}$

(증명) (1) A가 가역행렬이면 $AA^{-1} = I_n$이므로 정리 2.4.25에 의해

$$|A||A^{-1}| = |AA^{-1}| = |I_n| = 1$$

이므로 $|A^{-1}| = |A|^{-1}$이다.

(2) $AB = I_n$이면, 정리 2.4.25에 의해

$$|A||B| = |AB| = |I_n| = 1$$

이므로 $|A| \neq 0$이다. 따라서 정리 2.4.26에 의해 A는 가역행렬이다. 또한,

$$A^{-1}AB = A^{-1}I_n \quad \Longrightarrow \quad B = A^{-1}$$

이다. 따라서 $BA = A^{-1}A = I_n$이다. ■

연 습 문 제 (2.4)

1. 정리 2.4.7를 증명하라.

2. 다음 치환의 곱을 구하라.

(1) (1 2)(1 3)(1 4) (2) (1 2 3 4 5)(1 4 5)(2 3)

3. 다음 치환을 서로소인 순환치환의 곱으로 표현하라. 또 호환의 곱으로 나타내어 부호(sgn)를 구하라.

(1) $\begin{pmatrix} 1 & 2 & 3 & 4 & 5 \\ 2 & 4 & 5 & 1 & 3 \end{pmatrix}$ (2) $\begin{pmatrix} 1 & 2 & 3 & 4 & 5 & 6 \\ 1 & 5 & 4 & 2 & 3 & 6 \end{pmatrix}$

4. 다음 행렬에 대해 $|A| = |A^T|$임을 보여라.

(1) $A = \begin{pmatrix} -2 & 3 \\ 1 & 4 \end{pmatrix}$ (2) $A = \begin{pmatrix} 3 & 1 & -2 \\ 1 & 0 & 4 \\ 5 & -3 & 6 \end{pmatrix}$

5. $\begin{vmatrix} a & b & c \\ d & e & f \\ g & h & i \end{vmatrix} = -6$일 때, 행렬식 $\begin{vmatrix} -a & -b & -c \\ 2d & 2e & 2f \\ 5g & 5h & 5i \end{vmatrix}$을 구하라.

6. 다음 행렬식의 값을 구하라.

$$\begin{vmatrix} 2 & 0 & 0 & 0 \\ -1 & 2 & 0 & 0 \\ 0 & -1 & 2 & 0 \\ 0 & 0 & -1 & 2 \end{vmatrix}$$

7. 기본행연산을 사용하여,

$$\begin{vmatrix} 1 & 1 & 1 \\ a & b & c \\ a^2 & b^2 & c^2 \end{vmatrix} = (b-a)(c-a)(c-b)$$

임을 보여라.

8. 다음 행렬 A의 행렬식의 값이 $|A| = 0$ 인 a값을 모두 구하라.

(1) $A = \begin{pmatrix} a+4 & 0 \\ 4 & a+2 \end{pmatrix}$ (2) $A = \begin{pmatrix} a-4 & 0 & 0 \\ 0 & a & 2 \\ 0 & 3 & a-1 \end{pmatrix}$

9. 다음 행렬식에 관한 방정식의 근을 구하라.

(1) $\begin{vmatrix} 1 & 1 & 1 \\ 1 & x & 2 \\ 1 & x^2 & 4 \end{vmatrix} = 0$ (2) $\begin{vmatrix} 0 & 1 & \sin x \\ \cos x & 0 & \sin x \\ \cos x & 1 & 0 \end{vmatrix} = 1$

(3) $\begin{vmatrix} x & x \\ 4 & 2x \end{vmatrix} = 0$ (4) $\begin{vmatrix} x+3 & -1 & 1 \\ 5 & x-3 & 1 \\ 6 & -6 & x+4 \end{vmatrix} = 0$

10. 모든 2차 정사각행렬 A에 대하여

$$|A| = \frac{1}{2}\begin{vmatrix} \mathrm{tr}(A) & 1 \\ \mathrm{tr}(A^2) & \mathrm{tr}(A) \end{vmatrix}$$

이 성립함을 보여라.

11. 다음 행렬식의 값이 θ와 독립적으로 1임을 보여라.

$$\begin{vmatrix} \sin\theta & \cos\theta & 0 \\ -\cos\theta & \sin\theta & 0 \\ \sin\theta - \cos\theta & \sin\theta + \cos\theta & 1 \end{vmatrix} = 1$$

12. 정사각행렬 A에 대해 $AA^T = I$이면, $|A| = \pm 1$임을 보여라.

13. 정사각행렬 A가 가역이기 위한 필요충분조건은 A^TA가 가역임을 증명하라.

14. A와 B가 행동등일 때 $|A| \neq 0$ 일 필요충분조건은 $|B| \neq 0$임을 보여라.

15. 교대행렬 $A \in M_n(\mathbb{R})$에 대해, n이 홀수이면 $|A| = 0$임을 증명하라.

16. 정사각행렬 A가 가역행렬일 때, 모든 행렬 n차 정사각행렬 B에 대하여 $|B| = |A^{-1}BA|$ 임을 보여라.

17. 직표좌표계에서 서로 다른 두 점 $A = (a,\ b)$, $B = (c,\ d)$를 지나는 직선의 방정식은

$$\begin{vmatrix} x & y & 1 \\ a & b & 1 \\ c & d & 1 \end{vmatrix} = 0$$

임을 증명하라.

2.5 행렬식의 전개

n차 정사각행렬 $A=(a_{ij})\in M_n(F)$의 행렬식 $|A|$를 정의 2.4.14

$$|A| = \sum_{\sigma\in S_n} \mathrm{sgn}(\sigma) a_{1\sigma(1)}a_{2\sigma(2)}\cdots a_{n\sigma(n)}$$

대로 구하면 복잡하므로, Laplace(1749~1827)가 고안한 방법인 행(또는 열)의 각 성분과 $(n-1)$차 행렬식의 1차결합으로 변형하여 행렬식을 구하는 Laplace 전개식에 대하여 알아보자. 먼저 3차 행렬에 대한 행렬식의 예를 살펴보자.

※ 이를 일반화한 것이 정리 2.5.5이다.

예 2.5.1 다음 3차 행렬식 $|A|$를 행(또는 열)의 성분과 2차 행렬식의 1차결합인 Laplace 전개식으로 표현해 보자.

$$\begin{aligned}
|A| &= \begin{vmatrix} a_{11} & a_{12} & a_{13} \\ a_{21} & a_{22} & a_{23} \\ a_{31} & a_{32} & a_{33} \end{vmatrix} \\
&= a_{11}a_{22}a_{33} + a_{12}a_{23}a_{31} + a_{13}a_{21}a_{32} - a_{11}a_{23}a_{32} - a_{12}a_{21}a_{33} - a_{13}a_{22}a_{31} \\
&= a_{11}(a_{22}a_{33} - a_{23}a_{32}) - a_{12}(a_{21}a_{33} - a_{23}a_{31}) + a_{13}(a_{21}a_{32} - a_{22}a_{31}) \\
&= a_{11}\begin{vmatrix} a_{22} & a_{23} \\ a_{32} & a_{33} \end{vmatrix} - a_{12}\begin{vmatrix} a_{21} & a_{23} \\ a_{31} & a_{33} \end{vmatrix} + a_{13}\begin{vmatrix} a_{21} & a_{22} \\ a_{31} & a_{32} \end{vmatrix} \text{(1행 전개식)} \\
&= -a_{21}(a_{12}a_{33} - a_{13}a_{32}) + a_{22}(a_{11}a_{33} - a_{13}a_{31}) - a_{23}(a_{11}a_{32} - a_{12}a_{31}) \\
&= -a_{21}\begin{vmatrix} a_{12} & a_{13} \\ a_{32} & a_{33} \end{vmatrix} + a_{22}\begin{vmatrix} a_{11} & a_{13} \\ a_{31} & a_{33} \end{vmatrix} - a_{23}\begin{vmatrix} a_{11} & a_{12} \\ a_{31} & a_{32} \end{vmatrix} \text{(2행 전개식)} \\
&= a_{13}(a_{21}a_{32} - a_{23}a_{32}) - a_{23}(a_{11}a_{32} - a_{12}a_{31}) + a_{33}(a_{11}a_{22} - a_{12}a_{21}) \\
&= a_{13}\begin{vmatrix} a_{21} & a_{22} \\ a_{31} & a_{32} \end{vmatrix} - a_{23}\begin{vmatrix} a_{11} & a_{12} \\ a_{31} & a_{32} \end{vmatrix} + a_{33}\begin{vmatrix} a_{11} & a_{12} \\ a_{21} & a_{22} \end{vmatrix} \text{(3열 전개식)}
\end{aligned}$$

예 2.5.2 행렬 $A=\begin{pmatrix} 1 & 0 & 0 \\ 2 & 3 & 4 \\ 5 & 6 & 7 \end{pmatrix}$의 행렬식을 Laplace 전개식으로 구해보자.

(1) 1행 전개식 $|A| = 1\begin{vmatrix} 3 & 4 \\ 6 & 7 \end{vmatrix} = -3$

(2) 2행 전개식 $|A| = -2\begin{vmatrix} 0 & 0 \\ 6 & 7 \end{vmatrix} + 3\begin{vmatrix} 1 & 0 \\ 5 & 7 \end{vmatrix} - 4\begin{vmatrix} 1 & 0 \\ 5 & 6 \end{vmatrix} = 3\cdot 7 - 4\cdot 6 = -3$

(3) 2열 전개식 $|A| = -0\begin{vmatrix} 2 & 4 \\ 5 & 7 \end{vmatrix} + 3\begin{vmatrix} 1 & 0 \\ 5 & 7 \end{vmatrix} - 6\begin{vmatrix} 1 & 0 \\ 2 & 4 \end{vmatrix} = 3\cdot 7 - 6\cdot 4 = -3$

(4) 3열 전개식 $|A| = 0\begin{vmatrix} 2 & 3 \\ 5 & 6 \end{vmatrix} - 4\begin{vmatrix} 1 & 0 \\ 5 & 6 \end{vmatrix} + 7\begin{vmatrix} 1 & 0 \\ 2 & 3 \end{vmatrix} = -4\cdot 6 + 7\cdot 3 = -3$

※ Laplace 전개식으로 행렬식을 구할 때는 행렬식의 성질(정리 2.4.18)을 이용하여 한 행(또는열)을 0이 많은 성분(가능하면 삼각행렬 형태로 변형)으로 바꾸어 그 행(또는 열)에 대한 전개를 하면 행렬식을 쉽게 구할 수 있다.

정의 2.5.3 [*소행렬(submatrix, 小行列), 소행렬식(minor, 小行列式), 여인수(cofactor, 餘因數), Laplace 전개식(Laplace's expansion, 一展開式)*]

$A = (a_{ij}) \in M_n(F)$가 체 F 위의 n차 정사각행렬일 때,

A_{ij}는 행렬 A의 (i, j)성분에 대한 **소행렬**

$\overset{\text{정의}}{\Longleftrightarrow}$ ※ A_{ij}는 행렬 A에서 i 행과 j 열을 제외한 $(n-1)\times(n-1)$행렬:

$$A_{ij} = \begin{pmatrix} a_{11} & \cdots & a_{1(j-1)} & a_{1(j+1)} & \cdots & a_{1n} \\ a_{21} & \cdots & a_{2(j-1)} & a_{2(j+1)} & \cdots & a_{2n} \\ \vdots & & \vdots & \vdots & & \vdots \\ a_{(i-1)1} & \cdots & a_{(i-1)(j-1)} & a_{(i-1)(j+1)} & \cdots & a_{(i-1)n} \\ a_{(i+1)1} & \cdots & a_{(i+1)(j-1)} & a_{(i+1)(j+1)} & \cdots & a_{(i+1)n} \\ \vdots & & \vdots & \vdots & & \vdots \\ a_{n1} & \cdots & a_{n(j-1)} & a_{n(j+1)} & \cdots & a_{nn} \end{pmatrix}$$

$|A_{ij}|$는 행렬 A의 (i, j)성분에 대한 **소행렬식** $\overset{\text{정의}}{\Longleftrightarrow}$ 소행렬 A_{ij}의 행렬식: $|A_{ij}|$

C_{ij}는 행렬 A의 (i, j)성분에 대한 **여인수** $\overset{\text{정의}}{\Longleftrightarrow}$ $C_{ij} = (-1)^{i+j}|A_{ij}|$

$|A|_{R_i}$는 행렬식 $|A|$의 제i 행에 관한 **Laplace 전개식**

$\overset{\text{정의}}{\Longleftrightarrow}$
$$\begin{aligned}|A|_{R_i} &= a_{i1}C_{i1} + a_{i2}C_{i2} + \cdots + a_{in}C_{in} \\ &= (-1)^{i+1}a_{i1}|A_{i1}| + (-1)^{i+2}a_{i2}|A_{i2}| + \cdots + (-1)^{i+n}a_{in}|A_{in}|\end{aligned}$$

$|A|^{C_j}$는 행렬식 $|A|$의 제j 열에 관한**Laplace 전개식**

$\overset{\text{정의}}{\Longleftrightarrow}$
$$\begin{aligned}|A|^{C_j} &= a_{1j}C_{1j} + a_{2j}C_{2j} + \cdots + a_{nj}C_{nj} \\ &= (-1)^{1+j}a_{1j}|A_{1j}| + (-1)^{2+j}a_{2j}|A_{2j}| + \cdots + (-1)^{n+j}a_{nj}|A_{nj}|\end{aligned}$$

정의 2.5.4 [여인수행렬(수반행렬; *adjoint matrix*, 餘因數行列, 隨伴行列)]
$A=(a_{ij})\in M_n(F)$를 체 F 위의 n차 정사각행렬이라 하자.

adj(A)는 행렬 A의 **여인수행렬(수반행렬)**

정의 ⟺

※ adj(A)는 (i,j) 여인수 C_{ij}를 (j,i) 성분으로 갖는 행렬:

$$\operatorname{adj}(A)=(C_{ij})^T=\begin{pmatrix} C_{11} & C_{21} & \cdots & C_{n1}\\ C_{12} & C_{22} & \cdots & C_{n2}\\ \vdots & \vdots & \vdots & \vdots\\ C_{1n} & C_{2n} & \cdots & C_{nn}\end{pmatrix}$$

$$=\begin{pmatrix} |A_{11}| & -|A_{21}| & \cdots & (-1)^{n+1}|A_{n1}|\\ -|A_{12}| & |A_{22}| & \cdots & (-1)^{n+2}|A_{n2}|\\ \vdots & \vdots & & \vdots\\ (-1)^{1+n}|A_{1n}| & (-1)^{2+n}|A_{2n}| & \cdots & |A_{nn}|\end{pmatrix}$$

※ 행렬식의 Laplace 전개식에서 각 항에 나타나는 부호는 첨자 (i,j)의 합이 짝수이면 $+$, 홀수이면 $-$로 다음과 같이 $+$와 $-$가 교대로 나타난다.

$$\begin{vmatrix} + & - & + & - & \cdots\\ - & + & - & + & \cdots\\ + & - & + & - & \cdots\\ - & + & - & + & \cdots\\ \vdots & \vdots & \vdots & \vdots & \vdots\end{vmatrix}$$

정리 2.5.5 체 F 위의 n차 정사각행렬 $A=(a_{ij})\in M_n(F)$에 대하여 A의 행렬식 $|A|$과 Laplace 전개식이 일치한다. 즉, 다음이 성립한다.

$$\begin{aligned}|A| &= |A|_{R_i}(\text{제}i\text{행 전개식})=|A|^{C_j}(\text{제}j\text{열 전개식})\quad (1\le i,\ j\le n)\\ &= a_{i1}C_{i1}+a_{i2}C_{i2}+\cdots+a_{in}C_{in}\\ &= (-1)^{i+1}a_{i1}|A_{i1}|+(-1)^{i+2}a_{i2}|A_{i2}|+\cdots+(-1)^{i+n}a_{in}|A_{in}|\\ &= a_{1j}C_{1j}+a_{2j}C_{2j}+\cdots+a_{nj}C_{nj}\\ &= (-1)^{1+j}a_{1j}|A_{1j}|+(-1)^{2+j}a_{2j}|A_{2j}|+\cdots+(-1)^{n+j}a_{nj}|A_{nj}|\end{aligned}$$

(증명) 참고문헌 [4, 정리 2.4.1(95쪽)] 또는 [1, 정리 1.7.14(57쪽)]을 참조하라. ■

예 2.5.6 다음 행렬 A의 행렬식, 여인수행렬, 역행렬을 구해보자.

$$A=\begin{pmatrix}1&2&3\\-1&3&0\\4&2&-1\end{pmatrix}$$

(1) $|A|=\begin{vmatrix}1&2&3\\-1&3&0\\4&2&-1\end{vmatrix}\underset{}{\overset{R_1+3R_3}{=\!=\!=}}\begin{vmatrix}13&8&0\\-1&3&0\\4&2&-1\end{vmatrix}\overset{3\text{열 전개식}}{=\!=\!=}-\begin{vmatrix}13&8\\-1&3\end{vmatrix}=-47$

(2) $\mathrm{adj}(A)=\begin{pmatrix}\begin{vmatrix}3&0\\2&-1\end{vmatrix}&-\begin{vmatrix}2&3\\2&-1\end{vmatrix}&\begin{vmatrix}2&3\\3&0\end{vmatrix}\\-\begin{vmatrix}-1&0\\4&-1\end{vmatrix}&\begin{vmatrix}1&3\\4&-1\end{vmatrix}&-\begin{vmatrix}1&3\\-1&0\end{vmatrix}\\\begin{vmatrix}-1&3\\4&2\end{vmatrix}&-\begin{vmatrix}1&2\\4&2\end{vmatrix}&\begin{vmatrix}1&2\\-1&3\end{vmatrix}\end{pmatrix}=\begin{pmatrix}-3&8&-9\\-1&-13&-3\\-14&6&5\end{pmatrix}$

(3) $\mathrm{adj}(A)A=\begin{pmatrix}-3&8&-9\\-1&-13&-3\\-14&6&5\end{pmatrix}\begin{pmatrix}1&2&3\\-1&3&0\\4&2&-1\end{pmatrix}=\begin{pmatrix}-47&0&0\\0&-47&0\\0&0&-47\end{pmatrix}=-47I_3$

(4) (3)에 의해 $A^{-1}=-\dfrac{1}{47}\begin{pmatrix}-3&8&-9\\-1&-13&-3\\-14&6&5\end{pmatrix}=\dfrac{\mathrm{adj}(A)}{|A|}$

※ 위의 예를 보면 짐작하겠지만 여인수행렬을 이용하면 역행렬을 쉽게 구할 수 있다.

정리 2.5.7 *체 F 위의 n차 정사각행렬 $A=(a_{ij})\in M_n(F)$에 대하여, 다음이 성립한다. 단, $1\le i,\ j,\ k\le n$이다.*

(1) $a_{k1}C_{i1}+a_{k2}C_{i2}+\cdots+a_{kn}C_{in}=\begin{cases}|A| & (k=i)\\0 & (k\neq i)\end{cases}$

(2) $a_{1k}C_{1j}+a_{2k}C_{2j}+\cdots+a_{nk}C_{nj}=\begin{cases}|A| & (k=j)\\0 & (k\neq j)\end{cases}$

(3) $\boxed{(\mathrm{adj}(A))\,A=A\,(\mathrm{adj}(A))=|A|I_n}$

(4) $|A|\neq 0$이면, $A^{-1}=\dfrac{\mathrm{adj}(A)}{|A|}$이다.

(증명) (1) 등식 $|A| = a_{i1}C_{i1} + a_{i2}C_{i2} + \cdots + a_{in}C_{in}$의 양변에서 a_{i1}, a_{i2}, $\cdots$, a_{in} 대신에 a_{k1}, a_{k2}, $\cdots$, a_{kn}을 대입하면

$$\begin{vmatrix} a_{11} & a_{12} & \cdots & a_{1n} \\ \vdots & \vdots & & \vdots \\ a_{k1} & a_{k2} & \cdots & a_{kn} \\ \vdots & \vdots & & \vdots \\ a_{k1} & a_{k2} & \cdots & a_{kn} \\ \vdots & \vdots & & \vdots \\ a_{n1} & a_{n2} & \cdots & a_{nn} \end{vmatrix} \begin{matrix} \\ \\ i\text{행} \\ \\ k\text{행} \\ \\ \\ \end{matrix} \xlongequal{(i\text{행 전개식})} a_{k1}C_{i1} + a_{k2}C_{i2} + \cdots + a_{kn}C_{in}$$

이므로, $a_{k1}C_{i1} + a_{k2}C_{i2} + \cdots + a_{kn}C_{in}$은 $k = i$이면 정리 2.5.5에 의해 $|A|$가 되고, $k \neq i$이면 정리 2.4.18 (5)에 의해 0이 된다.

(2) (1)과 같은 방법으로 증명할 수 있다.

(3)이것은 (1)과 (2)를 행렬로 나타낸 것이다.

(4) $|A| \neq 0$이면 (3)에 의해 성립한다. ■

예 2.5.8 $A = \begin{pmatrix} 1 & 2 \\ 3 & 4 \end{pmatrix}$의 역행렬을 여러 가지 방법으로 구해보자.

(1) Gauss소거법:

$$\left(\begin{array}{cc|cc} 1 & 2 & 1 & 0 \\ 3 & 4 & 0 & 1 \end{array}\right) \xrightarrow{R_2 - 3R_1} \left(\begin{array}{cc|cc} 1 & 2 & 1 & 0 \\ 0 & -2 & -3 & 1 \end{array}\right) \xrightarrow{R_1 + R_2} \left(\begin{array}{cc|cc} 1 & 0 & -2 & 1 \\ 0 & -2 & -3 & 1 \end{array}\right) \xrightarrow{-\frac{1}{2}R_2} \left(\begin{array}{cc|cc} 1 & 0 & -2 & 1 \\ 0 & 1 & \frac{3}{2} & -\frac{1}{2} \end{array}\right)$$

이므로 $A^{-1} = \begin{pmatrix} -2 & 1 \\ \frac{3}{2} & -\frac{1}{2} \end{pmatrix}$

(2) 여인수행렬 이용:

$|A| = -2(\neq 0)$이므로 역행렬 존재한다.

$$\text{adj}(A) = \begin{pmatrix} |A_{11}| & -|A_{21}| \\ -|A_{12}| & |A_{22}| \end{pmatrix} = \begin{pmatrix} 4 & -2 \\ -3 & 1 \end{pmatrix}$$

이므로, 정리 2.5.7에 의해

$$A^{-1} = \frac{\text{adj}(A)}{|A|} = -\frac{1}{2}\begin{pmatrix} 4 & -2 \\ -3 & 1 \end{pmatrix} = \begin{pmatrix} -2 & 1 \\ \frac{3}{2} & -\frac{1}{2} \end{pmatrix}$$

예 2.5.9 다음 행렬 A의 역행렬 A^{-1}을 구해 보자.

$$A=\begin{pmatrix}1&2&3\\-1&4&1\\0&0&2\end{pmatrix}$$

행렬식은 $|A|=\begin{vmatrix}1&2&3\\-1&4&1\\0&0&2\end{vmatrix}=12$이다. 그리고 A의 여인수행렬은

$$\operatorname{adj}(A)=\begin{pmatrix}\begin{vmatrix}4&1\\0&2\end{vmatrix}&-\begin{vmatrix}2&3\\0&2\end{vmatrix}&\begin{vmatrix}2&3\\4&1\end{vmatrix}\\-\begin{vmatrix}-1&1\\0&2\end{vmatrix}&\begin{vmatrix}1&3\\0&2\end{vmatrix}&-\begin{vmatrix}1&3\\-1&1\end{vmatrix}\\\begin{vmatrix}-1&4\\0&0\end{vmatrix}&-\begin{vmatrix}1&2\\0&0\end{vmatrix}&\begin{vmatrix}1&2\\-1&4\end{vmatrix}\end{pmatrix}=\begin{pmatrix}8&-4&-10\\2&2&-4\\0&0&6\end{pmatrix}$$

이므로 역행렬은

$$A^{-1}=\frac{\operatorname{adj}(A)}{|A|}=\frac{1}{12}\begin{pmatrix}8&-4&-10\\2&2&-4\\0&0&6\end{pmatrix}$$

정리 2.5.10 (Cramer 공식)
체 F 위의 n차 가역행렬 $A=(a_{ij})\in M_n(F)$에 관한 연립방정식

$$AX=B,\quad X=(x_1,x_2,\cdots,x_n)^T,\ B=(b_1,b_2,\cdots,b_n)^T$$

는 단 한 쌍의 해를 가진다. 이때 해는 모든 $j=1,\cdots,n$에 대하여 다음과 같다.

$$x_j=\frac{|(A^1,\ A^2,\ \ldots,\ B,\ \ldots,\ A^n)|}{|(A^1,\ A^2,\ \ldots,\ A^j,\ \ldots,\ A^n)|}=\frac{\begin{vmatrix}a_{11}&a_{12}&\ldots&b_1&\ldots&a_{1n}\\a_{21}&a_{22}&\ldots&b_2&\ldots&a_{2n}\\\vdots&\vdots&&\vdots&&\vdots\\a_{n1}&a_{n2}&\ldots&b_n&\ldots&a_{nn}\end{vmatrix}}{\begin{vmatrix}a_{11}&a_{12}&\ldots&a_{1j}&\ldots&a_{1n}\\a_{21}&a_{22}&\ldots&a_{2j}&\ldots&a_{2n}\\\vdots&\vdots&&\vdots&\ldots&\vdots\\a_{n1}&a_{n2}&\ldots&a_{nj}&\ldots&a_{nn}\end{vmatrix}}$$

(증명) 연립방정식 $AX = B$. 즉,

$$A\begin{pmatrix} x_1 \\ x_2 \\ \vdots \\ x_n \end{pmatrix} = \begin{pmatrix} b_1 \\ b_2 \\ \vdots \\ b_n \end{pmatrix}$$

에서 계수행렬이 가역행렬이므로

$$\begin{pmatrix} x_1 \\ x_2 \\ \vdots \\ x_n \end{pmatrix} = A^{-1}\begin{pmatrix} b_1 \\ b_2 \\ \vdots \\ b_n \end{pmatrix} = \frac{1}{|A|}\operatorname{adj}(A)\begin{pmatrix} b_1 \\ b_2 \\ \vdots \\ b_n \end{pmatrix} = \frac{1}{|A|}(C_{ij})^T\begin{pmatrix} b_1 \\ b_2 \\ \vdots \\ b_n \end{pmatrix}$$

이다. 여기서 좌우 행렬의 각 성분을 비교하면

$$x_j = \frac{b_1C_{1j} + b_2C_{2j} + \cdots + b_nC_{nj}}{|A|} \quad (1 \le j \le n)$$

이다. 이때 x_j의 분자는 n차 정사각 행렬 A의 j 번째 열인 A^j를 B로 대체한 행렬 $(A^1, A^2, \ldots, B, \ldots, A^n)$의 제 j 열 전개식이므로 다음이 성립한다.

$$x_j = \frac{|(A^1, A^2, \ldots, B, \ldots, A^n)|}{|(A^1, A^2, \ldots, A^j, \ldots, A^n)|} \quad (1 \le j \le n)$$ ■

예 2.5.11 연립방정식 $\begin{cases} x + y = 3 \\ 2x - 3y = -4 \end{cases}$ 의 해를 여러 가지 방법으로 구해보자.

(1) Gauss 소거법:

$$\left(\begin{array}{cc|c} 1 & 1 & 3 \\ 2 & -3 & -4 \end{array}\right) \xrightarrow{R_2-2R_1} \left(\begin{array}{cc|c} 1 & 1 & 3 \\ 0 & -5 & -10 \end{array}\right) \xrightarrow{-\frac{1}{5}R_2} \left(\begin{array}{cc|c} 1 & 1 & 3 \\ 0 & 1 & 2 \end{array}\right) \xrightarrow{R_1-R_2} \left(\begin{array}{cc|c} 1 & 0 & 1 \\ 0 & 1 & 2 \end{array}\right)$$

따라서 구하는 해는 $\begin{cases} x = 1 \\ y = 2 \end{cases}$ 이다.

(2) 역행렬 이용법: 연립방정식은

$$\begin{pmatrix} 1 & 1 \\ 2 & -3 \end{pmatrix}\begin{pmatrix} x \\ y \end{pmatrix} = \begin{pmatrix} 3 \\ -4 \end{pmatrix}$$

이므로 $A = \begin{pmatrix} 1 & 1 \\ 2 & -3 \end{pmatrix}$의 역행렬 $A^{-1} = -\frac{1}{5}\begin{pmatrix} -3 & -1 \\ -2 & 1 \end{pmatrix}$을 양변의 왼쪽에 곱하면

$$\begin{pmatrix} x \\ y \end{pmatrix} = -\frac{1}{5}\begin{pmatrix} -3 & -1 \\ -2 & 1 \end{pmatrix}\begin{pmatrix} 3 \\ -4 \end{pmatrix} = -\frac{1}{5}\begin{pmatrix} -5 \\ -10 \end{pmatrix} = \begin{pmatrix} 1 \\ 2 \end{pmatrix}$$

이다. 따라서 구하는 해는 $\begin{cases} x=1 \\ y=2 \end{cases}$ 이다.

(3) Cramer 공식: $|A| = \begin{vmatrix} 1 & 1 \\ 2 & -3 \end{vmatrix} = -5$이므로

$x = \dfrac{\begin{vmatrix} 3 & 1 \\ -4 & -3 \end{vmatrix}}{|A|} = \dfrac{-5}{-5} = 1$이고 $y = \dfrac{\begin{vmatrix} 1 & 3 \\ 2 & -4 \end{vmatrix}}{|A|} = \dfrac{-10}{-5} = 2$이다. 따라서 구하는 해는 $\begin{cases} x=1 \\ y=2 \end{cases}$ 이다.

예 2.5.12 Cramer 공식을 사용하여 다음 연립방정식의 해 중 w값만 구해보자.

$$\begin{cases} x+\ y+\ z+\ w=5 \\ \quad\ \ y-\ z+\ w=2 \\ 3x+3y-5z+8w=-3 \\ x+\ y+\ z+2w=1 \end{cases}$$

연립방정식의 계수행렬을 A라 하자.

$$A = \begin{pmatrix} 1 & 1 & 1 & 1 \\ 0 & 1 & -1 & 1 \\ 3 & 3 & -5 & 8 \\ 1 & 1 & 1 & 2 \end{pmatrix}$$

A의 행렬식을 계산하면

$$|A| = \begin{vmatrix} 1 & 1 & 1 & 1 \\ 0 & 1 & -1 & 1 \\ 3 & 3 & -5 & 8 \\ 1 & 1 & 1 & 2 \end{vmatrix} = -8$$

이고, 크래머 공식에 의해 w는 다음과 같다.

$$w = \frac{1}{-8}\begin{vmatrix} 1 & 1 & 1 & 5 \\ 0 & 1 & -1 & 2 \\ 3 & 3 & -5 & -3 \\ 1 & 1 & 1 & 1 \end{vmatrix} = \frac{32}{-8} = -4$$

정리 2.5.13 (Vandermonde 행렬식)

1보다 큰 자연수 n과 미지수 $x_1, x_2, \cdots, x_n$에 대하여 다음이 성립한다.

$$V=\begin{vmatrix} 1 & x_1 & x_1^2 & \cdots & x_1^{n-1} \\ 1 & x_2 & x_2^2 & \cdots & x_2^{n-1} \\ \vdots & \vdots & \vdots & & \vdots \\ 1 & x_n & x_n^2 & \cdots & x_n^{n-1} \end{vmatrix}_{n\times n} = \prod_{1\le i<j\le n}(x_j-x_i)$$

(증명) n에 관한 수학적 귀납법을 이용한다.

$n=2$인 경우. $V=\begin{vmatrix} 1 & x_1 \\ 1 & x_2 \end{vmatrix}=x_2-x_1$이므로 성립한다.

$n-1$인 경우 성립한다고 가정하자. 행렬식 V에 기본열연산 $C^j-x_1C^{j-1}$ ($(j-1)$열에 x_1을 곱하여 j열에서 뺌)을 하고, 제1행 Laplace 전개식을 구하고 귀납적 가정을 사용하면 다음과 같다.

$$\begin{vmatrix} 1 & 0 & \cdots & 0 & 0 \\ 1 & x_2-x_1 & \cdots & x_2^{n-2}-x_1x_2^{n-3} & x_2^{n-1}-x_1x_2^{n-2} \\ 1 & x_3-x_1 & \cdots & x_3^{n-2}-x_1x_3^{n-3} & x_3^{n-1}-x_1x_3^{n-2} \\ \vdots & \vdots & & \vdots & \vdots \\ 1 & x_n-x_1 & \cdots & x_n^{n-2}-x_1x_2^{n-3} & x_n^{n-1}-x_1x_n^{n-2} \end{vmatrix}$$

$$=\begin{vmatrix} (x_2-x_1) & \cdots & (x_2-x_1)x_2^{n-3} & (x_2-x_1)x_2^{n-2} \\ (x_3-x_1) & \cdots & (x_3-x_1)x_3^{n-3} & (x_3-x_1)x_3^{n-2} \\ \vdots & & \vdots & \vdots \\ (x_n-x_1) & \cdots & (x_n-x_1)x_n^{n-3} & (x_n-x_1)x_n^{n-2} \end{vmatrix} \text{(제1행 Laplace전개)}$$

$$=(x_2-x_1)(x_3-x_1)\cdots(x_n-x_1)\begin{vmatrix} 1 & x_2 & \cdots & x_2^{n-3} & x_2^{n-2} \\ 1 & x_3 & \cdots & x_3^{n-3} & x_3^{n-2} \\ \vdots & \vdots & & \vdots & \vdots \\ 1 & x_n & \cdots & x_n^{n-3} & x_n^{n-2} \end{vmatrix}$$

$$=(x_2-x_1)(x_3-x_1)\cdots(x_n-x_1)\prod_{2\le i<j\le n}(x_j-x_i)=\prod_{1\le i<j\le n}(x_j-x_i)$$ ■

예 2.5.14 3차 Vandermonde 행렬식은 $\begin{vmatrix} 1 & x & x^2 \\ 1 & y & y^2 \\ 1 & z & z^2 \end{vmatrix}=(y-x)(z-x)(z-y)$이다.

정리 2.5.15 체 F 위의 행렬 $A \in M_n(F)$, $B \in M_m(F)$, $C \in M_{m\times n}(F)$, $D \in M_{n\times m}(F)$와 영행렬 $\mathbb{O} \in M_{n\times m}(F)$, $\mathbb{O}' \in M_{m\times n}(F)$에 대하여, 다음 $(m+n)$차 블럭행렬의 행렬식이 성립한다.

(1) $\begin{vmatrix} A & \mathbb{O} \\ C & B \end{vmatrix} = \begin{vmatrix} A & D \\ \mathbb{O}' & B \end{vmatrix} = |A||B|$ (2) $\begin{vmatrix} \mathbb{O} & A \\ B & C \end{vmatrix} = \begin{vmatrix} D & A \\ B & \mathbb{O}' \end{vmatrix} = (-1)^{nm}|A||B|$

※ $\begin{pmatrix} A & D \\ C & B \end{pmatrix}$인 형태의 행렬을 **블럭행렬**($A$, B, C, D는 괄호가 없는 소행렬)이라고 한다.

(증명) (1) 정리 2.4.25와 Laplace 전개에 의해 다음이 성립한다.

$$\begin{vmatrix} A & \mathbb{O} \\ C & B \end{vmatrix} = \left| \begin{pmatrix} A & \mathbb{O} \\ C & I_m \end{pmatrix} \begin{pmatrix} I_n & \mathbb{O} \\ \mathbb{O}' & B \end{pmatrix} \right| = \begin{vmatrix} A & \mathbb{O} \\ C & I_m \end{vmatrix} \begin{vmatrix} I_n & \mathbb{O} \\ \mathbb{O}' & B \end{vmatrix} = |A||B|$$

$$\begin{vmatrix} A & D \\ \mathbb{O}' & B \end{vmatrix} = \left| \begin{pmatrix} I_n & \mathbb{O} \\ \mathbb{O}' & B \end{pmatrix} \begin{pmatrix} A & D \\ \mathbb{O}' & I_m \end{pmatrix} \right| = \begin{vmatrix} I_n & \mathbb{O} \\ \mathbb{O}' & B \end{vmatrix} \begin{vmatrix} A & D \\ \mathbb{O}' & I_m \end{vmatrix} = |B||A| = |A||B|$$

(2) 정리 2.4.25와 (1)에 의해 다음이 성립한다.

$$\begin{vmatrix} \mathbb{O} & A \\ B & C \end{vmatrix} = \left| \begin{pmatrix} A & \mathbb{O} \\ C & B \end{pmatrix} \begin{pmatrix} \mathbb{O} & I_n \\ I_m & \mathbb{O}' \end{pmatrix} \right| = \left| \begin{pmatrix} A & \mathbb{O} \\ C & B \end{pmatrix} \right| \left| \begin{pmatrix} \mathbb{O} & I_n \\ I_m & \mathbb{O}' \end{pmatrix} \right| = |A||B|(-1)^{nm} = (-1)^{nm}|A||B|$$

$\begin{vmatrix} D & A \\ B & \mathbb{O}' \end{vmatrix} = (-1)^{nm}|A||B|$도 같은 방법으로 증명할 수 있다. ■

예 2.5.16 다음 블럭행렬의 행렬식 값을 계산해 보자.

(1) $$\begin{vmatrix} 1 & 2 & 5 & 9 \\ 3 & 4 & 1 & 8 \\ 0 & 0 & 2 & -1 \\ 0 & 0 & 3 & 5 \end{vmatrix} = \begin{vmatrix} 1 & 2 \\ 3 & 4 \end{vmatrix} \begin{vmatrix} 2 & -1 \\ 3 & 5 \end{vmatrix} = -2 \cdot 13 = -26$$

(2) $$\begin{vmatrix} 0 & 0 & 5 & 7 & 1 \\ 0 & 0 & 6 & 2 & 0 \\ 0 & 0 & 3 & 0 & 0 \\ 3 & 4 & 8 & 9 & 8 \\ 1 & 2 & 2 & 3 & 4 \end{vmatrix} = (-1)^{3\cdot 2} \begin{vmatrix} 5 & 7 & 1 \\ 6 & 2 & 0 \\ 3 & 0 & 0 \end{vmatrix} \begin{vmatrix} 3 & 4 \\ 1 & 2 \end{vmatrix} = - \begin{vmatrix} 3 & 0 & 0 \\ 6 & 2 & 0 \\ 5 & 7 & 1 \end{vmatrix} \cdot 2 = -12$$

문제 2.5.17 체 F 위의 행렬 $A,\ B \in M_n(F)$에 대하여, 다음 $2n$차 블럭행렬의 행렬식이 성립함을 보여라

$$\begin{vmatrix} A & B \\ B & A \end{vmatrix} = |A+B||A-B|$$

임용시험 출제 2.5.18 [2011학년도] 실수 $\mathbb{R}$ 위의 n차 정사각행렬 $A \in M_n(\mathbb{R})$가 $|A| \neq 0$일 때, 다음 명제의 참· 거짓을 판별하라.

(1) $\forall n \in \mathbb{N},\quad \mathrm{adj}(A^n) = (\mathrm{adj}(A))^n$

(2) $\mathrm{adj}(A^T) = (\mathrm{adj}(A))^T$

(3) $\mathrm{adj}(\mathrm{adj}(A)) = A$

연 습 문 제 (2.5)

1. 다음 행렬식의 값을 구하라.

(1) $\begin{vmatrix} 1 & 2 & 3 \\ 2 & 4 & 6 \\ 3 & 4 & 2 \end{vmatrix}$ (2) $\begin{vmatrix} 2 & 4 & 6 & 4 \\ 1 & 2 & 3 & 2 \\ 0 & 1 & 1 & 0 \\ 1 & 2 & 0 & 2 \end{vmatrix}$

2. 다음 행렬의 행렬식을 구하라.

(1) $\begin{vmatrix} 5 & b-3 \\ b-2 & -3 \end{vmatrix}$ (2) $\begin{vmatrix} 3 & -4 & a \\ a^2 & 1 & 2 \\ 2 & a-1 & 4 \end{vmatrix}$

(3) $\begin{vmatrix} t+3 & -1 & 1 \\ 5 & t-3 & 1 \\ 6 & -6 & t+4 \end{vmatrix}$ (4) $\begin{vmatrix} a & b & -c \\ -c & a & b \\ b & -c & a \end{vmatrix}$

3. 다음 행렬식의 값을 구하라.

(1) $\begin{vmatrix} 1 & 1 & 1 \\ a & b & c \\ a^2 & b^2 & c^2 \end{vmatrix}$ (2) $\begin{vmatrix} 1 & 1 & 1 & 1 \\ x & a & a & a \\ x & y & a & a \\ x & y & z & a \end{vmatrix}$

(3) $\begin{vmatrix} a & b-c & c+b \\ a+c & b & c-a \\ a-b & b+a & c \end{vmatrix}$ (4) $\begin{vmatrix} a+b+c & -c & -b \\ -c & a+b+c & -a \\ -b & -a & a+b+c \end{vmatrix}$

4. 실수체 $\mathbb{R}$ 위에서 다음이 성립함을 밝혀라.

(1) $\begin{vmatrix} a & b & b & b \\ a & b & a & a \\ a & a & b & a \\ b & b & b & a \end{vmatrix} = -(a-b)^4$

(2) $\begin{vmatrix} x & a & b & 1 \\ a & x & b & 1 \\ a & b & x & 1 \\ a & b & c & 1 \end{vmatrix} = (x-a)(x-b)(x-c)$

(3) $\begin{vmatrix} 0 & a & b & c \\ a & 0 & c & b \\ b & c & 0 & a \\ c & b & a & 0 \end{vmatrix} = -(a+b+c)(b+c-a)(c+a-b)(a+b-c)$

(4) $\begin{vmatrix} 0 & \cdots & 0 & a_{1n} \\ 0 & \cdots & a_{2\,n-1} & a_{2n} \\ \vdots & & \vdots & \vdots \\ a_{n1} & \cdots & a_{n\,n-1} & a_{nn} \end{vmatrix} = (-1)^{[\frac{n}{2}]} a_{1n}a_{2\,n-1}\cdots a_{n1},\ n \geq 2.$

5. 체 F위에서 n차 정사각행렬 전체의 집합 $M_n(F)$에서
$SL_n(F) = \{A \in M_n(F) \mid |A| = 1\}$이라고 할 때, 다음이 성립함을 확인하라.

(1) $A,\ B \in SL_n(F)$이면 $AB \in SL_n(F)$이고, 또 $I_n \in SL_n(F)$이다.

(2) 각 $A \in SL_n(F)$에 대하여 $A^{-1} \in SL_n(F)$이다.

6. $|A| = 1$이고 A의 모든 성분이 정수이면, A^{-1}의 모든 성분도 정수임을 증명하라.

7. 실수체 $\mathbb{R}$ 위의 n차 정사각행렬

$$A = \begin{pmatrix} n-1 & -1 & -1 & \cdots & -1 & -1 \\ -1 & n-1 & -1 & \cdots & -1 & -1 \\ \vdots & \vdots & \vdots & & \vdots & \vdots \\ -1 & -1 & -1 & \cdots & n-1 & -1 \\ -1 & -1 & -1 & \cdots & -1 & n-1 \end{pmatrix}, \quad n \geq 2$$

에 대하여 $|A| = 0$임을 밝히고, 또 $(1,\ 1)$성분의 여인수는 n^{n-2}임을 밝혀라.

8. $n(\geq 2)$차 가역행렬 $A \in M_n(\mathbb{R})$에 대하여 다음이 성립함을 보여라.

(1) $\mathrm{adj}(A)$는 가역이다.

(2) $\mathrm{adj}(\mathrm{adj}(A)) = |A|^{n-2}\,A$

(3) $(\mathrm{adj}(A))^{-1} = \dfrac{1}{|A|}A = \mathrm{adj}(A^{-1})$

(4) $|\mathrm{adj}(A)| = |A|^{n-1}$

9. 체 F 위의 정사각행렬 A의 행렬식이 $|A| = 0$일 필요충분조건은 $|\mathrm{adj}(A)| = 0$임을 보여라.

10. 가역행렬 A, B, $A+B$에 대하여 다음 명제의 참·거짓을 판별하라.

(1) $\mathrm{adj}(rA) = r \cdot \mathrm{adj}(A)$ 단, r은 스칼라

(2) $\mathrm{adj}(AB) = \mathrm{adj}(B) \cdot \mathrm{adj}(A)$

(3) $\mathrm{adj}(A+B) = \mathrm{adj}(A) + \mathrm{adj}(B)$

11. 체 F 위의 n차 대각행렬 $A = \mathrm{diag}\{a_{11}, \cdots, a_{nn}\}$가 가역행렬이기 위한 필요충분조건을 구하고, A가 가역행렬인 경우에 그 역행렬을 구하라.

12. 연립방정식 $\begin{cases} x + 2y + 3z = 1 \\ \quad\;\; y + 2z = 2 \\ x \quad\;\;\; + 2z = 3 \end{cases}$의 해를 계수행렬의 역행렬을 이용하여 구하라.

13. 다음 연립방정식이 해를 갖기 위한 조건을 구하라.

$$\begin{cases} ax + b(x-1) + c(x-y) = 0 \\ a(y-1) + by + c(y-x) = 0 \\ a(1-y) + b(1-x) + c = 0 \end{cases}$$

14. Cramer의 공식을 이용하여 연립방정식의 해를 구하라.

(1) $\begin{cases} 7x - 2y = 3 \\ 3x + y = 5 \end{cases}$

(2) $\begin{cases} 3x + 5y = 7 \\ 6x + 2y + 4z = 10 \\ -x + 4y - 3z = 0 \end{cases}$

(3) $\begin{cases} x - 4y + z = 6 \\ 4x - y + 2z = -1 \\ 2x + 2y - 3z = -20 \end{cases}$

(4) $\begin{cases} x + y + z + w = 10 \\ y - z + w = 3 \\ x + z - w = 0 \\ y + 2z - w = 4 \end{cases}$

제 3 장

벡터공간

벡터공간 혹은 선형공간은 선형대수학의 기본적인 개념이다. 이 개념은 기하학적 벡터의 집합을 추상화한 것으로, 현대 수학의 여러 분야에서 자주 사용된다.

벡터는 16세기 네덜란드의 수학자 스테빈(Stevin, 1548~1620)에 의하여 평면 위에서 힘의 작용에 대한 삼각형 법칙에 대한 문제가 제기되면서 등장하였다. 벡터에 관한 이론은 뉴턴의 역학의 연구에서 출발하였다고 볼 수 있으며 19세기에 수학자이며 물리학자인 영국의 해밀턴(Hamilton, 1805~1865), 미국의 깁스(Gibbs, 1839~1903) 등이 벡터를 수학적으로 다루기 시작했다. 특히 그라스만(Grassmann, 1809~1877)은 벡터를 차원 공간의 기하학으로 설명하였으며 벡터의 내적과 외적을 정의하였다.

벡터공간은 정보 검색, 정보 필터링 및 검색 엔진의 색인이나 연관도 순위에 사용되며, 최초로 적용된 것은 코넬대학교의 SMART 정보 검색 시스템이었다.

기하학에서의 공간의 개념은 처음에는 2-3차원의 유클리드(Euclid, BC300년경)공간이었으나, 《기하학원론》의 평행선의 공리를 바꾼 로바체프스키(러, 1792~1856)공간, 리만(독, Riemann, 1826~1866)공간 등의 비유클리드공간이 탄생하였다. 한편 데카르트(프, R. Descartes, 1596~1650)가 해석기하학을 창안한 후, 유클리드공간은 수를 사용하여 해석적으로 표현되고 연구되었다.

미분기하학의 대상은 일반적인 리만공간이며, 상대성이론에서도 사용된다. 비유클리드공간은 유클리드공간과 함께 벡터공간론이 되고, 무한차원의 벡터공간으로 생각되었던 힐베르트(독, Hilbert, 1862~1943)공간은 양자역학의 연구에 불가결의 무기가 되었다.

현대수학에서는 일반적인 집합을 공간이라 하고, 그 원소를 점으로 하는 추상공간이 연구대상이 되며, 여기에 위상을 도입한 위상공간, 또는 선형공간·함수공간 등이 중요시 된다. 또한, 물리학에서는 통일장이론의 연구에 각종 접속공간을 도입하고 있다. (참조 : [9, 11, 12])

3.1 벡터공간

이 절에서는 체 위에서 벡터공간을 정의하고 그 성질에 대하여 알아본다.

예 3.1.1 [물리학에서 벡터와 스칼라] 물리학에서 벡터를 보통 크기와 방향을 동시에 가진 물리량, 스칼라를 크기만 가진 변량이라 정의하고, 이를 화살표로 나타내면 벡터와 스칼라를 시각적으로 이해할 수 있다.

실수체 $\mathbb{R}$에 대하여 평면 $\mathbb{R}^2 = \{(x,y) \mid x,\ y \in \mathbb{R}\}$을 생각하자. 즉, 평면상의 점 $A(a,b)$을 시점이 원점 $O(0,0)$이고, 종점이 $A(a,b)$인 화살표를 벡터 $\overrightarrow{OA} = (a,b)$로 정의하자. 그리고 평면 위의 두 점 $A(a,b)$, $B(c,d)$에 대하여, 다음과 같이 벡터를 정의하자. 즉,

$$\overrightarrow{AB} = \overrightarrow{OB} - \overrightarrow{OA} = (c,d) - (a,b) = (c-a, d-b) \in \mathbb{R}^2$$

라 정의한다. 이때 A를 벡터 $\overrightarrow{AB}$의 **시점**(initial point, 始點), B를 벡터 $\overrightarrow{AB}$의 **종점**(terminal point, 終點)이라 한다.

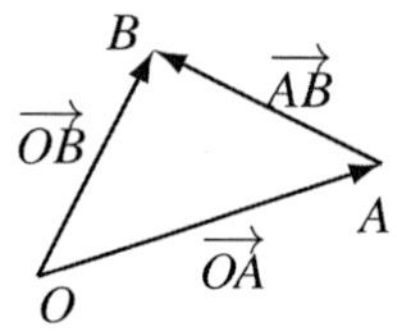

평면 $\mathbb{R}^2$에서 덧셈과 스칼라 곱에 대한 기하학적 정의는 다음과 같다.

① 점은 크기가 0인 벡터로 영벡터 $\mathbf{0}$이라 정의한다.
② 크기와 방향만을 생각하기 때문에 평행이동한 벡터는 모두 같은 벡터로 정의한다.
즉, 모든 벡터의 시점은 원점 $O(0,0)$이라 생각해도 좋다.
③ 두 벡터 $\overrightarrow{AB}$, $\overrightarrow{CD}$의 덧셈은 한 벡터 $\overrightarrow{CD}$의 시점 C을 다른 벡터 $\overrightarrow{AB}$의 종점 B에 일치시켰을 때, $\overrightarrow{AB}$의 시점 A와 $\overrightarrow{CD}$의 종점 D인 벡터 $\overrightarrow{AD}$ 로 정의한다. 즉,

$$\overrightarrow{AB} + \overrightarrow{CD} = \overrightarrow{AD} \left(= \overrightarrow{CD} + \overrightarrow{AB} = \overrightarrow{CB} \right)$$

④ 스칼라곱의 정의는 스칼라 $r \in \mathbb{R}$에 대하여 $r \geq 0$인 경우는 벡터와 같은 방향으로 r배하고, $r < 0$인 경우는 벡터와 반대 방향으로 $|r|$ 배한 것으로 정의한다.

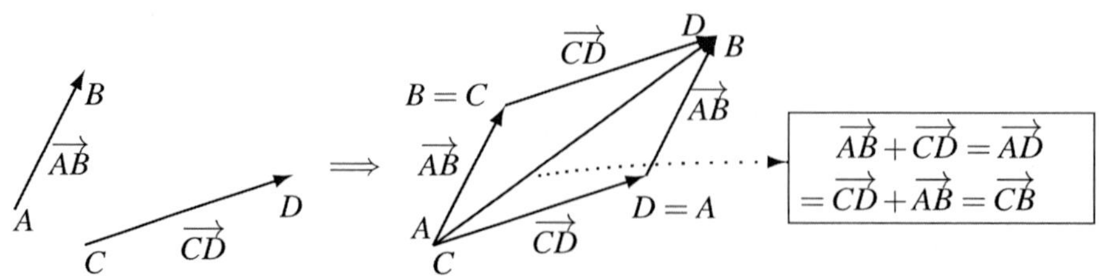

그리고 덧셈과 스칼라 곱에 대한 해석학적 정의는 다음과 같다.

$$\overrightarrow{OA}+\overrightarrow{OB}=(a,b)+(c,d)=(a+c,b+d),$$

$$r\overrightarrow{OA}=r(a,b)=(ra,rb),\quad r\in\mathbb{R}^2$$

라 정의하자. 그러면 평면 $\mathbb{R}^2$은 $\mathbb{R}$ 위에서 벡터공간(정의 3.1.2)이 된다(덧셈과 스칼라 곱에 대한 기하학적 정의와 해석학적 정의가 일치함을 알 수 있다. 각자 확인해 볼 것). 같은 방법으로 $\mathbb{R}^3$에서 덧셈과 스칼라 곱을 정의하면, 공간 $\mathbb{R}^3$는 $\mathbb{R}$ 위에서 벡터공간이 된다.

정의 3.1.2 [*벡터공간(vector space, 一空間), 스칼라 곱(scalar multiple), 영벡터(zero vector, 零-)*]

체 $(F,+,\cdot)$와 공이 아닌 집합 V 위에서 덧셈$(+)$과 **스칼라 곱**$(\circ)$*이라 불리는 2개의 함수*

$$+: V\times V\to V,\quad \mathbf{u}+\mathbf{v}\in V(\mathbf{u},\ \mathbf{v}\in V)$$

$$\circ: F\times V\to V,\quad \alpha\circ\mathbf{v}\in V(\alpha\in F,\ \mathbf{v}\in V)$$

가 정의되어 있을 때

대수적구조 $(V,+,\circ)$는 체 F 위에서 **벡터공간** 또는 F-**벡터공간**

$\overset{\text{정의}}{\Longleftrightarrow}$

- (V_1) $\forall\mathbf{u},\ \mathbf{v},\ \mathbf{w}\in V,$ $(\mathbf{u}+\mathbf{v})+\mathbf{w}=\mathbf{u}+(\mathbf{v}+\mathbf{w})$ (+에서 결합법칙)
- (V_2) $\exists\mathbf{0}\in V,\ \forall\mathbf{v}\in V,$ $\mathbf{v}+\mathbf{0}=\mathbf{0}+\mathbf{v}=\mathbf{v}$ (+에 대한 항등원)
- (V_3) $\forall\mathbf{v}\in V,\ \exists-\mathbf{v}\in V,$ $\mathbf{v}+(-\mathbf{v})=(-\mathbf{v})+\mathbf{v}=\mathbf{0}$ (+에 대한 역원)
- (V_4) $\forall\mathbf{u},\ \mathbf{v}\in V,$ $\mathbf{u}+\mathbf{v}=\mathbf{v}+\mathbf{u}$ (+에 대한 교환법칙)
- (V_5) $\forall\alpha\in F,\ \forall\mathbf{u},\ \mathbf{v}\in V,$ $\alpha\circ(\mathbf{u}+\mathbf{v})=\alpha\circ\mathbf{u}+\alpha\circ\mathbf{v}$ (스칼라 분배법칙)
- (V_6) $\forall\alpha,\ \beta\in F,\ \forall\mathbf{v}\in V,$ $(\alpha+\beta)\circ\mathbf{v}=\alpha\circ\mathbf{v}+\beta\circ\mathbf{v}$ (벡터 분배법칙)
- (V_7) $\forall\alpha,\ \beta\in F,\ \forall\mathbf{v}\in V,$ $(\alpha\cdot\beta)\circ\mathbf{v}=\alpha\circ(\beta\circ\mathbf{v})$ (스칼라곱 결합법칙)
- (V_8) $1\in F,\ \forall\mathbf{v}\in V,$ $1\circ\mathbf{v}=\mathbf{v}$ (스칼라곱 항등원)

※ F의 원소 α를 **數**(number) 또는 **스칼라**(scalar), V의 원소 $\mathbf{v}$를 **벡터**(vector), 조건 (V_2)의 벡터 $\mathbf{0}$을 **영벡터**, $\alpha\circ\mathbf{v}(\alpha\in F,\ \mathbf{v}\in V)$를 α에 의한 $\mathbf{v}$의 **스칼라 배**(scalar multiple)라 하고 앞으로 간단히 $\alpha\mathbf{v}$로 쓴다.

또한 벡터공간 V에서의 뺄셈(연산이 아니라 덧셈 역원임)은 덧셈을 이용하여 다음과 같이 정의한다.

$$\mathbf{u}-\mathbf{v}=\mathbf{u}+(-\mathbf{v})$$

$(V_1)\sim(V_4)$는 덧셈에 대한 성질(즉, $(V,+)$이가 가환군)이고, $(V_5)\sim(V_8)$은 스칼라 곱에 대한 성질이다.

문제 3.1.3 체 F-벡터공간 V의 원소 $\mathbf{v}$에 대하여 $-\mathbf{v}=(-1)\mathbf{v}$임을 보여라.

문제 3.1.4 유리수 체 $(\mathbb{Q},+,\cdot)$, 실수 체 $(\mathbb{R},+,\cdot)$, 복소수 체$(\mathbb{C},+,\cdot)$에 대하여 다음 명제의 참· 거짓을 밝혀라. 단, 스칼라 곱은 복소수 내에서 곱으로 정의한다.

(1) $\mathbb{Q}$는 $\mathbb{Q}$ 위에서 벡터 공간이다.

(2) $\mathbb{Q}$는 $\mathbb{R}$ 위에서 벡터 공간이다.

(3) $\mathbb{Q}$는 $\mathbb{C}$ 위에서 벡터 공간이다.

예 3.1.5 체 F에 대한 집합 $F^n = \{(x_1,x_2,\cdots,x_n) \mid x_i \in F,\ i=1,2,\cdots,n\}$에서 덧셈과 스칼라 곱을 다음과 같이 정의하면, 정리 2.1.7과 같은 방법을 사용하여

$$\boxed{F^n\text{은 } F \text{ 위에서 벡터공간}}$$

이 됨을 보일 수 있다.

임의의 $(x_1,x_2,\cdots,x_n),(y_1,y_2,\cdots,y_n) \in F^n$, $r \in F$에 대하여

$$\begin{cases} ① \ (x_1,x_2,\cdots,x_n)+(y_1,y_2,\cdots,y_n) = (x_1+y_1,x_2+y_2,\cdots,x_n+y_n) \\ ② \ r(x_1,x_2,\cdots,x_n) = (rx_1,rx_2,\cdots,rx_n) \end{cases}$$

$\mathbb{O} = (0,0,\cdots,0)$은 F^n에서 영벡터이고, $(x_1,x_2,\cdots,x_n)$의 덧셈에 대한 역원은 $-(x_1,x_2,\cdots,x_n) = (-x_1,-x_2,\cdots,-x_n)$이다.

특히, $\mathbb{R}^n$은 $\mathbb{R}$-벡터공간이고, $\mathbb{C}^n$은 $\mathbb{C}$-벡터공간이다.

예 3.1.6 실수 체 $\mathbb{R}$ 위의 $m\times n$ 행렬 전체집합 $(M_{m\times n}(\mathbb{R}),+,\cdot)$에서 덧셈과 스칼라 곱을 다음과 같이 정의하면, 정리 2.1.7에 의해 $M_{m\times n}$은 $\mathbb{R}$ 위에서 벡터공간이다.

임의의 $A=(a_{ij})$, $B=(b_{ij}) \in M_{m\times n}(\mathbb{R})$, $r\in\mathbb{R}$에 대하여

$$\begin{cases} ① \ A+B = (a_{ij})+(b_{ij}) = (a_{ij}+b_{ij}) \\ ② \ rA = r(a_{ij}) = (ra_{ij}) \end{cases}$$

예 3.1.7 집합 $V = \{f \mid f:\mathbb{R}\to\mathbb{R}\text{은 함수}\}$에서 덧셈과 스칼라 곱을 다음과 같이 정의하면, V는 $\mathbb{R}$ 위에서 벡터공간이다.

임의의 $f,g\in V$, $x\in\mathbb{R}$(정의역), $c\in\mathbb{R}$(실수 체)에 대하여

$$\begin{cases} ① \ (f+g)(x) = f(x)+g(x) \\ ② \ (cf)(x) = c(f(x)) \end{cases}$$

특히, $\mathbb{R}$에서 **영함수** $\mathbf{O}$(zero function, 零函數)

$$\mathbf{O}:\mathbb{R}\to\mathbb{R},\ \mathbf{O}(x)=0$$

는 V에서 영벡터 $\mathbf{O}$이고, 함수

$$-f:\mathbb{R}\to\mathbb{R},\ (-f)(x)=-f(x)$$

는 f의 덧셈에 대한 역원이다.

V는 벡터공간의 정의 $(V_1)\sim(V_8)$을 만족한다. 예를 들면,

$$(f+\mathbf{O})(x)=f(x)+\mathbf{O}(x)=f(x)+0=f(x)$$

이고

$$(f+(-f))(x)=f(x)+(-f)(x)=f(x)-f(x)=0=\mathbf{O}(x)$$

이므로 다음이 성립한다.

$$f+\mathbf{O}=\mathbf{O}+f=f\text{이고 } f+(-f)=(-f)+f=\mathbf{O}$$

문제 3.1.8 실수 $\mathbb{R}$ 위의 2차 정사각행렬 전체의 집합

$$M_2(\mathbb{R})=\left\{\begin{pmatrix}a & b\\ c & d\end{pmatrix}\,\middle|\, a,b,c,d\in\mathbb{R}\right\}$$

에서 덧셈과 스칼라 곱을 다음과 같이 정의하면 벡터공간이 되지 않는다. 벡터공간의 정의 $(V_1)\sim(V_8)$ 중 성립하는 것과 성립하지 않는 것을 밝혀라.

$$\begin{cases} ① \begin{pmatrix}a & b\\ c & d\end{pmatrix}+\begin{pmatrix}a' & b'\\ c' & d'\end{pmatrix}=\begin{pmatrix}a+a' & b+b'\\ c+c' & d+d'\end{pmatrix} \\ ② \ r\begin{pmatrix}a & b\\ c & d\end{pmatrix}=\begin{pmatrix}ra & b\\ c & d\end{pmatrix}\end{cases}$$

정리 3.1.9 *V는 체 F 위의 벡터공간일 때 임의의 $\alpha\in F$와 $\mathbf{v}\in V$에 대하여 다음이 성립한다.*

(1) 덧셈에 대한 항등원(영벡터) $\mathbf{0}$은 유일하다.
(2) 각 벡터 $\mathbf{v}\in V$의 덧셈에 대한 역원 $-\mathbf{v}$는 유일하다.
(3) 임의의 벡터 $\mathbf{u}$, $\mathbf{v}$, $\mathbf{w}\in V$에 대하여 $\mathbf{u}+\mathbf{v}=\mathbf{u}+\mathbf{w}$이면 $\mathbf{v}=\mathbf{w}$이다.
(4) 임의의 벡터 $\mathbf{u}$, $\mathbf{v}\in V$ 에 대하여 $-(\mathbf{u}+\mathbf{v})=-\mathbf{u}-\mathbf{v}$이다.
(5) 임의의 벡터 $\mathbf{v}\in V$에 대하여 $-(-\mathbf{v})=\mathbf{v}$이다.
(6) $\alpha\mathbf{0}=\mathbf{0}$
(7) $0\in F$에 대하여 $0\mathbf{v}=\mathbf{0}$
(8) $(-\alpha)\mathbf{v}=\alpha(-\mathbf{v})=-(\alpha\mathbf{v})$
(9) $\alpha\mathbf{v}=\mathbf{0}$이면 $\alpha=0$이거나 $\mathbf{v}=\mathbf{0}$이다.

(증명) (1), (2) 정리 1.5.5과 같다. 나머지는 연습문제로 남긴다. ■

※ 영벡터로만 된 벡터공간 $\{\mathbf{0}\}$을 **자명한 벡터공간**이라 한다.

정리 3.1.10 *체 F 계수 다항식 전체의 집합*

$$\boxed{F[x] = \{a_0 + a_1x + \cdots + a_nx^n \mid a_0, a_1, \cdots, a_n \in F,\ n \in N \cup \{0\}\}}$$

에 대하여 덧셈과 스칼라 곱을 다음과 같이 정의하면 $F[x]$는 $\boxed{F\text{-벡터공간}}$이다.

임의의 $f(x) = a_0 + a_1x + \cdots + a_nx^n$, $g(x) = b_0 + b_1x + \cdots + b_nx^n \in F[x]$(차수가 다르면 높은 차수의 항의 계수를 0으로 만들어 항의 개수를 n개로 함), $r \in F$에 대하여

$$\begin{aligned} f(x) + g(x) &= (a_0 + a_1x + \cdots + a_nx^n) + (b_0 + b_1x + \cdots + b_nx^n) \\ &= (a_0 + b_0) + (a_1 + b_1)x + \cdots + (a_n + b_n)x^n, \\ r(f(x)) &= r(a_0 + a_1x + \cdots + a_nx^n) \\ &= (ra_0) + (ra_1)x + \cdots + (ra_n)x^n \end{aligned}$$

*즉, 임의의 다항식 $f(x)$, $g(x)$, $h(x) \in F[x]$와 $r, s \in F$에 대하여 다음이 성립한다. 단, $\mathbf{O}(x) = 0$은 **영다항식**이다.*

(1) $(f(x) + g(x)) + h(x) = f(x) + (g(x) + h(x))$
(2) $f(x) + \mathbf{O}(x) = \mathbf{O}(x) + f(x) = f(x)$
(3) $f(x) + (-f(x)) = (-f(x)) + f(x) = \mathbf{O}(x)$
(4) $f(x) + g(x) = g(x) + f(x)$
(5) $r(f(x) + g(x)) = rf(x) + rg(x)$ (6) $(r+s)f(x) = rf(x) + sf(x)$
(7) $(rs)f(x) = r(sf(x))$ (8) $1f(x) = f(x)$

(증명) 연습문제로 남긴다. ■

※ 주어진 음이 아닌 정수 n에 대하여 F계수 n**차 이하의 다항식 집합**을

$$\boxed{F[x]_n = \{a_0 + a_1x + \cdots + a_nx^n \mid a_0, a_1, \cdots, a_n \in F\}}$$

이라 정의하면, $F[x]_n$는 $F[x]$의 부분공간(정의 3.2.1)이다.

※ $f(x) = a_0 + a_1x + \cdots + a_nx^n$ $(a_n \neq 0)$이면 $f(x)$의 **차수**(degree, 次數)를 n이라 하고 $\boxed{\deg f(x) = n}$이라 표기한다. 이 경우 $f(x)$를 n**차 다항식**이라 하고 a_n을 $f(x)$의 **최고차 항의 계수**(leading coefficient)라고 한다. 특히, 영다항식 $\mathbf{O}(x) = 0$이면, $\deg \mathbf{O}(x) = \deg(0) = -\infty$라 정의한다.

정의 3.1.11 [인수(약수)(*factor, divisor,* 因數, 約數), 배수(*multiple,* 倍數)]
체 F 계수 다항식 $f(x)$, $g(x)$, $h(x) \in F[x]$에 대하여,

$g(x)$가 $f(x)$의 **인수(약수)**, $f(x)$가 $g(x)$의 **배수**	$\overset{\text{정의}}{\Longleftrightarrow}$	$f(x) = g(x)h(x)$

※ 이때 기호로 $g(x) \mid f(x)$라 쓴다.

정리 3.1.12 (다항식의 나눗셈 알고리즘)
체 F 위의 두 다항식 $f(x)$, $g(x)(\neq 0) \in F[x]$에 대하여, 다음이 성립한다.

$f(x) = h(x)g(x) + r(x), \quad r(x) = 0$ 또는 $0 \leq \deg\ r(x) < \deg\ g(x)$

인 다항식 $h(x)$, $r(x) \in F[x]$가 유일하게 존재한다. 여기서 $h(x)$, $r(x)$를 각각 $f(x)$를 $g(x)$로 나누었을 때의 **몫**(quotient), **나머지**(remainder)라 한다.

(증명) $S = \{f(x) - h(x)g(x) \mid h(x) \in F[x]\}$라 하자.

먼저 $0 \in S$인 경우라면 $f(x) - h(x)g(x) = 0$인 $h(x) \in F[x]$가 존재하므로,

$$f(x) = h(x)g(x) = h(x)g(x) + 0$$

이므로 $r(x) = 0$이라 하면

$$f(x) = h(x)g(x) + r(x), \quad r(x) = 0 \text{ 또는 } 0 \leq \deg\ r(x) < \deg\ g(x)$$

인 다항식 $h(x)$, $r(x) \in F[x]$가 존재한다.

다음에, $0 \notin S$인 경우라면, S에서 영 다항식이 아닌 최저차 다항식 $0 \neq r(x) \in S$가 존재한다. 즉, $\deg\ r(x) \geq 0$이고, 다항식 $h(x) \in F[x]$가 존재해서 $r(x) = f(x) - h(x)g(x)$라 하자. 그러면

$$f(x) = h(x)g(x) + r(x)$$

이다. $0 \leq \deg\ r(x) < \deg\ g(x)$임을 보이자. 만약 $\deg\ r(x) \geq \deg\ g(x)$이면,

$$r(x) = a_m x^m + \cdots + a_0, \quad g(x) = b_n x^n + \cdots + b_0 \in F[x]\ (0 \neq a_m,\ 0 \neq b_n,\ m \geq n)$$

라 하자. 그리고

$$r'(x) = r(x) - \frac{a_m x^{m-n}}{b_n} g(x)$$

라 하면, $r(x)$의 최고차 항 $a_m x^m$이 제거되므로 $\deg\ r'(x) < \deg\ r(x)$이다. 또한

$$\begin{aligned} r'(x) &= r(x) - \frac{a_m x^{m-n}}{b_n} g(x) \\ &= f(x) - h(x)g(x) - \frac{a_m x^{m-n}}{b_n} g(x) \\ &= f(x) - \left(h(x) + \frac{a_m x^{m-n}}{b_n}\right) g(x) \in S \end{aligned}$$

가 되어 $r(x)$가 S에서 최저차 다항식이라는데 모순이다.
따라서 $0 \le \deg\ r(x) < \deg\ g(x)$이다.

마지막으로 몫과 나머지의 존재의 유일성에 대하여 증명하자. 즉,

$$f(x) = h(x)g(x) + r(x), \quad r(x) = 0 \text{ 또는 } 0 \le \deg\ r(x) < \deg\ g(x)$$
$$f(x) = h'(x)g(x) + r'(x), \quad r'(x) = 0 \text{ 또는 } 0 \le \deg\ r'(x) < \deg\ g(x)$$

인 다항식 $h(x)$, $h'(x)$, $r(x)$, $r'(x) \in F[x]$가 존재한다고 하자. 그러면

$$(h(x) - h'(x))g(x) = r'(x) - r(x)$$

이다. 이때 $h(x) - h'(x) \neq 0$이면, $0 \neq (h(x) - h'(x))g(x)$ 이므로

$$\deg\ g(x) \le \deg(h(x) - h'(x))g(x) = \deg(r'(x) - r(x)) < \deg\ g(x)$$

가 되어 모순이다. 따라서 $h(x) - h'(x) = 0$이어야 하고,

$$0 = (h(x) - h'(x))g(x) = r'(x) - r(x)$$

에서 $r'(x) = r(x)$, $h(x) = h'(x)$이다. ■

정리 3.1.13 (인수정리, 나머지정리)
체 F 위의 다항식 $f(x) \in F[x]$와 원소 $a \in F$에 대하여 다음이 성립한다.

$$f(x) = (x-a)g(x) + f(a)$$

인 다항식 $g(x) \in F[x]$가 존재한다. 또한, 여기서

$$(x-a) | f(x) \iff f(a) = 0$$

(증명) 다항식의나눗셈알고리즘에 의해 $r \in F$이 존재해서

$$f(x) = (x-a)g(x) + r$$

이다. 그러면 $f(a) = (a-a)g(a) + r = r$이 되어 $f(x) = (x-a)g(x) + f(a)$이다. 따라서

$$(x-a) | f(x) \iff f(a) = 0$$

이 성립한다. ■

연 습 문 제 (3.1)

1. 정리 3.1.9을 증명하라.

2. 정리 3.1.10을 증명하라.

3. V가 모든 실수 순서쌍의 집합이고, $\mathbf{u}=(a,\ b)$이고 $\mathbf{v}=(c,\ d)$이라 할 때 다음의 덧셈과 스칼라 곱셈을 생각하자:

$$\mathbf{u}+\mathbf{v}=(a+c-1,\ b+d-1), \quad k\mathbf{u}=(ka,\ kb)$$

(1) $\mathbf{u}=(1,\ -2)$, $\mathbf{v}=(2,\ 0)$, $k=3$에 대하여 $\mathbf{u}+\mathbf{v}$와 $k\mathbf{u}$를 계산하라.

(2) $(0,\ 0)\neq\mathbf{0}$임을 보여라.

(3) $(1,\ 1)=\mathbf{0}$임을 보여라.

(4) V는 벡터공간이 아니다. 성립하지 않는 두 개의 벡터공간의 정의를 찾아라.

4. 집합 $\mathbb{R}^2=\{(x_1,\ x_2)|x_1,\ x_2\in\mathbb{R}\}$는 다음과 같이 정의된 덧셈과 스칼라 곱셈에 관하여 실수체 $\mathbb{R}$ 위의 벡터공간이 아닌 이유를 말하라. (단, $r\in\mathbb{R}$)

(1) $(a_1,\ a_2)+(b_1,\ b_2)=(a_1+b_1,\ a_2+b_2)$, $\quad r(a_1,\ a_2)=(ra_1,\ a_2)$

(2) $(a_1,\ a_2)+(b_1,\ b_2)=(a_1-b_1,\ a_2-b_2)$, $\quad r(a_1,\ a_2)=(ra_1,\ ra_2)$

5. 벡터공간 $\mathbb{R}^2$와 $M_2(\mathbb{R})$의 다음 부분집합이 벡터공간인지 아닌지 판정하라. 벡터공간이 아닌 경우에는 성립하지 않는 정의를 밝혀라.

(1) $\mathbb{R}^2$의 덧셈과 스칼라 곱을 갖는 $(0,\ y)$형의 모든 실수 순서쌍의 집합.

(2) $\mathbb{R}^2$의 덧셈과 스칼라 곱을 갖는 $(x,\ y)$형의 모든 실수 순서쌍의 집합(단, $x\geq 0$).

(3) $M_2(\mathbb{R})$의 덧셈과 스칼라 곱을 갖는 $\begin{pmatrix} a & 0 \\ 0 & b \end{pmatrix}$형의 모든 2×2행렬 집합.

6. $\mathbf{u}=(-3,\ 1,\ 2)$, $\mathbf{v}=(4,\ 0,\ -8)$, $\mathbf{w}=(6,\ -1,\ -4)$일 때, 다음 벡터의 성분을 구하라.

(1) $6\mathbf{u}+2\mathbf{v}$ (2) $5(\mathbf{v}-4\mathbf{u})$ (3) $(2\mathbf{u}-7\mathbf{w})-(8\mathbf{v}+\mathbf{u})$

7. $\mathbf{u}=(-3,\ 2,\ 1)$, $\mathbf{v}=(4,\ 0,\ -3)$, $\mathbf{w}=(5,\ -2,\ 0)$일 때, $5\mathbf{x}-2(\mathbf{u}+\mathbf{v})=2(\mathbf{w}-5\mathbf{x})$를 만족하는 벡터 $\mathbf{x}$를 구하라.

8. 다음과 같이 주어진 벡터가 $\mathbf{u}=(4,\ -1)$에 평행일 때, 실수 t의 값을 구하라.

(1) $(8t,\ -2)$ (2) $(8t,\ 2t)$ (3) $(1,\ -t^2)$

9. $c_1(1,\ 2,\ 0)+c_2(2,\ 1,\ 1)+c_3(0,\ 3,\ 1)=(0,\ 0,\ 0)$인 스칼라 $c_1,\ c_2,\ c_3$을 구하라.

10. $c_1(1,\ 0,\ 1,\ 0)+c_2(1,\ 0,\ -2,\ 1)+c_3(2,\ 0,\ 1,\ 2)=(1,\ -2,\ 2,\ 3)$인 스칼라 $c_1,\ c_2,\ c_3$가 존재하지 않음을 보여라.

11. 체 F 위의 벡터공간 V에서 벡터 $\mathbf{v},\ \mathbf{w}\in V$와 $a,\ b\in F$에 대하여 다음이 성립함을 밝혀라.

(1) $\mathbf{v}+\mathbf{w}=\mathbf{v}$이면, $\mathbf{w}=\mathbf{0}$

(2) $a\mathbf{v}=b\mathbf{v}$이면, $a=b$ 또는 $\mathbf{v}=\mathbf{0}$

(3) $a\mathbf{v}=a\mathbf{w}$이면 $a=0$ 또는 $\mathbf{v}=\mathbf{w}$

3.2 부분공간

이 절에서는 벡터공간의 부분집합으로 벡터공간이 되는 특수한 집합에 대하여 알아본다.

정의 3.2.1 [*부분공간(subspace, 부분공간)의 정의*]
V는 체 F 위에서 벡터공간이고, U는 V의 공이 아닌 부분집합일 때,

U가 V의 **부분공간** : $U < V$

$\overset{\text{정의}}{\Longleftrightarrow}$ U가 V에서 정의된 덧셈과 스칼라 곱에 대하여 다시 벡터공간이 되는 경우.

※ U가 F위에서 부분공간임을 증명하려면 ① 덧셈과 ② 스칼라 곱에 대한 닫힘성을 확인하고, 벡터공간의 정의 $(V_1) \sim (V_8)$을 만족함(10 가지)을 보여야 한다.
※ $\{\mathbf{0}\}$을 V의 **자명한 부분공간**(trivial subspace)이라 한다.
※ $U \lneq V$일 때 U를 V의 **진부분공간**(proper subspace)이라 한다.
※ 부분공간이 $\{\mathbf{0}\}$과 V뿐인 벡터공간 V를 **단순공간**(simple space)이라 한다.

정리 3.2.2 (부분공간 판정법) *체 F 위에서 벡터공간 V의 부분집합 U에 대하여 다음은 동치이다.*

$$U < V \iff \begin{cases} ① \ \mathbf{0} \in U (\varnothing \neq U \text{와 동치 조건임}) \\ ② \ \forall \mathbf{v}, \mathbf{w} \in U, \quad \mathbf{v}+\mathbf{w} \in U \\ ③ \ \forall \alpha \in F, \forall \mathbf{u} \in U, \quad \alpha\mathbf{u} \in U \end{cases}$$

(증명) 연습문제로 남긴다. ■

예 3.2.3 실수체 $\mathbb{R}$ 위의 벡터공간 $\mathbb{R}^2$에 대하여 다음 예를 생각하자.
(1) $X = \{(x, 0) \mid x \in \mathbb{R}\}$은 $\mathbb{R}^2$의 부분공간이다.
(2) $A = \{(x, 0) \mid x$는 양의 실수$\}$은 $(0, 0) \notin A$이므로 $\mathbb{R}^2$의 부분공간이 아니다.
(3) $B = \{(x, 0) \mid x$는 짝수$\}$은 $\frac{1}{2}(3, 0) \notin B$이므로 $\mathbb{R}^2$의 부분공간이 아니다.

예 3.2.4 (1) $A = \{f \mid f : \mathbb{R} \to \mathbb{R}$은 함수$\}$가 예 3.1.7의 실숫값 함수 벡터공간이라 하자. 그러면

$$B = \{f \mid f : \mathbb{R} \to \mathbb{R}\text{는 연속함수}\}$$

는 연속함수의 성질에 의해 A의 부분공간이다.

(2) 실수체 $\mathbb{R}$에서 스칼라곱을 실수에서 곱으로 정의하면 $\mathbb{R}$은 자기자신 $\mathbb{R}$ 위에서 벡터공간이다. 이때 벡터공간 $\mathbb{R}$은 단순공간이다.

(증명) R'이 $\{\mathbf{0}\} \lneq R' < \mathbb{R}$인 $\mathbb{R}$의 부분공간이라 하자.

$\{\mathbf{0}\} \lneq R'$이므로 $0 \neq r' \in R' \subset \mathbb{R}$이 존재한다. $r'^{-1} \in \mathbb{R}$이므로 부분공간의 정의에 의해 $1 = r'^{-1}r' \in R'$이다. 임의의 벡터 $r \in \mathbb{R}$에 대하여

$$r = r \cdot 1 = r \cdot (r'^{-1}r') = (r \cdot r'^{-1})r' \in R'$$

이므로 $\mathbb{R} \subset R'$이다. 따라서

$$R' = \mathbb{R}$$

이다. 그러므로 $\mathbb{R}$은 $\mathbb{R}$-벡터공간으로 단순공간이다.

※ 일반적으로 체 F 위의 벡터공간 V의 두 부분공간 U, W에 대하여 $(U \cap W) < V$이지만 $(U \cup W) \nless V$이다.

예 3.2.5 실수체 $\mathbb{R}$ 위의 벡터공간 $\mathbb{R}^2$의 다음 부분공간 X, Y를 생각하자.

$$X = \{(x,\ 0) \mid x \in \mathbb{R}\}, \quad Y = \{(0,\ y) \mid x \in \mathbb{R}\}.$$

$X \cap Y = \{(0,\ 0)\}$은 $\mathbb{R}^2$의 벡터공간이지만, 벡터 $(1,\ 0) \in X$, $(0,\ 1) \in Y$에 대하여

$$(1,\ 0) + (0,\ 1) = (1,\ 1) \notin X \cup Y$$

이므로 $X \cup Y$는 $\mathbb{R}^2$의 벡터공간이 되지 않는다.

정리 3.2.6 *체 F 위의 벡터공간 V의 두 부분공간 U, W에 대하여 다음이 성립한다.*

(1) $(U \cap W) < V$
(2) $U + W = \{\mathbf{u} + \mathbf{w} \mid \mathbf{u} \in U$이고 $\mathbf{w} \in W\} < V$
(3) $U < (U + W)$이고 $W < (U + W)$
(4) $(U \cup W) < V$이면, $U \subset W$이거나 $W \subset U$

※ $(U \cup W) \subset (U + W) \subset V$이다.

(증명) (1) $U < V$, $W < V$이므로 $\mathbf{0} \in U$, $\mathbf{0} \in W$이고

$$\mathbf{0} \in U \cap W$$

이다. 또한 $\mathbf{u}$, $\mathbf{w} \in U \cap W$라 하면, $\mathbf{u}$, $\mathbf{w} \in U$이고 $\mathbf{u}$, $\mathbf{w} \in W$이다. 그러므로 $\mathbf{u} + \mathbf{w} \in U$이고 $\mathbf{u} + \mathbf{w} \in W$이어서

$$\mathbf{u} + \mathbf{w} \in U \cap W$$

이다. 한편 임의의 $r \in F$, $\mathbf{u} \in U \cap W$에 대하여 $r\mathbf{u} \in U$, $r\mathbf{u} \in W$이므로

$$r\mathbf{u} \in U \cap W$$

이다. 따라서 부분공간 판정법에 의해 $(U \cap W) < V$이다.

(2) $\mathbf{0} \in U$, $\mathbf{0} \in W$이므로

$$\mathbf{0} = \mathbf{0} + \mathbf{0} \in U + W$$

이다. 또한 $\mathbf{u}$, $\mathbf{u}' \in U$, $\mathbf{w}$, $\mathbf{w}' \in W$에 대하여 $\mathbf{u}+\mathbf{w}, \mathbf{u}'+\mathbf{w}' \in U+W$라 하면

$$(\mathbf{u}+\mathbf{w}) + (\mathbf{u}'+\mathbf{w}') = (\mathbf{u}+\mathbf{u}') + (\mathbf{w}+\mathbf{w}') \in U+W$$

이다. 한편 임의의 $r \in F$, $\mathbf{u}+\mathbf{w} \in U+W$에 대하여

$$r(\mathbf{u}+\mathbf{w}) = r\mathbf{u} + r\mathbf{w} \in U+W$$

이다. 따라서 부분공간 판정법에 의해 $(U+W) < V$이다.

(3) 정의에 의해 성립한다.

(4) 연습문제로 남긴다. ■

정리 3.2.7 *체 F 위에서 벡터공간 V의 부분공간 W_1, $W_2, \cdots$, W_n에 대하여 다음이 성립한다.*

$$W_1 + W_2 + \cdots + W_n = \{\mathbf{w}_1 + \mathbf{w}_2 + \cdots + \mathbf{w}_n \mid \mathbf{w}_i \in W_i,\ i = 1, 2, \cdots, n\} < V$$

(증명) 수학적 귀납법과 정리 3.2.6 (2)를 이용하면 증명된다. ■

정리 3.2.8 *F-벡터공간 V의 원소(벡터) $\mathbf{v}_1$, $\mathbf{v}_2$, $\cdots$, $\mathbf{v}_n$ 에 대하여*

$$\langle \mathbf{v}_1, \mathbf{v}_2, \cdots, \mathbf{v}_n \rangle = \{x_1\mathbf{v}_1 + x_2\mathbf{v}_2 + \cdots + x_n\mathbf{v}_n \mid x_1, x_2, \cdots, x_n \in F\}$$

라 정의하면 다음이 성립한다.

(1) $\mathbf{v}_1, \mathbf{v}_2, \cdots, \mathbf{v}_n \in \langle \mathbf{v}_1, \mathbf{v}_2, \cdots, \mathbf{v}_n \rangle$

(2) $\langle \mathbf{v}_1, \mathbf{v}_2, \cdots, \mathbf{v}_n \rangle < V$

(3) $\langle \mathbf{v}_1, \mathbf{v}_2, \cdots, \mathbf{v}_n \rangle$은 $\mathbf{v}_1, \mathbf{v}_2, \cdots, \mathbf{v}_n$을 포함하는 V의 부분공간 중에서 <u>최소 부분공간</u>

(증명) (1) $i = 1,\ 2 \cdots$, n에 대하여

$$\mathbf{v}_i = 0\mathbf{v}_1 + \cdots + 1\mathbf{v}_i + \cdots + 0\mathbf{v}_n \in \langle \mathbf{v}_1, \cdots, \mathbf{v}_n \rangle$$

이므로 (1)이 성립한다.

(2) $\mathbf{0} = 0\mathbf{v}_1 + 0\mathbf{v}_2 + \cdots + 0\mathbf{v}_n \in \langle \mathbf{v}_1, \cdots, \mathbf{v}_n \rangle$이다.

임의의 $x_1\mathbf{v}_1 + x_2\mathbf{v}_2 + \cdots + x_n\mathbf{v}_n,\ y_1\mathbf{v}_1 + y_2\mathbf{v}_2 + \cdots + y_n\mathbf{v}_n \in \langle \mathbf{v}_1, \cdots, \mathbf{v}_n \rangle$에 대하여

$$\begin{aligned}&(x_1\mathbf{v}_1 + x_2\mathbf{v}_2 + \cdots + x_n\mathbf{v}_n) + (y_1\mathbf{v}_1 + y_2\mathbf{v}_2 + \cdots + y_n\mathbf{v}_n)\\ &= (x_1 + y_1)\mathbf{v}_1 + (x_2 + y_2)\mathbf{v}_2 + \cdots + (x_n + y_n)\mathbf{v}_n \in \langle \mathbf{v}_1, \cdots, \mathbf{v}_n \rangle\end{aligned}$$

임의의 $r \in F$에 대하여

$$r(x_1\mathbf{v}_1 + x_2\mathbf{v}_2 + \cdots + x_n\mathbf{v}_n) = (rx_1)\mathbf{v}_1 + (rx_2)\mathbf{v}_2 + \cdots + (rx_n)\mathbf{v}_n \in \langle \mathbf{v}_1, \cdots, \mathbf{v}_n \rangle$$

이므로 부분공간 판정법에 의해 $\langle \mathbf{v}_1, \mathbf{v}_2, \cdots, \mathbf{v}_n \rangle < V$이다.

(3) 한편 $\mathbf{v}_1, \cdots, \mathbf{v}_n$을 포함하는 V의 부분공간을 W이라 하자.
임의의 $x_1\mathbf{v}_1 + x_2\mathbf{v}_2 + \cdots + x_n\mathbf{v}_n \in \langle \mathbf{v}_1, \cdots, \mathbf{v}_n \rangle$에 대하여 $x_1\mathbf{v}_1 \in W, \cdots, x_n\mathbf{v}_n \in W$이므로 부분공간의 정의에 의해 $x_1\mathbf{v}_1 + x_2\mathbf{v}_2 + \cdots + x_n\mathbf{v}_n \in W$이다. 따라서

$$\langle \mathbf{v}_1, \cdots, \mathbf{v}_n \rangle < W$$

이고 (3)이 성립한다. ■

정의 3.2.9 *[1차결합(linear combination, 1 次結合), 생성한다(generate, span, 生成−), 생성원집합(generating set, 生成元集合)의 정의]*

F-벡터공간 V의 벡터 $\mathbf{v}_1, \mathbf{v}_2, \cdots, \mathbf{v}_n$와 스칼라 $x_1, x_2, \cdots, x_n$에 대하여

$\mathbf{v} \in V$는 F 위에서 $\mathbf{v}_1, \mathbf{v}_2, \cdots, \mathbf{v}_n$의 **1차결합**

$\overset{\text{정의}}{\Longleftrightarrow}$ $\mathbf{v} = x_1\mathbf{v}_1 + x_2\mathbf{v}_2 + \cdots + x_n\mathbf{v}_n$ 형태로 표현된 벡터

$\langle \mathbf{v}_1, \cdots, \mathbf{v}_n \rangle$은 $\mathbf{v}_1, \mathbf{v}_2, \cdots, \mathbf{v}_n$에 의해 **생성된 부분공간**

$\overset{\text{정의}}{\Longleftrightarrow}$ $\langle \mathbf{v}_1, \mathbf{v}_2, \cdots, \mathbf{v}_n \rangle = \{x_1\mathbf{v}_1 + x_2\mathbf{v}_2 + \cdots + x_n\mathbf{v}_n \mid x_1, x_2, \cdots, x_n \in F\}$

V는 $\mathbf{v}_1, \mathbf{v}_2, \cdots, \mathbf{v}_n$에 의해 **생성된다**
$\mathbf{v}_1, \mathbf{v}_2, \cdots, \mathbf{v}_n$은 V를 **생성한다**
$\mathbf{v}_1, \mathbf{v}_2, \cdots, \mathbf{v}_n$은 V의 **생성원**
$\{\mathbf{v}_1, \mathbf{v}_2, \cdots, \mathbf{v}_n\}$은 V의 **생성원집합**

$\overset{\text{정의}}{\Longleftrightarrow}$ $V = \langle \mathbf{v}_1, \cdots, \mathbf{v}_n \rangle = \{x_1\mathbf{v}_1 + x_2\mathbf{v}_2 + \cdots + x_n\mathbf{v}_n \mid x_1, x_2, \cdots, x_n \in F\}$

※ 벡터로 생성된 부분공간은 벡터공간의 정의에 의해 생성원(generator)의 표현 순서와 관계없이 같은 부분공간이 된다. 즉, $\langle \mathbf{v}_1, \mathbf{v}_2, \cdots, \mathbf{v}_n \rangle = \langle \mathbf{v}_n, \cdots, \mathbf{v}_2, \mathbf{v}_1 \rangle$

예 3.2.10 $\mathbb{R}$-벡터공간 $\mathbb{R}^2 = \{(a,b) \mid a,\ b \in \mathbb{R}\}$에서 생성원에 대한 예를 살펴 보자.

(1) $S = \{(1,0),\ (0,1)\}$은 $\mathbb{R}^2$를 생성한다.

(2) $T = \{(1,1),\ (1,2)\}$은 $\mathbb{R}^2$를 생성한다.

(3) $U = \{(1,1),\ (1,2),\ (3,1)\}$은 $\mathbb{R}^2$를 생성한다.

(4) $V = \{(1,1)\}$은 $\mathbb{R}^2$를 <u>생성하지 못한다</u>.

(5) $W = \{(1,1),\ (2,2)\}$은 $\mathbb{R}^2$를 <u>생성하지 못한다</u>.

(풀이) (1) $\langle(1,0),\ (0,1)\rangle = \mathbb{R}^2$임을 보이자.
임의의 $(x,y) \in \mathbb{R}^2$에 대하여

$$(x,y) = (x,0) + (0,y) = x(1,0) + y(0,1) \in S$$

이다. 따라서 $\mathbb{R}^2 = \langle(1,0),(0,1)\rangle$이다.

(2) 임의의 $(x,y) \in \mathbb{R}^2$에 대하여 $(x,y) = a(1,1) + b(1,2)$인 $a,b \in \mathbb{R}$를 찾자.
$(x,y) = (a+b, a+2b)$에서 $\begin{cases} a+\ \ b = x \\ a+2b = y \end{cases}$ 이므로 $\begin{cases} a = 2x-y \\ b = y-x \end{cases}$ 이다. 따라서

$$(x,y) = (2x-y)(1,1) + (y-x)(1,2) \in T$$

이므로 $\mathbb{R}^2 = \langle(1,1),\ (1,2)\rangle$이다.

(3) (2)를 이용하면 임의의 $(x,y) \in \mathbb{R}^2$에 대하여

$$(x,y) = (2x-y)(1,1) + (y-x)(1,2) + 0(3,1) \in U$$

이므로 $\mathbb{R}^2 = \langle(1,1),\ (1,2),\ (3,1)\rangle$이다.

(4) $V = \{(1,1)\}$은 $\mathbb{R}^2$를 생성 못한다. 반례를 들면 $(1,0) \in \mathbb{R}^2$에 대하여 $(1,0) = a(1,1)$인 $a \in \mathbb{R}$를 찾을 수 없으므로 $\mathbb{R}^2 \neq \langle(1,1)\rangle$이다.

(5) 임의의 $(x,y) \in \mathbb{R}^2$에 대하여 $(x,y) = a(1,1) + b(2,2)$인 $a,b \in \mathbb{R}$를 찾아 보자.

$$(x,y) = (a+2b, a+2b)\text{에서 } \begin{cases} a+2b = x \\ a+2b = y \end{cases}$$

이므로 $x = y$이다. 따라서 $x \neq y$이면 (x,y)를 $(1,1)$, $(2,2)$의 1차결합으로 표현할 수 없다. 그러므로 $\mathbb{R}^2 \neq \langle(1,1),\ (1,2)\rangle$이다.

예 3.2.11 자연수 n에 대하여 n차 이하의 다항식 전체의 집합인 F-벡터공간

$$F[x]_n = \{a_0 + a_1x + \cdots + a_nx^n \mid a_0,\ a_1,\ \cdots,\ a_n \in F\}$$

의 생성집합은 $\{1,\ x,\ x^2,\ \cdots,\ x^n\}$이고, $F[x]_n = \langle 1,\ x,\ x^2,\ \cdots,\ x^n \rangle$이다.

또한 $F[x]_n < F[x] = \langle 1,\ x,\ x^2,\ \cdots,\ x^n,\ \cdots \rangle$이다.

정리 3.2.12 *F-벡터공간 V의 벡터 $\mathbf{v}_1, \mathbf{v}_2, \cdots, \mathbf{v}_n$에 대해 다음이 성립한다.*

(1) $\langle \mathbf{v}_1, \mathbf{v}_2, \cdots, \mathbf{v}_n \rangle = \langle \mathbf{v}_1 \rangle + \langle \mathbf{v}_2 \rangle + \cdots + \langle \mathbf{v}_n \rangle$

(2) $\langle \mathbf{v}_1, \mathbf{v}_2, \cdots, \mathbf{v}_r \rangle \subset \langle \mathbf{v}_1, \mathbf{v}_2, \cdots, \mathbf{v}_r, \cdots, \mathbf{v}_n \rangle$ $(1 \le r \le n)$

(3) $\mathbf{v}_n \in \langle \mathbf{v}_1, \mathbf{v}_2, \cdots, \mathbf{v}_{n-1} \rangle \Longleftrightarrow \langle \mathbf{v}_1, \mathbf{v}_2, \cdots, \mathbf{v}_n \rangle = \langle \mathbf{v}_1, \mathbf{v}_2, \cdots, \mathbf{v}_{n-1} \rangle$

(4) $\mathbf{v}_i$가 $\mathbf{v}_1, \cdots, \mathbf{v}_{i-1}, \mathbf{v}_{i+1}, \cdots, \mathbf{v}_n$의 일차 결합

$\Longleftrightarrow \exists (0 \neq) x_i \in F, \quad x_1\mathbf{v}_1 + x_2\mathbf{v}_2 + \cdots + x_i\mathbf{v}_i + \cdots + x_n\mathbf{v}_n = \mathbf{0}$

※ (3)에 의해 생성원의 수를 최소로 줄일 수 있다. 더 이상 줄이지 못하는 생성원집합을 **최소 생성원집합**(minimal generating set) 이라 한다.

(증명) (1) 1차결합의 정의를 이용하자.

$$\begin{aligned}
&\langle \mathbf{v}_1, \mathbf{v}_2, \cdots, \mathbf{v}_n \rangle \\
&= \{x_1\mathbf{v}_1 + x_2\mathbf{v}_2 + \cdots + x_n\mathbf{v}_n \mid x_1, \cdots, x_n \in F\} \\
&= \{x_1\mathbf{v}_1 \mid x_1 \in F\} + \{x_2\mathbf{v}_2 \mid x_2 \in F\} + \cdots + \{x_n\mathbf{v}_n \mid x_n \in F\} \\
&= \langle \mathbf{v}_1 \rangle + \langle \mathbf{v}_2 \rangle + \cdots + \langle \mathbf{v}_n \rangle
\end{aligned}$$

(2) $x_1\mathbf{v}_1 + \cdots + x_r\mathbf{v}_r = x_1\mathbf{v}_1 + \cdots + x_r\mathbf{v}_r + 0 \cdot \mathbf{v}_{r+1} + \cdots + 0 \cdot \mathbf{v}_n$에 의해 (2) 가 성립한다.

(3) (2)에 의하여 $\langle \mathbf{v}_1, \mathbf{v}_2, \cdots, \mathbf{v}_n \rangle \subset \langle \mathbf{v}_1, \mathbf{v}_2, \cdots, \mathbf{v}_{n-1} \rangle$을 보이면 충분하다.
가정에서 $\mathbf{v}_n \in \langle \mathbf{v}_1, \mathbf{v}_2, \cdots, \mathbf{v}_{n-1} \rangle$이므로 $x_1, \cdots, x_{n-1} \in F$이 존재해서

$$\mathbf{v}_n = x_1\mathbf{v}_1 + \cdots + x_{n-1}\mathbf{v}_{n-1}$$

이다. 한편 임의의 $y_1\mathbf{v}_1 + y_2\mathbf{v}_2 + \cdots + y_n\mathbf{v}_n \in \langle \mathbf{v}_1, \cdots, \mathbf{v}_n \rangle$

$$\begin{aligned}
&y_1\mathbf{v}_1 + y_2\mathbf{v}_2 + \cdots + y_n\mathbf{v}_n \\
&= y_1\mathbf{v}_1 + y_2\mathbf{v}_2 + \cdots + y_n(x_1\mathbf{v}_1 + x_2\mathbf{v}_2 + \cdots + x_{n-1}\mathbf{v}_{n-1}) \\
&= (y_1 + y_nx_1)\mathbf{v}_1 + (y_2 + y_nx_2)\mathbf{v}_2 + \cdots + (y_{n-1} + y_nx_{n-1})\mathbf{v}_{n-1} \\
&\in \langle \mathbf{v}_1, \cdots, \mathbf{v}_{n-1} \rangle
\end{aligned}$$

이므로 $\langle \mathbf{v}_1, \cdots, \mathbf{v}_n \rangle = \langle \mathbf{v}_1, \cdots, \mathbf{v}_{n-1} \rangle$이다.

(4) $(\Rightarrow)$ $x_1, \cdots, x_{i-1}, x_{i+1}, \cdots, x_n \in F$이 존재해서 $\mathbf{v}_i = x_1\mathbf{v}_1 + \cdots + x_{i-1}\mathbf{v}_{i-1} + x_{i+1}\mathbf{v}_{i+1} + \cdots + x_n\mathbf{v}_n$이므로

$$\mathbf{0} = x_1\mathbf{v}_1 + \cdots + x_{i-1}\mathbf{v}_{i-1} + (-1)\mathbf{v}_i + x_{i+1}\mathbf{v}_{i+1} + \cdots + x_n\mathbf{v}_n$$

이다. $(-1) \neq 0$이므로 정리가 성립한다.

($\Leftarrow$) $0 \neq x_i \in F$이 존재해서 $x_1\mathbf{v}_1 + \cdots + x_i\mathbf{v}_i + \cdots + x_n\mathbf{v}_n = \mathbf{0}$라 하자. 그러면

$$\begin{aligned} x_i\mathbf{v}_i &= -(x_1\mathbf{v}_1 + \cdots + x_{i-1}\mathbf{v}_{i-1} + x_{i+1}\mathbf{v}_{i+1} + \cdots + x_n\mathbf{v}_n) \\ \mathbf{v}_i &= -x_i^{-1}(x_1\mathbf{v}_1 + \cdots + x_{i-1}\mathbf{v}_{i-1} + x_{i+1}\mathbf{v}_{i+1} + \cdots + x_n\mathbf{v}_n) \end{aligned}$$

이다. 따라서 $\mathbf{v}_i$는 $\mathbf{v}_1, \cdots, \mathbf{v}_{i-1}, \mathbf{v}_{i+1}, \cdots, \mathbf{v}_n$의 일차결합이다. ■

예 3.2.13 예 3.2.10 (4)에서 $\mathbb{R}^2 = \langle (1,1),\ (1,2),\ (3,1) \rangle$이다. 여기서 $(3,1) = 5(1,1) - 2(1,2)$이므로 정리 3.2.12(3)에 의해 $\langle (1,1),\ (1,2),\ (3,1) \rangle = \langle (1,1),\ (1,2) \rangle$이다. 같은 방법으로

$$\mathbb{R}^2 = \langle (1,1),\ (1,2),\ (3,1) \rangle = \langle (1,1),\ (1,2) \rangle = \langle (1,1),\ (3,1) \rangle = \langle (1,2),\ (3,1) \rangle$$

임을 알 수 있다. 또한 $\{(1,1),\ (1,2)\}$, $\{(1,1),\ (3,1)\}$, $\{(1,2),\ (3,1)\}$은 $\mathbb{R}^2$의 최소생성원 집합이다.

정리 3.2.14 *F-벡터공간 V의 벡터 $\mathbf{v}_1,\ \mathbf{v}_2,\ \cdots,\ \mathbf{v}_n$ 에 대하여 다음이 성립한다. 단, $1 \leq i \neq j \leq n$, $0 \neq a \in F$ 이다.*

(1) $\langle \mathbf{v}_1, \cdots, \mathbf{v}_i, \cdots, \mathbf{v}_j, \cdots, \mathbf{v}_n \rangle = \langle \mathbf{v}_1, \cdots, \mathbf{v}_j, \cdots, \mathbf{v}_i, \cdots, \mathbf{v}_n \rangle$
(2) $\langle \mathbf{v}_1, \cdots, \mathbf{v}_i, \cdots, \mathbf{v}_n \rangle = \langle \mathbf{v}_1, \cdots, a\mathbf{v}_i, \cdots, \mathbf{v}_n \rangle$
(3) $\langle \mathbf{v}_1, \cdots, \mathbf{v}_i, \cdots, \mathbf{v}_j, \cdots, \mathbf{v}_n \rangle = \langle \mathbf{v}_1, \cdots, \mathbf{v}_i + a\mathbf{v}_j, \cdots, \mathbf{v}_j, \cdots, \mathbf{v}_n \rangle$

(증명) 임의의 $x_1,\ \cdots,\ x_n,\ y_1,\ \cdots,\ y_n \in F$와 $0 \neq a \in F$에 대하여 다음이 성립한다.

(1)
$$\begin{aligned} &x_1\mathbf{v}_1 + \cdots + x_i\mathbf{v}_i + \cdots + x_j\mathbf{v}_j + \cdots + x_n\mathbf{v}_n \\ &= x_1\mathbf{v}_1 + \cdots + x_j\mathbf{v}_j + \cdots + x_i\mathbf{v}_i + \cdots + x_n\mathbf{v}_n \end{aligned}$$

(2)
$$\begin{aligned} &x_1\mathbf{v}_1 + \cdots + x_i\mathbf{v}_i + \cdots + x_n\mathbf{v}_n \\ &= x_1\mathbf{v}_1 + \cdots + x_i a^{-1}(a\mathbf{v}_i) + \cdots + x_n\mathbf{v}_n \end{aligned}$$

$$\begin{aligned} &y_1\mathbf{v}_1 + \cdots + y_i(a\mathbf{v}_i) + \cdots + y_n\mathbf{v}_n \\ &= y_1\mathbf{v}_1 + \cdots + (y_i a)\mathbf{v}_i + \cdots + y_n\mathbf{v}_n \end{aligned}$$

(3)
$$\begin{aligned} &x_1\mathbf{v}_1 + \cdots + x_i\mathbf{v}_i + \cdots + x_j\mathbf{v}_j + \cdots + x_n\mathbf{v}_n \\ &= x_1\mathbf{v}_1 + \cdots + x_i(\mathbf{v}_i + a\mathbf{v}_j) + \cdots + (x_j - x_i a)\mathbf{v}_j + \cdots + x_n\mathbf{v}_n \end{aligned}$$

$$\begin{aligned}&y_1\mathbf{v}_1+\cdots+y_i(\mathbf{v}_i+a\mathbf{v}_j)+\cdots+y_j\mathbf{v}_j+\cdots+y_n\mathbf{v}_n\\&=y_1\mathbf{v}_1+\cdots+y_i\mathbf{v}_i+\cdots+(y_j+y_ia)\mathbf{v}_j+\cdots+y_n\mathbf{v}_n\end{aligned}$$

따라서 정리의 (1), (2), (3)이 성립한다. ■

연 습 문 제 (3.2)

1. [부분공간 판정법] 정리 3.2.2를 증명하라.

2. 다음 중 어느 것이 벡터공간 $\mathbb{R}^2$의 부분공간인지를 결정하라.

(1) $\{(a,\ b)\in\mathbb{R}^2 \mid a+b=1\}$
(2) $\{(a,\ b+1) \mid a,\ b\in\mathbb{R}\}$
(3) $\{(a+2b,\ 5b) \mid a,\ b\in\mathbb{R}\}$
(4) $\{(a,\ b) \mid a,\ b\in\mathbb{Q}\}$, 여기서 $\mathbb{Q}$는 유리수체이다.

3. 벡터공간 $\mathbb{R}^3$에서 다음 집합 W는 $\mathbb{R}^3$의 부분공간임을 보여라.

(1) $W=\{(a,\ b,\ 0) \mid a,\ b\in\mathbb{R}\}$
(2) $W=\{(a,\ b,\ c) \mid a+b+c=0,\ a,\ b,\ c\in\mathbb{R}\}$

4. 벡터공간 $\mathbb{R}^3$에서 두 부분공간

$$W_1=\{(x,\ y,\ z) \mid x+y-z=0\},\ W_2=\{(x,\ y,\ z) \mid 3x-y-5z=0\}$$

에 대하여 부분공간 $W_1\cap W_2$를 구하라.

5. 체 F 위의 n차 정사각행렬 벡터공간 $M_n(F)$에서, 다음 부분집합은 $M_n(F)$의 부분공간임을 보여라.

(1) $W=\{A\in M_n(F) \mid AB=BA,\ B$는 고정된 행렬$\}$
(2) $W=\{A\in M_n(F) \mid A=A^T\}$

6. 구간 $[a,\ b]$ 위에서 연속함수(continuous function) 로 된 벡터공간 $C[a,\ b]=\{f \mid f: [a,\ b]\longrightarrow\mathbb{R}$는 연속함수$\}$의 원소 중

$$\int_a^b f(x)dx=0$$

을 만족하는 연속함수 $f(x)$의 집합 V는 $C[a,\ b]$의 부분공간임을 보여라.

7. 체 F 위의 벡터공간 V에서 $W(\neq\varnothing)$가 V의 부분집합일 때, 임의의 벡터 $\mathbf{w}_1,\ \mathbf{w}_2\in W$와 원소 $a_1,\ a_2\in F$에 대하여 $a_1\mathbf{w}_1+a_2\mathbf{w}_2\in W$이면 W는 V의 부분공간임을 증명하라.

8. 체 F 계수 n차 이하 다항식 집합 $F[x]_n$은 정리 3.1.10에서 정의된 연산에 대해 $F[x]$의 부분공간임을 증명하라.

9. $L(S)$를 벡터공간 V의 부분집합 S를 포함하고 있는 첨자 집합족으로 된 부분공간의 공통부분, 즉, $L(S) = \cap_{\substack{S\subset U_i<V \\ i\in I}} U$, ($I$는 첨자집합)일 때, $L(S) < V$ 임을 보여라.

10. [정리 3.2.6 (4)] 벡터공간 V의 두 부분공간 U, W에 대하여 $U\cup W$가 V의 부분공간이면 $U\subset W$ 또는 $W\subset U$임을 증명하라.

11. 다음 벡터에서 α를 β, γ, δ의 1차 결합으로 나타내어라.

$$\alpha = (1,1,1),\quad \beta = (1,\ 1,\ 0),\quad \gamma = (0,\ 1,\ 1),\quad \delta = (1,\ 0,\ 1)$$

12. 다음 벡터 $\mathbf{v}_1$, $\mathbf{v}_2$, $\mathbf{v}_3$, $\mathbf{v}_4$로 생성된 부분공간의 최소 생성원집합을 구하라.

$$\mathbf{v}_1 = (1,\ 3,\ 0),\quad \mathbf{v}_2 = (2,\ 2,\ 1),\quad \mathbf{v}_3 = (5,\ 6,\ -1),\quad \mathbf{v}_4 = (2,\ 7,\ 3)$$

13. $\mathbb{R}$-벡터공간 $\mathbb{R}^3$은 벡터 $u = (1,\ 1,\ 1)$, $v = (1,\ 1,\ 0)$, $w = (1,\ 0,\ 0)$에 의하여 생성됨을 보여라.

14. 실수체 위의 다항식 $\mathbb{R}[x]$의 부분공간 $W = \langle 1+x,\ x,\ x^2\rangle$의 벡터 x^2+2를 W의 생성원의 일차결합으로 나타내어라.

15. $\mathbb{R}^3$공간의 부분공간 xy 평면은 $\mathbf{u} = (1,\ 2,\ 0)$, $\mathbf{v} = (0,\ 1,\ 0)$에 의하여 생성됨을 보여라. 또 $\mathbf{u} = (2,\ -1,\ 0)$, $\mathbf{v} = (1,\ 3,\ 0)$에 의하여 생성됨을 보여라.

16. L, M, N이 체 F-벡터공간 V의 부분공간일 때,

$$L\cap((L\cap M)+N) = (L\cap M)+(L\cap N)$$

임을 증명하라.

3.3 일차독립과 일차종속

이 절에서는 벡터공간의 벡터들 사이의 관계에 대하여 알아본다.

정의 3.3.1 *[1차종속(linearly dependent, 1次從屬), 1차독립(linearly independent, 1 次獨立)]*

벡터 $\mathbf{v}_1, \mathbf{v}_2, \cdots, \mathbf{v}_n$*을* F*-벡터공간* V*의 원소라 하고,* $x_1, x_2, \cdots, x_n \in F$*를 스칼라라 할 때,*

$\mathbf{v}_1, \mathbf{v}_2, \cdots, \mathbf{v}_n$이 F 위에서 **1차종속**

$\overset{정의}{\Leftrightarrow}$ $x_1\mathbf{v}_1 + \cdots + x_i\mathbf{v}_i + \cdots + x_n\mathbf{v}_n = \mathbf{0}$인 스칼라 $0 \neq x_i \in F$가 존재.

$\mathbf{v}_1, \mathbf{v}_2, \cdots, \mathbf{v}_n$이 F 위에서 **1차독립**

$\overset{정의}{\Leftrightarrow}$ $x_1\mathbf{v}_1 + x_2\mathbf{v}_2 + \cdots + x_n\mathbf{v}_n = \mathbf{0}$이면, $x_1 = x_2 = \cdots = x_n = 0$

※ V의 부분집합 $S = \{\mathbf{v}_1, \mathbf{v}_2, \cdots, \mathbf{v}_n\}$의 원소 $\mathbf{v}_1, \mathbf{v}_2, \cdots, \mathbf{v}_n$가 1차종속일 때 S 를 **1차종속인 부분집합**(linearly dependent subset) 이라 하고, 간단히 **1차종속**이라 한다.

또한 S의 원소가 1차독립일 때 S를 **1차독립인 부분집합**(linearly independent subset)이라 하고, 간단히 **1차독립**이라 한다.

예 3.3.2 $\mathbb{R}$-벡터공간 $\mathbb{R}^2$에서 다음 예를 살펴 보자.

(1) $S_1 = \{(1,1), (1,2), (1,3)\}$은 $\mathbb{R}$ 위에서 1차종속이다. 왜냐하면 스칼라 $a, b, c \in \mathbb{R}$에 대하여 $a(1,1)+b(1,2)+c(1,3)=(0,0)$라 하자. 그러면

$$(a+b+c, a+2b+3c) = (0,0) \text{이므로} \begin{cases} a+\ \ b+\ \ c=0 \\ a+2b+3c=0 \end{cases}$$

이다. 따라서 0이 아닌 해 $c=1$, $b=-2$, $a=1$가 존재하므로 S_1은 $\mathbb{R}$ 위에서 1차종속이다.

(2) $S_2 = \{(1,1), (2,2)\}$은 1차종속이다. 왜냐하면 $a(1,1)+b(2,2)=(0,0)$이라 하면 $a=-2$, $b=1$이 되어 S_2는 $\mathbb{R}$ 위에서 1차종속이다.

(3) $S_3 = \{(1,1), (1,2)\}$은 $\mathbb{R}$ 위에서 1차독립이다. 왜냐하면 $a(1,1)+b(1,2)=(0,0)$라 하자. 그러면

$$(a+b, a+2b) = (0,0) \text{이고} \begin{cases} a+\ \ b=0 \\ a+2b=0 \end{cases}$$

이다. 따라서 $a=b=0$이므로 S_3는 $\mathbb{R}$ 위에서 1차독립이다.

예 3.3.3 1차독립을 확인할 때 체의 역할이 중요하다. 복소수체 $\mathbb{C}$에 대하여 다음 예를 살펴 보자.

(1) $\mathbb{C}$가 $\mathbb{R}$-벡터공간인 경우. 벡터 <u>1, i은 $\mathbb{R}$ 위에서 1차독립</u>이다. 왜냐하면, 적당한 스칼라 $a,\ b \in \mathbb{R}$에 대하여

$$a \cdot 1 + b \cdot i = \mathbf{0} \text{이면 } a + bi = 0$$

이고 복소수 상등에 의해 $a = b = 0$이다. 따라서 $\mathbb{C}$는 $\mathbb{R}$ 위에서 1차독립이다.

(2) $\mathbb{C}$가 $\mathbb{C}$-벡터 공간인 경우. <u>1, i은 $\mathbb{C}$ 위에서 1차종속</u>이다. 왜냐하면, 적당한 스칼라 $1,\ i \in \mathbb{C}$에 대하여

$$1 \cdot 1 + i \cdot i = 1 - 1 = \mathbf{0}$$

이므로 1, i은 $\mathbb{C}$ 위에서 1차종속이다.

※ 같은 벡터라 하더라도 <u>체에 따라</u> 1차독립성이 달라진다.

예 3.3.4 예 3.1.7에서 정의한 $\mathbb{R}$-벡터공간 $A = \{f \mid f : \mathbb{R} \to \mathbb{R}\text{은 함수}\}$에 대하여 1차종속과 1차독립에 대하여 알아보자.

(1) A의 벡터 $x+1,\ x-1,\ x$는 $\mathbb{R}$ 위에서 1차종속이다. 왜냐하면

$$1(x+1) + 1(x-1) + (-2)x = 0$$

이므로 $x+1,\ x-1,\ x$는 $\mathbb{R}$ 위에서 1차종속이다.

(2) A의 벡터 $e^{2x},\ x^2,\ x$은 $\mathbb{R}$ 위에서 1차독립이다. 왜냐하면 적당한 스칼라 $a,\ b,\ c \in \mathbb{R}$에 대하여 $ae^{2x} + bx^2 + cx = \mathbf{0}$라 하자. 양변을 3번 미분하면

$$\begin{cases} ①\ 2ae^{2x} + 2bx + c = 0 \\ ②\ 4ae^{2x} + 2b = 0 \\ ③\ 8ae^{2x} = 0 \end{cases}$$

이다. 식 ③에서 $a = 0$, 식 ②에서 $b = 0$, 식 ①에서 $c = 0$이다. 따라서 $e^{2x},\ x^2,\ x$는 $\mathbb{R}$ 위에서 1차독립이다.

예 3.3.5 F-벡터공간 V의 벡터 $\mathbf{u},\ \mathbf{v},\ \mathbf{w}$가 F 위에서 1차독립이면, $\mathbf{u}+\mathbf{v},\ \mathbf{u}-\mathbf{v},\ \mathbf{u}-2\mathbf{v}+\mathbf{w}$도 F 위에서 1차독립이다.

(증명) 스칼라 $a,\ b,\ c \in F$에 대하여 $a(\mathbf{u}+\mathbf{v}) + b(\mathbf{u}-\mathbf{v}) + c(\mathbf{u}-2\mathbf{v}+\mathbf{w}) = \mathbf{0}$이라 하자. 그러면

$$(a+b+c)\mathbf{u} + (a-b-2c)\mathbf{v} + cw = \mathbf{0}$$

u, **v**, **w**가 1차독립이므로

$$\begin{cases} a+b+\ \ c=0 \\ a-b-2c=0 \\ \qquad\quad c=0 \end{cases} \text{ 에서 } \begin{cases} a+b=0 \\ a-b=0 \end{cases}$$

이므로 $a=b=c=0$이다. 그러므로 $\mathbf{u}+\mathbf{v}$, $\mathbf{u}-\mathbf{v}$, $\mathbf{u}-2\mathbf{v}+\mathbf{w}$는 F 위에서 1차독립이다.

정리 3.3.6 *F-벡터공간 V의 벡터 $\mathbf{v}_1, \mathbf{v}_2, \cdots, \mathbf{v}_n$에 대해 다음이 성립한다.*

(1) $\mathbf{v}_1, \cdots, \mathbf{v}_n$이 F 위에서 1차종속 $\Longrightarrow$ $\forall \mathbf{v} \in V$, $\mathbf{v}_1, \cdots, \mathbf{v}_n, \mathbf{v}$가 1차종속
(2) $\mathbf{v}_1, \cdots, \mathbf{v}_n$이 F 위에서 1차독립 $\Longrightarrow$ $\mathbf{v}_1, \cdots, \mathbf{v}_{n-1}$이 1차독립

※ 1차종속인 벡터에 임의의 벡터를 추가하면 1차종속이고,
1차독립인 벡터에서 일부를 제거하면 1차독립이다.

(증명) (1) 가정에 의해 스칼라 $0 \neq x_i \in F$이 존재해서 $x_1\mathbf{v}_1 + \cdots + x_i\mathbf{v}_i + \cdots + x_n\mathbf{v}_n = \mathbf{0}$이다. 그러면

$$\mathbf{0} = \mathbf{0} + \mathbf{0} = \mathbf{0} + 0 \cdot \mathbf{v} = x_1\mathbf{v}_1 + \cdots + x_i\mathbf{v}_i + \cdots + x_n\mathbf{v}_n + 0 \cdot \mathbf{v}$$

이므로 $\mathbf{v}_1, \cdots, \mathbf{v}_n, \mathbf{v}$는 F 위에서 1차종속이다.

(2) 스칼라 $x_1, \cdots, x_i \in F$에 대하여 $x_1\mathbf{v}_1 + \cdots + x_{n-1}\mathbf{v}_{n-1} = \mathbf{0}$이라 하자. 그러면

$$\mathbf{0} = \mathbf{0} + \mathbf{0} = \mathbf{0} + 0 \cdot \mathbf{v}_n = x_1\mathbf{v}_1 + \cdots + x_{n-1}\mathbf{v}_{n-1} + 0 \cdot \mathbf{v}_n$$

이다. 가정에 의해 $\mathbf{v}_1, \cdots, \mathbf{v}_n$이 1차독립이므로

$$x_1 = \cdots = x_{n-1} = 0$$

이다. 그러므로 $\mathbf{v}_1, \cdots, \mathbf{v}_{n-1}$은 F 위에서 1차독립이다. ■

정리 3.3.7 *F-벡터공간 V의 벡터 $\mathbf{v}_1, \mathbf{v}_2, \cdots, \mathbf{v}_n, \mathbf{v}$에 대하여 다음이 성립한다.*

(1) $\mathbf{v} \neq \mathbf{0}$ $\Longrightarrow$ $\mathbf{v}$는 F 위에서 1차독립
(2) 공집합 $\varnothing$는 F 위에서 1차독립
(3) 영벡터 $\mathbf{0}$은 F 위에서 1차종속
(4) $\mathbf{v}_i = \mathbf{0}$ $\Longrightarrow$ $\mathbf{v}_1, \cdots, \mathbf{v}_i, \cdots, \mathbf{v}_n$ 은 F 위에서 1차종속
(5) $\mathbf{v}_i = \mathbf{v}_j$ $\Longrightarrow$ $\mathbf{v}_1, \cdots, \mathbf{v}_i, \cdots, \mathbf{v}_j, \cdots, \mathbf{v}_n$은 F 위에서 1차종속$(i \neq j)$

(증명) (1) 스칼라 $x \in F$에 대하여 $x\mathbf{v} = \mathbf{0}$이라 하자. $x \neq 0$이면 곱셈역원 $x^{-1} \in F$이 존재한다. 그러면

$$\mathbf{v} = 1 \cdot \mathbf{v} = (x^{-1}x)\mathbf{v} = x^{-1}(x\mathbf{v}) = x^{-1}\mathbf{0} = \mathbf{0}$$

이다. 이는 가정 $\mathbf{v} \neq \mathbf{0}$에 모순이다. 따라서 $x = 0$이 되어 $\mathbf{v}$는 F 위에서 1차독립이다.

(2) 1차독립의 정의에서 가정이 거짓이므로 (2)가 성립한다.

(3) 스칼라 $0 \neq 1 \in F$에 대하여 $1 \cdot \mathbf{0} = \mathbf{0}$이므로 $\mathbf{0}$은 F 위에서 1차종속이다.

(4) 스칼라 $0 \neq 1 \in F$에 대하여

$$0 \cdot \mathbf{v}_1 + \cdots + 0 \cdot \mathbf{v}_{i-1} + 1 \cdot 0 + 0 \cdot \mathbf{v}_{i+1} + \cdots + 0 \cdot \mathbf{v}_n = \mathbf{0}$$

이므로 F 위에서 1차종속이다.

(5) 스칼라 $0 \neq 1 \in F$에 대하여

$$0 \cdot \mathbf{v}_1 + \cdots + 1 \cdot \mathbf{v}_i + 0 \cdot \mathbf{v}_{i+1} + \cdots + (-1)\mathbf{v}_j + 0 \cdot \mathbf{v}_{j+1} + \cdots + 0 \cdot \mathbf{v}_n = \mathbf{0}$$

이므로 F 위에서 1차종속이다. ■

정리 3.3.8 *F-벡터공간 V의 벡터 $\mathbf{v}_1, \mathbf{v}_2, \cdots, \mathbf{v}_n$가 F 위에서 1차독립일 때, 다음이 성립한다.*

임의의 스칼라 $x_1, \cdots, x_n, y_1, \cdots, y_n \in F$에 대하여

$$\begin{cases} \mathbf{v} = x_1\mathbf{v}_1 + \cdots + x_n\mathbf{v}_n, \\ \mathbf{v} = y_1\mathbf{v}_1 + \cdots + y_n\mathbf{v}_n \end{cases} \implies x_1 = y_1, \cdots, x_n = y_n$$

즉, 임의의 벡터의 1차독립인 벡터에 대한 1차결합의 표현은 유일하다.

(증명) 가정에서 $x_1\mathbf{v}_1 + \cdots + x_n\mathbf{v}_n = \mathbf{v} = y_1\mathbf{v}_1 + \cdots + y_n\mathbf{v}_n$이므로

$$(x_1 - y_1)\mathbf{v}_1 + \cdots + (x_n - y_n)\mathbf{v}_n = \mathbf{0}$$

이다. 그러면 $\mathbf{v}_1, \cdots, \mathbf{v}_n$이 1차독립이므로, $x_1 - y_1 = 0, \cdots, x_n - y_n = 0$이고,

$$x_1 = y_1, \cdots, x_n = y_n$$

이다. ■

정리 3.3.9 *F-벡터공간 V의 벡터 $\mathbf{v}_1, \mathbf{v}_2, \cdots, \mathbf{v}_n, \mathbf{w}$에 대하여 다음이 성립한다.*

$$\begin{cases} \mathbf{v}_1, \cdots, \mathbf{v}_n\text{가 } F \text{ 위에서 1차독립이고} \\ \mathbf{v}_1, \cdots, \mathbf{v}_n, \mathbf{w}\text{가 } F \text{ 위에서 1차종속} \end{cases} \implies \mathbf{w} \in \langle \mathbf{v}_1, \cdots, \mathbf{v}_n \rangle$$

(증명) 벡터 $\mathbf{v}_1, \cdots, \mathbf{v}_n, \mathbf{w}$가 1차종속이므로 스칼라 $x_1, \cdots, x_n, \alpha \in F$중 0이 아닌 원소가 존재하여

$$x_1\mathbf{v}_1 + \cdots + x_n\mathbf{v}_n + \alpha\mathbf{w} = 0$$

이다. 만일 $\alpha = 0$이라면 $x_1\mathbf{v}_1 + \cdots + x_n\mathbf{v}_n = 0$이고 $\mathbf{v}_1, \cdots, \mathbf{v}_n$이 1차독립이므로

$$x_1 = \cdots = x_n = 0(\alpha = 0)$$

이다. 그러면 $\mathbf{v}_1, \cdots, \mathbf{v}_n, \mathbf{w}$가 1차독립이 되어 1차종속이라는데 모순이다. 따라서 $\alpha \neq 0$이어야 한다. 그러므로

$$\mathbf{w} = -\frac{1}{\alpha}(x_1\mathbf{v}_1 + \cdots + x_n\mathbf{v}_n) \in \langle \mathbf{v}_1, \cdots, \mathbf{v}_n \rangle$$

이다. ■

정리 3.3.10 *F-벡터공간 V의 벡터 $\mathbf{v}_1, \mathbf{v}_2, \cdots, \mathbf{v}_n$가 V의 생성원, 즉, $V = \langle \mathbf{v}_1, \cdots, \mathbf{v}_n \rangle$ 일 때, 다음이 성립한다. 단, $x_1, \cdots, x_{i-1}, x_{i+1}, \cdots, x_n \in F$.*

(1) $\mathbf{w} \in V \implies \mathbf{v}_1, \cdots, \mathbf{v}_n, \mathbf{w}$가 1차종속이고, $V = \langle \mathbf{v}_1, \cdots, \mathbf{v}_n, \mathbf{w} \rangle$

(2) $\mathbf{v}_i \in \langle \mathbf{v}_1, \cdots, \mathbf{v}_{i-1}, \mathbf{v}_{i+1}, \cdots, \mathbf{v}_n \rangle \implies V = \langle \mathbf{v}_1, \cdots, \mathbf{v}_{i-1}, \mathbf{v}_{i+1}, \cdots, \mathbf{v}_n \rangle$

(증명) (1) $\mathbf{w} \in V = \langle \mathbf{v}_1, \cdots, \mathbf{v}_n \rangle$이므로 스칼라 $x_1, \cdots, x_n \in F$가 존재해서

$$\mathbf{w} = x_1\mathbf{v}_1 + \cdots + x_n\mathbf{v}_n \text{이고, } x_1\mathbf{v}_1 + \cdots + x_n\mathbf{v}_n + (-1)\mathbf{w} = \mathbf{0}$$

이다. 그러므로 0이 아닌 스칼라 $-1 \in F$가 존재하므로 $\mathbf{v}_1, \cdots, \mathbf{v}_n, \mathbf{w}$는 1차종속이다.

한편 임의의 $y_1\mathbf{v}_1 + \cdots + y_n\mathbf{v}_n + \alpha\mathbf{w} \in \langle \mathbf{v}_1, \cdots, \mathbf{v}_n, \mathbf{w} \rangle$에 대하여

$$y_1\mathbf{v}_1 + \cdots + y_n\mathbf{v}_n + \alpha(x_1\mathbf{v}_1 + \cdots + x_n\mathbf{v}_n) = (y_1 + \alpha x_1)\mathbf{v}_1 + \cdots + (y_n + \alpha x_n)\mathbf{v}_n \in \langle \mathbf{v}_1, \cdots, \mathbf{v}_n \rangle$$

이므로 $\langle \mathbf{v}_1, \cdots, \mathbf{v}_n, \mathbf{w} \rangle \subset \langle \mathbf{v}_1, \cdots, \mathbf{v}_n \rangle$가 되어 $\langle \mathbf{v}_1, \cdots, \mathbf{v}_n \rangle = \langle \mathbf{v}_1, \cdots, \mathbf{v}_n, \mathbf{w} \rangle$이다.

(2) 정리 3.2.12 (3)에 의해 성립한다. ■

정리 3.3.11 *F-벡터공간 F^n에서 다음이 성립한다.*

$$F^n\text{의 } m\text{개 벡터} \begin{cases} A_1 = (a_{11}, a_{12}, \cdots, a_{1n}), \\ A_2 = (a_{21}, a_{22}, \cdots, a_{2n}), \\ \vdots \\ A_m = (a_{m1}, a_{m2}, \cdots, a_{mn}), \end{cases} \text{이 1차독립} \iff \operatorname{rank}\begin{pmatrix} A_1 \\ A_2 \\ \vdots \\ A_m \end{pmatrix} = m$$

(증명) ($\Rightarrow$) 행렬 $\begin{pmatrix} A_1 \\ A_2 \\ \vdots \\ A_m \end{pmatrix}$의 기약 행사다리꼴을 $\begin{pmatrix} A_1' \\ A_2' \\ \vdots \\ A_m' \end{pmatrix}$이라 하자.

$$\text{rank}\begin{pmatrix} A_1 \\ A_2 \\ \vdots \\ A_m \end{pmatrix} = \text{rank}\begin{pmatrix} A_1' \\ A_2' \\ \vdots \\ A_m' \end{pmatrix} < m$$

이라고 하면 $A_m' = \mathbb{O}$이어야 한다. 즉, 가우스-조르당 소거법의 성질에 의해 소거되는 행이 존재하는데, 행렬에서 이에 대응하는 행을 적당히 순서를 바꾸어 A_m이라 해도 좋다. 그러면 적당한 스칼라 $x_1, x_2, \cdots, x_{m-1} \in F$이 존재하여

$$A_m = x_1A_1 + x_2A_2 + \cdots + x_{m-1}A_{m-1}$$

이다. 이것은 $A_1, A_2, \cdots, A_m$이 1차독립이라는데 모순이다.

그러므로 $\text{rank}\begin{pmatrix} A_1 \\ A_2 \\ \vdots \\ A_m \end{pmatrix} = m$이다.

($\Leftarrow$) 스칼라 $x_1, x_2, \cdots, x_m \in F$에 대하여

$$x_1A_1 + x_2A_2 + \cdots + x_mA_m = \mathbf{0}$$

이라 하자. 그러면

$$(x_1a_{11}, x_1a_{12}, \cdots, x_1a_{1n}) + (x_2a_{21}, x_2a_{22}, \cdots, x_2a_{2n}) + \cdots \\ + (x_ma_{m1}, x_ma_{m2}, \cdots, x_ma_{mn}) = (0, 0, \cdots, 0)$$

이므로

$$(*)\begin{cases} x_1a_{11} + x_2a_{21} + \cdots + x_ma_{m1} = 0 \\ x_1a_{12} + x_2a_{22} + \cdots + x_ma_{m2} = 0 \\ \qquad \vdots \\ x_1a_{1n} + x_2a_{2n} + \cdots + x_ma_{mn} = 0 \end{cases}$$

이다. 이를 행렬 표현으로 고치면

$$\begin{pmatrix} a_{11} & a_{21} & \cdots & a_{m1} \\ a_{12} & a_{22} & \cdots & a_{m2} \\ \vdots & \vdots & & \vdots \\ a_{1n} & a_{2n} & \cdots & a_{mn} \end{pmatrix}\begin{pmatrix} x_1 \\ x_2 \\ \vdots \\ x_m \end{pmatrix} = \begin{pmatrix} 0 \\ 0 \\ \vdots \\ 0 \end{pmatrix}$$

이다. 3.5절에서 증명할 정리 3.5.4(144 쪽)를 이용해 증명하자. rank $\begin{pmatrix} A_1 \\ A_2 \\ \vdots \\ A_m \end{pmatrix} = m$이면, 정리 3.5.4에 의해 rank $\begin{pmatrix} A_1 \\ A_2 \\ \vdots \\ A_m \end{pmatrix}^T = m$이다. 그러면 동차 연립1차방정식 (∗)는 정리 2.3.2에 의해 유일한 해

$$x_1 = x_2 = \cdots = x_m = 0$$

를 갖는다. 따라서 $A_1, A_2, \cdots, A_m$은 F 위에서 1차독립이다. ■

따름정리 3.3.12 *F-벡터공간 F^n에서 다음이 성립한다.*

$$n\text{개 벡터} \begin{cases} A_1 = (a_{11}, a_{12}, \cdots, a_{1n}), \\ A_2 = (a_{21}, a_{22}, \cdots, a_{2n}), \\ \vdots \\ A_n = (a_{n1}, a_{n2}, \cdots, a_{nn}), \end{cases} \text{이 1차독립} \iff \begin{vmatrix} a_{11} & a_{12} & \cdots & a_{1n} \\ a_{21} & a_{22} & \cdots & a_{2n} \\ \vdots & \vdots & & \vdots \\ a_{n1} & a_{n2} & \cdots & a_{nn} \end{vmatrix} \neq 0$$

(증명) 정리 3.3.11에 의해 $A_1, A_2, \cdots, A_n$이 F 위에서 1차독립일 필요충분조건은 rank $\begin{pmatrix} A_1 \\ A_2 \\ \vdots \\ A_n \end{pmatrix} = n$이다. 또한 정리 2.4.26에 의해 rank $\begin{pmatrix} A_1 \\ A_2 \\ \vdots \\ A_n \end{pmatrix} = n$일 필요충분조건은 $\begin{vmatrix} A_1 \\ A_2 \\ \vdots \\ A_n \end{vmatrix} \neq 0$이다. ■

예 3.3.13 $\mathbb{R}$-벡터공간 $\mathbb{R}^3$의 벡터 $(1,2,3)$, $(1,-1,1)$, $(0,1,4)$가 $\mathbb{R}$ 위에서 1차독립임을 보이자.

(1) (정의에 의한 방법) 스칼라 $a, b, c \in \mathbb{R}$에 대하여

$$a(1,2,3) + b(1,-1,1) + c(0,1,4) = (0,0,0)$$

라 하자. 그러면

$$(a+b,\ 2a-b+c,\ 3a+b+4c)=(0,0,0)\text{이므로}\ \begin{cases} a+b \qquad =0 \\ 2a-b+\ c=0 \\ 3a+b+4c=0 \end{cases}$$

이다. 따라서 $a=b=c=0$이다. 그러므로 벡터 $(1,2,3)$, $(1,-1,1)$, $(0,1,4)$은 $\mathbb{R}$ 위에서 1차독립이다.

(2) (정리 3.3.11에 의한 방법)

$$\operatorname{rank}\begin{pmatrix}1&2&3\\1&-1&1\\0&1&4\end{pmatrix}=\operatorname{rank}\begin{pmatrix}1&2&3\\0&-3&-2\\0&1&4\end{pmatrix}=\operatorname{rank}\begin{pmatrix}1&2&3\\0&-3&-2\\0&0&\frac{10}{3}\end{pmatrix}=3$$

이므로 벡터 $(1,2,3)$, $(1,-1,1)$, $(0,1,4)$은 $\mathbb{R}$ 위에서 1차독립이다.

(3) (정리 3.3.12에 의한 방법)

$$\begin{vmatrix}1&2&3\\1&-1&1\\0&1&4\end{vmatrix}=\begin{vmatrix}1&2&3\\0&-3&-2\\0&1&4\end{vmatrix}=\begin{vmatrix}-3&-2\\1&4\end{vmatrix}=-12+2=-10\neq 0$$

이므로 벡터 $(1,2,3)$, $(1,-1,1)$, $(0,1,4)$은 $\mathbb{R}$ 위에서 1차독립이다.

정리 3.3.14 *F-벡터공간 V에서 1차독립인 벡터 $\mathbf{v}_1,\cdots,\mathbf{v}_n$과 가역행렬 $P=(p_{ij})\in M_n(F)$에 대하여*

$$\begin{cases} \mathbf{w}_1=p_{11}\mathbf{v}_1+p_{21}\mathbf{v}_2+\cdots+p_{n1}\mathbf{v}_n \\ \mathbf{w}_2=p_{12}\mathbf{v}_1+p_{22}\mathbf{v}_2+\cdots+p_{n2}\mathbf{v}_n \\ \quad\vdots \\ \mathbf{w}_n=p_{1n}\mathbf{v}_1+p_{2n}\mathbf{v}_2+\cdots+p_{nn}\mathbf{v}_n \end{cases}$$

(P의 열에 대한 1차결합)이라 하면, 다음이 성립한다.

벡터 $\mathbf{w}_1,\mathbf{w}_2,\cdots,\mathbf{w}_n$은 F 위에서 1차독립이다.

(증명) 스칼라 $x_1, \cdots, x_n \in F$에 대하여 $x_1\mathbf{w}_1 + \cdots + x_n\mathbf{w}_n = \mathbf{0}$이라 하자.

$$\begin{aligned}\mathbf{0} &= x_1(\underline{p_{11}}\mathbf{v}_1 + p_{21}\mathbf{v}_2 + \cdots + p_{n1}\mathbf{v}_n)\\ &\quad + x_2(\underline{p_{12}}\mathbf{v}_1 + p_{22}\mathbf{v}_2 + \cdots + p_{n2}\mathbf{v}_n) + \cdots\\ &\quad + x_n(\underline{p_{1n}}\mathbf{v}_1 + p_{2n}\mathbf{v}_2 + \cdots + p_{nn}\mathbf{v}_n)\\ &= (x_1\underline{p_{11}} + x_2\underline{p_{12}} + \cdots + x_n\underline{p_{1n}})\mathbf{v}_1\\ &\quad + (x_1p_{21} + x_2p_{22} + \cdots + x_np_{2n})\mathbf{v}_2 + \cdots\\ &\quad + (x_1p_{n1} + x_2p_{n2} + \cdots + x_np_{nn})\mathbf{v}_n\end{aligned}$$

$\mathbf{v}_1, \cdots, \mathbf{v}_n$이 1차독립이므로

$$(*)\cdots\begin{cases} x_1p_{11} + x_2p_{12} + \cdots + x_np_{1n} &= 0\\ x_1p_{21} + x_2p_{22} + \cdots + x_np_{2n} &= 0\\ \qquad\qquad\vdots & \\ x_1p_{n1} + x_2p_{n2} + \cdots + x_np_{nn} &= 0\end{cases}$$

이다. 연립방정식 $(*)$를 행렬 표현으로 나타내면

$$\begin{pmatrix} p_{11} & p_{12} & \cdots & p_{1n}\\ p_{21} & p_{22} & \cdots & p_{2n}\\ \vdots & \vdots & & \vdots\\ p_{n1} & p_{n2} & \cdots & p_{nn}\end{pmatrix}\begin{pmatrix} x_1\\ x_2\\ \vdots\\ x_n\end{pmatrix} = \begin{pmatrix} 0\\ 0\\ \vdots\\ 0\end{pmatrix}$$

이다. 이 행렬표현의 계수행렬 P가 가역행렬이므로

$$x_1 = x_2 = \cdots = x_n = 0$$

이다. 따라서 벡터 $\mathbf{w}_1, \mathbf{w}_2, \cdots, \mathbf{w}_n$은 F 위에서 1차독립이다. ■

문제 3.3.15 F-벡터공간 V에서 1차독립인 벡터 $\mathbf{v}_1, \cdots, \mathbf{v}_n$과 가역행렬 $P = (p_{ij}) \in M_n(F)$에 대하여

$$\begin{cases} \mathbf{w}_1 = p_{11}\mathbf{v}_1 + p_{12}\mathbf{v}_2 + \cdots + p_{1n}\mathbf{v}_n\\ \mathbf{w}_2 = p_{21}\mathbf{v}_1 + p_{22}\mathbf{v}_2 + \cdots + p_{2n}\mathbf{v}_n\\ \quad\vdots\\ \mathbf{w}_n = p_{n1}\mathbf{v}_1 + p_{n2}\mathbf{v}_2 + \cdots + p_{nn}\mathbf{v}_n\end{cases}$$

(P의 행에 대한 1차결합)이라 하면, 벡터 $\mathbf{w}_1, \mathbf{w}_2, \cdots, \mathbf{w}_n$은 F 위에서 1차독립임을 보여라.

정리 3.3.16 *F-벡터공간 V의 벡터 $\mathbf{v}_1, \cdots, \mathbf{v}_n$이 1차독립일 때, 벡터 $\mathbf{v} \in V$에 대하여 다음이 성립한다.*

(1) $\mathbf{v} \notin \langle \mathbf{v}_1, \cdots, \mathbf{v}_n \rangle \iff \mathbf{v}_1, \cdots, \mathbf{v}_n, \mathbf{v}$는 1차독립

(2) $\mathbf{v} \in \langle \mathbf{v}_1, \cdots, \mathbf{v}_n \rangle \iff \mathbf{v}_1, \cdots, \mathbf{v}_n, \mathbf{v}$는 1차종속

(증명) (1) ($\Longrightarrow$) $\mathbf{v} \notin \langle \mathbf{v}_1, \cdots, \mathbf{v}_n \rangle$라 하자. 그리고 스칼라 $x_1, \cdots, x_n, y \in F$가 존재해서

$$x_1\mathbf{v}_1 + \cdots + x_n\mathbf{v}_n + y\mathbf{v} = \mathbf{0}$$

이라 하자. 만약 $y \neq 0$이면

$$\mathbf{v} = -y^{-1}(x_1\mathbf{v}_1 + \cdots + x_n\mathbf{v}_n) \in \langle \mathbf{v}_1, \cdots, \mathbf{v}_n \rangle$$

이 되어 가정에 모순이다. 그러므로 $y = 0$이어야 한다. 그러면

$$x_1\mathbf{v}_1 + \cdots + x_n\mathbf{v}_n = \mathbf{0}$$

이고 $\mathbf{v}_1, \cdots, \mathbf{v}_n$이 1차독립이므로

$$x_1 = \cdots = x_n = 0$$

이다. 또한 $y = 0$이므로 $\mathbf{v}_1, \cdots, \mathbf{v}_n, \mathbf{v}$가 1차독립이다.

($\Longleftarrow$) 벡터 $\mathbf{v}_1, \cdots, \mathbf{v}_n, \mathbf{v}$가 1차독립이라 하자.
만약 $\mathbf{v} \in \langle \mathbf{v}_1, \cdots, \mathbf{v}_n \rangle$이면 스칼라 $x_1, \cdots, x_n \in F$가 존재해서

$$\mathbf{v} = x_1\mathbf{v}_1 + \cdots + x_n\mathbf{v}_n$$

이다. 그러면

$$x_1\mathbf{v}_1 + \cdots + x_n\mathbf{v}_n + (-1)\mathbf{v} = \mathbf{0}$$

이므로 벡터 $\mathbf{v}_1, \cdots, \mathbf{v}_n, \mathbf{v}$가 1차종속이 되어 가정에 모순이다.
따라서 $\mathbf{v} \notin \langle \mathbf{v}_1, \cdots, \mathbf{v}_n \rangle$이다.

(2) (1)의 대우명제이다. ■

임용시험 출제 3.3.17 [2013학년도]

실수체 $\mathbb{R}$ 위의 벡터공간 $\mathbb{R}^5$에 속하는 벡터 $\mathbf{v}_1, \mathbf{v}_2, \mathbf{v}_3$에 대하여 다음 중 옳은 것만 고르면?

ㄱ. $\mathbf{v}_1, \mathbf{v}_2, \mathbf{v}_3$이 일차독립이면, $\mathbf{v}_1 + \mathbf{v}_2 + \mathbf{v}_3$, $\mathbf{v}_2 + \mathbf{v}_3$, $\mathbf{v}_3$도 1차독립이다.

ㄴ. 집합 $\{a\mathbf{v}_1 + b\mathbf{v}_2 + c\mathbf{v}_3 \mid a, b, c \in \mathbb{R}\}$는 $\mathbb{R}^5$의 부분공간이다.

ㄷ. 5차 정사각행렬 A에 대하여 두 방정식 $Ax = \mathbf{v}_1$, $Ax = \mathbf{v}_2$가 모두 해를 가지면 방정식 $Ax = 2\mathbf{v}_1 + \mathbf{v}_2$도 해를 가진다.

임용시험 출제 3.3.18 [2018학년도] 실수체 $\mathbb{R}$ 위의 벡터공간 $\mathbb{R}^3$의 1차독립인 벡터 $\{\mathbf{v}_1, \mathbf{v}_2, \mathbf{v}_3\}$에 대하여 세벡터 $\mathbf{v}_1+\mathbf{v}_2$, $\mathbf{v}_1+\mathbf{v}_3$, $\mathbf{v}_2+\mathbf{v}_3$도 일차독립임을 보이시오.

연 습 문 제 (3.3)

1. 다음 벡터집합이 $\mathbb{R}$ 위에서 일차종속이 되도록 실수 λ를 구하라.

$$\mathbf{v}_1=(\lambda,\ -1,\ -1),\quad \mathbf{v}_2=(-1,\ \lambda,\ -1),\quad \mathbf{v}_3=(-1,\ -1,\ \lambda)$$

2. 벡터공간 $\mathbb{R}^3$에서 다음이 일차독립이기 위한 필요충분조건이 되기 위한 실수 a, b 값을 구하라.

(1) $(1, a, 2)$, $(1, 1, b)$ (2) $(1, 2, 0)$, $(a, b, 2)$, $(1, 0, 1)$

3. 벡터공간 $\mathbb{R}^2$에서 벡터 $\mathbf{v}_1=(2, -4)$, $\mathbf{v}_2=(1, 3)$, $\mathbf{v}_3=(6, 3)$는 일차종속임을 밝히고, 또 $\langle\mathbf{v}_1, \mathbf{v}_2\rangle=\mathbb{R}^2$임을 밝혀라.

4. 다음 벡터의 일차독립, 일차종속을 행렬식을 이용하여 판별하라.

(1) $(3, 1, 1)$, $(2, 5, -1)$, $(1, -4, -1)$

(2) $(2, 2, 3, 3)$, $(0, 0, 1, 1)$, $(0, 1, 0, 1)$, $(1, 0, 1, 0)$

5. 실수체 $\mathbb{R}$ 위의 함수 벡터공간 V(예 3.1.7)의 원소 f, g, h가 다음과 같을 때 $\mathbb{R}$ 위에서 일차독립 또는 일차종속인지 판정하라.

(1) $f(x)=1+x$, $g(x)=x$, $h(x)=1-x$ (2) $f(x)=\sin x$, $g(x)=\cos x$, $h(x)=x$

6. 실수계수 다항식으로 된 벡터공간 $\mathbb{R}[x]$의 한 원소 2차 다항식을 $f(x)$라 할 때, $f(x)$, $f'(x)$, $f''(x)$는 실수 위에서 일차독립임을 보여라.

7. 실변수 실함수 전체 집합이 이루는 실벡터공간에서 다음 함수는 일차독립임을 보여라.

(1) e^{at}, e^{bt} $(a\neq b)$ (2) $\sin x$, $\sin 2x$ (3) x, e^x, $\sin x$

8. 벡터공간 V의 임의의 벡터 $\mathbf{u}$, $\mathbf{v}$, $\mathbf{w}$에 대하여, 벡터 $\mathbf{u}-\mathbf{v}$, $\mathbf{v}-\mathbf{w}$, $a(\mathbf{w}-\mathbf{u})(a\in F)$가 일차종속집합을 이룸을 증명하라.

9. 체 F 위의 벡터공간 V에서 다음이 성립함을 증명하라.

(1) 두 벡터 $\mathbf{v}$, $\mathbf{w}$가 일차독립이면, $\mathbf{v}+\mathbf{w}$, $\mathbf{v}-\mathbf{w}$는 일차독립이다.

(2) 두 벡터 $\mathbf{v}$, $\mathbf{v}+\mathbf{w}$가 일차독립이면, 두 벡터 $\mathbf{v}$, $\mathbf{w}$는 일차독립이다.

10. 일차독립인 벡터 $\mathbf{u}$, $\mathbf{v}$, $\mathbf{w}$에 대하여 다음을 증명하라.

(1) $\mathbf{u}+\mathbf{v}-2\mathbf{w}$, $\mathbf{u}-\mathbf{v}-\mathbf{w}$, $\mathbf{u}+\mathbf{w}$는 일차독립이다.

(2) $\mathbf{u}+\mathbf{v}-3\mathbf{w}$, $\mathbf{u}+3\mathbf{v}-\mathbf{w}$, $\mathbf{u}+\mathbf{w}$ 는 일차독립이다.

(3) $\mathbf{u}+\mathbf{v}$, $\mathbf{v}+\mathbf{w}$, $\mathbf{w}+\mathbf{u}$는 일차독립이다.

11. $\mathbf{u}_1, \cdots, \mathbf{u}_r, \mathbf{v}_1, \cdots, \mathbf{v}_s$가 일차독립일 때 $\langle \mathbf{u}_1, \cdots, \mathbf{u}_r \rangle \cap \langle \mathbf{v}_1, \cdots, \mathbf{v}_s \rangle = \{\mathbf{0}\}$임을 보여라.

12. 집합 $S = \{\mathbf{v}_1, \mathbf{v}_2, \cdots, \mathbf{v}_r\}$이 일차독립인 벡터집합이라 하자. 이 경우 S의 임의의 공집합이 아닌 부분집합도 일차독립임을 보여라.

13. 론스키행렬식을 이용하여, 실수체 $\mathbb{R}$ 위의 함수 벡터공간 V(예 3.1.7)의 함수 $f_1(x) = \sin x$, $f_2(x) = \cos x$는 일차독립임을 확인하라.

> **론스키행렬식 W** (Wronski行列式) n개의 함수
> $f_1, f_2, \cdots, f_n : I \longrightarrow \mathbb{R}$이 구간 I에서 $n-1$번 미분가능할 때,
> $f_1, f_2, \cdots, f_n \in \mathbb{R}[x]$가 1차독립일 필요충분조건은
>
> $$W = \begin{vmatrix} f_1 & f_2 & \cdots & f_n \\ f_1' & f_2' & \cdots & f_n' \\ \vdots & \vdots & & \vdots \\ f_1^{(n-1)} & f_2^{(n-1)} & \cdots & f_n^{(n-1)} \end{vmatrix} \neq 0$$

14. 론스키행렬식을 이용하여 다음 벡터 집합이 일차독립임을 보여라.

(1) $1, x, e^x$ (2) $1, x, x^2$

3.4 벡터공간의 기저와 차원

이 절에서는 벡터공간의 핵심인 기저와 차원에 대한 것을 다룬다.

정의 3.4.1 [*기저(basis, 基底)*]

F-벡터공간 V의 부분집합 $\mathscr{B} = \{\mathbf{v}_1, \cdots, \mathbf{v}_n\}$와 스칼라 $x_1, \cdots, x_n \in F$에 대하여

$\mathscr{B}$가 V의 **기저** $\overset{\text{정의}}{\Longleftrightarrow}$

① $\mathscr{B}$가 F 위에서 1차독립이다. 즉,

$$x_1\mathbf{v}_1 + \cdots + x_n\mathbf{v}_n = \mathbf{0} \implies x_1 = \cdots = x_n = 0$$

② $\mathscr{B}$가 V를 생성한다. 즉, $V = \langle \mathbf{v}_1, \cdots, \mathbf{v}_n \rangle$.

$$\forall \mathbf{v} \in V \ \exists x_1, \cdots, x_n \in F, \quad \mathbf{v} = x_1\mathbf{v}_1 + \cdots + x_n\mathbf{v}_n$$

※ 유한개의 벡터로 된 기저를 갖는 벡터공간을 **유한차원 벡터공간**(finite dimensional vector space)이라 하고, 무한개의 벡터로 된 기저를 가지면 **무한차원 벡터공간**(infinite dimensional vector space)이라 한다.

※ 기저가 공집합 $\varnothing$이면 $\boxed{\langle \varnothing \rangle = \{\mathbf{0}\}}$이라 정의한다.

예 3.4.2 F-벡터공간 F^n에서 n개의 벡터

$$\mathscr{B} = \{e_1 = (1, 0, \cdots, 0),\ e_2 = (0, 1, \cdots, 0),\ \cdots,\ e_n = (0, 0, \cdots, 1)\}$$

은 F^n의 한 기저이다. 왜냐하면 임의의 $(x_1, \cdots, x_n) \in F^n$에 대하여

$$(x_1, \cdots, x_n) = (x_1, 0, \cdots, 0) + \cdots + (0, 0, \cdots, x_n) = x_1e_1 + \cdots + x_ne_n$$

이므로 $F^n = \langle e_1, \cdots, e_n \rangle$이다. 또한 스칼라 $(x_1, \cdots, x_n) \in F^n$에 대하여

$$x_1e_1 + \cdots + x_ne_n = \mathbf{0}$$

라 하면, $(x_1, \cdots, x_n) = (0, 0, \cdots, 0)$이므로 $x_1 = \cdots = x_n = 0$이고, 따라서 $e_1, \cdots, e_n$은 1차독립이다. 그러므로 $\mathscr{B} = \{e_1, \cdots, e_n\}$은 F^n의 한 기저이다.

기저 $\mathscr{B} = \{e_1, \cdots, e_n\}$을 F^n의 **표준기저**(standard basis, 標準基底)라 한다.

예 3.4.3 F-벡터공간 $M_{m\times n}(F)$의 mn개의 벡터

$$\mathscr{B}=\left\{ e_{ij} \;\middle|\; e_{ij}=\begin{pmatrix} 0 & \cdots & 0 & \cdots & 0 \\ \vdots & & \vdots & & \vdots \\ 0 & \cdots & 1 & \cdots & 0 \\ \vdots & & \vdots & & \vdots \\ 0 & \cdots & 0 & \cdots & 0 \end{pmatrix} i\text{행}, \quad i=1,\cdots,m,\ j=1,\cdots,n \right\}$$

(위 행렬에서 1은 j열, i행에 위치)

단, e_{ij}는 (i,j) 성분은 1이고 나머지 성분은 모두 0 인 행렬이다. 그러면 임의의 $A=(a_{ij})\in M_{m\times n}(F)$는 단 한 가지 방법

$$A=\sum_{i=1}^{m}\sum_{j=1}^{n}a_{ij}e_{ij} \quad (a_{ij}\in F)$$

으로 나타내어지므로 $\mathscr{B}=\{e_{ij}\mid 1\le i\le m,\ 1\le j\le n\}$는 $M_{m\times n}(F)$의 한 기저이다. 기저 $\mathscr{B}$를 벡터공간 $M_{m\times n}(F)$의 **표준기저**라 한다.

$M_2(F)$의 표준기저를 구해보면

$$\begin{aligned} M_2(F) &= \left\{ \begin{pmatrix} a & b \\ c & d \end{pmatrix} \;\middle|\; a,\ b,\ c,\ d\in F \right\} \\ &= \left\{ a\begin{pmatrix} 1 & 0 \\ 0 & 0 \end{pmatrix}+b\begin{pmatrix} 0 & 1 \\ 0 & 0 \end{pmatrix}+c\begin{pmatrix} 0 & 0 \\ 1 & 0 \end{pmatrix}+d\begin{pmatrix} 0 & 0 \\ 0 & 1 \end{pmatrix} \;\middle|\; a,\ b,\ c,\ d\in F \right\} \\ &= \left\langle \begin{pmatrix} 1 & 0 \\ 0 & 0 \end{pmatrix}, \begin{pmatrix} 0 & 1 \\ 0 & 0 \end{pmatrix}, \begin{pmatrix} 0 & 0 \\ 1 & 0 \end{pmatrix}, \begin{pmatrix} 0 & 0 \\ 0 & 1 \end{pmatrix} \right\rangle \end{aligned}$$

이므로 $M_2(F)$의 표준기저는 $\left\{ \begin{pmatrix} 1 & 0 \\ 0 & 0 \end{pmatrix}, \begin{pmatrix} 0 & 1 \\ 0 & 0 \end{pmatrix}, \begin{pmatrix} 0 & 0 \\ 1 & 0 \end{pmatrix}, \begin{pmatrix} 0 & 0 \\ 0 & 1 \end{pmatrix} \right\}$이다.

예 3.4.4 실수 계수 다항식 전체의 집합 $\mathbb{R}[x]$는 $\mathbb{R}$-벡터공간이고,

$$\mathbb{R}[x]=\{f(x)\mid f(x)=a_0+a_1x+\cdots+a_nx^n,\ a_0,\cdots,a_n\in\mathbb{R},\ n\in\mathbb{N}\cup\{0\}\}$$

의 기저는 $\{1,\ x,\ x^2,\ x^3,\ \cdots,\ x^n,\ \cdots\}$으로 무한개의 벡터를 갖는다.

주어진 $n(\in\mathbb{N}\cup\{0\})$에 대한 n차 이하의 다항식 부분공간

$$\mathbb{R}[x]_n=\{f(x)\mid f(x)=a_0+a_1x+\cdots+a_nx^n,\ a_0,\cdots,a_n\in\mathbb{R}\}$$

의 한 기저는 $\mathscr{B}=\{1,\ x,\ x^2,\ x^3,\ \cdots,\ x^n\}$이다. 기저 $\mathscr{B}$를 벡터공간 $\mathbb{R}[x]_n$의 **표준기저**라 한다.

정리 3.4.5 *F-벡터공간 V에서 $\mathscr{B}=\{\mathbf{v}_1,\cdots,\mathbf{v}_n\}\subset V$에 대하여 다음은 동치이다.*

(1) $\mathscr{B}=\{\mathbf{v}_1,\cdots,\mathbf{v}_n\}$는 V의 기저
$\Leftrightarrow$ (2) $\forall \mathbf{v}\in V$의 1차결합이 $\mathbf{v}=x_1\mathbf{v}_1+\cdots+x_n\mathbf{v}_n$인 $x_1,\ \cdots,\ x_n\in F$가 유일하게 존재

(증명) (1) $\Rightarrow$ (2) $\mathscr{B}$는 V를 생성하므로 임의의 벡터 $\mathbf{v}\in V$에 대하여 $\mathbf{v}_1,\cdots,\mathbf{v}_n$의 1차결합으로 나타내진다. 또한 $\mathscr{B}$는 1차독립이므로 정리 3.3.8에 의하여 1차결합은 유일하게 표현된다.

(2) $\Rightarrow$ (1) 가정에 의해 $\mathscr{B}=\{\mathbf{v}_1,\cdots,\mathbf{v}_n\}$는 V 를 생성한다. 다음에 $x_1,\ \cdots,\ x_n\in F$에 대하여

$$x_1\mathbf{v}_1+\cdots+x_n\mathbf{v}_n=\mathbf{0}$$

이라 하자. 그러면

$$x_1\mathbf{v}_1+\cdots+x_n\mathbf{v}_n=\mathbf{0}=0\mathbf{v}_1+\cdots+0\mathbf{v}_n$$

이므로, 가정(표현의 유일성)에 의해

$$x_1=0,\ \cdots,\ x_n=0$$

이다. 즉, $\mathbf{v}_1,\cdots,\mathbf{v}_n$은 F 위에서 1차독립이므로, $\mathbf{v}_1,\cdots,\mathbf{v}_n$은 V의 기저이다. ■

예 3.4.6 $\mathbb{R}$-벡터공간 $\mathbb{R}^2$에 대하여 다음 기저가 존재한다.

(1) $B_1=\{(1,0),\ (0,1)\}$은 $\mathbb{R}^2$의 기저이다. 먼저 임의의 $(x,y)\in\mathbb{R}^2$에 대하여

$$(x,y)=x(1,0)+y(0,1)\in\langle(1,0),(0,1)\rangle$$

이므로 $\mathbb{R}^2=\langle(1,0),(0,1)\rangle$이다. 즉, B_1은 $\mathbb{R}^2$를 생성한다. 다음에 $a,b\in\mathbb{R}$에 대하여

$$a(1,0)+b(0,1)=(0,0)$$

라 하면, $(a,b)=(0,0)$이므로 $a=b=0$이다. 따라서 B_1은 $\mathbb{R}$ 위에서 1차독립이다. 그러므로 $\{(1,0),\ (0,1)\}$은 $\mathbb{R}^2$의 기저이다.

(2) $B_2=\{(1,1),\ (1,2)\}$은 $\mathbb{R}^2$의 기저이다. 먼저 임의의 $(x,y)\in\mathbb{R}^2$에 대하여

$$(x,y)=a(1,1)+b(1,2)=(a+b,a+2b)$$

인 스칼라 $a,b\in\mathbb{R}$를 구하자. 위 식에서 $\begin{cases}a+\ \ b=x\\ a+2b=y\end{cases}$ 이므로 $a=2x-y,\ b=y-x$이다. 즉,

$$(x,y)=(2x-y)(1,1)+(y-x)(1,2)\in\langle(1,1),(1,2)\rangle$$

이다. 따라서 $B_2 = \{(1,1),\ (1,2)\}$는 $\mathbb{R}^2$의 생성원이다.

다음에

$$a(1,1)+b(1,2)=(a+b,a+2b)=(0,0)$$

이라 하면 $a=0,\ b=0$이 되어 $S_2=\{(1,1),\ (1,2)\}$는 1차독립이다. 따라서 B_2는 $\mathbb{R}^2$의 기저이다.

정리 3.4.7 집합 $\mathscr{B}=\{\mathbf{v}_1,\cdots,\mathbf{v}_n\}$가 F-벡터공간 V의 기저이면 다음이 성립한다.

임의의 부분집합 $\mathscr{C}=\{\mathbf{w}_1,\cdots,\mathbf{w}_m\}\subset V$에 대하여

$$n<m \implies \mathscr{C}\text{는 1차종속}$$

※ $\mathscr{C}=\{\mathbf{w}_1,\cdots,\mathbf{w}_m\}$가 1차독립 $\implies m\le n$

(증명) $\mathbf{v}_1,\cdots,\mathbf{v}_n$이 기저이므로 스칼라 $a_{ij}\in F$ $(i=1,\cdots,m,\ j=1,\cdots,n)$이 존재해서

$$\begin{cases} \mathbf{w}_1 = a_{11}\mathbf{v}_1+a_{12}\mathbf{v}_2+\cdots+a_{1n}\mathbf{v}_n \\ \qquad\vdots \\ \mathbf{w}_m = a_{m1}\mathbf{v}_1+a_{m2}\mathbf{v}_2+\cdots+a_{mn}\mathbf{v}_n \end{cases}$$

이다. $\mathscr{C}=\{\mathbf{w}_1,\cdots,\mathbf{w}_m\}$가 1차종속임을 보이기 위해 $x_1\mathbf{w}_1+\cdots+x_m\mathbf{w}_m=\mathbf{0}$인 스칼라 $x_1,\ \cdots,\ x_m\in F$ 중에 0이 아닌 것이 존재함을 보이자.

$$\begin{aligned} \mathbf{0} &= x_1(\underline{a_{11}}\mathbf{v}_1+a_{12}\mathbf{v}_2+\cdots+a_{1n}\mathbf{v}_n) \\ &\quad +x_2(\underline{a_{21}}\mathbf{v}_1+a_{22}\mathbf{v}_2+\cdots+a_{2n}\mathbf{v}_n)+\cdots \\ &\quad +x_m(\underline{a_{m1}}\mathbf{v}_1+a_{m2}\mathbf{v}_2+\cdots+a_{mn}\mathbf{v}_n) \\ &= (x_1\underline{a_{11}}+x_2\underline{a_{21}}+\cdots+x_m\underline{a_{m1}})\mathbf{v}_1 \\ &\quad +(x_1a_{12}+x_2a_{22}+\cdots+x_ma_{m2})\mathbf{v}_2+\cdots \\ &\quad +(x_1a_{1n}+x_2a_{2n}+\cdots+x_ma_{mn})\mathbf{v}_n \end{aligned}$$

$\mathbf{v}_1,\cdots,\mathbf{v}_n$이 V의 기저(1차독립)이므로

$$(*)\cdots\ \begin{cases} x_1a_{11}+x_2a_{21}+\cdots+x_ma_{m1} &= 0 \\ x_1a_{12}+x_2a_{22}+\cdots+x_ma_{m2} &= 0 \\ \qquad\vdots & \\ x_1a_{1n}+x_2a_{2n}+\cdots+x_ma_{mn} &= 0 \end{cases}$$

이다. 연립방정식 (∗)를 행렬 표현으로 나타내면

$$\begin{pmatrix} a_{11} & a_{21} & \cdots & a_{m1} \\ a_{12} & a_{22} & \cdots & a_{m2} \\ \vdots & \vdots & & \vdots \\ a_{1n} & a_{2n} & \cdots & a_{mn} \end{pmatrix} \begin{pmatrix} x_1 \\ x_2 \\ \vdots \\ x_m \end{pmatrix} = \begin{pmatrix} 0 \\ 0 \\ \vdots \\ 0 \end{pmatrix}$$

이다. 이 행렬표현의 계수행렬을 A, 변수행렬을 X, 상수행렬을 $\mathbb{O}$라 하면 $AX = \mathbb{O}$로 표현할 수 있다. 한편 (∗)는 동차 연립방정식이고, 식의 개수 n이 미지수 $x_1, \cdots, x_m$의 개수 m보다 작으므로

$$\mathrm{rank}(A) = \mathrm{rank}(A|\mathbb{O}) \leq n < m$$

이다. 정리 2.3.2에 의해 (∗)는 자명하지 않은 해 $(x_1, \cdots, x_m) \neq \mathbb{O}$가 존재한다. 즉, $x_1, \cdots, x_m$ 중 적어도 하나는 0이 아니므로 $\mathbf{w}_1, \cdots, \mathbf{w}_m$은 1차종속이다. ■

정리 3.4.8 *집합 $\mathscr{B} = \{\mathbf{v}_1, \cdots, \mathbf{v}_n\}$, $\mathscr{C} = \{\mathbf{w}_1, \cdots, \mathbf{w}_m\}$가 F-벡터공간 <u>V의 기저</u>라 하면 다음이 성립한다.*

$$n = m. \quad \text{즉, } |\mathscr{B}| = |\mathscr{C}|$$

※ 기저집합에 속한 <u>원소는 다를지라도 기저집합 원소의 개수는 항상 일정</u>하다.

(증명) $\mathscr{B}$가 1차독립이고 $\mathscr{C}$가 기저이므로 정리 3.4.7의 대우에 의해

$$|\mathscr{B}| = n \leq m = |\mathscr{C}|$$

성립한다. 또한 $\mathscr{C}$가 1차독립이고 $\mathscr{B}$가 기저이므로

$$|\mathscr{C}| = m \leq n = |\mathscr{B}|$$

이므로 $|\mathscr{C}| = |\mathscr{B}|$이다. ■

정의 3.4.9 [*차원(dimension, 次元)*]

체 F 위의 유한차원 벡터공간 V에 대하여,

V가 n**차원** F-**벡터공간**, n은 V의 **차원**: $\dim_F V = n$	$\overset{\text{정의}}{\Longleftrightarrow}$	원소수 n인 V의 기저 $\{\mathbf{v}_1, \cdots, \mathbf{v}_n\}$이 존재

※ 정리 3.4.8에 의해 <u>차원이 잘 정의</u>된다. F가 분명하면 $\dim_F V$ 대신 $\dim V$라 쓴다. 또한, 자명한 벡터공간 $\{\mathbf{0}\}$의 차원은 기저가 $\varnothing$이므로 $\dim\{\mathbf{0}\} = 0$이다.

예 3.4.10 다음 벡터공간의 차원을 알아보자.

(1) $\mathbb{R}$-벡터공간 $\mathbb{R}$에서 $\{1\}$이 기저이므로 $\dim_{\mathbb{R}}\mathbb{R}=1$이다.

(2) $\mathbb{R}$-벡터공간 $\mathbb{C}$에서 $\{1,\ i\}$가 기저이므로 $\dim_{\mathbb{R}}\mathbb{C}=2$이다.

(3) $\mathbb{C}$-벡터공간 $\mathbb{C}$에서 $\{1\}$이 기저이므로 $\dim_{\mathbb{C}}\mathbb{C}=1$이다.

(4) F-벡터공간 F^n에서 $\{e_1,\cdots,e_n\}$이 기저이므로 $\dim_F F^n=n$이다.

(5) F 성분 $m\times n$ 행렬공간 $M_{m\times n}(F)$에서 $\{e_{ij}\mid i=1,\ \cdots,m,\ j=1,\ \cdots,\ n\}$이 기저이므로 $\dim_F M_{m\times n}(F)=mn$이다.

(6) F 계수 n차 이하의 다항식공간 $F[x]_n$에서 $\{1,\ x,\ \cdots,\ x^n\}$이 기저이므로 $\dim_F F[x]_n=n+1$이다.

정리 3.4.11 (기저 판정조건) *집합 $\mathscr{B}=\{\mathbf{v}_1,\cdots,\mathbf{v}_n\}\subset V$이 F-벡터공간 V의 부분집합일 때, 다음은 동치이다.*

(1) $\{\mathbf{v}_1,\cdots,\mathbf{v}_n\}$은 V의 기저
$\Leftrightarrow$ (2) $\{\mathbf{v}_1,\cdots,\mathbf{v}_n\}$은 $\mathscr{B}$를 포함하는 V의 1차독립인 집합 중 최대 집합
$\Leftrightarrow$ (3) $\{\mathbf{v}_1,\cdots,\mathbf{v}_n\}$은 $\mathscr{B}$를 포함하는 V의 생성원 집합 중 최소 집합

※ $\{\mathbf{v}_1,\cdots,\mathbf{v}_r\}$이 1차독립이면, $r\le n=\dim V$. 즉, $r=n$이면 최대 1차독립.
※ $\{\mathbf{v}_1,\cdots,\mathbf{v}_r\}$이 V의 생성원이면, $r\ge n=\dim V$. 즉, $r=n$이면 최소 생성원.

(증명) (1) $\Rightarrow$ (2) $\mathbf{v}_1,\cdots,\mathbf{v}_n$이 기저라 하자. 임의의 $\mathbf{v}\in V$에 대하여 $\mathbf{v}_1,\cdots,\mathbf{v}_n,\mathbf{v}$가 1차종속임을 보이면 충분하다.

$\mathbf{v}_1,\cdots,\mathbf{v}_n$이 V의 기저이므로, 스칼라 $x_1,\cdots,x_n\in F$이 존재해서

$$\mathbf{v}=x_1\mathbf{v}_1+\cdots+x_n\mathbf{v}_n$$

이다. $\mathbf{v}=\mathbf{0}$이면 $\mathbf{v}_1,\cdots,\mathbf{v}_n,\mathbf{v}$가 1차종속이므로 정리가 성립한다. $\mathbf{v}\ne\mathbf{0}$이라면

$$x_1\mathbf{v}_1+x_2\mathbf{v}_2+\cdots+x_n\mathbf{v}_n+(-1)\mathbf{v}=\mathbf{0}$$

이므로 $\mathbf{v}_1,\cdots,\mathbf{v}_n,\mathbf{v}$가 F 위에서 1차종속이다. 따라서 $\{\mathbf{v}_1,\cdots,\mathbf{v}_n\}$은 1차독립인 최대집합이다.

(2) $\Rightarrow$ (1) $\mathbf{v}_1,\cdots,\mathbf{v}_n$이 1차독립이므로 V를 생성함을 증명하면 된다. 가정에 의해 $\mathbf{v}_1,\cdots,\mathbf{v}_n$은 1차독립인 최대집합이므로, 임의의 $\mathbf{v}\in V$에 대하여 $\mathbf{v}_1,\cdots,\mathbf{v}_n,\mathbf{v}$는 1차종속이다.

그러면 적어도 1개는 0이 아닌 스칼라 $x_1,\ \cdots,\ x_n,\ x_{n+1}\in F$이 존재하여

$$x_1\mathbf{v}_1+\cdots+x_n\mathbf{v}_n+x_{n+1}\mathbf{v}=\mathbf{0}$$

이다. 만약 $x_{n+1}=0$이면

$$x_1\mathbf{v}_1+\cdots+x_n\mathbf{v}_n=\mathbf{0}$$

이고, $\mathbf{v}_1,\cdots,\mathbf{v}_n$이 1차독립이므로

$$x_1=\cdots=x_n=0$$

이어서 $\mathbf{v}_1,\cdots,\mathbf{v}_n,\mathbf{v}$가 1차독립이 되어 모순이다. 따라서 $x_{n+1}\neq 0$이어야 한다. 그러므로

$$\mathbf{v}=-x_{n+1}^{-1}(x_1\mathbf{v}_1+\cdots+x_n\mathbf{v}_n)\in\langle\mathbf{v}_1,\cdots,\mathbf{v}_n\rangle$$

이다. 그러므로 $\{\mathbf{v}_1,\cdots,\mathbf{v}_n\}$은 V를 생성한다. 즉, $\{\mathbf{v}_1,\cdots,\mathbf{v}_n\}$은 V의 기저이다.

(1) ⇒ (3) $\{\mathbf{v}_1,\cdots,\mathbf{v}_n\}$이 기저라 하자. 그러면 $\{\mathbf{v}_1,\cdots,\mathbf{v}_n\}$은 V의 생성집합이다. 즉,

$$V=\langle\mathbf{v}_1,\cdots,\mathbf{v}_n\rangle$$

이다. $\{\mathbf{v}_1,\cdots,\mathbf{v}_n\}$이 최소 생성집합임을 보이자.
한 벡터 $\mathbf{v}_i$를 제거한 집합 $\{\mathbf{v}_1,\cdots,\mathbf{v}_{i-1},\mathbf{v}_{i+1},\cdots,\mathbf{v}_n\}$이 V의 생성집합이라 하자. 즉,

$$V=\langle\mathbf{v}_1,\cdots,\mathbf{v}_{i-1},\mathbf{v}_{i+1},\cdots,\mathbf{v}_n\rangle$$

라 하자. 그러면 $\mathbf{v}_i\in V$이므로 적당한 스칼라 $x_1,\ \cdots,\ x_{i-1},\ x_{i+1},\ \cdots,\ x_n\in F$이 존재하여

$$\mathbf{v}_i=x_1\mathbf{v}_1+\cdots+x_{i-1}\mathbf{v}_{i-1}+x_{i+1}\mathbf{v}_{i+1}+\cdots+x_n\mathbf{v}_n$$

이다. 그러면

$$x_1\mathbf{v}_1+\cdots+x_{i-1}\mathbf{v}_{i-1}+(-1)\mathbf{v}_i+x_{i+1}\mathbf{v}_{i+1}+\cdots+x_n\mathbf{v}_n=\mathbf{0}$$

이 되어 $\mathbf{v}_1,\cdots,\mathbf{v}_n$이 1차종속이 되어 모순이다. 그러므로 $\{\mathbf{v}_1,\cdots,\mathbf{v}_n\}$은 V의 최소 생성집합이다.

(3) ⇒ (1) $\{\mathbf{v}_1,\cdots,\mathbf{v}_n\}$이 V의 최소 생성집합, 즉, $V=\langle\mathbf{v}_1,\cdots,\mathbf{v}_n\rangle$이라 하자. 1차독립임을 증명하기 위해, 적당한 스칼라 $x_1,\ \cdots,\ x_n\in F$이 존재해서

$$x_1\mathbf{v}_1+x_2\mathbf{v}_2+\cdots+x_n\mathbf{v}_n=\mathbf{0}$$

이라 하자. $\mathbf{v}_1,\cdots,\mathbf{v}_n$이 1차종속이라면, 0 이 아닌 적당한 스칼라 $0\neq x_i\in F$이 존재하여

$$x_i\mathbf{v}_i=-(x_1\mathbf{v}_1+\cdots+x_{i-1}\mathbf{v}_{i-1}+x_{i+1}\mathbf{v}_{i+1}+\cdots+x_n\mathbf{v}_n)$$

이다. 그러므로

$$\mathbf{v}_i=-x_i^{-1}(x_1\mathbf{v}_1+\cdots+x_{i-1}\mathbf{v}_{i-1}+x_{i+1}\mathbf{v}_{i+1}+\cdots+x_n\mathbf{v}_n)$$

이므로 $\mathbf{v}_i \in \langle \mathbf{v}_1, \cdots, \mathbf{v}_{i-1}, \mathbf{v}_{i+1}, \cdots, \mathbf{v}_n \rangle$이다. 따라서 정리 3.2.12(3)에 의하여

$$V = \langle \mathbf{v}_1, \cdots, \mathbf{v}_i, \cdots, \mathbf{v}_n \rangle = \langle \mathbf{v}_1, \cdots, \mathbf{v}_{i-1}, \mathbf{v}_{i+1}, \cdots, \mathbf{v}_n \rangle$$

이다. 그러면 $\{\mathbf{v}_1, \cdots, \mathbf{v}_{i-1}, \mathbf{v}_{i+1}, \cdots, \mathbf{v}_n\}$이 V의 생성원이 되어 최소 생성집합에 모순이다. 따라서 $\{\mathbf{v}_1, \cdots, \mathbf{v}_n\}$은 1차독립이 되어 V의 기저가 된다. ■

정리 3.4.12 *F-벡터공간 V의 부분집합 $S = \{\mathbf{v}_1, \cdots, \mathbf{v}_n\}$와 0이 아닌 $c_1, \cdots, c_n \in F$에 대해 다음이 성립한다.*

(1) S가 F 위에서 1차독립이면, $\{c_1\mathbf{v}_1, \cdots, c_n\mathbf{v}_n\}$은 F 위에서 1차독립이다.
(2) $\langle \mathbf{v}_1, \cdots, \mathbf{v}_n \rangle = \langle c_1\mathbf{v}_1, \cdots, c_n\mathbf{v}_n \rangle$
(3) S가 V의 기저이면, $\{c_1\mathbf{v}_1, \cdots, c_n\mathbf{v}_n\}$은 V의 기저이다.

(증명) (1) 적당한 스칼라 $x_1, \cdots, x_n \in F$에 대하여

$$x_1(c_1\mathbf{v}_1) + \cdots + x_n(c_n\mathbf{v}_n) = \mathbf{0}$$

이라 하자. 그러면

$$(x_1c_1)\mathbf{v}_1 + \cdots + (x_nc_n)\mathbf{v}_n = \mathbf{0}$$

이고, $\{\mathbf{v}_1, \cdots, \mathbf{v}_n\}$가 F 위에서 1차독립이므로

$$x_1c_1 = 0, \quad \cdots, \quad x_nc_n = 0$$

이다. 따라서 $x_1 = 0, \cdots, x_n = 0$이고, $\{c_1\mathbf{v}_1, \cdots, c_n\mathbf{v}_n\}$는 F 위에서 1차독립이다.

(2) 정리 3.2.14에 의해 성립한다.

(3) (1)과 (2)에 의해 성립한다. ■

정리 3.4.13 *F-벡터공간 F^n에서 다음이 성립한다. F^n의 m개의 벡터*

$$\begin{cases} A_1 = (a_{11}, a_{12}, \cdots, a_{1n}), \\ A_2 = (a_{21}, a_{22}, \cdots, a_{2n}), \\ \vdots \\ A_m = (a_{m1}, a_{m2}, \cdots, a_{mn}), \end{cases}$$ *을 행렬로 배열한 것을* $A = \begin{pmatrix} A_1 \\ A_2 \\ \vdots \\ A_m \end{pmatrix}$ *라 하고,*

A의 (기약)행사다리꼴을 $A' = \begin{pmatrix} A'_1 \\ \vdots \\ A'_r \\ \mathbb{O} \\ \vdots \\ \mathbb{O} \end{pmatrix}$, $A'_i \neq \mathbb{O} (1 \leq i \leq r)$*이라 하자.*

즉, $\text{rank}(A) = r \ (1 \leq r \leq m)$ *일 때, 다음이 성립한다.*

$$\langle A_1, \cdots, A_r, \cdots, A_m \rangle = \langle A'_1, \cdots, A'_r \rangle$$

이고, F^n의 r개 벡터 $\{A'_1, \cdots, A'_r\}$은 $\langle A_1, \cdots, A_r, \cdots, A_m \rangle$ 의 기저이다.

(증명) 정리 3.2.14에 의해

$$\langle A_1, \cdots, A_r, \cdots, A_m \rangle = \langle A'_1, \cdots, A'_r \rangle$$

임을 알 수 있고, (기약)행사다리꼴이면 더 이상 벡터를 제거할 수 없으므로

$$\{A'_1, \cdots, A'_r\} \text{은 } \langle A_1, \cdots, A_r, \cdots, A_m \rangle \text{의 최소 생성집합}$$

이다. 따라서 기저 판정조건(정리 3.4.11)에 의해 $\{A'_1, \cdots, A'_r\}$은 $\langle A_1, \cdots, A_r, \cdots, A_m \rangle$의 기저이다. ■

예 3.4.14 다음은 부분공간의 차원을 구해보자.

(1) $S = \{(1,1), (2,2)\} \subset \mathbb{R}^2$로 생성되는 $\mathbb{R}^2$의 부분공간 $\langle (1,1), (2,2) \rangle$ 의 차원을 구해보자. $(2,2) = 2(1,1)$이므로

$$\langle (1,1), (2,2) \rangle = \langle (1,1) \rangle$$

이다. 따라서 $(1,1)$이 $\langle S \rangle$의 기저이다. 그러므로 $\dim S = 1$이다.

(2) $W = \langle (1,-2,5), (2,3,1), (3,8,-3) \rangle < \mathbb{R}^3$의 차원을 구해보자. 먼저 1차독립인 벡터

를 찾아보자.

$$\begin{pmatrix} 1 & -2 & 5 \\ 2 & 3 & 1 \\ 3 & 8 & -3 \end{pmatrix} \xrightarrow[R_3-3R_1]{R_2-2R_1} \begin{pmatrix} 1 & -2 & 5 \\ 0 & 7 & -9 \\ 0 & 14 & -18 \end{pmatrix} \xrightarrow[R_3-2R_2]{} \begin{pmatrix} 1 & -2 & 5 \\ 0 & 7 & -9 \\ 0 & 0 & 0 \end{pmatrix}$$

이므로 1행과 2행에 대응하는 벡터 $(1,-2,5)$, $(2,3,1)$가 W에서 최대 1차독립인 벡터가 된다. 따라서

$$W = \langle (1,-2,5),\ (2,3,1),\ (3,8,-3) \rangle = \langle (1,-2,5),\ (2,3,1) \rangle$$

이다. 그러면 정리 3.4.13에 의해 $(1,-2,5)$, $(2,3,1)$가 W의 기저이므로 $\dim_{\mathbb{R}} W = 2$이다.

정리 3.4.15 (기저 확장 정리) *n차원 F-벡터공간 V의 부분집합 $\{\mathbf{v}_1, \cdots, \mathbf{v}_r\}$가 F 위에서 1차독립일 때, 다음이 성립한다. 단, $r < n$이다.*

벡터 $\mathbf{v}_{r+1}, \cdots, \mathbf{v}_n \in V$이 존재해서 $\{\mathbf{v}_1, \cdots, \mathbf{v}_r, \mathbf{v}_{r+1}, \cdots, \mathbf{v}_n\}$이 V의 기저

(증명) $W = \langle \mathbf{v}_1, \cdots, \mathbf{v}_r \rangle$이라 하자. 그러면 $\dim W = r < n = \dim V$이므로 $W \lneq V$이다. 따라서 벡터 $\mathbf{v}_{r+1} \in V - W$가 존재한다. 그러면 정리 3.3.16에 의해 $\mathbf{v}_1, \cdots, \mathbf{v}_r, \mathbf{v}_{r+1}$ 은 1 차독립이다. 그러면

$$\dim_F \langle \mathbf{v}_1, \cdots, \mathbf{v}_r, \mathbf{v}_{r+1} \rangle = r + 1$$

이다. $\langle \mathbf{v}_1, \cdots, \mathbf{v}_{r+1} \rangle \neq V$이면 같은 방법으로 $\mathbf{v}_{r+2} \in V - \langle \mathbf{v}_1, \cdots, \mathbf{v}_r, \mathbf{v}_{r+1} \rangle$이 존재하여 $\mathbf{v}_1, \cdots, \mathbf{v}_r, \mathbf{v}_{r+1}, \mathbf{v}_{r+2}$가 1차독립인 원소를 찾을 수 있다.

이 방법을 계속하면, n개의 벡터 $\mathbf{v}_1, \cdots, \mathbf{v}_r, \mathbf{v}_{r+1}, \cdots, \mathbf{v}_n$가 V에서 1차독립인 최대집합이 되도록 벡터 $\mathbf{v}_{r+1}, \cdots, \mathbf{v}_n \in V$을 찾을 수 있다. 그러면 기저 판정조건(정리 3.4.11)에 의해

$$\mathbf{v}_1, \cdots, \mathbf{v}_r, \mathbf{v}_{r+1}, \cdots, \mathbf{v}_n \text{이 } V\text{의 기저}$$

가 된다. ■

예 3.4.16 $(1,0,1)$, $(2,1,0)$을 포함하는 $\mathbb{R}^3$의 한 기저를 구하라.

$\dim_{\mathbb{R}} \mathbb{R}^3 = 3$이므로 3개의 벡터가 1차독립인 벡터 $(a,b,c) \in \mathbb{R}^3$를 1개 찾자. 정리 3.3.12를 활용하여 행렬식이 0이 아닌 벡터를 찾으면 된다. 그러면,

$$\begin{vmatrix} 1 & 0 & 1 \\ 2 & 1 & 0 \\ a & b & c \end{vmatrix} = \begin{vmatrix} 1 & 0 & 1 \\ 0 & 1 & -2 \\ 0 & b & c-a \end{vmatrix} = c - a + 2b \neq 0$$

인 조건을 만족하는 $a = 1,\ b = 0,\ c = 0$를 택하자.
즉, $(1,0,0)$을 선택하면 $(1,0,1)$, $(2,1,0)$, $(1,0,0)$은 $\mathbb{R}^3$의 기저가 된다.

정리 3.4.17 *F 위의 n차원 벡터공간 V의 부분공간 W, W'에 대해 다음이 성립한다.*

(1) $\dim W \leq \dim V$

(2) $\begin{cases} ① \dim W = \dim W' \\ ② W \subset W' \text{ 또는 } W' \subset W \end{cases} \iff W = W'$

(증명) (1) $\dim W = m$이라 하자. 그러면 W의 기저 $\mathbf{w}_1, \cdots, \mathbf{w}_m$이 존재하고, $\mathbf{w}_1, \cdots, \mathbf{w}_m$은 V의 원소로 1차독립이다. 또한 $\dim V = n$이므로 정리 3.4.11에 의해 1차독립인 원소의 최대 수는 n이다. 따라서 $m \leq n$이어야 하므로 $\dim W \leq \dim V$이다.

(2) ($\Leftarrow$) 당연히 성립한다.

($\Rightarrow$) $\dim W = \dim W' = m$, $W < W'$일 때, $W \neq W'$라 하자. W의 기저 $\mathbf{v}_1, \cdots, \mathbf{v}_m$이 존재하고, $\mathbf{v} \in W' - W$인 벡터를 선택하면 정리 3.3.16에 의해

$$\mathbf{v}_1, \cdots, \mathbf{v}_m, \mathbf{v}\text{가 1차독립}$$

이다. 또한 $\langle \mathbf{v}_1, \cdots, \mathbf{v}_m, \mathbf{v} \rangle < W'$이므로

$$m = \dim W' \geq \dim\langle \mathbf{v}_1, \cdots, \mathbf{v}_m, \mathbf{v} \rangle = m + 1$$

이 되어 모순이다. 그러므로 $W = W'$이다. ■

예 3.4.18 일반적으로 두 부분공간의 차원이 같다고 해서 집합이 같은 것은 아니다. 집합이 같아지려면 부분집합관계이고 차원이 같을 때 집합이 일치한다. 다음 예가 그 반례이다. $\mathbb{R}^2$의 두 부분공간

$$X = \{(x,0) \mid x \in \mathbb{R}\} = \langle (1,0) \rangle, \quad Y = \{(0,y) \mid y \in \mathbb{R}\} = \langle (0,1) \rangle$$

에 대하여 $\dim X = \dim Y = 1$이지만 $X \neq Y$이다.

정리 3.4.19 (부분공간의 차원 정리)
F-벡터공간 V의 두 유한차원 부분공간 U, W에 대하여 다음이 성립한다.

$$\dim(U + W) = \dim U + \dim W - \dim (U \cap W)$$

(증명) 정리 3.2.6에 의해 $(U \cap W) < U < V$이고 $(U \cap W) < W < V$이다. $\dim U = m$, $\dim W = n$, $\dim (U \cap W) = r$이라 하자. $r = m$이면, 정리 3.4.17에 의해 $(U \cap W) = U$이다. 따라서 $U \subset W$이다. 그러면

$$\dim(U + W) = \dim W = n = m + n - m = \dim U + \dim W - \dim (U \cap W)$$

이다. 또한, $r=n$인 경우도 같은 방법으로 등식이 성립함을 보일 수 있다.

다음에 $r \lneq m$이고 $r \lneq n$이라고 하자. $U \cap W$의 기저를 $\mathbf{v}_1, \mathbf{v}_2, \cdots, \mathbf{v}_r$이라 하자. 그러면 기저 확장 정리(정리 3.4.15)에 의해 $\mathbf{u}_{r+1}, \cdots, \mathbf{u}_m \in U$이 존재해서

$$\mathbf{v}_1, \cdots, \mathbf{v}_r, \mathbf{u}_{r+1}, \cdots, \mathbf{u}_m$$

이 U의 기저이고, $\mathbf{w}_{r+1}, \cdots, \mathbf{w}_n \in W$이 존재해서

$$\mathbf{v}_1, \cdots, \mathbf{v}_r, \mathbf{w}_{r+1}, \cdots, \mathbf{w}_n$$

이 W의 기저이다. 이때 벡터

$$\mathbf{v}_1, \cdots, \mathbf{v}_r, \mathbf{u}_{r+1}, \cdots, \mathbf{u}_m, \mathbf{w}_{r+1}, \cdots, \mathbf{w}_n$$

이 $U+W$의 기저가 됨을 보이면,

$$\dim(U+W) = m+n-r = \dim U + \dim W - \dim (U \cap W)$$

이므로 정리가 성립한다. 가정에서

$$U = \langle \mathbf{v}_1, \cdots, \mathbf{v}_r, \mathbf{u}_{r+1}, \cdots, \mathbf{u}_m \rangle$$

이고

$$W = \langle \mathbf{v}_1, \cdots, \mathbf{v}_r, \mathbf{w}_{r+1}, \cdots, \mathbf{w}_n \rangle$$

이므로, 정리 3.2.12 (1)에 의해

$$\begin{aligned} U+W &= \langle \mathbf{v}_1, \cdots, \mathbf{v}_r, \mathbf{u}_{r+1}, \cdots, \mathbf{u}_m \rangle + \langle \mathbf{v}_1, \cdots, \mathbf{v}_r, \mathbf{w}_{r+1}, \cdots, \mathbf{w}_n \rangle \\ &= \langle \mathbf{v}_1 \rangle + \cdots + \langle \mathbf{v}_r \rangle + \langle \mathbf{u}_{r+1} \rangle + \cdots + \langle \mathbf{u}_m \rangle \\ &\quad + \langle \mathbf{v}_1 \rangle + \cdots + \langle \mathbf{v}_r \rangle + \langle \mathbf{w}_{r+1} \rangle + \cdots + \langle \mathbf{w}_n \rangle \\ &= \langle \mathbf{v}_1, \cdots, \mathbf{v}_r, \mathbf{u}_{r+1}, \cdots, \mathbf{u}_m, \mathbf{w}_{r+1}, \cdots, \mathbf{w}_n \rangle \end{aligned}$$

이므로 $\{\mathbf{v}_1, \cdots, \mathbf{v}_r, \mathbf{u}_{r+1}, \cdots, \mathbf{u}_m, \mathbf{w}_{r+1}, \cdots, \mathbf{w}_n\}$은 $U+W$를 생성한다.

한편 스칼라 $x_1, \cdots, x_r, x_{r+1}, \cdots, x_m, y_{r+1}, \cdots, y_n \in F$가 존재하여

$$(*)\ x_1\mathbf{v}_1 + \cdots + x_r\mathbf{v}_r + x_{r+1}\mathbf{u}_{r+1} + \cdots + x_m\mathbf{u}_m + y_{r+1}\mathbf{w}_{r+1} + \cdots + y_n\mathbf{w}_n = \mathbf{0}$$

이라 하자. 그러면

$$y_{r+1}\mathbf{w}_{r+1} + \cdots + y_n\mathbf{w}_n = -(x_1\mathbf{v}_1 + \cdots + x_r\mathbf{v}_r + x_{r+1}\mathbf{u}_{r+1} + \cdots + x_m\mathbf{u}_m)$$

이므로

$$y_{r+1}\mathbf{w}_{r+1} + \cdots + y_n\mathbf{w}_n \in U \cap W = \langle \mathbf{v}_1, \cdots, \mathbf{v}_r \rangle$$

이다. 따라서 스칼라 $z_1, \cdots, z_r \in F$가 존재하여

$$y_{r+1}\mathbf{w}_{r+1} + \cdots + y_n\mathbf{w}_n = z_1\mathbf{v}_1 + \cdots + z_r\mathbf{v}_r$$

이다. 그러므로

$$z_1\mathbf{v}_1 + \cdots + z_r\mathbf{v}_r - y_{r+1}\mathbf{w}_{r+1} - \cdots - y_n\mathbf{w}_n = 0$$

이고, $\mathbf{v}_1, \cdots, \mathbf{v}_r, \mathbf{w}_{r+1}, \cdots, \mathbf{w}_n$가 W의 기저(1차독립)이므로

$$z_1 = \cdots = z_r = y_{r+1} = \cdots = y_n = 0$$

이다. 그러면 식 $(*)$에서

$$x_1\mathbf{v}_1 + \cdots + x_r\mathbf{v}_r + x_{r+1}\mathbf{u}_{r+1} + \cdots + x_m\mathbf{u}_m = \mathbf{0}$$

이고, $\mathbf{v}_1, \cdots, \mathbf{v}_r, \mathbf{u}_{r+1}, \cdots, \mathbf{u}_m$이 U의 기저(1차독립)이므로

$$x_1 = \cdots = x_r = x_{r+1} = \cdots = x_m = 0$$

이다. 따라서 $\mathbf{v}_1, \cdots, \mathbf{v}_r, \mathbf{u}_{r+1}, \cdots, \mathbf{u}_m, \mathbf{w}_{r+1}, \cdots, \mathbf{w}_s$은 F 위에서 1차독립이다. 즉, $U+W$의 기저이다. 따라서 다음이 성립한다.

$$\dim(U+W) = \dim U + \dim W - \dim(U \cap W)$$ ■

예 3.4.20 $\mathbb{R}$-벡터공간 $\mathbb{R}^4$의 두 부분공간

$$U = \{(a,b,c,d) \in \mathbb{R}^4 \mid b+c+d=0\}, \quad W = \{(a,b,c,d) \in \mathbb{R}^4 \mid a+b=0,\ c=2d\}$$

에 대하여 U, W, $U \cap W$, $U+W$의 기저와 차원을 구해보자.

(풀이)
$$\begin{aligned} U &= \{(a,b,c,d) \mid b=-c-d\} \\ &= \{(a,-c-d,c,d) \mid a,c,d \in \mathbb{R}\} \\ &= \{(a,0,0,0)+(0,-c,c,0)+(0,-d,0,d) \mid a,c,d \in \mathbb{R}\} \\ &= \{a(1,0,0,0)+c(0,-1,1,0)+d(0,-1,0,1) \mid a,c,d \in \mathbb{R}\} \\ &= \langle (1,0,0,0),\ (0,-1,1,0),\ (0,-1,0,1) \rangle \end{aligned}$$

이므로 $\{(1,0,0,0),\ (0,-1,1,0),\ (0,-1,0,1)\}$은 1차독립은 분명하므로 U의 기저이다. 그러므로 $\dim U = 3$이다. 또한,

$$\begin{aligned} W &= \{(a,b,c,d) \mid b=-a,\ c=2d\} \\ &= \{(a,-a,2d,d) \mid a,d \in \mathbb{R}\} \\ &= \{(a,-a,0,0)+(0,0,2d,d) \mid a,d \in \mathbb{R}\} \\ &= \{a(1,-1,0,0)+d(0,0,2,1) \mid a,d \in \mathbb{R}\} \\ &= \langle (1,-1,0,0),\ (0,0,2,1) \rangle \end{aligned}$$

이므로 $\{(1,-1,0,0),\ (0,0,2,1)\}$은 1차독립은 분명하므로 W의 기저이다. 그러므로 $\dim W = 2$이다. 또한,

$$\begin{aligned}U\cap W &= \{(a,b,c,d)\mid b+c+d=0,\ a+b=0,\ c=2d\}\\ &= \{(a,b,c,d)\mid b=-3d,\ a=3d,\ c=2d\}\\ &= \{(3d,-3d,2d,d)\mid d\in\mathbb{R}\}\\ &= \{d(3,-3,2,1)\mid d\in\mathbb{R}\}\\ &= \langle(3,-3,2,1)\rangle\end{aligned}$$

이므로 $\{(3,-3,2,1)\}$이 $U\cap W$의 기저이다. 그러므로 $\dim\,(U\cap W)=1$이다. 한편 $\dim\,(U\cap W)=1$이므로

$$\dim(U+W)=\dim\,U+\dim\,W-\dim\,(U\cap W)=3+2-1=4$$

이다. 즉,

$$U+W=\mathbb{R}^4$$

이다. 따라서 $\mathbb{R}^4$의 표준기저

$$\{(1,0,0,0),\ (0,1,0,0),\ (0,0,1,0),\ (0,0,0,1)\}$$

을 $U+W$의 한 기저로 선택할 수 있다.

또 다른 방법으로, $U+W$의 생성 집합

$$\{(1,0,0,0),\ (0,-1,1,0),\ (0,-1,0,1),\ (1,-1,0,0),\ (0,0,2,1)\}$$

에 대한 기저 찾기는 정리 3.4.13을 이용하면, 행렬의 Gauss 소거법 이용하여 (기약) Gauss행렬의 $\mathbb{O}$이 아닌 행이 기저이다.

$$\begin{pmatrix}1&0&0&0\\0&-1&1&0\\0&-1&0&1\\1&-1&0&0\\0&0&2&1\end{pmatrix}\xrightarrow[R_4-R_1]{}\begin{pmatrix}1&0&0&0\\0&-1&1&0\\0&-1&0&1\\0&-1&0&0\\0&0&2&1\end{pmatrix}\xrightarrow[R_4-R_2]{R_3-R_2}\begin{pmatrix}1&0&0&0\\0&-1&1&0\\0&0&-1&1\\0&0&-1&0\\0&0&2&1\end{pmatrix}$$

$$\xrightarrow[R_5+2R_3]{R_4-R_3}\begin{pmatrix}1&0&0&0\\0&-1&1&0\\0&0&-1&1\\0&0&0&-1\\0&0&0&3\end{pmatrix}\xrightarrow[R_5+3R_4]{}\begin{pmatrix}1&0&0&0\\0&-1&1&0\\0&0&-1&1\\0&0&0&-1\\0&0&0&0\end{pmatrix}$$

이므로 정리 3.4.13에 의해 $\{(1,0,0,0),\ (0,-1,1,0),\ (0,0,-1,1),\ (0,0,0,-1)\}$이 $U+W$의 기저이다.

예 3.4.21 $\mathbb{R}$-벡터공간 $M_n(\mathbb{R})$의 부분공간

$$U = \{A \in M_n(\mathbb{R}) \mid A\text{는 상삼각행렬}\}, \quad W = \{A \in M_n(\mathbb{R}) \mid A\text{는 대각 행렬}\}$$

의 차원을 각각 구해보자. 예 3.4.3에 의해 $M_n(\mathbb{R})$의 표준기저의 원소의 개수가 n^2이므로

$$\dim M_n(\mathbb{R}) = n^2$$

이고, $M_n(\mathbb{R})$의 표준기저 중 상삼각행렬이 U의 기저이므로

$$\dim U = n + (n-1) + \cdots + 1 = \frac{n(n+1)}{2}$$

이다. 또한 $M_n(\mathbb{R})$의 표준기저 중 대각행렬이 W의 기저이므로 다음이 성립한다.

$$\dim W = n\text{이고 } \dim(U \cap W) = \dim W = n$$

연 습 문 제 (3.4)

1. 다음 벡터의 집합이 기저가 되지 않는 이유를 설명하라.

(1) $\mathbb{R}^3$의 벡터 $\mathbf{u}_1 = (3,\ 2,\ 1)$, $\mathbf{u}_2 = (-2,\ 1,\ 0)$, $\mathbf{u}_3 = (5,\ 1,\ 1)$

(2) $\mathbb{R}^2$의 벡터 $\mathbf{u}_1 = (1,\ 1)$, $\mathbf{u}_2 = (3,\ 5)$, $\mathbf{u}_3 = (4,\ 2)$

(3) $\mathbb{R}[x]_2$의 벡터 $\mathbf{p}_1 = 1 + x$, $\mathbf{p}_2 = 2x - x^2$

2. 벡터공간 $\mathbb{R}^3$에서 다음 집합이 $\mathbb{R}^3$의 기저인지를 정리 3.4.11을 이용하여 판정하라.

(1) $\{(1,\ 2,\ 3),\ (0,\ 1,\ 4),\ (0,\ 0,\ 1)\}$

(2) $\{(1,\ 0,\ -1),\ (0,\ -4,\ 3),\ (2,\ 5,\ 1)\}$

3. $\mathbf{v}_1 = \cos^2 x$, $\mathbf{v}_2 = \sin^2 x$, $\mathbf{v}_3 = \cos 2x$에 의하여 생성되는 공간을 V라 할 때

(1) $\{\mathbf{v}_1,\ \mathbf{v}_2,\ \mathbf{v}_3\}$ 는 V의 기저가 아님을 보여라.

(2) 위 벡터 중에서 V의 기저를 구하라.

4. $\mathbb{R}$ 위의 2차 이하의 다항식 벡터공간 $\mathbb{R}[x]_2$에서 $\{x,\ x^2+1,\ x^2+x\}$는 $\mathbb{R}[x]_2$의 기저임을 보여라.

5. $\mathbb{R}^3$에서 다음 부분공간의 기저를 구하라.

(1) 평면 $3x - 2y + 5z = 0$

(2) 평면 $x - y = 0$

6. 벡터집합 $\{(a,\ 1,\ 0),\ (1,\ a,\ 1),\ (0,\ 1,\ a)\}$가 $\mathbb{R}^3$의 기저가 되는 모든 a의 값을 구하라.

7. 벡터공간 $\mathbb{R}^4$의 부분공간 $\{(x,\ y,\ z,\ w) \in \mathbb{R}^4 \mid x+z=y-z+w=0\}$의 한 기저를 구하라.

8. 벡터공간 $\mathbb{R}^2$에서 세 벡터

$$\mathbf{w}_1=(1,\ 2),\quad \mathbf{w}_2=(2,\ 3),\quad \mathbf{w}_3=(1,\ 1)$$

에 대하여 $W=\langle \mathbf{w}_1,\ \mathbf{w}_2,\ \mathbf{w}_3\rangle$일 때, $\mathscr{C} \subset \{\mathbf{w}_1,\ \mathbf{w}_2,\ \mathbf{w}_3\}$인 W의 기저 $\mathscr{C}$를 구하라.

9. 체 F 위의 벡터공간 V에서 $\mathscr{B}=\{\mathbf{v}_1,\ \mathbf{v}_2,\ \mathbf{v}_3\}$가 V의 기저일 때 그리고 이때에만 $\mathscr{C}=\{\mathbf{v}_1,\ \mathbf{v}_1+\mathbf{v}_2,\ \mathbf{v}_1+\mathbf{v}_2+\mathbf{v}_3\}$는 V의 기저임을 밝혀라.

10. 다음 $U,\ V$가 $\mathbb{R}^4$의 두 부분공간일 때, $U,\ V$의 기저를 구하라.

$$U=\{(a,\ b,\ c,\ d) \mid a+b+c=0\},\quad V=\{(a,\ b,\ c,\ d) \mid a+b=0,\ c=2d\}$$

11. 다음 물음에 답하라.

(1) $W=\{(x,\ y,\ z) \mid\ x+y+z=0\}$는 $\mathbb{R}^3$의 부분공간임을 보여라.

(2) W의 기저를 구하라.

12. 체 F 위의 벡터공간 $M_{2\times 3}(F)$에서

$$W=\left\{\begin{pmatrix} a & 0 & b \\ c & 2a-b & 0 \end{pmatrix} \middle|\ a,\ b,\ c \in F\right\}$$

는 $M_{2\times 3}(F)$의 3차원 부분공간임을 밝혀라.

13. 벡터공간 $\mathbb{R}[x]_4$의 두 부분공간

$$U=\{a+bx^2+cx^4 \mid a,\ b,\ c \in \mathbb{R}\},\quad W=\{ax+bx^3 \mid a,\ b \in \mathbb{R}\}$$

에 대하여 부분공간 $U,\ W,\ U\cap W,\ U+W$의 차원을 구하라.

14. 행렬공간 $M_2(\mathbb{R})$의 부분공간 $U=\{A \in M_2(\mathbb{R}) \mid A^T=A\}$, $W=\{A \in M_2(\mathbb{R}) \mid \mathrm{tr}(A)=0\}$에 대하여 부분공간 $U,\ W,\ U\cap W,\ U+W$의 차원을 구하라.

15. 5차원 $\mathbb{R}$-벡터공간 $\mathbb{R}^5$의 3차원 부분공간 $U,\ W$의 부분공간 $U\cap W$에 대해 $\dim(U\cap W)\neq 0$임을 보여라.

16. 체 F 위의 벡터공간 V에서 $\dim V=n\geq 2$일 때, V의 서로 다른 두 $n-1$차원 부분공간 $U,\ W$에 대하여 다음이 성립함을 밝혀라.

$$V=U+W,\quad \dim(U\cap W)=n-2$$

3.5 행렬의 행공간과 열공간

이 절에서는 행렬의 행벡터와 열벡터로 이루어진 벡터공간에 대하여 다룬다.

정의 3.5.1 [*행벡터(row vector, 行−), 열벡터(column vector, 列−), 행공간(row space, 行空間), 열공간(column space, 列空間)*]

$A = (a_{ij}) \in M_{m\times n}(F)$에 대하여, A_i를 A의 제i행, A^j를 A의 제j열이라 할 때,

A_i가 A의 **행벡터** $\overset{\text{정의}}{\Longleftrightarrow}$ $A_i = (a_{i1},\ a_{i2},\ \cdots,\ a_{in})\ (i = 1,2,\cdots,m)$

A^j가 A의 **열벡터** $\overset{\text{정의}}{\Longleftrightarrow}$ $A^j = (a_{1j},\ a_{2j},\ \cdots,\ a_{mj})\ (j = 1,2,\cdots,n)$

$\mathrm{row}(A) = \langle A_1,\ \cdots,\ A_m\rangle$가 A의 **행공간**

$\overset{\text{정의}}{\Longleftrightarrow}$ $\mathrm{row}(A) = \langle A_1,\cdots,A_m\rangle = \{x_1A_1 + \cdots + x_mA_m \mid x_1,\ \cdots,\ x_m \in F\} < F^n$

$\mathrm{col}(A) = \langle A^1,\ \cdots,\ A^n\rangle$가 A의 **열공간**

$\overset{\text{정의}}{\Longleftrightarrow}$ $\mathrm{col}(A) = \langle A^1,\ \cdots,\ A^n\rangle = \{x_1A^1 + \cdots + x_nA^n \mid x_1,\ \cdots,\ x_n \in F\} < F^m$

※ 열벡터를 정의할 때 세로로 원소를 나열해야 하지만 벡터로 사용할 때는 가로로 나열한 것도 같은 것으로 간주한다.

예 3.5.2 (1) 실수체 $\mathbb{R}$ 위의 2×3행렬 A의 행공간과 열공간을 구해보자.

$$A = \begin{pmatrix} 1 & 2 & 3 \\ 4 & 5 & 6 \end{pmatrix}$$

A의 행공간은

$$\mathrm{row}(A) = \langle (1,2,3),\ (4,5,6)\rangle < \mathbb{R}^3$$

이고, A의 열공간은

$$\mathrm{col}(A) = \langle (1,4),\ (2,5),\ (3,6)\rangle < \mathbb{R}^2$$

이다.

(2) 정리 3.4.13을 이용하여 A의 행공간과 열공간의 차원을 구해보자.

$$\begin{pmatrix} 1 & 2 & 3 \\ 4 & 5 & 6 \end{pmatrix} \xrightarrow{R_2-4R_1} \begin{pmatrix} 1 & 2 & 3 \\ 0 & -3 & -6 \end{pmatrix} \xrightarrow{-\frac{1}{3}R_2} \begin{pmatrix} 1 & 2 & 3 \\ 0 & 1 & 2 \end{pmatrix}$$

이므로 $\dim(\mathrm{row}(A)) = 2$이다. 한편

$$\begin{pmatrix} 1 & 4 \\ 2 & 5 \\ 3 & 6 \end{pmatrix} \xrightarrow[R_3-3R_1]{R_2-2R_1} \begin{pmatrix} 1 & 4 \\ 0 & -3 \\ 0 & -6 \end{pmatrix} \xrightarrow[R_3-2R_2]{} \begin{pmatrix} 1 & 4 \\ 0 & -3 \\ 0 & 0 \end{pmatrix} \xrightarrow[-\frac{1}{3}R_2]{} \begin{pmatrix} 1 & 4 \\ 0 & 1 \\ 0 & 0 \end{pmatrix}$$

이므로 $\dim(\mathrm{col}(A)) = 2$이다.

정리 3.5.3 $m \times n$ 행렬 $A \in M_{m\times n}(F)$에 대하여 다음이 성립한다.

(1) $A \sim_R A'$(행동치) $\Longrightarrow$ $\mathrm{row}(A) = \mathrm{row}(A')$
(2) $A \sim_C A''$(열동치) $\Longrightarrow$ $\mathrm{col}(A) = \mathrm{col}(A'')$

(증명) 유한번의 기본행연산에 의해 행동치와 열동치가 되므로, 정리 3.2.14에 의해 성립한다. ■

정리 3.5.4 $m \times n$ 행렬 $A \in M_{m\times n}(F)$에 대하여 다음이 성립한다.

$$\mathrm{rank}(A) = \dim(\mathrm{row}(A)) = \dim(\mathrm{col}(A)) = \mathrm{rank}(A^T)$$

(증명) 행공간과 열공간의 정의에 의해

$$\mathrm{row}(A) = \langle A_1, \cdots, A_m\rangle < F^n \text{이고 } \mathrm{col}(A) = \langle A^1, \cdots, A^n\rangle < F^m$$

이다. $\dim(\mathrm{row}(A)) = r$이라 하자. 그러면 정리 3.4.13에 의해

$$\dim(\mathrm{row}(A)) = r = \mathrm{rank}(A)$$

이다. 또한 $B_1, B_2, \cdots, B_r \in F^n$를 $\mathrm{row}(A)$의 기저라 하면 $r \le m$이다. 그리고

$$B_1 = (b_{11}, b_{12}, \cdots, b_{1n}), \quad \cdots, \quad B_r = (b_{r1}, b_{r2}, \cdots, b_{rn}) \in F^n$$

이라 하자.

한편 $A_1, \cdots, A_m \in \langle A_1, \cdots, A_m\rangle = \langle B_1, \cdots, B_r\rangle$이므로, 스칼라 $c_{ij} \in F(1 \le i \le m,\ 1 \le j \le r)$가 존재하여

$$\begin{cases} A_1 = c_{11}B_1 + c_{12}B_2 + \cdots + c_{1r}B_r \\ A_2 = c_{21}B_1 + c_{22}B_2 + \cdots + c_{2r}B_r \\ \qquad\qquad\vdots \\ A_m = c_{m1}B_1 + c_{m2}B_2 + \cdots + c_{mr}B_r \end{cases}$$

이다. 그러면 행렬 A의 (i, j) 성분은 $a_{ij} = c_{i1}b_{1j} + c_{i2}b_{2j} + \cdots + c_{ir}b_{rj}$이므로

$$A = \begin{pmatrix} A_1 \\ A_2 \\ \vdots \\ A_m \end{pmatrix} = \begin{pmatrix} \sum_{k=1}^r c_{1k}b_{k1} & \sum_{k=1}^r c_{1k}b_{k2} & \cdots & \sum_{k=1}^r c_{1k}b_{kn} \\ \sum_{k=1}^r c_{2k}b_{k1} & \sum_{k=1}^r c_{2k}b_{k2} & \cdots & \sum_{k=1}^r c_{2k}b_{kn} \\ \vdots & \vdots & & \vdots \\ \sum_{k=1}^r c_{mk}b_{k1} & \sum_{k=1}^r c_{mk}b_{k2} & \cdots & \sum_{k=1}^r c_{mk}b_{kn} \end{pmatrix} = \left(\sum_{k=1}^r c_{ik}b_{kj}\right)$$

이다. 그리고 A의 제 j열은

$$A^j = \begin{pmatrix} \sum_{k=1}^r c_{1k}b_{kj} \\ \sum_{k=1}^r c_{2k}b_{kj} \\ \vdots \\ \sum_{k=1}^r c_{mk}b_{kj} \end{pmatrix} = \begin{pmatrix} c_{11}b_{1j}+c_{12}b_{2j}+\cdots+c_{1r}b_{rj} \\ c_{21}b_{1j}+c_{22}b_{2j}+\cdots+c_{2r}b_{rj} \\ \vdots \\ c_{m1}b_{1j}+c_{m2}b_{2j}+\cdots+c_{mr}b_{rj} \end{pmatrix} = b_{1j}\begin{pmatrix} c_{11} \\ c_{21} \\ \vdots \\ c_{m1} \end{pmatrix} + b_{2j}\begin{pmatrix} c_{12} \\ c_{22} \\ \vdots \\ c_{m2} \end{pmatrix} + \cdots + b_{rj}\begin{pmatrix} c_{1r} \\ c_{2r} \\ \vdots \\ c_{mr} \end{pmatrix}$$

이다. $C^i = (c_{1i}, c_{2i}, \cdots, c_{mi}) \in F^m \ (1 \le i \le r)$이라 놓으면

$$A^j = b_{1j}C^1 + b_{2j}C^2 + \cdots + b_{rj}C^r \in \langle C^1, C^2, \cdots, C^r \rangle < F^m \ (1 \le j \le n)$$

이다. 따라서

$$\mathrm{col}(A) = \langle A^1, \cdots, A^n \rangle < \langle C^1, C^2, \cdots, C^r \rangle$$

이므로

$$\dim(\mathrm{col}(A)) \le \dim\langle C^1, C^2, \cdots, C^r \rangle \le r = \dim(\mathrm{row}(A))$$

이다.

같은 방법으로 $\dim(\mathrm{row}(A)) \le \dim(\mathrm{col}(A))$임을 증명할 수 있다. 따라서

$$\mathrm{rank}(A) = \dim(\mathrm{row}(A)) = \dim(\mathrm{col}(A))$$

가 성립한다. 또한 $\mathrm{rank}(A^T) = \dim(\mathrm{row}(A^T)) = \dim(\mathrm{col}(A)) = \mathrm{rank}(A)$이다. ■

연 습 문 제 (3.5)

1. 실수체 $\mathbb{R}$ 위에서 각 행렬의 행공간에 대한 기저와 열공간에 대한 기저를 구하라.

(1) $\begin{pmatrix} 2 & 1 \\ 0 & 4 \end{pmatrix}$ (2) $\begin{pmatrix} 1 & 2 & 3 \\ 4 & 5 & 7 \end{pmatrix}$

(3) $\begin{pmatrix} 1 & 0 & 2 \\ 0 & 1 & 1 \\ 0 & 0 & 0 \end{pmatrix}$ (4) $\begin{pmatrix} 1 & -3 & 0 & 0 \\ 0 & 1 & 0 & 0 \\ 0 & 0 & 0 & 0 \\ 0 & 0 & 0 & 0 \end{pmatrix}$

2. 다음에 주어진 행렬이 a에 따라 $\text{rank}(A)$가 어떻게 변하는지를 논하라.

(1) $A = \begin{pmatrix} 1 & -1 & a \\ 1 & a & -1 \\ a^2 & 1 & -1 \end{pmatrix}$ (2) $A = \begin{pmatrix} a & 3 & -1 \\ 3 & 6 & -2 \\ -1 & -3 & a \end{pmatrix}$

3. 만약 스칼라 $k \neq 0$라면 행렬 A와 kA는 같은 rank를 갖는다는 것을 증명하라.

4. $\text{rank}(A) = \text{rank}(B)$이나 $\text{rank}(A^2) \neq \text{rank}(B^2)$인 2차 정사각행렬 A와 행렬 B를 구하라.

5. 체 F 위의 $m \times n$행렬 A에 대하여 $\mathbf{v}_1, \cdots, \mathbf{v}_m$과 $\mathbf{w}_1, \cdots, \mathbf{w}_n$을 각각 A의 행벡터, 열벡터라고 할 때, 다음 명제 중에서 참인 명제를 찾아라.

(1) $\text{rank}(A) < m$이면, 벡터공간 F^n에서 $\mathbf{v}_1, \cdots, \mathbf{v}_m$은 일차종속이다.

(2) $\text{rank}(A) < n$이면, 벡터공간 F^m에서 $\mathbf{w}_1, \cdots, \mathbf{w}_n$은 일차종속이다.

(3) $n < m$이면, 벡터공간 F^n에서 $\mathbf{v}_1, \cdots, \mathbf{v}_m$은 일차종속이다.

(4) $m < n$이면, 벡터공간 F^m에서 $\mathbf{w}_1, \cdots, \mathbf{w}_n$은 일차종속이다.

6. 행렬 A가 정사각행렬이 아니면, A의 행벡터와 열벡터 중 하나는 일차종속임을 증명하라.

3.6 동차 연립1차방정식의 해공간

이 절에서는 동차 연립1차방정식의 해집합의 성질에 대하여 알아보자. 체 F의 원소를 성분으로 갖는 $m\times n$행렬 $A=(a_{ij})$ 와 n개의 미지수 $x_1,\ x_2,\ \cdots,\ x_n$에 대하여

$$S=\left\{(x_1,\ x_2,\ \cdots,\ x_n)\in F^n \;\middle|\; A\begin{pmatrix}x_1\\x_2\\\vdots\\x_n\end{pmatrix}=\begin{pmatrix}0\\0\\\vdots\\0\end{pmatrix}\right\}$$

는 동차 연립1차방정식

$$\begin{cases}a_{11}x_1+\cdots+a_{1n}x_n &= 0\\ a_{21}x_1+\cdots+a_{2n}x_n &= 0\\ \qquad\vdots & \ \ \vdots\\ a_{m1}x_1+\cdots+a_{mn}x_n &= 0\end{cases} \iff \begin{pmatrix}a_{11}&\cdots&a_{1n}\\a_{21}&\cdots&a_{2n}\\\vdots&&\vdots\\a_{m1}&\cdots&a_{mn}\end{pmatrix}\begin{pmatrix}x_1\\x_2\\\vdots\\x_n\end{pmatrix}=\begin{pmatrix}0\\0\\\vdots\\0\end{pmatrix}$$

의 해집합과 같다(정리 2.3.7).

정리 3.6.1 *체 F 성분 행렬 $A=(a_{ij})\in M_{m\times n}(F)$에 대한 동차 연립1차방정식 $AX=\mathbb{O}$의 해집합*

$$S=\left\{(x_1,\ x_2,\ \cdots,\ x_n)\in F^n \;\middle|\; A\begin{pmatrix}x_1\\x_2\\\vdots\\x_n\end{pmatrix}=\begin{pmatrix}0\\0\\\vdots\\0\end{pmatrix}\right\}$$

에 대하여 다음이 성립한다.

(1) $S<F^n$

(2) $\dim_F S=n-\text{rank}(A)$(매개변수의 개수와 일치)

※ 부분공간 S를 행렬 A의 **퇴화공간**(Null space, 退化空間), 또한 동차연립방정식 $AX=\mathbb{O}$의 **해공간**(solution space, 解空間)이라 한다.

※ $\text{null}(A)=n-\text{rank}(A)$를 행렬 A의 **퇴화차수**(nullity, 退化次數)라 한다.

(증명) (1) 연습문제로 남긴다.

(2) 먼저 $A=\mathbb{O}_{m\times n}$이면 $S=F^n$이고 $\text{rank}(A)=0$이다. 그러므로

$$\dim_F S=\dim_F F^n=n=n-\text{rank}(A)$$

이다.

다음에 $A \neq \mathbb{O}_{m\times n}$인 경우 A에 기본행연산을 유한번 시행하여 얻은 기약 행사다리꼴을 A'이라 하자. 그리고 $\text{rank}(A)=\text{rank}(A')=r$이라고 하면 $1\le r\le m$, $1\le r\le n$이다. $\text{rank}(A)=\text{rank}(A')=n$이면 정리 2.3.2에 의해 동차 연립방정식은 유일한 해 $(0,\cdots,0)$만 갖는다. 그러므로 $S=\{\mathbf{0}\}$이고 $\dim_F S=0=n-\text{rank}(A)$이다.

이제 $1\le r<n$이라고 하자. A의 기약 행사다리꼴 A'이 아래와 같다고 하자. 필요하면 미지수의 순서를 바꾸어 선두 1이 아래와 같이 I_r형태로 나타날 수 있게 할 수 있다.

$$A'=\begin{pmatrix} 1 & 0 & \dots & 0 & c_{1(r+1)} & \dots & c_{1n} \\ 0 & 1 & \dots & 0 & c_{2(r+1)} & \dots & c_{2n} \\ \vdots & \vdots & \ddots & \vdots & \vdots & \dots & \vdots \\ 0 & 0 & \dots & 1 & c_{r(r+1)} & \cdots & c_{rn} \\ 0 & 0 & \dots & 0 & 0 & \cdots & 0 \\ \vdots & \vdots & \cdots & \vdots & \vdots & \cdots & \vdots \\ 0 & 0 & \cdots & 0 & 0 & \cdots & 0 \end{pmatrix} \begin{matrix} \\ \\ \\ r\text{행} \\ \\ \\ m\text{행} \end{matrix}$$

그러면 동차 연립방정식 $AX=\mathbb{O}$는 아래 동차 연립방정식과 동치이다.

$$\begin{cases} x_1+c_{1(r+1)}x_{r+1}+\cdots+c_{1n}x_n=0 \\ x_2+c_{2(r+1)}x_{r+1}+\cdots+c_{2n}x_n=0 \\ \qquad\vdots \\ x_r+c_{r(r+1)}x_{r+1}+\cdots+c_{rn}x_n=0 \end{cases} \Longrightarrow \begin{cases} x_1=-c_{1(r+1)}x_{r+1}-\cdots-c_{1n}x_n \\ x_2=-c_{2(r+1)}x_{r+1}-\cdots-c_{2n}x_n \\ \qquad\vdots \\ x_r=-c_{r(r+1)}x_{r+1}-\cdots-c_{rn}x_n \end{cases}$$

그러므로 위 동차 연립방정식의 모든 해는 다음과 같다.

$$\begin{cases} x_1=-c_{1(r+1)}t_1-\cdots-c_{1n}t_{n-r} \\ x_2=-c_{2(r+1)}t_1-\cdots-c_{2n}t_{n-r} \\ \quad\vdots \\ x_r=-c_{r(r+1)}t_1-\cdots-c_{rn}t_{n-r} \quad (t_1,\ \cdots,\ t_{n-r}\in F) \\ x_{r+1}=\qquad t_1 \\ \quad\vdots \\ x_n=\qquad\qquad t_{n-r} \end{cases}$$

$$\begin{pmatrix} x_1 \\ x_2 \\ \vdots \\ x_r \\ x_{r+1} \\ \vdots \\ x_n \end{pmatrix} = t_1 \begin{pmatrix} -c_{1(r+1)} \\ -c_{2(r+1)} \\ \vdots \\ -c_{r(r+1)} \\ 1 \\ \vdots \\ 0 \end{pmatrix} + \cdots + t_{n-r} \begin{pmatrix} -c_{1n} \\ -c_{2n} \\ \vdots \\ -c_{rn} \\ 0 \\ \vdots \\ 1 \end{pmatrix} \quad (t_1, \cdots, t_{n-r} \in F)$$

그리고 정리 3.5.4에 의해 벡터공간 F^n 에서 $n-r$(매개변수의 개수)개의 벡터

$$(-c_{1(r+1)}, -c_{1(r+1)}, \cdots, -c_{1(r+1)}, 1, \cdots, 0), \cdots, (-c_{1n}, -c_{2n}, \cdots, -c_{rn}, 0, \cdots, 1)$$

은 1차독립(기저)이다. 따라서 정리가 성립한다. ■

예 3.6.2 실수체 $\mathbb{R}$ 위에서 다음 동차 연립방정식의 해공간을 구해보자.

(1) $\begin{cases} x+2y+z=0 \\ 2x+3y+z=0 \end{cases}$ 의 해공간를 구해보자.

계수행렬을 $A = \begin{pmatrix} 1 & 2 & 1 \\ 2 & 3 & 1 \end{pmatrix}$ 이라 하자. 그리고 A의 기약 행사다리꼴을 구해보자. 가우스-조르당 소거법을 시행하면

$$\begin{pmatrix} 1 & 2 & 1 \\ 2 & 3 & 1 \end{pmatrix} \xrightarrow{R_2-2R_1} \begin{pmatrix} 1 & 2 & 1 \\ 0 & -1 & -1 \end{pmatrix} \xrightarrow{R_1+2R_2} \begin{pmatrix} 1 & 0 & -1 \\ 0 & -1 & -1 \end{pmatrix} \xrightarrow{-R_2} \begin{pmatrix} 1 & 0 & -1 \\ 0 & 1 & 1 \end{pmatrix}$$

이 되고, 해는 마지막 단계에서

$$\begin{cases} 1 \cdot x + 0 \cdot y - 1 \cdot z = 0 \\ 0 \cdot x + 1 \cdot y + 1 \cdot z = 0 \end{cases} \text{이므로, 해는} \begin{cases} x = \ \ t \\ y = -t \\ z = \ \ t \end{cases} \quad (t \in \mathbb{R})$$

이다. 이 해를 벡터 형식으로 다시 표현하면

$$(x, y, z) = t(1, -1, 1) \ (t \in \mathbb{R})$$

이므로 연립방정식의 해공간 S는

$$S = \langle (1, -1, 1) \rangle$$

이고, 벡터 $(1, -1, 1)$은 $\mathbb{R}$ 위에서 1차독립이므로, 해공간 S의 차원은 $\dim_{\mathbb{R}} S = 1$이다.

(2) $\begin{cases} x+2y+z=0 \\ 2x+3y+z=0 \\ x-2y-z=0 \end{cases}$ 의 해공간를 구해보자.

계수행렬을 A라 하자. 그리고 A의 기약 행사다리꼴을 구해보자. 가우스-조르당 소거법을 시행하면

$$\begin{pmatrix} 1 & 2 & 1 \\ 2 & 3 & 1 \\ 1 & -2 & -1 \end{pmatrix} \xrightarrow[R_3-R_1]{R_2-2R_1} \begin{pmatrix} 1 & 2 & 1 \\ 0 & -1 & -1 \\ 0 & -4 & -2 \end{pmatrix} \xrightarrow[R_4-4R_2]{R_1+2R_2} \begin{pmatrix} 1 & 0 & -1 \\ 0 & -1 & -1 \\ 0 & 0 & 2 \end{pmatrix}$$

$$\xrightarrow[R_2+\frac{1}{2}R_3]{R_1+\frac{1}{2}R_3} \begin{pmatrix} 1 & 0 & 0 \\ 0 & -1 & 0 \\ 0 & 0 & 2 \end{pmatrix} \xrightarrow[R_2+\frac{1}{2}R_3]{R_1+\frac{1}{2}R_3} \begin{pmatrix} 1 & 0 & 0 \\ 0 & -1 & 0 \\ 0 & 0 & 2 \end{pmatrix} \xrightarrow[\frac{1}{2}R_3]{-R_2} \begin{pmatrix} 1 & 0 & 0 \\ 0 & 1 & 0 \\ 0 & 0 & 1 \end{pmatrix}$$

이 되고, 해는 마지막 단계에서

$$\begin{cases} 1\cdot x+0\cdot y+0\cdot z=0 \\ 0\cdot x+1\cdot y+0\cdot z=0 \\ 0\cdot x+0\cdot y+1\cdot z=0 \end{cases} \text{이므로, 해는} \begin{cases} x=0 \\ y=0 \\ z=0 \end{cases}$$

이다. 이 해를 벡터 형식으로 다시 표현하면

$$(x,\ y,\ z)=(0,0,0)$$

이므로, 연립방정식의 해공간 S는

$$S=\langle(0,0,0)\rangle$$

이고, 해공간 S의 차원은 $\dim_{\mathbb{R}} S=0$이다.

(3) $\begin{cases} x+2y+3z=0 \\ 2x+4y+6z=0 \end{cases}$ 의 해공간를 구해보자. 계수행렬에 가우스-조르당 소거법을 시행하면 다음과 같다.

$$\begin{pmatrix} 1 & 2 & 3 \\ 2 & 4 & 6 \end{pmatrix} \xrightarrow{R_2-2R_1} \begin{pmatrix} 1 & 2 & 3 \\ 0 & 0 & 0 \end{pmatrix}$$

정리 2.3.2에 의해 부정이 된다. 매개변수의 개수는 $3-1=2$개이다. 즉, $x+2y+3z=0$에서 $y,\ z$ 를 각각 매개변수 $t,\ s$라 하면

$$\begin{cases} x=-2t-3s \\ y=\quad t \\ z=\quad s \qquad (t,s\in\mathbb{R}) \end{cases}$$

이다. 이 해를 벡터 형식으로 다시 표현하면

$$(x,\ y,\ z)=t(-2,1,0)+s(-3,0,1)\ (t,s\in\mathbb{R})$$

이므로 연립방정식의 해공간 S는

$$S = \langle (-2,1,0),\ (-3,0,1) \rangle$$

이고, 벡터 $(-2,1,0), (-3,0,1)$는 $\mathbb{R}$ 위에서 1차독립이므로, 해공간 S의 차원은 $\dim_{\mathbb{R}} S = 2$이다.

문제 3.6.3 체 F 성분 정사각행렬 A에 대한 동차 연립1차방정식 $AX = \mathbb{O}$의 해가 자명한 해 $\mathbf{0}$ 만 존재할 필요충분조건은 $|A| \neq 0$이다.

연 습 문 제 (3.6)

1. 정리 3.6.1 (1)을 증명하라.

2. $\mathbb{R}$-벡터공간 $\mathbb{R}^4$에서 부분공간

$$W = \{(x_1,\ x_2,\ x_3,\ x_4) \in \mathbb{R}^4 \mid x_1 + 2x_3 + x_4 = 0\}$$

의 기저와 차원을 구하라.

3. 다음 동차 연립방정식의 해공간의 기저와 차원을 구하라.

(1) $\begin{cases} x - y + z = 0 \\ 2x + y - z = 0 \end{cases}$ (2) $\begin{cases} 3x_1 + x_2 + x_3 + x_4 = 0 \\ 5x_1 - x_2 + x_3 - x_4 = 0 \end{cases}$

(3) $\begin{cases} 2x - y + z = 0 \\ x + y \quad\ \ = 0 \\ -2x - y + z = 0 \end{cases}$

4. $\mathbb{R}$-벡터공간 $\mathbb{R}^3$에서 다음 부분공간을 해공간으로 갖는 미지수 x, y, z에 관한 동차 연립일차방정식을 구하라.

(1) $W = \langle (3,\ 2,\ 1),\ (0,\ 2,\ 3) \rangle$
(2) $W = \langle (1,\ 1,\ 2),\ (0,\ 2,\ 4),\ (1,\ 5,\ 10) \rangle$

5. $\mathbb{R}$-벡터공간 $\mathbb{R}^4$에서

$$W = \langle (-1,\ 0,\ 0,\ 1),\ (0,\ 3,\ 5,\ -2),\ (1,\ 0,\ -3,\ 0) \rangle$$

를 해공간으로 갖는 미지수 x_1, x_2, x_3, x_4에 관한 동차 연립일차방정식을 구하라.

6. 다음 물음에 답하라.

(1) 방정식 $x+y+z=1$의 일반해를 특수해와 그와 연관된 동차 방정식의 일반해의 합으로 표현하라.

(2) (1)의 결과를 기하적으로 설명하라.

7. $x_1=-1,\ x_2=2,\ x_3=4,\ x_4=-3$이 비동차 연립방정식 $A\mathbf{x}=\mathbf{b}$의 해이고 동차 연립방정식 $A\mathbf{x}=\mathbf{0}$의 해집합이 다음과 같이 주어졌다고 가정하자.

$$x_1=-3r+4s,\quad x_2=r-s,\quad x_3=r,\quad x_4=s$$

(1) $A\mathbf{x}=\mathbf{0}$의 일반해를 벡터형태로 구하라.

(2) $A\mathbf{x}=\mathbf{b}$의 일반해를 벡터형태로 구하라.

8. 다음 행렬을 계수로 갖는 동차 연립방정식의 해공간의 기저를 구하라.

(1) $\begin{pmatrix} 3 & -1 & 0 \\ 6 & -2 & 0 \\ 0 & 0 & 0 \end{pmatrix}$ (2) $\begin{pmatrix} 1 & 4 & 5 & 2 \\ 2 & 1 & 3 & 0 \\ -1 & 3 & 2 & 2 \end{pmatrix}$

9. 다음 행렬의 rank와 퇴화차수(nullity) 를 구하라.

(1) $\begin{pmatrix} 2 & -1 & 3 \\ 4 & -2 & 1 \\ 2 & 1 & 0 \end{pmatrix}$ (2) $\begin{pmatrix} 1 & 3 & 1 & 4 \\ 2 & 4 & 2 & 0 \\ -1 & -3 & 0 & 5 \end{pmatrix}$

제 4 장

선형사상과 행렬

선형성(線型性, linearity) 또는 선형(線型, linear, 라틴어: linearis)은 직선처럼 똑바른 도형, 또는 그와 비슷한 성질을 갖는 대상이라는 뜻으로, 이러한 성질을 갖고 있는 변환 등에 대하여 쓰는 용어이다. 함수의 경우, 어떠한 함수가 진행하는 모양이 '직선'이라는 의미로 사용된다. 이러한 개념은 수학, 물리학 등에서 많이 사용된다. 다른 말로 1차(一次)라고도 한다. (단어 '1차' 자체는, '선형'을 의미하지 않는 경우도 많다.)

실수체 또는 복소수체 위의 무한차원 선형공간, 예를 들면 함수공간(函數空間), 힐베르트(독, Hilbert, 1862~1943)공간, 바나흐(폴, Banach, 1892~1945)공간의 경우 등에서, 선형사상의 예는 미분연산자·적분연산자·유니터리연산자·에르미트연산자 등이 있으며, 이들은 위상해석학(位相解析學)에서 자세히 연구되어 있다. 유한차원인 선형사상은 대수학의 각 분야에 응용된다. 함수공간의 선형사상의 이론은 물리학 특히 양자역학 등에서 그 응용상 매우 중요하다. (참조 : [8, 11])

4.1 선형사상

이 절에서는 두 벡터공간 사이의 연산을 보존하는 함수인 선형사상의 정의 및 성질에 대하여 알아본다.

정의 4.1.1 [*선형사상(linear transformation, 線型寫像)*]

체 F 위의 두 벡터공간 V, W에 대한 함수 $T : V \longrightarrow W$에 대하여

T는 V에서 W로의 **선형사상(선형변환)**	$\overset{\text{정의}}{\Longleftrightarrow}$	임의의 $\mathbf{v}, \mathbf{w} \in V$와 $a \in F$에 대하여 ① $T(\mathbf{v}+\mathbf{w}) = T(\mathbf{v}) + T(\mathbf{w})$ ② $T(a\mathbf{v}) = aT(\mathbf{v})$

※ 선형사상 T를 **벡터공간 준동형사상**(vector space homomorphism, -空間 準同型寫像)이라고도 한다.

※ 선형사상에서 체 F를 명백히 할 필요가 있을 때, F-**선형사상**이라 한다.

※ 조건 ①, ②를 한 가지 식으로 나타내면 임의의 벡터 $\mathbf{v}, \mathbf{w} \in V$와 $a, b \in F$에 대하여

$$T(a\mathbf{v} + b\mathbf{w}) = aT(\mathbf{v}) + bT(\mathbf{w})$$

이다(연습문제 7번).

※ 특히 V에서 V 자신으로의 선형사상 $T : V \longrightarrow V$를 V 위의 **선형연산자**(linear operator, 線型演算子) 또는 **선형작용소**(linear operator, 線型作用素)라 한다.

예 4.1.2 체 F 위의 벡터공간 V에서 항등사상 $I_V : V \to V$, $I_V(\mathbf{v}) = \mathbf{v}$는 선형사상이다.

영사상 $\mathbf{O} : V \to V$, $\mathbf{O}(\mathbf{v}) = \mathbf{0}$도 선형사상이다.

예 4.1.3 실수체 $\mathbb{R}$ 위의 벡터공간 $\mathbb{R}$에서 정의된 다음 함수 $T : \mathbb{R} \to \mathbb{R}$가 선형사상인지 아닌지를 알아보자.

(1) 임의의 $x \in \mathbb{R}$에 대하여 $T(x) = x + 1$이라 정의하면 전단사 함수이지만 선형사상이 아니다. 왜냐하면

$$T(x+x) = T(2x) = 2x+1, \quad T(x) + T(x) = 2T(x) = 2(x+1)$$

이므로

$$T(x+x) \neq T(x) + T(x)$$

이므로 T는 선형사상 아니다.

(2) 임의의 $x \in \mathbb{R}$에 대하여 $T(x) = x^2$이라 정의하면 선형사상이 아니다. 왜냐하면

$$T(x+y) = (x+y)^2 = x^2 + 2xy + y^2, \quad T(x) + T(y) = x^2 + y^2$$

이므로

$$T(x+y) \neq T(x) + T(y)$$

이므로 T는 선형사상 아니다.

(3) 스칼라 $a \in \mathbb{R}$와 임의의 $x \in \mathbb{R}$에 대하여 $T(x) = ax$이라 정의하면 선형사상이다. 왜냐하면

$$T(x+y) = a(x+y) = ax + ay = T(x) + T(y)$$

이고, 임의의 스칼라 $r \in \mathbb{R}$에 대하여

$$T(rx) = a(rx) = r(ax) = rT(x)$$

이므로 T는 선형사상이다.

문제 4.1.4 $\mathbb{R}$-벡터공간 $\mathbb{R}^2$ 위의 함수 $T : \mathbb{R}^2 \to \mathbb{R}^2$에 대하여 다음은 선형사상이다.

(1) 스칼라 $a,\ b,\ c,\ d \in \mathbb{R}$와 임의의 벡터 $(x,y) \in \mathbb{R}^2$에 대하여 $T(x,\ y) = (ax+by,\ cx+dy)$라 정의하면 T는 선형사상이다.

(2) 스칼라 $\theta \in \mathbb{R}$와 임의의 벡터 $(x,y) \in \mathbb{R}^2$ 에 대하여

$$\begin{aligned} T(x,\ y) &= \big((\cos\theta)x - (\sin\theta)y,\ (\sin\theta)x + (\cos\theta)y\big) \\ &= \begin{pmatrix} \cos\theta & -\sin\theta \\ \sin\theta & \cos\theta \end{pmatrix} \begin{pmatrix} x \\ y \end{pmatrix} \end{aligned}$$

라 정의하면, T는 선형사상이다. 이는 x축을 기준으로 시계반대방향으로 θ만큼 회전이동한 사상이다.

정리 4.1.5 *체 F 위의 $m \times n$ 행렬 $A = (a_{ij}) \in M_{m\times n}(F)$에 대하여 다음이 성립한다.*

(1) 함수 $T : M_{n\times r} \longrightarrow M_{m\times r},\ T(X) = AX$는 F-선형사상이다.

(2) 함수 $T : F^n \longrightarrow F^m$를 다음과 같이 정의하면

$$T\begin{pmatrix} x_1 \\ x_2 \\ \vdots \\ x_n \end{pmatrix} = A\begin{pmatrix} x_1 \\ x_2 \\ \vdots \\ x_n \end{pmatrix} = \begin{pmatrix} y_1 \\ y_2 \\ \vdots \\ y_m \end{pmatrix} \quad \text{즉} \quad \begin{cases} y_1 = a_{11}x_1 + a_{12}x_2 + \cdots + a_{1n}x_n \\ y_2 = a_{21}x_1 + a_{22}x_2 + \cdots + a_{2n}x_n \\ \quad \vdots \\ y_m = a_{m1}x_1 + a_{m2}x_2 + \cdots + a_{mn}x_n \end{cases}$$

는 F-선형사상이다.

(증명) (1) 임의의 $X,\ Y \in M_{n\times r}$과 $a \in F$에 대하여, 행렬의 성질(정리 2.1.7)을 이용하면

$$\begin{aligned} T(X+Y) &= A(X+Y) = AX+AY = T(X)+T(Y),\\ T(aX) &= A(aX) = a(AX) = aT(X) \end{aligned}$$

이므로 T는 선형사상이다.

(2) F^n은 $n\times 1$ 행렬 집합으로 볼 수 있으므로 (1)에 의해 성립한다. ■

예 4.1.6 F 위의 다항식 $f(x) = a_0 + a_1x + a_2x^2 + \cdots + a_nx^n \in F[x]$에 대하여 다항식

$$f'(x) = a_1 + 2a_2x + \cdots + na_nx^{n-1}$$

를 $f(x)$의 **형식적 미분**(formal derivative, 形式的 微分)이라고 한다. 사상

$$D : F[x] \longrightarrow F[x], \quad D(f(x)) = f'(x)$$

는 F-선형사상이다. 왜냐하면, $a \in F$와 $f(x),\ g(x) \in F[x]$에 대하여

$$\begin{aligned} D(f(x)+g(x)) &= f'(x)+g'(x) = D(f(x))+D(g(x)),\\ D(af(x)) &= af'(x) = aD(f(x)) \end{aligned}$$

이므로 D는 선형사상이다. 이를 **미분연산자**(differential operator, 微分演算子)라 한다.

예 4.1.7 폐구간 $[a,\ b]$에서 연속인 함수 전체의 집합을 $C[a,\ b]$, 즉

$$C[a,\ b] = \{f \mid f : [a,\ b] \longrightarrow \mathbb{R}\text{는 } [a,\ b]\text{에서 연속함수}\}$$

라 하면 연속함수의 성질에 의해 $C[a,\ b]$는 $\mathbb{R}$-벡터공간 $\mathbb{R}[x]$의 부분공간이다.

임의의 $f \in C[a,\ b]$에 대하여 사상

$$I : C[a,\ b] \longrightarrow \mathbb{R}, \quad I(f) = \int_a^b f(x)dx$$

라 정의하면, I는 $\mathbb{R}$-선형사상이다. 왜냐하면, 임의의 $r \in \mathbb{R}$과 $f,\ g \in [a,\ b]$에 대하여

$$\begin{aligned} I(f+g) &= \textstyle\int_a^b (f(x)+g(x))dx = \int_a^b (f(x)) + \int_a^b (g(x))dx = I(f)+I(g),\\ I(rf) &= \textstyle\int_a^b (rf(x))dx = r\int_a^b (f(x))dx = rI(f) \end{aligned}$$

이므로 I는 선형사상이다. 이를 **적분연산자**(integral operator, 積分演算子)라 한다.

예 4.1.8 2차 정사각행렬 A에 대하여 $\mathbb{R}^2$ 위의 선형사상 $f_A : \mathbb{R}^2 \to \mathbb{R}^2$, $f_A(X) = AX$라 정의할 때, 다음 2차 정사각행렬에 의한 선형사상 f_A, f_B, f_C, f_D, f_E의 기하학적 의미를 해석하라.

$$A = \begin{pmatrix} -1 & 0 \\ 0 & 1 \end{pmatrix},\ B = \begin{pmatrix} 1 & 0 \\ 0 & -1 \end{pmatrix},\ C = \begin{pmatrix} 0 & 1 \\ 1 & 0 \end{pmatrix},\ D = \begin{pmatrix} -1 & 0 \\ 0 & -1 \end{pmatrix},\ E = \begin{pmatrix} k & 0 \\ 0 & 1 \end{pmatrix}$$

(풀이) $\mathbb{R}^2$의 임의의 벡터를 $\begin{pmatrix} x \\ y \end{pmatrix}$라 할 때, 각 행렬에 대응하는 선형사상을 살펴보면 다음과 같다.

(1) $f_A \begin{pmatrix} x \\ y \end{pmatrix} = A \begin{pmatrix} x \\ y \end{pmatrix} = \begin{pmatrix} -1 & 0 \\ 0 & 1 \end{pmatrix} \begin{pmatrix} x \\ y \end{pmatrix} = \begin{pmatrix} -x \\ y \end{pmatrix}$ ($A : y$축 대칭)

(2) $f_B \begin{pmatrix} x \\ y \end{pmatrix} = B \begin{pmatrix} x \\ y \end{pmatrix} = \begin{pmatrix} 1 & 0 \\ 0 & -1 \end{pmatrix} \begin{pmatrix} x \\ y \end{pmatrix} = \begin{pmatrix} x \\ -y \end{pmatrix}$ ($B : x$축 대칭)

(3) $f_C \begin{pmatrix} x \\ y \end{pmatrix} = C \begin{pmatrix} x \\ y \end{pmatrix} = \begin{pmatrix} 0 & 1 \\ 1 & 0 \end{pmatrix} \begin{pmatrix} x \\ y \end{pmatrix} = \begin{pmatrix} y \\ x \end{pmatrix}$ ($C : y = x$축에 관한 대칭)

(4) $f_D \begin{pmatrix} x \\ y \end{pmatrix} = D \begin{pmatrix} x \\ y \end{pmatrix} = \begin{pmatrix} -1 & 0 \\ 0 & -1 \end{pmatrix} \begin{pmatrix} x \\ y \end{pmatrix} = \begin{pmatrix} -x \\ -y \end{pmatrix}$ (D: 원점 대칭)

(5) $f_E \begin{pmatrix} x \\ y \end{pmatrix} = E \begin{pmatrix} x \\ y \end{pmatrix} = \begin{pmatrix} k & 0 \\ 0 & 1 \end{pmatrix} \begin{pmatrix} x \\ y \end{pmatrix} = \begin{pmatrix} kx \\ y \end{pmatrix}$ ($E : x$좌표만 k배 확대(축소))

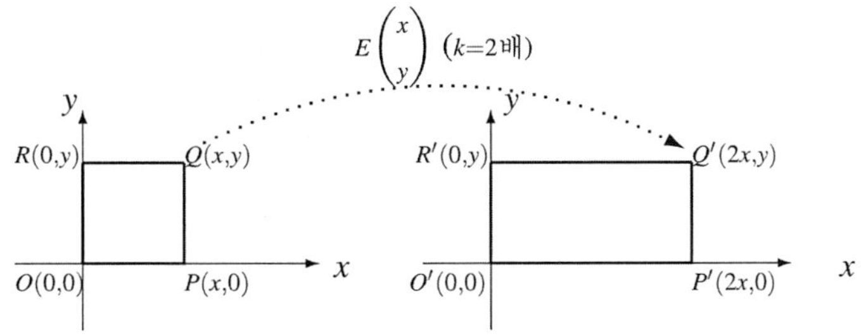

※ 일반적으로 선형변환에서 직선은 직선 또는 점으로 변환(참조: 임용시험 4.1.18)된다.

예 4.1.9 행렬 $A = \begin{pmatrix} -1 & 2 \\ 2 & -1 \end{pmatrix}$에 의한 선형사상을

$$T_A : \mathbb{R}^2 \to \mathbb{R}^2, \quad T_A(X) = AX$$

라 정의 할 때, 네 점 $O(0,\ 0)$, $P(1,\ 0)$, $Q(1,\ 1)$, $R(0,\ 1)$로 이루어진 정사각형 □$OPQR$는 T에 의해 어떤 도형으로 바뀌는가?

(풀이) 임용시험 문제 4.1.18에 의해 직선은 직선 또는 점으로 대응하므로, 각 꼭지점에 대한 상만 알면된다.

$$T_A\begin{pmatrix}0\\0\end{pmatrix}=A\begin{pmatrix}0\\0\end{pmatrix}=\begin{pmatrix}-1&2\\2&-1\end{pmatrix}\begin{pmatrix}0\\0\end{pmatrix}=\begin{pmatrix}0\\0\end{pmatrix}=O'$$

$$T_A\begin{pmatrix}1\\0\end{pmatrix}=A\begin{pmatrix}1\\0\end{pmatrix}=\begin{pmatrix}-1&2\\2&-1\end{pmatrix}\begin{pmatrix}1\\0\end{pmatrix}=\begin{pmatrix}-1\\2\end{pmatrix}=P'$$

$$T_A\begin{pmatrix}1\\1\end{pmatrix}=A\begin{pmatrix}1\\1\end{pmatrix}=\begin{pmatrix}-1&2\\2&-1\end{pmatrix}\begin{pmatrix}1\\1\end{pmatrix}=\begin{pmatrix}1\\1\end{pmatrix}=Q'$$

$$T_A\begin{pmatrix}0\\1\end{pmatrix}=A\begin{pmatrix}0\\1\end{pmatrix}=\begin{pmatrix}-1&2\\2&-1\end{pmatrix}\begin{pmatrix}0\\1\end{pmatrix}=\begin{pmatrix}2\\-1\end{pmatrix}=R'$$

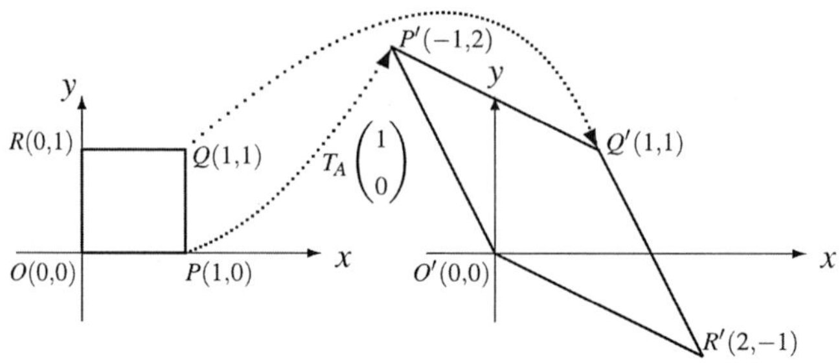

정사각형 □$OPQR$는 T에 의해 평행사변형 $O'P'Q'R'$ 으로 변환된다.

정리 4.1.10 *F-벡터공간 V, W 위의 선형사상 $T : V \to W$와 임의의 벡터 $\mathbf{u}$, $\mathbf{v} \in V$에 대하여 다음이 성립한다.*

(1) $T(\mathbf{0}_V) = \mathbf{0}_W$ ($\mathbf{0}_V$, $\mathbf{0}_W$는 각각 V, W의 영벡터)
(2) $T(-\mathbf{v}) = -T(\mathbf{v})$ (덧셈에 대한 역원 보존)
(3) $T(\mathbf{u}-\mathbf{v}) = T(\mathbf{u}) - T(\mathbf{v})$

※ (1)번은 선형사상을 판정할 때 유용하게 쓰인다.
즉, 영벡터 $\mathbf{0}$가 영벡터 $\mathbf{0}$로 가지 않으면 선형사상이 아니다.

(증명) (1) 정리 3.1.9 (7)에서 스칼라 $0 \in F$에 대하여 $0\mathbf{v} = \mathbf{0}$이므로 다음이 성립한다.

$$T(\mathbf{0}_V) = T(0\mathbf{0}_V) = 0T(\mathbf{0}_V) = \mathbf{0}_W$$

(2) 정리 3.1.9 (8)에서 $(-1)\mathbf{v} = -\mathbf{v}$이므로 다음이 성립한다.

$$T(-\mathbf{v}) = T((-1)\mathbf{v}) = (-1)T(\mathbf{v}) = -T(\mathbf{v})$$

(3) (2)에 의해 다음이 성립한다.

$$T(\mathbf{u}-\mathbf{v}) = T(\mathbf{u}+(-\mathbf{v})) = T(\mathbf{u})+T(-\mathbf{v}) = T(\mathbf{u})+(-T(\mathbf{v})) = T(\mathbf{u})-T(\mathbf{v})$$ ■

정리 4.1.11 (보편 사상 성질, Universal Mapping Property)

n차원 F-벡터공간 V의 기저 $\{\mathbf{v}_1, \cdots, \mathbf{v}_n\}$에 대하여 다음이 성립한다.

임의의 벡터공간 W와 임의의 벡터 $\mathbf{w}_1, \cdots, \mathbf{w}_n \in W$에 대하여

$$T(\mathbf{v}_i) = \mathbf{w}_i \ (i = 1, 2, \cdots, n)$$

인 선형사상 $T : V \to W$가 단 하나 존재한다.

※ 선형사상에서 기저에 대한 상(image)만 정해지면 선형사상은 유일하게 결정된다. 이때 T의 상 $\mathbf{w}_1, \cdots, \mathbf{w}_n$에서 같은 것이 있어도 된다.

(증명) 임의의 $\mathbf{v} \in V$에 대하여, 기저의 1차결합

$$\mathbf{v} = x_1\mathbf{v}_1 + x_2\mathbf{v}_2 + \cdots + x_n\mathbf{v}_n$$

으로 표현되는 스칼라 $x_1, x_2, \cdots, x_n \in F$은 유일하게 존재한다. 따라서 다음 함수는 잘 정의된다.

$$T : V \to W, \quad T(x_1\mathbf{v}_1 + \cdots + x_n\mathbf{v}_n) = x_1\mathbf{w}_1 + \cdots + x_n\mathbf{w}_n$$

이때

$$T(\mathbf{v}_i) = \mathbf{w}_i \ (i = 1, 2, \cdots, n)$$

이다. 그리고 임의의 $\mathbf{v} = x_1\mathbf{v}_1 + \cdots + x_n\mathbf{v}_n$, $\mathbf{v}' = x_1'\mathbf{v}_1 + \cdots + x_n'\mathbf{v}_n \in V$에 대하여

$$\begin{aligned}
T(\mathbf{v}+\mathbf{v}') &= T((x_1\mathbf{v}_1 + \cdots + x_n\mathbf{v}_n) + (x_1'\mathbf{v}_1 + \cdots + x_n'\mathbf{v}_n)) \\
&= T((x_1+x_1')\mathbf{v}_1 + \cdots + (x_n+x_n')\mathbf{v}_n) \\
&= (x_1+x_1')\mathbf{w}_1 + \cdots + (x_n+x_n')\mathbf{w}_n \\
&= (x_1\mathbf{w}_1 + \cdots + x_n\mathbf{w}_n) + (x_1'\mathbf{w}_1 + \cdots + x_n'\mathbf{w}_n) \\
&= T(x_1\mathbf{v}_1 + \cdots + x_n\mathbf{v}_n) + T(x_1'\mathbf{v}_1 + \cdots + x_n'\mathbf{v}_n) \\
&= T(\mathbf{v}) + T(\mathbf{v}')
\end{aligned}$$

이다. 또한, 임의의 스칼라 $\alpha \in F$와 벡터 $\mathbf{v} \in V$에 대하여

$$\begin{aligned} T(\alpha\mathbf{v}) &= T(\alpha(x_1\mathbf{v}_1 + \cdots + x_n\mathbf{v}_n)) \\ &= T((\alpha x_1)\mathbf{v}_1 + \cdots + (\alpha x_n)\mathbf{v}_n) \\ &= (\alpha x_1)\mathbf{w}_1 + \cdots + (\alpha x_n)\mathbf{w}_n \\ &= \alpha(x_1\mathbf{w}_1 + \cdots + x_n\mathbf{w}_n) \\ &= \alpha T(x_1\mathbf{v}_1 + \cdots + x_n\mathbf{v}_n) \\ &= \alpha T(\mathbf{v}) \end{aligned}$$

이다. 따라서 T는 선형사상이다.

한편 $S(\mathbf{v}_i) = \mathbf{w}_i$ $(i = 1,\ 2,\ \cdots,\ n)$ 인 선형사상 $S : V \to W$가 존재한다고 하자. 그러면 임의의 벡터 $\mathbf{v} = x_1\mathbf{v}_1 + \cdots + x_n\mathbf{v}_n \in V$에 대하여

$$\begin{aligned} T(\mathbf{v}) &= T(x_1\mathbf{v}_1 + \cdots + x_n\mathbf{v}_n) \\ &= x_1T(\mathbf{v}_1) + x_2T(\mathbf{v}_2) + \cdots + x_nT(\mathbf{v}_n) \\ &= x_1\mathbf{w}_1 + \cdots + x_n\mathbf{w}_n \\ &= x_1S(\mathbf{v}_1) + x_2S(\mathbf{v}_2) + \cdots + x_nS(\mathbf{v}_n) \\ &= S(x_1\mathbf{v}_1 + x_2\mathbf{v}_2 + \cdots + x_n\mathbf{v}_n) \\ &= S(\mathbf{v}) \end{aligned}$$

이므로 $T = S$이다. ■

따름정리 4.1.12 *유한차원 F-벡터공간 V, W 위에서 두 선형사상 T, $S : V \to W$와 V의 기저 $\{\mathbf{v}_1,\ \cdots,\ \mathbf{v}_n\}$에 대하여 다음이 성립한다.*

$$T(\mathbf{v}_i) = S(\mathbf{v}_i)(i = 1,\ 2,\ \cdots,\ n) \quad \Longrightarrow \quad T = S$$

(증명) 보편 사상 성질(정리 4.1.11)에 의해 성립한다. ■

예 4.1.13 $T : \mathbb{R}^2 \to \mathbb{R}$이 선형사상이고, $\mathbb{R}^2$의 기저 $\{(1,\ 1),\ (0,\ 1)\}$에 대하여 $T(1,\ 1) = -2$, $T(0,\ 1) = 1$일 때, $T(3,\ 2)$를 구하라. 또 $T(x,\ y)$를 구하라.

(1) (3, 2)의 기저에 대한 1차결합만 알면 구할 수 있다. 즉,

$$\begin{aligned} T(3,\ 2) &= T(3(1,\ 1) + (-1)(0,\ 1)) \\ &= 3T(1,\ 1) + (-1)T(0,\ 1) \\ &= -6 - 1 = -7 \end{aligned}$$

(2) (x, y)의 기저에 대한 1차결합은 $(x, y) = a(1, 1) + b(0, 1)$에서 $a = x$, $b = y - x$이므로 다음이 성립한다.

$$\begin{aligned} T(x, y) &= T(x(1, 1) + (y-x)(0, 1)) \\ &= xT(1, 1) + (y-x)T(0, 1) \\ &= -2x + y - x = -3x + y \end{aligned}$$

문제 4.1.14 $\mathbb{R}$-벡터공간 $\mathbb{R}^3$에서 $\mathbb{R}^2$로의 선형사상 $T : \mathbb{R}^3 \to \mathbb{R}^2$가 $\mathbb{R}^3$의 한 기저 $\{(1, 1, 1), (0, 1, 1), (0, 1, -1)\}$에 대하여

$$T(1, 1, 1) = (1, 1), \quad T(0, 1, 1) = (-2, 0), \quad T(0, 1, -1) = (3, -1)$$

일 때, $T(3, 2, 1)$과 $T(x, y, z)$를 구하라.

정리 4.1.15 *F-벡터공간 V, W에 대하여 V에서 W로의 모든 선형사상의 집합을*

$$\boxed{\mathrm{Hom}_F(V, W) = \{T \mid T : V \longrightarrow W \text{는 } F\text{-선형사상}\}}$$

라 하자. 임의의 T, $S \in \mathrm{Hom}_F(V, W)$에 대하여 덧셈과 스칼라곱을

$$\begin{aligned} (T+S)(\mathbf{v}) &= T(\mathbf{v}) + S(\mathbf{v}), \ \mathbf{v} \in V \\ (\alpha \cdot T)(\mathbf{v}) &= \alpha(T(\mathbf{v})), \ \alpha \in F \end{aligned}$$

와 같이 정의하면, 다음이 성립한다.

(1) 덧셈과 스칼라곱은 잘 정의되었다.
(2) $\mathrm{Hom}_F(V, W)$는 F-벡터공간이다.

※ 문맥에서 F를 분명히 알 수 있으면 $\mathrm{Hom}_F(V, W)$를 $\mathrm{Hom}(V, W)$라 쓴다.

(증명) (1) 연습문제로 남긴다.

(2) 벡터공간 성질 $(V_1) \sim (V_8)$중 (V_5)만 증명하고 나머지는 연습문제로 남긴다. 즉, 임의의 스칼라 $\alpha \in F$와 T, $S \in \mathrm{Hom}_F(V, W)$에 대하여 $\alpha(T+S) = \alpha T + \alpha S$임을 보이자. 임의의 벡터 $\mathbf{v} \in V$에 대하여

$$\begin{aligned} \alpha \cdot (T+S)(\mathbf{v}) &= \alpha((T+S)(\mathbf{v})) \\ &= \alpha(T(\mathbf{v}) + S(\mathbf{v})) \\ &= \alpha T(\mathbf{v}) + \alpha S(\mathbf{v}) \\ &= (\alpha \cdot T)(\mathbf{v}) + (\alpha \cdot S)(\mathbf{v}) \\ &= (\alpha \cdot T + \alpha \cdot S)(\mathbf{v}) \end{aligned}$$

이므로 $\alpha \cdot (T+S) = \alpha \cdot T + \alpha \cdot S$이다. ■

정리 4.1.16 *F-벡터공간 U, V, W에서 두 선형사상 $T: U \longrightarrow V,\quad S: V \longrightarrow W$에 대하여 다음이 성립한다.*

T와 S의 합성사상 $S \circ T$는 선형사상이다.

(증명) 임의의 $\mathbf{v}, \mathbf{w} \in V$와 $\alpha \in F$에 대하여

$$(S \circ T)(\mathbf{v}+\mathbf{w}) = S(T(\mathbf{v}+\mathbf{w})) = S(T(\mathbf{v})+T(\mathbf{w}))$$
$$= S(T(\mathbf{v}))+S(T(\mathbf{w})) = (S \circ T)(\mathbf{v})+(S \circ T)(\mathbf{w})\text{이고,}$$
$$(S \circ T)(\alpha\mathbf{v}) = S(T(\alpha\mathbf{v})) = S(\alpha T(\mathbf{v})) = \alpha S(T(\mathbf{v})) = \alpha(S \circ T)(\mathbf{v})$$

이므로 $S \circ T$는 선형사상이다. ■

임용시험 출제 4.1.17 [1998학년도] 실수체 $\mathbb{R}$ 위의 2차원 아핀공간 $\mathbb{R}^2$에서 점 $A(0,0)$, $B(1,0)$, $C(1,1)$인 $\triangle ABC$가 $A'(1,-2)$, $B'(2,0)$, $C'(3,-1)$인 $\triangle A'B'C'$ 로 옮기는 아핀변환을 구하라.
(참조; 아핀변환은 $\exists P \in M_2(\mathbb{R})$, $Q \in \mathbb{R}^2$, $T(X) = PX+Q$, $\forall X \in \mathbb{R}^2$이다.)

임용시험 출제 4.1.18 [2006학년도] 선형사상 $L: \mathbb{R}^n \to \mathbb{R}^m$은 $\mathbb{R}^n$의 임의의 두 점 x, $y(x \neq y)$를 잇는 선분 $\{(1-t)x+ty \mid 0 \leq t \leq 1\}$을 $\mathbb{R}^m$에 포함되는 선분(또는 점)으로 보내는 것을 보여라.

임용시험 출제 4.1.19 [2008학년도] $P_2 = \{a+bx+cx^2 \mid a,b,c \in \mathbb{R}\}$ 위의 선형사상 $T: P_2 \to P_2$가

$$T(1+x) = 1+x^2, \quad T(x+x^2) = x-x^2, \quad T(1+x^2) = 1+x+x^2$$

일 때, $T(4+2x+3x^2)$을 구하라.

연 습 문 제 (4.1)

1. 정리 4.1.15 (1)을 증명하라.

2. 정리 4.1.15 (2)의 나머지 부분을 증명하라.

3. 다음 사상 중에서 선형사상인 것을 찾아라.

(1) $T : \mathbb{R}^2 \to \mathbb{R}$, $T(x, y) = xy$

(2) $T : \mathbb{R}^2 \to \mathbb{R}^2$, $T(x, y) = (y, x)$

(3) $T : \mathbb{R}^2 \to \mathbb{R}^2$, $T(x, y) = (|x|, y)$

(4) $T : \mathbb{R}^2 \to \mathbb{R}^2$, $T(x, y) = (x+1, x+y)$

4. 주어진 함수가 선형사상인지 판별하고 검증하라.

(1) $T : M_{2\times2}(\mathbb{R}) \to M_{2\times3}(\mathbb{R})$, $T(A) = AB$ (B는 고정된 2×3 행렬)

(2) $T : M_n(\mathbb{R}) \to \mathbb{R}$, $T(A) = \mathrm{tr}(A)$

(3) $T : M_{m\times n}(\mathbb{R}) \to M_{n\times m}(\mathbb{R})$, $T(A) = A^T$

5. 실수체 $\mathbb{R}$ 위의 폐구간 $[a, b]$에서 연속인 함수의 전체집합 $C[a, b]$가 $\mathbb{R}$-벡터공간일 때, 함수 $T : C[a, b] \to C[a, b]$를

$$T(f) = 4f(x) + 3\int_a^x f(t)dt$$

라 정의하자. T는 선형사상인가?

6. $M_2(\mathbb{R})$에서 $\mathbb{R}$로의 사상 T가 다음과 같이 주어질 때 선형사상인 것은?

(1) $T\left(\begin{bmatrix} a & b \\ c & d \end{bmatrix}\right) = ad$

(2) $T\left(\begin{bmatrix} a & b \\ c & d \end{bmatrix}\right) = \begin{vmatrix} a & b \\ c & d \end{vmatrix}$

(3) $T\left(\begin{bmatrix} a & b \\ c & d \end{bmatrix}\right) = 2a+3b+c-d$

(4) $T\left(\begin{bmatrix} a & b \\ c & d \end{bmatrix}\right) = a^2+b^2$

7. 체 F 위의 두 벡터공간 V, W에 대하여 사상 $T : V \to W$가 다음 조건을 만족시킬 때, T는 선형사상임을 밝혀라.

$$T(a\mathbf{v} + b\mathbf{w}) = aT(\mathbf{v}) + bT(\mathbf{w}) \ (\mathbf{v},\ \mathbf{w} \in V,\ a,\ b \in F)$$

8. 체 F 위의 $m\times n$행렬 A에 대하여 다음과 같이 정의된 사상은 선형사상임을 밝혀라.

$$R_A : F^m \to F^n, \quad R_A(X) = XA, \text{ 단, } X\text{는 행벡터}$$

9. $B \in M_2(\mathbb{R})$일 때, 함수 $f_B : M_2(\mathbb{R}) \to M_2(\mathbb{R})$가 $f_B(A) = BA$로 주어질 때, 다음 물음에 답하라.

(1) f_B는 선형사상임을 보여라.

(2) $\det(f_B(B)) = (\det(B))^2$임을 보여라.

10. 함수 $f : M_2(\mathbb{R}) \to \mathbb{R}$가 2-선형함수[즉, 행렬 A에 대해

① $f(A_1 + A_1',\ A_2) = f(A_1,\ A_2) + f(A_1',\ A_2)$,

② $f(A_1,\ A_2 + A_2') = f(A_1,\ A_2) + f(A_1,\ A_2')$,

③ $f(aA_1, A_2) = af(A_1, A_2) = f(A_1, aA_2),\ a \in \mathbb{R}$

이 성립]이고, 두 행이 같은 모든 행렬 A에 대해 $f(A) = 0$가 성립한다고 가정하고, $f(A_1, A_2) = 5$라 하자. 이때 $f(A_2, 3A_1)$의 값을 구하라.

11. 다음 선형사상 T에 대하여 물음에 답하라

(1) $T : \mathbb{R}^2 \to \mathbb{R}^2$에 대하여

$$T(3,\ 1) = (2,\ -4), \quad T(1,\ 1) = (0,\ 2)$$

일 때, $T(2,\ 3)$을 구하라.

(2) $T : \mathbb{R}^2 \to \mathbb{R}^2$에 대하여

$$T(4,\ 3) = (7,\ 5), \quad T(2,\ 2) = (3,\ 2)$$

일 때, 임의의 $(x,\ y) \in \mathbb{R}^2$ 에 대하여 $T(x,\ y)$를 구하라.

(3) $T : \mathbb{R}^3 \to \mathbb{R}^2$에 대하여

$$T(1,\ 1,\ 0) = (1,\ 0), \quad T(0,\ 1,\ 1) = (1,\ 1), \quad T(1,\ 0,\ 1) = (2,\ 4)$$

일 때, 임의의 $(x,\ y,\ z) \in \mathbb{R}^3$에 대하여 $T(x,\ y,\ z)$를 구하라.

(4) $T : \mathbb{R}[x]_2 \to \mathbb{R}[x]_2$ 에 대하여

$$T(1+x) = x^2, \quad T(x+x^2) = 1+x, \quad T(1+x^2) = x-x^2$$

일 때, $T(6+4x+2x^2)$를 구하라.

12. 다음 두 선형사상 $T,\ S : \mathbb{R}^2 \to \mathbb{R}^2$에 대하여 $S \circ T,\ T \circ S,\ S+T$를 구하라.

$$T(x,\ y) = (x+2y,\ -x+4y), \quad S(x,\ y) = (2x-y,\ x+3y)$$

13. 미분적분학의 기본정리는 적분과 미분은 서로의 작용을 반전시킨다.
미분연산자 $D : \mathbb{R}[x]_n \to \mathbb{R}[x]_{n-1}$을 $D(f(x)) = f'(x)$로 정의하고,
적분연산자 $E : \mathbb{R}[x]_{n-1} \to \mathbb{R}[x]_n$을 $E(f(x)) = \int_0^x f(t)dt$로 정의하자. 이때 다음 물음에 답하라.

(1) D와 E가 선형사상임을 보여라.

(2) 왜 E가 D의 역함수가 아닌지 설명하라.

(3) D와 E의 정의역과 또는 공역을 제한하면 서로의 역함수가 될 수 있는가?

14. 집합 $\{\mathbf{v_1},\ \mathbf{v_2},\ \cdots,\ \mathbf{v_n}\}$이 벡터공간 V의 기저라 하고 $T : V \to W$를 선형사상이라 하자. 다음이 성립하면

$$T(\mathbf{v_1}) = T(\mathbf{v_2}) = \cdots = T(\mathbf{v_n}) = \mathbf{0}$$

T는 영사상임을 증명하라.

15. 체 F 위의 벡터공간 $V,\ W$에 대하여 사상 $T : V \to W$가 선형사상일 때, W의 벡터 $T(\mathbf{v}_1),\ \cdots,\ T(\mathbf{v}_n)$이 일차독립이면, $\mathbf{v}_1,\ \cdots,\ \mathbf{v}_n \in V$은 F 위에서 일차독립임을 증명하라.

4.2 선형사상의 핵과 상

이 절에서는 선형사상과 관련된 특별한 부분공간에 대하여 논한다.

정의 4.2.1 [*핵(kernel, 核), 상(image, 像)*]
F-벡터공간 V에서 W로의 선형사상 $T : V \longrightarrow W$와 V의 부분공간 U에 대하여

$\mathrm{Ker}(T)$는 T의 **핵**	$\overset{\text{정의}}{\Leftrightarrow}$	$\mathrm{Ker}(T) = \{\mathbf{v} \in V \mid T(\mathbf{v}) = \mathbf{0}\}$
$T(U)$는 U의 T에 의한 **상**	$\overset{\text{정의}}{\Leftrightarrow}$	$T(U) = \{T(\mathbf{u}) \mid \mathbf{u} \in U\}$
$\mathrm{Im}(T) = T(V)$는 T의 **상**	$\overset{\text{정의}}{\Leftrightarrow}$	$\mathrm{Im}(T) = T(V) = \{T(\mathbf{v}) \mid \mathbf{v} \in V\}$

※ 특히, $\mathrm{Im}(T) = T(V)$를 T의 **치역**이라 한다.

정리 4.2.2 *F-벡터공간 V, W에 관한 선형사상 $T : V \longrightarrow W$와 V의 부분공간 U에 대하여 다음이 성립한다.*

(1) $\mathrm{Ker}(T) < V$
(2) $T(U) < W$이다. 또한 $\mathrm{Im}(T) < W$이다.

※ $\mathrm{Ker}(T)$를 T의 **핵** 또는 **퇴화공간**(null space, 退化空間)이라고 하고, $\mathrm{Ker}(T)$의 차원을 $\mathrm{null}(T) = \dim(\mathrm{Ker}(T))$라 표기하고 T의 **퇴화차수**(nullity, 退化次數)라 한다.
※ $\mathrm{Im}(T)$를 **상공간**(image space, 像空間)이라 하고, $\mathrm{Im}(T)$의 차원을 $\mathrm{rank}(T) = \dim(\mathrm{Im}(T))$라 표기하고 T의 **계수**(rank, 階數)라 한다.

(증명) (1) $\mathbf{0}_V \in V$에 대하여 정리 4.1.10에 의해 $T(\mathbf{0}_V) = \mathbf{0}_W$이므로 $\mathbf{0}_V \in \mathrm{Ker}(T)$이다. 그리고 임의의 $\mathbf{v}$, $\mathbf{w} \in \mathrm{Ker}(T)$, $\alpha \in F$에 대하여

$$T(\mathbf{v}+\mathbf{w}) = T(\mathbf{v}) + T(\mathbf{w}) = \mathbf{0}_W + \mathbf{0}_W = \mathbf{0}_W \text{ 이고,}$$
$$T(\alpha\mathbf{v}) = \alpha T(\mathbf{v}) = \alpha\mathbf{0}_W = \mathbf{0}_W$$

이므로 $\mathbf{v}+\mathbf{w}$, $\alpha\mathbf{v} \in \mathrm{Ker}(T)$이다. 그러므로 $\mathrm{Ker}(T) < V$이다.

(2) $\mathbf{0}_V \in U$에 대하여 정리 4.1.10에 의해 $T(\mathbf{0}_V) = \mathbf{0}_W$이므로 $\mathbf{0}_W \in T(U)$이다. 그리고 임의의 $\mathbf{v}'$, $\mathbf{w}' \in T(U)$, $\alpha \in F$에 대하여 $\mathbf{v}$, $\mathbf{w} \in U$이 존재해서 $T(\mathbf{v}) = \mathbf{v}'$, $T(\mathbf{w}) = \mathbf{w}'$이다. 따라서

$$\mathbf{v}' + \mathbf{w}' = T(\mathbf{v}) + T(\mathbf{w}) = T(\mathbf{v}+\mathbf{w}) \text{ 이고,}$$
$$\alpha\mathbf{v}' = \alpha T(\mathbf{v}) = T(\alpha\mathbf{v})$$

이므로 $\mathbf{v}'+\mathbf{w}'$, $\alpha\mathbf{v}' \in T(U)$이다. 그러므로 $T(U) < V$이다. ■

예 4.2.3 선형사상 $T:\mathbb{R}^2\to\mathbb{R}^2$가 $T(x,\ y)=(2x-y,\ 0)$로 주어졌을 때, $\mathrm{Im}(T)$와 $\mathrm{Ker}(T)$를 구해보자.

(풀이) 먼저 $\mathrm{Im}(T)$를 구하자.

$$\begin{aligned}\mathrm{Im}(T)&=\{T(x,\ y)\mid(x,\ y)\in\mathbb{R}^2\}=\{(2x-y,\ 0)\mid(x,\ y)\in\mathbb{R}^2\}\\&=\{(t,\ 0)\mid t\in\mathbb{R}\}=\{t(1,\ 0)\mid t\in\mathbb{R}\}=\langle(1,\ 0)\rangle\end{aligned}$$

이므로 $\{(1,\ 0)\}$은 $\mathrm{Im}(T)$의 기저이다.

다음에 $\mathrm{Ker}(T)$를 구하자.

$$\begin{aligned}\mathrm{Ker}(T)&=\{(x,\ y)\in\mathbb{R}^2\mid T(x,\ y)=(2x-y,\ 0)=(0,\ 0)\}\\&=\{(x,\ y)\in\mathbb{R}^2\mid 2x=y\}\\&=\{(t,\ 2t)\mid t\in\mathbb{R}\}=\{t(1,\ 2)\mid t\in\mathbb{R}\}=\langle(1,\ 2)\rangle\end{aligned}$$

이므로 $\{(1,\ 2)\}$는 $\mathrm{Ker}(T)$의 기저이다.

정리 4.2.4 *F-벡터공간 V, W에 관한 선형사상 $T:V\to W$에 대해 다음이 성립한다.*

$$T\text{가 단사함수} \iff \mathrm{Ker}(T)=\{\mathbf{0}\}$$

(증명) $(\Longrightarrow)$ 임의의 $\mathbf{v}\in\mathrm{Ker}(T)$에 대하여

$$T(\mathbf{v})=\mathbf{0}=T(\mathbf{0})$$

이고, T가 단사 함수이므로 $\mathbf{v}=\mathbf{0}$이다. 그러므로 $\mathrm{Ker}(T)=\{\mathbf{0}\}$이다.

$(\Longleftarrow)$ 임의의 $\mathbf{v},\ \mathbf{v}'\in V$에 대하여 $T(\mathbf{v})=T(\mathbf{v}')$라 하자. 그러면

$$\mathbf{0}=T(\mathbf{v})+(-T(\mathbf{v}'))=T(\mathbf{v})+T(-\mathbf{v}')=T(\mathbf{v}+(-\mathbf{v}'))=T(\mathbf{v}-\mathbf{v}')$$

이므로 $\mathbf{v}-\mathbf{v}'\in\mathrm{Ker}(T)=\{\mathbf{0}\}$이다. 따라서 $\mathbf{v}-\mathbf{v}'=\mathbf{0}$이고 $\mathbf{v}=\mathbf{v}'$이다. 그러므로 T는 단사함수이다. ■

정리 4.2.5 *F-벡터공간 V, W에 관한 선형사상 $T:V\longrightarrow W$와 V의 부분공간 U에 대하여 다음이 성립한다. 단, $\{\mathbf{v}_1,\ \cdots,\ \mathbf{v}_n\}$은 V의 한 기저이다.*

(1) $\{\mathbf{v}'_1,\ \cdots,\ \mathbf{v}'_m\}$이 U의 생성원이면, $\{T(\mathbf{v}'_1),\ \cdots,\ T(\mathbf{v}'_m)\}$은 $T(U)$의 생성원이다.
(2) $\boxed{\mathrm{Im}(T)=\langle T(\mathbf{v}_1),\ \cdots,\ T(\mathbf{v}_n)\rangle}$
(3) V의 벡터 $\{\mathbf{v}'_1,\ \cdots,\ \mathbf{v}'_m\}$이 1차독립이고 T가 단사함수이면, $\{T(\mathbf{v}'_1),\ \cdots,\ T(\mathbf{v}'_m)\}$은 1차독립이다.
(4) $\{T(\mathbf{v}_1),\ \cdots,\ T(\mathbf{v}_n)\}$이 $\mathrm{Im}(T)$의 기저 $\iff$ T가 단사함수($\mathrm{Ker}(T)=\{\mathbf{0}\}$)

(증명) (1) $T(U) = \langle T(\mathbf{v}'_1), \cdots, T(\mathbf{v}'_m)\rangle$임을 보이자.

임의의 $y_1T(\mathbf{v}'_1)+\cdots+y_mT(\mathbf{v}'_m) \in \langle T(\mathbf{v}'_1), \cdots, T(\mathbf{v}'_m)\rangle$에 대하여

$$y_1T(\mathbf{v}'_1)+\cdots+y_mT(\mathbf{v}'_m) = T(y_1\mathbf{v}'_1+\cdots+y_m\mathbf{v}'_m) \in T(U)$$

이므로 $\langle T(\mathbf{v}'_1), \cdots, T(\mathbf{v}'_m)\rangle \subset T(U)$이다.

한편 임의의 $T(\mathbf{v}) \in T(U)$에 대하여 스칼라 $x_1, \cdots, x_m \in F$이 존재하여 $\mathbf{v} = x_1\mathbf{v}'_1+\cdots+x_m\mathbf{v}'_m$이므로

$$T(\mathbf{v}) = T(x_1\mathbf{v}'_1+\cdots+x_m\mathbf{v}'_m) = x_1T(\mathbf{v}'_1)+\cdots+x_mT(\mathbf{v}'_m) \in \langle T(\mathbf{v}'_1), \cdots, T(\mathbf{v}'_m)\rangle$$

이므로 $T(U) \subset \langle T(\mathbf{v}'_1), \cdots, T(\mathbf{v}'_m)\rangle$이다. 그러므로 $T(U) = \langle T(\mathbf{v}'_1), \cdots, T(\mathbf{v}'_m)\rangle$이다.

(2) $\{\mathbf{v}_1, \cdots, \mathbf{v}_n\}$가 V의 기저이므로 V의 생성원이다. 그러므로 (1)에 의해

$$\mathrm{Im}(T) = T(V) = \langle T(\mathbf{v}_1), \cdots, T(\mathbf{v}_n)\rangle$$

이다.

(3) 스칼라 $x_1, \cdots, x_m \in F$가 존재하여

$$x_1T(\mathbf{v}'_1)+\cdots+x_mT(\mathbf{v}'_m) = \mathbf{0}$$

라 하자. 그러면 $T(x_1\mathbf{v}'_1+\cdots+x_m\mathbf{v}'_m) = \mathbf{0}$이고, T가 단사함수이므로

$$x_1\mathbf{v}'_1+\cdots+x_m\mathbf{v}'_m \in \mathrm{Ker}(T) = \{\mathbf{0}\}$$

이다. 즉, $x_1\mathbf{v}'_1+\cdots+x_m\mathbf{v}'_m = \mathbf{0}$이고, $\mathbf{v}'_1, \cdots, \mathbf{v}'_m$이 1차독립이므로

$$x_1 = x_2 = \cdots = x_m = 0$$

이고 $\{T(\mathbf{v}'_1), \cdots, T(\mathbf{v}'_m)\}$은 1차독립이다.

(4) ($\Rightarrow$) 정리 4.2.4에 의해 $\mathrm{Ker}(T) = \{\mathbf{0}\}$임을 보이면 T는 단사함수이다. 임의의 벡터 $\mathbf{v} \in \mathrm{Ker}(T)$에 대하여 스칼라 $x_1, \cdots, x_n \in F$가 존재하여 $\mathbf{v} = x_1\mathbf{v}_1+\cdots+x_n\mathbf{v}_n$이다. 그러므로

$$\mathbf{0} = T(\mathbf{v}) = T(x_1\mathbf{v}_1+\cdots+x_n\mathbf{v}_n) = x_1T(\mathbf{v}_1)+\cdots+x_nT(\mathbf{v}_n)$$

이다. $T(\mathbf{v}_1), \cdots, T(\mathbf{v}_n)$이 기저(1차독립)이므로

$$x_1 = \cdots = x_n = 0$$

이고 $\mathbf{v} = 0$이 되어, $\mathrm{Ker}(T) = \{\mathbf{0}\}$이다. 따라서 T는 단사함수이다.

($\Leftarrow$) (2)와 (3)에 의해 성립한다. ■

예 4.2.6 선형사상 $T:\mathbb{R}^3\to\mathbb{R}^3$이 $T(x,\ y,\ z)=(3x-y,\ x-y+z,\ -x+2y-z)$로 주어질 때 다음을 구해보자.

(1) $\mathbb{R}^3$의 표준기저 $\{e_1,\ e_2,\ e_3\}$ 에 대한 상 $T(e_1),\ T(e_2),\ T(e_3)$을 구하라.

(2) $\{T(e_1),\ T(e_2),\ T(e_3)\}$가 $\mathbb{R}^3$의 기저이다.

(풀이) (1) $T(e_1)=T(1,\ 0,\ 0)=(3,\ 1,\ -1),\ T(e_2)=T(0,\ 1,\ 0)=(-1,\ -1,\ 2),\ T(e_3)=T(0,\ 0,\ 1)=(0,\ 1,\ -1)$

(2) 스칼라 $a,\ b,\ c\in\mathbb{R}$에 대하여 $aT(e_1)+bT(e_2)+cT(e_3)=(0,\ 0,\ 0)$라 하자.

$$\begin{aligned}(0,\ 0,\ 0)&=a(3,\ 1,\ -1)+b(-1,\ -1,\ 2)+c(0,\ 1,\ -1)\\&=(3a-b,\ a-b+c,\ -a+2b-c)\end{aligned}$$

에서

$$\begin{cases}3a-\ b\qquad=0\\ \ a-\ b+c=0\\ -a+2b-c=0\end{cases}$$

이므로 $a=b=c=0$이다. 따라서 $\{T(e_1),\ T(e_2),\ T(e_3)\}$은 1차독립이고, $\dim(\mathbb{R}^3)=3$이므로 $\mathbb{R}^3$의 기저이다.

정리 4.2.7 (선형사상의 차원정리) *n차원 F-벡터공간 V와 F-벡터공간 W에 관한 선형사상 $T:V\longrightarrow W$에 대하여 다음이 성립한다.*

$$\dim V=\dim(\mathrm{Ker}(T))+\dim(\mathrm{Im}(T))$$

(증명) $\dim(\mathrm{Ker}(T))=r$이라 하자.

(i) $r=0$인 경우, 즉, $\mathrm{Ker}(T)=\{\mathbf{0}\}$인 경우. 벡터 $\mathbf{v}_1,\ \cdots,\ \mathbf{v}_n$를 V의 기저라 하면, T가 단사함수이므로 정리 4.2.5(4)에 의해

$$T(\mathbf{v}_1),\ \cdots,\ T(\mathbf{v}_n)$$

은 $\mathrm{Im}(T)=\langle T(\mathbf{v}_1),\ \cdots,\ T(\mathbf{v}_n)\rangle$의 기저이다. 따라서 $\dim(\mathrm{Im}(T))=n=\dim V$이고

$$\dim V=n=0+n=\dim(\mathrm{Ker}(T))+\dim(\mathrm{Im}(T))$$

이다.

(ii) $r=n$인 경우. $\dim(\mathrm{Ker}(T))=\dim V$이므로 정리 3.4.17에 의해

$$\mathrm{Ker}(T)=V$$

이다. 따라서 $T = \mathbf{0}$(영사상)이어야 하므로 $\mathrm{Im}(T) = \{\mathbf{0}\}$이다. 그러므로

$$\dim V = \dim(\mathrm{Ker}(T)) + 0 = \dim(\mathrm{Ker}(T)) + \dim(\mathrm{Im}(T))$$

이다.

(iii) $0 < r < n$인 경우. $\mathrm{Ker}(T)$의 기저를 $\mathbf{v}_1, \mathbf{v}_2, \cdots, \mathbf{v}_r$이라 하자. 기저 확장 정리에 의하여, 벡터 $\mathbf{v}_{r+1}, \cdots, \mathbf{v}_n \in V$이 존재해서

$$\mathbf{v}_1, \cdots, \mathbf{v}_r, \mathbf{v}_{r+1}, \cdots, \mathbf{v}_n$$

이 V의 기저이다. 다음에 $T(\mathbf{v}_{r+1}), \cdots, T(\mathbf{v}_n)$이 $\mathrm{Im}(T)$의 기저임을 보이자.

먼저 $T(\mathbf{v}_1) = \cdots = T(\mathbf{v}_r) = \mathbf{0}$이므로 정리 4.2.5(2)에 의해

$$\mathrm{Im}(T) = \langle T(\mathbf{v}_1), \cdots, T(\mathbf{v}_r), T(\mathbf{v}_{r+1}), \cdots, T(\mathbf{v}_n)\rangle = \langle T(\mathbf{v}_{r+1}), \cdots, T(\mathbf{v}_n)\rangle$$

이다. 따라서 $T(\mathbf{v}_{r+1}), \cdots, T(\mathbf{v}_n)$이 $\mathrm{Im}(T)$를 생성한다.

한편 스칼라 $y_{r+1}, \cdots, y_n \in F$이 존재해서

$$y_{r+1}T(\mathbf{v}_{r+1}) + \cdots + y_nT(\mathbf{v}_n) = \mathbf{0}$$

이라 하자. 그러면 $\mathbf{0} = T(y_{r+1}\mathbf{v}_{r+1} + \cdots + y_n\mathbf{v}_n)$이고

$$y_{r+1}\mathbf{v}_{r+1} + \cdots + y_n\mathbf{v}_n \in \mathrm{Ker}(T) = \langle \mathbf{v}_1, \cdots, \mathbf{v}_r\rangle$$

이다. 따라서 스칼라 $y_1, y_2, \cdots, y_r \in F$이 존재해서

$$y_{r+1}\mathbf{v}_{r+1} + \cdots + y_n\mathbf{v}_n = y_1\mathbf{v}_1 + y_2\mathbf{v}_2 \cdots + y_r\mathbf{v}_r$$

이고

$$y_1\mathbf{v}_1 + y_2\mathbf{v}_2 \cdots + y_r\mathbf{v}_r - y_{r+1}\mathbf{v}_{r+1} - \cdots - y_n\mathbf{v}_n = \mathbf{0}$$

이다. $\mathbf{v}_1, \cdots, \mathbf{v}_r, \mathbf{v}_{r+1}, \cdots, \mathbf{v}_n$이 V의 기저이므로

$$y_1 = y_2 = \cdots = y_r = y_{r+1} = \cdots = y_n = 0$$

이다. 따라서 $T(\mathbf{v}_{r+1}), \cdots, T(\mathbf{v}_n)$은 1차독립이고 $T(\mathbf{v}_{r+1}), \cdots, T(\mathbf{v}_n)$은 $\mathrm{Im}(T)$의 기저이다. 그러면

$$\dim(\mathrm{Im}(T)) = n - r = \dim V - \dim(\mathrm{Ker}(T))$$

이므로

$$\dim V = \dim(\mathrm{Ker}(T)) + \dim(\mathrm{Im}(T))$$

이 성립한다. ■

예 4.2.8 선형사상 $T:\mathbb{R}^3\to\mathbb{R}^2$가 $T(x,\ y,\ z)=(x-z,\ z-y)$로 주어질 때 $\dim(\mathrm{Ker}(T))$와 $\dim(\mathrm{Im}(T))$를 구하라.

(풀이) 먼저 T의 핵을 구하자.

$$\begin{aligned}\mathrm{Ker}(T)&=\{(x,\ y,\ z)\in\mathbb{R}^3\mid T(x,\ y,\ z)=(x-z,\ z-y)=(0,\ 0)\}\\&=\{(x,\ y,\ z)\in\mathbb{R}^3\mid x=z,\ z=y\}\\&=\{(t,\ t,\ t)\mid t\in\mathbb{R}\}\\&=\{t(1,\ 1,\ 1)\mid t\in\mathbb{R}\}\\&=\langle(1,\ 1,\ 1)\rangle\end{aligned}$$

이고, $(1,\ 1,\ 1)$은 분명히 1차독립이므로, $\dim(\mathrm{Ker}(T))=1$이다. 그러므로 차원정리에 의해

$$\dim(\mathrm{Im}(T))=\dim(\mathbb{R}^3)-\dim(\mathrm{Ker}(T))=3-1=2$$

이다.

실제로 T의 상을 구해보면

$$\begin{aligned}\mathrm{Im}(T)&=\{T(x,\ y,\ z)\mid(x,\ y,\ z)\in\mathbb{R}^3\}\\&=\{(x-z,\ z-y)\mid x,\ y,\ z\in\mathbb{R}\}\\&=\{(t,\ s)\mid t,\ s\in\mathbb{R}\}\\&=\{t(1,\ 0)+s(0,\ 1)\mid t,\ s\in\mathbb{R}\}\\&=\langle(1,\ 0),\ (0,\ 1)\rangle\end{aligned}$$

이고, $(1,\ 0)$, $(0,\ 1)$은 분명히 1차독립이므로, $\dim(\mathrm{Im}(T))=2$이다.

예 4.2.9 선형사상 $T:\mathbb{R}^3\to\mathbb{R}^4$에 대하여

$$\mathrm{Im}(T)=\langle(1,\ 2,\ 0,\ -4),\ (2,\ 0,\ -1,\ -3)\rangle$$

인 선형사상 T구하라.

(풀이) 정리 4.1.11에 의해, 정의역의 기저에 대하여 상이 정해지면 선형사상이 유일하게 결정되므로, $\mathbb{R}^3$의 표준기저 $e_1=(1,\ 0,\ 0)$, $e_2=(0,\ 1,\ 0)$, $e_3=(0,\ 0,\ 1)$에 대하여 위의 생성원으로 대응하는 선형사상을 정의해 보자.

$T(e_1)=(1,\ 2,\ 0,\ -4)$, $T(e_2)=(2,\ 0,\ -1,\ -3)$, $T(e_3)=(0,\ 0,\ 0,\ 0)$라 하자. 그러면

$$\mathrm{Im}(T)=\langle T(e_1),\ T(e_2)\rangle$$

이고 선형사상은 다음과 같다.

$$\begin{aligned} T(x, y, z) &= xT(e_1) + yT(e_2) + zT(e_3) \\ &= x(1, 2, 0, -4) + y(2, 0, -1, -3) \\ &= (x+2y, 2x, -y, -4x-3y) \end{aligned}$$

임용시험 출제 4.2.10 [2005학년도] 선형사상 $T : \mathbb{R}^3 \to \mathbb{R}^3$는 행렬 $A = \begin{pmatrix} 1 & 0 & 1 \\ 0 & 1 & 2 \\ -1 & 1 & 1 \end{pmatrix}$에 의한 곱이다. 즉, $x \in \mathbb{R}^3$에 대하여 $T(x) = Ax$이다. T의 핵(kernel)의 차원(dimension)과 T의 상(image) 의 차원을 각각 구하시오.

임용시험 출제 4.2.11 [2012학년도] 실수체 $\mathbb{R}$ 위에서 정의된 벡터공간

$$V = \left\{ \begin{pmatrix} a & b \\ c & d \end{pmatrix} \,\middle|\, a, b, c, d \in \mathbb{R} \right\}$$

와 행렬 $A = \begin{pmatrix} 1 & 2 \\ 0 & 3 \end{pmatrix}$에 대하여 선형사상 $L : V \to V$를 $L(B) = AB - BA$로 정의하자. V의 부분공간(subspace) $\mathrm{Im}(L) = \{L(B) \mid B \in V\}$의 차원은?

임용시험 출제 4.2.12 [2014학년도] (복소함수와 융합문제) 다음 4개의 복소함수

$$f_1(z) = z, \quad f_2(z) = \bar{z}, \quad f_3(z) = e^z, \quad f_4(z) = e^{\bar{z}}$$

로 생성되는 복소 벡터공간

$$\{a_1 f_1(z) + a_2 f_2(z) + a_3 f_3(z) + a_4 f_4(z) \mid a_1, a_2, a_3, a_4 \in \mathbb{C}\}$$

를 V라 하자. 여기서 $\bar{z}$는 z의 켤레복소수이다.
복소소평면 $\mathbb{C}$ 위의 시계반대방향의 단위원 $C : |z| = 1$에 대하여 사상(map) $T : V \to \mathbb{C}$를 다음과 같이 정의하자.

$$T(f) = \int_C f(z)dz$$

T가 선형사상임을 증명하시오. 선형사상 T의 핵(kernel) $\mathrm{Ker}(T)$의 기저를 구하고, $\mathrm{Ker}(T)$를 이용하여 $T^{-1}(2) = \{f \in V \mid T(f) = 2\}$를 나타내시오.

연 습 문 제 (4.2)

1. 다음 선형사상의 핵(Ker(T)) 과 상공간(Im(T))을 구하라.

(1) $T:\mathbb{R}^3 \to \mathbb{R}^2,\quad T(x,\ y,\ z) = (x+2y+z,\ 3x-y+2z)$

(2) $T:\mathbb{R}^3 \to \mathbb{R}^3,\quad T(x,\ y,\ z) = (3x-2y,\ y,\ 2y+z)$

2. 실수체 $\mathbb{R}$ 위의 벡터공간 V, W의 기저 $\mathscr{B} = \{\mathbf{v}_1,\ \mathbf{v}_2\}$, $\mathscr{C} = \{\mathbf{w}_1,\ \mathbf{w}_2,\ \mathbf{w}_3\}$에 대하여 선형사상 $T:V\to W$, $T(a\mathbf{v}_1+b\mathbf{v}_2) = (a-2b)\mathbf{w}_1 + b\mathbf{w}_2 + (2a+3b)\mathbf{w}_3$의 Ker($T$)와 Im($T$)를 구하라.

3. 미분연산자 $D:\mathbb{R}[x]_2 \to \mathbb{R}[x]_1$, $D(f) = f'(x)$의 핵 Ker(D)와
적분연산자 $J:\mathbb{R}[x]_1 \to \mathbb{R}$, $J(f) = \int_{-1}^{1} f(x)dx$의 핵 Ker($J$)를 구하라.

4. 구간 $[0,\ 1]$에서 연속함수 집합 $C[0,\ 1]$ 위의 사상 $T:C[0,\ 1]\to\mathbb{R}$을

$$T(f) = f(0) + 2f'(0) + 3f'(1)$$

라 정의하자. T가 선형사상임을 확인하라. T가 단사함수인지 판별하라.

5. 다음 각각의 경우에서 선형사상 T가 단사함수인지 판별하라.

(1) $T:\mathbb{R}[x]_2 \to \mathbb{R}[x]_3,\quad T(a_0+a_1x+a_2x^2) = x(a_0+a_1x+a_2x^2)$

(2) $T:\mathbb{R}[x]_2 \to \mathbb{R}[x]_3,\quad T(f(x)) = f(x+1)$

6. 다음 선형사상 T의 상공간과 핵의 기저를 구하라.

(1) $T:\mathbb{R}[x]_2 \to \mathbb{R}^2,\quad T(a+bx+cx^2) = (a-b+c,\ b-c)$

(2) $T:\mathbb{R}[x]_2 \to \mathbb{R}[x]_2,\quad T(a+bx+cx^2) = a+(a-b)x^2$

7. 다음 선형사상의 퇴화차수와 계수를 구하라.

$$T:\mathbb{R}^2 \to \mathbb{R}^2,\quad T\begin{pmatrix} x \\ y \end{pmatrix} = \begin{pmatrix} 2 & -1 \\ -8 & 4 \end{pmatrix}\begin{pmatrix} x \\ y \end{pmatrix}$$

8. 양의 정수 $n>1$과, 실수성분을 갖는 n차 정사각행렬 A에 대하여 선형사상 $T:M_n(\mathbb{R})\to\mathbb{R}$을 $T(A) = \mathrm{tr}(A)$로 정의하자. Ker(T)의 차원을 결정하라.

9. 선형사상 $T:V\to W$가 전사일 때, $\dim W \le \dim V$임을 보여라.

10. 선형사상 $T:V\to W$와 V의 부분공간 U에서 $T_U:U\to W$, $T_U(\mathbf{u}) = T(\mathbf{u})$, $\mathbf{u}\in U$로 정의된 사상 T_U를 T의 U에 관한 **축소사상**(restriction)이라 한다. 다음을 증명하라.

(1) T_U는 선형사상이다.

(2) $\mathrm{Ker}(T_U) = (\mathrm{Ker}(T))\cap U$

(3) $\mathrm{Im}(T_U) = T(U)$

11. 체 F 위의 $m\times n$행렬 $A=(a_{ij})_{m\times n}$의 행벡터를 A_1, $\cdots$, A_m이라 할 때, 다음 세 조건은 서로 동치임을 밝혀라.

(1) $L_A : F^n \to F^m$, $L_A(X)=AX$는 전사함수이다. 즉, $\mathrm{Im}(L_A)=F^m$이다.

(2) $\mathrm{rank}(A)=m$

(3) 벡터공간 F^n에서 행벡터 A_1, $\cdots$, A_m은 일차독립이다.

12. 실수체 $\mathbb{R}$ 위의 선형사상 $T:\mathbb{R}^2\to\mathbb{R}^3$이 $\mathbb{R}^2$의 기저 $(1,\ 1)$, $(1,\ -1)$에 대해 $T(1,\ 1)=(1,\ 2,\ 0)$, $T(1,\ -1)=(3,\ 4,\ -1)$로 주어졌다.

(1) $T(2,\ 3)$을 구하라.

(2) $\mathrm{Ker}(T)$와 $\mathrm{Im}(T)$의 차원을 구하라.

13. 다음 4개의 실함수

$$f_1(x)=2,\quad f_2(x)=x,\quad f_3(x)=x^2,\quad f_4(x)=2x^2+3x+1$$

로 생성되는 실수 $\mathbb{R}$ 위의 벡터 공간을 $V=\langle f_1,\ f_2,\ f_3,\ f_4\rangle$라 할 때, 다음을 구하라.

(1) V의 차원을 구하라.

(2) 선형사상 $T:V\to\mathbb{R}$, $T(f(x))=\int_{-2}^{2} f(x)dx$에 대하여 $\mathrm{Ker}(T)$의 기저를 구하라.

14. n차원 F-벡터공간 V 위의 선형사상 $T:V\to V$에 대하여 T가 단사함수일 필요충분조건은 $\mathrm{rank}(T)=n$임을 증명하라.

15. 선형변환 $T:V\to V$에서 $\mathrm{Ker}(T^{i-1})\subset\mathrm{Ker}(T^i)$ $(i\in\mathbb{N})$이 성립함을 보여라.

4.3 동형사상

이 절에서는 대수적으로 성질이 같은 두 벡터공간에 대한 것을 논한다.

정의 4.3.1 [동형사상(*isomorphism, 同型寫像*)]
F-벡터공간 V에서 W로의 사상 $T : V \longrightarrow W$에 대하여

T가 F 위에서 **동형사상**, 또는 F-**동형사상(정칙사상)**	$\overset{\text{정의}}{\Longleftrightarrow}$	① T가 단사 함수($T(\mathbf{v}) = T(\mathbf{v}') \Rightarrow \mathbf{v} = \mathbf{v}'$) ② T가 전사 함수($\forall \mathbf{w} \in W,\ \exists \mathbf{v} \in V,\ T(\mathbf{v}) = \mathbf{w}$) ③ T가 선형사상 $\begin{cases} T(\mathbf{v}+\mathbf{v}') = T(\mathbf{v}) + T(\mathbf{v}'),\ \mathbf{v},\ \mathbf{v}' \in V \\ T(a\mathbf{v}) = aT(\mathbf{v}),\ a \in F,\ \mathbf{v} \in V \end{cases}$

※ 이때 기호로 $\boxed{V \cong W}$라 쓰고, V와 W는 F 위에서 **동형**(isomorphic, 同型)이라 한다.

☜ 동형 사상 구하기 ☞

(Step 1) V에서 W로의 함수 T 정의하기(well-defined)

$$\mathbf{v} = \mathbf{v}' \quad \Longrightarrow \quad T(\mathbf{v}) = T(\mathbf{v}')\ (\mathbf{v},\ \mathbf{v}' \in V)$$

(Step 2) T가 단사함수임을 확인: $T(\mathbf{v}) = T(\mathbf{v}') \quad \Longrightarrow \quad \mathbf{v} = \mathbf{v}'\ (\mathbf{v},\ \mathbf{v}' \in V)$

(Step 3) T가 전사함수임을 확인: $\forall \mathbf{w} \in W,\ \exists \mathbf{v} \in V,\ T(\mathbf{v}) = \mathbf{w}$

(Step 4) T가 선형사상(덧셈)임을 확인: $\forall \mathbf{v},\ \mathbf{v}' \in V,\ T(\mathbf{v}+\mathbf{v}') = T(\mathbf{v}) + T(\mathbf{v}')$

(Step 5) T가 선형사상(스칼라곱)임을 확인: $\forall a \in F,\ \forall \mathbf{v} \in V,\ T(a\mathbf{v}) = aT(\mathbf{v})$

※ 증명 순서는 (Step 1)을 제외하곤 모두 바꿀 수 있는데, 선형사상((Step 4)-(Step 5))를 먼저 증명하면, 단사함수(Step 2)를 $\mathrm{Ker}(T) = \{\mathbf{0}\}$으로 대신 보여도 된다.

예 4.3.2 $\mathbb{R}$-벡터공간 $\mathbb{R}[x]_1 = \{a+bx \mid a,\ b \in \mathbb{R}\}$과 $\mathbb{R}^2$는 $\mathbb{R}$ 위에서 동형임을 보여라.

(풀이) 함수 $T : \mathbb{R}[x]_1 \to \mathbb{R}^2$를 임의의 1차다항식 $a+bx \in \mathbb{R}[x]_1$에 대하여 $T(a+bx) = (a,\ b) \in \mathbb{R}^2$이라 정의하자.

(Step 1) 다항식의 상등에 의해 함수 T는 잘 정의된다.

(Step 2) 1차다항식 $a+bx,\ a'+b'x \in \mathbb{R}[x]_1$에 대하여

$$T(a+bx) = T(a'+b'x)$$

이라 하면 $(a,\ b) = (a',\ b')$이 되어 $a = a',\ b = b'$이고,

$$a+bx = a'+b'x$$

이다. 따라서 T는 단사함수이다.

(Step 3) 임의의 $(a,\ b) \in \mathbb{R}^2$에 대하여 1차다항식 $a+bx \in \mathbb{R}[x]_1$가 존재하므로, 즉, $T(a+bx) = (a,\ b)$이 되어 T는 전사함수이다.

(Step 4) 1차다항식 $a+bx,\ a'+b'x \in \mathbb{R}[x]_1$에 대하여 다음이 성립한다.

$$\begin{aligned} T((a+bx)+(a'+b'x)) &= T((a+a')+(b+b')x) \\ &= (a+a',\ b+b') = (a,\ b)+(a',\ b') \\ &= T(a+bx)+T(a'+b'x) \end{aligned}$$

(Step 5) 1차다항식 $a+bx \in \mathbb{R}[x]_1$와 스칼라 $r \in \mathbb{R}$에 대하여 다음이 성립한다.

$$T(r(a+bx)) = T(ra+rbx) = (ra,\ rb) = r(a,\ b) = rT(a+bx)$$

그러므로 (Step 1)∼(Step 5)에 의해 T는 동형사상이므로 $\mathbb{R}[x]_1 \cong \mathbb{R}^2$이다.

문제 4.3.3 $\mathbb{R}$-벡터공간 $M_2(\mathbb{R})$과 $\mathbb{R}^4$ 는 $\mathbb{R}$ 위에서 동형임을 보여라.

정리 4.3.4 *F-벡터공간 $V,\ W$에 관한 선형사상 $T: V \to W$에 대해 다음이 성립한다.*

T가 전단사함수(동형사상) $\Longrightarrow$ T의 역함수 $T^{-1}: W \to V$도 동형사상

(증명) T가 전단사함수이므로, 정리 1.4.8에 의해 역함수 $T^{-1}: W \to V$가 존재하고 전단사함수이다. 또한 임의의 벡터 $\mathbf{v} \in V$에 대하여 다음이 성립한다.

$$T(\mathbf{v}) = \mathbf{w} \in W \text{이면, } T^{-1}(\mathbf{w}) = T^{-1}(T(\mathbf{v})) = \mathbf{v}$$

T^{-1}가 선형사상임을 보이자. 임의의 벡터 $\mathbf{w},\ \mathbf{w}' \in W$에 대하여 벡터 $\mathbf{v},\ \mathbf{v}' \in V$가 존재해서 $T(\mathbf{v}) = \mathbf{w},\ T(\mathbf{v}') = \mathbf{w}'$이다. 또한 $\mathbf{v} = T^{-1}(\mathbf{w}),\ \mathbf{v}' = T^{-1}(\mathbf{w}')$이다. 그리고 T가 선형사상임을 이용하면

$$T(\mathbf{v}+\mathbf{v}') = T(\mathbf{v})+T(\mathbf{v}') = \mathbf{w}+\mathbf{w}'$$

이므로

$$T^{-1}(\mathbf{w}+\mathbf{w}') = \mathbf{v}+\mathbf{v}' = T^{-1}(\mathbf{w})+T^{-1}(\mathbf{w}')$$

이다. 한편 임의의 스칼라 $a \in F$와 벡터 $\mathbf{v} \in V$에 대하여

$$T(a\mathbf{v}) = aT(\mathbf{v}) = a\mathbf{w}$$

이므로

$$T^{-1}(a\mathbf{w}) = a\mathbf{v} = aT^{-1}(\mathbf{w})$$

이다. 따라서 T^{-1}은 동형사상이다. ■

예 4.3.5 $\mathbb{R}$-선형사상 $T : \mathbb{R}^3 \to \mathbb{R}^3$가 $T(x, y, z) = (x+z, x-z, y)$로 주어질 때 다음 물음에 답하라.

(1) T가 동형사상임을 보여라.

(2) 역함수 T^{-1}를 구하라.

(풀이) (1) 임의의 $(x, y, z) \in \mathrm{Ker}(T)$에 대하여

$$(0, 0, 0) = T(x, y, z) = (x+z, x-z, y)$$

이므로 $\begin{cases} x+z=0 \\ x-z=0 \\ y=0 \end{cases}$에서 $x=y=z=0$이다. 따라서 $\mathrm{Ker}(T) = \{(0, 0, 0)\}$이고 T는 단사함수이다.

전사함수임을 보이기 위하여, 차원정리(정리 4.2.7)에 의하여

$$3 = \dim \mathbb{R}^3 = \dim \mathrm{Ker}(T) + \dim \mathrm{Im}(T) = 0 + \dim \mathrm{Im}(T) = \dim \mathrm{Im}(T)$$

이다. 따라서 $\dim \mathrm{Im}(T) = 3 = \dim \mathbb{R}^3$(공역의 차원)이 되어 $\mathrm{Im}(T) = \mathbb{R}^3$(정리 3.4.17)이고, T는 전사함수이다. 그러므로 T는 동형사상이다.

(2) $T^{-1} \circ T = T \circ T^{-1} = I_{\mathbb{R}^3}$ 이므로

$$(x, y, z) = I_{\mathbb{R}^3}(x, y, z) = T^{-1} \circ T(x, y, z) = T^{-1}(x+z, x-z, y)$$

이다. 따라서 $\begin{cases} x' = x+z \\ y' = x-z \\ z' = y \end{cases}$라 하면 $x = \dfrac{x'+y'}{2}$, $y = z'$, $z = \dfrac{x'-y'}{2}$이다. 따라서 T의 역함수는

$$T^{-1}(x', y', z') = \left(\frac{x'+y'}{2},\ z',\ \frac{x'-y'}{2} \right)$$

이고, 변수 변환하면 다음과 같다.

$$T^{-1}(x, y, z) = \left(\frac{x+y}{2},\ z,\ \frac{x-y}{2} \right)$$

(별해) 행렬을 이용하여 역함수를 구하는 방법을 알아보자.

$$T(x, y, z) = (x+z, x-z, y) = \begin{pmatrix} 1 & 0 & 1 \\ 1 & 0 & -1 \\ 0 & 1 & 0 \end{pmatrix} \begin{pmatrix} x \\ y \\ z \end{pmatrix}$$

이므로 계수행렬의 역행렬을 구하여 적용하면 다음이 된다.

$$T^{-1}(x, y, z) = \frac{1}{2}\begin{pmatrix} 1 & 1 & 0 \\ 0 & 0 & 2 \\ 1 & -1 & 0 \end{pmatrix}\begin{pmatrix} x \\ y \\ z \end{pmatrix} = \frac{1}{2}\begin{pmatrix} x+y \\ 2z \\ x-y \end{pmatrix} = \begin{pmatrix} \frac{x+y}{2} \\ z \\ \frac{x-y}{2} \end{pmatrix}$$

정리 4.3.6 *유한차원 F-벡터공간 V와 W에 대하여 다음이 성립한다.*

$$V \cong W \quad \Longleftrightarrow \quad \dim V = \dim W$$

(증명) ($\Rightarrow$) $V \cong W$라 하자. 그러면 V에서 W로의 동형사상 $T : V \to W$가 존재한다. 그리고 $\dim V = n$, $\dim W = m$이라 하고, $\mathscr{B} = \{\mathbf{v}_1, \cdots, \mathbf{v}_n\}$를 V의 한 기저라 하자. 따라서 $\mathscr{B}$는 1차독립이고, T는 단사이므로, 정리 4.2.5에 의해

$$\{T(\mathbf{v}_1), \cdots, T(\mathbf{v}_n)\} \subset W\text{은 1차독립}$$

이다. 그리고 T가 전사이므로

$$n = \dim\langle T(\mathbf{v}_1), \cdots, T(\mathbf{v}_n)\rangle = \dim W = m$$

이다. 즉, $\dim V = \dim W$이다.

($\Leftarrow$) $\dim V = \dim W = n$라 하고, $\mathscr{B} = \{\mathbf{v}_1, \mathbf{v}_2, \cdots, \mathbf{v}_n\}$와 $\mathscr{C} = \{\mathbf{w}_1, \mathbf{w}_2, \cdots, \mathbf{w}_n\}$을 각각 V와 W의 기저라 하자. 그러면 보편 사상 성질(정리 4.1.11)에 의하여

$$T(\mathbf{v_1}) = \mathbf{w}_1, \cdots, T(\mathbf{v_n}) = \mathbf{w}_n$$

인 선형사상 $T : V \to W$가 존재한다. 먼저 T가 단사임을 보이자. $x_1\mathbf{v}_1 + \cdots + x_n\mathbf{v}_n \in \mathrm{Ker}(T)$에 대하여

$$\mathbf{0} = T(x_1\mathbf{v}_1 + \cdots + x_n\mathbf{v}_n) = x_1\mathbf{w}_1 + \cdots + x_n\mathbf{w}_n$$

이고 $\mathbf{w}_1, \mathbf{w}_2, \cdots, \mathbf{w}_n$이 1차독립이므로 $x_1 = \cdots = x_n = 0$이다. 따라서 $\mathrm{Ker}(T) = \{0\}$이 되어 T는 단사이다. 한편 차원정리(정리 4.2.7)에 의하여

$$\dim W = \dim V = \dim \mathrm{Ker}(T) + \dim \mathrm{Im}(T) = 0 + \dim \mathrm{Im}(T) = \dim \mathrm{Im}(T)$$

이 되어 $\dim W = \dim \mathrm{Im}(T)$이므로 $\mathrm{Im}(T) = W$(정리 3.4.17)가 되어 T는 전사이다. 그러므로 T는 동형사상이다. 즉, $V \cong W$이다. ■

따름정리 4.3.7 *체 F 위의 n차원 벡터공간 V에 대하여 다음이 성립한다.*

$$V \cong F^n$$

(증명) $\dim V = \dim F^n = n$이므로 정리 4.3.6에 의해 $V \cong F^n$이다. ■

정리 4.3.8 *F-벡터공간 V와 W가 $\dim V = \dim W = n$일 때, 선형사상 $T : V \to W$에 대하여 다음은 동치이다.*

(1) T가 단사함수. 즉, $\text{Ker}(T) = \{\mathbf{0}\}$
$\Leftrightarrow$ (2) T가 전사함수. 즉, $\text{Im}(T) = W$
$\Leftrightarrow$ (3) T가 전단사함수

(증명) (1)⇒(2) T가 단사함수라 하자. 즉, $\text{Ker}(T) = \{\mathbf{0}\}$이므로, 선형사상의 차원정리에 의해

$$\dim V = \dim(\text{Ker}(T)) + \dim(\text{Im}(T)) = \dim(\text{Im}(T))$$

이다. 그러므로

$$\dim W = \dim V = \dim(\text{Im}(T))$$

이고 $\text{Im}(T) < W$이므로, 정리 3.4.17에 의해 $W = \text{Im}(T)$이다. 따라서 T는 전사함수이다.

(2)⇒(3) T가 전사함수라 하자. 그러면 $\text{Im}(T) = W$이고 $\dim(\text{Im}(T)) = \dim W = \dim V$이므로 선형사상의 차원정리에 의해

$$\dim(\text{Ker}(T)) = 0. \quad 즉, \quad \text{Ker}(T) = \{\mathbf{0}\}$$

이므로 T는 단사함수. 따라서 T는 전단사함수이다.

(3)⇒(1) 분명히 성립한다. ■

임용시험 출제 4.3.9 [2002학년도] V, W가 n차원 $\mathbb{R}$-벡터공간일 때, 선형사상 $L : V \to W$에서 $\text{Ker}(L) = \{\mathbf{0}\}$이면 L은 동형사상임을 증명하라.

임용시험 출제 4.3.10 [2012학년도] $\mathbb{R}$-벡터공간 $\mathbb{R}^4$의 서로 다른 벡터 $\mathbf{v}_1$, $\mathbf{v}_2$, $\mathbf{v}_3$, $\mathbf{v}_4$, $\mathbf{v}_5$로 생성되는 벡터공간

$$V = \langle \mathbf{v}_1, \mathbf{v}_2, \mathbf{v}_3, \mathbf{v}_4, \mathbf{v}_5 \rangle$$

에 대하여 다음 중 참인 것은?

ㄱ. $V \cong \mathbb{R}^n$인 자연수 n이 존재한다.

ㄴ. $\{\mathbf{v}_1, \mathbf{v}_2, \mathbf{v}_3, \mathbf{v}_4, \mathbf{v}_5\}$가 V의 기저인 벡터 $\mathbf{v}_1$, $\mathbf{v}_2$, $\mathbf{v}_3$, $\mathbf{v}_4$, $\mathbf{v}_5$가 존재한다.

ㄷ. $\dim V = 2$인 벡터 $\mathbf{v}_1$, $\mathbf{v}_2$, $\mathbf{v}_3$, $\mathbf{v}_4$, $\mathbf{v}_5$가 존재한다.

연 습 문 제 (4.3)

1. n차 정사각행렬 A가 가역일 필요충분조건은 연립일차방정식 $A\mathbf{x} = \mathbf{w}$가 $\mathbb{R}^n$의 모든 벡터 $\mathbf{w}$에 대해 정확히 하나의 해가 존재함을 증명하라.

2. 선형사상 T와 스칼라 $\alpha \neq 0$ 에 대하여 다음이 성립함을 보여라.

(1) T가 가역일 필요충분조건은 αT가 가역인 것이다.

(2) T가 가역일 필요충분조건은 $-T$가 가역인 것이다.

3. $\mathbb{R}$-벡터공간 위의 다음 사상은 동형사상임을 밝혀라.

(1) $T : \mathbb{R}^2 \to \mathbb{R}^2, \quad T(x, y) = (2x, y)$

(2) $T : \mathbb{R}^3 \to \mathbb{R}^3, \quad T(x, y, z) = (y, x, z)$

(3) $T : \mathbb{R}^3 \to \mathbb{R}^3, \quad T(x, y, z) = (x+y, y+z, x+z)$

(4) $T : \mathbb{R}[x]_2 \to \mathbb{R}^3, \quad T(a+bx+cx^2) = (a, b, c)$

4. n차 정사각행렬 $A \in M_n(\mathbb{R})$에 대한 선형변환 $T_A : \mathbb{R}^n \to \mathbb{R}^n$, $T(X) = AX$가 단사함수일 필요충분조건은 A가 가역행렬임을 증명하라.

5. 다음 선형사상에 대하여 전단사임을 보이고 역사상 T^{-1}을 구하라.

(1) $T : \mathbb{R}^2 \to \mathbb{R}^2, \quad T(x, y) = (x+y, x-y)$

(2) $T : \mathbb{R}^3 \to \mathbb{R}^3, \quad T(x, y, z) = (x+z, x-z, y)$

(3) $T : \mathbb{R}^3 \to \mathbb{R}^3, \quad T(x, y, z) = (2x, 4x-y, 2x+3y-z)$

6. 실수체 $\mathbb{R}$ 위의 선형사상 $T, S : \mathbb{R}^2 \to \mathbb{R}^2$를 $T(x, y) = (x+3y, x-3y)$와 $S(x, y) = (2x-y, 2x+y)$로 정의할 때, 다음 물음에 답하라.

(1) T와 S가 단사함수임을 보여라.

(2) $T^{-1}(x, y)$, $S^{-1}(x, y)$, $(S \circ T)^{-1}(x, y)$를 구하라.

(3) $(S \circ T)^{-1} = T^{-1} \circ S^{-1}$임을 확인하라.

7. 함수 $T : \mathbb{R}[x]_1 \to \mathbb{R}^2$, $T(f(x)) = (f(0), f(1))$에 대하여 다음 물음에 답하라.

(1) $T(2-x)$를 구하라.

(2) T가 선형사상임을 보여라.

(3) T가 단사함수임을 보여라.

(4) $T^{-1}(3, 5)$를 구하라.

8. 체 F 위의 두 유한차원 벡터공간 V, W에 대한 선형사상 $T : V \to W$에 대하여 다음을 증명하라.

(1) $\dim_F V < \dim_F W$이면, T는 전사함수가 아니다.

(2) $\dim_F V > \dim_F W$이면, T는 단사함수가 아니다.

9. 체 F 위의 두 n차원 벡터공간 V, W에 대한 선형사상 $T: V \to W$에 대하여 다음을 증명하라.

(1) $S \circ T = I_V$인 선형사상 $S: W \to V$가 존재하면, T는 동형사상이고 $S = T^{-1}$이다.

(2) $T \circ S = I_W$인 선형사상 $S: W \to V$가 존재하면, T는 동형사상이고 $S = T^{-1}$이다.

10. 체 F 위의 유한차원 벡터공간 V, W, U에 대하여 사상 $T: V \to W$, $S: W \to U$가 선형사상일 때, 다음이 성립함을 증명하라.

(1) $\text{rank}(S \circ T) \leq \text{rank}(S)$, $\text{rank}(S \circ T) \leq \text{rank}(T)$

(2) T가 전사함수이면, $\text{rank}(S \circ T) = \text{rank}(S)$이다.

(3) S가 단사함수이면, $\text{rank}(S \circ T) = \text{rank}(T)$이다.

11. 체 F 위의 $m \times n$행렬 A와 $n \times r$행렬 B에 대하여 $\text{rank}(AB) \leq \text{rank}(A)$, $\text{rank}(AB) \leq \text{rank}(B)$임을 밝혀라.

12. 체 F 위의 유한차원 벡터공간 U, W와 집합 $V = U \times W = \{(\mathbf{u}, \mathbf{w}) \mid \mathbf{u} \in U, \mathbf{w} \in W\}$ 위의 연산을 다음과 같이 정의할 때, 다음 물음에 답하라.

$\mathbf{u}, \mathbf{u}' \in U$, $\mathbf{w}, \mathbf{w}' \in W$, $a \in F$에 대하여

$$(\mathbf{u}, \mathbf{w}) + (\mathbf{u}', \mathbf{w}') = (\mathbf{u} + \mathbf{u}', \mathbf{w} + \mathbf{w}'), \quad a(\mathbf{u}, \mathbf{w}) = (a\mathbf{u}, a\mathbf{w})$$

(1) V가 F 위에서 벡터공간임을 확인하라.

(2) $\overline{U} = \{(\mathbf{u}, \mathbf{0}) \mid \mathbf{u} \in U\}$, $\overline{W} = \{(\mathbf{0}, \mathbf{w}) \mid \mathbf{w} \in W\}$는 V의 부분공간이고 $U \cong \overline{U}$, $W \cong \overline{W}$, $\dim V = \dim U + \dim W$임을 보여라.

4.4 직합과 정사영

이 절에서는 특별한 부분공간들의 합에 대하여 논한다.

정의 4.4.1 *[직합(direct sum, 直合)]*
V가 F-벡터공간이고, $W_1, W_2, \cdots, W_r < V$라 하자.

$$W_1+W_2+\cdots+W_r=\{\mathbf{w}_1+\mathbf{w}_2+\cdots+\mathbf{w}_r \mid \mathbf{w}_i\in W_i,\ i=1,\ 2,\ \cdots,\ r\}$$

라 정의할 때,

$V=W_1\oplus W_2$가 W_1, W_2의 **직합** $\overset{\text{정의}}{\Longleftrightarrow}$ ① $V=W_1+W_2$ ② $W_1\cap W_2=\{\mathbf{0}\}$

$V=W_1\oplus\cdots\oplus W_r$가 $W_1,\cdots,W_r$의 **직합**

$\overset{\text{정의}}{\Longleftrightarrow}$ ① $V=W_1+\cdots+W_r$
② $(W_1+\cdots+W_{i-1}+W_{i+1}+\cdots+W_r)\cap W_i=\{\mathbf{0}\},\ i=1,\ 2,\ \cdots,\ r$

예 4.4.2 다음 $\mathbb{R}$-벡터공간 $\mathbb{R}^2$에서 직합의 예를 살펴 보자.

(1) $\mathbb{R}^2$의 두 부분공간

$X=\{(x,0)\mid x\in\mathbb{R}\}=\langle(1,0)\rangle<\mathbb{R}^2$
$Y=\{(0,y)\mid y\in\mathbb{R}\}=\langle(0,1)\rangle<\mathbb{R}^2$

에 대하여 $(x,y)=(x,0)+(0,y)$이고 $X\cap Y=\{(0,0)\}$이므로 $\mathbb{R}^2=X\oplus Y$이다.

(2) $\mathbb{R}^2$의 두 부분공간

$W_1=\{a(1,1)\mid a\in\mathbb{R}\}=\langle(1,1)\rangle<\mathbb{R}^2$
$W_2=\{a(1,-1)+b(1,0)\mid a,\ b\in\mathbb{R}\}=\langle(1,-1),(1,0)\rangle<\mathbb{R}^2$

에 대하여 $W_1+W_2=\mathbb{R}^2$이지만 $W_1\cap W_2=W_1\neq\{(0,0)\}$이므로 $\mathbb{R}^2$는 W_1과 W_2의 직합이 아니다. 왜냐하면, 임의의 $(x,y)\in\mathbb{R}^2$에 대하여

$$(x,y)=y(1,1)+0(1,-1)+(x-y)(1,0)\in W_1+W_2$$

이므로 $W_1+W_2=\mathbb{R}^2$이다. 한편 임의의 $(x,x)\in W_1$에 대하여

$$(x,x)=-x(1,-1)+(2x)(1,0)\in W_2$$

이므로 $W_1\cap W_2=W_1\neq\{\mathbf{0}\}$이다.

이 경우에는 임의의 벡터에 대한 W_1와 W_2의 벡터의 합이 여러 가지 방법으로 표현된다. 예를 들면

$$(2,2)=2(1,1)+0(1,-1)+0(1,0)=1(1,1)+(-1)(1,-1)+2(1,0)$$

등 여러 가지 방법으로 표현이 가능하다.

정리 4.4.3 *F-벡터공간 V의 부분공간 U, W에 대하여 다음은 동치이다.*

(1) $V = U \oplus W$. 즉, $V = U + W, U \cap W = \{\mathbf{0}\}$

$\Leftrightarrow$ (2) 임의의 $\mathbf{v} \in V$에 대하여 $\mathbf{v} = \mathbf{u} + \mathbf{w}$인 $\mathbf{u} \in U, \mathbf{w} \in W$가 유일하게 존재

$\Leftrightarrow$ (3) $V = U + W$이고, 또한 $\mathbf{u} + \mathbf{w} = \mathbf{0}$ $(\mathbf{u} \in U, \mathbf{w} \in W)$이면, $\mathbf{u} = \mathbf{w} = \mathbf{0}$

(증명) (1) $\Leftrightarrow$ (2) 2003학년도 임용시험 4.4.17 출제. 각자 증명해 볼것.

(2) $\Rightarrow$ (3) 조건 (2)가 성립한다고 하자. 그러면 $V = U + W$가 성립한다. 그리고 $\mathbf{u} + \mathbf{w} = \mathbf{0}$ $(\mathbf{u} \in U, \mathbf{w} \in W)$이면,

$$\mathbf{u} + \mathbf{w} = \mathbf{0} = \mathbf{0} + \mathbf{0} \ (\mathbf{0} \in U,\ \mathbf{0} \in W)$$

이므로, 가정에 의해 $\mathbf{u} = \mathbf{w} = \mathbf{0}$이다.

(3) $\Rightarrow$ (2) 조건 (3)이 성립한다고 하자. 그러면 $V = U + W$이므로, 임의의 $\mathbf{v} \in V$에 대하여, $\mathbf{v} = \mathbf{u} + \mathbf{w}$인 $\mathbf{u} \in U, \mathbf{w} \in W$가 존재한다. 한편 벡터 $\mathbf{u}' \in U, \mathbf{w}' \in W$가 존재하여 $\mathbf{v} = \mathbf{u}' + \mathbf{w}'$라 하자. 그러면

$$\mathbf{u} + \mathbf{w} = \mathbf{u}' + \mathbf{w}', \quad (\mathbf{u} - \mathbf{u}') + (\mathbf{w} - \mathbf{w}') = \mathbf{0} \ (\mathbf{u} - \mathbf{u}' \in U,\ \mathbf{w} - \mathbf{w}' \in W)$$

이다. 따라서 가정에 의해 $\mathbf{u} = \mathbf{u}', \mathbf{w} = \mathbf{w}'$이다. ■

정리 4.4.4 *F-벡터공간 V가 유한차원이고, V의 부분공간 U, W에 대하여 $V = U + W$일 때, 다음이 성립한다.*

$$V = U \oplus W \iff \dim V = \dim U + \dim W$$

(증명) ($\Rightarrow$)가정에서 $U \cap W = \{\mathbf{0}\}$이므로 부분공간의 차원정리(정리 3.4.19)에 의해

$$\dim V = \dim(U + W) = \dim U + \dim W - \dim (U \cap W) = \dim U + \dim W$$

($\Leftarrow$) $\dim V = \dim(U + W)$이라 하자. 그러면

$$\dim U + \dim W = \dim V = \dim(U + W) = \dim U + \dim W - \dim (U \cap W)$$

이므로 $\dim (U \cap W) = 0$이다. 따라서

$$U \cap W = \{\mathbf{0}\}$$

이므로 $V = U \oplus W$이다. ■

따름정리 4.4.5 *n-차원 F-벡터공간 V의 기저* $\{\mathbf{v}_1, \cdots, \mathbf{v}_n\}$*에 대하여,* $1 \leq r < n$*인 정수 r에 대하여 다음이 성립한다.*

$$V = \langle \mathbf{v}_1, \cdots, \mathbf{v}_r \rangle \oplus \langle \mathbf{v}_{r+1}, \cdots, \mathbf{v}_n \rangle$$

(증명) $\{\mathbf{v}_1, \cdots, \mathbf{v}_n\}$이 V의 기저이므로, 정리 3.2.12에 의해,

$$V = \langle \mathbf{v}_1, \cdots, \mathbf{v}_r, \mathbf{v}_{r+1}, \cdots, \mathbf{v}_n \rangle = \langle \mathbf{v}_1, \cdots, \mathbf{v}_r \rangle + \langle \mathbf{v}_{r+1}, \cdots, \mathbf{v}_n \rangle$$

이고,

$$\dim V = \dim \langle \mathbf{v}_1, \cdots, \mathbf{v}_r \rangle + \dim \langle \mathbf{v}_{r+1}, \cdots, \mathbf{v}_n \rangle$$

이다. 그러면 정리 4.4.4에 의해 $V = \langle \mathbf{v}_1, \cdots, \mathbf{v}_r \rangle \oplus \langle \mathbf{v}_{r+1}, \cdots, \mathbf{v}_n \rangle$이다. ■

정의 4.4.6 [*보공간(complement space, 補空間)*]
U, W를 F-벡터공간 V의 부분공간이라 할 때,

W가 U의 **보공간**	$\overset{\text{정의}}{\Longleftrightarrow}$	$V = U \oplus W$인 경우

예 4.4.7 $\mathbb{R}$-벡터공간 $\mathbb{R}^2$의 부분공간

$$X = \{(x,0) \mid x \in \mathbb{R}\}, \quad Y = \{(0,y) \mid y \in \mathbb{R}\}$$

에 대하여 $\mathbb{R}^2 = X \oplus Y$이므로 Y는 X의 보공간이다.

정리 4.4.8 *n차원 F-벡터공간 V의 부분공간 U에 대하여 다음이 성립한다.*

U의 보공간 W가 존재한다.

(증명) $\dim U = r$이라 하자. $r = n$이면 $U = V$이므로

$$V = V \oplus \{\mathbf{0}\} = U \oplus \{\mathbf{0}\}$$

이다. 따라서 U의 보공간 $\{\mathbf{0}\}$이 존재한다.

한편 $r < n$인 경우, U의 기저를 $\mathbf{u}_1, \cdots, \mathbf{u}_r$이라 하자. 그러면 $U = \langle \mathbf{u}_1, \cdots, \mathbf{u}_r \rangle$이고, 기저 확장정리에 의해 $\mathbf{u}_{r+1}, \cdots, \mathbf{u}_n \in V$이 존재해서

$$\mathbf{u}_1, \cdots, \mathbf{u}_r, \mathbf{u}_{r+1}, \cdots, \mathbf{u}_n$$

이 V의 기저이다. 이때 $W = \langle \mathbf{u}_{r+1}, \cdots, \mathbf{u}_n \rangle$이라 하면, 따름정리 4.4.5에 의해

$$V = U \oplus W$$

이다. 즉, W는 U의 보공간이다. ■

예 4.4.9 $\mathbb{R}^3$에서 부분공간 $W = \langle (1,1,0),\ (0,1,1) \rangle$의 보공간을 구해보자.

(풀이) $\dim W = 2$이므로 $\{(1,1,0),\ (0,1,1),\ (a,b,c)\}$가 $\mathbb{R}^3$의 기저가 되는 벡터 (a,b,c)를 구하자. 행렬

$$\begin{pmatrix} 1 & 1 & 0 \\ 0 & 1 & 1 \\ a & b & c \end{pmatrix}$$

에서 계수(rank)가 3이 되는 $(a,b,c) = (0,0,1)$을 선택하면

$$\{(1,1,0),\ (0,1,1),\ (0,0,1)\}$$

이 $\mathbb{R}^3$의 기저가 되므로, $W' = \langle (0,0,1) \rangle$라 하면,

$$\mathbb{R}^3 = W \oplus W'$$

이다. 그러면 W'은 W의 보공간이 된다.

정의 4.4.10 [*정사영(멱등사상, projection, idempotent, 正射影, 冪等寫像), 멱영선형사상(nilpotent, 冪零寫像), 멱등행렬(idempotent matrix, 冪等行列)*]

F-벡터공간 V 위의 선형사상 $T : V \to V$에 대하여

T가 **정사영(멱등사상)**	$\overset{\text{정의}}{\Longleftrightarrow}$	$T^2 = T$
T가 **멱영선형사상**	$\overset{\text{정의}}{\Longleftrightarrow}$	$T^m = \mathbf{0}_V$ 인 자연수 m이 존재

※ n차 정사각행렬 $A \in M_n(F)$가 $A^2 = A$일 때, A를 **멱등행렬**이라 한다.

※ n차 정사각행렬 $A \in M_n(F)$가 $A^m = \mathbb{O}_n (\exists m \in \mathbb{N})$일 때, A를 **멱영행렬**이라 한다.

예 4.4.11 *F-벡터공간 V 위의 영사상 $\mathbf{0}_V : V \to V$ 와 항등사상 $I_V : V \to V$는 정사영이다.*

또한 F 위의 n차 영행렬 $\mathbb{O}_n$과 단위행렬 I_n은 멱등행렬이다. 그리고 다음 3차 행렬도 멱등행렬이다.

$$\begin{pmatrix} 1 & 0 & 0 \\ 0 & 0 & 0 \\ 0 & 0 & 0 \end{pmatrix}, \quad \begin{pmatrix} 1 & 0 & 0 \\ 0 & 1 & 0 \\ 0 & 0 & 0 \end{pmatrix}, \quad \begin{pmatrix} 0 & 0 & 0 \\ 0 & 1 & 0 \\ 0 & 0 & 0 \end{pmatrix}$$

예 4.4.12 F-벡터공간 F^n 위의 선형사상

$$T : F^n \to F^n, \quad T(x_1, x_2, \cdots, x_n) = (0, x_1, x_2, \cdots, x_{n-1})$$

은 멱영선형사상이다.

임의의 벡터 $(x_1, x_2, \cdots, x_n) \in F^n$에 대하여

$$\begin{aligned} T(x_1, x_2, \cdots, x_n) &= (0, x_1, x_2, \cdots, x_{n-1}) \\ T^2(x_1, x_2, \cdots, x_n) &= (0, 0, x_1, \cdots, x_{n-2}) \\ &\vdots \\ T^{n-1}(x_1, x_2, \cdots, x_n) &= (0, 0, \cdots, 0, x_1) \\ T^n(x_1, x_2, \cdots, x_n) &= (0, 0, \cdots, 0, 0) \end{aligned}$$

이므로 T는 멱영선형사상이다.

정리 4.4.13 *체 F 위의 n차 정사각행렬 $A \in M_n(F)$에 대하여 다음은 동치이다.*

행렬 A가 멱등행렬
$\iff$ 선형사상 $T_A : F^n \longrightarrow F^n$, $T_A(X) = AX$ $(X \in F^n)$가 정사영(멱등사상)

(증명) $(\Rightarrow)$ $A^2 = A$이라 하자. 그러면

$$T_A{}^2(X) = A^2X = AX = T_A(X) \ (\forall X \in F^n)$$

이므로, $T_A{}^2 = T_A$이다.

$(\Leftarrow)$ $T_A{}^2 = T_A$이라 하자. 그러면

$$A^2X = T_A{}^2(X) = T_A(X) = AX \ (\forall X \in F^n)$$

이므로, X에 F^n의 표준 기저를 대입하면 $A^2 = A$이다. ■

정리 4.4.14 *F-벡터공간 V의 두 부분공간 U, W에 대하여, $V = U \oplus W$일 때, 다음이 성립한다.*

(1) 두 사상

$$\begin{cases} T_U : V \longrightarrow V, & T_U(\mathbf{u}+\mathbf{w}) = \mathbf{u} \ (\mathbf{u} \in U,\ \mathbf{w} \in W) \\ T_W : V \longrightarrow V, & T_W(\mathbf{u}+\mathbf{w}) = \mathbf{w} \ (\mathbf{u} \in U,\ \mathbf{w} \in W) \end{cases}$$

은 정사영이다.

(2) $T_U + T_W = 1_V$(항등사상), $T_U \circ T_W = \mathbf{O}_V$(영사상), $T_W \circ T_U = \mathbf{O}_V$

(3) $U = \mathrm{Im}(T_U) = \mathrm{Ker}(T_W)$, $W = \mathrm{Im}(T_W) = \mathrm{Ker}(T_U)$

※ 이때 T_U, T_W를 각각 V**에서** U, W **위로의 정사영**이라고 한다. (정리 6.3.12 참조)

(증명) 정리 4.4.3에 의해, 각 벡터 $\mathbf{v} \in V$는

$$\mathbf{v} = \mathbf{u} + \mathbf{w} \quad (\mathbf{u} \in U,\ \mathbf{w} \in W)$$

와 같은 단 한가지 꼴로 나타내어지므로 T_U, T_W는 잘 정의된 함수이다.

(1) 임의의 벡터 $\mathbf{v}, \mathbf{v}' \in V$와 스칼라 $a \in F$에 대하여

$$\mathbf{v} = \mathbf{u} + \mathbf{w}, \quad \mathbf{v}' = \mathbf{u}' + \mathbf{w}' \quad (\mathbf{u}, \mathbf{u}' \in U,\ \mathbf{w}, \mathbf{w}' \in W)$$

이라고 하면,

$$\mathbf{u} + \mathbf{u}' \in U, \quad \mathbf{w} + \mathbf{w}' \in W,$$
$$a\mathbf{u} \in U, \qquad a\mathbf{w} \in W$$

이므로

$$T_U(\mathbf{v}+\mathbf{v}') = T_U((\mathbf{u}+\mathbf{w}) + (\mathbf{u}'+\mathbf{w}')) = \mathbf{u}+\mathbf{u}' = T_U(\mathbf{v}) + T_U(\mathbf{v}'),$$
$$T_U(a\mathbf{v}) = T_U(a\mathbf{u}+a\mathbf{w}) = a\mathbf{u} = aT_U(\mathbf{u}+\mathbf{w}) = aT_U(\mathbf{v}),$$
$$T_W(\mathbf{v}+\mathbf{v}') = T_W((\mathbf{u}+\mathbf{w}) + (\mathbf{u}'+\mathbf{w}')) = \mathbf{w}+\mathbf{w}' = T_W(\mathbf{v}) + T_W(\mathbf{v}'),$$
$$T_W(a\mathbf{v}) = T_W(a\mathbf{u}+a\mathbf{w}) = a\mathbf{w} = aT_W(\mathbf{u}+\mathbf{w}) = aT_W(\mathbf{v}),$$

이고, 따라서 T_U, T_W는 선형사상이다. 또한

$$T_U^2(\mathbf{v}) = T_U(T_U(\mathbf{u}+\mathbf{w})) = T_U(\mathbf{u}) = \mathbf{u} = T_U(\mathbf{u}+\mathbf{w}) = T_U(\mathbf{v})$$
$$T_W^2(\mathbf{v}) = T_W(T_W(\mathbf{u}+\mathbf{w})) = T_W(\mathbf{w}) = \mathbf{w} = T_W(\mathbf{u}+\mathbf{w}) = T_W(\mathbf{v})$$

이므로 $T_U^2 = T_U$, $T_W^2 = T_W$이고, 따라서 T_U, T_W는 정사영이다.

(2) 임의의 벡터 $\mathbf{v} = \mathbf{u} + \mathbf{w} \in V$에 대하여

$$(T_U + T_W)(\mathbf{v}) = T_U(\mathbf{u}+\mathbf{w}) + T_W(\mathbf{u}+\mathbf{w}) = \mathbf{u}+\mathbf{w} = 1_V(\mathbf{v})$$

이므로 $T_U + T_W = 1_V$(항등사상)이다. 한편

$$T_U \circ T_W(\mathbf{v}) = T_U(T_W(\mathbf{u}+\mathbf{w})) = T_U(\mathbf{w}) = \mathbf{0} = \mathbf{O}_V(\mathbf{v})$$

이므로 $T_U \circ T_W = \mathbf{O}_V$(영사상)이다. 같은 방법으로 구하면 $T_W \circ T_U = \mathbf{O}_V$이다.

(3) V의 벡터 $\mathbf{v} = \mathbf{u}+\mathbf{w}$에 대하여

$$\mathrm{Im}(T_U) = \{T_U(\mathbf{u}+\mathbf{w}) \mid \mathbf{u}+\mathbf{w} \in V\} = \{\mathbf{u} \mid \mathbf{u} \in U\} = U$$
$$\mathrm{Ker}(T_W) = \{\mathbf{u}+\mathbf{w} \in V \mid \mathbf{0} = T_W(\mathbf{u}+\mathbf{w}) = \mathbf{w}\} = \{\mathbf{u} \mid \mathbf{u} \in U\} = U$$

이므로 $U = \mathrm{Im}(T_U) = \mathrm{Ker}(T_W)$이고 , 같은 방법으로 $W = \mathrm{Im}(T_W) = \mathrm{Ker}(T_U)$임을 알 수 있다.
■

예 4.4.15 벡터공간 $\mathbb{R}^2$의 두 부분공간

$$U = \langle(1,1)\rangle, \quad W = \langle(0,1)\rangle$$

에 대하여 $\mathbb{R}^2 = U \oplus W$이다. 또한, 임의의 $(x,y) \in \mathbb{R}^2$에 대하여

$$(x,y) = x(1,1) + (y-x)(0,1) = (x,x) + (0,y-x)$$

이므로

$$\begin{cases} T_U : \mathbb{R}^2 \longrightarrow \mathbb{R}^2, & T_U(x,y) = T_U((x,x)+(0,y-x)) = (x,x) \\ T_W : \mathbb{R}^2 \longrightarrow \mathbb{R}^2, & T_W(x,y) = T_W((x,x)+(0,y-x)) = (0,y-x) \end{cases}$$

라 정의하면,

$$T_U^2(x,y) = (x,x) = T_U(x,y), \quad T_W^2(x,y) = (0,y-x) = T_W(x,y)$$

이고, 따라서 T_U, T_W는 정사영이다.

정리 4.4.16 *F-벡터공간 V의 선형사상 $T : V \to V$가 정사영일 때, 다음이 성립한다.*

$$V = \mathrm{Im}(T) \oplus \mathrm{Ker}(T), \quad \mathrm{Im}(T) = \{\mathbf{v} \in V \mid T(\mathbf{v}) = \mathbf{v}\}$$

(증명) 임의의 벡터 $\mathbf{v} \in V$에 대하여

$$\mathbf{v} = T(\mathbf{v}) + (\mathbf{v} - T(\mathbf{v}))$$

이다. 여기서 $T(\mathbf{v}) \in \mathrm{Im}(T)$이고,

$$T(\mathbf{v} - T(\mathbf{v})) = T(\mathbf{v}) - T(T(\mathbf{v})) = T(\mathbf{v}) - T(\mathbf{v}) = \mathbf{0}$$

이므로, $\mathbf{v} - T(\mathbf{v}) \in \mathrm{Ker}(T)$이다. 따라서 $V = \mathrm{Im}(T) + \mathrm{Ker}(T)$이다.

한편 $T(\mathbf{v}) \in \mathrm{Im}(T) \cap \mathrm{Ker}(T)$에 대하여,

$$\mathbf{0} = T(T(\mathbf{v})) = T^2(\mathbf{v}) = T(\mathbf{v})$$

이므로, $\{\mathbf{0}\} = \mathrm{Im}(T) \cap \mathrm{Ker}(T)$이다. 그러므로 $V = \mathrm{Im}(T) \oplus \mathrm{Ker}(T)$이다.

다음에 $T(\mathbf{v}) \in \mathrm{Im}(T)$이면

$$T(\mathbf{v}) = T(T(\mathbf{v}))$$

이므로 $\mathrm{Im}(T) \subset \{\mathbf{v} \in V \mid T(\mathbf{v}) = \mathbf{v}\}$이다. 역으로 $T(\mathbf{v}) = \mathbf{v}$이면 분명히 $\mathbf{v} \in \mathrm{Im}(T)$이다. 그러므로 $\mathrm{Im}(T) = \{\mathbf{v} \in V \mid T(\mathbf{v}) = \mathbf{v}\}$이다. ■

임용시험 출제 4.4.17 [2003학년도] F-벡터공간 V의 부분공간 W_1, W_2에 대하여 $V = W_1 \oplus W_2$일 필요충분조건은 임의의 $\mathbf{v} \in V$에 대하여 $\mathbf{v} = \mathbf{w}_1 + \mathbf{w}_2$인 $\mathbf{w}_1 \in W_1$, $\mathbf{w}_2 \in W_2$가 유일하게 존재함을 증명하라.

임용시험 출제 4.4.18 [2009학년도] 유한차원 벡터공간 V의 부분공간 $W(W \neq V)$에 대하여 선형사상 P를 V에서 W로의 정사영(orthogonal projection)이라 하자. P에 관한 설명 중 옳지 않은 것은?

① $\mathrm{Im}(P) = W$

② $\mathrm{Ker}(P) \cap W = \{\mathbf{0}\}$

③ 임의의 $\mathbf{w} \in W$에 대하여 $P(\mathbf{w}) = \mathbf{w}$

④ 임의의 $\mathbf{v} \in V$에 대하여 $P(P(\mathbf{v})) = P(\mathbf{v})$

⑤ P를 나타내는 행렬은 가역행렬이다. (정의 4.5.3 참조)

임용시험 출제 4.4.19 [2010학년도] $\mathbb{R}^3$이 $\mathbb{R}$-벡터공간일 때, 다음 명제 중 참인 것을 골라라.

ㄱ. $\mathbb{Q}^3 < \mathbb{R}^3$

ㄴ. $U = \{(x, y, z) \in \mathbb{R}^3 \mid z = x + 5y\}$에 대하여 $\mathbb{R}^3 = U \oplus W$인 $W < \mathbb{R}^3$가 존재

ㄷ. 선형사상 $T : \mathbb{R}^3 \to \mathbb{R}^3$, $T(x, y, z) = (x - y, 2y, x - 3z)$일 때, $\dim(\mathrm{Ker}(T)) = 1$

연 습 문 제 (4.4)

1. $\mathbb{R}^3$ 위의 부분공간 $U = \langle(1, 2, 3)\rangle$에 대해 $\mathbb{R}^2 = U \oplus W$인 부분공간 W를 하나 구하라.

2. $\mathbb{R}$ 위에서 벡터공간 $\mathbb{R}^2$의 두 부분공간 $W_1 = \langle(1,\ 2)\rangle$, $W_2 = \langle(3,\ 5)\rangle$에 대하여, $\mathbb{R}^2 = W_1 \oplus W_2$임을 밝혀라.

3. 체 F 위의 벡터공간 V의 두 부분공간 U, W에 대하여 $V = U + W$일 때, $U \cap W \neq \{\mathbf{0}\}$이면 각 벡터 $\mathbf{v} \in V$는 2가지 이상의 방법으로

$$\mathbf{v} = \mathbf{u} + \mathbf{w}\ (\mathbf{u} \in U,\ \mathbf{w} \in W)$$

의 꼴로 나타내어짐을 밝혀라.

4. 체 F 위의 벡터공간 V의 두 부분공간 U, W에 대하여 $V = U \oplus W$일 때, 선형사상 $f : U \oplus W \to V$가 $f(\mathbf{u},\ \mathbf{w}) = 2\mathbf{u} - \mathbf{w}$이면 f가 전사임을 보이고, $\mathrm{Ker}(f)$를 구하라.

5. $\mathbb{R}$ 위의 벡터공간 $V = \{f \mid f : \mathbb{R} \to \mathbb{R}$은 함수$\}$의 부분공간

$$U = \{f \in V \mid f(-x) = f(x)\}, \quad W = \{f \in V \mid f(-x) = -f(x)\}$$

에 대하여, 다음 물음에 답하라.

(1) V의 임의의 원소 $f(x)$에 대해 $\dfrac{f(x)+f(-x)}{2} \in U$와 $\dfrac{f(x)-f(-x)}{2} \in W$임을 보여라.

(2) $V = U \bigoplus W$임을 증명하라.

6. 벡터공간 $M_n(\mathbb{R})$에서 $\mathrm{Sym}_n(\mathbb{R})$, $\mathrm{Alt}_n(\mathbb{R})$를 각각 대칭행렬 전체와 교대행렬 전체로 이루어진 부분공간이라고 할 때, $M_n(\mathbb{R}) = \mathrm{Sym}_n(\mathbb{R}) \oplus \mathrm{Alt}_n(\mathbb{R})$임을 밝혀라.

7. 체 F 위의 벡터공간 V의 두 부분공간 U, W에 대하여 $V = U \oplus W$일 때, $U \subset U' \subset V$인 부분공간 U'에 대하여 $U' = U \oplus (W \cap U')$임을 증명하라.

8. 벡터공간 $\mathbb{R}^3$에서 두 부분공간

$$U = \{(a,\ b,\ a-b) \mid a,\ b \in \mathbb{R}\}, \quad W = \{(a,\ a,\ a) \mid a \in \mathbb{R}\}$$

에 대하여 $\mathbb{R}^3 = U \oplus W$임을 밝혀라. 그리고, 이 직합에 의하여 정의되는 두 정사영을 정의하라.

9. 체 F 위에서 벡터공간 V 위의 선형사상 $T : V \to V$가 정사영일 때, 다음 물음에 답하라.

(1) $I_V - T$도 정사영이다.

(2) $I_V - T$의 핵을 구하라.

(3) $T(I_V - T) = \mathbf{O}_V$ 임을 보여라.

(4) T가 가역(정칙)사상일 때, $T = 1_V$(항등사상)임을 보여라.

10. 벡터공간 V 위의 선형사상 S, T가 $S^2 = S$, $T^2 = T$, $S + T = I$, $S \circ T = \mathbf{O}_V$, $T \circ S = \mathbf{O}_V$일 때 $V = \mathrm{Im}(S) \oplus \mathrm{Im}(T)$임을 보여라.

4.5 선형사상과 행렬

이 절에서는 선형사상과 행렬 사이의 관계에 대하여 알아본다.

유한차원 벡터공간의 기저 $\mathscr{B}=\{\mathbf{v}_1, \cdots, \mathbf{v}_n\}$에서 벡터의 순서까지 생각하는 경우에 이 기저를 **순서기저**(ordered basis, 順序基底)라 한다.

예를 들면, $\{\mathbf{v}_1, \mathbf{v}_2\}$와 $\{\mathbf{v}_2, \mathbf{v}_1\}$이 기저일 때, 기저로서는 같은 기저이지만 순서기저 $\{\mathbf{v}_1, \mathbf{v}_2\}$와 $\{\mathbf{v}_2, \mathbf{v}_1\}$은 서로 다른 순서기저이다.

정의 4.5.1 [*좌표벡터(coordinate vector,)*]
F-벡터공간 V의 순서기저 $\mathscr{B}=\{\mathbf{v}_1, \cdots, \mathbf{v}_n\}$ 일 때, V의 임의의 벡터 $\mathbf{v}\in V$는 단 한 가지 방법

$$\mathbf{v}=x_1\mathbf{v}_1+\cdots+x_n\mathbf{v}_n \quad (x_1, \cdots, x_n\in F)$$

으로 표현된다. 이때

$[\mathbf{v}]_{\mathscr{B}}$가 기저 $\mathscr{B}$에 관한 $\mathbf{v}$의 **좌표벡터** 또는 **좌표**	$\overset{\text{정의}}{\Longleftrightarrow}$	$[\mathbf{v}]_{\mathscr{B}}=(x_1, \cdots, x_n)\in F^n$

예 4.5.2 $\mathscr{B}=\{(1, 1), (1, 2)\}$와 $\mathscr{C}=\{(1, 1), (1, -1)\}$가 벡터공간 $\mathbb{R}^2$의 두 순서기저일 때, 기저 $\mathscr{B}$와 $\mathscr{C}$에 관한 벡터 $(2, 3)\in\mathbb{R}^2$의 좌표벡터 $[(2, 3)]_{\mathscr{B}}$와 $[(2, 3)]_{\mathscr{C}}$를 구하라.

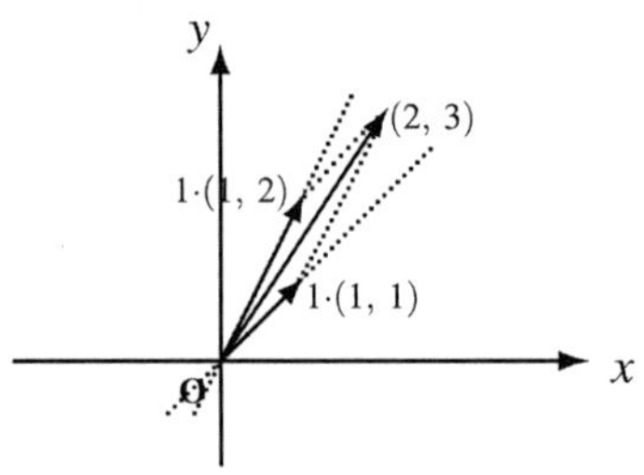

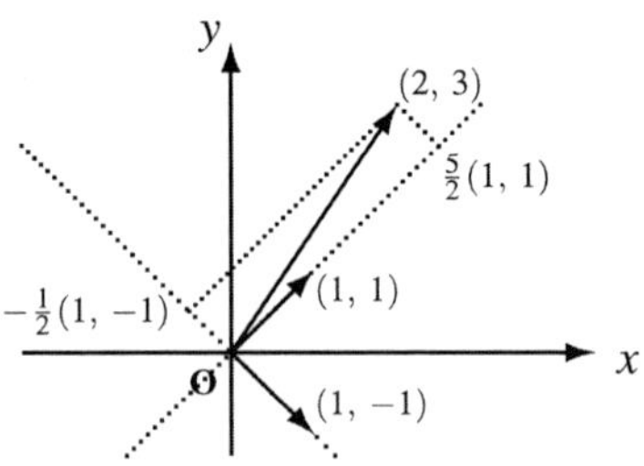

(풀이) 스칼라 $a, b\in\mathbb{R}$에 대하여

$$(2, 3)=a(1, 1)+b(1, 2)=(a+b, a+2b)$$

에서 $\begin{cases} a+b=2 \\ a+2b=3 \end{cases}$ 이므로 $a=1$, $b=1$이다. 따라서

$$[(2, 3)]_{\mathscr{B}}=[1(1, 1)+1(1, 2)]_{\mathscr{B}}=(1, 1)$$

한편 스칼라 $a, b\in\mathbb{R}$에 대하여

$$(2, 3)=a(1, 1)+b(1, -1)=(a+b, a-b)$$

에서 $\begin{cases} a+b=2 \\ a-b=3 \end{cases}$ 이므로 $a=\frac{5}{2}$, $b=-\frac{1}{2}$이다. 따라서

$$[(2,3)]_{\mathscr{C}} = \left[\frac{5}{2}(1,\ 1) + \left(-\frac{1}{2}\right)(1,\ -1)\right]_{\mathscr{C}} = \left(\frac{5}{2},\ -\frac{1}{2}\right)$$

정의 4.5.3 [*선형사상의 행렬(matrix of linear transformation)의 정의*]

n, m차원 F-벡터공간 V, W에 대한 순서기저를 각각

$$\mathscr{B} = \{\mathbf{v}_1,\ \cdots,\ \mathbf{v}_n\}, \quad \mathscr{C} = \{\mathbf{w}_1,\ \cdots,\ \mathbf{w}_m\}$$

이라 하자. 선형사상 $T : V \to W$가 다음과 같이 주어졌을 때 ($a_{ij} \in F$),

$$\begin{cases} T(\mathbf{v}_1) = \underline{a_{11}}\mathbf{w}_1 + \underline{a_{21}}\mathbf{w}_2 + \cdots + \underline{a_{m1}}\mathbf{w}_m \\ T(\mathbf{v}_2) = a_{12}\mathbf{w}_1 + a_{22}\mathbf{w}_2 + \cdots + a_{m2}\mathbf{w}_m \\ \qquad \vdots \\ T(\mathbf{v}_n) = a_{1n}\mathbf{w}_1 + a_{2n}\mathbf{w}_2 + \cdots + a_{mn}\mathbf{w}_m \end{cases}$$

$[T]_{\mathscr{B}}^{\mathscr{C}}$는 기저 $\mathscr{B}$와 $\mathscr{C}$에 관한 T의 **행렬** $\overset{\text{정의}}{\Longleftrightarrow}$ $[T]_{\mathscr{B}}^{\mathscr{C}} = \begin{pmatrix} \underline{a_{11}} & a_{12} & \cdots & a_{1n} \\ \underline{a_{21}} & a_{22} & \cdots & a_{2n} \\ \vdots & \vdots & & \vdots \\ \underline{a_{m1}} & a_{m2} & \cdots & a_{mn} \end{pmatrix}_{m\times n}$

※ 기저 $\mathscr{B}$와 $\mathscr{B}$에 관한 T의 행렬을 $[T]_{\mathscr{B}}^{\mathscr{B}} = [T]_{\mathscr{B}}$ 라 표기하고, 기저 $\mathscr{B}$에 관한 T의 행렬이라 한다.

예 4.5.4 $\mathbb{R}$-벡터공간 $\mathbb{R}^3$의 두 순서기저

$$\begin{cases} \mathscr{B} = \{(1,\ 0,\ 0),\ (0,\ 1,\ 0),\ (0,\ 0,\ 1)\} \\ \mathscr{B}' = \{(1,\ 0,\ 0),\ (1,\ 1,\ 0),\ (1,\ 1,\ 1)\} \end{cases}$$

와 $\mathbb{R}$-벡터공간 $\mathbb{R}^2$의 두 순서기저

$$\begin{cases} \mathscr{C} = \{(1,\ 0),\ (0,\ 1)\} \\ \mathscr{C}' = \{(1,\ 0),\ (1,\ 1)\} \end{cases}$$

에 대하여, 선형사상 $T : \mathbb{R}^3 \to \mathbb{R}^2$가 $T(x,\ y,\ z) = (2x+y,\ x-y+3z)$와 같이 정의되었을 때 $[T]_{\mathscr{B}}^{\mathscr{C}}$와 $[T]_{\mathscr{B}'}^{\mathscr{C}'}$를 구하라.

(풀이) 먼저 $[T]_{\mathscr{B}}^{\mathscr{C}}$를 구하자. $\begin{cases} T(1,\ 0,\ 0) = (2,\ 1) = 2(1,\ 0) + 1(0,\ 1) \\ T(0,\ 1,\ 0) = (1,\ -1) = 1(1,\ 0) - 1(0,\ 1) \\ T(0,\ 0,\ 1) = (0,\ 3) = 0(1,\ 0) + 3(0,\ 1) \end{cases}$ 이므로

$[T]_{\mathscr{B}}^{\mathscr{C}} = \begin{pmatrix} 2 & 1 & 0 \\ 1 & -1 & 3 \end{pmatrix} \in M_{2\times 3}(\mathbb{R})$이다.

다음에 $[T]_{\mathscr{B}'}^{\mathscr{C}'}$을 구하자. $\begin{cases} T(1,\ 0,\ 0) = (2,\ 1) = 1(1,\ 0) + 1(1,\ 1) \\ T(1,\ 1,\ 0) = (3,\ 0) = 3(1,\ 0) + 0(1,\ 1) \\ T(1,\ 1,\ 1) = (3,\ 3) = 0(1,\ 0) + 3(1,\ 1) \end{cases}$ 이므로

$[T]_{\mathscr{B}'}^{\mathscr{C}'} = \begin{pmatrix} 1 & 3 & 0 \\ 1 & 0 & 3 \end{pmatrix} \in M_{2\times 3}(\mathbb{R})$이다.

예 4.5.5 $\mathbb{R}$-벡터공간 $\mathbb{R}[x]_2 = \{a + bx + cx^2 \mid a,\ b,\ c \in \mathbb{R}\}$와 $\mathbb{R}[x]_1 = \{a + bx \mid a,\ b \in \mathbb{R}\}$의 순서기저를 $\mathscr{B} = \{1,\ x,\ x^2\}$와 $\mathscr{C} = \{1,\ x\}$이라 하자. 미분연산자

$$D : \mathbb{R}[x]_2 \to \mathbb{R}[x]_1, \quad D(f) = f'$$

일 때, $[D]_{\mathscr{B}}^{\mathscr{C}}$를 구하라.

(풀이) 먼저 순서기저 $\mathscr{B}$에 대한 상을 알아 보자.

$$\begin{cases} D(1) = 1' = 0 = 0\cdot 1 + 0\cdot x \\ D(x) = x' = 1 = 1\cdot 1 + 0\cdot x \\ D(x^2) = (x^2)' = 2x = 0\cdot 1 + 2\cdot x \end{cases}$$

이므로

$$[D]_{\mathscr{B}}^{\mathscr{C}} = \begin{pmatrix} 0 & 1 & 0 \\ 0 & 0 & 2 \end{pmatrix}$$

이다. 이들 관계를 그림으로 나타내면 다음과 같다.

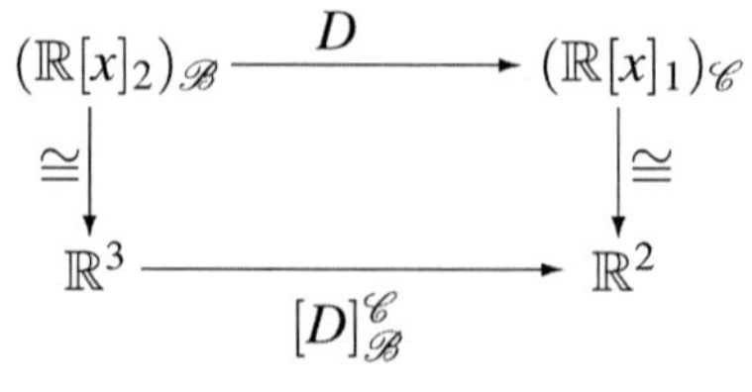

정리 4.5.6 *유한차원 F-벡터공간 U, V, W의 순서기저가 각각 $\mathscr{B}$, $\mathscr{C}$, $\mathscr{D}$일 때 다음이 성립한다.*

(1) $T,\ T' \in \mathrm{Hom}_F(V,\ W)$에 대하여 $[T+T']_{\mathscr{C}}^{\mathscr{D}} = [T]_{\mathscr{C}}^{\mathscr{D}} + [T']_{\mathscr{C}}^{\mathscr{D}}$
(2) $T \in \mathrm{Hom}_F(V,\ W),\ a \in F$에 대하여 $[aT]_{\mathscr{C}}^{\mathscr{D}} = a[T]_{\mathscr{C}}^{\mathscr{D}}$
(3) $S \in \mathrm{Hom}_F(U,\ V),\ T \in \mathrm{Hom}_F(V,\ W)$에 대하여 $[T\circ S]_{\mathscr{B}}^{\mathscr{D}} = [T]_{\mathscr{C}}^{\mathscr{D}}[S]_{\mathscr{B}}^{\mathscr{C}}$

위 선형사상의 합성사상 $T\circ S$에 대한 관계를 그림으로 나타내면 다음과 같다.

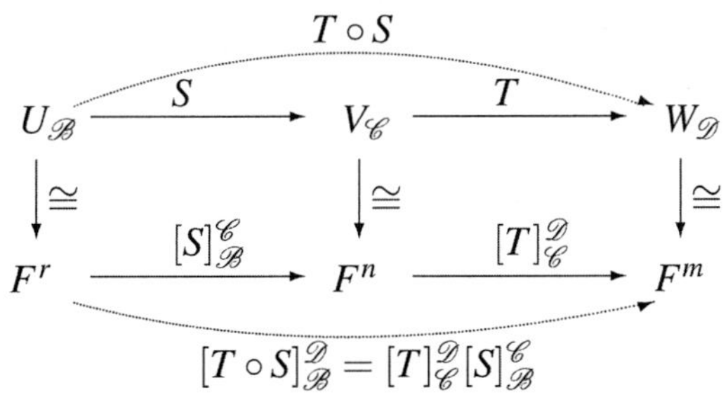

(증명) $\dim\ U = r$, $\dim\ V = n$, $\dim\ W = m$라 하고, U, V, W의 순서기저를 $\mathscr{B} = \{\mathbf{u}_1,\ \cdots,\ \mathbf{u}_r\}$, $\mathscr{C} = \{\mathbf{v}_1,\ \cdots,\ \mathbf{v}_n\}$, $\mathscr{D} = \{\mathbf{w}_1,\ \cdots,\ \mathbf{w}_m\}$라 하자.

(1) $T,\ T' \in \mathrm{Hom}_F(V,\ W)$에 대하여

$$[T]_{\mathscr{C}}^{\mathscr{D}} = (a_{ij}),\ [T']_{\mathscr{C}}^{\mathscr{D}} = (b_{ij}) \in M_{m\times n}(F)$$

라 하자. 그러면 선형사상의 행렬의 정의에 의해, $\mathbf{v}_i$, $i = 1,\ \cdots,\ n$에 대하여,

$$\begin{aligned}(T+T')(\mathbf{v}_i) &= T(\mathbf{v}_i) + T'(\mathbf{v}_i)\\ &= (a_{1i}\mathbf{w}_1 + a_{2i}\mathbf{w}_2 + \cdots + a_{mi}\mathbf{w}_m) + (b_{1i}\mathbf{w}_1 + b_{2i}\mathbf{w}_2 + \cdots + b_{mi}\mathbf{w}_m)\\ &= (a_{1i}+b_{1i})\mathbf{w}_1 + (a_{2i}+b_{2i})\mathbf{w}_2 + \cdots + (a_{mi}+b_{mi})\mathbf{w}_m\end{aligned}$$

이므로, 다음이 성립한다.

$$\begin{aligned}[T+T']_{\mathscr{C}}^{\mathscr{D}} &= \begin{pmatrix} a_{11}+b_{11} & a_{12}+b_{12} & \cdots & a_{1n}+b_{1n}\\ a_{21}+b_{21} & a_{22}+b_{22} & \cdots & a_{2n}+b_{2n}\\ \vdots & \vdots & & \vdots\\ a_{m1}+b_{m1} & a_{m2}+b_{m2} & \cdots & a_{mn}+b_{mn}\end{pmatrix}\\ &= (a_{ij}) + (b_{ij}) = [T]_{\mathscr{C}}^{\mathscr{D}} + [T']_{\mathscr{C}}^{\mathscr{D}}\end{aligned}$$

(2) $T \in \mathrm{Hom}_F(V,\ W)$와 $a \in F$일 때, $\mathbf{v}_i,\ i=1,\ \cdots,\ n$에 대하여

$$\begin{aligned}(aT)(\mathbf{v}_i) &= a(T(\mathbf{v}_i)) \\ &= a(a_{1i}\mathbf{w}_1 + a_{2i}\mathbf{w}_2 + \cdots + a_{mi}\mathbf{w}_m) \\ &= (aa_{1i})\mathbf{w}_1 + (aa_{2i})\mathbf{w}_2 + \cdots + (aa_{mi})\mathbf{w}_m\end{aligned}$$

이므로, 다음이 성립한다.

$$[aT]_{\mathscr{C}}^{\mathscr{D}} = (aa_{ij}) = a(a_{ij}) = a[T]_{\mathscr{C}}^{\mathscr{D}}$$

(3) $S \in \mathrm{Hom}_F(U,\ V)$와 $T \in \mathrm{Hom}_F(V,\ W)$에 대하여

$$A = [S]_{\mathscr{B}}^{\mathscr{C}} = (a_{ij}) \in M_{n\times r}(F), \quad B = [T]_{\mathscr{C}}^{\mathscr{D}} = (b_{ij}) \in M_{m\times n}(F)$$

라 하자. 그러면 선형사상과 행렬의 정의에 의해, $\mathbf{u}_j,\ j=1,\ \cdots,\ r$에 대하여,

$$\begin{aligned}(T\circ S)(\mathbf{u}_j) &= T(S(\mathbf{u}_j)) \\ &= T(a_{1j}\mathbf{v}_1 + a_{2j}\mathbf{v}_2 + \cdots + a_{nj}\mathbf{v}_n) \\ &= a_{1j}T(\mathbf{v}_1) + a_{2j}T(\mathbf{v}_2) + \cdots + a_{nj}T(\mathbf{v}_n) \\ &= a_{1j}(b_{11}\mathbf{w}_1 + b_{21}\mathbf{w}_2 + \cdots + b_{m1}\mathbf{w}_m) \\ &\quad + a_{2j}(b_{12}\mathbf{w}_1 + b_{22}\mathbf{w}_2 + \cdots + b_{m2}\mathbf{w}_m) \\ &\quad + \cdots + a_{nj}(b_{1n}\mathbf{w}_1 + b_{2n}\mathbf{w}_2 + \cdots + b_{mn}\mathbf{w}_m) \\ &= B_1A^j\mathbf{w}_1 + B_2A^j\mathbf{w}_2 + \cdots + B_mA^j\mathbf{w}_m\end{aligned}$$

이다. 그러므로 다음이 성립한다.

$$[T\circ S]_{\mathscr{B}}^{\mathscr{D}} = \begin{pmatrix} B_1A^1 & B_1A^2 & \cdots & B_1A^r \\ B_2A^1 & B_2A^2 & \cdots & B_2A^r \\ \vdots & \vdots & & \vdots \\ B_mA^1 & B_mA^2 & \cdots & B_mA^r \end{pmatrix} = BA = [T]_{\mathscr{C}}^{\mathscr{D}}[S]_{\mathscr{B}}^{\mathscr{C}}$$ ■

예 4.5.7 $\mathbb{R}$-벡터공간 $\mathbb{R}^3, \mathbb{R}^2, \mathbb{R}$의 순서기저를 각각

$$\mathscr{B} = \{(1,\ 1,\ 1),\ (1,\ 1,\ 0),\ (1,\ 0,\ 0)\}, \quad \mathscr{C} = \{(1,\ 0),\ (0,\ 2)\}, \quad \mathscr{D} = \{1\}$$

라 하자. 다음 선형사상

$$\mathbb{R}^3 \xrightarrow{\ T\ } \mathbb{R}^2 \xrightarrow{\ S\ } \mathbb{R}$$

이 $T(x,\ y,\ z) = (x,\ y)$, $S(x,\ y) = x+y$로 주어졌을 때,

$$S\circ T(x,\ y,\ z) = S(x,\ y) = x+y$$

이다. 이때 $[S\circ T]_{\mathscr{B}}^{\mathscr{D}}$, $[S]_{\mathscr{C}}^{\mathscr{D}}$, $[T]_{\mathscr{B}}^{\mathscr{C}}$를 각각 구하고 $[S\circ T]_{\mathscr{B}}^{\mathscr{D}}=[S]_{\mathscr{C}}^{\mathscr{D}}[T]_{\mathscr{B}}^{\mathscr{C}}$임을 확인하라.

(풀이) 먼저 $[S\circ T]_{\mathscr{B}}^{\mathscr{D}}$를 구하자.

$$\begin{cases} S\circ T(1,\ 1,\ 1)=2=2\cdot 1 \\ S\circ T(1,\ 1,\ 0)=2=2\cdot 1 \\ S\circ T(1,\ 0,\ 0)=1=1\cdot 1 \end{cases} \quad \text{이므로 } [S\circ T]_{\mathscr{B}}^{\mathscr{D}}=\begin{pmatrix}2 & 2 & 1\end{pmatrix}$$

이다. 한편

$$\begin{cases} T(1,\ 1,\ 1)=(1,\ 1)=1(1,\ 0)+\frac{1}{2}(0,\ 2) \\ T(1,\ 1,\ 0)=(1,\ 1)=1(1,\ 0)+\frac{1}{2}(0,\ 2) \\ T(1,\ 0,\ 0)=(1,\ 0)=1(1,\ 0)+0(0,\ 2) \end{cases} \quad \text{이므로 } [T]_{\mathscr{B}}^{\mathscr{C}}=\begin{pmatrix}1 & 1 & 1 \\ \frac{1}{2} & \frac{1}{2} & 0\end{pmatrix}$$

이다. 또한

$$\begin{cases} S(1,\ 0)=1=1\cdot 1 \\ S(0,\ 2)=2=2\cdot 1 \end{cases} \quad \text{이므로 } [S]_{\mathscr{C}}^{\mathscr{D}}=\begin{pmatrix}1 & 2\end{pmatrix}$$

이다. 그러므로 다음이 성립한다.

$$[S]_{\mathscr{C}}^{\mathscr{D}}[T]_{\mathscr{B}}^{\mathscr{C}}=\begin{pmatrix}1 & 2\end{pmatrix}\begin{pmatrix}1 & 1 & 1 \\ \frac{1}{2} & \frac{1}{2} & 0\end{pmatrix}=\begin{pmatrix}2 & 2 & 1\end{pmatrix}=[S\circ T]_{\mathscr{B}}^{\mathscr{D}}$$

정리 4.5.8 *F-벡터공간 V, W의 차원이* $\dim V=n$, $\dim W=m$*일 때, 다음이 성립.*

$$\mathrm{Hom}_F(V,\ W)\cong M_{m\times n}(F),$$
$$\dim \mathrm{Hom}_F(V,\ W)=\dim M_{m\times n}(F)=mn$$

(증명) $\mathscr{B}=\{\mathbf{v}_1,\ \cdots,\ \mathbf{v}_n\}$, $\mathscr{C}=\{\mathbf{w}_1,\ \cdots,\ \mathbf{w}_m\}$을 각각 V, W의 순서기저라 하자.

임의의 선형사상 $T\in \mathrm{Hom}_F(V,\ W)$에 대하여 $\mathscr{B}$, $\mathscr{C}$에 관한 행렬 $[T]_{\mathscr{B}}^{\mathscr{C}}$가 유일하게 존재하므로, 함수 $\sigma:\mathrm{Hom}_F(V,\ W)\to M_{m\times n}(F)$를 다음과 같이 정의하면,

$$\sigma(T)=[T]_{\mathscr{B}}^{\mathscr{C}}$$

σ는 잘 정의된다.

정리 4.5.6에 의해, 임의의 $T,\ T'\in \mathrm{Hom}_F(V,\ W)$와 $a\in F$에 대하여

$$\sigma(T+T')=[T+T']_{\mathscr{B}}^{\mathscr{C}}=[T]_{\mathscr{B}}^{\mathscr{C}}+[T']_{\mathscr{B}}^{\mathscr{C}}=\sigma(T)+\sigma(T')$$

이고,

$$\sigma(aT)=[aT]_{\mathscr{B}}^{\mathscr{C}}=a[T]_{\mathscr{B}}^{\mathscr{C}}=a\sigma(T)$$

이므로 σ는 선형사상이다.

다음에 $T \in \operatorname{Ker}(\sigma)$에 대하여

$$\mathbb{O} = \sigma(T) = [T]_{\mathscr{B}}^{\mathscr{C}}$$

이므로 $T = \mathbf{0}$이 되어 σ는 단사함수가 된다.

다음에 임의의 $(a_{ij}) \in M_{m\times n}(F)$에 대하여, 함수 $S : V \to W$를

$$S(\mathbf{v}_i) = a_{1i}\mathbf{w}_1 + a_{2i}\mathbf{w}_2 + \cdots + a_{mi}\mathbf{w}_m, \ 1 \le i \le n$$

라 정의하면, 보편 사상 정리(정리 4.1.11)에 의해 함수 S는 선형사상이 되고

$$\sigma(S) = [S]_{\mathscr{B}}^{\mathscr{C}} = (a_{ij})$$

이므로 σ는 전사함수이다. 따라서 σ는 동형사상이고 $\operatorname{Hom}_F(V, W) \cong M_{m\times n}(F)$이다. ■

정리 4.5.9 *함수 $T : V \to W$가 유한차원 F-벡터공간 V, W의 선형사상이고*

$$\mathscr{B} = \{\mathbf{v}_1, \cdots, \mathbf{v}_n\}, \quad \mathscr{C} = \{\mathbf{w}_1, \cdots, \mathbf{w}_m\}$$

가 V, W의 순서기저일 때, 벡터 $\mathbf{v} = x_1\mathbf{v}_1 + x_2\mathbf{v}_2 + \cdots + x_n\mathbf{v}_n \in V$의 $\mathscr{B}$에 대한 좌표

$$[\mathbf{v}]_{\mathscr{B}} = [x_1\mathbf{v}_1 + x_2\mathbf{v}_2 + \cdots + x_n\mathbf{v}_n]_{\mathscr{B}} = (x_1, x_2, \cdots, x_n) \in F^n$$

와 $T(\mathbf{v}) = y_1\mathbf{w}_1 + y_2\mathbf{w}_2 + \cdots + y_m\mathbf{w}_m \in W$의 $\mathscr{C}$에 대한 좌표

$$[T(\mathbf{v})]_{\mathscr{C}} = [y_1\mathbf{w}_1 + y_2\mathbf{w}_2 + \cdots + y_m\mathbf{w}_m]_{\mathscr{C}} = (y_1, y_2, \cdots, y_m) \in F^m$$

에 대하여, 다음이 성립한다. 단, 좌표 $[\mathbf{v}]_{\mathscr{B}}$, $[T(\mathbf{v})]_{\mathscr{C}}$는 열벡터이다.

$$[T(\mathbf{v})]_{\mathscr{C}} = [T]_{\mathscr{B}}^{\mathscr{C}}[\mathbf{v}]_{\mathscr{B}}$$

위 정리를 그림으로 나타내면 다음과 같다.

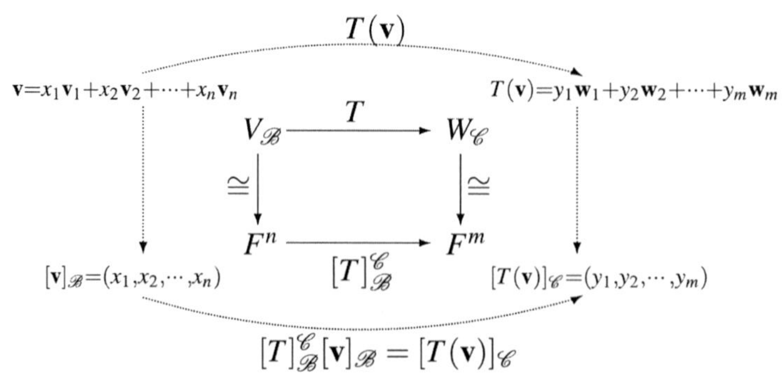

(증명) $[T]_{\mathscr{B}}^{\mathscr{C}} = \begin{pmatrix} a_{11} & a_{12} & \cdots & a_{1n} \\ a_{21} & a_{22} & \cdots & a_{2n} \\ \vdots & \vdots & & \vdots \\ a_{m1} & a_{m2} & \cdots & a_{mn} \end{pmatrix}_{m\times n}$ 라 하자. 그러면

$$\begin{cases} T(\mathbf{v}_1) = a_{11}\mathbf{w}_1 + a_{21}\mathbf{w}_2 + \cdots + a_{m1}\mathbf{w}_m \\ T(\mathbf{v}_2) = a_{12}\mathbf{w}_1 + a_{22}\mathbf{w}_2 + \cdots + a_{m2}\mathbf{w}_m \\ \qquad\vdots \\ T(\mathbf{v}_n) = a_{1n}\mathbf{w}_1 + a_{2n}\mathbf{w}_2 + \cdots + a_{mn}\mathbf{w}_m \end{cases}$$

이다. 한편

$$\begin{aligned} y_1\mathbf{w}_1 + y_2\mathbf{w}_2 + \cdots + y_m\mathbf{w}_m = T(\mathbf{v}) &= T(x_1\mathbf{v}_1 + x_2\mathbf{v}_2 + \cdots + x_n\mathbf{v}_n) \\ &= x_1T(\mathbf{v}_1) + x_2T(\mathbf{v}_2) + \cdots + x_nT(\mathbf{v}_n) \\ &= x_1(a_{11}\mathbf{w}_1 + a_{21}\mathbf{w}_2 + \cdots + a_{m1}\mathbf{w}_m) \\ &\quad + x_2(a_{12}\mathbf{w}_1 + a_{22}\mathbf{w}_2 + \cdots + a_{m2}\mathbf{w}_m) \\ &\quad + \cdots + x_n(a_{1n}\mathbf{w}_1 + a_{2n}\mathbf{w}_2 + \cdots + a_{mn}\mathbf{w}_m) \\ &= (x_1a_{11} + x_2a_{12} + \cdots + x_na_{1n})\mathbf{w}_1 \\ &\quad + (x_1a_{21} + x_2a_{22} + \cdots + x_na_{2n})\mathbf{w}_2 \\ &\quad + \cdots + (x_1a_{m1} + x_2a_{m2} + \cdots + x_na_{mn})\mathbf{w}_m \end{aligned}$$

이므로, $T(\mathbf{v})$의 $\mathscr{C}$에 관한 좌표는 다음과 같다.

$$\begin{aligned} (y_1,\, y_2,\, \cdots,\, y_m) = [T(\mathbf{v})]_{\mathscr{C}} &= (x_1a_{11} + x_2a_{12} + \cdots + x_na_{1n}, \\ &\quad x_1a_{21} + x_2a_{22} + \cdots + x_na_{2n}, \\ &\quad \cdots,\, x_1a_{m1} + x_2a_{m2} + \cdots + x_na_{mn}) \\ &= \begin{pmatrix} a_{11} & a_{12} & \cdots & a_{1n} \\ a_{21} & a_{22} & \cdots & a_{2n} \\ \vdots & \vdots & & \vdots \\ a_{m1} & a_{m2} & \cdots & a_{mn} \end{pmatrix} \begin{pmatrix} x_1 \\ x_2 \\ \vdots \\ x_n \end{pmatrix} \\ &= [T]_{\mathscr{B}}^{\mathscr{C}}[\mathbf{v}]_{\mathscr{B}} \end{aligned}$$

■

예 4.5.10 $\mathbb{R}$-벡터공간 $\mathbb{R}^3$, $\mathbb{R}^2$의 순서기저

$$\mathscr{B} = \{(1,\, 0,\, 0),\, (1,\, 1,\, 0),\, (1,\, 1,\, 1)\}, \quad \mathscr{C} = \{(1,\, 1),\, (1,\, 0)\}$$

과 선형사상

$$T:\mathbb{R}^3\to\mathbb{R}^2,\quad T(x,\,y,\,z)=(x+y+z,\,2x-y)$$

일 때, $\mathbf{v}=(1,\,2,\,3)\in\mathbb{R}^3$에 대한 $[T(\mathbf{v})]_{\mathscr{C}}=[T]_{\mathscr{B}}^{\mathscr{C}}[\mathbf{v}]_{\mathscr{B}}$를 확인하라.

(풀이) 먼저 $[T]_{\mathscr{B}}^{\mathscr{C}}$를 구하자. $\begin{cases} T(1,\,0,\,0)=(1,\,2)=2(1,\,1)+(-1)(1,\,0) \\ T(1,\,1,\,0)=(2,\,1)=1(1,\,1)+1(1,\,0) \\ T(1,\,1,\,1)=(3,\,1)=1(1,\,1)+2(1,\,0) \end{cases}$ 이므로

$$[T]_{\mathscr{B}}^{\mathscr{C}}=\begin{pmatrix} 2 & 1 & 1 \\ -1 & 1 & 2 \end{pmatrix}_{2\times 3}$$

이다. 그리고 $\mathbf{v}=(1,\,2,\,3)=(-1)(1,\,0,\,0)+(-1)(1,\,1,\,0)+3(1,\,1,\,1)$이므로

$$[\mathbf{v}]_{\mathscr{B}}=(-1,\,-1,\,3)$$

이고 $T(\mathbf{v})=T(1,\,2,\,3)=(6,\,0)=0(1,\,1)+6(1,\,0)$이므로

$$[T(\mathbf{v})]_{\mathscr{C}}=(0,\,6)$$

이다. 그러므로 다음이 성립한다.

$$[T]_{\mathscr{B}}^{\mathscr{C}}[\mathbf{v}]_{\mathscr{B}}=\begin{pmatrix} 2 & 1 & 1 \\ -1 & 1 & 2 \end{pmatrix}\begin{pmatrix} -1 \\ -1 \\ 3 \end{pmatrix}=\begin{pmatrix} 0 \\ 6 \end{pmatrix}=[T(\mathbf{v})]_{\mathscr{C}}$$

문제 4.5.11 (1) $\mathbb{R}$-벡터공간 $\mathbb{R}^3$, $\mathbb{R}^2$의 순서기저

$$\mathscr{B}=\{(1,\,1,\,0),\,(0,\,1,\,0),\,(0,\,1,\,1)\},\quad \mathscr{C}=\{(1,\,1),\,(1,\,2)\}$$

와 선형사상

$$T:\mathbb{R}^3\to\mathbb{R}^2,\quad T(x,\,y,\,z)=(3x+y,\,x+y-z)$$

일 때, $\mathbf{v}=(1,\,2,\,3)\in\mathbb{R}^3$에 대한 $[T(\mathbf{v})]_{\mathscr{C}}=[T]_{\mathscr{B}}^{\mathscr{C}}[\mathbf{v}]_{\mathscr{B}}$을 확인하라.

(2) $\mathbb{R}$-벡터공간 $\mathbb{R}[x]_2=\{a+bx+cx^2\mid a,\,b,\,c\in\mathbb{R}\}$의 순서기저

$$\mathscr{B}=\{1,\,x,\,1+x^2\},\quad \mathscr{C}=\{x-1,\,x,\,x^2-1\}$$

과 미분 연산자 선형사상

$$D:\mathbb{R}[x]_2\to\mathbb{R}[x]_2,\quad D(f(x))=f'(x)$$

일 때, $\mathbf{v}=1+2x+3x^2\in\mathbb{R}[x]_2$에 대한 $[D(\mathbf{v})]_{\mathscr{C}}=[D]_{\mathscr{B}}^{\mathscr{C}}[\mathbf{v}]_{\mathscr{B}}$를 확인하라.

정리 4.5.12 *n차원 F-벡터공간 V에서의 두 선형사상 $T,\ S : V \to V$와 V의 한 순서기저 $\mathscr{B} = \{\mathbf{v}_1,\ \cdots,\ \mathbf{v}_n\}$에 대하여 다음은 동치이다.*

$$T = S \iff [T]_{\mathscr{B}} = [S]_{\mathscr{B}}$$

(증명) ($\Rightarrow$) 분명히 성립한다.

($\Leftarrow$) $[T]_{\mathscr{B}} = [S]_{\mathscr{B}}$라 하자. 임의의 벡터 $\mathbf{v} \in V$에 대하여 스칼라 $x_1,\ \cdots,\ x_n \in F$가 존재하여 $\mathbf{v} = x_1\mathbf{v}_1 + \cdots,\ x_n\mathbf{v}_n$이다. 그러면 $[\mathbf{v}]_{\mathscr{B}} = (x_1,\ \cdots,\ x_n)$이다. 한편

$$\begin{cases} T(\mathbf{v}) = y_1\mathbf{v}_1 + \cdots + y_n\mathbf{v}_n,\ (y_1,\ \cdots,\ y_n \in F) \\ S(\mathbf{v}) = y_1'\mathbf{v}_1 + \cdots + y_n'\mathbf{v}_n,\ \ (y_1',\ \cdots,\ y_n' \in F) \end{cases}$$

라 하면,

$$[T(\mathbf{v})]_{\mathscr{B}} = (y_1,\ \cdots,\ y_n), \quad [S(\mathbf{v})]_{\mathscr{B}} = (y_1',\ \cdots,\ y_n')$$

이다. 따라서 정리 4.5.9에 의해

$$(y_1,\ \cdots,\ y_n) = [T(\mathbf{v})]_{\mathscr{B}} = [T]_{\mathscr{B}}[\mathbf{v}]_{\mathscr{B}} = [S]_{\mathscr{B}}[\mathbf{v}]_{\mathscr{B}} = [S(\mathbf{v})]_{\mathscr{B}} = (y_1',\ \cdots,\ y_n')$$

이다. 그러므로 $y_1 = y_1',\ \cdots,\ y_n = y_n'$이고,

$$T(\mathbf{v}) = y_1\mathbf{v}_1 + \cdots + y_n\mathbf{v}_n = y_1'\mathbf{v}_1 + \cdots + y_n'\mathbf{v}_n = S(\mathbf{v})$$

이므로 $T = S$이다. ■

정리 4.5.13 n차원 F-벡터공간 V의 두 순서기저

$$\mathscr{B}=\{\mathbf{v}_1,\cdots,\mathbf{v}_n\},\quad \mathscr{B}'=\{\mathbf{w}_1,\cdots,\mathbf{w}_n\}$$

과 항등사상 $I_V: V\to V$에 대하여, $i=1,\cdots,n$

$$I_V(\mathbf{w}_i)=\mathbf{w}_i=p_{1i}\mathbf{v}_1+p_{2i}\mathbf{v}_2+\cdots+p_{ni}\mathbf{v}_n$$

$$I_V(\mathbf{v}_i)=\mathbf{v}_i=q_{1i}\mathbf{w}_1+q_{2i}\mathbf{w}_2+\cdots+q_{ni}\mathbf{w}_n$$

이고 $P=[I_V]_{\mathscr{B}'}^{\mathscr{B}}=(p_{ij}),\quad Q=[I_V]_{\mathscr{B}}^{\mathscr{B}'}=(q_{ij})\in M_n(F)$일 때, 다음이 성립한다.

(1) P, Q는 $P^{-1}=Q$, $Q^{-1}=P$인 가역행렬이다. 즉,

$$[I_V]_{\mathscr{B}}^{\mathscr{B}'}=\left([I_V]_{\mathscr{B}'}^{\mathscr{B}}\right)^{-1},\quad [I_V]_{\mathscr{B}'}^{\mathscr{B}}=\left([I_V]_{\mathscr{B}}^{\mathscr{B}'}\right)^{-1}$$

(2) 임의의 벡터 $\mathbf{v}\in V$에 대하여

$$[\mathbf{v}]_{\mathscr{B}}=[I_V]_{\mathscr{B}'}^{\mathscr{B}}[\mathbf{v}]_{\mathscr{B}'}=P[\mathbf{v}]_{\mathscr{B}'},\quad [\mathbf{v}]_{\mathscr{B}'}=[I_V]_{\mathscr{B}}^{\mathscr{B}'}[\mathbf{v}]_{\mathscr{B}}=P^{-1}[\mathbf{v}]_{\mathscr{B}}$$

(3) 임의의 선형사상 $T: V\to V$에 대하여

$$[T]_{\mathscr{B}'}^{\mathscr{B}'}=[I_V]_{\mathscr{B}}^{\mathscr{B}'}[T]_{\mathscr{B}}^{\mathscr{B}}[I_V]_{\mathscr{B}'}^{\mathscr{B}}=P^{-1}[T]_{\mathscr{B}}^{\mathscr{B}}P$$

※ V의 기저 $\mathscr{B}$, $\mathscr{B}'$와 항등사상 I_V에 대하여, $[I_V]_{\mathscr{B}}^{\mathscr{B}'}$를 기저 $\mathscr{B}$에서 $\mathscr{B}'$로의 **전이행렬**(transfer matrix, 轉移行列) 또는 **추이행렬**이라고 한다.

위 정리를 그림으로 나타내면 다음과 같다.

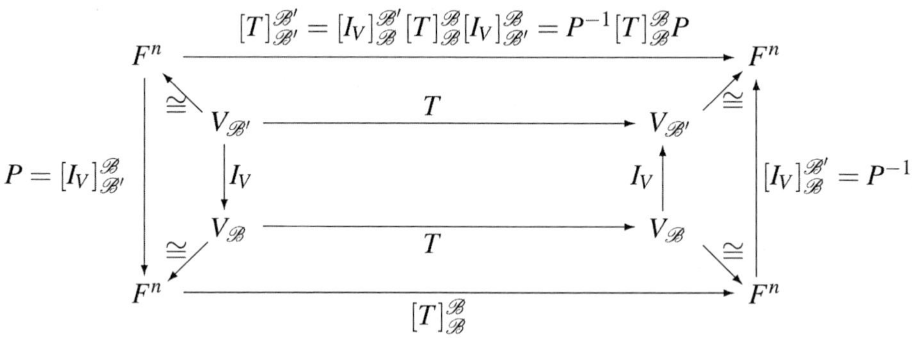

(증명) (1) 항등사상 I_V에 대하여 $I_V\circ I_V=I_V$이고 $P=[I_V]_{\mathscr{B}'}^{\mathscr{B}}$, $Q=[I_V]_{\mathscr{B}}^{\mathscr{B}'}$이므로, 정리 4.5.6 (3)에 의해

$$[I_V]_{\mathscr{B}'}^{\mathscr{B}}[I_V]_{\mathscr{B}}^{\mathscr{B}'}=[I_V]_{\mathscr{B}}^{\mathscr{B}}=I_n,\quad PQ=I_n$$

이다. 그러므로 P, Q는 가역행렬이고 $P^{-1}=Q$, $Q^{-1}=P$이다.

(2) $I_V(\mathbf{v})=\mathbf{v}$이므로 정리 4.5.9에 의하여 성립한다.

$$[\mathbf{v}]_{\mathscr{B}}=[I_V(\mathbf{v})]_{\mathscr{B}}=[I_V]_{\mathscr{B}'}^{\mathscr{B}}[\mathbf{v}]_{\mathscr{B}'}=P[\mathbf{v}]_{\mathscr{B}'},\quad [\mathbf{v}]_{\mathscr{B}'}=[I_V(\mathbf{v})]_{\mathscr{B}'}=[I_V]_{\mathscr{B}}^{\mathscr{B}'}[\mathbf{v}]_{\mathscr{B}}=P^{-1}[\mathbf{v}]_{\mathscr{B}}$$

(3) 모든 선형사상 $T: V \to V$에 대하여

$$T = I_V \circ T \circ I_V$$

이므로, 정리 4.5.6 (3)에 의해

$$[T]_{\mathscr{B}'}^{\mathscr{B}'} = [I_V \circ T \circ I_V]_{\mathscr{B}'}^{\mathscr{B}'} = [I_V]_{\mathscr{B}}^{\mathscr{B}'}[T]_{\mathscr{B}}^{\mathscr{B}}[I_V]_{\mathscr{B}'}^{\mathscr{B}} = \left([I_V]_{\mathscr{B}'}^{\mathscr{B}}\right)^{-1}[T]_{\mathscr{B}}^{\mathscr{B}}[I_V]_{\mathscr{B}'}^{\mathscr{B}} = P^{-1}[T]_{\mathscr{B}}^{\mathscr{B}}P \qquad \blacksquare$$

예 4.5.14 $\mathbb{R}^3$의 두 순서기저 $\begin{cases} \mathscr{B} = \{\mathbf{v}_1 = (1,\ 1,\ 0),\ \mathbf{v}_2 = (0,\ 1,\ 0),\ \mathbf{v}_3 = (0,\ 1,\ 1)\} \\ \mathscr{B}' = \{\mathbf{w}_1 = (1,\ 0,\ 1),\ \mathbf{w}_2 = (0,\ 1,\ 1),\ \mathbf{w}_3 = (0,\ 0,\ 1)\} \end{cases}$ 와 선형사상

$$T: \mathbb{R}^3 \to \mathbb{R}^3, \quad T(x,\ y,\ z) = (3x+y,\ x+y-z,\ x-z)$$

에 대하여 위 정리가 성립함을 보이자.

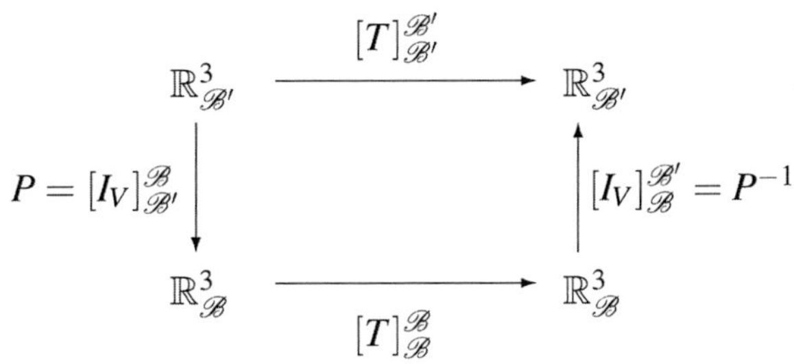

(풀이) (1) $[T]_{\mathscr{B}'}^{\mathscr{B}'}$를 구하자.

$$\begin{cases} T(\mathbf{w}_1) = T(1,\ 0,\ 1) = (3,\ 0,\ 0) = 3(1,\ 0,\ 1) + 0(0,\ 1,\ 1) + (-3)(0,\ 0,\ 1) \\ T(\mathbf{w}_2) = T(0,\ 1,\ 1) = (1,\ 0,\ -1) = 1(1,\ 0,\ 1) + 0(0,\ 1,\ 1) + (-2)(0,\ 0,\ 1) \\ T(\mathbf{w}_3) = T(0,\ 0,\ 1) = (0,\ -1,\ -1) = 0(1,\ 0,\ 1) + (-1)(0,\ 1,\ 1) + 0(0,\ 0,\ 1) \end{cases} \text{이므로}$$

$$[T]_{\mathscr{B}'}^{\mathscr{B}'} = \begin{pmatrix} 3 & 1 & 0 \\ 0 & 0 & -1 \\ -3 & -2 & 0 \end{pmatrix}$$

(2) $[T]_{\mathscr{B}}^{\mathscr{B}}$를 구하자.

$$\begin{cases} T(\mathbf{v}_1) = T(1,\ 1,\ 0) = (4,\ 2,\ 1) = 4(1,\ 1,\ 0) + (-3)(0,\ 1,\ 0) + 1(0,\ 1,\ 1) \\ T(\mathbf{v}_2) = T(0,\ 1,\ 0) = (1,\ 1,\ 0) = 1(1,\ 1,\ 0) + 0(0,\ 1,\ 0) + 0(0,\ 1,\ 1) \\ T(\mathbf{v}_3) = T(0,\ 1,\ 1) = (1,\ 0,\ -1) = 1(1,\ 1,\ 0) + 0(0,\ 1,\ 0) + (-1)(0,\ 1,\ 1) \end{cases} \text{이므로}$$

$$[T]_{\mathscr{B}}^{\mathscr{B}} = \begin{pmatrix} 4 & 1 & 1 \\ -3 & 0 & 0 \\ 1 & 0 & -1 \end{pmatrix}$$

(3) $[I_V]_{\mathscr{B}'}^{\mathscr{B}}$를 구하자. $\begin{cases} I_V(\mathbf{w}_1)=\mathbf{w}_1=(1,\ 0,\ 1)=1(1,\ 1,\ 0)+(-2)(0,\ 1,\ 0)+1(0,\ 1,\ 1) \\ I_V(\mathbf{w}_2)=\mathbf{w}_2=(0,\ 1,\ 1)=0(1,\ 1,\ 0)+0(0,\ 1,\ 0)+1(0,\ 1,\ 1) \\ I_V(\mathbf{w}_3)=\mathbf{w}_3=(0,\ 0,\ 1)=0(1,\ 1,\ 0)+(-1)(0,\ 1,\ 0)+1(0,\ 1,\ 1) \end{cases}$

이므로

$$[I_V]_{\mathscr{B}'}^{\mathscr{B}}=\begin{pmatrix} 1 & 0 & 0 \\ -2 & 0 & -1 \\ 1 & 1 & 1 \end{pmatrix}$$

(4) $[I_V]_{\mathscr{B}}^{\mathscr{B}'}$를 구하자. $\begin{cases} I_V(\mathbf{v}_1)=\mathbf{v}_1=(1,\ 1,\ 0)=1(1,\ 0,\ 1)+1(0,\ 1,\ 1)+(-2)(0,\ 0,\ 1) \\ I_V(\mathbf{v}_2)=\mathbf{v}_2=(0,\ 1,\ 0)=0(1,\ 0,\ 1)+1(0,\ 1,\ 1)+(-1)(0,\ 0,\ 1) \\ I_V(\mathbf{v}_3)=\mathbf{v}_3=(0,\ 1,\ 1)=0(1,\ 0,\ 1)+1(0,\ 1,\ 1)+0(0,\ 0,\ 1) \end{cases}$

이므로

$$[I_V]_{\mathscr{B}}^{\mathscr{B}'}=\begin{pmatrix} 1 & 0 & 0 \\ 1 & 1 & 1 \\ -2 & -1 & 0 \end{pmatrix}$$

이다. 따라서 $\left([I_V]_{\mathscr{B}'}^{\mathscr{B}}\right)^{-1}=[I_V]_{\mathscr{B}}^{\mathscr{B}'}$ 이고

$$\begin{aligned} [I_V]_{\mathscr{B}}^{\mathscr{B}'}[T]_{\mathscr{B}}^{\mathscr{B}}[I_V]_{\mathscr{B}'}^{\mathscr{B}} &= \begin{pmatrix} 1 & 0 & 0 \\ 1 & 1 & 1 \\ -2 & -1 & 0 \end{pmatrix}\begin{pmatrix} 4 & 1 & 1 \\ -3 & 0 & 0 \\ 1 & 0 & -1 \end{pmatrix}\begin{pmatrix} 1 & 0 & 0 \\ -2 & 0 & -1 \\ 1 & 1 & 1 \end{pmatrix} \\ &= \begin{pmatrix} 3 & 1 & 0 \\ 0 & 0 & -1 \\ -3 & -2 & 0 \end{pmatrix} = [T]_{\mathscr{B}'}^{\mathscr{B}'} \end{aligned}$$

따름정리 4.5.15 *F 성분 n차 정사각행렬 $A\in M_n(F)$와 F^n의 두 순서기저 $\mathscr{B}$, $\mathscr{B}'$에 대하여 선형사상이*

$$T_A : F^n \to F^n, \quad T_A(X)=AX,\ X\in F^n$$

로 주어졌을 때, $P=[I_n]_{\mathscr{B}'}^{\mathscr{B}}\in M_n(F)$(단, I_n은 항등사상)에 대하여 다음이 성립한다.

$$[T_A]_{\mathscr{B}'}^{\mathscr{B}'}=[I_n]_{\mathscr{B}}^{\mathscr{B}'}[T_A]_{\mathscr{B}}^{\mathscr{B}}[I_n]_{\mathscr{B}'}^{\mathscr{B}}=P^{-1}[T_A]_{\mathscr{B}}^{\mathscr{B}}P$$

위 정리를 그림으로 나타내면 다음과 같다.

(증명) I_n이 항등사상이므로, 정리 4.5.13에 의해

$$[T_A]_{\mathscr{B}'}^{\mathscr{B}'}=[I_n]_{\mathscr{B}}^{\mathscr{B}'}[T_A]_{\mathscr{B}}^{\mathscr{B}}[I_n]_{\mathscr{B}'}^{\mathscr{B}}=P^{-1}[T_A]_{\mathscr{B}}^{\mathscr{B}}P$$

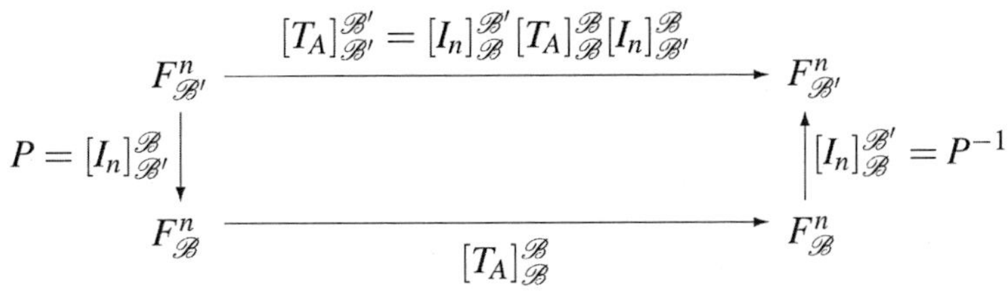

이 성립한다. ■

예 4.5.16 위 따름정리에 대한 예를 살펴보자. 행렬 $A = \begin{pmatrix} 1 & 1 \\ -1 & 1 \end{pmatrix}$에 대한 선형사상

$$T_A\begin{pmatrix} x \\ y \end{pmatrix} = A\begin{pmatrix} x \\ y \end{pmatrix} = \begin{pmatrix} 1 & 1 \\ -1 & 1 \end{pmatrix}\begin{pmatrix} x \\ y \end{pmatrix} = \begin{pmatrix} x+y \\ -x+y \end{pmatrix}$$

와 $\mathbb{R}^2$의 두 순서기저 $\mathscr{B} = \{(1,\ 0),\ (1,\ 1)\}$와 $\mathscr{B}' = \{(1,\ 1),\ (2,\ 1)\}$에 대하여 $[T_A]_{\mathscr{B}}^{\mathscr{B}}$, $[T_A]_{\mathscr{B}'}^{\mathscr{B}'}$, $[I_2]_{\mathscr{B}}^{\mathscr{B}'}$, $[I_2]_{\mathscr{B}'}^{\mathscr{B}}$를 구하여,

$$[T_A]_{\mathscr{B}'}^{\mathscr{B}'} = [I_2]_{\mathscr{B}}^{\mathscr{B}'}[T_A]_{\mathscr{B}}^{\mathscr{B}}[I_2]_{\mathscr{B}'}^{\mathscr{B}}$$

임을 확인하라. 위 예를 그림으로 나타내면 다음과 같다.

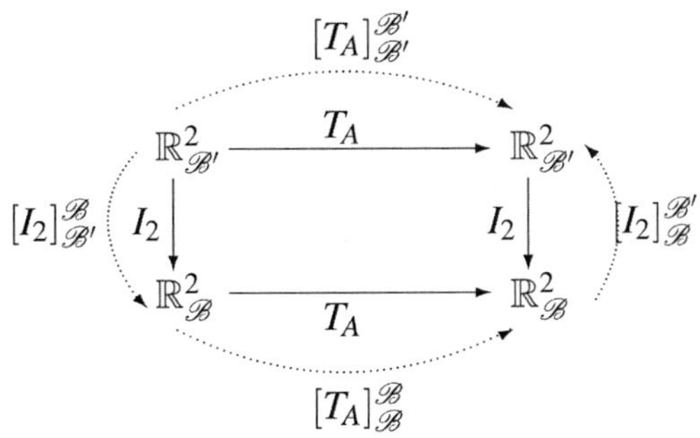

(풀이) (1) $[T_A]_{\mathscr{B}}^{\mathscr{B}}$를 구하자.

$$\begin{cases} T_A\begin{pmatrix} 1 \\ 0 \end{pmatrix} = A\begin{pmatrix} 1 \\ 0 \end{pmatrix} = \begin{pmatrix} 1 & 1 \\ -1 & 1 \end{pmatrix}\begin{pmatrix} 1 \\ 0 \end{pmatrix} = \begin{pmatrix} 1 \\ -1 \end{pmatrix} = 2\begin{pmatrix} 1 \\ 0 \end{pmatrix} + (-1)\begin{pmatrix} 1 \\ 1 \end{pmatrix} \\ T_A\begin{pmatrix} 1 \\ 1 \end{pmatrix} = A\begin{pmatrix} 1 \\ 1 \end{pmatrix} = \begin{pmatrix} 1 & 1 \\ -1 & 1 \end{pmatrix}\begin{pmatrix} 1 \\ 1 \end{pmatrix} = \begin{pmatrix} 2 \\ 0 \end{pmatrix} = 2\begin{pmatrix} 1 \\ 0 \end{pmatrix} + 0\begin{pmatrix} 1 \\ 2 \end{pmatrix} \end{cases} \text{이므로}$$

$$[T_A]_{\mathscr{B}}^{\mathscr{B}} = \begin{pmatrix} 2 & 2 \\ -1 & 0 \end{pmatrix}$$

(2) $[T_A]_{\mathscr{B}'}^{\mathscr{B}'}$를 구하자. $\begin{cases} T_A\begin{pmatrix} 1 \\ 1 \end{pmatrix} = \begin{pmatrix} 2 \\ 0 \end{pmatrix} = (-2)\begin{pmatrix} 1 \\ 1 \end{pmatrix} + 2\begin{pmatrix} 2 \\ 1 \end{pmatrix} \\ T_A\begin{pmatrix} 2 \\ 1 \end{pmatrix} = \begin{pmatrix} 3 \\ -1 \end{pmatrix} = (-5)\begin{pmatrix} 1 \\ 1 \end{pmatrix} + 4\begin{pmatrix} 2 \\ 1 \end{pmatrix} \end{cases}$ 이므로

$$[T_A]_{\mathscr{B}'}^{\mathscr{B}'} = \begin{pmatrix} -2 & -5 \\ 2 & 4 \end{pmatrix}$$

(3) $[I_2]_{\mathscr{B}}^{\mathscr{B}'}$를 구하자. $\begin{cases} I_2 \begin{pmatrix} 1 \\ 0 \end{pmatrix} = \begin{pmatrix} 1 \\ 0 \end{pmatrix} = (-1)\begin{pmatrix} 1 \\ 1 \end{pmatrix} + 1\begin{pmatrix} 2 \\ 1 \end{pmatrix} \\ I_2 \begin{pmatrix} 1 \\ 1 \end{pmatrix} = \begin{pmatrix} 1 \\ 1 \end{pmatrix} = 1\begin{pmatrix} 1 \\ 1 \end{pmatrix} + 0\begin{pmatrix} 2 \\ 1 \end{pmatrix} \end{cases}$ 이므로 $[I_2]_{\mathscr{B}}^{\mathscr{B}'} = \begin{pmatrix} -1 & 1 \\ 1 & 0 \end{pmatrix}$

(4) $[I_2]_{\mathscr{B}'}^{\mathscr{B}}$를 구하자. $\begin{cases} I_2 \begin{pmatrix} 1 \\ 1 \end{pmatrix} = \begin{pmatrix} 1 \\ 1 \end{pmatrix} = 0\begin{pmatrix} 1 \\ 0 \end{pmatrix} + 1\begin{pmatrix} 1 \\ 1 \end{pmatrix} \\ I_2 \begin{pmatrix} 2 \\ 1 \end{pmatrix} = \begin{pmatrix} 2 \\ 1 \end{pmatrix} = 1\begin{pmatrix} 1 \\ 0 \end{pmatrix} + 1\begin{pmatrix} 1 \\ 1 \end{pmatrix} \end{cases}$ 이므로 $[I_2]_{\mathscr{B}'}^{\mathscr{B}} = \begin{pmatrix} 0 & 1 \\ 1 & 1 \end{pmatrix}$

따라서 $[I_2]_{\mathscr{B}}^{\mathscr{B}'}[I_2]_{\mathscr{B}'}^{\mathscr{B}} = \begin{pmatrix} -1 & 1 \\ 1 & 0 \end{pmatrix}\begin{pmatrix} 0 & 1 \\ 1 & 1 \end{pmatrix} = \begin{pmatrix} 1 & 0 \\ 0 & 1 \end{pmatrix}$ 이고, 다음이 성립한다.

$$[I_2]_{\mathscr{B}}^{\mathscr{B}'}[T_A]_{\mathscr{B}}^{\mathscr{B}}[I_2]_{\mathscr{B}'}^{\mathscr{B}} = \begin{pmatrix} -1 & 1 \\ 1 & 0 \end{pmatrix}\begin{pmatrix} 2 & 2 \\ -1 & 0 \end{pmatrix}\begin{pmatrix} 0 & 1 \\ 1 & 1 \end{pmatrix} = \begin{pmatrix} -2 & -5 \\ 2 & 4 \end{pmatrix} = [T_A]_{\mathscr{B}'}^{\mathscr{B}'}$$

정리 4.5.17 *n차원 F-벡터공간 V의 순서기저를 $\mathscr{B} = \{\mathbf{v}_1, \cdots, \mathbf{v}_n\}$라 하자. 선형사상 $T : V \to V$의 $\mathscr{B}$에 관한 행렬 $[T]_{\mathscr{B}}^{\mathscr{B}}$와 n차 정사각행렬 $B \in M_n(F)$에 대하여,*

$$B = P^{-1}[T]_{\mathscr{B}}^{\mathscr{B}}P$$

인 가역행렬 $P \in M_n(F)$가 존재할 때, 다음이 성립한다.

$[T]_{\mathscr{B}'}^{\mathscr{B}'} = B$인 V의 순서기저 $\mathscr{B}' = \{\mathbf{v}'_1, \cdots, \mathbf{v}'_n\}$가 존재

위 정리를 그림으로 나타내면 다음과 같다.

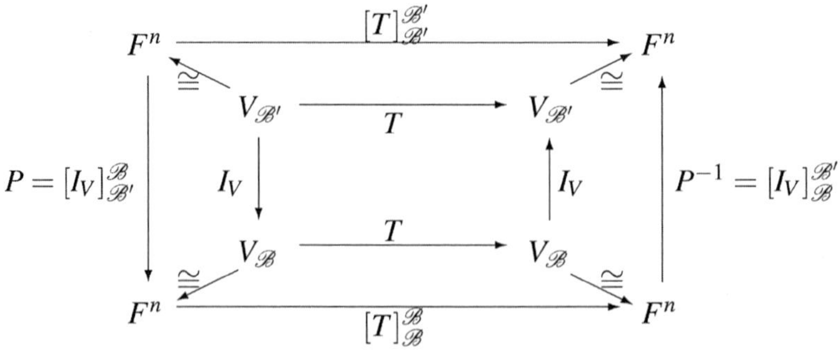

(증명) 가역행렬 $P=(p_{ij})\in M_n(F)$에 대하여

$$(*)\cdots\begin{cases}\mathbf{v}_1'=p_{11}\mathbf{v}_1+p_{21}\mathbf{v}_2+\cdots+p_{n1}\mathbf{v}_n\\ \mathbf{v}_2'=p_{12}\mathbf{v}_1+p_{22}\mathbf{v}_2+\cdots+p_{n2}\mathbf{v}_2\\ \quad\vdots\\ \mathbf{v}_n'=p_{1n}\mathbf{v}_1+p_{2n}\mathbf{v}_2+\cdots+p_{nn}\mathbf{v}_n\end{cases}$$

라 하자. 그러면 P가 가역행렬이므로, 정리 3.3.14와 기저 판정조건(정리 3.4.11)에 의해 $\mathscr{B}'=\{\mathbf{v}_1',\ \mathbf{v}_2',\ \cdots,\ \mathbf{v}_n'\}$은 V의 기저이다.

$(*)$에서 $[I_V]_{\mathscr{B}'}^{\mathscr{B}}=P$이므로, 정리 4.5.13에 의해 다음이 성립한다.

$$[T]_{\mathscr{B}'}^{\mathscr{B}'}=P^{-1}[T]_{\mathscr{B}}^{\mathscr{B}}P=P^{-1}(PBP^{-1})P=B$$ ■

정리 4.5.18 *F-벡터공간 V, W의 차원이 각각 n, m이고, $\mathscr{B}$, $\mathscr{B}'$를 V의 두 순서기저, $\mathscr{C}$, $\mathscr{C}'$를 W의 두 순서기저라 하자. 선형사상 $T:V\to W$, 항등사상 $I_V:V\to V$, 항등사상 $I_W:W\to W$에 대하여*

$$P=[I_V]_{\mathscr{B}'}^{\mathscr{B}}\in M_n(F),\qquad Q=[I_W]_{\mathscr{C}'}^{\mathscr{C}}\in M_m(F)$$

라 할 때, 다음이 성립한다.

$$[T]_{\mathscr{B}'}^{\mathscr{C}'}=[I_W]_{\mathscr{C}}^{\mathscr{C}'}[T]_{\mathscr{B}}^{\mathscr{C}}[I_V]_{\mathscr{B}'}^{\mathscr{B}}=Q^{-1}[T]_{\mathscr{B}}^{\mathscr{C}}P$$

위 정리를 그림으로 나타내면 다음과 같다.

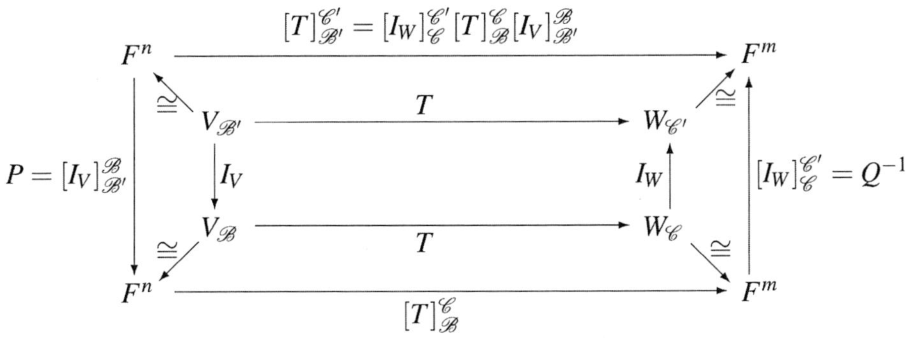

(증명) 위 그림에서 순서기저 $\mathscr{B}$, $\mathscr{B}'$, $\mathscr{C}$, $\mathscr{C}'$에 관한 선형사상 I_V, I_W, T의 행렬은 정리 4.5.13에 의해

$$Q^{-1}=[I_W]_{\mathscr{C}}^{\mathscr{C}'},\quad [T]_{\mathscr{B}}^{\mathscr{C}},\quad P=[I_V]_{\mathscr{B}'}^{\mathscr{B}}$$

이 된다.

한편 $T=I_W\circ T\circ I_V$이므로, 정리 4.5.6 (3)에 의해 다음이 성립한다.

$$[T]_{\mathscr{B}'}^{\mathscr{C}'}=[I_W]_{\mathscr{C}}^{\mathscr{C}'}[T]_{\mathscr{B}}^{\mathscr{C}}[I_V]_{\mathscr{B}'}^{\mathscr{B}}=Q^{-1}[T]_{\mathscr{B}}^{\mathscr{C}}P$$ ■

예 4.5.19 $\mathbb{R}$ 위의 다항식 공간 $\mathbb{R}[x]_2 = \{a+bx+cx^2 \mid a,\ b,\ c \in \mathbb{R}\}$, $\mathbb{R}[x]_1 = \{a+bx \mid a,\ b \in \mathbb{R}\}$ 위의 선형사상을

$$T : \mathbb{R}[x]_2 \longrightarrow \mathbb{R}[x]_1, \quad T(f(x)) = f'(x)$$

라 정의하자. 이때 $\mathbb{R}[x]_2$의 두 순서기저

$$\mathscr{B} = \{1,\ x,\ x^2+1\}, \quad \mathscr{B}' = \{-1,\ x-1,\ x^2\}$$

와 $\mathbb{R}[x]_1$의 두 순서기저

$$\mathscr{C} = \{1,\ 1+x\}, \quad \mathscr{C}' = \{-1,\ 2x\}$$

에 대하여 $[T]_{\mathscr{B}'}^{\mathscr{C}'}$, $[T]_{\mathscr{B}}^{\mathscr{C}}$, $[I_{\mathbb{R}[x]_1}]_{\mathscr{C}}^{\mathscr{C}'}$, $[I_{\mathbb{R}[x]_2}]_{\mathscr{B}'}^{\mathscr{B}}$를 구하고 $[T]_{\mathscr{B}'}^{\mathscr{C}'} = [I_{\mathbb{R}[x]_1}]_{\mathscr{C}}^{\mathscr{C}'}[T]_{\mathscr{B}}^{\mathscr{C}}[I_{\mathbb{R}[x]_2}]_{\mathscr{B}'}^{\mathscr{B}}$ 임을 확인하라.

(풀이) (1) $[I_{\mathbb{R}[x]_1}]_{\mathscr{C}}^{\mathscr{C}'}$를 구하자. $\begin{cases} I_{\mathbb{R}[x]_1}(1) = 1 = (-1)\cdot(-1) + 0\cdot 2x \\ I_{\mathbb{R}[x]_1}(1+x) = 1+x = (-1)\cdot(-1) + \frac{1}{2}\cdot(2x) \end{cases}$ 이므로

$$[I_{\mathbb{R}[x]_1}]_{\mathscr{C}}^{\mathscr{C}'} = \begin{pmatrix} -1 & -1 \\ 0 & \frac{1}{2} \end{pmatrix}$$

(2) $[T]_{\mathscr{B}}^{\mathscr{C}}$를 구하자. $\begin{cases} T(1) = 0 = 0\cdot 1 + 0\cdot(1+x) \\ T(x) = 1 = 1\cdot 1 + 0\cdot(1+x) \\ T(x^2+1) = 2x = (-2)\cdot 1 + 2\cdot(1+x) \end{cases}$ 이므로

$$[T]_{\mathscr{B}}^{\mathscr{C}} = \begin{pmatrix} 0 & 1 & -2 \\ 0 & 0 & 2 \end{pmatrix}$$

(3) $[I_{\mathbb{R}[x]_2}]_{\mathscr{B}'}^{\mathscr{B}}$를 구하자. $\begin{cases} I_{\mathbb{R}[x]_2}(-1) = -1 = (-1)\cdot 1 + 0\cdot x + 0\cdot(x^2+1) \\ I_{\mathbb{R}[x]_2}(x-1) = x-1 = (-1)\cdot 1 + 1\cdot x + 0\cdot(x^2+1) \\ I_{\mathbb{R}[x]_2}(x^2) = x^2 = (-1)\cdot 1 + 0\cdot x + 1\cdot(x^2+1) \end{cases}$ 이므로

$$[I_{\mathbb{R}[x]_2}]_{\mathscr{B}'}^{\mathscr{B}} = \begin{pmatrix} -1 & -1 & -1 \\ 0 & 1 & 0 \\ 0 & 0 & 1 \end{pmatrix}$$

(4) $[T]_{\mathscr{B}'}^{\mathscr{C}'}$를 구하자. $\begin{cases} T(-1) = 0 = 0\cdot(-1) + 0\cdot 2x \\ T(x-1) = 1 = (-1)\cdot(-1) + 0\cdot 2x \\ T(x^2) = 2x = 0\cdot(-1) + 1\cdot 2x \end{cases}$ 이므로

$$[T]_{\mathscr{B}'}^{\mathscr{C}'} = \begin{pmatrix} 0 & -1 & 0 \\ 0 & 0 & 1 \end{pmatrix}$$

따라서

$$[I_{\mathbb{R}[x]_1}]_{\mathscr{C}}^{\mathscr{C}'}[T]_{\mathscr{B}}^{\mathscr{C}}[I_{\mathbb{R}[x]_2}]_{\mathscr{B}'}^{\mathscr{B}} = \begin{pmatrix} -1 & -1 \\ 0 & \frac{1}{2} \end{pmatrix} \begin{pmatrix} 0 & 1 & -2 \\ 0 & 0 & 2 \end{pmatrix} \begin{pmatrix} -1 & -1 & -1 \\ 0 & 1 & 0 \\ 0 & 0 & 1 \end{pmatrix}$$

$$= \begin{pmatrix} 0 & -1 & 0 \\ 0 & 0 & 1 \end{pmatrix} = [T]_{\mathscr{B}'}^{\mathscr{C}'}$$

정의 4.5.20 [*닮음행렬(상사, similar matrix, 相似)*]
체 F 위의 n차 정사각행렬 $A, B \in M_n(F)$ 에 대하여

A와 B는 **닮음행렬(상사)**: $A \sim B$	$\overset{\text{정의}}{\Leftrightarrow}$	$A = P^{-1}BP$ (∃가역 행렬 $P \in M_n(F)$)

※ 닮은행렬 관계 $\sim$은 $M_n(F)$ 위에서 동치관계이다.(2.2절 연습문제13번 참조)

예 4.5.21 닮음인 경우의 예를 살펴보자. $P = \begin{pmatrix} 1 & -2 \\ 0 & 1 \end{pmatrix}$, $B = \begin{pmatrix} 1 & 2 \\ 3 & 4 \end{pmatrix}$라 하면

$$P^{-1}BP = \begin{pmatrix} 1 & 2 \\ 0 & 1 \end{pmatrix} \begin{pmatrix} 1 & 2 \\ 3 & 4 \end{pmatrix} \begin{pmatrix} 1 & -2 \\ 0 & 1 \end{pmatrix} = \begin{pmatrix} 7 & -4 \\ 3 & -2 \end{pmatrix}$$

이 되어 $\begin{pmatrix} 7 & -4 \\ 3 & -2 \end{pmatrix}$과 $\begin{pmatrix} 1 & 2 \\ 3 & 4 \end{pmatrix}$은 닮음행렬이다.

예 4.5.22 유한차원 F-벡터공간 V에서 두 순서기저 $\mathscr{B}$, $\mathscr{B}'$가 주어지면 정리 4.5.13에 의해 $[T]_{\mathscr{B}'}^{\mathscr{B}'}$과 $[T]_{\mathscr{B}}^{\mathscr{B}}$은 닮은 행렬이다. 즉,

$$[T]_{\mathscr{B}'}^{\mathscr{B}'} = \left([I_V]_{\mathscr{B}'}^{\mathscr{B}}\right)^{-1}[T]_{\mathscr{B}}^{\mathscr{B}}[I_V]_{\mathscr{B}'}^{\mathscr{B}} \text{ 이므로 } [T]_{\mathscr{B}'}^{\mathscr{B}'} \sim [T]_{\mathscr{B}}^{\mathscr{B}}$$

정리 4.5.23 *체 F 위의 정사각행렬 $A, B \in M_n(F)$가 닮은행렬일 때, 다음이 성립.*

$$\mathrm{tr}(A) = \mathrm{tr}(B), \quad |A| = |B|$$

(증명) 연습문제로 남긴다. ■

정리 4.5.24 *체 F 위의 정사각행렬 A, $B \in M_n(F)$에 대하여, 다음은 동치이다.*

(1) $A \sim B$, 즉, A와 B는 닮은행렬

$\Leftrightarrow$ (2) 임의의 n차원 F-벡터공간 V의 두 순서기저 $\mathscr{B}$, $\mathscr{B}'$에 대하여, $A = [T]_{\mathscr{B}}$, $B = [T]_{\mathscr{B}'}$을 만족하는 선형사상 $T : V \longrightarrow V$가 존재

(증명) (1)⇒(2) A와 B가 닮은행렬라 하자. 그러면 가역행렬 $P \in M_n(F)$가 존재하여 $A = P^{-1}BP$이다. 따라서 $B = PAP^{-1}$이다.

그리고 V가 n차원 F-벡터공간이면, V의 순서기저 $\mathscr{B} = \{\mathbf{v}_1, \mathbf{v}_2 \cdots, \mathbf{v}_n\}$이 존재하고, 함수 $T : V \longrightarrow V$을 $A = (a_{ij})$에 대하여

$$\begin{cases} T(\mathbf{v}_1) = a_{11}\mathbf{v}_1 + a_{21}\mathbf{v}_2 + \cdots + a_{n1}\mathbf{v}_n \\ T(\mathbf{v}_2) = a_{12}\mathbf{v}_1 + a_{22}\mathbf{v}_2 + \cdots + a_{n2}\mathbf{v}_n \\ \qquad\vdots \\ T(\mathbf{v}_n) = a_{1n}\mathbf{v}_1 + a_{2n}\mathbf{v}_2 + \cdots + a_{nn}\mathbf{v}_n \end{cases}$$

이라 정의하면, 보편 사상 성질(정리 4.1.11)에 의해 선형사상 T가 유일하게 결정되고,

$$[T]_{\mathscr{B}} = [T]_{\mathscr{B}}^{\mathscr{B}} = A$$

이다. 한편

$$B = PAP^{-1} = \left(P^{-1}\right)^{-1}[T]_{\mathscr{B}}^{\mathscr{B}}P^{-1}$$

이므로, 정리 4.5.17에 의해 순서기저 $\mathscr{B}' = \{\mathbf{v}'_1, \mathbf{v}'_2 \cdots, \mathbf{v}'_n\}$이 존재해서 다음이 성립한다.

$$[T]_{\mathscr{B}'} = [T]_{\mathscr{B}'}^{\mathscr{B}'} = B$$

(2)⇒(1) V의 두 순서기저 $\mathscr{B}$, $\mathscr{B}'$에 대하여, $A = [T]_{\mathscr{B}}$, $B = [T]_{\mathscr{B}'}$을 만족하는 선형사상을 $T : V \longrightarrow V$라 하자. 한편 V의 기저 $\mathscr{B}'$와 $\mathscr{B}$에 관한 항등사상 $I_V : V \longrightarrow V$의 행렬을 $[I_V]_{\mathscr{B}'}^{\mathscr{B}} = P$라 하자. 그러면 정리 4.5.13 (3)에 의해

$$B = [T]_{\mathscr{B}'}^{\mathscr{B}'} = [I_V]_{\mathscr{B}}^{\mathscr{B}'}[T]_{\mathscr{B}}^{\mathscr{B}}[I_V]_{\mathscr{B}'}^{\mathscr{B}} = P^{-1}[T]_{\mathscr{B}}^{\mathscr{B}}P = P^{-1}AP$$

가 되어 A와 B는 닮은행렬이다. ■

정리 4.5.25 *n차원 F-벡터공간 V의 순서기저 $\mathscr{B} = \{\mathbf{v}_1, \cdots, \mathbf{v}_n\}$에 관한 선형사상 $T : V \longrightarrow V$의 행렬을 $[T]_{\mathscr{B}}$라 할 때, 다음이 성립한다. (정리 4.4.13 참조)*

행렬 $[T]_{\mathscr{B}}$가 멱등행렬 $\Longleftrightarrow$ 선형사상 T가 정사영(멱등사상)

(증명) ($\Longrightarrow$) $([T]_{\mathscr{B}})^2 = [T]_{\mathscr{B}}$라 하자. 임의의 벡터 $\mathbf{v} \in V$의 기저 $\mathscr{B}$에 관한 좌표를 $[\mathbf{v}]_{\mathscr{B}}$라 하고, 기저 $\mathscr{B}$에 관한 $T(\mathbf{v})$의 좌표를 $[T(\mathbf{v})]_{\mathscr{B}} = (y_1, \cdots, y_n) \in F^n$이라 하자.

그러면 정리 4.5.9에 의해

$$(y_1, \cdots, y_n) = [T(\mathbf{v})]_{\mathscr{B}} = [T]_{\mathscr{B}}[\mathbf{v}]_{\mathscr{B}}$$

이 성립한다. 또한 정리 4.5.6에 의해 $[T^2]_{\mathscr{B}} = ([T]_{\mathscr{B}})^2$이다. 그러므로

$$[T^2(\mathbf{v})]_{\mathscr{B}} = [T^2]_{\mathscr{B}}[\mathbf{v}]_{\mathscr{B}} = ([T]_{\mathscr{B}})^2[\mathbf{v}]_{\mathscr{B}} = [T]_{\mathscr{B}}[\mathbf{v}]_{\mathscr{B}} = [T(\mathbf{v})]_{\mathscr{B}}$$

이고, 따라서

$$T^2(\mathbf{v}) = y_1\mathbf{v}_1 + \cdots + y_n\mathbf{v}_n = T(\mathbf{v})$$

이므로, $T^2 = T$이 되어 T는 정사영이다.

($\Longleftarrow$) $T^2 = T$라 하자. 그러면 정리 4.5.9와 정리 4.5.6에 의해

$$[T]_{\mathscr{B}}[\mathbf{v}]_{\mathscr{B}} = [T(\mathbf{v})]_{\mathscr{B}} = [T^2(\mathbf{v})]_{\mathscr{B}} = [T^2]_{\mathscr{B}}[\mathbf{v}]_{\mathscr{B}} = ([T]_{\mathscr{B}})^2[\mathbf{v}]_{\mathscr{B}}$$

이므로, $([T]_{\mathscr{B}})^2 = [T]_{\mathscr{B}}$이 되어 $[T]_{\mathscr{B}}$는 멱등행렬이다. ■

임용시험 출제 4.5.26 [2001학년도] $\mathbb{R}^2$의 두 기저(basis), $\alpha = \{\mathbf{v}_1, \mathbf{v}_2\}, \beta = \{\mathbf{u}_1, \mathbf{u}_2\}$ 에 대하여 $\mathbf{v}_1 = (0,\ 1)$, $\mathbf{v}_2 = (1,\ 0)$, $\mathbf{u}_1 = (1,\ -2)$, $\mathbf{u}_2 = (2,\ 3)$일 때, 다음 물음에 답하라.

(1) 선형변환 $f : \mathbb{R}^2 \to \mathbb{R}^2$, $f(\mathbf{v}_1) = \mathbf{u}_1$, $f(\mathbf{v}_2) = \mathbf{u}_2$를 나타내는 행렬 A를 구하라.

(2)이 선형변환에 의하여 세 점 $P(-1,\ 0)$, $Q(1,\ -1)$, $R(2,\ 3)$이 옮겨지는 점을 각각 P', Q', R'이라 할 때, $\triangle P'Q'R'$의 넓이를 구하라. (참조: 6.2절의 연습문제의 외적을 이용하여 구할 수도 있음.)

연 습 문 제 (4.5)

1. 정리 4.5.23를 증명하라.

2. $\mathbb{R}^2$의 순서기저 $S = \{\mathbf{u}_1, \mathbf{u}_2\}$에 대한 다음 $\mathbf{w}$의 좌표벡터 $[\mathbf{w}]_S$를 구하라.

(1) $\mathbf{u}_1 = (0,\ 1)$, $\mathbf{u}_2 = (-1,\ 0)$: $\mathbf{w} = (2,\ 3)$

(2) $\mathbf{u}_1 = (1,\ 1)$, $\mathbf{u}_2 = (0,\ 2)$: $\mathbf{w} = (a,\ b)$

3. $\mathbb{R}[x]_2$의 순서기저 $S = \{\mathbf{p}_1, \mathbf{p}_2, \mathbf{p}_3\}$에 대한 다음 $\mathbf{p}$의 좌표벡터 $[\mathbf{p}]_S$를 구하라.

(1) $\mathbf{p}_1 = 1$, $\mathbf{p}_2 = x$, $\mathbf{p}_3 = x^2$: $\mathbf{p} = 4 - 3x + x^2$

(2) $\mathbf{p}_1 = 1 + x$, $\mathbf{p}_2 = 1 + x^2$, $\mathbf{p}_3 = x + x^2$: $\mathbf{p} = 2 - x + x^2$

4. S가 n차원 F-벡터공간 V의 순서기저일 때, $\mathbf{v}_1, \mathbf{v}_2, \cdots, \mathbf{v}_n$이 V의 기저일 필요충분조건은 좌표벡터 $[\mathbf{v}_1]_S, [\mathbf{v}_2]_S, \cdots, [\mathbf{v}_n]_S$가 F^n의 기저임을 보여라.

5. C와 D가 $m \times n$행렬이고 $\mathscr{B} = \{\mathbf{v_1}, \mathbf{v_2}, \cdots, \mathbf{v_n}\}$을 벡터공간 V의 순서기저라 하자. V의 모든 벡터 $\mathbf{x}$에 대하여 $C[\mathbf{x}]_{\mathscr{B}} = D[\mathbf{x}]_{\mathscr{B}}$이면 $C = D$임을 보여라.

6. 벡터공간 $\mathbb{R}^2$의 순서기저 $\mathscr{B} = \{(1, 1), (-1, 0)\}$에 대하여, 벡터 $\mathbf{v} = (a, b)$의 기저 $\mathscr{B}$에 관한 좌표벡터 $[\mathbf{v}]_{\mathscr{B}}$를 구하고, 기저 $\mathscr{B}$에 관한 선형사상

$$T : \mathbb{R}^2 \to \mathbb{R}^2, \quad T(x, y) = (2x - y, x + 2y)$$

의 행렬 $[T]_{\mathscr{B}}$를 구하라.

7. 행렬 $M = \begin{pmatrix} 1 & -2 \\ 0 & 5 \end{pmatrix}$일 때, 다음 문제에서 표준기저에 관한 선형사상 T의 행렬을 구하라. (단, $A \in M_2(\mathbb{R})$)

(1) $T(A) = MA$　　(2) $T(A) = AM$　　(3) $T(A) = MA - AM$

8. 실수체 $\mathbb{R}$ 위에서 벡터공간 $\mathbb{R}[x]_2$ 위의 선형사상 $T : \mathbb{R}[x]_2 \to \mathbb{R}[x]_2$와 순서기저 $\mathscr{B}$가 다음과 같이 주어졌을 때, 순서기저 $\mathscr{B}$에 대한 행렬 $[T]_{\mathscr{B}}$를 구하라.

(1) $T(1) = x,\ T(x) = 3,\ T(x^2) = 1 + x, \quad \mathscr{B} = \{1 + x,\ 2x,\ x^2 - 1\}$

(2) $T(f(x)) = f(x - 1), \quad \mathscr{B} = \{x^2,\ 1,\ x + 1\}$

9. 실수체 $\mathbb{R}$ 위의 3차원 벡터공간 V의 순서기저 $\mathscr{B} = \{\mathbf{v}_1, \mathbf{v}_2, \mathbf{v}_3\}$에 대하여

$$\mathbf{w}_1 = \mathbf{v}_1 + \mathbf{v}_2 + \mathbf{v}_3, \quad \mathbf{w}_2 = \mathbf{v}_1 + \mathbf{v}_2, \quad \mathbf{w}_3 = \mathbf{v}_1$$

일 때, 다음 물음에 답하라.

(1) $\mathscr{C} = \{\mathbf{w}_1, \mathbf{w}_2, \mathbf{w}_3\}$는 V의 기저임을 밝혀라.

(2) 선형사상 $T : V \to V$에 대하여 $[T]_{\mathscr{B}} = \begin{pmatrix} 1 & 0 & -2 \\ 0 & 1 & 0 \\ -3 & 4 & 7 \end{pmatrix}$일 때, 기저 $\mathscr{C}$에 관한 T의 행렬 $[T]_{\mathscr{C}}$를 구하라.

10. 벡터공간 $\mathbb{R}^2$의 순서기저 $\mathscr{B} = \{(1, 2), (1, 4)\}$에 관한 선형사상 $T : \mathbb{R}^2 \to \mathbb{R}^2$의 행렬이 $[T]_{\mathscr{B}} = \begin{pmatrix} 1 & -2 \\ 3 & 5 \end{pmatrix}$일 때, T와 T^{-1}를 구하라.

11. 선형사상 $T : \mathbb{R}^2 \to \mathbb{R}^3$, $T(x, y) = (-x, 0, 2x + y)$에 대하여 다음 물음에 답하라.

(1) 순서기저 $\mathscr{B} = \{(1, 1), (-1, 1)\}$, $\mathscr{C} = \{(1, 1, 1), (1, 0, 1), (1, 1, 0)\}$에 관한 행렬 $[T]_{\mathscr{B}}^{\mathscr{C}}$를 구하라.

(2) $\mathbb{R}^2$의 모든 벡터 $\mathbf{x}$에 대하여 $[T(\mathbf{x})]_{\mathscr{C}} = [T]_{\mathscr{B}}^{\mathscr{C}}[\mathbf{x}]_{\mathscr{B}}$가 성립함을 확인하라.

12. 벡터공간 $\mathbb{R}^2$에서 표준기저 $\mathscr{B} = \{(1,\ 0),\ (0,\ 1)\}$에 관한 선형사상

$$T : \mathbb{R}^2 \to \mathbb{R}^2, \quad T(x,\ y) = (x+y,\ x-y)$$

의 행렬 $[T]_{\mathscr{B}}$를 구하고, 또 다항식 $f(x) = x^2 - x + 3$에 대하여 선형사상 $f(T) : \mathbb{R}^2 \to \mathbb{R}^2$를 정의하라.

13. 선형사상 $f : \mathbb{R}^2 \to \mathbb{R}^2$가 $f(x,\ y) = (2x,\ x-y)$일 때, $\mathbb{R}^2$의 두 순서기저 $\mathscr{A} = \{(1,\ -1),\ (1,\ 1)\}$, $\mathscr{B} = \{(0,\ 1),\ (1,\ 2)\}$에 대한 $[f]_{\mathscr{A}}^{\mathscr{B}}$와 $[f^{-1}]_{\mathscr{A}}^{\mathscr{B}}$를 구하라.

14. 체 F 위의 벡터공간 V와 스칼라 $a \in F$에 대하여 다음이 성립함을 보여라.

(1) 영사상 $\mathbf{O} : V \to V$의 임의의 순서기저에 관한 행렬은 영행렬이다.

(2) 선형사상 $T : V \to V,\ T(\mathbf{v}) = a\mathbf{v}$의 임의의 기저에 관한 행렬은 대각행렬이다.

15. 체 K 위의 n차원 벡터공간 V에서의 선형사상 $T : V \to V$와 $\{\mathbf{0}\}$이 아닌 **T-불변 부분 공간** $U,\ W$(즉, $T(U) \subset U,\ T(W) \subset W$)에 대해 $V = U \bigoplus W$가 성립하면, V의 순서기저 $\mathscr{C} = \{\mathbf{v}_1, \cdots, \mathbf{v}_n\}$가 존재하여 $\mathscr{C}$에 대한 T의 행렬은 $[T]_{\mathscr{C}} = \begin{pmatrix} A & \mathbb{O} \\ \mathbb{O} & B \end{pmatrix}$ 형태인 블록행렬임을 보여라.

16. $\mathbb{R}^2$의 순서기저 $\mathscr{B} = \{(1,\ 0),\ (1,\ 1)\}$, $\mathscr{C} = \{(1,\ 2),\ (2,\ 3)\}$에 대하여 다음에 답하라.

(1) $\mathscr{B}$에서 $\mathscr{C}$로의 전이행렬 Q, $\mathscr{C}$에서 $\mathscr{B}$로의 전이행렬 P를 구하고 $P^{-1} = Q$임을 확인하라.

(2) 임의의 벡터 $\mathbf{v} \in \mathbb{R}^2$에 대하여 $[\mathbf{v}]_{\mathscr{C}} = Q[\mathbf{v}]_{\mathscr{B}}$임을 보여라.

(3) 선형사상 $T : \mathbb{R}^2 \to \mathbb{R}^2,\ T(x,\ y) = (2x-y,\ x+y)$에 대하여 $[T]_{\mathscr{C}}^{\mathscr{C}} = P^{-1}[T]_{\mathscr{B}}^{\mathscr{B}}P$가 성립함을 보여라.

17. 유한차원 벡터공간 V 위의 선형사상 $T : V \to V$의 **행렬식**($\det(T)$라 표기)은 V의 한 순서기저 $\mathscr{B}$에 관한 T의 행렬 $[T]_{\mathscr{B}}$의 행렬식으로 정의한다. 즉,

$$\boxed{\det(T) = \det([T]_{\mathscr{B}})}$$

이다. 이때 $\det(T)$는 V의 순서기저에 관계없이 항상 같음을 증명하라.

18. 다음 선형사상 T의 행렬식 $\det(T)$를 구하라.

(1) $T : \mathbb{R}^2 \to \mathbb{R}^2,\ T(x,\ y) = (2x-y,\ -x+3y)$

(2) $T : \mathbb{R}^3 \to \mathbb{R}^3,\ T(x,\ y,\ z) = (x-2y,\ y-z,\ z-x)$

(3) $T : \mathbb{R}[x]_2 \to \mathbb{R}[x]_2,\ T(f(x)) = f(x+1)$

19. 닮은행렬 $A,\ B$에 대하여 다음이 성립함을 보여라.

(1) $A^T \sim B^T$ (2) A가 가역 $\Longleftrightarrow$ B가 가역 (3) A가 가역이면 $A^{-1} \sim B^{-1}$

20. 멱영행렬인 A와 닮음행렬 B도 멱영행렬임을 보여라.

4.6 쌍대공간

이 절에서는 공역이 체 F인 특별한 선형사상에 대한 성질을 다룬다.

정리 4.6.1 *체 F 위의 n차원 벡터공간 V의 순서기저 $\mathscr{B}=\{\mathbf{v}_1, \cdots, \mathbf{v}_n\}$와 벡터공간*

$$V^* = \text{Hom}(V, F) = \{T \mid T : V \longrightarrow F\text{는 선형사상}\}$$

에 대하여 다음이 성립한다.

(1) $\dim V^* = \dim \text{Hom}(V, F) = n$이고 $V \cong V^*$이다.

(2) 함수 $\phi_i : V \to F,\ i(1 \le i \le n)$을, 임의의 벡터 $\mathbf{v} = x_1\mathbf{v}_1 + \cdots + x_n\mathbf{v}_n \in V$에 대하여

$$\phi_i(\mathbf{v}) = \phi_i(x_1\mathbf{v}_1 + \cdots + x_i\mathbf{v}_i + \cdots + x_n\mathbf{v}_n) = x_i$$

라 정의하면, $\mathscr{B}^* = \{\phi_1, \cdots, \phi_n\}$은 V^*의 기저이다.

※ 이때 벡터공간 V^*를 V**의 쌍대공간**(dual space, 雙對空間)이라 한다.

※ 쌍대공간 V^*의 기저 $\mathscr{B}^*$를 $\mathscr{B}$**의 쌍대기저**(dual basis, 雙對基底)라 한다.

※ $T \in V^*$를 **선형범함수**(linear functional, 線型汎函數)라 한다.

※ $\phi_i \in V^*$를 **좌표함수**(coordinate function, 座標函數)라 한다.

(증명) (1) 정리 4.5.8에 의해 $\dim V^* = \dim \text{Hom}(V, F) = \dim M_{1\times n}(F) = n$이다. 또한, $\dim V = \dim V^*$이므로, 정리 4.3.6에 의해, $V \cong V^*$이다.

(2) 먼저 좌표함수 $\phi_i (1 \le i,\ j \le n)$가

$$\phi_i(\mathbf{v}_j) = \begin{cases} 1, & j = i; \\ 0, & j \ne i \end{cases}$$

이므로 보편 사상 성질(정리 4.1.11)에 의해 ϕ_i는 선형사상이다. 즉, $\phi_i \in \text{Hom}(V, F)$이다.

다음에 $\{\phi_1, \cdots, \phi_n\}$가 V^*의 생성원임을 보이자. 임의의 $\phi \in V^*$와 벡터 $\mathbf{v} = x_1\mathbf{v}_1 + \cdots + x_n\mathbf{v}_n \in V$에 대하여

$$\begin{aligned}\phi(\mathbf{v}) &= \phi(x_1\mathbf{v}_1 + \cdots + x_n\mathbf{v}_n) \\ &= x_1\phi(\mathbf{v}_1) + \cdots + x_n\phi(\mathbf{v}_n) \\ &= \phi_1(\mathbf{v})\phi(\mathbf{v}_1) + \cdots + \phi_n(\mathbf{v})\phi(\mathbf{v}_n) \\ &= \phi(\mathbf{v}_1)\phi_1(\mathbf{v}) + \cdots + \phi(\mathbf{v}_n)\phi_n(\mathbf{v}) \\ &= (\phi(\mathbf{v}_1)\phi_1 + \cdots + \phi(\mathbf{v}_n)\phi_n)(\mathbf{v})\end{aligned}$$

이다. 그러므로

$$\phi = \phi(\mathbf{v}_1)\phi_1 + \cdots + \phi(\mathbf{v}_n)\phi_n \in \langle \phi_1, \cdots, \phi_n \rangle$$

이다. 즉, $V^* \subset \langle \phi_1, \cdots, \phi_n \rangle$이다. 또한,

$$n = \dim V^* \le \dim\langle \phi_1, \cdots, \phi_n \rangle \le n$$

이므로, $\dim V^* = \dim\langle \phi_1, \cdots, \phi_n \rangle = n$이다. 그러면, $V^* = \langle \phi_1, \cdots, \phi_n \rangle$이다(정리 3.4.17). 기저 판정조건(정리 3.4.11)에 의해, $\{\phi_1, \cdots, \phi_n\}$은 V^*의 최소생성원이므로, $\{\phi_1, \cdots, \phi_n\}$은 V^*의 기저이다.

(별해) 1차독립임을 다음과 같이 보일 수 있다. 스칼라 $x_1, \cdots, x_n \in F$에 대하여 $x_1\phi_1 + \cdots + x_n\phi_n = \mathbf{O}$(영사상)이라 하자. 그러면 각 i $(1 \le i \le n)$에 대하여

$$\begin{aligned} 0 = \mathbf{O}(\mathbf{v}_i) &= (x_1\phi_1 + \cdots + x_n\phi_n)(\mathbf{v}_i) \\ &= x_1\phi_1(\mathbf{v}_i) + \cdots + x_i\phi_i(\mathbf{v}_i) + \cdots + x_n\phi_n(\mathbf{v}_i) \\ &= x_1 0 + \cdots + x_i 1 + \cdots + x_n 0 = x_i \end{aligned}$$

이므로, $\{\phi_1, \cdots, \phi_n\}$은 1차독립이다. ■

예 4.6.2 2차원 벡터공간 $\mathbb{R}^2$의 한 기저 $\mathscr{B} = \{\mathbf{v}_1 = (1, 0), \mathbf{v}_2 = (-1, 1)\}$의 쌍대기저 $\{\phi_1, \phi_2\}$를 구하라.

(풀이) 먼저 기저 $\mathscr{B}$에 대한 좌표함수(쌍대기저) $\{\phi_1, \phi_2\}$을 구하자.

$$\begin{cases} \phi_1(\mathbf{v}_1) = 1 \\ \phi_1(\mathbf{v}_2) = 0 \end{cases} \qquad \begin{cases} \phi_2(\mathbf{v}_1) = 0 \\ \phi_2(\mathbf{v}_2) = 1 \end{cases}$$

이고, 임의의 벡터 $(x, y) \in \mathbb{R}^2$를 기저 $\mathscr{B} = \{\mathbf{v}_1, \mathbf{v}_2\}$에 대한 1차결합으로 나타내면,

$$(x, y) = (x+y)(1, 0) + y(-1, 1) = (x+y)\mathbf{v}_1 + y\mathbf{v}_2$$

이다. 따라서 기저 $\mathscr{B}$에 대한 쌍대기저 $\{\phi_1, \phi_2\}$는 다음과 같다.

$$\begin{cases} \phi_1(x, y) = \phi_1((x+y)\mathbf{v}_1 + y\mathbf{v}_2) = (x+y)\phi_1(\mathbf{v}_1) + y\phi_1(\mathbf{v}_2) = x+y, \\ \phi_2(x, y) = \phi_2((x+y)\mathbf{v}_1 + y\mathbf{v}_2) = (x+y)\phi_2(\mathbf{v}_1) + y\phi_2(\mathbf{v}_2) = y \end{cases}$$

예 4.6.3 $\mathbb{R}$-벡터공간 $\mathbb{R}[x]_2 = \{a + bx + cx^2 \mid a, b, c \in \mathbb{R}\}$의 기저 $\mathscr{B} = \{1, x+1, x^2 - x\}$에 관한 쌍대기저 $\{\phi_1, \phi_2, \phi_3\}$를 구하라

(풀이) 먼저 기저 $\mathscr{B}$에 대한 좌표함수(쌍대기저) $\{\phi_1, \phi_2, \phi_3\}$을 구하자.

$$\begin{cases} \phi_1(1) = 1 \\ \phi_1(x+1) = 0, \\ \phi_1(x^2 - x) = 0 \end{cases} \quad \begin{cases} \phi_2(1) = 0 \\ \phi_2(x+1) = 1, \\ \phi_2(x^2 - x) = 0 \end{cases} \quad \begin{cases} \phi_3(1) = 0 \\ \phi_3(x+1) = 0 \\ \phi_3(x^2 - x) = 1 \end{cases}$$

이고, 임의의 벡터 $a + bx + cx^2 \in \mathbb{R}[x]_2$를 기저 $\mathscr{B}$에 대한 1차결합으로 나타내면,

$$a + bx + cx^2 = (a - b - c)1 + (b + c)(x+1) + c(x^2 - x)$$

이다. 따라서 기저 $\mathscr{B}$에 대한 쌍대기저 $\{\phi_1, \phi_2, \phi_3\}$은 다음과 같다.

$$\begin{cases} \phi_1(a+bx+cx^2) = (a-b-c)\phi_1(1) + (b+c)\phi_1(x+1) + c\phi_1(x^2-x) = a-b-c \\ \phi_2(a+bx+cx^2) = (a-b-c)\phi_2(1) + (b+c)\phi_2(x+1) + c\phi_2(x^2-x) = b+c \\ \phi_3(a+bx+cx^2) = (a-b-c)\phi_3(1) + (b+c)\phi_3(x+1) + c\phi_3(x^2-x) = c \end{cases}$$

연 습 문 제 (4.6)

1. $\mathbb{R}$-벡터공간 $\mathbb{R}^2$의 기저 $\mathscr{B} = \{(1,\ 1),\ (1,\ 2)\}$에 대응하는 쌍대공간 $\mathrm{Hom}_{\mathbb{R}}(\mathbb{R}^2,\ \mathbb{R})$의 쌍대기저 $\mathscr{B}^* = \{T_1(x,\ y),\ T_2(x,\ y)\}$를 구하라.

2. $\mathbb{R}$-벡터공간 $\mathbb{R}^3$의 기저 $\mathscr{B} = \{(1,\ 0,\ 1),\ (1,\ 2,\ 1),\ (0,\ 0,\ 1)\}$에 대응하는 쌍대공간 $\mathrm{Hom}_{\mathbb{R}}(\mathbb{R}^3,\ \mathbb{R})$의 쌍대기저 $\mathscr{B}^*$를 구하라.

3. $\mathbb{R}$-벡터공간 $\mathrm{Hom}_{\mathbb{R}}(\mathbb{R}^3,\ \mathbb{R})$에서 $f_1,\ f_2,\ f_3$을 다음과 같이 선형사상이라고 하자.

$$\begin{cases} f_1 : \mathbb{R}^3 \to \mathbb{R}, & f_1(x,\ y,\ z) = x-y \\ f_2 : \mathbb{R}^3 \to \mathbb{R}, & f_2(x,\ y,\ z) = x+y-z \\ f_3 : \mathbb{R}^3 \to \mathbb{R}, & f_3(x,\ y,\ z) = y-2z \end{cases}$$

이때 $\{f_1,\ f_2,\ f_3\}$는 벡터공간 $\mathbb{R}^3$의 쌍대공간 $\mathrm{Hom}_{\mathbb{R}}(\mathbb{R}^3,\ \mathbb{R})$의 기저가 됨을 증명하라.

4. 체 F 위의 유한차원 벡터공간 V에서 벡터 $\mathbf{v} \in V$가 모든 $f \in \mathrm{Hom}_F(V,\ F)$에 대하여 $f(\mathbf{v}) = 0$이면, $\mathbf{v} = \mathbf{0}$임을 증명하라.

5. n-차원 F-벡터공간 V의 부분공간 W와 쌍대공간 $\mathrm{Hom}_F(V,\ F)$에 대하여 $W^0 = \{T \in \mathrm{Hom}_F(V,\ F) \mid T(\mathbf{w}) = 0,\ \forall \mathbf{w} \in W\}$라 정의하자. 이때 다음을 증명하라.

(1) W^0는 $\mathrm{Hom}_F(V,\ F)$의 부분공간이다.

(2) $\dim V = \dim W + \dim W^0$

(참조 : V의 한 기저 $\{\mathbf{v}_1, \cdots,\ \mathbf{v}_n\}$와 쌍대기저 $\{\phi_1, \cdots,\ \phi_n\}$의 관계를 생각해 볼 것. 즉, $\sigma \in \mathrm{Hom}_F(V,\ F)$에 대해 $\sigma = \sigma(\mathbf{v}_1)\phi_1 + \cdots + \sigma(\mathbf{v}_n)\phi_n$.)

제 5 장

행렬의 대각화와 최소다항식

어떤 선형 변환이 일어난 후에도 그 방향이 변하지 않는 벡터가 있을 수 있다. 이러한 벡터를 고유벡터(eigenvector)라 한다. 단 영벡터는 자명하므로 제외시킨다. 여기서 변환 후에 고유벡터의 크기가 변하는 비율을 그 벡터의 고윳값(eigenvalue)이라고 한다.

고윳값과 고유벡터의 개념은 원래 19세기에 이차형식 및 미분 방정식 이론으로부터 발달하였다. Cauchy(프, 1789~1857)는 고전역학에서 관성 모멘트의 주축의 개념을 추상화하여 이차곡면을 분류하였고, 이때 고윳값과 고유벡터의 개념을 도입하였다. 또한, 모든 대칭행렬은 실수 고윳값들을 가진다는 사실을 발견하였다. 1885년 에르미트(Hermite, 프, 1822~1901)는 이를 확장하여, 일반적으로 에르미트 행렬은 실수 고윳값들을 가진다는 것을 보였다.

고윳값과 고유벡터라는 용어는 20세기 초에 D. Hilbert(독, 1862~1943)가 'Eigenvektor(독)'와 'Eigenwert(독)'을 사용하면서부터 시작되었다. 독일어에서 Eigen은 '고유한', '특징적인' 등의 의미를 가지고 있다.

고윳값과 고유벡터는 정사각행렬의 대각화와 밀접한 관련이 있다. 일반적으로 행렬연산에서 곱셈연산이 복잡하지만 고윳값과 고유벡터를 사용하여 대각행렬로 바꾸면 곱셈, 특히 거듭제곱 계산이 매우 간단해진다. 또한 여러 응용수학 분야에서 중요한 위치를 차지하며, 특히 선형대수학, 함수해석학, 그리고 여러 가지 비선형 분야에서도 자주 사용되고, 물리적인 시스템의 중요한 특성을 표현하는 수학적 모델의 개발에 유용하다. 인구 증가 모델의 분석과 동역학(Dynamic System) 분석에 유용하게 쓰이고, 미분방정식의 풀이에도 쓰인다.

예를 들어 영상인식과 통계 데이터 분석, 데이터 압축(차원감소), 노이즈 제거에서 주성분 찾기(PCA, Principal Component Analysis)는 매우 유용한 도구인데 여기에서 고윳값과 고유벡터가 중요한 역할을 한다.

5.1 고윳값과 행렬의 고유다항식

이 절에서는 선형사상과 정사각행렬에서 고윳값과 고유벡터, 그리고 그의 성질에 대하여 다룬다.

정의 5.1.1 [*고윳값(고유치)(eigenvalue, characteristic value, 固有値), 고유벡터 (eigenvector, characteristic vector, 固有—)*]

(1) 체 F 위의 정사각행렬 $A \in M_n(F)$에 대하여

① λ가 A의 **고윳값(고유치)** ② X가 고윳값 λ에 대응하는 A의 **고유벡터**	$\overset{\text{정의}}{\Longleftrightarrow}$	$AX = \lambda X,\ \lambda \in F,\ X(\neq \mathbf{0}) \in F^n$

(2) F-벡터공간 V 위의 선형사상 $T : V \longrightarrow V$에 대하여

① λ가 T의 **고윳값(고유치)** ② $\mathbf{v}$가 고윳값 λ에 대응하는 T의 **고유벡터**	$\overset{\text{정의}}{\Longleftrightarrow}$	$T(\mathbf{v}) = \lambda \mathbf{v},\ \lambda \in F,\ \mathbf{v}(\neq \mathbf{0}) \in V$

예 5.1.2 2차 정사각행렬 $A = \begin{pmatrix} -2 & 2 \\ -2 & 3 \end{pmatrix} \in M_2(\mathbb{R})$의 고윳값과 고유벡터를 구하라.

(풀이) A의 고윳값을 $\lambda \in \mathbb{R}$, 고윳값 λ에 대응하는 고유벡터를 $\begin{pmatrix} 0 \\ 0 \end{pmatrix} \neq \begin{pmatrix} x \\ y \end{pmatrix} \in \mathbb{R}^2$라 하자.

$$\begin{pmatrix} -2 & 2 \\ -2 & 3 \end{pmatrix} \begin{pmatrix} x \\ y \end{pmatrix} = \lambda \begin{pmatrix} x \\ y \end{pmatrix}$$

를 만족하는 고윳값 λ와 고유벡터 $\begin{pmatrix} x \\ y \end{pmatrix}$를 구하자. 그러면

$$(*) \cdots\cdots \begin{pmatrix} \lambda+2 & -2 \\ 2 & \lambda-3 \end{pmatrix} \begin{pmatrix} x \\ y \end{pmatrix} = \begin{pmatrix} 0 \\ 0 \end{pmatrix}$$

이다. 동차연립방정식 $(*)$가 자명하지 않은 해를 가지기 위해서는 문제 3.6.3에 의해

$$\begin{vmatrix} \lambda+2 & -2 \\ 2 & \lambda-3 \end{vmatrix} = 0$$

이어야 한다. 즉,

$$\lambda^2 + \lambda - 2 = 0, \quad (\lambda-2)(\lambda+1) = 0$$

에서 고윳값 $\lambda_1 = 2,\ \lambda_2 = -1$을 얻는다.

(1) 고윳값 $\lambda_1 = 2$에 대응하는 고유벡터 $\begin{pmatrix} x \\ y \end{pmatrix}$를 구하자. $(*)$에서

$$\begin{cases} 4x - 2y = 0 \\ 2x - \ \ y = 0 \end{cases}$$

이고 $2x = y$이다. 따라서

$$\begin{pmatrix} x \\ y \end{pmatrix} = \begin{pmatrix} t \\ 2t \end{pmatrix} = t\begin{pmatrix} 1 \\ 2 \end{pmatrix}, \quad t \in \mathbb{R} - \{0\}$$

(2) 고윳값 $\lambda_2 = -1$에 대응하는 고유벡터 $\begin{pmatrix} x \\ y \end{pmatrix}$를 구하자. $(*)$에서

$$\begin{cases} \ \ x - 2y = 0 \\ 2x - 4y = 0 \end{cases}$$

이다. 따라서 $x = 2y$이므로

$$\begin{pmatrix} x \\ y \end{pmatrix} = \begin{pmatrix} 2t \\ t \end{pmatrix} = t\begin{pmatrix} 2 \\ 1 \end{pmatrix}, \quad t \in \mathbb{R} - \{0\}$$

※ 여기서 고윳값과 고유벡터의 기하학적 의미를 살펴보자.

고윳값 $\lambda_1 = 2$와 $\lambda_2 = -1$에 대응하는 고유벡터를 각각 $P = \begin{pmatrix} 1 \\ 2 \end{pmatrix}$와 $Q = \begin{pmatrix} 2 \\ 1 \end{pmatrix}$라 하면, P와 Q는 주어진 행렬 A에 의하여 <u>원점을 지나는 직선 위로 고윳값 배만큼 변환</u>되어 $AP = \begin{pmatrix} 2 \\ 4 \end{pmatrix} = 2P$, $AQ = \begin{pmatrix} -2 \\ -1 \end{pmatrix} = -Q$로 <u>스칼라배 대응</u>하지만, 고유벡터가 아닌 x축 위의 벡터 $R = \begin{pmatrix} 1 \\ 0 \end{pmatrix}$의 대응벡터 $AR = \begin{pmatrix} -2 \\ -2 \end{pmatrix}$은 x축 위로 대응하지 않는다. 즉 AR은 R의 스칼라배가 <u>아니다</u>.

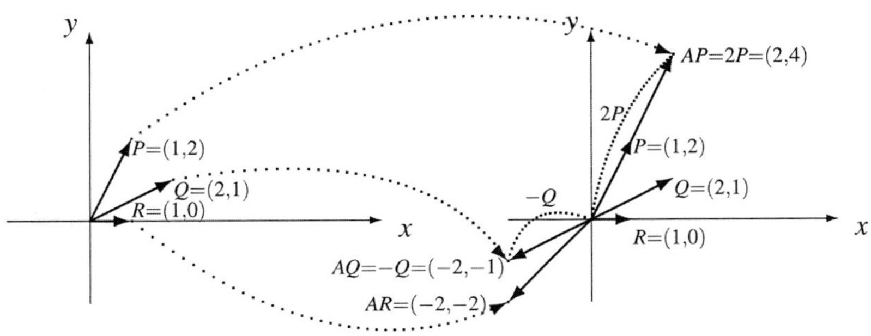

예 5.1.3 $\mathbb{R}$ 위의 다항식 벡터공간 $\mathbb{R}[x]_2 = \{a+bx+cx^2 \mid a,\ b,\ c \in \mathbb{R}\}$ 위에서 미분선형사상

$$T : \mathbb{R}[x]_2 \to \mathbb{R}[x]_2, \quad T(f(x)) = f'(x)$$

의 고윳값과 고유벡터를 구하자.

고윳값 $\lambda \in \mathbb{R}$에 대응하는 고유벡터를 $0 \neq f(x) = a+bx+cx^2$라 하면,

$$T(f(x)) = \lambda f(x)$$

이다. 즉,

$$\lambda a + \lambda bx + \lambda cx^2 = \lambda(a+bx+cx^2) = T(a+bx+cx^2) = b+2cx$$

이 되어 $\begin{cases} \lambda a = b \\ \lambda b = 2c \\ \lambda c = 0 \end{cases}$ 이고, $\dfrac{\lambda^3}{2}a = 0$이다. $a=0$이면 $b=0,\ c=0$이므로 $f(x) = a+bx+cx^2 = 0$이 되어 고유벡터가 될 수 없다. 따라서 $a \neq 0$이어야 하고 $\lambda = 0$이다. 그러면

$$b = 0, \quad c = 0$$

이므로 선형사상 T의 고윳값은 0(1개)이고, 고윳값 0에 대응하는 고유벡터는 0이 아닌 상수다항식 $0 \neq a \in \mathbb{R}[x]_2$이다.

예 5.1.4 고윳값이 없는 경우를 살펴보자.

실수를 성분으로 갖는 2차 정사각행렬 $A = \begin{pmatrix} 0 & 1 \\ -1 & 0 \end{pmatrix} \in M_n(\mathbb{R})$의 고윳값을 실수에서 구하자.

고윳값 $\lambda \in \mathbb{R}$에 대응하는 고유벡터를 $\begin{pmatrix} 0 \\ 0 \end{pmatrix} \neq \begin{pmatrix} x \\ y \end{pmatrix}$라 하면,

$$\begin{pmatrix} 0 & 1 \\ -1 & 0 \end{pmatrix}\begin{pmatrix} x \\ y \end{pmatrix} = \lambda \begin{pmatrix} x \\ y \end{pmatrix}, \quad \begin{pmatrix} y \\ -x \end{pmatrix} = \begin{pmatrix} \lambda x \\ \lambda y \end{pmatrix}$$

이다. 따라서 $\begin{cases} y = \lambda x \\ -x = \lambda y \end{cases}$ 이고, $-x = \lambda^2 x$이다. $x=0$이면 $y=0$이 되어 고유벡터가 될 수 없다. 따라서 $x \neq 0$이어야 한다. 그러므로 $\lambda^2 = -1$이 되어 실수에서 고윳값을 구할 수 없다.

하지만 A를 복소수를 성분으로 갖는 2차 정사각행렬이라면 $A \in M_2(\mathbb{C})$의 고윳값은 $\pm i$가 된다.

정리 5.1.5 *F-벡터공간 V 위의 선형사상 $T: V \to V$의 고윳값 λ가 존재할 때,*

$$\begin{aligned} E_\lambda &= \{\mathbf{v} \in V \mid T(\mathbf{v}) = \lambda \mathbf{v}\} \\ &= \{\mathbf{v} \in V \mid \mathbf{v}\text{는 고윳값 } \lambda \text{에 대응하는 고유벡터}\} \cup \{\mathbf{0}\} \end{aligned}$$

라 하면, 다음이 성립한다.

E_λ는 V의 부분공간이다. 즉, $E_\lambda < V$

※ E_λ를 고윳값 λ에 대응하는 T의 **고유공간**(eigenspace, 固有空間) 또는 **특성공간**(characteristic space, 特性空間)이라고 한다.

(증명) 영벡터 $\mathbf{0}$에 대하여 $T(\mathbf{0}) = \mathbf{0} = \lambda\mathbf{0}$이므로 $\mathbf{0} \in E_\lambda (\neq \varnothing)$이다.

임의의 벡터 $\mathbf{v}$, $\mathbf{w} \in E_\lambda$와 스칼라 $r \in F$에 대하여

$$\begin{aligned} T(\mathbf{v}+\mathbf{w}) &= T(\mathbf{v}) + T(\mathbf{w}) = \lambda\mathbf{v} + \lambda\mathbf{w} = \lambda(\mathbf{v}+\mathbf{w}), \\ T(r\mathbf{v}) &= rT(\mathbf{v}) = r(\lambda\mathbf{v}) = \lambda(r\mathbf{v}) \end{aligned}$$

이므로, $\mathbf{v}+\mathbf{w}$, $r\mathbf{v} \in E_\lambda$ 이고, 따라서 E_λ는 V의 부분공간이다. ■

예 5.1.6 (1) 예 5.1.2에서 $A = \begin{pmatrix} -2 & 2 \\ -2 & 3 \end{pmatrix} \in M_2(\mathbb{R})$의 고윳값은 2, -1이고, 각각의 고윳값에 대응하는 고유벡터는 $\begin{pmatrix} 1 \\ 2 \end{pmatrix}$, $\begin{pmatrix} 2 \\ 1 \end{pmatrix}$이므로, 각각의 고윳값에 대응하는 고유공간은

$$E_2 = \left\{ t\begin{pmatrix} 1 \\ 2 \end{pmatrix} \,\middle|\, t \in \mathbb{R} \right\} = \left\langle \begin{pmatrix} 1 \\ 2 \end{pmatrix} \right\rangle$$

이고,

$$E_{-1} = \left\{ t\begin{pmatrix} 2 \\ 1 \end{pmatrix} \,\middle|\, t \in \mathbb{R} \right\} = \left\langle \begin{pmatrix} 2 \\ 1 \end{pmatrix} \right\rangle$$

이다. 이들은 모두 $\mathbb{R}^2$의 부분공간이다.

(2) 예 5.1.3에서 미분선형사상 T의 고윳값은 0이고, 이에 대응하는 고유벡터는 1이므로, 고유공간은

$$E_0 = \{t \mid t \in \mathbb{R}\} = \langle 1 \rangle$$

이고, 이것은 $\mathbb{R}[x]_2$의 부분공간이다.

다음 정리는 고윳값을 쉽게 구할 수 있는 방법을 제공한다.

정리 5.1.7 n차 정사각행렬 $A=(a_{ij})\in M_n(F)$에 대하여

$$P_A(x)=|xI_n-A|=\begin{vmatrix} x-a_{11} & -a_{12} & \cdots & -a_{1n} \\ -a_{21} & x-a_{22} & \cdots & -a_{2n} \\ \vdots & \vdots & & \vdots \\ -a_{n1} & -a_{n2} & \cdots & x-a_{nn} \end{vmatrix}$$

라 하면, 스칼라 $\lambda\in F$에 대하여 다음은 동치이다.

λ가 A의 고윳값 $\iff$ λ가 n차 모닉다항식 $P_A(x)$의 해

※ 최고차 항의 계수가 1인 다항식을 **모닉다항식**(monic polynomial)이라 한다.
※ 모닉 다항식 $P_A(x)$를 주어진 행렬 A의 **고유다항식**(characteristic polynomial, 固有多項式) 또는 **특성다항식**(特性多項式)이라 한다.

(증명) λ가 A의 고윳값일 필요충분조건은 고유벡터 $\mathbf{0}\neq X\in F^n$이 존재하여

$$AX=\lambda X$$

이다. 즉,

$$\lambda X-AX=\mathbf{0},\quad (\lambda I_n-A)X=\mathbf{0}$$

이 성립한다.

한편 문제 3.6.3에 의해, 이 연립방정식에서 자명하지 않은 해($\mathbf{0}\neq X$)가 존재할 필요충분조건은

$$P_A(\lambda)=|\lambda I_n-A|=0$$

이다. 즉, λ는 $P_A(x)$의 해이다. ■

※ n차 정사각행렬 $A=(a_{ij})$의 고유다항식 $P_A(x)$는

$$\begin{aligned} P_A(x)&=|xI_n-A| \\ &=x^n-(a_{11}+a_{22}+\cdots+a_{nn})x^{n-1}+\cdots \\ &=x^n-(\operatorname{tr}(A))x^{n-1}+\cdots \end{aligned}$$

형태로 항상 n차 모닉다항식으로 나타난다. 또한, $P_A(x)=0$ 을 A의 **고유방정식(특성방정식)**이라 한다. 한편 정리 5.1.7에 의해 A의 고윳값을 구하려면, 고유방정식 $P_A(x)=0$의 해를 구하면 된다.

주어진 행렬 A의 고윳값을 구하기 위하여 다항식의 근을 구하여야 하므로 Gauss(독, 1777∼1855)가 증명한 다음 대수학의 기본정리가 필요하다.

정리 5.1.8 (대수학의 기본정리, 1799)
복소수 $\mathbb{C}$ 계수 n차 다항식 $f(x) = a_n x^n + a_{n-1}x^{n-1} + \cdots + a_1 x + a_0 \in \mathbb{C}[x]$에 대하여 다음이 성립한다.

$f(x)$는 중근을 허락하여 n개의 복소수 근을 갖는다

따름정리 5.1.9 *n차 정사각행렬 $A \in M_n(\mathbb{C})$에 대하여 다음이 성립한다.*

A의 고윳값은 복소근을 허용하면 중근을 포함하여 n개 존재한다.

(증명) 정리 5.1.7에 의해, A의 고윳값은 모두 n차 모닉다항식 $P_A(x)$의 해이므로, 대수학의 기본정리에 의해 복소근 내에서 중근을 포함하여 n개 존재한다. ■

예 5.1.10 실수체 $\mathbb{R}$ 위의 3차 정사각행렬 $A = \begin{pmatrix} 1 & 2 & 2 \\ 0 & 2 & 1 \\ -1 & 2 & 2 \end{pmatrix} \in M_n(\mathbb{R})$의 고윳값과 고유공간을 구하라.

(풀이) A의 고윳값 λ는 A의 고유다항식 $P_A(x) = |xI_n - A|$의 해이다.

$$\begin{aligned}
P_A(x) &= \left| \begin{pmatrix} x & 0 & 0 \\ 0 & x & 0 \\ 0 & 0 & x \end{pmatrix} - \begin{pmatrix} 1 & 2 & 2 \\ 0 & 2 & 1 \\ -1 & 2 & 2 \end{pmatrix} \right| \\
&= \begin{vmatrix} x-1 & -2 & -2 \\ 0 & x-2 & -1 \\ 1 & -2 & x-2 \end{vmatrix} \cdots\cdots\cdots (*) \\
&= (x-1)\begin{vmatrix} x-2 & -1 \\ -2 & x-2 \end{vmatrix} + \begin{vmatrix} -2 & -2 \\ x-2 & -1 \end{vmatrix} \\
&= (x-1)(x-2)^2
\end{aligned}$$

에서 A의 고윳값은 1, 2(중근)임을 알 수 있다. 고유공간 E_1, E_2를 구하자.

(1) 고윳값 1에 대한 고유공간 E_1은 $(*)$를 활용하면, 동차 연립방정식

$$\begin{pmatrix} 1-1 & -2 & -2 \\ 0 & 1-2 & -1 \\ 1 & -2 & 1-2 \end{pmatrix}\begin{pmatrix} x \\ y \\ z \end{pmatrix} = \begin{pmatrix} 0 \\ 0 \\ 0 \end{pmatrix}, \quad \begin{pmatrix} 0 & -2 & -2 \\ 0 & -1 & -1 \\ 1 & -2 & -1 \end{pmatrix}\begin{pmatrix} x \\ y \\ z \end{pmatrix} = \begin{pmatrix} 0 \\ 0 \\ 0 \end{pmatrix}$$

의 해공간과 일치한다. 이것에서

$$\begin{cases} -2y-2z=0 \\ -y-z=0\,, \\ x-2y-z=0 \end{cases} \quad \begin{cases} y=-z \\ x=-z \end{cases}$$

이므로, $z=t$, $t\in\mathbb{R}$라 하면, 고윳값 1에 대한 고유공간은 다음과 같다.

$$E_1=\left\{ t\begin{pmatrix}-1\\-1\\1\end{pmatrix} \middle|\, t\in\mathbb{R} \right\}=\langle(-1,\ -1,\ 1)\rangle$$

(2) 고윳값 2에 대한 고유공간 E_2는 $(*)$를 활용하면, 동차 연립방정식

$$\begin{pmatrix}2-1 & -2 & -2\\ 0 & 2-2 & -1\\ 1 & -2 & 2-2\end{pmatrix}\begin{pmatrix}x\\y\\z\end{pmatrix}=\begin{pmatrix}0\\0\\0\end{pmatrix}, \quad \begin{cases} x-2y-2z=0 \\ -z=0 \\ x-2y=0 \end{cases}$$

의 해공간과 일치한다. 이것에서 이$x=2y$, $z=0$이므로, $y=t\in\mathbb{R}$라 하면, 고윳값 2에 대한 고유공간은 다음과 같다.

$$E_2=\left\{ t\begin{pmatrix}2\\1\\0\end{pmatrix} \middle|\, t\in\mathbb{R} \right\}=\langle(2,\ 1,\ 0)\rangle$$

정리 5.1.11 *체 F 위의 n차 정사각행렬 $A,\ B\in M_n(F)$에 대하여 다음이 성립한다.*

(1) $P_A(x)=P_{A^T}(x)$. 즉, A와 A^T의 고윳값은 일치한다.
(2) A와 B가 닮음행렬이면, $P_A(x)=P_B(x)$. 즉, A와 B의 고윳값은 같다.

(증명) (1) 정리 2.4.18과 정리 2.1.16에 의해

$$P_A(x)=|xI_n-A|=\left|(xI_n-A)^T\right|=\left|xI_n-A^T\right|=P_{A^T}(x)$$

이므로 (1)이 성립한다.

(2) 가정에 의해 가역행렬 $P\in M_n(F)$가 존재해서 $A=P^{-1}BP$이다. 그러면 정리 2.4.25에 의해

$$\begin{aligned} P_A(x) &= |xI_n-A|=|xI_n-P^{-1}BP|=|P^{-1}(xI_n-B)P| \\ &= |P^{-1}||(xI_n-B)||P|=|P^{-1}P||(xI_n-B)| \\ &= |xI_n-B|=P_B(x) \end{aligned}$$

이므로 (2)가 성립한다. ■

예 5.1.12 $A=\begin{pmatrix}1&0\\0&-1\end{pmatrix}$, $B=\begin{pmatrix}0&1\\1&0\end{pmatrix}$, $P=\begin{pmatrix}1&1\\1&-1\end{pmatrix}\in M_2(\mathbb{R})$에 대하여 $A=P^{-1}BP$이므로 A와 B는 닮음행렬이다. 또한 A와 B의 고유다항식은 둘다 x^2-1이므로 닮음행렬의 고윳값은 1, −1로 일치한다. 한편 고윳값 1, −1에 대응하는

$$A\text{의 고유공간은 각각 } E_1=\langle(1,0)\rangle,\ E_{-1}=\langle(0,1)\rangle$$

이지만, 고윳값 1, −1에 대응하는

$$B\text{의 고유공간은 각각 } E_1'=\langle(1,1)\rangle,\ E_{-1}'=\langle(-1,1)\rangle$$

이므로 닮음행렬의 고윳값은 같지만, 같은 고윳값에 대응하는 고유공간은 다르다.

정리 5.1.13 *체 F 위의 벡터공간 V의 선형사상 $T:V\to V$의 고윳값 λ가 존재하면, 고윳값 λ에 대응하는 고유공간 E_λ와 V 위에서 항등사상 I에 대하여 다음이 성립한다.*

$$E_\lambda=\mathrm{Ker}(\lambda I-T)$$

(증명) 임의의 벡터 $\mathbf{v}\in E_\lambda$일 필요충분조건은 $T(\mathbf{v})=\lambda\mathbf{v}$이다. 즉,

$$\lambda\mathbf{v}-T(\mathbf{v})=\mathbf{0},\quad (\lambda I-T)(\mathbf{v})=\mathbf{0}$$

가 성립하므로, 동치인

$$\mathbf{v}\in\mathrm{Ker}(\lambda I-T)$$

가 성립한다. ■

정의 5.1.14 [*행렬 다항식(matrix polynomial, 行列 多項式)*]

체 F 위의 m차 다항식

$$f(x)=a_0+a_1x+\cdots+a_mx^m\in F[x]$$

과 n차 정사각행렬 $A\in M_n(F)$, 선형사상 $T:V\to V$ 에 대하여

$f(A)$는 **행렬 다항식**	$\overset{\text{정의}}{\Longleftrightarrow}$	$f(A)=a_0I_n+a_1A+a_2A^2+\cdots+a_mA^m$
$f(T)$는 **선형사상 다항식**	$\overset{\text{정의}}{\Longleftrightarrow}$	$f(T)=a_0I+a_1T+\cdots+a_mT^m$

※ 단, $T^m=\overbrace{T\circ T\circ\cdots\circ T}^{m\text{개}}$는 선형사상 T를 m번 합성한 선형사상이다. $f(A)=\mathbb{O}$(영행렬)이면 행렬 A는 $f(x)$의 **해**, $f(T)=\mathbf{O}$(영사상)이면 선형사상 T는 $f(x)$의 **해**라 한다.

예 5.1.15 (1) 실계수 2차 다항식 $f(x) = x^2 + 1 \in \mathbb{R}[x]$는 실수 $\mathbb{R}$에서 해가 없다. 하지만 행렬과 선형사상의 해는 존재한다.

2차 행렬 $\begin{pmatrix} 0 & -1 \\ 1 & 0 \end{pmatrix} \in M_2(\mathbb{R})$은 $f(x) = x^2 + 1$의 해가 된다. 즉, 다음이 성립한다.

$$f\begin{pmatrix} 0 & -1 \\ 1 & 0 \end{pmatrix} = \begin{pmatrix} 0 & -1 \\ 1 & 0 \end{pmatrix}^2 + \begin{pmatrix} 1 & 0 \\ 0 & 1 \end{pmatrix} = \begin{pmatrix} 0 & 0 \\ 0 & 0 \end{pmatrix}$$

실수 $\mathbb{R}$ 위의 2차원 벡터공간 $\mathbb{R}^2$에서 선형사상

$$T : \mathbb{R}^2 \longrightarrow \mathbb{R}^2, \quad T(x,\ y) = (y,\ -x)$$

은 $f(x) = x^2 + 1$의 선형사상 해가 된다. 왜냐하면, 임의의 $(x,\ y) \in \mathbb{R}^2$에 대하여

$$\begin{aligned} f(T)(x,\ y) &= (T^2 + I)(x,\ y) = T^2(x,\ y) + I(x,\ y) \\ &= T(y,\ -x) + (x,\ y) = (-x,\ -y) + (x,\ y) = (0,\ 0) \end{aligned}$$

이므로 $f(T) = T^2 + I = \mathbf{O}$(영사상)이다. 즉, T는 $f(x)$의 해이다.

(2) 실수체 $\mathbb{R}$ 위에서 미분가능한 함수 $\sin\theta$, $\cos\theta$가 기저인 $\mathbb{R}$-벡터공간 $\langle \sin\theta,\ \cos\theta \rangle$에서 미분 선형사상

$$D : \langle \sin\theta,\ \cos\theta \rangle \longrightarrow \langle \sin\theta,\ \cos\theta \rangle$$

는 $f(x) = x^2 + 1$의 해가 된다. 왜냐하면 임의의 $\alpha,\ \beta \in \mathbb{R}$에 대하여

$$\begin{aligned} f(D)(\alpha\sin\theta + \beta\cos\theta) &= (D^2 + I)(\alpha\sin\theta + \beta\cos\theta) \\ &= -(\alpha\sin\theta + \beta\cos\theta) + (\alpha\sin\theta + \beta\cos\theta) = 0 \end{aligned}$$

이므로 $f(D) = D^2 + I = \mathbf{O}$(영사상)이다. 즉, D는 $f(x)$의 해이다.

정리 5.1.16 (Cayley-Hamilton 정리)

체 F 위의 n차 정사각행렬 $A = (a_{ij}) \in M_n(F)$의 고유다항식

$$P_A(x) = |xI_n - A| = x^n + a_{n-1}x^{n-1} + \cdots + a_1x + a_0 \in F[x]$$

에 대하여, 다음이 성립한다.

$$P_A(A) = A^n + a_{n-1}A^{n-1} + \cdots + a_1A + a_0I_n = \mathbb{O}(\text{영행렬})$$

(증명) A의 고유다항식 $P_A(x) = |xI_n - A|$에 대응하는 행렬 $xI_n - A$의 여인수행렬 $\mathrm{adj}(xI_n - A)$를 이용하여 증명하자. 여인수행렬의 각 성분은 $xI_n - A$의 (i, j)성분에 대한 $n-1$차 소행

렬의 행렬식이므로, 각 성분의 다항식의 최고차항은 x^{n-1}항이 나올 수 있다. 그러므로 여인수행렬을 x의 내림차수로 정리하면, n차 정사각행렬 $B_0, B_1, \cdots, B_{n-1} \in M_n(F)$이 존재하여

$$\operatorname{adj}(xI_n - A) = \operatorname{adj}\begin{pmatrix} x-a_{11} & -a_{12} & \cdots & -a_{1n} \\ -a_{21} & x-a_{22} & \cdots & -a_{2n} \\ \vdots & \vdots & & \vdots \\ -a_{n1} & -a_{n2} & \cdots & x-a_{nn} \end{pmatrix} = B_{n-1}x^{n-1} + B_{n-2}x^{n-2} + \cdots + B_1x + B_0$$

이라 할 수 있다. 그러면 정리 2.5.7 (3)에 의해

$$\begin{aligned} P_A(x)I_n &= |xI_n - A|I_n \\ &= (xI_n - A)\operatorname{adj}(xI_n - A) \\ &= (xI_n - A)(B_{n-1}x^{n-1} + B_{n-2}x^{n-2} + \cdots + B_1x + B_0) \\ &= B_{n-1}x^n + (B_{n-2} - AB_{n-1})x^{n-1} + \cdots + (B_0 - AB_1)x - AB_0 \end{aligned}$$

이다. 한편

$$\begin{aligned} P_A(x)I_n &= I_nx^n + a_{n-1}I_nx^{n-1} + \cdots + a_1I_nx + a_0I_n \\ &= B_{n-1}x^n + (B_{n-2} - AB_{n-1})x^{n-1} + \cdots + (B_0 - AB_1)x - AB_0 \end{aligned}$$

이므로,

$$\begin{cases} B_{n-1} = I_n & \Rightarrow \quad A^nB_{n-1} = A^n \\ B_{n-2} - AB_{n-1} = a_{n-1}I_n & \Rightarrow \quad A^{n-1}B_{n-2} - A^nB_{n-1} = a_{n-1}A^{n-1} \\ B_{n-3} - AB_{n-2} = a_{n-2}I_n & \Rightarrow \quad A^{n-2}B_{n-3} - A^{n-1}B_{n-2} = a_{n-2}A^{n-2} \\ \qquad \vdots & \qquad \qquad \vdots \\ B_0 - AB_1 = a_1I_n & \Rightarrow \quad AB_0 - A^2B_1 = a_1A \\ -AB_0 = a_0I_n & \Rightarrow \quad -AB_0 = a_0I_n \end{cases}$$

이므로 오른쪽 식의 양변을 모두 더하면, 다음이 성립한다.

$$\mathbb{O} = A^n + a_{n-1}A^{n-1} + a_{n-2}A^{n-2} + \cdots + a_1A + a_0I_n = P_A(A)$$ ■

정리 5.1.17 *체 F 위의 n차 정사각행렬 $A = (a_{ij}) \in M_n(F)$의 고유다항식*

$$P_A(x) = x^n + a_{n-1}x^{n-1} + \cdots + a_1x + a_0$$

에 대하여 다음이 성립한다.

(1) $|A| = (-1)^n a_0$, $\operatorname{tr}(A) = -a_{n-1}$. 따라서 $a_0 \neq 0$이면, A는 가역행렬.

(2) A가 고윳값 $\lambda_1, \lambda_2, \cdots, \lambda_n$을 가지면,

$\boxed{|A| = \lambda_1\lambda_2\cdots\lambda_n}$, $\boxed{\operatorname{tr}(A) = \lambda_1 + \lambda_2 + \cdots + \lambda_n}$

(증명) (1) $P_A(x) = |xI_n - A|$에서

$$a_0 = P_A(0) = |-A| = (-1)^n|A|$$

이고, 또한

$$\begin{aligned} P_A(x) &= \begin{vmatrix} x-a_{11} & -a_{12} & \cdots & -a_{1n} \\ -a_{21} & x-a_{22} & \cdots & -a_{2n} \\ \vdots & \vdots & & \vdots \\ -a_{n1} & -a_{n2} & \cdots & x-a_{nn} \end{vmatrix} \\ &= x^n - (a_{11}+a_{22}+\cdots+a_{nn})x^{n-1} + \cdots \end{aligned}$$

이므로,

$$a_{n-1} = -(a_{11}+a_{22}+\cdots+a_{nn}) = -\mathrm{tr}(A)$$

이다. 한편 $a_0 \neq 0$이면, $|A| \neq 0$이므로 정리 2.4.26에 의해 A는 가역행렬이다.

(2) 고유다항식은 고윳값이 해가 되므로

$$\begin{aligned} P_A(x) &= x^n + a_{n-1}x^{n-1} + \cdots + a_n x + a_0 \\ &= (x-\lambda_1)(x-\lambda_2)\cdots(x-\lambda_n) \\ &= x^n - (\lambda_1+\lambda_2+\cdots+\lambda_n)x^{n-1} + \cdots + (-1)^n\lambda_1\lambda_2\cdots\lambda_n \end{aligned}$$

이다. 따라서

$$a_{n-1} = -(\lambda_1+\lambda_2+\cdots+\lambda_n), \quad a_0 = (-1)^n\lambda_1\lambda_2\cdots\lambda_n$$

이다. 따라서 (1)에 의해 다음이 성립한다.

$$\begin{cases} |A| = (-1)^n a_0 = \lambda_1\lambda_2\cdots\lambda_n \\ \mathrm{tr}(A) = -a_{n-1} = \lambda_1+\lambda_2+\cdots+\lambda_n \end{cases}$$

■

예 5.1.18 복소수 $\mathbb{C}$ 성분 정사각행렬 $A = \begin{pmatrix} 0 & 1 \\ -1 & 0 \end{pmatrix} \in M_2(\mathbb{C})$의 고윳값과 $|A|$, $\mathrm{tr}(A)$의 관계를 알아보자.

$$P_A(x) = \begin{vmatrix} x & -1 \\ 1 & x \end{vmatrix} = x^2 + 1 = (x+i)(x-i)$$

이므로 고윳값은 i, $-i$이다. 그리고 다음이 성립한다.

$$\begin{cases} |A| = i(-i) = 1 \\ \mathrm{tr}(A) = i + (-i) = 0 \end{cases}$$

예 5.1.19 $A = \begin{pmatrix} a & b \\ c & d \end{pmatrix} \in M_2(F)$의 고유다항식은

$$P_A(x) = \begin{vmatrix} x-a & b \\ c & x-d \end{vmatrix} = x^2 - (a+d)x + ad - bc = x^2 - \mathrm{tr}(A)x + |A|$$

이다. 그리고 Cayley-Hamilton 정리가 성립함을 확인하자.

$$P_A(A) = \begin{pmatrix} a & b \\ c & d \end{pmatrix}^2 - (a+d)\begin{pmatrix} a & b \\ c & d \end{pmatrix} + (ad-bc)\begin{pmatrix} 1 & 0 \\ 0 & 1 \end{pmatrix} = \begin{pmatrix} 0 & 0 \\ 0 & 0 \end{pmatrix}$$

예 5.1.20 $A = \begin{pmatrix} 1 & 1 \\ 3 & 2 \end{pmatrix} \in M_2(\mathbb{R})$일 때, $A^5 - 4A^4 + 2A^3 - 4A^2 + 10A + 3I_2$를 Cayley-Hamilton 정리(정리 5.1.16)를 이용하여 간단히 계산해 보자.

(풀이) A의 고유다항식은

$$P_A(x) = x^2 - \mathrm{tr}(A)x + |A| = x^2 - 3x - 1$$

이므로 Cayley-Hamilton 정리에 의하여 $P_A(A) = A^2 - 3A - I_2 = \mathbb{O}$이다. 한편

$$f(x) = x^5 - 4x^4 + 2x^3 - 4x^2 + 10x + 3$$

라 하면, 다항식의 나눗셈 알고리즘에 의해

$$f(x) = (x^2 - 3x - 1)(x^3 - x^2 - 5) - 5x - 2 = P_A(x)(x^3 - x^2 - 5) - 5x - 2$$

이므로,

$$f(A) = A^5 - 4A^4 + 2A^3 - 4A^2 + 10A + 3I_2 = P_A(A)(A^3 - A^2 - 5I_2) - 5A - 2I_2 = -5A - 2I_2$$

이다. 따라서 계산 결과는 다음과 같다.

$$A^5 - 4A^4 + 2A^3 - 4A^2 + 10A + 3I_2 = -5A - 2I_2 = -5\begin{pmatrix} 1 & 1 \\ 3 & 2 \end{pmatrix} - 2\begin{pmatrix} 1 & 0 \\ 0 & 1 \end{pmatrix} = \begin{pmatrix} -7 & -5 \\ -15 & -12 \end{pmatrix}$$

Cayley-Hamilton 정리(정리 5.1.16)에 의해 n차 정사각행렬 $A \in M_n(F)$의 고유다항식

$$P_A(x) = x^n + a_{n-1}x^{n-1} + \cdots + a_1x + a_0$$

는 항상 A를 근으로 갖는다. 즉, $P_A(A) = \mathbb{O}$이다.

$$\begin{aligned} P_A(A) &= A^n + a_{n-1}A^{n-1} + \cdots + a_1A + a_0I_n \\ &= A(A^{n-1} + a_{n-1}A^{n-2} + \cdots + a_1I_n) + a_0 = \mathbb{O} \end{aligned}$$

이다. 여기서 상수항 $a_0 = (-1)^n|A|$(정리 5.1.17 참조)이 0이 아니면, $|A| \neq 0$이므로 A는 가역행렬이다. 따라서

$$A^{-1} = -{a_0}^{-1}(A^{n-1} + a_{n-1}A^{n-2} + \cdots + a_1 I_n)$$

이다. 그러므로 A가 가역행렬이면, A^{-1}을 항상 A에 관한 행렬 다항식 형태로 표현할 수 있다.

예 5.1.21 다음 가역행렬 A의 역행렬 A^{-1}을 A에 관한 행렬 다항식 형태로 표현하라.

$$A = \begin{pmatrix} 1 & 0 & 4 \\ 1 & 0 & 2 \\ 0 & 1 & 3 \end{pmatrix}$$

A의 고유다항식 $P_A(x)$를 구하자.

$$P_A(x) = |xI_3 - A| = \begin{vmatrix} x-1 & 0 & -4 \\ -1 & x & -2 \\ 0 & -1 & x-3 \end{vmatrix} = x^3 - 4x^2 + x - 2$$

에서

$$P_A(A) = A^3 - 4A^2 + A - 2I_3 = A(A^2 - 4A + I_3) - 2I_3 = \mathbb{O}$$

이므로, 역행렬은 $A^{-1} = \dfrac{1}{2}(A^2 - 4A + I_3)$이다.

임용시험 출제 5.1.22 [2000학년도]

$A = \begin{pmatrix} 1 & 0 & 1 \\ 0 & 2 & 0 \\ 0 & 0 & 3 \end{pmatrix}$ 일 때, A^{10}의 고윳값과 고유벡터를 구하라.

임용시험 출제 5.1.23 [2004학년도] 행렬 $A = \begin{pmatrix} 1 & 1 & -1 \\ 0 & 2 & 0 \\ 0 & 0 & 2 \end{pmatrix}$의 고유치와 고유공간을 구하라.

임용시험 출제 5.1.24 [2009학년도]

$A \in M_4(\mathbb{R})$의 고윳값이 1, -1, 2, 4일 때, 행렬 A의 특징으로 항상 옳은 것은?

ㄱ. $|A| = -8$

ㄴ. $\mathrm{tr}(A) = 6$

ㄷ. $A = A^T$

ㄹ. $\mathrm{rank}(A) = 4$

임용시험 출제 5.1.25 [2010학년도]

행렬 $A = \begin{pmatrix} -1 & 2 & 0 \\ 7 & 4 & 0 \\ 0 & 0 & 3 \end{pmatrix}$에 대하여 다음 중 거짓인 것은?

① A의 고유다항식은 $x^3 - 6x^2 - 9x + 54$

② $A = B_1B_2$인 항등행렬이 아닌 가역 행렬 B_1, B_2가 존재

③ $|\mathrm{adj}(A)| = |A|^2$

④ A^2의 고윳값들의 합은 36이다.

⑤ $T : \mathbb{R}^3 \to \mathbb{R}^3$, $T(\mathbf{v}) = A\mathbf{v}$일 때 T는 정칙선형사상

임용시험 출제 5.1.26 [2018학년도]

실수체 $\mathbb{R}$ 위의 벡터공간 $\mathbb{R}^3$의 기저(basis) $\{\mathbf{v}_1, \mathbf{v}_2, \mathbf{v}_3\}$에 대하여 세벡터 $\mathbf{v}_1 + \mathbf{v}_2$, $\mathbf{v}_1 + \mathbf{v}_3$, $\mathbf{v}_2 + \mathbf{v}_3$도 일차독립임을 보이시오. 또 모든 성분이 실수인 3×3 행렬 A가

$$\begin{cases} (A - I)(\mathbf{v}_1 + \mathbf{v}_2) = \mathbf{0} \\ (A - 2I)(\mathbf{v}_1 + \mathbf{v}_3) = \mathbf{0} \\ (A - 3I)(\mathbf{v}_2 + \mathbf{v}_3) = \mathbf{0} \end{cases}$$

을 만족 시킬 때, A의 행렬식(determinant) $\det(A)$의 값을 풀이 과정과 함께 쓰시오. (단, I는 3×3 단위행렬이다.)

연 습 문 제 (5.1)

1. 실수체 $\mathbb{R}$ 위에서 다음 행렬의 고윳값과 고유공간을 구하라.

(1) $\begin{pmatrix} 3 & 8 \\ 0 & -1 \end{pmatrix}$ (2) $\begin{pmatrix} 1 & 2 \\ 2 & 4 \end{pmatrix}$

(3) $\begin{pmatrix} 3 & 0 & 0 \\ 1 & 3 & 0 \\ 0 & 1 & 3 \end{pmatrix}$ (4) $\begin{pmatrix} 4 & 0 & 1 \\ 2 & 3 & 2 \\ 1 & 0 & 4 \end{pmatrix}$

2. 실수체 $\mathbb{R}$ 위에서 다음 행렬 A에 대하여 A, A^T, A^{-1}의 고윳값과 고유공간을 구하라.

(1) $A = \begin{pmatrix} 1 & -1 \\ 0 & 2 \end{pmatrix}$ (2) $A = \begin{pmatrix} \frac{\sqrt{3}}{2} & \frac{1}{2} \\ \frac{1}{2} & -\frac{\sqrt{3}}{2} \end{pmatrix}$

3. 2차 정사각행렬 $A = \begin{pmatrix} \cos\theta & -\sin\theta \\ \sin\theta & \cos\theta \end{pmatrix}$ $(0 < \theta < \pi)$에 대하여 다음 물음에 답하라.

(1) 실수체 $\mathbb{R}$에서는 고윳값을 갖지 않으며 따라서 실수인 고유벡터를 갖지 않음을 보여라.

(2) 복소수체 $\mathbb{C}$에서 고윳값과 고유공간을 구하라.

4. 행렬 $\begin{pmatrix} 0 & 1 & 0 \\ 0 & 0 & 1 \\ k^3 & -3k^2 & 3k \end{pmatrix}$의 고윳값을 구하라.

5. 정수 a, b, c, d가 $a+b=c+d$를 만족하면 행렬 $A = \begin{pmatrix} a & b \\ c & d \end{pmatrix}$의 고윳값은 $a+b$와 $a-c$임을 증명하라.

6. 체 F 위의 3차 정사각행렬 $A = (a_{ij})$의 고유다항식을

$$P_A(x) = x^3 + ax^2 + bx + c$$

이라고 할 때, 다음이 성립함을 확인하라.

$$a = -\operatorname{tr}(A), \quad b = \begin{vmatrix} a_{11} & a_{12} \\ a_{21} & a_{22} \end{vmatrix} + \begin{vmatrix} a_{11} & a_{13} \\ a_{31} & a_{33} \end{vmatrix} + \begin{vmatrix} a_{22} & a_{23} \\ a_{32} & a_{33} \end{vmatrix}, \quad c = -|A|$$

7. 체 F 위의 정사각행렬 A에 대하여 다음이 성립함을 밝혀라.

(1) A가 멱영행렬이면, 0은 A의 유일한 고윳값이다.

(2) A가 가역행렬인 동시에 멱등행렬이면, $A = I$이다.

(3) 멱등행렬 A의 고윳값이 존재할 때, A의 고윳값은 0 또는 1이다.

(4) 가역행렬 $P \in M_2(F)$에 대하여 $A = P^{-1}\begin{pmatrix} 1 & 0 \\ 0 & 0 \end{pmatrix}P$이면, A는 멱등행렬이고, 또 A의 고윳값은 0과 1뿐이다.

8. 정사각행렬 A, B에 대해 AB, BA가 고윳값을 가지면, 같은 고유벡터를 가짐을 보여라. 같은 고윳값에 대한 고유공간은 같은가?

9. 체 F 위의 정사각행렬 A에 대하여, λ가 A의 고윳값이고 $\mathbf{x}$가 λ에 대응하는 고유벡터일 때, 모든 스칼라 a에 대하여 다음을 증명하라.

(1) A가 교대행렬이면, $\lambda = 0$이다.

(2) $\lambda - a$는 $A - aI$의 고윳값이고 $\mathbf{x}$는 $\lambda - a$에 대응하는 고유벡터이다.

(3) $a\lambda$는 aA의 고윳값이고 $\mathbf{x}$는 $a\lambda$에 대응하는 고유벡터이다.

10. 체 F 위의 정사각행렬 A가 가역행렬이고 λ가 A의 고윳값일 때, 다음을 증명하라.

(1) λ가 A의 고윳값일 필요충분조건은 λ^{-1}가 A^{-1}의 고윳값이다.

(2) λ에 대응하는 A의 고유공간 E_λ와 λ^{-1}에 대응하는 A^{-1}의 고유공간 $E_{-\lambda}$는 일치한다.

11. 2차 정사각행렬 A와 A^T의 고유공간이 다른 예를 보여라.

12. 정사각행렬 A가 다음에 주어진 고유다항식 $P_A(x)$을 가질 때 $\mathrm{tr}(A)$와 $|A|$를 구하라.

(1) $P_A(x) = x^3 - 4x^2 + x - 3$

(2) $P_A(x) = x^4 - 2x^3 + 8$

13. 정사각행렬 A의 고유다항식이 $P_A(x) = x^3(x+1)^2(x-2)$이라 할 때, 다음 각각의 물음에 답하고 이유를 설명하라.

(1) A의 몇 차 정사각행렬인가?

(2) A는 가역행렬인가?

(3) A는 몇 개의 서로 다른 고유공간을 갖는가?

14. 행렬 $A = \begin{pmatrix} 2 & -1 & 1 \\ -1 & 2 & -1 \\ 1 & -1 & 2 \end{pmatrix}$에 대하여, 다음 물음에 답하라.

(1) A는 고유다항식 $P_A(x)$의 근이 됨을 보여라.

(2) A^{-1}, A^3, A^4을 2개 이상의 항이 있는 A의 행렬 다항식으로 나타내어라.

(3) A^{-1}, A^3, A^4의 고윳값과 고유공간을 구하라.

15. 3차 정사각행렬 A의 고윳값이 1, -1, 2일 때, $|A^9|$을 구하라.

16. 유리수 성분 3차 정사각행렬 A의 고유다항식 $p(x) = x^3 - 10x^2 + ax - 30$(단, a는 정수)가 유리수 체 $\mathbb{Q}$ 위에서 1차인수의 곱으로 인수분해된다. 이때 a와 A의 고윳값을 모두 구하라.

17. 복소수 성분을 가진 2차 정사각행렬 A가 $A^2 - A - 2I = 0$을 만족할 때, A의 역행렬을 A에 대한 행렬 다항식으로 구하고 A의 고윳값을 구하라(단, I는 단위행렬).

18. 실수체 $\mathbb{R}$ 위의 3차원 벡터공간 $\mathbb{R}^3$의 3 개의 벡터 $\mathbf{v}_1$, $\mathbf{v}_2$, $\mathbf{v}_3$가 1차독립일 때, 실수 성분 3차 정사각행렬 A에 대해 $A\mathbf{v}_1 = \mathbf{v}_1$, $A\mathbf{v}_2 = 2\mathbf{v}_1 - 2\mathbf{v}_2 + 2\mathbf{v}_3$, $A\mathbf{v}_3 = 3\mathbf{v}_1 - 2\mathbf{v}_2 + 3\mathbf{v}_3$이 성립한다. 이때 A의 역행렬과 고윳값을 구하라.

19. $A = \begin{pmatrix} 1 & -1 & 0 \\ 0 & -2 & 1 \\ 0 & 3 & 0 \end{pmatrix}$에 대하여 $A^{100} + 2A^{50} - 1$의 모든 고윳값을 구하라.

20. $f(x) = x^5 - 3x + 2$이고 $A = \begin{pmatrix} 1 & -1 \\ 0 & 2 \end{pmatrix}$일 때 $f(A)$를 A에 관하여 1차 이하의 행렬 다항식으로 표현하라.

21. 실수 성분 3차 정방행렬 A의 고유다항식이 $P_A(x) = x^3 + ax^2 + bx + c$일 때, 다음 보기 중 옳은 것을 모두 고르면?

ㄱ. A가 교대행렬이면 $a = 0$이다.

ㄴ. A가 가역행렬이면 $|\mathrm{adj}(A)^{-1}| = c^{-2}$이다.

ㄷ. A가 가역행렬이면 $b \neq 0$이다.

22. 행렬 $\begin{pmatrix} 0 & 0 & c \\ 1 & 0 & b \\ 0 & 1 & a \end{pmatrix}$의 고윳값이 1, 2, 3일 때, a, b, c를 구하라.

23. 실수 성분 3차 정사각행렬 A의 고윳값이 1, 2, 3일 때, 다음 물음에 답하라.

(1) A^{10}의 고윳값이 1, 2^{10}, 3^{10}임을 증명하라.

(2) $\mathrm{tr}(A)$를 구하라.

(3) A가 상삼각행렬일 때 고윳값 1에 대한 고유공간 E_1의 기저를 구하라.

5.2 선형사상의 고유다항식

이 절에서는 선형사상의 고유다항식과 고유공간에 대한 성질을 알아본다.

정리 5.2.1 *체 F 위에서 n차원 벡터공간 V 위의 선형사상 $T: V \to V$와 V의 순서기저 $\mathscr{B} = \{\mathbf{v}_1, \cdots, \mathbf{v}_n\}$에 대하여 다음은 동치이다.*

(1) $T(\mathbf{v}) = \lambda\mathbf{v}$. 즉, λ는 T의 고윳값이고, $\mathbf{v}$는 대응하는 고유벡터.
$\Leftrightarrow$ (2) $[T]_{\mathscr{B}}[\mathbf{v}]_{\mathscr{B}} = \lambda[\mathbf{v}]_{\mathscr{B}}$. 즉, λ는 $[T]_{\mathscr{B}}$의 고윳값이고, $[\mathbf{v}]_{\mathscr{B}}$는 대응하는 고유벡터.

※ T와 $[T]_{\mathscr{B}}$의 고윳값이 일치한다. 따라서 T의 고윳값은 $[T]_{\mathscr{B}}$의 고유다항식 $P_{[T]_{\mathscr{B}}}(x) = |xI_n - [T]_{\mathscr{B}}|$의 해를 구하면 된다.

(증명) ($\Rightarrow$) $T(\mathbf{v}) = \lambda\mathbf{v}$라 하자. 한편 스칼라 $x_1, \cdots, x_n \in F$이 존재해서

$$\mathbf{v} = x_1\mathbf{v}_1 + x_2\mathbf{v}_2 + \cdots + x_n\mathbf{v}_n$$

이므로, 순서기저 $\mathscr{B}$에 대한 $\mathbf{v}$의 좌표벡터는

$$[\mathbf{v}]_{\mathscr{B}} = (x_1, x_2, \cdots, x_n)$$

이다. 또한 $\mathbf{v} \neq \mathbf{0}$이므로 $[\mathbf{v}]_{\mathscr{B}} \neq \mathbb{O}$이다. 그리고

$$T(\mathbf{v}) = \lambda\mathbf{v} = (\lambda x_1)\mathbf{v}_1 + (\lambda x_2)\mathbf{v}_2 + \cdots + (\lambda x_n)\mathbf{v}_n$$

이므로, 순서기저 $\mathscr{B}$에 대한 $T(\mathbf{v})$의 좌표벡터는

$$[T(\mathbf{v})]_{\mathscr{B}} = (\lambda x_1, \lambda x_2, \cdots, \lambda x_n) = \lambda(x_1, x_2, \cdots, x_n) = \lambda[\mathbf{v}]_{\mathscr{B}}$$

이다. 따라서 정리 4.5.9에 의해 $[T(\mathbf{v})]_{\mathscr{B}} = [T]_{\mathscr{B}}[\mathbf{v}]_{\mathscr{B}}$이므로

$$\lambda[\mathbf{v}]_{\mathscr{B}} = [T(\mathbf{v})]_{\mathscr{B}} = [T]_{\mathscr{B}}[\mathbf{v}]_{\mathscr{B}}$$

이다. 즉, λ는 $[T]_{\mathscr{B}}$의 고윳값이고, 그에 대응하는 고유벡터는 $[\mathbf{v}]_{\mathscr{B}}$이다.

($\Leftarrow$) $[T]_{\mathscr{B}} = (a_{ij}) \in M_n(F)$라 하자. $[T]_{\mathscr{B}}$가 순서기저 $\mathscr{B}$에 대한 T의 행렬이므로

$$\begin{cases} T(\mathbf{v}_1) = a_{11}\mathbf{v}_1 + a_{21}\mathbf{v}_2 + \cdots + a_{n1}\mathbf{v}_n \\ T(\mathbf{v}_2) = a_{12}\mathbf{v}_1 + a_{22}\mathbf{v}_2 + \cdots + a_{n2}\mathbf{v}_n \\ \qquad\vdots \\ T(\mathbf{v}_n) = a_{1n}\mathbf{v}_1 + a_{2n}\mathbf{v}_2 + \cdots + a_{nn}\mathbf{v}_n \end{cases}$$

이다. 또한 순서기저 $\mathscr{B}$에 관한 벡터 $\mathbf{v} = x_1\mathbf{v}_1 + x_2\mathbf{v}_2 + \cdots + x_n\mathbf{v}_n$의 좌표벡터를 $[\mathbf{v}]_{\mathscr{B}} = (x_1,\, x_2,\, \cdots,\, x_n)$라 하면, 가정 $[T]_{\mathscr{B}}[\mathbf{v}]_{\mathscr{B}} = \lambda[\mathbf{v}]_{\mathscr{B}}$에서

$$\begin{cases} a_{11}x_1 + a_{12}x_2 + \cdots + a_{1n}x_n = \lambda x_1 \\ a_{21}x_1 + a_{22}x_2 + \cdots + a_{2n}x_n = \lambda x_2 \\ \qquad\vdots \\ a_{n1}x_1 + a_{n2}x_2 + \cdots + a_{nn}x_n = \lambda x_n \end{cases}$$

한편 위 식들을 다음에 적용하면

$$\begin{aligned} T(\mathbf{v}) &= T(x_1\mathbf{v}_1 + x_2\mathbf{v}_2 + \cdots + x_n\mathbf{v}_n) \\ &= x_1T(\mathbf{v}_1) + x_2T(\mathbf{v}_2) + \cdots + x_nT(\mathbf{v}_n) \\ &= x_1(a_{11}\mathbf{v}_1 + a_{21}\mathbf{v}_2 + \cdots + a_{n1}\mathbf{v}_n) \\ &\quad + x_2(a_{12}\mathbf{v}_1 + a_{22}\mathbf{v}_2 + \cdots + a_{n2}\mathbf{v}_n) \\ &\quad + \cdots + x_n(a_{1n}\mathbf{v}_1 + a_{2n}\mathbf{v}_2 + \cdots + a_{nn}\mathbf{v}_n) \\ &= (x_1a_{11} + x_2a_{12} + \cdots + x_na_{1n})\mathbf{v}_1 \\ &\quad + (x_1a_{21} + x_2a_{22} + \cdots + x_na_{2n})\mathbf{v}_2 \\ &\quad + \cdots + (x_1a_{n1} + x_2a_{n2} + \cdots + x_na_{nn})\mathbf{v}_n \\ &= (\lambda x_1)\mathbf{v}_1 + (\lambda x_2)\mathbf{v}_2 + \cdots + (\lambda x_n)\mathbf{v}_n \\ &= \lambda(x_1\mathbf{v}_1 + x_2\mathbf{v}_2 + \cdots + x_n\mathbf{v}_n) \\ &= \lambda\mathbf{v} \end{aligned}$$

이 되어, 즉, λ는 T의 고윳값이고, 그에 대응하는 고유벡터는 $\mathbf{v}$이다. ■

예 5.2.2 실수 $\mathbb{R}$ 위의 2차 이하 다항식공간 $\mathbb{R}[x]_2$ 에서 선형사상

$$T : \mathbb{R}[x]_2 \longrightarrow \mathbb{R}[x]_2, \quad T(ax^2 + bx + c) = (a+b)x^2 + (b-c)x - 2c$$

의 모든 고유공간을 구하라.

(풀이) $\mathbb{R}[x]_2$의 표준기저 $\mathscr{B} = \{x^2,\, x,\, 1\}$를 선택하자. 정리 5.2.1에 의해 T와 $[T]_{\mathscr{B}}$의 고윳값이 일치하므로, $[T]_{\mathscr{B}}$의 고유다항식 $P_{[T]_{\mathscr{B}}}(x) = |xI_n - [T]_{\mathscr{B}}|$의 해를 구하자.

$$\begin{cases} T(x^2) = x^2 \\ T(x) = x^2 + x \\ T(1) = -x - 2 \end{cases}$$

이므로

$$[T]_{\mathscr{B}} = \begin{pmatrix} 1 & 1 & 0 \\ 0 & 1 & -1 \\ 0 & 0 & -2 \end{pmatrix}$$

이다. 그러므로 $[T]_{\mathscr{B}}$의 고유다항식은

$$P_{[T]_{\mathscr{B}}}(x) = |xI_n - [T]_{\mathscr{B}}| = \begin{vmatrix} x-1 & -1 & 0 \\ 0 & x-1 & 1 \\ 0 & 0 & x+2 \end{vmatrix} = (x-1)^2(x+2)$$

에서 고윳값은 $1, -2$이다.

고유공간 E_1을 구하기 위해 다음

$$\begin{pmatrix} 0 & -1 & 0 \\ 0 & 0 & 1 \\ 0 & 0 & 3 \end{pmatrix} \begin{pmatrix} x \\ y \\ z \end{pmatrix} = \begin{pmatrix} 0 \\ 0 \\ 0 \end{pmatrix}$$

을 계산하면 $y = z = 0$이다. 따라서 $\mathbb{R}^3$에서 고유공간은 $\langle(1,0,0)\rangle$이고, $(1,0,0)$은 $\mathbb{R}[x]_2$에서

$$1 \cdot x^2 + 0 \cdot x + 0 \cdot 1 = x^2$$

에 대응하므로, 그러므로 고유공간은 $E_1 = \langle x^2 \rangle$이다.

다음에 고유공간 E_{-2}를 구하기 위해 다음 연립방정식

$$\begin{pmatrix} -3 & -1 & 0 \\ 0 & -3 & 1 \\ 0 & 0 & 0 \end{pmatrix} \begin{pmatrix} x \\ y \\ z \end{pmatrix} = \begin{pmatrix} 0 \\ 0 \\ 0 \end{pmatrix}$$

을 계산하면 $-3x = y = \frac{z}{3}$이다. 따라서 $\mathbb{R}^3$에서 고유공간은 $\langle(1,-3,-9)\rangle$이고, $(1,-3,-9)$은 $\mathbb{R}[x]_2$에서

$$1 \cdot x^2 - 3 \cdot x - 9 \cdot 1 = x^2 - 3x - 9$$

에 대응하므로, 그러므로 $\mathbb{R}[x]_2$에서 고유공간은 $E_{-2} = \langle x^2 - 3x - 9 \rangle$이다.

정리 5.2.3 *n차원 F-벡터공간 V 위의 선형사상 $T : V \to V$와 V의 두 순서기저 $\mathscr{B}$, $\mathscr{C}$에 대하여 다음이 성립한다.*

$$P_{[T]_{\mathscr{B}}}(x) = P_{[T]_{\mathscr{C}}}(x). \qquad |xI_n - [T]_{\mathscr{B}}| = |xI_n - [T]_{\mathscr{C}}|.$$

즉, $[T]_{\mathscr{B}}$와 $[T]_{\mathscr{C}}$의 고유다항식이 일치한다.

(증명) 정리 4.5.13 (3)에 의해, 가역행렬 $p \in M_n(F)$가 존재하여

$$[T]_{\mathscr{B}} = P^{-1}[T]_{\mathscr{C}}P$$

이다. 즉, $[T]_{\mathscr{B}}$와 $[T]_{\mathscr{C}}$는 닮음 행렬이다. 그러면 정리 5.1.11에 의해

$$P_{[T]_{\mathscr{B}}}(x) = P_{[T]_{\mathscr{C}}}(x), \quad |xI_n - [T]_{\mathscr{B}}| = |xI_n - [T]_{\mathscr{C}}|$$

이 성립한다. ■

예 5.2.4 $\mathbb{R}^3$의 두 순서기저

$\mathscr{B} = \{e_1 = (1,\ 0,\ 0),\ e_2 = (0,\ 1,\ 0),\ e_3 = (0,\ 0,\ 1)\}$ (표준기저)

$\mathscr{C} = \{e'_1 = (1,\ 0,\ 0),\ e'_2 = (1,\ 1,\ 0),\ e'_3 = (2,\ 1,\ 1)\}$ (일반기저)

와 선형사상

$$T : \mathbb{R}^3 \to \mathbb{R}^3, \quad T(x,\ y,\ z) = (x,\ y,\ 0)$$

에 대하여, 기저 $\mathscr{B}$ 와 $\mathscr{C}$에 관한 T의 행렬 $[T]_{\mathscr{B}}$와 $[T]_{\mathscr{C}}$의 고윳값(고유다항식)가 일치함을 보이고, T의 고유공간을 구하라.

(풀이) $|xI_n - [T]_{\mathscr{B}}| = |xI_n - [T]_{\mathscr{C}}|$임을 확인하자.

먼저 $[T]_{\mathscr{B}}$의 고윳값 구하자.

$$\begin{cases} T(e_1) = (1,\ 0,\ 0) = 1 \cdot e_1 + 0 \cdot e_2 + 0 \cdot e_3 \\ T(e_2) = (0,\ 1,\ 0) = 0 \cdot e_1 + 1 \cdot e_2 + 0 \cdot e_3 \\ T(e_3) = (0,\ 0,\ 0) = 0 \cdot e_1 + 0 \cdot e_2 + 0 \cdot e_3 \end{cases}$$

이므로

$$[T]_{\mathscr{B}} = \begin{pmatrix} 1 & 0 & 0 \\ 0 & 1 & 0 \\ 0 & 0 & 0 \end{pmatrix}$$

이다. 그러므로 $[T]_{\mathscr{B}}$의 고유다항식은

$$P_{[T]_{\mathscr{B}}}(x) = |xI_n - [T]_{\mathscr{B}}| = \begin{vmatrix} x-1 & 0 & 0 \\ 0 & x-1 & 0 \\ 0 & 0 & x \end{vmatrix} = x(x-1)^2$$

에서 고윳값은 0, 1(중근)이다.

고유공간 E_0을 구하기 위해 다음

$$\begin{pmatrix} -1 & 0 & 0 \\ 0 & -1 & 0 \\ 0 & 0 & 0 \end{pmatrix} \begin{pmatrix} x \\ y \\ z \end{pmatrix} = \begin{pmatrix} 0 \\ 0 \\ 0 \end{pmatrix}$$

에서 $x=y=0$이다. 따라서 고윳값 0인 $[T]_{\mathscr{B}}$의 고유공간은 $\langle(0,0,1)\rangle$이다. 그러므로 T의 고유공간은 $0e_1+0e_2+1e_3=(0,0,1)$이므로 $E_0=\langle(0,0,1)\rangle$이다.

고유공간 E_1을 구하기 위해 다음

$$\begin{pmatrix} 0 & 0 & 0 \\ 0 & 0 & 0 \\ 0 & 0 & 1 \end{pmatrix}\begin{pmatrix} x \\ y \\ z \end{pmatrix}=\begin{pmatrix} 0 \\ 0 \\ 0 \end{pmatrix}$$

에서 $z=0$이다. 따라서 고윳값 1인 $[T]_{\mathscr{B}}$의 고유공간은 $\langle(1,0,0),\ (0,1,0)\rangle$이다. 그러므로 T의 고유공간은

$$1e_1+0e_2+0e_3=(1,0,0)\text{과} \quad 0e_1+1e_2+0e_3=(0,1,0)$$

이므로 $E_1=\langle(1,\ 0,\ 0),\ (0,\ 1,\ 0)\rangle$이다.

다음에 $[T]_{\mathscr{C}}$의 고윳값 구하자.

$$\begin{cases} T(e_1')=(1,\ 0,\ 0)=1\cdot e_1'+0\cdot e_2'+0\cdot e_3' \\ T(e_2')=(1,\ 1,\ 0)=0\cdot e_1'+1\cdot e_2'+0\cdot e_3' \\ T(e_3')=(2,\ 1,\ 0)=1\cdot e_1'+1\cdot e_2'+0\cdot e_3' \end{cases}$$

이므로

$$[T]_{\mathscr{C}}=\begin{pmatrix} 1 & 0 & 1 \\ 0 & 1 & 1 \\ 0 & 0 & 0 \end{pmatrix}$$

이다. 그러므로 $[T]_{\mathscr{C}}$의 고유다항식은

$$P_{[T]_{\mathscr{C}}}(x)=|xI_n-[T]_{\mathscr{C}}|=\begin{vmatrix} x-1 & 0 & -1 \\ 0 & x-1 & -1 \\ 0 & 0 & x \end{vmatrix}=x(x-1)^2$$

에서 고윳값은 $0,1$(중근)이다.

고유공간 E_0을 구하기 위해 다음

$$\begin{pmatrix} -1 & 0 & -1 \\ 0 & -1 & -1 \\ 0 & 0 & 0 \end{pmatrix}\begin{pmatrix} x \\ y \\ z \end{pmatrix}=\begin{pmatrix} 0 \\ 0 \\ 0 \end{pmatrix}$$

에서 $x=y=-z$이다. 따라서 고윳값 0인 $[T]_{\mathscr{C}}$의 고유공간은 $\langle(-1,-1,1)\rangle$이다. 그러므로 T의 고유공간은

$$-1e_1'-1e_2'+1e_3'=-(1,0,0)-(1,1,0)+(2,1,1)=(0,0,1)$$

이므로 $E_0 = \langle(0,0,1)\rangle$이다.

고유공간 E_1을 구하기 위해 다음

$$\begin{pmatrix} 0 & 0 & -1 \\ 0 & 0 & -1 \\ 0 & 0 & 1 \end{pmatrix} \begin{pmatrix} x \\ y \\ z \end{pmatrix} = \begin{pmatrix} 0 \\ 0 \\ 0 \end{pmatrix}$$

에서 $z = 0$이다. 따라서 고윳값 0인 $[T]_{\mathscr{C}}$의 고유공간은 $\langle(1,0,0),\ (0,1,0)\rangle$이다. 그러므로 T의 고유공간은

$$1e_1' + 0e_2' + 0e_3' = (1,0,0)\text{과} \quad 0e_1' + 1e_2' + 0e_3' = (1,1,0)$$

이므로 $E_1 = \langle(1,\ 0,\ 0),\ (1,\ 1,\ 0)\rangle = \langle(1,\ 0,\ 0),\ (0,\ 1,\ 0)\rangle$이다.

> ※ 선형사상 T와 기저 $\mathscr{B}$에 관한 행렬 $[T]_{\mathscr{B}}$에 대한 고윳값은 일치하나 고유공간은 다르다. 따라서 선형사상 T의 고유공간을 구할 때, 정의에 의해 직접 구하던지 또는 $[T]_{\mathscr{B}}$에 대한 고유공간을 구한 다음에, 정리 5.2.1처럼 기저 $\mathscr{B}$의 1차결합으로 변환을 해주어야 한다.

정의 5.2.5 *[선형사상의 고유(특성)다항식(characteristic polynomial, 固有(特性)多項式)]*

체 F 위의 n차원 벡터공간 V에 대하여

순서기저 $\mathscr{B}$와 선형사상 $T : V \longrightarrow V$

가 주어졌을 때, $\mathscr{B}$에 대한 T의 행렬을 $[T]_{\mathscr{B}}$라 하자. 이때

$P_T(x)$가 T의 **고유(특성)다항식**	$\overset{\text{정의}}{\Longleftrightarrow}$	$P_T(x) = P_{[T]_{\mathscr{B}}}(x) = \lvert xI_n - [T]_{\mathscr{B}}\rvert$

※ 정리 5.2.1과 정리 5.2.3에 의해 기저 선택에 관계없이 선형사상의 고유다항식은 항상 유일하게 결정된다.

예 5.2.6 $\mathbb{R}$ 위의 선형사상

$$T : M_2(\mathbb{R}) \to M_2(\mathbb{R}), \quad T\begin{pmatrix} a & b \\ c & d \end{pmatrix} = \begin{pmatrix} 2c & a+c \\ b-2c & d \end{pmatrix}$$

의 고유공간을 모두 구하라.

(풀이) $M_2(\mathbb{R})$의 표준 기저

$$\mathscr{B} = \left\{ e_1 = \begin{pmatrix} 1 & 0 \\ 0 & 0 \end{pmatrix},\ e_2 = \begin{pmatrix} 0 & 1 \\ 0 & 0 \end{pmatrix},\ e_3 = \begin{pmatrix} 0 & 0 \\ 1 & 0 \end{pmatrix},\ e_4 = \begin{pmatrix} 0 & 0 \\ 0 & 1 \end{pmatrix} \right\}$$

에 대한 고유공간을 구하자.

$$\begin{cases} T(e_1) = T\begin{pmatrix} 1 & 0 \\ 0 & 0 \end{pmatrix} = \begin{pmatrix} 0 & 1 \\ 0 & 0 \end{pmatrix} = 0\cdot e_1 + 1\cdot e_2 + 0\cdot e_3 + 0\cdot e_4 \\ T(e_2) = T\begin{pmatrix} 0 & 1 \\ 0 & 0 \end{pmatrix} = \begin{pmatrix} 0 & 0 \\ 1 & 0 \end{pmatrix} = 0\cdot e_1 + 0\cdot e_2 + 1\cdot e_3 + 0\cdot e_4 \\ T(e_3) = T\begin{pmatrix} 0 & 0 \\ 1 & 0 \end{pmatrix} = \begin{pmatrix} 2 & 1 \\ -2 & 0 \end{pmatrix} = 2\cdot e_1 + 1\cdot e_2 - 2\cdot e_3 + 0\cdot e_4 \\ T(e_4) = T\begin{pmatrix} 0 & 0 \\ 0 & 1 \end{pmatrix} = \begin{pmatrix} 0 & 0 \\ 0 & 1 \end{pmatrix} = 0\cdot e_1 + 0\cdot e_2 + 0\cdot e_3 + 1\cdot e_4 \end{cases}$$

이므로, 표준기저 $\mathscr{B}$에 관한 T의 행렬 $[T]_{\mathscr{B}}$은

$$[T]_{\mathscr{B}} = \begin{pmatrix} 0 & 0 & 2 & 0 \\ 1 & 0 & 1 & 0 \\ 0 & 1 & -2 & 0 \\ 0 & 0 & 0 & 1 \end{pmatrix}$$

이다. 그러므로 $[T]_{\mathscr{B}}$의 고유다항식은

$$P_T(x) = \begin{vmatrix} x & 0 & -2 & 0 \\ -1 & x & -1 & 0 \\ 0 & -1 & x+2 & 0 \\ 0 & 0 & 0 & x-1 \end{vmatrix} = (x-1)^2(x+1)(x+2)$$

이다. 따라서 $[T]_{\mathscr{B}}$의 고윳값은 1(중근), -1, -2이다.

고윳값 1에 대응하는 고유공간 E_1을 구하자.

$$(*)\cdots\cdots \begin{pmatrix} 1 & 0 & -2 & 0 \\ -1 & 1 & -1 & 0 \\ 0 & -1 & 3 & 0 \\ 0 & 0 & 0 & 0 \end{pmatrix}\begin{pmatrix} x \\ y \\ z \\ w \end{pmatrix} = \begin{pmatrix} 0 \\ 0 \\ 0 \\ 0 \end{pmatrix}$$

에서 $\begin{cases} x - 2z = 0 \\ -x + y - z = 0 \\ -y + 3z = 0 \end{cases}$, $\begin{cases} x = 2s \\ y = 3s \\ z = s \\ w = t \end{cases}$, $(s,t \in \mathbb{R})$임을 알 수 있다. 따라서 $[T]_{\mathscr{B}}$의 고유공간은

$\left\{\begin{pmatrix}2s\\3s\\s\\t\end{pmatrix} \middle| s,\ t\in\mathbb{R}\right\} = \left\{s\begin{pmatrix}2\\3\\1\\0\end{pmatrix}+t\begin{pmatrix}0\\0\\0\\1\end{pmatrix} \middle| s,\ t\in\mathbb{R}\right\}$이다. $\mathscr{B}$가 표준기저이므로 T의 고윳값 1에 대한 고유공간은

$$E_1 = \left\langle \begin{pmatrix}2&3\\1&0\end{pmatrix},\ \begin{pmatrix}0&0\\0&1\end{pmatrix} \right\rangle$$

이다.

같은 방법으로 구하면, 고윳값 -1과 -2에 대한 T의 고유공간은

$$E_{-1} = \left\langle \begin{pmatrix}-2&1\\1&0\end{pmatrix} \right\rangle,\quad E_{-2} = \left\langle \begin{pmatrix}-1&0\\1&0\end{pmatrix} \right\rangle$$

이다.

참고로 고유공간의 차원은 정리 3.6.1 (2)를 이용하면

$$\begin{cases}\dim E_1 &= 2 = 4-\operatorname{rank}(1I_4-[T]_{\mathscr{B}}),\ (\text{즉, }(*)\text{의 해공간의 차원})\\ \dim E_{-1} &= 1 = 4-\operatorname{rank}(-1I_4-[T]_{\mathscr{B}}),\\ \dim E_{-2} &= 1 = 4-\operatorname{rank}(-2I_4-[T]_{\mathscr{B}})\end{cases}$$

임을 알 수 있다.

문제 5.2.7 $\mathbb{R}$ 위의 2차 이하 다항식공간 $\mathbb{R}[x]_2 = \{a+bx+cx^2 \mid a,\ b,\ c\in\mathbb{R}\}$에서 선형사상

$$T:\mathbb{R}[x]_2\to\mathbb{R}[x]_2,\quad T(f(x)) = xf'(x)$$

와 두 순서기저 $\mathscr{B} = \{1,\ x,\ x^2\}$와 $\mathscr{C} = \{1,\ x+1,\ x^2+x\}$에 대하여 다음을 구하라.

(1) $[T]_{\mathscr{B}} = P^{-1}[T]_{\mathscr{C}}P$인 가역행렬 $P\in M_3(\mathbb{R})$을 구하라.

(2) $[T]_{\mathscr{B}}$와 $[T]_{\mathscr{C}}$의 고유다항식을 구하라.

(2) T의 고유공간을 구하라.

정의 5.2.8 [대수적 중복도(algebraic multiplicity, 代數的 重複度), 기하적 중복도(geometric multiplicity, 幾何的 重複度)]

체 F 위에서 n차 정사각행렬 $A \in M_n(F)$ 또는 선형사상의 고윳값 λ와 고유다항식

$$f(x) = (x-\lambda)^m g(x), \quad g(x) \in F[x]\ (m \geq 1)$$

과 고윳값 λ에 대응하는 고유공간 E_λ에 대하여

m이 λ의 **대수적 중복도**	$\overset{\text{정의}}{\Longleftrightarrow}$	$g(\lambda) \neq 0$ (즉, λ는 m중근)
d가 λ의 **기하적 중복도**	$\overset{\text{정의}}{\Longleftrightarrow}$	$d = \dim E_\lambda$ (고유공간의 차원)

정리 5.2.9 체 F 위의 n차원 벡터공간 V에서 선형사상 $T : V \longrightarrow V$에 대하여, λ는 대수적 중복도가 m인 T의 고윳값이고, E_λ는 λ에 대응하는 고유공간일 때, 다음이 성립한다.

(1) $1 \leq \dim E_\lambda \leq m$ 즉, (기하적 중복도) $\leq$ (대수적 중복도)이다.
특히, λ가 대수적 중복도 1인 고윳값이면, $\dim E_\lambda = 1$이다.

(2) $\mathscr{B}$가 V의 순서기저이면, $\dim E_\lambda = n - \operatorname{rank}(\lambda I_n - [T]_{\mathscr{B}})$.

(증명) (1) λ의 대수적 중복도를 m, 기하적 중복도 $\dim E_\lambda$를 r이라 하자. 그러면, $E_\lambda \neq \{\mathbf{0}\}$이므로, $1 \leq \dim E_\lambda = r \leq n$이다.

먼저 $r = n$이면, E_λ의 기저 $\mathscr{B} = \{\mathbf{v}_1, \mathbf{v}_2, \cdots, \mathbf{v}_n\}$가 존재하여

$$T(\mathbf{v}_i) = \lambda \mathbf{v}_i,\ i = 1, 2, \cdots, n$$

이므로

$$[T]_{\mathscr{B}} = \begin{pmatrix} \lambda & 0 & \cdots & 0 \\ 0 & \lambda & \cdots & 0 \\ \vdots & \vdots & & \vdots \\ 0 & 0 & \cdots & \lambda \end{pmatrix}$$

이다. 따라서 $P_T(x) = (x-\lambda)^n$이고, $r = n = m$이다.

다음에 $1 \leq r < n$인 경우, $\{\mathbf{v}_1, \cdots, \mathbf{v}_r\}$을 E_λ의 순서기저라 하면, 기저 확장 정리에 의해 벡터 $\mathbf{v}_{r+1}, \cdots, \mathbf{v}_n \in V$가 존재해서 $\mathscr{B} = \{\mathbf{v}_1, \cdots, \mathbf{v}_r, \mathbf{v}_{r+1}, \cdots, \mathbf{v}_n\}$는 V의 기저이다. 그러

면 적당한 스칼라 $x_{ij} \in F$에 대하여

$$\begin{cases} T(\mathbf{v}_1) = \lambda\mathbf{v}_1 = \lambda\mathbf{v}_1 + 0\mathbf{v}_2 + \cdots + 0\mathbf{v}_r + 0\mathbf{v}_{r+1} + \cdots + 0\mathbf{v}_n \\ T(\mathbf{v}_2) = \lambda\mathbf{v}_2 = 0\mathbf{v}_1 + \lambda\mathbf{v}_2 + \cdots + 0\mathbf{v}_r + 0\mathbf{v}_{r+1} + \cdots + 0\mathbf{v}_n \\ \quad\vdots \\ T(\mathbf{v}_r) = \lambda\mathbf{v}_r = 0\mathbf{v}_1 + 0\mathbf{v}_2 + \cdots + \lambda\mathbf{v}_r + 0\mathbf{v}_{r+1} + \cdots + 0\mathbf{v}_n \\ T(\mathbf{v}_{r+1}) = x_{1(r+1)}\mathbf{v}_1 + x_{2(r+1)}\mathbf{v}_2 + \cdots + x_{(r+1)(r+1)}\mathbf{v}_{r+1} + \cdots + x_{n(r+1)}\mathbf{v}_n \\ \quad\vdots \\ T(\mathbf{v}_n) = x_{1n}\mathbf{v}_1 + x_{2n}\mathbf{v}_2 + \cdots + x_{(r+1)n}\mathbf{v}_{r+1} + \cdots + x_{nn}\mathbf{v}_n \end{cases}$$

이다. 따라서 기저 $\mathscr{B}$에 대한 T의 행렬은

$$[T]_{\mathscr{B}} = \begin{pmatrix} \lambda & 0 & \cdots & 0 & x_{1(r+1)} & \cdots & x_{1n} \\ 0 & \lambda & \cdots & 0 & x_{2(r+1)} & \cdots & x_{2n} \\ \vdots & \vdots & & \vdots & \vdots & & \vdots \\ 0 & 0 & \cdots & \lambda & x_{r(r+1)} & \cdots & x_{rn} \\ 0 & 0 & \cdots & 0 & x_{(r+1)(r+1)} & \cdots & x_{(r+1)n} \\ \vdots & \vdots & & \vdots & \vdots & & \vdots \\ 0 & 0 & \cdots & 0 & x_{n(r+1)} & \cdots & x_{nn} \end{pmatrix} = \begin{pmatrix} \lambda I_r & B \\ \mathbb{O} & C \end{pmatrix}$$

이다. 그러므로 T의 고유다항식은 정리 2.5.15에 의해

$$\begin{aligned} P_T(x) = |xI_n - [T]_{\mathscr{B}}| &= \begin{vmatrix} xI_r - \lambda I_r & -B \\ 0 & xI_{n-r} - C \end{vmatrix} \\ &= |(x-\lambda)I_r||xI_{n-r} - C| \\ &= (x-\lambda)^r |xI_{n-r} - C| \end{aligned}$$

이다. 한편 λ의 대수적 중복도가 m이므로

$$P_T(x) = |xI - [T]_{\mathscr{B}}| = (x-\lambda)^m g(x),\ g(\lambda) \neq 0$$

이다. 따라서

$$(x-\lambda)^m g(x) = (x-\lambda)^r |xI_{n-r} - C|$$

이고, $m < r$이라면

$$g(x) = (x-\lambda)^{r-m} |xI_{n-r} - C|$$

이고 $g(\lambda) = 0$이 되어 모순이다. 따라서 $m \geq r$이다.
즉, (대수적 중복도) $\geq$ (기하적 중복도)이다.

(2) λ가 T의 고윳값이므로, 그에 대응하는 고유공간 E_λ의 차원은 $\mathscr{B}$가 V의 한 순서기저일 때, 정리 5.2.1에 의해, 동차 연립방정식

$$(\lambda I - [T]_{\mathscr{B}})X = \mathbb{O}, \quad X \in F^n$$

의 해공간의 차원과 일치한다. 따라서 정리 3.6.1 (2)에 의해

$$\dim E_\lambda = n - \text{rank}\,(\lambda I_n - [T]_{\mathscr{B}})$$

이 성립한다. ■

예 5.2.10 $A = \begin{pmatrix} 1 & 1 & 1 \\ 0 & 2 & 2 \\ 0 & 0 & 1 \end{pmatrix} \in M_3(\mathbb{R})$의 고윳값에 대한 대수적 중복도와 기하적 중복도를 구하라.

(풀이) A의 고유다항식

$$P_A(x) = \begin{vmatrix} x-1 & -1 & -1 \\ 0 & x-2 & -2 \\ 0 & 0 & x-1 \end{vmatrix} = (x-2)(x-1)^2$$

에서 A의 고윳값은 1(중근)과 2이다. 그러므로 고윳값 1의 대수적 중복도는 2이고, 고윳값 2의 대수적 중복도는 1이다.

(1) 고윳값 1의 기하적 중복도를 구하자.

$$\text{rank}(1I_3 - A) = \text{rank}\begin{pmatrix} 0 & -1 & -1 \\ 0 & -1 & -2 \\ 0 & 0 & 0 \end{pmatrix} = \text{rank}\begin{pmatrix} 0 & -1 & -1 \\ 0 & 0 & -1 \\ 0 & 0 & 0 \end{pmatrix} = 2$$

이므로, $\dim E_1 = 3 - \text{rank}(1I_3 - A) = 3 - 2 = 1$이다.

실제로 고윳값 1에 대한 고유공간을 구해보면

$$\begin{pmatrix} 0 & -1 & -1 \\ 0 & -1 & -2 \\ 0 & 0 & 0 \end{pmatrix}\begin{pmatrix} x \\ y \\ z \end{pmatrix} = \begin{pmatrix} 0 \\ 0 \\ 0 \end{pmatrix}$$

에서

$$\begin{cases} -y - z = 0 \\ -y - 2z = 0 \end{cases}, \quad y = z = 0$$

가 되어

$$E_1 = \left\{ t \begin{pmatrix} 1 \\ 0 \\ 0 \end{pmatrix} \middle| \, t \in \mathbb{R} \right\} = \langle (1,\ 0,\ 0) \rangle$$

이므로, $\dim E_1 = 1$(기하적 중복도) < 2(대수적 중복도)이다.

(2) 고윳값 2의 기하적 중복도를 구하자.

$$\operatorname{rank}(2I_3 - A) = \operatorname{rank} \begin{pmatrix} 1 & -1 & -1 \\ 0 & 0 & -2 \\ 0 & 0 & 1 \end{pmatrix} = \operatorname{rank} \begin{pmatrix} 1 & -1 & -1 \\ 0 & 0 & 1 \\ 0 & 0 & 0 \end{pmatrix} = 2$$

이므로, $\dim\, E_2 = 3 - \operatorname{rank}(2I_3 - A) = 3 - 2 = 1$이다.

실제로 고윳값 2에 대한 고유공간을 구해보면

$$\begin{pmatrix} 1 & -1 & -1 \\ 0 & 0 & -2 \\ 0 & 0 & 1 \end{pmatrix} \begin{pmatrix} x \\ y \\ z \end{pmatrix} = \begin{pmatrix} 0 \\ 0 \\ 0 \end{pmatrix}$$

에서

$$\begin{cases} x - y - z = 0 \\ \qquad -2z = 0 \text{ 이므로} \qquad x = y,\ z = 0 \\ \qquad\quad z = 0 \end{cases}$$

가 되어

$$E_2 = \left\{ t \begin{pmatrix} 1 \\ 1 \\ 0 \end{pmatrix} \middle| \, t \in \mathbb{R} \right\} = \langle (1,\ 1,\ 0) \rangle$$

이므로, $\dim E_2 = 1$(기하적 중복도) $= 1$(대수적 중복도)이다.

정리 5.2.11 *체 F 위의 벡터공간 V의 선형사상 $T : V \to V$에 대하여 다음이 성립.*

(1) $T^m = \mathbf{0}$, $T^{m-1} \neq \mathbf{0}$ $(m \in \mathbb{N},\ m \geq 2)$이면, T의 고윳값이 존재하고 0뿐이다.

(2) λ가 T의 고윳값이면, 임의의 $m \in \mathbb{N}$에 대하여,

λ^m은 T^m의 고윳값(같은 고유벡터)이다.

(3) λ가 T의 고윳값이고 T가 가역사상이면,

$\lambda \neq 0$이고, λ^{-1}이 T^{-1}의 고윳값이다.

(증명) (1) $T^{m-1} \neq \mathbf{0}$이므로 벡터 $\mathbf{0} \neq \mathbf{v} \in V$가 존재해서 $\mathbf{0} \neq T^{m-1}(\mathbf{v})$이다.

$$\mathbf{0} = T^m(\mathbf{v}) = T\left(T^{m-1}(\mathbf{v})\right)$$

이므로 0은 T의 고윳값이고 $T^{m-1}(\mathbf{v})$은 고윳값 0에 대응하는 고유벡터이다.

한편 λ를 T의 고윳값이라 하고, $\mathbf{0} \neq \mathbf{v}$를 λ에 대응하는 고유벡터라 하자. 그러면

$$\mathbf{0} = T^m(\mathbf{v}) = T^{m-1}(T(\mathbf{v})) = T^{m-1}(\lambda\mathbf{v}) = \lambda^m\mathbf{v}$$

에서 $\mathbf{0} = \lambda^m\mathbf{v}$이고 $\mathbf{v} \neq \mathbf{0}$이므로 $\lambda^m = 0$이고, $\lambda = 0$이다.

(2) $\mathbf{0} \neq \mathbf{v}$를 고윳값 λ에 대응하는 고유벡터라 하자. 즉, $T(\mathbf{v}) = \lambda\mathbf{v}$이다.

$$T^m(\mathbf{v}) = T^{m-1}(T(\mathbf{v})) = T^{m-1}(\lambda\mathbf{v}) = \lambda T^{m-1}(\mathbf{v}) = \lambda^m\mathbf{v}$$

이므로, λ^m이 T^m의 고윳값이고, 벡터 $\mathbf{v}$는 고윳값 λ^m에 대응하는 T^m의 고유벡터이다.

(3) $T(\mathbf{v}) = \lambda\mathbf{v}$이므로

$$\mathbf{v} = T^{-1}T(\mathbf{v}) = T^{-1}(\lambda\mathbf{v}) = \lambda T^{-1}(\mathbf{v})$$

이다. $\lambda = 0$이면 $\mathbf{v} = \mathbf{0}$이 되어 모순이므로 $\lambda \neq 0$이다. 그러므로

$$T^{-1}(\mathbf{v}) = \lambda^{-1}\mathbf{v}$$

이 되어 λ^{-1}가 T^{-1}의 고윳값이고, $\mathbf{v}$는 λ^{-1}에 대응하는 T^{-1}의 고유벡터이다. ■

따름정리 5.2.12 *체 F 위의 n차원 벡터공간 V의 선형사상 $T : V \longrightarrow V$의 고윳값이 존재할 때, 다음이 성립한다.*

T가 가역사상일 필요충분조건은 T의 모든 고윳값이 0이 아니다.

(증명) ($\Rightarrow$) 정리 5.2.11에 의해 성립한다.

($\Leftarrow$) T의 모든 고윳값이 0이 아니라 하자. T가 전단사이면 가역사상이므로, 정리 4.3.8에 의해 단사임을 보이면 충분하다.

임의의 $\mathbf{v} \in \mathrm{Ker}(T)$에 대하여 $\mathbf{0} = T(\mathbf{v})$이다. 만약 $\mathbf{v} \neq \mathbf{0}$이면

$$\mathbf{0} = T(\mathbf{v}) = 0 \cdot \mathbf{v}$$

이므로, 0이 T의 고윳값이 되어 가정에 모순이다. 따라서 $\mathbf{v} = \mathbf{0}$이고, $\mathrm{Ker}(T) = \{\mathbf{0}\}$이므로, 정리 4.2.4에 의해 T는 단사함수이다. 그러므로 T는 전단사함수가 되어 가역사상이다(정리 4.3.8).

정의 5.2.13 [동반행렬(companion matrix, 同伴行列)]

체 F 위의 n차 모닉다항식 $f(x) = x^n + a_{n-1}x^{n-1} + \cdots + a_1x + a_0 \in F[x]$에 대하여

$C_{f(x)}$가 $f(x)$의 **동반행렬** $\overset{\text{정의}}{\Longleftrightarrow}$ $$C_{f(x)} = \begin{pmatrix} 0 & 0 & \cdots & 0 & -a_0 \\ 1 & 0 & \cdots & 0 & -a_1 \\ 0 & 1 & \cdots & 0 & -a_2 \\ \vdots & \vdots & & \vdots & \vdots \\ 0 & 0 & \cdots & 1 & -a_{n-1} \end{pmatrix}$$

예 5.2.14 $f(x) = x^3 + 2x^2 + 3x + 4$의 동반행렬은 $C_{f(x)} = \begin{pmatrix} 0 & 0 & -4 \\ 1 & 0 & -3 \\ 0 & 1 & -2 \end{pmatrix}$이다.

정리 5.2.15 체 F 위의 n차 모닉다항식 $f(x) = x^n + a_{n-1}x^{n-1} + \cdots + a_1x + a_0 \in F[x]$의 동반행렬을 $C_{f(x)}$라 하면, 다음이 성립한다.

(1) $a_0 \neq 0$일 필요충분조건은 $C_{f(x)}$가 가역행렬이다.

(2) $f(x)$의 동반행렬 $C_{f(x)}$의 고유다항식 $P_{C_{f(x)}}(x)$은 $f(x)$이다.
특히, $f\left(C_{f(x)}\right) = \mathbb{O}$이다. 즉, $C_{f(x)}$는 $f(x)$의 행렬근이다.

(증명) $f(x)$의 동반행렬 $C_{f(x)}$를 1행에 대하여 전개하면

$$|C_{f(x)}| = \begin{vmatrix} 0 & 0 & 0 & \cdots & 0 & -a_0 \\ 1 & 0 & 0 & \cdots & 0 & -a_1 \\ 0 & 1 & 0 & \cdots & 0 & -a_2 \\ \vdots & \vdots & \vdots & & \vdots & \vdots \\ 0 & 0 & 0 & \cdots & 1 & -a_{n-1} \end{vmatrix} = (-1)^{n+1}(-a_0) \begin{vmatrix} 1 & 0 & 0 & \cdots & 0 \\ 0 & 1 & 0 & \cdots & 0 \\ \vdots & \vdots & \vdots & & \vdots \\ 0 & 0 & 0 & \cdots & 1 \end{vmatrix} = (-1)^n a_0$$

그러므로, $a_0 \neq 0$일 필요충분조건은 $|C_{f(x)}| \neq 0$이다. 즉, $C_{f(x)}$는 가역행렬(정리 2.4.26)이다.

(2) $C_{f(x)}$의 고유다항식 $P_{C_{f(x)}}(x)$은

$$P_{C_{f(x)}}(x)$$

$$= \begin{vmatrix} x & 0 & 0 & \cdots & 0 & a_0 \\ -1 & x & 0 & \cdots & 0 & a_1 \\ 0 & -1 & x & \cdots & 0 & a_2 \\ \vdots & \vdots & \vdots & & \vdots & \vdots \\ 0 & 0 & 0 & \cdots & -1 & x+a_{n-1} \end{vmatrix}$$

$$= \begin{vmatrix} 0 & 0 & 0 & \cdots & 0 & a_0+a_1x+a_2x^2+\cdots+a_{n-1}x^{n-1}+x^n = f(x) \\ -1 & x & 0 & \cdots & 0 & a_1 \\ 0 & -1 & x & \cdots & 0 & a_2 \\ \vdots & \vdots & \vdots & & \vdots & \vdots \\ 0 & 0 & 0 & \cdots & -1 & x+a_{n-1} \end{vmatrix}$$

$$= (-1)^{n+1} f(x) \begin{vmatrix} -1 & x & 0 & \cdots & 0 \\ 0 & -1 & x & \cdots & 0 \\ \vdots & \vdots & \vdots & & \vdots \\ 0 & 0 & 0 & \cdots & -1 \end{vmatrix}_{(n-1)(n-1)} \quad \text{(1행 전개)}$$

$$= (-1)^{n+1} f(x)(-1)^{n-1} = f(x)$$

케일리-해밀턴 정리에 의하여 $P_{C_{f(x)}}\left(C_{f(x)}\right) = f\left(C_{f(x)}\right) = \mathbb{O}$이다. ■

임용시험 출제 5.2.16 [2015학년도] 좌표공간 $\mathbb{R}^3$에서 원점과 점 (1, 2, 3)을 지나는 직선을 회전축으로 하여 180° 회전이동하는 변환을 T라 하자. 벡터 $(x,\ y,\ z)$에 대하여 $T(x,\ y,\ z) = A\begin{pmatrix} x \\ y \\ z \end{pmatrix}$가 되는 행렬 A의 특성다항식(고유다항식, characteristic polynomial) 을 구하시오.

연 습 문 제 (5.2)

1. 실수체 $\mathbb{R}$ 위에서 다음 선형사상의 고윳값과 고유공간을 구하라.

(1) $T : \mathbb{R}^2 \to \mathbb{R}^2,\ \ T(x,\ y) = (2x,\ 3y)$

(2) $T : \mathbb{R}^2 \to \mathbb{R}^2,\ \ T(x,\ y) = (x,\ -2x+3y)$

(3) $T:\mathbb{R}[x]_2 \to \mathbb{R}[x]_2,\ T(ax^2+bx+c)=(a+b)x^2+(b-c)x-2c$

(4) $T:\mathbb{R}[x]_2 \to \mathbb{R}[x]_2,\ T(a+bx+cx^2)=(3a-2b)+(a+4b)x+5cx^2$

(5) $T:M_2(\mathbb{R}) \to M_2(\mathbb{R}),\ T\begin{pmatrix} a & b \\ c & d \end{pmatrix}=\begin{pmatrix} 2b & a+b \\ c-2b & d \end{pmatrix}$

2. 실수체 $\mathbb{R}$ 위에서 선형사상

$$T:\mathbb{R}[x]_2 \to \mathbb{R}[x]_2, \quad T(f(x))=f(x)+xf'(x)+f'(x)$$

는 가역 선형사상임을 밝히고 T의 역 선형사상 $T^{-1}:\mathbb{R}[x]_2 \to \mathbb{R}[x]_2$를 정의하라. 그리고, T^{-1}의 고윳값과 이에 대응하는 고유공간을 구하라.

3. 실수체 $\mathbb{R}$ 위의 벡터공간 $M_2(\mathbb{R})$에서 선형사상

$$T:M_2(\mathbb{R}) \to M_2(\mathbb{R}), \quad T(A)=A^T$$

의 고윳값은 1과 -1뿐임을 밝혀라. 그리고, 고윳값 1과 -1에 대응하는 T의 고유공간을 구하라.

4. 체 F 위의 n차원 벡터공간 V에서 $\mathscr{B}=\{\mathbf{v}_1,\ \mathbf{v}_2,\ \cdots,\ \mathbf{v}_n\}$가 V의 기저일 때, 선형사상 $T:V \to V$에 대하여 다음이 성립한다고 하자.

$$T(\mathbf{v}_i)=\mathbf{v}_{i+1}\ \ (1 \le i \le n-1), \quad T(\mathbf{v}_n)=\mathbf{0}$$

이때 T의 기저 $\mathscr{B}$에 관한 행렬 $A=[T]_{\mathscr{B}}$를 구하고, 또 다음 물음에 답하라.

(1) T의 고유다항식, $\mathrm{Ker}(T)$, T^{n-1}을 구하라.

(2) A의 고윳값을 구하고 이 고윳값에 대응하는 F^n에서의 고유공간을 구하라.

(3) T의 고윳값을 정리 5.2.1(1)의 정의에 의해 구하고 이 고윳값에 대응하는 V에서의 고유공간을 구하라.

5. 사상 $T:\mathbb{R}^3 \to \mathbb{R}^3$가 다음과 같이 정의된 선형사상이라고 하자.

$$T(x,\ y,\ z)=(3x-2y-z,\ -2x+6y+2z,\ 4x-10y-3z)$$

이때 벡터공간 $\mathbb{R}^3$는 T의 고유공간의 직합으로 분해됨을 밝혀라.

6. 실수체 $\mathbb{R}$ 위의 벡터공간 $\mathbb{R}^3$ 위의 선형사상 T의 고윳값이 1, 2, -2일 때, T^5를 3차 이하의 선형사상 다항식으로 나타내라.

7. 체 F위의 벡터공간 $V(\neq \{\mathbf{0}\})$ 위의 선형사상 $T:V \to V$에 대한 다음 명제 중에서 참인 명제를 구하라.

(1) λ가 T의 고윳값일 때, $\mathbf{w}$가 λ에 대응하는 고유벡터이면, 0이 아닌 모든 스칼라 k에 대하여 $k\mathbf{w}$는 λ에 대응하는 고유벡터이다.

(2) T가 영 선형사상이면, T의 고윳값은 0뿐이다.

(3) T가 항등 선형사상이면, T의 고윳값이 1뿐이다.

(4) T의 고윳값이 0뿐이면, T는 영 선형사상이다.

8. 좌표공간 $\mathbb{R}^2$에서 원점과 점 $(1,\ 1)$을 지나는 직선을 회전축으로 하여 180° 회전이동하는 변환을 T라 하자. 벡터 $(x,\ y)$에 대하여 $T(x,\ y) = A\begin{pmatrix} x \\ y \end{pmatrix}$가 되는 행렬 A의 고유다항식을 구하라.

9. 실수체 $\mathbb{R}$ 위의 벡터공간 $\mathbb{R}[x]_2$에 대해 미분연산자 $D : \mathbb{R}[x]_2 \to \mathbb{R}[x]_2$가 $D(f) = f'$ 로 주어질 때, 기저 $\mathscr{B} = \{1,\ x,\ x^2\}$, $\mathscr{C} = \{1,\ x+1,\ x^2\}$에 대하여 다음 물음에 답하라.

(1) $\mathscr{B}$와 $\mathscr{C}$에 대한 행렬 $[D]_{\mathscr{B}}^{\mathscr{C}}$를 구하라.

(2) 미분연산자 D의 고윳값을 구하라.

10. 선형사상 $T : V \to V$의 고윳값 λ에 대응하는 T의 고유벡터는 $\lambda I - T$ 의 핵에 있는 영이 아닌 벡터임을 증명하라.

11. 실수체 $\mathbb{R}$ 위의 선형사상 $T : \mathbb{R}^3 \to \mathbb{R}^3$의 고윳값은 적어도 하나 존재함을 보여라.

12. 벡터 $\mathbf{v}$가 선형사상 $S,\ T : V \to V$의 고유벡터이면, 스칼라 a에 대하여 $aS,\ S+T$의 고유벡터임을 보여라.

13. 선형사상 T의 고유벡터인 동시에 선형사상 S의 고유벡터로 이루어진 기저가 존재하면, $T \circ S = S \circ T$임을 보여라.

14. 다음 행렬을 근으로 갖는 다항식을 구하라.

(1) $\begin{pmatrix} 1 & 4 & -3 \\ 0 & 3 & 1 \\ 0 & 2 & -1 \end{pmatrix}$

(2) $\begin{pmatrix} \lambda & a & 0 & 0 \\ 0 & \lambda & a & 0 \\ 0 & 0 & \lambda & a \\ 0 & 0 & 0 & \lambda \end{pmatrix}$

15. 다음 다항식의 동반행렬을 구하라.

(1) $f(x) = x^2 - 2$

(2) $f(x) = (x+1)(x-1)(x+2)$

5.3 행렬과 선형사상의 대각화

이 절에서는 고유벡터를 이용한 행렬과 선형사상의 대각화에 대한 것을 다룬다. 대각화 가능하면 행렬의 거듭제곱(정리 **??**)을 쉽게 할 수 있으며 일반적으로 행렬의 거듭제곱 응용의 예로 인구이동이나 먹이사슬의 문제 등 모집단의 미래에 대한 통계적 예측을 할 수 있어 정책결정에 상당히 유용하게 활용된다.

정의 5.3.1 [*대각화 가능(diagonalizable, 對角化 可能)*]

(1) *체 F 위의 n차 정사각행렬 $A=(a_{ij})\in M_n(F)$에 대하여*

A가 **대각화 가능** $\overset{\text{정의}}{\Longleftrightarrow}$ 적당한 가역행렬 $P\in M_n(F)$가 존재하여 $P^{-1}AP$가 대각행렬 $D=\mathrm{diag}\{\lambda_1,\lambda_2,\cdots,\lambda_n\}\in M_n(F)$이 되는 경우. 즉,

$$P^{-1}AP=D=\begin{pmatrix}\lambda_1 & 0 & \cdots & 0\\ 0 & \lambda_2 & \cdots & 0\\ \vdots & \vdots & & \vdots\\ 0 & 0 & \cdots & \lambda_n\end{pmatrix}$$

※ 행렬 A가 **대각화 가능**하면, 적당한 대각행렬과 닮음행렬이다.

(2) 체 F 위의 n차원 벡터공간 V에서 선형사상 $T:V\to V$에 대하여

T가 **대각화 가능** $\overset{\text{정의}}{\Longleftrightarrow}$ V의 적당한 기저 $\mathscr{B}$에 관한 T의 행렬 $[T]_{\mathscr{B}}$가 대각화 가능

예 5.3.2 체 F 위의 대각행렬 $D=\mathrm{diag}\{\lambda_1,\lambda_2,\cdots,\lambda_n\}\in M_n(F)$는 $I_n^{-1}DI_n=D$이므로 대각화 가능하다. 따라서 단위행렬 I_n, 스칼라행렬 $\lambda I_n=\mathrm{diag}\{\lambda,\lambda,\cdots,\lambda\}$, 영행렬 $\mathbb{O}$은 대각행렬이므로 대각화 가능하다.

정리 5.3.3 *체 F 위의 n차 정사각행렬 $A\in M_n(F)$에 대하여 다음은 동치이다.*

(1) A가 대각화 가능.

$\Leftrightarrow$ (2) A의 고유벡터로 된 F^n의 기저 $\mathscr{B}=\{\mathbf{v}_1,\cdots,\mathbf{v}_n\}$가 존재.

이때 고유벡터 $\mathbf{v}_i(1\le i\le n)$에 대응하는 고윳값을 $\lambda_i(1\le i\le n)$라 하고, 각 $\mathbf{v}_i$를 열벡터로 한 행렬을 $P=(\mathbf{v}_1\ \cdots\ \mathbf{v}_n)$이라 하면, $P\in M_n(F)$는 가역행렬이고 $\boxed{P^{-1}AP=\mathrm{diag}\{\lambda_1,\cdots,\lambda_n\}}$ 이다.

(증명) (1) $\Rightarrow$ (2) A가 대각화 가능하다고 하자. 그러면 적당한 가역행렬 $P=(p_{ij})\in$

$M_n(F)$와 대각행렬 $D = \text{diag}\{\lambda_1, \lambda_2, \cdots, \lambda_n\} \in M_n(F)$에 대하여

$$P^{-1}AP = D = \begin{pmatrix} \lambda_1 & 0 & \cdots & 0 \\ 0 & \lambda_2 & \cdots & 0 \\ \vdots & \vdots & & \vdots \\ 0 & 0 & \cdots & \lambda_n \end{pmatrix}$$

이다. 그러므로

$$A \begin{pmatrix} p_{11} & p_{12} & \cdots & p_{1n} \\ p_{21} & p_{22} & \cdots & p_{2n} \\ \vdots & \vdots & & \vdots \\ p_{n1} & p_{n2} & \cdots & p_{nn} \end{pmatrix} = \begin{pmatrix} p_{11} & p_{12} & \cdots & p_{1n} \\ p_{21} & p_{22} & \cdots & p_{2n} \\ \vdots & \vdots & & \vdots \\ p_{n1} & p_{n2} & \cdots & p_{nn} \end{pmatrix} \begin{pmatrix} \lambda_1 & 0 & \cdots & 0 \\ 0 & \lambda_2 & \cdots & 0 \\ \vdots & \vdots & & \vdots \\ 0 & 0 & \cdots & \lambda_n \end{pmatrix}$$

이고,

$$\begin{pmatrix} A_1P^1 & A_1P^2 & \cdots & A_1P^n \\ A_2P^1 & A_2P^2 & \cdots & A_2P^n \\ \vdots & \vdots & & \vdots \\ A_nP^1 & A_nP^2 & \cdots & A_nP^n \end{pmatrix} = \begin{pmatrix} \lambda_1 p_{11} & \lambda_2 p_{12} & \cdots & \lambda_n p_{1n} \\ \lambda_1 p_{21} & \lambda_2 p_{22} & \cdots & \lambda_n p_{2n} \\ \vdots & \vdots & & \vdots \\ \lambda_1 p_{n1} & \lambda_2 p_{n2} & \cdots & \lambda_n p_{nn} \end{pmatrix}$$

이다. 그러므로 좌우변의 각 열의 성분을 비교하면,

$$AP^j = A \begin{pmatrix} p_{1j} \\ p_{2j} \\ \vdots \\ p_{nj} \end{pmatrix} = \begin{pmatrix} A_1P^j \\ A_2P^j \\ \vdots \\ A_nP^j \end{pmatrix} = \lambda_j \begin{pmatrix} p_{1j} \\ p_{2j} \\ \vdots \\ p_{nj} \end{pmatrix} = \lambda_j P^j, \quad AP^j = \lambda_j P^j, \quad (1 \le j \le n)$$

이므로 $\mathscr{B} = \{P^1, P^2, \cdots, P^n\}$이 A의 고유벡터이고, P가 가역행렬이므로 정리 3.3.12에 의해 1차독립이 되어, F^n의 기저가 된다.

(2) ⇒ (1) A의 고유벡터로 된 F^n의 기저 $\mathscr{B} = \{\mathbf{v}_1, \cdots, \mathbf{v}_n\}$이 존재한다고 하고, 각 고유벡터에 대응하는 고윳값을 $\lambda_j(1 \le j \le n)$라 하면 $A\mathbf{v}_j = \lambda_j \mathbf{v}_j (1 \le j \le n)$이다. 한편

$$\mathbf{v}_j = (p_{1j}, p_{2j}, \cdots, p_{nj}), \quad (1 \le j \le n)$$

이라고 하면, 정리 3.3.12에 의해 $P = (p_{ij}) \in M_n(F)$는 가역행렬이다. 선형사상

$$T_A : F^n \longrightarrow F^n, \; T_A(\mathbf{v}) = A\mathbf{v}, \; \mathbf{v} \in F^n$$

을 생각하자. 그러면

$$T_A(\mathbf{v}_j) = A\mathbf{v}_j = \lambda_j \mathbf{v}_j, \; (1 \le j \le n)$$

이므로

$$[T_A]_{\mathscr{B}} = \begin{pmatrix} \lambda_1 & 0 & \cdots & 0 \\ 0 & \lambda_2 & \cdots & 0 \\ \vdots & \vdots & & \vdots \\ 0 & 0 & \cdots & \lambda_n \end{pmatrix} = \text{diag}\{\lambda_1, \lambda_2, \cdots, \lambda_n\}$$

이다. 한편 F^n의 표준기저를 $\mathscr{C} = \{e_1, e_2, \cdots, e_n\}$라 하면 $[T_A]_{\mathscr{C}}^{\mathscr{C}} = A$이고,

$$\mathbf{v}_j = (p_{1j}, p_{2j}, \cdots, p_{nj}) = p_{1j}e_1 + p_{2j}e_2 + \cdots + p_{nj}e_n, \quad (1 \le j \le n)$$

이다. 그리고 F^n에서의 항등사상을 I_{F^n}라 하면 정리 4.5.13에 의해 $[I_{F^n}]_{\mathscr{B}}^{\mathscr{C}} = P$이고

$$\text{diag}\{\lambda_1, \lambda_2, \cdots, \lambda_n\} = [T_A]_{\mathscr{B}}^{\mathscr{B}} = [I_{F^n}]_{\mathscr{C}}^{\mathscr{B}}[T_A]_{\mathscr{C}}^{\mathscr{C}}[I_{F^n}]_{\mathscr{B}}^{\mathscr{C}} = P^{-1}[T_A]_{\mathscr{C}}^{\mathscr{C}}P = P^{-1}AP$$

이므로, A는 대각화 가능하다. ■

정리 5.3.4 *체 F 위의 n차원 벡터공간 V의 선형사상 $T : V \to V$에 대하여 다음은 동치이다.*

(1) T가 대각화 가능
$\Leftrightarrow$ (2) T의 고유벡터로 된 V의 기저 $\mathscr{B} = \{\mathbf{v}_1, \cdots, \mathbf{v}_n\}$가 존재

(증명) (1) $\Rightarrow$ (2) 선형사상 T가 대각화 가능하다고 하자. 그러면 V의 적당한 기저 $\mathscr{C} = \{\mathbf{w}_1, \mathbf{w}_2, \cdots, \mathbf{w}_n\}$가 존재하여 $[T]_{\mathscr{C}}$가 대각화 가능하다. 즉, 적당한 가역행렬 $P = (p_{ij}) \in M_n(F)$와 대각행렬 $D = \text{diag}\{\lambda_1, \lambda_2, \cdots, \lambda_n\} \in M_n(F)$가 존재하여

$$P^{-1}[T]_{\mathscr{C}}P = \begin{pmatrix} \lambda_1 & 0 & \cdots & 0 \\ 0 & \lambda_2 & \cdots & 0 \\ \vdots & \vdots & & \vdots \\ 0 & 0 & \cdots & \lambda_n \end{pmatrix}$$

이다. 그러면 정리 5.3.3의 증명과정에서 P의 열벡터의 집합 $\{P^1, P^2, \cdots, P^n\}$이 $[T]_{\mathscr{C}}$의 고유벡터로 된 F^n의 기저(정리 3.3.12 참조)가 됨을 알 수 있다. 한편

$$\mathbf{v}_j = p_{1j}\mathbf{w}_1 + p_{2j}\mathbf{w}_2 + \cdots + p_{nj}\mathbf{w}_n \quad (1 \le j \le n)$$

이라고 하면,

$$[\mathbf{v}_j]_{\mathscr{C}} = (p_{1j}, p_{2j}, \cdots, p_{nj}) = P^j \quad (1 \le j \le n)$$

이므로 정리 5.2.1에 의해

$$\mathscr{B} = \{\mathbf{v}_1, \mathbf{v}_2, \cdots, \mathbf{v}_n\}$$

은 T의 고유벡터이다. 또한 $\mathscr{B}$는 정리 3.3.14에 의해 1차독립이므로, $\mathscr{B}$는 고유벡터로 된 V의 기저이다.

(2) ⇒ (1) T의 고유벡터로 된 V의 기저 $\mathscr{B} = \{\mathbf{v}_1, \cdots, \mathbf{v}_n\}$이 존재한다고 하자. 각 고유벡터에 대응하는 고윳값을 $\lambda_j (1 \le j \le n)$라 하면

$$T(\mathbf{v}_j) = \lambda_j \mathbf{v}_j = 0 \cdot \mathbf{v}_1 + 0 \cdot \mathbf{v}_2 + \cdots + \lambda_j \mathbf{v}_j + \cdots + 0 \cdot \mathbf{v}_n, \ (1 \le j \le n)$$

이다. 즉, 기저 $\mathscr{B}$에 관한 T의 행렬

$$[T]_{\mathscr{B}} = \begin{pmatrix} \lambda_1 & 0 & \cdots & 0 \\ 0 & \lambda_2 & \cdots & 0 \\ \vdots & \vdots & & \vdots \\ 0 & 0 & \cdots & \lambda_n \end{pmatrix}$$

이 대각행렬이므로, T는 대각화 가능하다. ■

따름정리 5.3.5 *체 F 위의 n차원 벡터공간 V에서 선형사상 $T : V \longrightarrow V$에 대하여 다음은 동치이다.*

(1) T가 대각화 가능.
⇔ (2) $[T]_{\mathscr{B}}$가 대각행렬이 되는 V의 기저 $\mathscr{B} = \{\mathbf{v}_1, \cdots, \mathbf{v}_n\}$가 존재.
이때 $\mathbf{v}_1, \cdots, \mathbf{v}_n$은 T의 고유벡터로 된 기저이다.

(증명) (1) ⇒ (2) T가 대각화 가능하다고 하자. 그러면 정리 5.3.4에 의해, 고유벡터로 된 V의 기저 $\mathscr{B} = \{\mathbf{v}_1, \mathbf{v}_2, \cdots, \mathbf{v}_n\}$가 존재한다. 각 고유벡터에 대응하는 고윳값을 $\lambda_j (1 \le j \le n)$라 하면

$$\begin{cases} T(\mathbf{v}_1) = \lambda_1 \mathbf{v}_1 = \lambda_1 \mathbf{v}_1 + 0 \cdot \mathbf{v}_2 + \cdots + 0 \cdot \mathbf{v}_n \\ T(\mathbf{v}_2) = \lambda_2 \mathbf{v}_2 = 0 \cdot \mathbf{v}_1 + \lambda_2 \mathbf{v}_2 + \cdots + 0 \cdot \mathbf{v}_n \\ \qquad \vdots \\ T(\mathbf{v}_n) = \lambda_n \mathbf{v}_n = 0 \cdot \mathbf{v}_1 + 0 \cdot \mathbf{v}_2 + \cdots + \lambda_n \mathbf{v}_n \end{cases}$$

이다. 즉, 기저 $\mathscr{B}$에 관한 T의 행렬은

$$[T]_{\mathscr{B}} = \begin{pmatrix} \lambda_1 & 0 & \cdots & 0 \\ 0 & \lambda_2 & \cdots & 0 \\ \vdots & \vdots & & \vdots \\ 0 & 0 & \cdots & \lambda_n \end{pmatrix}$$

인 대각행렬이다.

(2) $\Rightarrow$ (1) $[T]_{\mathscr{B}}$가 대각행렬 $\mathrm{diag}\{\lambda_1, \lambda_2, \cdots, \lambda_n\}$이 되는 V의 기저 $\mathscr{B} = \{\mathbf{v}_1, \cdots, \mathbf{v}_n\}$가 존재한다고 하자. 그러면 $[T]_{\mathscr{B}}$의 정의에 의해

$$T(\mathbf{v}_j) = \lambda_j \mathbf{v}_j, \quad (1 \le j \le n)$$

이다. 즉, $\mathscr{B}$는 고유벡터로 된 V의 기저가 된다. 분명히 대각행렬 $[T]_{\mathscr{B}}$는 대각화 가능하므로, T는 대각화 가능하다. ■

☜ 행렬을 대각화하는 방법 ☞

(1) 행렬 $A \in M_n(F)$의 고유다항식 $P_A(x) = |xI_n - A|$의 해인 <u>A의 고윳값 λ</u>를 구한다.

(2) A의 고윳값 λ에 대응하는 <u>고유공간 E_λ의 기저 P^j</u>를 구한다. 고유공간의 차원 <u>$\dim E_\lambda$의 합이 n (즉, λ 의 대수적 중복도= 기하적 중복도)</u>이면 <u>대각화 가능</u>하고, 그렇지 않으면 대각화 불가능하다.

(3) 각 <u>고유공간의 기저 P^j가 열벡터로 된 행렬 P</u>를 만들면

$$P^{-1}AP = D \text{ (고윳값 } \lambda \text{가 성분인 대각행렬)}$$

가 된다. 즉, P, D는 다음 형태이다.

$$P = \begin{pmatrix} \text{고} & \text{고} & \text{고} \\ \text{유} & \text{유} & \text{유} \\ \text{벡} & \text{벡} & \text{벡} \\ \text{터}_1 & \text{터}_2 & \text{터}_3 \end{pmatrix}, \quad D = \begin{pmatrix} \text{고윳값}_1 & 0 & 0 \\ 0 & \text{고윳값}_2 & 0 \\ 0 & 0 & \text{고윳값}_3 \end{pmatrix}$$

예 5.3.6 (1) 2차 정사각행렬 $A = \begin{pmatrix} 1 & 2 \\ 3 & 2 \end{pmatrix} \in M_2(\mathbb{R})$를 대각화하라

(2) A^{100}을 구하라.

(풀이) (1) A의 고유다항식

$$P_A(x) = \begin{vmatrix} x-1 & -2 \\ -3 & x-2 \end{vmatrix} = (x-4)(x+1)$$

이므로 A의 고윳값은 -1, 4이다.

고윳값 -1의 고유공간 E_{-1}을 구하자.

$$E_{-1} = \left\{ \begin{pmatrix} x \\ y \end{pmatrix} \in \mathbb{R}^2 \,\middle|\, \begin{pmatrix} -2 & -2 \\ -3 & -3 \end{pmatrix} \begin{pmatrix} x \\ y \end{pmatrix} = \begin{pmatrix} 0 \\ 0 \end{pmatrix} \right\}$$
$$= \left\{ \begin{pmatrix} x \\ y \end{pmatrix} \in \mathbb{R}^2 \,\middle|\, x = -y \right\}$$
$$= \left\{ t \begin{pmatrix} -1 \\ 1 \end{pmatrix} \,\middle|\, t \in \mathbb{R} \right\} = \left\langle \begin{pmatrix} -1 \\ 1 \end{pmatrix} \right\rangle$$

고윳값 4의 고유공간 E_4를 구하자.

$$E_4 = \left\{ \begin{pmatrix} x \\ y \end{pmatrix} \in \mathbb{R}^2 \,\middle|\, \begin{pmatrix} 3 & -2 \\ -3 & 2 \end{pmatrix} \begin{pmatrix} x \\ y \end{pmatrix} = \begin{pmatrix} 0 \\ 0 \end{pmatrix} \right\}$$
$$= \left\{ \begin{pmatrix} x \\ y \end{pmatrix} \in \mathbb{R}^2 \,\middle|\, 3x = 2y \right\}$$
$$= \left\{ t \begin{pmatrix} 2 \\ 3 \end{pmatrix} \,\middle|\, t \in \mathbb{R} \right\} = \left\langle \begin{pmatrix} 2 \\ 3 \end{pmatrix} \right\rangle$$

각 고유공간의 기저를 열벡터로 한 것을 $P = \begin{pmatrix} -1 & 2 \\ 1 & 3 \end{pmatrix}$라 하면, $P^{-1} = -\frac{1}{5} \begin{pmatrix} 3 & -2 \\ -1 & -1 \end{pmatrix}$이다. 그러므로 A는 다음과 같이 대각화된다.

$$P^{-1}AP = -\frac{1}{5} \begin{pmatrix} 3 & -2 \\ -1 & -1 \end{pmatrix} \begin{pmatrix} 1 & 2 \\ 3 & 2 \end{pmatrix} \begin{pmatrix} -1 & 2 \\ 1 & 3 \end{pmatrix} = \begin{pmatrix} -1 & 0 \\ 0 & 4 \end{pmatrix}$$

(2) A의 대각화를 이용하자.

$$P^{-1}AP = \begin{pmatrix} -1 & 0 \\ 0 & 4 \end{pmatrix}$$

이므로

$$(P^{-1}AP)^{100} = \begin{pmatrix} -1 & 0 \\ 0 & 4 \end{pmatrix}^{100} = \begin{pmatrix} 1 & 0 \\ 0 & 4^{100} \end{pmatrix}$$

즉,

$$P^{-1}A^{100}P = \begin{pmatrix} 1 & 0 \\ 0 & 4^{100} \end{pmatrix}$$

이므로 A^{100}은 다음과 같다.

$$\begin{aligned} A^{100} &= P\begin{pmatrix} 1 & 0 \\ 0 & 4^{100} \end{pmatrix} P^{-1} \\ &= \begin{pmatrix} -1 & 2 \\ 1 & 3 \end{pmatrix} \begin{pmatrix} 1 & 0 \\ 0 & 4^{100} \end{pmatrix} \left(-\frac{1}{5}\right) \begin{pmatrix} 3 & -2 \\ -1 & -1 \end{pmatrix} \\ &= -\frac{1}{5} \begin{pmatrix} -3-2\cdot 4^{100} & 2-2\cdot 4^{100} \\ 3-3\cdot 4^{100} & -2-3\cdot 4^{100} \end{pmatrix} \end{aligned}$$

예 5.3.7 실계수 2차 이하 다항식 공간 $\mathbb{R}[x]_2$ 위에서 미분 선형사상

$$T : \mathbb{R}[x]_2 \to \mathbb{R}[x]_2, \quad T(f(x)) = f'(x)$$

의 대각화 가능성을 판단하라.

(풀이) $\mathbb{R}[x]_2$의 표준기저 $\mathscr{B} = \{1, x, x^2\}$를 생각하자.

$$\begin{cases} T(1) = 0 = 0\cdot 1 + 0\cdot x + 0\cdot x^2 \\ T(x) = 1 = 1\cdot 1 + 0\cdot x + 0\cdot x^2 \\ T(x^2) = 2x = 0\cdot 1 + 2\cdot x + 0\cdot x^2 \end{cases}$$

이므로 기저 $\mathscr{B}$에 관한 T의 행렬은

$$[T]_{\mathscr{B}} = \begin{pmatrix} 0 & 1 & 0 \\ 0 & 0 & 2 \\ 0 & 0 & 0 \end{pmatrix}$$

이다. 그러므로 T의 고유다항식은

$$P_T(x) = \begin{vmatrix} x & -1 & 0 \\ 0 & x & -2 \\ 0 & 0 & x \end{vmatrix} = x^3$$

이고 T의 고윳값은 0뿐이다. 고윳값 0에 대응하는 고유공간 E_0를 구하자.

$$\begin{aligned} E_0 &= \{ax^2 + bx + c \mid T(ax^2 + bx + c) = 0\} \\ &= \{ax^2 + bx + c \mid 2ax + b = 0\} \\ &= \{c \mid c \in \mathbb{R}\} = \langle 1 \rangle \end{aligned}$$

이다. 하지만 0의 기하적 중복도 $\dim E_0 = 1$가 3보다 작으므로, 고유벡터로 된 기저가 존재하지 않으므로 T는 대각화 불가능하다.

예 5.3.8 실계수 1차 이하 다항식 공간 $\mathbb{R}[x]_1$ 위에서 선형사상

$$T:\mathbb{R}[x]_1 \to \mathbb{R}[x]_1, \quad T(a+bx)=a+(6a-b)x$$

를 대각화하라.

(풀이) $\mathbb{R}[x]_1$의 표준기저 $\mathscr{B}=\{1,\ x\}$을 생각하자. 그러면

$$\begin{cases} T(1)=1+6x \\ T(x)=-x \end{cases}$$

이므로, 기저 $\mathscr{B}$에 대한 T의 행렬은

$$[T]_{\mathscr{B}}=\begin{pmatrix}1 & 0\\ 6 & -1\end{pmatrix}$$

이므로 T의 고유다항식은

$$P_T(x)=\begin{vmatrix} x-1 & 0 \\ -6 & x+1 \end{vmatrix}=(x-1)(x+1)$$

이다. 그러므로 T의 고윳값은 $1,\ -1$이다.

$[T]_{\mathscr{B}}$가 대각화 가능한지 확인하자. 먼저 고윳값 1에 대한 고유공간을 구해보자.

$$\left\{\begin{pmatrix}x\\y\end{pmatrix} \middle| \begin{pmatrix}0 & 0\\ -6 & 2\end{pmatrix}\begin{pmatrix}x\\y\end{pmatrix}=\begin{pmatrix}0\\0\end{pmatrix}\right\}=\left\{t\begin{pmatrix}1\\3\end{pmatrix} \middle| t\in\mathbb{R}\right\}=\left\langle\begin{pmatrix}1\\3\end{pmatrix}\right\rangle$$

이므로, 고윳값 1에 대한 T의 고유공간은 $E_1=\langle 1+3x\rangle$이다.

다음에 고윳값 -1에 대한 고유공간을 구하자.

$$\left\{\begin{pmatrix}x\\y\end{pmatrix} \middle| \begin{pmatrix}-2 & 0\\ -6 & 0\end{pmatrix}\begin{pmatrix}x\\y\end{pmatrix}=\begin{pmatrix}0\\0\end{pmatrix}\right\}=\left\{t\begin{pmatrix}0\\1\end{pmatrix} \middle| t\in\mathbb{R}\right\}=\left\langle\begin{pmatrix}0\\1\end{pmatrix}\right\rangle$$

이므로, T의 고윳값 -1에 대한 고유공간은 $E_{-1}=\langle x\rangle$이다.

고유공간의 기저를 열벡터로 한 행렬을 $P=\begin{pmatrix}1 & 0\\ 3 & 1\end{pmatrix}$라 하면 $P^{-1}=\begin{pmatrix}1 & 0\\ -3 & 1\end{pmatrix}$이다. 따라서

$$P^{-1}[T]_{\mathscr{B}}P=\begin{pmatrix}1 & 0\\ -3 & 1\end{pmatrix}\begin{pmatrix}1 & 0\\ 6 & -1\end{pmatrix}\begin{pmatrix}1 & 0\\ 3 & 1\end{pmatrix}=\begin{pmatrix}1 & 0\\ 0 & -1\end{pmatrix}$$

이므로, T는 대각화 가능하다.

문제 5.3.9 2차원 실 벡터공간 $\mathbb{R}^2$ 위에서 선형사상

$$T:\mathbb{R}^2 \to \mathbb{R}^2, \quad T(x,\ y) = (3x-2y,\ -x+2y)$$

에 대하여 $T^{100}(x,\ y)$를 구하라.

정리 5.3.10 *체 F 위의 n차 정사각행렬 $A \in M_n(F)$가 대각화 가능하면, 다음이 성립.*

A의고윳값 $\lambda_1,\cdots,\lambda_n \in F$가 존재(중복 허용)해서 고유다항식 $P_A(x)$는 다음과 같다.

$$P_A(x) = (x-\lambda_1)\cdots(x-\lambda_n)$$

특히, $\lambda_1,\ \cdots,\ \lambda_r\ (1 \le r \le n)$이 A의 모든 서로 다른 고윳값이면

$$\boxed{P_A(x) = (x-\lambda_1)^{a_1}\cdots(x-\lambda_r)^{a_r}} \quad a_1+\cdots+a_r = n,\ a_i \in \mathbb{N}\ (1 \le i \le r)$$

(증명) 행렬 A가 대각화 가능하므로, 가역행렬 $P \in M_n(F)$와 스칼라 $\lambda_1,\ \cdots,\ \lambda_n \in F$가 존재해서

$$P^{-1}AP = \begin{pmatrix} \lambda_1 & 0 & \cdots & 0 \\ 0 & \lambda_2 & \cdots & 0 \\ \vdots & \vdots & & \vdots \\ 0 & 0 & \cdots & \lambda_n \end{pmatrix}$$

이다. 따라서 A와 대각행렬 $D = \operatorname{diag}\{\lambda_1,\ \cdots,\ \lambda_n\}$은 닮음행렬이므로, 정리 5.1.11에 의해, A와 대각행렬 D의 고유다항식이 일치하므로 다음이 성립한다.

$$\begin{aligned} P_A(x) &= P_D(x) = |xI_n - D| \\ &= \begin{vmatrix} x-\lambda_1 & 0 & \cdots & 0 \\ 0 & x-\lambda_2 & \cdots & 0 \\ \vdots & \vdots & & \vdots \\ 0 & 0 & \cdots & x-\lambda_n \end{vmatrix} \\ &= (x-\lambda_1)(x-\lambda_2)\cdots(x-\lambda_n) \end{aligned}$$

■

정리 5.3.11 *n차원 F-벡터공간 V 위의 선형사상 $T: V \longrightarrow V$의 고윳값이 존재하면 다음이 성립한다.*

(1) T의 서로 다른 고윳값 $\lambda_1,\ \cdots,\ \lambda_r (1 \le r \le n)$에 대응하는 고유벡터 $\mathbf{v}_1,\ \cdots,\ \mathbf{v}_r$은 F 위에서 1차독립.

(2) n개의 서로 다른 고윳값이 존재하면, 대응하는 고유벡터 $\mathbf{v}_1,\ \cdots,\ \mathbf{v}_n$은 V의 기저. 즉, 기하적 중복도가 1 $\left(\dim E_{\lambda_i} = 1\ (1 \le i \le n)\right)$이면 대각화 가능.

(증명) (1) r에 대한 수학적 귀납법을 이용하자.

$r=1$인 경우. $\mathbf{v}_1 \neq 0$이므로 $\mathbf{v}_1$는 1차독립이다.

$r-1$인 경우. $\mathbf{v}_1, \cdots, \mathbf{v}_{r-1}$이 1차독립이라 하자. 적당한 스칼라 $x_1, \cdots, x_r \in F$ 이 존재하여

$$x_1\mathbf{v}_1 + \cdots + x_r\mathbf{v}_r = \mathbf{0} \cdots\cdots ①$$

라 하자. 그러면 다음이 성립한다.

$$T(x_1\mathbf{v}_1 + \cdots + x_r\mathbf{v}_r) = T(\mathbf{0}) = \mathbf{0} \quad \Longrightarrow \quad (x_1\lambda_1)\mathbf{v}_1 + \cdots + (x_r\lambda_r)\mathbf{v}_r = \mathbf{0} \cdots\cdots ②$$

한편 ②$-$①$\times\lambda_r$에서 $x_1(\lambda_1-\lambda_r)\mathbf{v}_1 + \cdots + x_{r-1}(\lambda_{r-1}-\lambda_r)\mathbf{v}_{r-1} = \mathbf{0}$이다.
귀납 가정에서 $\mathbf{v}_1, \cdots, \mathbf{v}_{r-1}$이 1차독립이므로

$$x_1(\lambda_1-\lambda_r) = x_2(\lambda_2-\lambda_r) = \cdots = x_{r-1}(\lambda_{r-1}-\lambda_r) = 0$$

λ_i가 서로 다르므로 $x_1 = \cdots = x_{r-1} = 0$이다. ①식에서 $x_r\mathbf{v}_r = \mathbf{0}$, $\mathbf{v}_r \neq \mathbf{0}$이므로, $x_r = 0$이고, 따라서 $\mathbf{v}_1, \cdots, \mathbf{v}_r$이 F 위에서 1차독립이다.

(2) (1)에 의해 대응하는 고유벡터 $\mathbf{v}_1, \cdots, \mathbf{v}_n$이 1차독립이고, $\dim V = n$이므로 기저 판정조건(정리 3.4.11)에 의해 $\mathbf{v}_1, \cdots, \mathbf{v}_n$은 고유벡터로 된 V의 기저이다. 따라서 정리 5.3.4에 의해 T는 대각화 가능하다. ■

예 5.3.12 체 $F(=\mathbb{R}$ 또는 $\mathbb{C})$ 성분 2차 정사각행렬 $A = \begin{pmatrix} a & b \\ c & d \end{pmatrix} \in M_2(F)$의 대각화 가능성을 조사하라. A의 고유다항식

$$P_A(x) = x^2 - (a+d)x + (ad-bc) = x^2 - \mathrm{tr}(A)x + |A|$$

에서 A의 고윳값은

$$\frac{(a+d) \pm \sqrt{(a+d)^2 - 4(ad-bc)}}{2}$$

이다. 2차 방정식의 근의 판별식 $D = (a+d)^2 - 4(ad-bc)$을 활용하면, 체 F가 실수($\mathbb{R}$) 또는 복소수($\mathbb{C}$)인가에 따라 대각화 여부가 다음 표와 같이 달라진다. 즉, 서로 다른 고윳값이 존재하면, 정리 5.3.11에 의해 2차 정사각행렬은 대각화 가능하다. 판별식 D의 값에 따라 고윳값의 개수가 결정되므로 대각화 가능성은 다음과 같다.

F	$\mathbb{R}$	$\mathbb{C}$
$D>0$	대각화 가능	대각화 가능
$D=0$	알 수 없음	알 수 없음
$D<0$	대각화 불가능	대각화 가능

정리 5.3.13 *체 F 위의 n차원 벡터공간 V 위에서 선형사상 $T: V \longrightarrow V$의 서로 다른 고윳값 $\lambda_1, \cdots, \lambda_r$에 대응하는 T의 고유공간을 E_{λ_i}, 기하적 중복도를 $\dim E_{\lambda_i} = a_i$ $(1 \le i \le r)$이라 할 때, 다음은 동치이다.*

(1) T가 대각화 가능
$\Leftrightarrow$ (2) T의 고유벡터로 된 기저 $\mathscr{B}$가 존재
$\Leftrightarrow$ (3) T의 고유다항식은 $P_T(x) = (x-\lambda_1)^{a_1}\cdots(x-\lambda_r)^{a_r}$이다.
즉, λ_i의 (대수적 중복도) = (기하적 중복도)
$\Leftrightarrow$ (4) E_{λ_i} $(1 \le i \le r)$의 기저가 $\mathscr{B}_i$이면, $\mathscr{B}_1 \cup \cdots \cup \mathscr{B}_r$이 V의 기저
$\Leftrightarrow$ (5) $\dim E_{\lambda_1} + \cdots + \dim E_{\lambda_r} = n$
$\Leftrightarrow$ (6) $V = E_{\lambda_i} \oplus \cdots \oplus E_{\lambda_r}$
$\Leftrightarrow$ (7) 임의의 V의 기저 $\mathscr{B}$에 대하여, $[T]_{\mathscr{B}}$가 대각화 가능

(증명) (1) $\Leftrightarrow$ (2) 정리 5.3.4에 의해 성립하다.

(1) $\Rightarrow$ (3) T가 대각화 가능하다고 하자. 그러면 (2)에 의해 T의 고유벡터로 된 기저

$$\mathscr{B} = \{\overbrace{\mathbf{v}_{11}, \cdots, \mathbf{v}_{1a_1}}^{\text{고윳값 } \lambda_1}, \overbrace{\mathbf{v}_{21}, \cdots, \mathbf{v}_{2a_2}}^{\text{고윳값 } \lambda_2}, \cdots, \overbrace{\mathbf{v}_{r_1}, \cdots \mathbf{v}_{ra_r}}^{\text{고윳값 } \lambda_r}\},\ a_1 + a_2 + \cdots + a_r = n$$

이 존재한다. 그러면, 기저 $\mathscr{B}$에 대한 T의 행렬은

$$[T]_{\mathscr{B}} = \begin{pmatrix} \overbrace{\lambda_1 & \cdots & 0}^{a_1\text{개}} & \overbrace{0 & \cdots & 0}^{a_2\text{개}} & \cdots & \overbrace{0 & \cdots & 0}^{a_r\text{개}} \\ \vdots & \ddots & \vdots & \vdots & & \vdots & & \vdots & & \vdots \\ 0 & \cdots & \lambda_1 & 0 & \cdots & 0 & \cdots & 0 & \cdots & 0 \\ 0 & \cdots & 0 & \lambda_2 & \cdots & 0 & \cdots & 0 & \cdots & 0 \\ \vdots & & \vdots & \vdots & \ddots & \vdots & & \vdots & & \vdots \\ 0 & \cdots & 0 & 0 & \cdots & \lambda_2 & \cdots & 0 & \cdots & 0 \\ \vdots & & \vdots & \vdots & & \vdots & \ddots & \vdots & & \vdots \\ 0 & \cdots & 0 & 0 & \cdots & 0 & \cdots & \lambda_r & \cdots & 0 \\ \vdots & & \vdots & \vdots & & \vdots & & \vdots & \ddots & \vdots \\ 0 & \cdots & 0 & 0 & \cdots & 0 & \cdots & 0 & \cdots & \lambda_r \end{pmatrix}$$

이다. 따라서 T의 고유다항식은

$$P_T(x) = |xI_n - [T]_{\mathscr{B}}| = (x-\lambda_1)^{a_1}(x-\lambda_2)^{a_2}\cdots(x-\lambda_r)^{a_r}$$

이다. 그러므로 T의 고윳값 $\lambda_i (1 \le i \le r)$의 대수적 중복도를 m_i라 하면, 고유치가 서로 다르고 $a_1 + a_2 + \cdots + a_r = n$이므로, $m_i = a_i$ $(1 \le i \le r)$이어야 한다. 한편 $\mathbf{v}_{i1}, \cdots, \mathbf{v}_{ia_i} \in E_{\lambda_i}(1 \le$

$i \le r$)는 1차독립이므로, 기하적 중복도 dim E_{λ_i}는 $a_i \le \dim E_{\lambda_i} (1 \le i \le r)$이다. 즉,

$$m_i = a_i \le \dim E_{\lambda_i}\ (1 \le i \le r)$$

이다. 또한 정리 5.2.9에 의해

$$\dim E_{\lambda_i} \le m_i\ (1 \le i \le r)$$

이므로 $m_i = \dim E_{\lambda_i} (1 \le i \le r)$이어야 한다.

(3) $\Rightarrow$ (2) λ_i의 대수적 중복도와 기하적 중복도가 같다고 하자. 또, 각 고유공간 E_{λ_i} ($1 \le i \le r$)의 기저를

$$\mathbf{v}_{i1},\ \cdots,\ \mathbf{v}_{ia_i}\ (1 \le i \le r)$$

라 하자. 그리고 이 기저들의 합집합

$$\mathscr{B} = \{\overbrace{\mathbf{v}_{11},\ \cdots,\ \mathbf{v}_{1a_1}}^{E_{\lambda_1}\text{의 기저}},\ \overbrace{\mathbf{v}_{21},\ \cdots,\ \mathbf{v}_{2a_2}}^{E_{\lambda_2}\text{의 기저}},\ \cdots,\ \overbrace{\mathbf{v}_{r1},\ \cdots\ \mathbf{v}_{ra_r}}^{E_{\lambda_r}\text{의 기저}}\}$$

이 V의 기저임을 보이자. 먼저 대수적 중복도와 기하적 중복도가 같으므로, T의 고유다항식은

$$P_T(x) = |xI_n - [T]_{\mathscr{B}}| = (x-\lambda_1)^{a_1}(x-\lambda_2)^{a_2}\cdots(x-\lambda_r)^{a_r}$$

이 되고 n차 다항식이다. 따라서 $a_1 + a_2 + \cdots + a_r = n$이어야 한다.

r에 관한 수학적 귀납법을 이용하자. $\mathscr{B}$가 1차독립임을 보이면, 기저 판정조건(정리 3.4.11)에 의해 V의 고유벡터로 된 기저가 된다.

$r=1$인 경우. E_{λ_1}의 기저

$$\mathscr{B}_{\lambda_1} = \{\mathbf{v}_{11},\ \mathbf{v}_{12},\ \cdots,\ \mathbf{v}_{1a_1}\}$$

은 1차독립이고, $a_1 = n$이므로 $\mathscr{B}_{\lambda_1}$은 V의 고유벡터로 된 기저이다.

$r-1$인 경우 1차독립이라 하자. 스칼라 $x_{ij} \in F(1 \le i \le r,\ 1 \le j \le a_k)$ $(k = 1, 2, \cdots, r)$에 대하여

$$(x_{11}\mathbf{v}_{11} + \cdots + x_{1a_1}\mathbf{v}_{1a_1}) + \cdots + (x_{r1}\mathbf{v}_{r1} + \cdots + x_{ra_r}\mathbf{v}_{ra_r}) = \mathbf{0} \cdots\cdots ①$$

라 하면, T가 선형사상이므로

$$T(x_{11}\mathbf{v}_{11} + \cdots + x_{1a_1}\mathbf{v}_{1a_1}) + \cdots + T(x_{r1}\mathbf{v}_{r1} + \cdots + x_{ra_r}\mathbf{v}_{ra_r}) = T(\mathbf{0}) = \mathbf{0}$$

이고,

$$(x_{11}\lambda_1\mathbf{v}_{11} + \cdots + x_{1a_1}\lambda_1\mathbf{v}_{1a_1}) + \cdots + (x_{r1}\lambda_r\mathbf{v}_{r1} + \cdots + x_{ra_r}\lambda_r\mathbf{v}_{ra_r}) = \mathbf{0} \cdots\cdots ②$$

이다. 한편 ②$-\lambda_r$①을 계산하면

$$\begin{aligned} &x_{11}(\lambda_1-\lambda_r)\mathbf{v}_{11}+\cdots+x_{1a_1}(\lambda_1-\lambda_r)\mathbf{v}_{1a_1}+\cdots \\ &\qquad +x_{(r-1)1}(\lambda_{r-1}-\lambda_r)\mathbf{v}_{(r-1)1}+\cdots+x_{(r-1)a_{r-1}}(\lambda_{r-1}-\lambda_r)\mathbf{v}_{(r-1)a_{r-1}}=\mathbf{0} \end{aligned}$$

이다. 귀납가정에서 $\mathbf{v}_{11}, \cdots, \mathbf{v}_{1a_1}, \cdots, \mathbf{v}_{(r-1)1}, \cdots \mathbf{v}_{(r-1)a_r}$이 1차독립이므로

$$\begin{aligned} &x_{11}(\lambda_1-\lambda_r)=\cdots=x_{1a_1}(\lambda_1-\lambda_r)=\cdots \\ &\qquad =x_{(r-1)1}(\lambda_{r-1}-\lambda_r)=\cdots=x_{(r-1)a_{r-1}}(\lambda_{r-1}-\lambda_r)=\mathbf{0} \end{aligned}$$

이다. 또한 $\lambda_i\ (1\le i\le r)$가 서로 다르므로

$$x_{ij}=0,\ (1\le i\le r-1,\ 1\le j\le a_k)\ (k=1,2,\cdots,r-1)$$

이다. 그러면 ①식에서

$$x_{r1}\mathbf{v}_{r1}+\cdots+x_{ra_r}\mathbf{v}_{ra_r}=\mathbf{0}$$

이고, $\mathbf{v}_{r1},\cdots,\mathbf{v}_{ra_r}$가 1차독립이므로

$$x_{r1}=\cdots=x_{ra_r}=0$$

이 되어 $\mathscr{B}$는 1차독립이다. 따라서 $\mathscr{B}$는 V의 고유벡터로 된 기저가 된다.

(2) ⇔ (4) 이것은 서술형태만 바꾼 것으로 분명히 성립한다.

(3) ⇔ (5) T의 고유다항식의 정의에 의해 성립한다.

나머지 증명은 연습문제로 남긴다. ■

예 5.3.14 행렬 $A=\begin{pmatrix}2&-1&-1\\1&0&-1\\-1&1&2\end{pmatrix}$의 대각화 가능성을 판단하라.

(풀이) A의 고유다항식은

$$\begin{aligned} P_A(x)&=\begin{vmatrix}x-2&1&1\\-1&x&1\\1&-1&x-2\end{vmatrix}=\begin{vmatrix}x-2&1&1\\-x+1&x-1&0\\1&-1&x-2\end{vmatrix} \\ &=\begin{vmatrix}x-1&1&1\\0&x-1&0\\0&-1&x-2\end{vmatrix}=(x-1)\begin{vmatrix}x-1&0\\-1&x-2\end{vmatrix}=(x-1)^2(x-2) \end{aligned}$$

이므로 고윳값은 1(중근), 2이다. 기하적 중복도는 항상 1이상이므로, 중근을 갖는 고윳값 1의 기하적 중복도(dim E_1)만 계산하면 된다.

$$\begin{aligned} E_1 &= \left\{ \begin{pmatrix} x \\ y \\ z \end{pmatrix} \in \mathbb{R}^3 \,\middle|\, \begin{pmatrix} -1 & 1 & 1 \\ -1 & 1 & 1 \\ 1 & -1 & -1 \end{pmatrix} \begin{pmatrix} x \\ y \\ z \end{pmatrix} = \begin{pmatrix} 0 \\ 0 \\ 0 \end{pmatrix} \right\} \\ &= \left\{ \begin{pmatrix} x \\ y \\ z \end{pmatrix} \in \mathbb{R}^3 \,\middle|\, x = y+z \right\} \\ &= \left\{ s \begin{pmatrix} 1 \\ 1 \\ 0 \end{pmatrix} + t \begin{pmatrix} 1 \\ 0 \\ 1 \end{pmatrix} \,\middle|\, s,\, t \in \mathbb{R} \right\} = \left\langle \begin{pmatrix} 1 \\ 1 \\ 0 \end{pmatrix}, \begin{pmatrix} 1 \\ 0 \\ 1 \end{pmatrix} \right\rangle \end{aligned}$$

가 되어 1의 대수적 중복도(2)와 기하적 중복도(2)가 일치하므로 A는 대각화 가능하다.

임용시험 출제 5.3.15 [1999학년도]

2차 행렬 $A = \begin{pmatrix} -5 & 9 \\ -6 & 10 \end{pmatrix}$에 대하여 $P^{-1}AP$가 대각행렬인 가역행렬 P를 구하라.

임용시험 출제 5.3.16 [2007학년도] 행렬

$$A = \begin{pmatrix} \cos\theta & -\sin\theta \\ \sin\theta & \cos\theta \end{pmatrix}$$

가 대각화 가능함을 보이고, $P^{-1}AP$가 대각행렬이 되는 P를 구하라.

임용시험 출제 5.3.17 [2011학년도] 실수체 $\mathbb{R}$ 위의 정사각행렬 A에 대하여, 다음 중 옳은 것을 모두 고르면?

ㄱ. A가 정칙행렬이면 대각화 가능하다.

ㄴ. A^T가 대각화 가능하면 A도 대각화 가능하다.

ㄷ. 선형사상 $T : \mathbb{R}^3 \to \mathbb{R}^3$, $T(x,\, y,\, z) = (x,\, x+y,\, y+z)$의 $\mathbb{R}^3$의 표준기저(standard basis)에 대한 행렬은 대각화 가능하다.

연 습 문 제 (5.3)

1. 정리 5.3.13의 나머지 부분을 증명하라.

2. 실수체 $\mathbb{R}$ 위에서 다음 행렬 A가 대각화 가능한 행렬인지를 판정하라. 또, A가 대각화 가능한 행렬인 경우에 $P^{-1}AP = D$인 가역행렬 P와 대각행렬 D를 구하라.

(1) $A = \begin{pmatrix} 1 & 2 \\ 0 & 3 \end{pmatrix}$ (2) $A = \begin{pmatrix} 0 & 0 & 1 \\ 1 & 0 & 0 \\ 0 & 0 & 0 \end{pmatrix}$

(3) $A = \begin{pmatrix} 2 & 1 & 0 \\ 3 & 2 & 0 \\ 0 & 0 & 4 \end{pmatrix}$ (4) $A = \begin{pmatrix} 0 & -2 & -3 \\ 1 & 3 & 3 \\ 0 & 0 & 1 \end{pmatrix}$

3. 실수체 $\mathbb{R}$ 위의 2차 대칭행렬 $\begin{pmatrix} a & b \\ b & d \end{pmatrix}$는 항상 대각화 가능함을 증명하라.

4. 다음 행렬의 고윳값의 대수적 중복도와 기하적 중복도를 구하여 대각화 가능성을 판정하라.

$$A = \begin{pmatrix} 1 & 1 & 2 \\ 1 & 1 & -1 \\ 3 & -3 & 0 \end{pmatrix}$$

5. 실수체 $\mathbb{R}$ 위의 다음 행렬이 대각화 가능한 행렬이 되도록 a, b의 값을 정하라.

(1) $A = \begin{pmatrix} 2 & 0 & 0 \\ a & 2 & 0 \\ 0 & b & 5 \end{pmatrix}$ (2) $A = \begin{pmatrix} 1 & a & 0 \\ 0 & 1 & b \\ 0 & 0 & 3 \end{pmatrix}$

(3) $A = \begin{pmatrix} 0 & 0 & 0 \\ a & 0 & 0 \\ 0 & b & 0 \end{pmatrix}$ (4) $A = \begin{pmatrix} 2 & a & 0 \\ 0 & 2 & b \\ 0 & 0 & 2 \end{pmatrix}$

6. 실수체 $\mathbb{R}$ 위에서 다음 선형사상 T의 고윳값을 구하고, 대각화 가능하면 T를 대각화하는 한 기저를 구하라.

(1) $T : \mathbb{R}^2 \to \mathbb{R}^2$, $T(x,\ y) = (x+2y,\ 3x+2y)$

(2) $T : \mathbb{R}^2 \to \mathbb{R}^2$, $T(x,\ y) = (3x+4y,\ 2x+y)$

(3) $T : \mathbb{R}^3 \to \mathbb{R}^3$, $T(x,\ y,\ z) = (2x,\ y,\ x+y+z)$

(4) $T : \mathbb{R}^3 \to \mathbb{R}^3$, $T(x,\ y,\ z) = (x+y-z,\ y,\ 2y+z)$

7. 실수체 $\mathbb{R}$ 위의 선형사상 $T : \mathbb{R}[x]_2 \to \mathbb{R}[x]_2$에 대해

$$T(1) = x, \quad T(x) = 3, \quad T(x^2) = 1+x$$

일 때, 선형사상 T의 대각화가능성을 판단하고, 가능하면 대각화하는 기저 한 쌍을 구하라.

8. 체 F 위의 n차원 벡터공간 V에서 선형사상 $T : V \to V$가 대각화 가능한 선형사상일 때, 임의의 양의 정수 m에 대하여 선형사상 T^m도 대각화가능한 선형사상임을 증명하라.

9. 체 F 위의 $n(\geq 2)$차원 벡터공간 V 위에서 선형사상 $T : V \to V$에 대하여 λ_1, λ_2를 T의 서로 다른 고윳값이라 하고 E_1, E_2를 각각 고윳값 λ_1, λ_2에 대응하는 T의 고유공간이라고 할 때, $\dim_F E_1 = n-1$이면 $\dim_F E_2 = 1$이고 또 T는 대각화 가능한 선형사상임을 밝혀라.

10. 실수체 $\mathbb{R}$ 위의 행렬 $A = \begin{pmatrix} 1 & 1 \\ 2 & 0 \end{pmatrix}$에 대하여 다음 물음에 답하라.

(1) A의 역행렬 A^{-1}의 고윳값과 고유공간을 구하라.
(2) A^{-10}을 구하라.

11. 실수체 $\mathbb{R}$ 위의 행렬 $A = \begin{pmatrix} 1 & 0 & 0 \\ 1 & 2 & 3 \\ -1 & 0 & -1 \end{pmatrix}$에 대하여 A^{50}의 고윳값과 고유공간을 구하라.

12. 실수체 $\mathbb{R}$ 위의 행렬 $A = \begin{pmatrix} 1 & 0 & 0 \\ 1 & 0 & 1 \\ 0 & 1 & 0 \end{pmatrix}$에 대해 $A^n = A^{n-2} + A^2 - I (n \geq 3)$임을 보이고, A^{100}을 구하라.

13. 벡터공간 $\mathbb{R}^3$ 위의 선형사상 $T : \mathbb{R}^3 \to \mathbb{R}^3$, $T(x, y, z) = (x, x+2y, y+2z)$에 대하여 다음 물음에 답하라.

(1) $\mathbb{R}^3$의 기저 $\mathscr{B} = \{(1, 0, 1), (0, 1, 1), (1, -1, 1)\}$에 대한 행렬 $[T]_{\mathscr{B}}$를 구하라.
(2) $[T]_{\mathscr{B}}$를 대각화하는 행렬 P를 구하라.

14. 벡터공간 $\mathbb{R}^2$ 위의 선형사상 T가 $T(x, y) = (x+y, x+y)$로 주어질 때, 다음 물음에 답하시오.

(1) 표준기저 $\mathscr{B} = \{(1, 0), (0, 1)\}$에 대한 행렬 $[T]_{\mathscr{B}}$를 구하라.
(2) $T^{10}(x, y)$를 구하라.

15. 실수 $\mathbb{R}$ 위의 벡터공간 $\mathbb{R}^2$에서의 선형사상이 $T(x, y) = (x+2y, 2x+y)$로 주어질 때, $T^{-10}(x, y)$을 구하시오.

16. $T : \mathbb{R}^3 \to \mathbb{R}^3$에 대하여 $T(x, y, z) = (3x-y, -x+2y-z, 3z-y)$이고 $\mathbb{R}^3$의 한 기저를 $\mathscr{B}$라 할 때, $([T]_{\mathscr{B}})^{100}$을 구하라.

17. 체 F 위의 정사각행렬 A가 대각화 가능한 행렬일 때, 다음이 성립함을 밝혀라.

(1) 임의의 양의 정수 m에 대하여 행렬 A^m은 대각화 가능한 행렬이다.

(2) A^T는 대각화 가능한 행렬이다.

(3) A가 가역행렬이면, A^{-1}는 대각화 가능한 행렬이다.

18. 3차 정사각행렬 $A = \begin{pmatrix} 4 & 0 & 1 \\ 2 & 3 & 2 \\ 1 & 0 & 4 \end{pmatrix}$에 대하여 다음 물음에 답하라.

(1) A의 고윳값 λ를 구하라.

(2) 각 고윳값 λ에 대해서 $\text{rank}(\lambda I - A)$를 구하라.

(3) A는 대각화가능한가?

19. A가 대각화가능한 행렬이면, $\text{rank}(A)$는 A의 0이 아닌 고윳값의 개수임을 증명하라.

20. 실수 $\mathbb{R}$ 성분 3차 정사각행렬 A의 고유다항식이 $x^3 + x^2 - 2x$일 때, 다음 물음에 답하라.

(1) A의 대각성분의 합을 구하라.

(2) A의 행렬식의 값을 구하라.

(3) A^2의 모든 고윳값의 합을 구하라.

21. 행렬 A의 고유다항식을 $P_A(x) = (x-4)(x-2)^2(x-1)^3$이라 할 때, 다음 각 물음에 답하라.

(1) A의 행렬식의 값을 구하라.

(2) $\text{tr}(A)$를 구하라.

(3) A가 대각화가능하다면 A의 고유공간들의 차원은 얼마인가?

(4) 일차독립인 벡터 $\{\mathbf{v_1}, \mathbf{v_2}, \mathbf{v_3}\}$가 같은 고윳값에 대응하는 A의 고유벡터라면, 그 고윳값은 무엇인가?

22. 유한차원 F-벡터공간 V 위의 두 선형사상 $T, S : V \to V$에 대하여, V의 적당한 기저 $\mathscr{B}$에 관한 행렬 $[T]_{\mathscr{B}}$, $[S]_{\mathscr{B}}$가 모두 대각행렬일 때, T와 S는 **동시에 대각화 가능**한 선형사상이라고 한다. 이때 T, S가 동시에 대각화 가능한 선형사상이면, $T \circ S = S \circ T$임을 증명하라.

5.4 불변부분공간과 최소다항식

이 절에서는 벡터공간의 선형사상에 의해 정해지는 특별한 부분공간에 대하여 다룬다.

정의 5.4.1 [*불변부분공간(invariant subspace, 不變 部分空間), 축소사상(restriction, 縮小寫像)*]

체 F 위의 벡터공간 V 위에서 선형사상 $T: V \to V$와 V의 부분공간 W에 대하여

W가 T-**불변부분공간**	$\overset{\text{정의}}{\Longleftrightarrow}$	$\mathbf{w} \in W$이면 $T(\mathbf{w}) \in W$. 즉, $T(W) < W$
선형사상 T_W가 T의 W에 관한 **축소사상**	$\overset{\text{정의}}{\Longleftrightarrow}$	W가 T-불변부분공간이고, $T_W: W \longrightarrow W, \quad (T_W(\mathbf{w}) = T(\mathbf{w}))$

예 5.4.2 V 위에서 선형사상 $T: V \to V$에 대하여 V의 자명한 부분공간 $\{\mathbf{0}\}$과 V는 T-불변부분공간이다.

예 5.4.3 체 F위의 벡터공간 V 위에서 선형사상 $T: V \to V$에 대하여 다음이 성립한다.

(1) V의 부분공간 W가 T-불변부분공간이고 1차원이면, T의 고윳값 λ가 존재하고, W는 λ에 대응하는 고유공간 E_λ의 부분공간이다.

(2) $\lambda \in F$가 T의 고윳값이면, λ에 대응하는 고유공간 E_λ는 T-불변부분공간이다.

(풀이) (1) W가 1차원 부분공간이므로 기저 $\mathbf{0} \neq \mathbf{w} \in W$가 존재해서

$$W = \langle \mathbf{w} \rangle = \{a\mathbf{w} \mid a \in F\}$$

이다. W가 T-불변부분공간이므로 $T(\mathbf{w}) \in W$, 즉, $\lambda \in F$가 존재해서

$$T(\mathbf{w}) = \lambda \mathbf{w}$$

이다. 그러면 λ는 T의 고윳값이고, W의 생성원 $\mathbf{w}$는 λ에 대응하는 고유벡터이다.

한편 임의의 벡터 $a\mathbf{w} \in W$에 대하여

$$T(a\mathbf{w}) = aT(\mathbf{w}) = a(\lambda \mathbf{w}) = \lambda(a\mathbf{w})$$

이다. 그러므로 $a\mathbf{w} \in E_\lambda$이다. 따라서 $W < E_\lambda$이다.

(2) 임의의 벡터 $\mathbf{v} \in E_\lambda$에 대하여

$$T(\mathbf{v}) = \lambda \mathbf{v} \in E_\lambda$$

이므로, E_λ는 T-불변부분공간이다.

예 5.4.4 실수체 $\mathbb{R}$ 위에서 다항식 벡터공간 $\mathbb{R}[x]$ 위에서 선형사상 $T:\mathbb{R}[x]\to\mathbb{R}[x]$와 부분공간 $\mathbb{R}[x]_2=\{a+bx+cx^2 \mid a,\, b,\, c\in\mathbb{R}\}$에 대하여, 다음이 성립한다.

(1) $T(f(x))=f'(x)$인 선형사상이면, $T(\mathbb{R}[x]_2)<\mathbb{R}[x]_2$이므로, $\mathbb{R}[x]_2$는 T-불변부분공간이다.

(2) $T(f(x))=xf(x)$인 선형사상이면, $T(\mathbb{R}[x]_2)\not<\mathbb{R}[x]_2$이므로, $\mathbb{R}[x]_2$는 T-불변부분공간이 아니다.

정리 5.4.5 *F-벡터공간 V 위의 선형사상 $T,\, S:V\longrightarrow V$와 스칼라 $\lambda\in F$에 대하여 다음이 성립한다.*

(1) $T\circ S=S\circ T$이면, $\mathrm{Ker}(S),\ \mathrm{Im}(S)$는 T-불변부분공간이다.

(2) $\mathrm{Ker}(T),\ \mathrm{Im}(T),\ \mathrm{Ker}(\lambda I-T),\ \mathrm{Im}(\lambda I-T)$는 T-불변부분공간이다.

(3) F 위의 다항식 $f(x)=a_0+a_1x+\cdots+a_nx^n$에 대하여 선형사상

$$f(T)=a_0I_V+a_1T+\cdots+a_nT^n$$

의 핵 $\mathrm{Ker}(f(T))$와 상 $\mathrm{Im}(f(T))$는 T-불변부분공간이다.

(증명) (1) 임의의 $\mathbf{w}\in\mathrm{Ker}(S)$에 대하여,

$$S(T(\mathbf{w}))=T(S(\mathbf{w}))=T(\mathbf{0})=\mathbf{0}$$

이므로 $T(\mathbf{w})\in\mathrm{Ker}(S)$이고, 따라서 $\mathrm{Ker}(S)$는 T-불변부분공간이다.

또한, 임의의 $\mathbf{w}\in\mathrm{Im}(S)$에 대하여, 적당한 $\mathbf{v}\in V$가 존재하여 $\mathbf{w}=S(\mathbf{v})$이고,

$$T(\mathbf{w})=T(S(\mathbf{v}))=S(T(\mathbf{w}))\in\mathrm{Im}(S)$$

이므로 $\mathrm{Im}(S)$는 T-불변부분공간이다.

(2) $T\circ T=T\circ T$이므로, (1)에 의해 $\mathrm{Ker}(T),\ \mathrm{Im}(T)$는 T-불변부분공간이다.

또한,

$$T\circ(\lambda I-T)=\lambda T-T\circ T=(\lambda I-T)\circ T$$

이므로, (1)에 의해 $\mathrm{Ker}(\lambda I-T),\ \mathrm{Im}(\lambda I-T)$는 T-불변부분공간이다.

(3) F 위의 선형사상 $f(T)$에 대한 함수의 합성의 성질을 이용하면,

$$T\circ f(T)=a_0T+a_1T^2+\cdots+a_nT^{n+1}=f(T)\circ T$$

이므로, (1)에 의해 $f(T)$의 핵 $\mathrm{Ker}(f(T))$와 상 $\mathrm{Im}(f(T))$는 T-불변부분공간이다. ■

정리 5.4.6 *n차원 F-벡터공간 V 위의 선형사상 $T : V \longrightarrow V$에 대하여 V의 부분공간 $W \neq \{\mathbf{0}\}$가 T-불변부분공간일 때, T의 고유다항식 $P_T(x)$와 T의 W에 대한 축소사상 $T_W : W \longrightarrow W$의 고유다항식 $P_{T_W}(x)$에 대하여 다음이 성립한다.*

$\boxed{P_{T_W}(x) | P_T(x)}$ 즉, T_W의 고유다항식 $P_{T_W}(x)$는 T의 고유다항식 $P_T(x)$의 인수

(증명) 먼저 $V = W$인 경우에는 $P_{T_W}(x) = P_T(x)$이다.

다음에 $\{\mathbf{0}\} \neq W \lneq V$일 때, $\dim W = r$이라 하고, $\mathscr{B} = \{\mathbf{v}_1, \cdots, \mathbf{v}_r\}$을 W의 기저라 하자. 그러면 기저확장정리에 의해 적당한 벡터 $\mathbf{v}_{r+1}, \cdots, \mathbf{v}_n$이 존재하여
$\mathscr{C} = \{\mathbf{v}_1, \cdots, \mathbf{v}_r, \mathbf{v}_{r+1}, \cdots, \mathbf{v}_n\}$이 V의 기저이다.

한편 W가 T-불변부분공간이므로, T의 W에 대한 축소사상 T_W의 정의에 의해

$$T(\mathbf{v}_1) = T_W(\mathbf{v}_1), \quad \cdots \quad , \quad T(\mathbf{v}_r) = T_W(\mathbf{v}_r) \in W$$

이다. 따라서 적당한 스칼라 a_{ij}, b_{ij}, $c_{ij} \in F$에 대하여

$$\begin{aligned}
T(\mathbf{v}_1) &= a_{11}\mathbf{v}_1 + \cdots + a_{r1}\mathbf{v}_r + 0\mathbf{v}_{r+1} + \cdots + 0\mathbf{v}_n = T_W(\mathbf{v}_1) \\
&\vdots \\
T(\mathbf{v}_r) &= a_{1r}\mathbf{v}_1 + \cdots + a_{rr}\mathbf{v}_r + 0\mathbf{v}_{r+1} + \cdots + 0\mathbf{v}_n = T_W(\mathbf{v}_r) \\
T(\mathbf{v}_{r+1}) &= b_{11}\mathbf{v}_1 + \cdots + b_{r1}\mathbf{v}_r + c_{11}\mathbf{v}_{r+1} + \cdots + c_{(n-r)1}\mathbf{v}_n \\
&\vdots \\
T(\mathbf{v}_n) &= b_{1(n-r)}\mathbf{v}_1 + \cdots + b_{r(n-r)}\mathbf{v}_r + c_{1(n-r)}\mathbf{v}_{r+1} + \cdots + c_{(n-r)(n-r)}\mathbf{v}_n
\end{aligned}$$

이므로, $A = (a_{ij})_{r\times r}$, $B = (b_{ij})_{r\times(n-r)}$, $\mathbb{O} = (0)_{(n-r)\times r}$, $C = (c_{ij})_{(n-r)\times(n-r)}$이라 하면,

$$[T]_{\mathscr{C}} = \begin{pmatrix} A & B \\ \mathbb{O} & C \end{pmatrix}, \quad [T_W]_{\mathscr{B}} = A$$

이다. 따라서 $P_{T_W}(x) = \left|xI_r - [T_W]_{\mathscr{B}}\right| = \left|xI_r - A\right|$이고, 다음이 성립한다(정리 2.5.15).

$$\begin{aligned}
P_T(x) = \left|xI_r - [T]_{\mathscr{C}}\right| &= \begin{vmatrix} xI_r - A & -B \\ \mathbb{O} & xI_{n-r} - C \end{vmatrix} \\
&= \left|xI_r - A\right|\left|xI_{n-r} - C\right| = P_{T_W}(x)\left|xI_{n-r} - C\right|
\end{aligned}$$

■

예 5.4.7 벡터공간 $\mathbb{R}^3$ 위에서 선형사상

$$T : \mathbb{R}^3 \longrightarrow \mathbb{R}^3, \quad T(x,\ y,\ z) = (x - y,\ 3x - 2y + z,\ 3z)$$

에 대하여 부분공간 $W = \{(a,\ b,\ 0) \mid a,\ b \in \mathbb{R}\}$은

$$T(a,\ b,\ 0) = (a-b,\ 3a-2b,\ 0) \in W$$

이므로, T-불변부분공간이다. 그리고 $\mathbb{R}^3$의 표준기저 $\mathscr{C} = \{e_1,\ e_2,\ e_3\}$에 대하여, $\mathscr{B} = \{e_1,\ e_2\}$는 W의 기저이다. 또한 다음이 성립한다.

$$\begin{aligned} T(e_1) &= T(1,\ 0,\ 0) = (1,\ 3,\ 0) &&= 1\cdot e_1 + 3\cdot e_2 + 0\cdot e_3 \\ T(e_2) &= T(0,\ 1,\ 0) = (-1,\ -2,\ 0) &&= -1\cdot e_1 + (-2)\cdot e_2 + 0\cdot e_3 \\ T(e_3) &= T(0,\ 0,\ 1) = (0,\ 1,\ 3) &&= 0\cdot e_1 + 1\cdot e_2 + 3\cdot e_3 \end{aligned}$$

이므로,

$$[T]_{\mathscr{C}} = \begin{pmatrix} 1 & -1 & 0 \\ 3 & -2 & 1 \\ 0 & 0 & 3 \end{pmatrix}, \quad [T_W]_{\mathscr{B}} = \begin{pmatrix} 1 & -1 \\ 3 & -2 \end{pmatrix}$$

이다. 따라서 T의 고유다항식은

$$P_T(x) = \left|xI_r - [T]_{\mathscr{C}}\right| = \begin{vmatrix} x-1 & 1 & 0 \\ -3 & x+2 & -1 \\ 0 & 0 & x-3 \end{vmatrix} = (x^2+x+1)(x-3)$$

이고, T_W의 고유다항식은 다음과 같다.

$$P_{T_W}(x) = \left|xI_r - [T_W]_{\mathscr{B}}\right| = \begin{vmatrix} x-1 & 1 \\ -3 & x+2 \end{vmatrix} = x^2+x+1$$

정의 5.4.8 [T-순환부분공간(T-cyclic subspace, 循環部分空間), 순환벡터(cyclic vector)]
유한차원 F-벡터공간 V 위에서 선형사상 $T : V \longrightarrow V$와 벡터 $\mathbf{0} \neq \mathbf{w} \in V$에 대하여

집합 $Z(\mathbf{w}, T)$는 $\mathbf{w}$에 의해 생성된 T-**순환부분공간**

$\overset{\text{정의}}{\Longleftrightarrow}$

$$\begin{aligned} Z(\mathbf{w}, T) &= \{f(T)(\mathbf{w}) \mid f(x) \in F[x]\} \\ &= \{a_0\mathbf{w} + a_1T(\mathbf{w}) + \cdots + a_nT^n(\mathbf{w}) \mid a_0,\ \cdots,\ a_n \in F,\ n = 0, 1, 2, \cdots\} \end{aligned}$$

V는 T-**순환벡터공간**,
$\mathbf{w}$는 T에 대한 V의 **순환벡터** $\overset{\text{정의}}{\Longleftrightarrow}$ $V = Z(\mathbf{w}, T)$

예 5.4.9 벡터공간 $\mathbb{R}^3$ 위에서 선형사상

$$T : \mathbb{R}^3 \longrightarrow \mathbb{R}^3, \quad T(x,\ y,\ z) = (x+y,\ -x+z,\ 2z)$$

에서 각 벡터 $\mathbf{u} = (1, 0, 0)$, $\mathbf{v} = (0, 1, 0)$, $\mathbf{w} = (0, 0, 1)$에 의해 생성된 T-순환부분공간을 구하라.

(풀이) (1) $Z(\mathbf{u}, T)$를 구하자.

$$\begin{aligned} \mathbf{u} &= (1, 0, 0), \\ T(\mathbf{u}) &= (1, -1, 0) = (1, 0, 0) - (0, 1, 0) = \mathbf{u} - (0, 1, 0), \\ T^2(\mathbf{u}) &= T(T(\mathbf{u})) = T(\mathbf{u} - (0, 1, 0)) = T(\mathbf{u}) - (1, 0, 0) = T(\mathbf{u}) - \mathbf{u} \end{aligned}$$

이므로, $\mathbf{u}$에 의해 생성된 T-순환부분공간 $Z(\mathbf{u}, T)$는

$$Z(\mathbf{u}, T) = \langle \mathbf{u},\ T(\mathbf{u}) \rangle = \langle (1, 0, 0),\ (1, -1, 0) \rangle$$

이고, 2차원 부분공간이 된다.

(2) $Z(\mathbf{v}, T)$를 구하자.

$$\begin{aligned} \mathbf{v} &= (0, 1, 0), \\ T(\mathbf{v}) &= (1, 0, 0), \\ T^2(\mathbf{v}) &= T(T(\mathbf{v})) = T(1, 0, 0) = (1, -1, 0) = (1, 0, 0) - (0, 1, 0) = T(\mathbf{v}) - \mathbf{v} \end{aligned}$$

이므로, $\mathbf{v}$에 의해 생성된 T-순환부분공간 $Z(\mathbf{v}, T)$는

$$Z(\mathbf{v}, T) = \langle \mathbf{v},\ T(\mathbf{v}) \rangle = \langle (0, 1, 0),\ (1, -1, 0) \rangle$$

이고, 2차원 부분공간이 된다.

(3) $Z(\mathbf{w}, T)$를 구하자.

$$\begin{aligned} \mathbf{w} &= (0, 0, 1), \\ T(\mathbf{w}) &= (0, 1, 2) = (0, 1, 0) + 2(0, 0, 1) = (0, 1, 0) + 2\mathbf{w}, \\ T^2(\mathbf{w}) &= T(T(\mathbf{w})) = T((0, 1, 0) + 2\mathbf{w}) = (1, 0, 0) + 2T(\mathbf{w}) = (1, 2, 4), \\ T^3(\mathbf{w}) &= T(T^2(\mathbf{w})) = T((1, 0, 0) + 2T(\mathbf{w})) = (1, -1, 0) + 2T^2(\mathbf{w}) \\ &= [2\mathbf{w} - 3T(\mathbf{w}) + T^2(\mathbf{w})] + 2T^2(\mathbf{w}) = 2\mathbf{w} - 3T(\mathbf{w}) + 3T^2(\mathbf{w}) \end{aligned}$$

이므로 $\mathbf{w}$에 의해 생성된 T-순환부분공간 $Z(\mathbf{w}, T)$는 다음 3차원 부분공간

$$Z(\mathbf{w}, T) = \left\langle \mathbf{w},\ T(\mathbf{w}),\ T^2(\mathbf{w}) \right\rangle = \langle (0, 0, 1),\ (0, 1, 2),\ (1, 2, 4) \rangle$$

이 되어 $\mathbb{R}^3$와 일치한다. 즉, $\mathbb{R}^3$는 $\mathbf{w}$가 순환벡터인 T-순환벡터공간이다.

n차원 F-벡터공간 V 위에서 선형사상 $T : V \longrightarrow V$와 벡터 $\mathbf{0} \neq \mathbf{w} \in V$에 대하여, 다음 $n+1$개의 벡터는 정리 3.4.7에 의하여 F 위에서 1차종속이다.

$$\mathbf{w},\ T(\mathbf{w}),\ \cdots,\ T^n(\mathbf{w})$$

그러므로 스칼라 $a_0,\ a_1,\ \cdots,\ a_n \in F\ (0 \neq a_i)$가 존재하여

$$a_0 I_V(\mathbf{w}) + a_1 T(\mathbf{w}) + \cdots + a_n T^n(\mathbf{w}) = \mathbf{0}$$

이다. 따라서 $f(x) = a_0 + a_1 x + a_2 x^2 + \cdots + a_n x^n \in F[x]$라 하면, $f(x) \neq 0$이고

$$f(T(\mathbf{w})) = a_0 I_V(\mathbf{w}) + a_1 T(\mathbf{w}) + \cdots + a_n T^n(\mathbf{w}) = \mathbf{0}$$

이다. 그러므로 $T(\mathbf{w})$를 근으로 갖는 1차 이상의 최저차 모닉다항식은 항상 존재한다.

정의 5.4.10 [T-최소다항식(T-minimum polynomial, T-最小多項式)]
n차원 F-벡터공간 V 위에서 선형사상 $T : V \longrightarrow V$와 벡터 $\mathbf{0} \neq \mathbf{w} \in V$에 대하여,

다항식 $m_{\mathbf{w},T}(x)$가 벡터 $\mathbf{w}$의 T-**최소다항식**

$\overset{\text{정의}}{\Longleftrightarrow}$ $m_{\mathbf{w},T}(x) \in F[x]$ $(\deg\ m_{\mathbf{w},T}(x) \geq 1)$는 '$m_{\mathbf{w},T}(T(\mathbf{w})) = \mathbf{0}$'인 최저차 모닉다항식

예 5.4.11 예 5.4.9와 같은 벡터공간 $\mathbb{R}^3$ 위에서 선형사상

$$T : \mathbb{R}^3 \longrightarrow \mathbb{R}^3, \quad T(x,\ y,\ z) = (x+y,\ -x+z,\ 2z)$$

에서 각 벡터 $\mathbf{u} = (1,\ 0,\ 0)$, $\mathbf{v} = (0,\ 1,\ 0)$, $\mathbf{w} = (0,\ 0,\ 1)$의 T-최소다항식을 구하라.

(풀이) 예 5.4.9의 풀이에서

$$\{\mathbf{u},\ T(\mathbf{u})\}, \quad \{\mathbf{v},\ T(\mathbf{v})\}, \quad \{\mathbf{w},\ T(\mathbf{w}),\ T^2(\mathbf{w})\}$$

는 1차독립이므로, 각각

$$Z(\mathbf{u},T) = \langle \mathbf{u},\ T(\mathbf{u}) \rangle$$
$$Z(\mathbf{v},T) = \langle \mathbf{v},\ T(\mathbf{v}) \rangle$$
$$Z(\mathbf{w},T) = \left\langle \mathbf{w},\ T(\mathbf{w}),\ T^2(\mathbf{w}) \right\rangle$$

의 기저이다. 또한

$$T^2(\mathbf{u}) = T(\mathbf{u}) - \mathbf{u}$$
$$T^2(\mathbf{v}) = T(\mathbf{v}) - \mathbf{v}$$
$$T^3(\mathbf{w}) = 3T^2(\mathbf{w}) - 3T(\mathbf{w}) + 2\mathbf{w}$$

이므로, 벡터 $\mathbf{u}$, $\mathbf{v}$, $\mathbf{w}$의 T-최소다항식은 각각 다음과 같다.

$$m_{\mathbf{u},T}(x) = x^2 - x + 1$$
$$m_{\mathbf{v},T}(x) = x^2 - x + 1$$
$$m_{\mathbf{w},T}(x) = x^3 - 3x^2 + 3x - 2$$

예 5.4.12 n차원 F-벡터공간 V에서 선형사상 $T : V \longrightarrow V$의 고윳값이 $\lambda \in F$일 때, $\mathbf{v} \in V$가 λ에 대응하는 T의 고유벡터라 하면, $\mathbf{v} \neq \mathbf{0}$이고

$$T(\mathbf{v}) = \lambda \mathbf{v}, \quad T(\mathbf{v}) - \lambda \mathbf{v} = \mathbf{0}$$

이므로, $\mathbf{v}$에 의해 생성된 T-순환부분공간은 $Z(\mathbf{v},T) = \langle \mathbf{v} \rangle = \{a\mathbf{v} \mid a \in F\}$이고, $\mathbf{v}$의 T-최소다항식은 $m_{\mathbf{v},T}(x) = x - \lambda$이다.

정리 5.4.13 *n차원 F-벡터공간 V 위의 선형사상 $T : V \longrightarrow V$에 대하여, 벡터 $\mathbf{0} \neq \mathbf{w} \in V$의 T-최소다항식*

$$m_{\mathbf{w},T}(x) = a_0 + a_1 x + a_2 x^2 + \cdots + a_{r-1} x^{r-1} + x^r \in F[x], \ (1 \leq r \leq n)$$

과 $\mathbf{w}$에 의해 생성된 T-순환부분공간 $Z(\mathbf{w},T)$에 대하여 다음이 성립한다.

(1) $Z(\mathbf{w},T)$는 T-불변부분공간이다.

(2) $\{\mathbf{w},\ T(\mathbf{w}),\ \cdots,\ T^{r-1}(\mathbf{w})\}$은 $Z(\mathbf{w},T)$의 기저이다. 즉, $\dim Z(\mathbf{w},T) = r$

(3) $T^r(\mathbf{w}) = -a_0 I_V(\mathbf{w}) - a_1 T(\mathbf{w}) - \cdots - a_{r-1} T^{r-1}(\mathbf{w})$

(증명) 연습문제로 남긴다. ■

정리 5.4.14 *n차원 F-벡터공간 V 위의 선형사상 $T : V \longrightarrow V$와 벡터 $\mathbf{0} \neq \mathbf{w} \in V$에 대하여, $W = Z(\mathbf{w},T)$를 $\mathbf{w}$에 의해 생성된 T-순환부분공간, $T_W : W \longrightarrow W$를 T의 W에 관한 축소사상이라 하자. 이때 벡터 $\mathbf{w}$의 T-최소다항식*

$$m_{\mathbf{w},T}(x) = a_0 + a_1 x + a_2 x^2 + \cdots + a_{r-1} x^{r-1} + x^r \in F[x], \ (1 \leq r \leq n)$$

에 대하여 다음이 성립한다.

(1) W의 기저 $\mathscr{B} = \{\mathbf{w},\ T(\mathbf{w}),\ \cdots,\ T^{r-1}(\mathbf{w})\}$에 관한 T_W의 행렬 $[T_W]_{\mathscr{B}}$는 $m_{\mathbf{w},T}(x)$의 동반행렬 $C_{m_{\mathbf{w},T}(x)}$와 일치한다. 즉,

$$[T_W]_{\mathscr{B}} = \begin{pmatrix} 0 & 0 & \cdots & 0 & -a_0 \\ 1 & 0 & \cdots & 0 & -a_1 \\ 0 & 1 & \cdots & 0 & -a_2 \\ \vdots & \vdots & \ddots & \vdots & \vdots \\ 0 & 0 & \cdots & 1 & -a_{r-1} \end{pmatrix} = C_{m_{\mathbf{w},T}(x)}$$

(2) 축소사상 T_W의 고유다항식은 $P_{T_W}(x) = m_{\mathbf{w},T}(x)$이다.

(3) 다항식 $P_T(x)$가 T의 고유다항식이면, $\boxed{m_{\mathbf{w},T}(x) | P_T(x)}$이다.
특히, V가 순환벡터공간 $Z(\mathbf{w},T)$이면, T의 고유다항식은 $P_T(x) = m_{\mathbf{w},T}(x)$

(증명) (1) 정리 5.4.13에 의해 $W = Z(\mathbf{w}, T)$는 T-불변부분공간이므로, 축소사상 T_W는 잘 정의된다. 그리고 W의 기저 $\mathscr{B} = \{\mathbf{w},\ T(\mathbf{w}),\ \cdots,\ T^{r-1}(\mathbf{w})\} \subset W$에 대하여

$$\begin{aligned}
T_W(\mathbf{w}) = T(\mathbf{w}) &= 0\cdot\mathbf{w} + 1\cdot T(\mathbf{w}) + 0\cdot T^2(\mathbf{w}) + \cdots + 0\cdot T^{r-1}(\mathbf{w})\\
T_W(T(\mathbf{w})) = T^2(\mathbf{w}) &= 0\cdot\mathbf{w} + 0\cdot T(\mathbf{w}) + 1\cdot T^2(\mathbf{w}) + \cdots + 0\cdot T^{r-1}(\mathbf{w})\\
&\ \ \vdots\\
T_W(T^{r-2}(\mathbf{w})) = T^{r-1}(\mathbf{w}) &= 0\cdot\mathbf{w} + 0\cdot T(\mathbf{w}) + \cdots + 0\cdot T^{r-2}(\mathbf{w}) + 1\cdot T^{r-1}(\mathbf{w})\\
T_W(T^{r-1}(\mathbf{w})) = T^{r}(\mathbf{w}) &= -a_0\mathbf{w} - a_1 T(\mathbf{w}) - \cdots - a_{r-2}\cdot T^{r-2}(\mathbf{w}) - a_{r-1}T^{r-1}(\mathbf{w})
\end{aligned}$$

이므로, 기저 $\mathscr{B}$에 관한 T_W의 행렬 $[T_W]_{\mathscr{B}}$는 $m_{\mathbf{w},T}(x)$의 동반행렬 $C_{m_{\mathbf{w},T}(x)}$와 같다.

(2) 축소사상 T_W의 고유다항식 $P_{T_W}(x)$는, (1)에 의해

$$P_{T_W}(x) = |xI_r - [T_W]_{\mathscr{B}}| = \left|xI_r - C_{m_{\mathbf{w},T}(x)}\right| = P_{C_{m_{\mathbf{w},T}(x)}}(x)$$

이다. 한편 정리 5.2.15에 의해, $m_{\mathbf{w},T}(x)$의 동반행렬 $C_{m_{\mathbf{w},T}(x)}$의 고유다항식 $P_{C_{m_{\mathbf{w},T}(x)}}(x)$는

$$P_{C_{m_{\mathbf{w},T}(x)}}(x) = \left|xI_r - C_{m_{\mathbf{w},T}(x)}\right| = m_{\mathbf{w},T}(x)$$

이다. 따라서 $P_{T_W}(x) = m_{\mathbf{w},T}(x)$이다.

(3) 정리 5.4.13에 의해 W는 T-불변부분공간이므로, 앞의 (2)와 정리 5.4.6에 의해, $m_{\mathbf{w},T}(x) | P_T(x)$이다.

특히, $V = Z(\mathbf{w}, T)$이면, $\deg(P_T(x)) = \deg(m_{\mathbf{w},T}(x))$이고 둘 다 모닉다항식이므로 $P_T(x) = m_{\mathbf{w},T}(x)$이다. ■

Cayley-Hamilton 정리(정리 5.1.16)에 의해 n차 정사각행렬 $A \in M_n(F)$의 고유다항식

$$P_A(x) = x^n + a_{n-1}x^{n-1} + \cdots + a_1 x + a_0$$

는 항상 A를 근으로 갖는다. 즉, $P_A(A) = \mathbb{O}$이다. 그러므로 행렬 A를 근으로 갖는 1차 이상의 최저차 모닉다항식은 항상 존재한다.

정의 5.4.15 [*최소다항식(minimum polynomial, 最小多項式)*]
n차 정사각행렬 $A \in M_n(F)$에 대하여

다항식 $m_A(x)$가 행렬 A의 **최소다항식**

$\overset{\text{정의}}{\Longleftrightarrow}$ $m_A(x) \in F[x]$ ($\deg m_A(x) \geq 1$)는 '$m_A(A) = \mathbb{O}$' 인 최저차 모닉다항식

※ A의 최소다항식 $m_A(x)$는 유일하다. 왜냐하면, $m_A(x)$와 $m'_A(x)$가 A의 최소다항식이라 하자. 그러면 최소차수의 정의에 의해 두 다항식의 차수는 같다. $f(x) = m_A(x) - m'_A(x)$이라

하면, 최소다항식은 모닉다항식이므로 $f(x)$의 차수는 $m_A(x)$의 차수보다 작다. 또한,

$$f(A) = m_A(A) - m'_A(A) = \mathbb{O} - \mathbb{O} = \mathbb{O}$$

이므로, A의 최소다항식은 정의에 의하여 $0 = f(x) = m_A(x) - m'_A(x)$이어야 한다. 그러므로 $m_A(x) = m'_A(x)$이다.

정리 5.4.16 *다항식 $f(x) \in F[x]$가 행렬 $A \in M_n(F)$를 근으로 갖는 다항식이면, A의 최소다항식 $m_A(x)$에 대하여 다음이 성립한다.*

> $m_A(x) | f(x)$. 즉, $m_A(x)$는 $f(x)$의 인수이다.
> 특히, A의 최소다항식 $m_A(x)$는 고유다항식 $P_A(x)$의 인수이다.

(증명) $m_A(x)$가 A를 근으로 갖는 최소다항식이므로, A를 근으로 갖는 다항식 $f(x)$의 차수는 $m_A(x)$의 차수 이상이다. 다항식의 나눗셈 알고리즘에 의해, 다항식 $g(x)$, $r(x) \in F[x]$가 존재해서

$$f(x) = m_A(x)g(x) + r(x), \quad (r(x) = 0 \text{ 또는 } 0 \leq \deg r(x) < \deg m_A(x))$$

이다. 그러면

$$\mathbb{O} = f(A) = m_A(A)g(A) + r(A) = \mathbb{O} \cdot g(A) + r(A) = r(A)$$

이다. 따라서 A의 최소다항식의 정의에 의해 $r(x) = 0$이어야 하고, $f(x) = m_A(x)g(x)$이다. 한편 케일리-해밀턴 정리에 의해 $P_A(A) = \mathbb{O}$이므로, $m_A(x) | P_A(x)$이다. ■

예 5.4.17 다음 실수체 $\mathbb{R}$ 위의 3차 정사각행렬의 최소다항식과 고유다항식을 구해보자.

$$A = \begin{pmatrix} 0 & 0 & 0 \\ 1 & 0 & 0 \\ 0 & 1 & 0 \end{pmatrix}, \quad B = \begin{pmatrix} 0 & 1 & 0 \\ 0 & 0 & 0 \\ 0 & 0 & 0 \end{pmatrix}, \quad C = \begin{pmatrix} 0 & 0 & 0 \\ 0 & 0 & 0 \\ 0 & 0 & 0 \end{pmatrix}$$

는 모두 멱영행렬이고, 최소다항식은 각각

$$m_A(x) = x^3, \quad m_B(x) = x^2, \quad m_C(x) = x$$

이며, 이들 행렬의 고유다항식은 모두 $P_A(x) = P_B(x) = P_C(x) = x^3$이다.

정리 5.4.18 *닮은행렬 A, $B \in M_n(F)$에 대하여 다음이 성립한다.*

> $m_A(x) = m_B(x)$. 즉, A, B는 같은 최소다항식을 갖는다.

(증명) $B=P^{-1}AP$인 가역행렬 $P\in M_n(F)$가 존재한다고 하자. 한편 A, B의 최소다항식 $m_A(x)$, $m_B(x)$에 대하여

$$m_A(A)=m_B(B)=\mathbb{O}$$

이다. 또한, 임의의 자연수 r에 대하여 $B^r=(P^{-1}AP)^r=P^{-1}A^rP$이므로

$$m_A(B)=m_A(P^{-1}AP)=P^{-1}m_A(A)P=P^{-1}\mathbb{O}P=\mathbb{O}$$
$$m_B(A)=m_B(PBP^{-1})=Pm_B(B)P^{-1}=P\mathbb{O}P^{-1}=\mathbb{O}$$

이다. 따라서

$$m_A(A)=m_B(A)=\mathbb{O},\quad m_B(B)=m_A(B)=\mathbb{O}$$

이므로, 정리 5.4.16에 의해

$$m_A(x)|m_B(x),\quad m_B(x)|m_A(x)$$

이고, $m_A(x)$, $m_B(x)$는 모닉다항식이므로 $m_A(x)=m_B(x)$이다. ■

정리 5.4.19 행렬 $A\in M_n(F)$와 스칼라 $\lambda\in F$에 대하여 다음이 성립한다.

$$m_A(\lambda)=0\quad\Longleftrightarrow\quad P_A(\lambda)=0.$$

즉, A의 최소다항식 $m_A(x)$와 고유다항식 $P_A(x)$는 같은 근을 갖는다.

(증명) 정리 5.4.16에 의해 다음이 성립한다.

$$P_A(x)=m_A(x)g(x),\ g(x)\in F[x]$$

($\Longrightarrow$) 위식에서 다음이 성립한다.

$$m_A(\lambda)=0\quad\Longrightarrow\quad P_A(\lambda)=m_A(\lambda)g(\lambda)=0g(\lambda)=0$$

($\Longleftarrow$) $P_A(\lambda)=0$이라 하자. 그러면 λ는 A의 고윳값이다. 따라서 λ에 대응하는 A의 고유벡터 $\mathbf{0}\neq X\in F^n$가 존재한다. 즉,

$$AX=\lambda X$$

이다. $m_A(x)=x^r+b_{r-1}x^{r-1}+\cdots+b_1x+b_0\in F[x]$라 하자. 그러면

$$\begin{aligned}\mathbf{0}=m_A(A)X&=(A^r+b_{r-1}A^{r-1}+\cdots+b_1A+b_0I_n)X\\&=A^rX+b_{r-1}A^{r-1}X+\cdots+b_1AX+b_0I_nX\\&=(\lambda^r+b_{r-1}\lambda^{r-1}+\cdots+b_1\lambda+b_0)X=m_A(\lambda)X\end{aligned}$$

이다. $X\neq\mathbf{0}$이므로 $m_A(\lambda)=0$이다. ■

따름정리 5.4.20 *n차 정사각행렬 $A \in M_n(F)$의 고유다항식 $P_A(x)$가 F 위에서 1차다항식의 곱*

$$P_A(x) = (x-\lambda_1)^{a_1}\cdots(x-\lambda_r)^{a_r}, \quad (a_i \geq 1,\ a_1+\cdots+a_r = n)$$

으로 인수분해된다고 하자 (단, $\lambda_1, \cdots, \lambda_r$은 서로 다른 고윳값 전체이다). 그러면 A의 최소다항식 $m_A(x)$에 대하여 다음이 성립한다.

$$m_A(x) = (x-\lambda_1)^{b_1}\cdots(x-\lambda_r)^{b_r},\ (1 \leq b_i \leq a_i,\ b_1+\cdots+b_r = \deg m_A(x) \leq n)$$

(증명) 정리 5.4.19에 의해 성립한다. ■

예 5.4.21 실수 체 $\mathbb{R}$ 위의 4차 정사각행렬

$$A = \begin{pmatrix} 1 & 0 & 0 & 0 \\ 1 & 1 & 0 & 0 \\ 0 & 0 & 1 & 0 \\ 0 & 0 & 0 & 1 \end{pmatrix}$$

에 대한 고유다항식과 최소다항식을 구해보자.

(풀이) A에 대한 고유다항식은

$$P_A(x) = |xI_4 - A| = \begin{vmatrix} x-1 & 0 & 0 & 0 \\ -1 & x-1 & 0 & 0 \\ 0 & 0 & x-1 & 0 \\ 0 & 0 & 0 & x-1 \end{vmatrix} = (x-1)^4$$

이다. 그러므로 A의 최소다항식은 따름정리 5.4.20에 의해,

$$(x-1), \quad (x-1)^2, \quad (x-1)^3, \quad (x-1)^4$$

중 하나이다. 그런데

$$A - I_4 = \begin{pmatrix} 0 & 0 & 0 & 0 \\ 1 & 0 & 0 & 0 \\ 0 & 0 & 0 & 0 \\ 0 & 0 & 0 & 0 \end{pmatrix}, \quad (A-I_4)^2 = \begin{pmatrix} 0 & 0 & 0 & 0 \\ 0 & 0 & 0 & 0 \\ 0 & 0 & 0 & 0 \\ 0 & 0 & 0 & 0 \end{pmatrix} = \mathbb{O}$$

이므로, A의 최소다항식은 $m_A(x) = (x-1)^2$이다.

보조정리 5.4.22 *체 F 위의 n차 정사각행렬 $A \in M_n(F)$의 서로 다른 모든 고윳값 $\lambda_1, \cdots, \lambda_r$ $(1 \le r \le n)$에 대하여, A의 최소다항식이*

$$m_A(x) = (x-\lambda_1)\cdots(x-\lambda_r)$$

(서로 다른 1차식으로 인수분해)이라 하고, 선형사상

$$L_A : F^n \longrightarrow F^n, \quad L_A(X) = AX, \ X \in F^n$$

에 대하여 $E_k = \operatorname{Ker}(L_A - \lambda_k I_{F^n})$ $(1 \le k \le r)$이라고 하면, 다음이 성립한다.

(1) $E_k = \operatorname{Ker}(L_A - \lambda_k I_{F^n}) = \operatorname{Ker}(A - \lambda_k I_n) = E_{\lambda_k}$ $(1 \le k \le r)$
(단, E_{λ_k}는 고윳값 λ_k에 대응하는 고유공간)이고, L_A-불변부분공간이다.

(2) $F^n = E_{\lambda_1} \oplus \cdots \oplus E_{\lambda_k} = \operatorname{Ker}(A - \lambda_1 I_n) \oplus \cdots \oplus \operatorname{Ker}(A - \lambda_r I_n)$
특히, A는 대각화 가능하다.

(증명) (1) 고유공간의 정의에 의해

$$\begin{aligned} E_k &= \operatorname{Ker}(L_A - \lambda_k I_{F^n}) \\ &= \{X \in F^n \mid (L_A - \lambda_k I_{F^n})X = \mathbb{O}\} \\ &= \{X \in F^n \mid (A - \lambda_k I_n)X = \mathbb{O}\} \\ &= \operatorname{Ker}(A - \lambda_k I_n) = \{X \in F^n \mid AX = \lambda_k X\} = E_{\lambda_k} \end{aligned}$$

가 성립한다. 또한, 정리 5.4.5에 의해, L_A-불변부분공간이다.

(2) $m_A(x)$가 A의 최소다항식이므로 $\mathbb{O} = m_A(A)$이고, 따라서 다음이 성립한다.

$$\operatorname{Ker}(m_A(A)) = \operatorname{Ker}[(A - \lambda_1 I_n)\cdots(A - \lambda_r I_n)] = \operatorname{Ker}(\mathbb{O}) = F^n$$

r에 관한 수학적 귀납법을 이용하여 증명하자. 먼저 $r = 1$인 경우에

$$m_A(x) = (x - \lambda_1), \quad E_{\lambda_1} = \operatorname{Ker}(A - \lambda_1 I_n) = \operatorname{Ker}(\mathbb{O}) = F^n$$

이므로 정리가 성립한다.

다음에 $r \ge 2$인 경우에 정리가 성립함을 보이자.

정리 5.4.5에 의해, 각 k $(1 \le k \le r)$에 대하여 $E_{\lambda_k} = \operatorname{Ker}(A - \lambda_k I_n)$는 $A(L_A)$-불변부분공간이다. 한편 최소다항식은

$$\begin{aligned} m_A(x) &= (x-\lambda_1)\cdots(x-\lambda_k)\cdots(x-\lambda_r) \\ &= (x-\lambda_1)\cdots(x-\lambda_{k-1})(x-\lambda_{k+1})\cdots(x-\lambda_r)(x-\lambda_k) \end{aligned}$$

으로 변형할 수 있다. 여기서 $g_k(x) = (x-\lambda_1)\cdots(x-\lambda_{k-1})(x-\lambda_{k+1})\cdots(x-\lambda_r)$라 하면,

$$m_A(x) = (x-\lambda_k)g_k(x)$$

이다. 또한

$$\mathbb{O} = m_A(A) = (A-\lambda_k I_n)g_k(A)$$

이므로, 임의의 벡터 $X \in F^n$에 대하여 다음이 성립한다.

$$\mathbf{0} = \mathbb{O}X = m_A(A)X = (A-\lambda_k I_n)(g_k(A)X)$$

즉,

$$g_k(A)X \in \mathrm{Ker}(A-\lambda_k I_n) = E_{\lambda_k}, \quad (1 \le k \le r)$$

이다. 그리고 $g_1(x), \cdots, g_r(x)$의 최대공약수는 1이므로,

$$1 = h_1(x)g_1(x) + \cdots + h_r(x)g_r(x)$$

인 적당한 다항식 $h_1(x), \cdots, h_r(x) \in F[x]$가 존재한다([1, 447 쪽] 참조). 그러면

$$I_n = h_1(A)g_1(A) + \cdots + h_r(A)g_r(A)$$

이고, 임의의 벡터 $X \in F^n$에 대하여

$$X = h_1(A)(g_1(A)X) + \cdots + h_r(A)(g_r(A)X)$$

이다. 한편 각 $E_{\lambda_k}(1 \le k \le r)$는 A-불변부분공간이고 $g_k(A)X \in E_{\lambda_k}$이므로

$$h_1(A)(g_1(A)X) \in E_{\lambda_1}, \quad \cdots \quad , \quad h_r(A)(g_r(A)X) \in E_{\lambda_r}$$

이다. 따라서 $X \in E_{\lambda_1} + \cdots + E_{\lambda_r}$이므로, $F^n = E_{\lambda_1} + \cdots + E_{\lambda_r}$이다.

다음에 $(E_{\lambda_1} + \cdots + E_{\lambda_{k-1}} + E_{\lambda_{k+1}} + \cdots + E_{\lambda_r}) \cap E_{\lambda_k} = \{\mathbf{0}\}$ $(1 \le k \le r)$임을 보이자.

$X_k \in (E_{\lambda_1} + \cdots + E_{\lambda_{k-1}} + E_{\lambda_{k+1}} + \cdots + E_{\lambda_r}) \cap E_{\lambda_k}$ $(1 \le k \le r)$라 하자. 그러면 적당한 벡터 $X_i \in E_{\lambda_i} = \mathrm{Ker}(A-\lambda_i I_n)$ $(1 \le i(\ne k) \le r)$가 존재해서

$$X_k = X_1 + \cdots + X_{k-1} + X_{k+1} + \cdots + X_r$$

이다. 그러면 각 i $(1 \le i(\ne k) \le r)$에 대하여 $g_k(x) = f_i(x)(x-\lambda_i)$ $(\exists f_i(x) \in F[x])$이고 $X_i \in \mathrm{Ker}(A-\lambda_i I_n)$이므로

$$\begin{aligned} g_k(A)X_k &= g_k(A)(X_1 + \cdots + X_{k-1} + X_{k+1} + \cdots + X_r) \\ &= g_k(A)X_1 + \cdots + g_k(A)X_{k-1} + g_k(A)X_{k+1} + \cdots + g_k(A)X_r \\ &= f_1(A)\mathbf{0} + \cdots + f_{k-1}(A)\mathbf{0} + f_{k+1}(A)\mathbf{0} + \cdots + f_r(A)\mathbf{0} = \mathbf{0} \cdots\cdots (*) \end{aligned}$$

이다. 한편 $g_k(x)$와 $x-\lambda_k$는 서로소이므로

$$1 = s(x)g_k(x) + t(x)(x-\lambda_k)$$

인 다항식 $s(x),\ t(x) \in F[x]$가 존재한다. 그러므로

$$I_n = s(A)g_k(A) + t(A)(A-\lambda_k I_n)$$

이고 $(*)$를 이용하면

$$X_k = s(A)g_k(A)X_k + t(A)(A-\lambda_k I_n)X_k = s(A)\mathbf{0} + t(A)\mathbf{0} = \mathbf{0}$$

이다. 따라서 $(E_{\lambda_1} + \cdots + E_{\lambda_{k-1}} + E_{\lambda_{k+1}} + \cdots + E_{\lambda_r}) \cap E_{\lambda_k} = \{\mathbf{0}\}\ (1 \le k \le r)$이고, $F^n = E_{\lambda_1} \oplus \cdots \oplus E_{\lambda_r}$이다. 또한, 정리 5.3.13에 의해 A는 대각화 가능하다. ■

정리 5.4.23 *체 F 위의 n차 정사각행렬 $A \in M_n(F)$의 서로 다른 모든 고윳값을 $\lambda_1, \cdots, \lambda_r\ (1 \le r \le n)$이라 할 때, A의 최소다항식 $m_A(x)$에 대하여 다음은 동치이다.*

A는 대각화 가능 $\iff$ $\begin{cases} m_A(x) = (x-\lambda_1)\cdots(x-\lambda_r). \\ \text{즉, } m_A(x)\text{는 1차다항식의 곱으로 인수분해 가능} \end{cases}$

(증명) $(\Longrightarrow)$ A는 대각화 가능이라 하고 $f(x) = (x-\lambda_1)\cdots(x-\lambda_r)$이라 하자. 그리고 정리 5.3.10에 의해, A의 고유다항식은

$$P_A(x) = (x-\lambda_1)^{a_1}\cdots(x-\lambda_r)^{a_r}\ (1 \le a_1,\ \cdots,\ 1 \le a_r)$$

인 형태로 인수분해된다. 그러면 각 $k\ (1 \le k \le r)$에 대하여 $P_A(\lambda_k) = 0$이므로, 정리 5.4.19에 의해, $m_A(\lambda_k) = 0$이다. 그러면 인수정리(정리 3.1.13)에 의해, 각 $k\ (1 \le k \le r)$에 대하여 $(x-\lambda_k)|m_A(x)$이고, λ_k가 서로 다른 고윳값이므로

$$(x-\lambda_1)\cdots(x-\lambda_r)|m_A(x), \quad \text{즉} \quad f(x)|m_A(x)$$

이다.

한편 정리 5.3.3에 의해, A의 고유벡터로 된 F^n의 기저 $\{X_1,\ \cdots,\ X_n\}$가 존재하고, 이때 모든 고유벡터 $X_j\ (1 \le j \le n)$는 고유치 $\lambda_k\ (1 \le k \le r)$에 대응하므로 이 고유벡터를 $X_{k_j}\ (1 \le k_j \le n)$라고 하면,

$$AX_{k_j} = \lambda_k X_{k_j}, \quad (A-\lambda_k I_n)X_{k_j} = \mathbb{O}$$

이고, $k\ (1 \le k \le r)$에 대하여

$$f(x) = (x-\lambda_1)\cdots(x-\lambda_r) = (x-\lambda_1)\cdots(x-\lambda_{k-1})(x-\lambda_{k+1})\cdots(x-\lambda_r)(x-\lambda_k)$$

이므로, k_j, k $(1 \le k_j \le n,\ 1 \le k \le r)$에 대하여

$$f(A)X_{k_j} = (A-\lambda_1 I_n)\cdots(A-\lambda_{k-1}I_n)(A-\lambda_{k+1}I_n)\cdots(A-\lambda_r I_n)(A-\lambda_k I_n)X_{k_j} = \mathbb{O}$$

이다. 그러므로 F^n의 임의의 벡터

$$X = a_1X_1 + \cdots + a_nX_n, \quad (a_1,\ \cdots,\ a_n \in F)$$

에 대하여

$$f(A)X = a_1 f(A)X_1 + \cdots + a_n f(A)X_n = \mathbb{O}$$

이다. 따라서 $f(A) = \mathbb{O}$이고, 정리 5.4.16에 의해 $m_A(x) | f(x)$이므로 다음이 성립한다.

$$m_A(x) = f(x) = (x-\lambda_1)\cdots(x-\lambda_r)$$

($\Longleftarrow$) 보조정리 5.4.22 (2)에 의해 A는 대각화 가능하다. ■

예 5.4.24 실수체 $\mathbb{R}$ 위의 2차 정사각행렬 $A \in M_2(\mathbb{R})$ 에 대하여

$$A^3 - 3A^2 + 11A - 6I_2 = \mathbb{O}_2$$

일 때,

$$f(x) = x^3 - 3x^2 + 11x - 6 = (x-1)(x-2)(x-3)$$

라고 하면 $f(A) = \mathbb{O}_2$이므로 A의 최소다항식 $m_A(x)$는 $f(x)$의 약수이다. 그러므로, 정리 5.4.23에 의해, 항상 대각화된다. 그리고 정리 5.4.16과 정리 5.4.19에 의하여 A의 최소다항식(1차 또는 2차 다항식)과 고유다항식(2차 다항식)은 다음과 같은 형태의 행렬이다.

A의 최소다항식$m_A(x)$	A의 고유다항식$P_A(x)$	A의 예 $(t \in \mathbb{R})$
$m_A(x) = (x-1)$	$P_A(x) = (x-1)^2$	$A = \begin{pmatrix} 1 & 0 \\ 0 & 1 \end{pmatrix}$
$m_A(x) = (x-2)$	$P_A(x) = (x-2)^2$	$A = \begin{pmatrix} 2 & 0 \\ 0 & 2 \end{pmatrix}$
$m_A(x) = (x-3)$	$P_A(x) = (x-3)^2$	$A = \begin{pmatrix} 3 & 0 \\ 0 & 3 \end{pmatrix}$
$m_A(x) = (x-1)(x-2)$	$P_A(x) = (x-1)(x-2)$	$A = \begin{pmatrix} 1 & t \\ 0 & 2 \end{pmatrix}$
$m_A(x) = (x-1)(x-3)$	$P_A(x) = (x-1)(x-3)$	$A = \begin{pmatrix} 1 & t \\ 0 & 3 \end{pmatrix}$
$m_A(x) = (x-2)(x-3)$	$P_A(x) = (x-2)(x-3)$	$A = \begin{pmatrix} 2 & t \\ 0 & 3 \end{pmatrix}$

다음은 선형사상의 최소다항식에 대하여 알아보자.

n차원 F-벡터공간 V 위의 선형사상 $T: V \longrightarrow V$에 대하여, $\mathrm{Hom}_F(V, V) \cong M_n(F)$(정리 4.5.8) 이므로 $\dim \mathrm{Hom}_F(V, V) = \dim M_n(F) = n^2$이다. 그러면 n^2+1개의 선형사상

$$I_V,\ T,\ T^2,\ \cdots,\ T^{n^2}$$

은 F 위에서 1차종속이다. 그러므로 스칼라 $a_0, a_1, \cdots, a_{n^2} \in F$ $(0 \neq a_i)$가 존재하여

$$a_0 I_V + a_1 T + a_2 T^2 + \cdots + a_{n^2} T^{n^2} = \mathbf{O}_V \text{ (영사상)}$$

이다. 따라서

$$f(x) = a_0 + a_1 x + a_2 x^2 + \cdots + a_{n^2} x^{n^2} \in F[x]$$

라 하면, $f(x) \neq 0$이고

$$f(T) = a_0 I_V + a_1 T + a_2 T^2 + \cdots + a_{n^2} T^{n^2} = \mathbf{O}_V$$

이다. 그러므로 선형사상 T를 근으로 갖는 최저차 모닉다항식은 항상 존재한다.

정의 5.4.25 [*최소다항식(minimum polynomial, 最小多項式)*]

유한차원 F-벡터공간 V 위의 선형사상 $T: V \longrightarrow V$에 대하여

다항식 $m_T(x)$가 선형사상 T의 **최소다항식**

$\overset{\text{정의}}{\Longleftrightarrow}$ $m_T(x) \in F[x]$ $(\deg m_T(x) \geq 1)$는 '$m_T(T) = \mathbf{O}_V$'인 최저차 모닉다항식

정리 5.4.26 *n차원 F-벡터공간 V의 기저가 $\mathscr{B} = \{\mathbf{v}_1, \cdots, \mathbf{v}_n\}$일 때, 선형사상 $T: V \longrightarrow V$에 대하여, $\mathscr{B}$에 관한 T의 행렬을 $[T]_{\mathscr{B}}$라 하면, 다음이 성립한다.*

(1) $P_{[T]_{\mathscr{B}}}(x) = P_T(x)$ (2) $m_{[T]_{\mathscr{B}}}(x) = m_T(x)$

※ 선형사상 T에 대한 고유다항식 $P_T(x)$와 최소다항식 $m_T(x)$의 성질은 기저 $\mathscr{B}$에 관한 T의 행렬 $[T]_{\mathscr{B}}$의 고유다항식 $P_{[T]_{\mathscr{B}}}(x)$와 최소다항식 $m_{[T]_{\mathscr{B}}}(x)$의 성질과 완전히 같다.

(증명) (1) T의 고유다항식 $P_T(x)$는 정의(정의 5.2.5)에 의해 $P_{[T]_{\mathscr{B}}}(x)$와 일치한다.

(2) 정리 4.5.6에 의해 $m_{[T]_{\mathscr{B}}}([T]_{\mathscr{B}}) = [m_T(T)]_{\mathscr{B}}$이므로,

$$\mathbb{O} = m_{[T]_{\mathscr{B}}}([T]_{\mathscr{B}}) \quad \Longleftrightarrow \quad m_T(T) = \mathbf{O}_V$$

이다. 즉, $[T]_{\mathscr{B}}$의 최소다항식 $m_{[T]_{\mathscr{B}}}(x)$와 T의 최소다항식 $m_T(x)$는 일치한다. ■

예 5.4.27 $\mathbb{R}^3$ 위의 선형사상

$$T : \mathbb{R}^3 \to \mathbb{R}^3, \quad T(x,\ y,\ z) = (3x,\ x+3y,\ 2y+3z)$$

에 대하여 다음을 구하라.

(1) T의 고유다항식 $P_T(x)$

(2) T의 최소다항식 $m_T(x)$

(3) T의 역함수 T^{-1}를 T의 다항식으로 표현

(풀이) (1) $\mathbb{R}^3$의 표준기저 $\mathscr{B} = \{(1,\ 0,\ 0),\ (0,\ 1,\ 0),\ (0,\ 0,\ 1)\}$에 관한 T의 행렬은

$$[T]_{\mathscr{B}} = \begin{pmatrix} 3 & 0 & 0 \\ 1 & 3 & 0 \\ 0 & 2 & 3 \end{pmatrix}$$

이다. 그러므로 T의 고유다항식은 다음과 같다.

$$P_T(x) = P_{[T]_{\mathscr{B}}}(x) = |xI_3 - [T]_{\mathscr{B}}| = \begin{vmatrix} x-3 & 0 & 0 \\ -1 & x-3 & 0 \\ 0 & -2 & x-3 \end{vmatrix} = (x-3)^3$$

(2) T의 최소다항식은 따름정리 5.4.20에 의해, $(x-3)$, $(x-3)^2$, $(x-3)^3$ 중 하나이다. 그런데

$$[T]_{\mathscr{B}} - 3I_3 = \begin{pmatrix} 0 & 0 & 0 \\ 1 & 0 & 0 \\ 0 & 2 & 0 \end{pmatrix}, \quad ([T]_{\mathscr{B}} - 3I_3)^2 = \begin{pmatrix} 0 & 0 & 0 \\ 0 & 0 & 0 \\ 2 & 0 & 0 \end{pmatrix} \neq \mathbb{O}$$

이므로, T의 최소다항식은 $m_T(x) = (x-3)^3$이다. 또한, 정리 5.4.23에 의해 대각화 불가능하다.

(3) T의 고유다항식이

$$P_T(x) = (x-3)^3 = x^3 - 9x^2 + 27x - 27$$

이므로, $\mathbf{O}_{\mathbb{R}^3} = P_T(T) = T^3 - 9T^2 + 27T - 27I$이 되어

$$I = T\left(\frac{1}{27}(T^2 - 9T + 27I)\right) = \left(\frac{1}{27}(T^2 - 9T + 27I)\right)T$$

이다. 따라서 T의 역함수는 다음과 같다.

$$T^{-1} = \frac{1}{27}(T^2 - 9T + 27I)$$

예 5.4.28 $\mathbb{R}^3$ 위의 선형사상

$$T:\mathbb{R}^3 \to \mathbb{R}^3, \quad T(x,\ y,\ z) = (3x+y+z,\ y,\ 2x+y+2z)$$

에 대하여 다음을 구하라.

(1) T의 고유다항식 $P_T(x)$

(2) T의 최소다항식 $m_T(x)$

(3) T의 역함수 T^{-1}를 T의 다항식으로 표현

(풀이) (1) $\mathbb{R}^3$의 표준기저 $\mathscr{B} = \{(1,\ 0,\ 0),\ (0,\ 1,\ 0),\ (0,\ 0,\ 1)\}$에 관한 T의 행렬은

$$[T]_{\mathscr{B}} = \begin{pmatrix} 3 & 1 & 1 \\ 0 & 1 & 0 \\ 2 & 1 & 2 \end{pmatrix}$$

이다. 그러므로 T의 고유다항식은 다음과 같다.

$$P_T(x) = P_{[T]_{\mathscr{B}}}(x) = |xI_3 - [T]_{\mathscr{B}}| = \begin{vmatrix} x-3 & -1 & -1 \\ 0 & x-1 & 0 \\ -2 & -1 & x-2 \end{vmatrix} = (x-1)^2(x-4)$$

(2) T의 최소다항식은 따름정리 5.4.20에 의해, $(x-1)(x-4)$, $(x-1)^2(x-4)$ 중 하나이다. 그런데

$$([T]_{\mathscr{B}} - I_3)([T]_{\mathscr{B}} - 4I_3) = \begin{pmatrix} 2 & 1 & 1 \\ 0 & 0 & 0 \\ 2 & 1 & 1 \end{pmatrix} \begin{pmatrix} -1 & 1 & 1 \\ 0 & -3 & 0 \\ 2 & 1 & -2 \end{pmatrix} = \mathbb{O}$$

이므로, T의 최소다항식은 $m_T(x) = (x-1)(x-4)$이다. 그러므로 정리 5.4.23에 의해 대각화 가능하다.

(3) T의 최소다항식이

$$m_T(x) = (x-1)(x-4) = x^2 - 5x + 4$$

이므로, $\mathbf{O}_{\mathbb{R}^3} = m_T(T) = T^2 - 5T + 4I$가 되어

$$I = T\left(-\frac{1}{4}(T-5I)\right) = \left(-\frac{1}{4}(T-5I)\right)T$$

이다. 따라서 T의 역함수는

$$T^{-1} = -\frac{1}{4}(T-5I)$$

이다. 또한 고유다항식으로도 T의 역함수를 구할 수 있다. T의 고유다항식이 $P_T(x) = x^3 - 6x^2 + 9x - 4$이므로 다음 함수도 T의 역함수이다.

$$T^{-1} = \frac{1}{4}(T^2 - 6T + 9I)$$

연 습 문 제 (5.4)

1. 정리 5.4.13을 증명하라.

2. 다음 선형사상 T에 대하여 W가 T-불변 부분공간인지를 판정하라.

(1) $T : \mathbb{R}^2 \to \mathbb{R}^2$, $T(x, y) = (x, 0)$, $W = \{(a, a) \mid a \in \mathbb{R}\}$

(2) $T : \mathbb{R}^3 \to \mathbb{R}^3$, $T(x, y, z) = (x+y, -x+z, -y+z)$, $W = \{(a, a, a) \mid a \in \mathbb{R}\}$

(3) $T : \mathbb{R}[x] \to \mathbb{R}[x]$, $T(f(x)) = xf'(x)$, $W = \mathbb{R}[x]_2$

3. 벡터공간 $\mathbb{R}^4$ 위의 선형사상 $T : \mathbb{R}^4 \to \mathbb{R}^4$가

$$T(x, y, z, w) = (-y+5z-3w,\ x-w,\ 3z-2w,\ 5z-3w)$$

으로 정의된 선형사상일 때, 벡터공간 $\mathbb{R}^4$의 부분공간

$$W_1 = \{(a, b, 0, 0) \mid a, b \in \mathbb{R}\}, \quad W_2 = \{(a, 0, b, a) \mid a, b \in \mathbb{R}\}$$

는 T-불변 부분공간이고 또 $\mathbb{R}^4 = W_1 \oplus W_2$임을 밝혀라.

4. 벡터공간 V 위에서 두 선형사상 $T, S : V \to V$에 대하여 $T \circ S = S \circ T$일 때, E_λ를 T의 고윳값 λ에 대응하는 고유공간이라고 하면, E_λ는 T-불변 부분공간이고 또한 S-불변 부분공간임을 증명하라.

5. 체 F 위의 벡터공간 V에서 선형사상 $T : V \to V$에 대하여, V의 두 부분공간 U, W가 T-불변 부분공간이면, V의 부분공간 $U \cap W$, $U+W$는 T-불변 부분공간임을 보여라.

6. 벡터공간 $\mathbb{R}[x]_2$ 위의 선형사상

$$T : \mathbb{R}[x]_2 \to \mathbb{R}[x]_2, \quad T(f(x)) = f'(x)$$

에 대하여 $f(x) = x^2$에 의하여 생성된 T-순환부분공간을 구하라.

7. 체 F 위의 2차원 벡터공간 V에서 T가 선형사상일 때, 적당한 $\lambda \in F$에 대하여 $T = \lambda I_V$이거나 또는 V는 T-순환벡터공간임을 밝혀라.

8. 선형사상 $T : \mathbb{R}^3 \to \mathbb{R}^3$가 다음과 같이 정의된다고 하자.

$$T(x, y, z) = (3x-2y,\ -x+3y-z,\ -5x+7y-z)$$

이때 $\mathbf{w} = (1, 1, 0)$에 대하여 $Z(\mathbf{w}, T) = \langle \mathbf{w},\ T(\mathbf{w}),\ T^2(\mathbf{w}) \rangle = \mathbb{R}^3$임을 밝히고, $\mathbf{w}$의 T-최소다항식 $m_{\mathbf{w},T}(x)$와 T의 최소다항식 $m_T(x)$를 구하라.

9. 실수체 $\mathbb{R}$ 위에서 다음 행렬의 고유다항식과 최소다항식을 구하라.

(1) $\begin{pmatrix} -3 & 1 \\ 6 & 2 \end{pmatrix}$ (2) $\begin{pmatrix} 1 & 0 & -1 \\ 0 & 1 & 1 \\ 0 & 0 & 2 \end{pmatrix}$

10. 실수 성분 2차 정사각행렬 $A = \begin{pmatrix} 1 & 2 \\ -1 & 4 \end{pmatrix}$에 대해 다음 물음에 답하라.

(1) A의 최소다항식 $m_A(x)$을 구하라.

(2) A^{10}의 최소다항식 $m_{A^{10}}(x)$을 구하라.

11. 다음 행렬 A에 대하여 물음에 답하라.

$$A = \begin{pmatrix} 0 & 1 & 0 \\ 0 & 0 & 1 \\ -3 & 1 & 3 \end{pmatrix}$$

(1) 고유다항식과 최소다항식이 같음을 보여라.

(2) $P^{-1}AP$가 대각행렬인 가역행렬 P를 구하라.

12. 벡터공간 $\mathbb{R}^2$ 위의 선형사상 T의 최소다항식이

$$m_T(x) = x^2 + 4x + 5$$

일 때, 임의의 벡터 $\mathbf{w} \in \mathbb{R}^2$, $\mathbf{w} \neq (0,\ 0)$에 대하여 $\mathscr{C} = \{\mathbf{w},\ T(\mathbf{w})\}$는 벡터공간 $\mathbb{R}^2$의 기저임을 밝히고, 또 기저 $\mathscr{C}$에 관한 T의 행렬을 구하라.

13. 실수체 $\mathbb{R}$ 위의 2차 정사각행렬 A에 대하여 $A^3 - 2A^2 + A = \mathbb{O}_2$이고 또 A가 대각화 가능한 행렬일 때, A의 최소다항식과 고유다항식을 구하라.

14. 4차원 벡터공간 V의 한 기저 $\{\mathbf{v}_1,\ \mathbf{v}_2,\ \mathbf{v}_3,\ \mathbf{v}_4\}$와 선형사상 T가 $T(\mathbf{v}_1) = 0,\ T(\mathbf{v}_2) = \mathbf{v}_1,\ T(\mathbf{v}_3) = \mathbf{v}_1 + \mathbf{v}_2,\ T(\mathbf{v}_4) = \mathbf{v}_1 + \mathbf{v}_2 + \mathbf{v}_3$로 주어질 때, T의 최소다항식을 구하고 대각화 가능여부를 판단하라.

15. 벡터공간 $\mathbb{R}^3$ 위의 선형사상 T가 $T(x,\ y,\ z) = (-y+z,\ 2y+2z,\ 3z)$로 주어질 때, 다음 명제가 옳으면 증명하고, 옳지 않으면 그 이유를 들어라.

(1) T는 대각화 가능하다.

(2) 2는 T의 고윳값이다.

(3) T의 역함수가 존재한다.

(4) T의 최소다항식은 T의 고유다항식과 같다.

(5) 벡터 $(1,\ 0,\ 0)$은 T의 고유벡터이다.

제 6 장

내적공간과 특별한 형태의 행렬

지금까지 벡터공간이란 크기와 방향을 가진 벡터들과 이들에 대한 연산(덧셈·스칼라곱)을 포괄하는 개념이었다. 벡터공간에서 벡터는 위치와 무관하므로 모든 벡터의 시작점을 원점으로 생각해왔다. 수학에서 공간(space)란 길이(length), 거리(distance), 각(angle)을 측정할 수 있는 물리적 공간을 추상화한 것으로 벡터공간에서도 주어진 벡터의 길이(norm, length)와 두 벡터 사이의 거리(distance), 각(angle) 등을 측정할 수 있어야 한다. 이 장에서 추상화된 공간으로서의 벡터공간에 이러한 개념들을 도입한다.

두 벡터의 대수적 연산이 벡터가 아닌 스칼라가 되는 내적의 개념은 1773년에 프랑스 수학자 Lagrange(1736∼1813)가 3차원공간에서 사면체를 연구하기 위해 도트적(dot product) 의 형태로 도입하였고, 1843년에는 아일랜드 수학자 Hamilton(1805∼1865)은 벡터와 스칼라 항을 가진 4원수곱(quaternion product)을 소개했다. 1861년 영국의 물리학자 Maxwell(1831∼1879)은 해밀턴의 4원수곱을 활용하여 유명한 전자기학 방정식을 만들었고, 한동안 물리학의 중요한 부분이 되었다.

1844년에 Grassmann(독, 1809∼1877)이 초복소수(hypercomplex numbers, 4원수, 8원수 등)의 일반적인 대수를 발전시키는 과정에서 내적(inner product)을 정의하였다. 내적은 체(실수 또는 복소수) 위의 벡터공간에서 정의된 도트적의 일반화이다.

도트적은 두 벡터 사이의 연산기호 dot '·'에서 유래하였고, 스칼라적(scalar product)은 연산결과가 스칼라가 되는 것을 강조하여 붙인 이름이다.

함수해석학에서, 유클리드공간($\mathbb{R}^n$)을 일반화한 힐베르트(독, Hilbert, 1862∼1943)공간(1912년)은 모든 코시(프, 1789∼1857)열의 극한이 존재하는 내적공간이다. 힐베르트 공간은 해석학의 다양한 분야에 응용되며, 특히 편미분방정식 이론에서 널리쓰인다. 양자역학에서, 양자계의 상태 공간은 분해가능 힐베르트 공간으로 나타내어진다. 이밖에도, 신호처리에도 힐베르트공간이 응용된다.

6.1 내적공간

내적공간을 다룰 때, 체 F는 실수체 $\mathbb{R}$ 또는 복소수체 $\mathbb{C}$인 경우에만 생각한다. 3.1절에서는 스칼라와 벡터를 곱하면 벡터가 되는 함수인 스칼라곱(scalar multiple)을 다루었는데, 이절에서는 벡터와 벡터를 곱하면 스칼라가 되는 함수인 내적(inner product, scalar product)에 대하여 알아본다.

먼저 **복소수**(complex number, 複素數)에 대한 성질을 알아보자. 복소수 $z = a + bi$ ($a, b \in \mathbb{R}$, $i = \sqrt{-1}$)에 대하여, z의 **켤레복소수**(conjugate complex number)를 $\bar{z}$, 실수부분을 $\mathrm{Re}(z)$, 허수부분의 실수성분을 $\mathrm{Im}(z)$, 절댓값(absolute value)을 $|z|$라 할 때,

$$\begin{aligned}\bar{z} &= a - bi \\ \mathrm{Re}(z) &= \mathrm{Re}(a+bi) = a \\ \mathrm{Im}(z) &= \mathrm{Im}(a+bi) = b \\ |z| &= \sqrt{z\bar{z}} = \sqrt{a^2+b^2}\end{aligned}$$

이라 정의한다. 이때 임의의 복소수 $z \in \mathbb{C}$에 대하여

$$\overline{(\bar{z})} = z, \quad z + \bar{z} = (a+bi) + (a-bi) = 2a = 2\mathrm{Re}(z),$$

$$|\mathrm{Re}(z)| = |a| \le \sqrt{a^2+b^2} = |z|$$

$$|z| = 1 \iff z\bar{z} = 1 \iff z^{-1} = \bar{z}$$

$$|z| = 0 \iff z\bar{z} = 0 \iff z = 0$$

이고, 또한 임의의 복소수 $z, w \in \mathbb{C}$에 대하여 다음이 성립한다.

$$\overline{z+w} = \bar{z} + \bar{w}, \quad \overline{z\,w} = \bar{z}\,\bar{w}, \quad |z\,w| = |z||w|$$

예 6.1.1 두 복소수 $z = 2+3i$, $w = 4-5i \in \mathbb{C}$에 대하여

$$\begin{aligned}\bar{z} &= \overline{2+3i} = 2-3i, \\ \mathrm{Re}(z) &= \mathrm{Re}(2+3i) = 2, \quad \mathrm{Im}(z) = \mathrm{Im}(2+3i) = 3, \\ |z| &= |2+3i| = \sqrt{2^2+3^2} = \sqrt{13}\end{aligned}$$

이고, 다음이 성립한다.

$$\overline{\overline{(2+3i)}} = \overline{2-3i} = 2+3i,$$

$$\begin{aligned}\overline{(2+3i)+(4-5i)} &= \overline{6-2i} = 6+2i \\ &= (2-3i)+(4+5i) = \overline{2+3i}+\overline{4-5i}, \\ \overline{(2+3i)(4-5i)} &= \overline{23+2i} = 23-2i \\ &= (2-3i)(4+5i) = (\overline{2+3i})\ (\overline{4-5i}), \\ |(2+3i)(4-5i)| &= |23+2i| = \sqrt{533} \\ &= \sqrt{13}\sqrt{41} = |2+3i||4-5i|\end{aligned}$$

정의 6.1.2 [*내적(inner product, scalar product, dot product, 內積), 내적공간(inner space, 內積空間)*]

체 $F(=\mathbb{R}$ 또는 $\mathbb{C})$ 위의 벡터공간 V에 대하여, **내적**(*또는* **스칼라적**, **도트적**)*이라 불리는 다음 함수* $\langle\ ,\ \rangle$ *($\mathbf{u}\bullet\mathbf{v}$라 표기 하기도 함)*

$$\langle\ ,\ \rangle : V\times V\to F,\quad \langle\mathbf{u},\mathbf{v}\rangle\in F,\ \mathbf{u},\ \mathbf{v}\in V$$

를 다음과 같이 정의한다.

※ $\langle\mathbf{u},\mathbf{v}\rangle$*는 내적(스칼라)과 $\mathbf{u},\mathbf{v}$로 생성된 부분공간(벡터)의 두가지 의미가 있어 혼동하지 않기 바란다. 즉, 문맥으로 판단할 것.*

벡터공간 $(V,+,\cdot,\langle\ ,\ \rangle)$가 F 위에서 **내적공간** 또는 F-**내적공간**

$\overset{\text{정의}}{\Longleftrightarrow}$

$F=\mathbb{C}$이면, 임의의 벡터 $\mathbf{u}$, $\mathbf{v}$, $\mathbf{w}\in V$와 스칼라 $r\in\mathbb{C}$에 대하여

(SP_1) $\langle\mathbf{u},\mathbf{v}\rangle=\overline{\langle\mathbf{v},\mathbf{u}\rangle}$ (단, $\overline{\langle\mathbf{v},\mathbf{u}\rangle}$은 $\langle\mathbf{v},\mathbf{u}\rangle$의 켤레복소수)

(SP_2) $\langle\mathbf{u}+\mathbf{v},\mathbf{w}\rangle=\langle\mathbf{u},\mathbf{w}\rangle+\langle\mathbf{v},\mathbf{w}\rangle$

(SP_3) $\langle r\cdot\mathbf{v},\mathbf{w}\rangle=r\langle\mathbf{v},\mathbf{w}\rangle=\langle\mathbf{v},\bar{r}\cdot\mathbf{w}\rangle$

(SP_4) $\begin{cases}\langle\mathbf{v},\mathbf{v}\rangle\geq 0\ (\text{음이 아닌 실수})\\ \langle\mathbf{v},\mathbf{v}\rangle=0\Longleftrightarrow\mathbf{v}=\mathbf{0}\ (\text{영벡터})\end{cases}$

$\overset{\text{정의}}{\Longleftrightarrow}$

$F=\mathbb{R}$이면, 임의의 벡터 $\mathbf{u}$, $\mathbf{v}$, $\mathbf{w}\in V$와 스칼라 $r\in\mathbb{R}$에 대하여

(SP_1) $\langle\mathbf{u},\mathbf{v}\rangle=\langle\mathbf{v},\mathbf{u}\rangle$

(SP_2) $\langle\mathbf{u}+\mathbf{v},\mathbf{w}\rangle=\langle\mathbf{u},\mathbf{w}\rangle+\langle\mathbf{v},\mathbf{w}\rangle$

(SP_3) $\langle r\cdot\mathbf{v},\mathbf{w}\rangle=r\langle\mathbf{v},\mathbf{w}\rangle=\langle\mathbf{v},r\cdot\mathbf{w}\rangle$

(SP_4) $\begin{cases}\langle\mathbf{v},\mathbf{v}\rangle\geq 0\ (\text{음이 아닌 실수})\\ \langle\mathbf{v},\mathbf{v}\rangle=0\Longleftrightarrow\mathbf{v}=\mathbf{0}\ (\text{영벡터})\end{cases}$

예 6.1.3 (1) $\mathbb{C}$-벡터공간 $\mathbb{C}^n$ 위에서 내적

$$\langle\ ,\ \rangle : \mathbb{C}^n \times \mathbb{C}^n \to \mathbb{C}$$

을, 임의의 벡터 $(z_1, \cdots, z_n)$, $(w_1, \cdots, w_n) \in \mathbb{C}^n$에 대하여

$$\langle (z_1, \cdots, z_n), (w_1, \cdots, w_n) \rangle = z_1\overline{w_1} + z_2\overline{w_2} + \cdots + z_n\overline{w_n} \in \mathbb{C}$$

라 정의하면, $\mathbb{C}^n$의 성질과 임의의 복소수 $z = a + bi \in \mathbb{C}$에 대하여 $z\bar{z} = a^2 + b^2 \geq 0$인 성질에서, $(SP_1) \sim (SP_4)$를 만족하므로, $\mathbb{C}^n$은 $\mathbb{C}$-내적공간이 됨을 알 수 있다.

이때 내적 $\langle\ ,\ \rangle$을 벡터공간 $\mathbb{C}^n$ 위의 **표준내적**(standard inner product, 標準內積)이라 한다. 그리고, 이와 같은 표준내적이 정의되어 있는 벡터공간 $\mathbb{C}^n$을 n-**차원 유니터리공간**(unitary space)이라 한다.

예 6.1.4 $\mathbb{R}$-벡터공간 $\mathbb{R}^n$ 위에서 내적

$$\langle\ ,\ \rangle : \mathbb{R}^n \times \mathbb{R}^n \to \mathbb{R}$$

을, 임의의 벡터 $(x_1, \cdots, x_n)$, $(y_1, \cdots, y_n) \in \mathbb{R}^n$에 대하여

$$\langle (x_1, \cdots, x_n), (y_1, \cdots, y_n) \rangle = x_1y_1 + x_2y_2 + \cdots + x_ny_n \in \mathbb{R}$$

이라 정의하면, $\mathbb{R}^n$의 성질과 $\langle (x_1, \cdots, x_n), (y_1, \cdots, y_n) \rangle = x_1^2 + x_2^2 + \cdots + x_n^2 \geq 0$에 의하여, $(SP_1) \sim (SP_4)$를 만족하므로, $\mathbb{R}^n$은 $\mathbb{R}$-내적공간이 된다.

이때 내적 $\langle\ ,\ \rangle$을 벡터공간 $\mathbb{R}^n$ 위의 **표준내적**(standard inner product, 標準內積)이라 한다. 그리고, 이와 같은 표준내적이 정의되어 있는 벡터공간 $\mathbb{R}^n$을 n-**차원 유클리드공간**(Euclidean space)이라 한다.

예 6.1.5 $\mathbb{R}$-벡터공간 $\mathbb{R}^2$ 위에 내적을 $\langle (x, y), (x', y') \rangle = xx' - yy'$이라 정의하면, $\langle (0, 1), (0, 1) \rangle = -1 < 0$이므로, 벡터공간 $\mathbb{R}^2$는 내적공간이 아니다.

하지만 내적을 양의 실수 a, b에 대하여

$$\langle (x, y), (x', y') \rangle = axx' + byy'$$

이라 정의하면, $(SP_1) \sim (SP_4)$를 만족하여, 벡터공간 $\mathbb{R}^2$는 내적공간이다. 이처럼 표준내적이 아닌 경우에도 여러 가지 방법으로 내적을 정의할 수 있다.

예 6.1.6 $\mathbb{R}$ 위의 n차 이하의 다항식공간

$$\mathbb{R}[x]_n = \{f(x) \mid f(x) = a_0 + a_1x + \cdots + a_nx^n,\ a_i \in \mathbb{R},\ 0 \le i \le n\}$$

위에서 내적

$$\langle\ ,\ \rangle : \mathbb{R}[x]_n \times \mathbb{R}[x]_n \to \mathbb{R}$$

을, 임의의 벡터 $f(x) = a_0 + a_1x + \cdots + a_nx^n$, $g(x) = b_1 + b_1x + \cdots + b_nx^n \in \mathbb{R}[x]_n$에 대하여, 다음과 같이 정의하면 $\mathbb{R}[x]_n$은 내적공간이 된다.

(1) $\langle f(x),\ g(x)\rangle = a_0b_0 + a_1b_1 + \cdots + a_nb_n \in \mathbb{R}$이라 정의하면, 다항식의 성질과 $\langle f(x),\ f(x)\rangle = a_0^2 + a_1^2 + \cdots + a_n^2 \ge 0$을 활용하면, $(SP_1) \sim (SP_4)$를 만족하여, 벡터공간 $\mathbb{R}[x]_n$은 $\mathbb{R}$-내적공간임을 확인할 수 있다.

이때 내적 $\langle\ ,\ \rangle$을 벡터공간 $\mathbb{R}[x]_n$ 위의 **표준내적**(standard inner product, 標準內積)이라 한다.

(2) $\langle f(x),\ g(x)\rangle = \int_a^b f(x)g(x)dx \in \mathbb{R}$ $(a < b)$이라 정의하면, 적분의 성질과 $\langle f(x),\ f(x)\rangle = \int_a^b f(x)^2dx \ge 0$에 의하여, $(SP_1) \sim (SP_4)$를 만족하므로, $\mathbb{R}[x]_n$은 $\mathbb{R}$-내적공간임을 확인할 수 있다.

예 6.1.7 $F = \mathbb{R}$ 또는 $F = \mathbb{C}$일 때, F 위의 행렬공간 $M_{n\times m}(F)$ 위에서 내적

$$\langle\ ,\ \rangle : M_{n\times m}(F) \times M_{n\times m}(F) \to F$$

을, 임의의 행렬 $A = (a_{ij})$, $A = (b_{ij}) \in M_{n\times m}(F)$에 대하여,

$$\langle A,\ B\rangle = \sum_{i=1}^{n}\sum_{j=1}^{m} a_{ij}\overline{b_{ij}}$$

이라 정의하면, 행렬의 성질과

$$\langle A,\ A\rangle = \sum_{i=1}^{n}\sum_{j=1}^{m} a_{ij}\overline{a_{ij}} = \sum_{i=1}^{n}\sum_{j=1}^{m} |a_{ij}|^2 \ge 0$$

을 이용하여,

$$\begin{aligned}\langle A,\ A\rangle = 0 &\Longleftrightarrow |a_{ij}|^2 = 0\ (1 \le i \le n,\ 1 \le j \le m)\\ &\Longleftrightarrow a_{ij} = 0\ (1 \le i \le n,\ 1 \le j \le m)\\ &\Longleftrightarrow A = (a_{ij}) = \mathbb{O}\end{aligned}$$

이 되고, $(SP_1) \sim (SP_4)$를 만족하므로, $M_{n\times m}(F)$은 F-내적공간임을 확인할 수 있다.

이때 내적 $\langle\ ,\ \rangle$을 벡터공간 $M_{n\times m}(F)$ 위의 **표준내적**(standard inner product, 標準內積)이라 한다.

정의 6.1.8 [노름(길이, norm, length), 단위벡터(unit vector, 單位−)]

F-내적공간 V의 임의의 벡터 $\mathbf{v}$에 대하여

스칼라 $\|\mathbf{v}\|$가 $\mathbf{v}$의 **노름(노음, 길이)**	$\overset{\text{정의}}{\Longleftrightarrow}$	$\|\mathbf{v}\| = \sqrt{\langle \mathbf{v}, \mathbf{v} \rangle} \geq 0$
벡터 $\mathbf{v}$가 **단위벡터**	$\overset{\text{정의}}{\Longleftrightarrow}$	$\|\mathbf{v}\| = 1$

※ $\boxed{\|\mathbf{v}\|^2 = \langle \mathbf{v}, \mathbf{v} \rangle}$ 임을 기억하자.

예 6.1.9 *F*-내적공간 V의 임의의 벡터 $\mathbf{v}$에 대하여, $\mathbf{v} \neq \mathbf{0}$이면 $\dfrac{\mathbf{v}}{\|\mathbf{v}\|}$는 단위벡터이다.

(풀이) $\left\| \dfrac{\mathbf{v}}{\|\mathbf{v}\|} \right\| = \sqrt{\left\langle \dfrac{\mathbf{v}}{\|\mathbf{v}\|}, \dfrac{\mathbf{v}}{\|\mathbf{v}\|} \right\rangle} = \dfrac{1}{\|\mathbf{v}\|} \sqrt{\langle \mathbf{v}, \mathbf{v} \rangle} = \dfrac{\|\mathbf{v}\|}{\|\mathbf{v}\|} = 1$

예 6.1.10 2차원 유니터리공간 $\mathbb{C}^2$의 벡터 $\mathbf{v} = (1+i, \ -2i)$와 $\mathbf{w} = (2-i, \ 3)$에 대하여 다음이 성립한다.

$$\langle \mathbf{v}, \mathbf{w} \rangle = \langle (1+i, \ -2i), \ (2-i, \ 3) \rangle = (1+i)(2+i) - 2i(3) = 1 - 3i,$$
$$\langle \mathbf{w}, \mathbf{v} \rangle = \langle (2-i, \ 3), \ (1+i, \ -2i) \rangle = (2-i)(1-i) + 3(2i) = 1 + 3i = \overline{\langle \mathbf{v}, \mathbf{w} \rangle}$$

$$\begin{aligned} \|\mathbf{v}\| = \|(1+i, \ -2i)\| &= \sqrt{\langle (1+i, \ -2i), \ (1+i, \ -2i) \rangle} \\ &= \sqrt{(1+i)(\overline{1+i}) + (-2i)(\overline{-2i})} \\ &= \sqrt{(1+i)(1-i) + (-2i)(2i)} = \sqrt{6} \end{aligned}$$

그러므로 $\dfrac{\mathbf{v}}{\|\mathbf{v}\|} = \dfrac{1}{\sqrt{6}}(1+i, \ -2i)$는 단위벡터이다.

예 6.1.11 (예 6.1.6 (2) 참조) $\mathbb{R}$-내적공간 $\mathbb{R}[x]_n$의 임의의 다항식 $f(x)$, $g(x)$에 대한 내적이 $\langle f(x), \ g(x) \rangle = \int_0^1 f(x)g(x)dx$일 때, x^2+1의 노름은

$$\|x^2+1\| = \sqrt{\langle x^2+1, \ x^2+1 \rangle} = \sqrt{\int_0^1 (x^2+1)^2 dx} = \sqrt{\int_0^1 (x^4+2x^2+1) dx} = \sqrt{\frac{28}{15}}$$

정리 6.1.12 *F-내적공간 V의 벡터 $\mathbf{w}$, $\mathbf{w}' \in V$에 대하여 다음이 성립한다.*

(1) 임의의 벡터 $\mathbf{v} \in V$에 대하여, $\langle \mathbf{v}, \mathbf{w} \rangle = 0$이면, $\mathbf{w} = \mathbf{0}$이다.
(2) 임의의 벡터 $\mathbf{v} \in V$에 대하여, $\langle \mathbf{v}, \mathbf{w} \rangle = \langle \mathbf{v}, \mathbf{w}' \rangle$이면, $\mathbf{w} = \mathbf{w}'$이다.
(3) 임의의 벡터 $\mathbf{v} \in V$에 대하여, $\langle \mathbf{w}, \mathbf{v} \rangle = 0$이면, $\mathbf{w} = \mathbf{0}$이다.
(4) 임의의 벡터 $\mathbf{v} \in V$에 대하여, $\langle \mathbf{w}, \mathbf{v} \rangle = \langle \mathbf{w}', \mathbf{v} \rangle$이면, $\mathbf{w} = \mathbf{w}'$이다.

(증명) (1) 임의의 벡터 $\mathbf{v} \in V$에 대하여, $\langle \mathbf{v}, \mathbf{w} \rangle = 0$이면, 특별히 $\langle \mathbf{w}, \mathbf{w} \rangle = 0$이므로 내적의 정의 (SP_4)에 의해 $\mathbf{w} = \mathbf{0}$이다.

(2) 임의의 벡터 $\mathbf{v} \in V$에 대하여, $\langle \mathbf{v}, \mathbf{w} \rangle = \langle \mathbf{v}, \mathbf{w}' \rangle$이면, $\langle \mathbf{v}, \mathbf{w} - \mathbf{w}' \rangle = 0$이므로, (1)에 의해 $\mathbf{w} - \mathbf{w}' = \mathbf{0}$, 즉 $\mathbf{w} = \mathbf{w}'$이다.

같은 방법으로 (3), (4)가 성립한다. ■

연 습 문 제 (6.1)

1. $\mathbb{C}$-벡터공간 $\mathbb{C}^2$에서 다음과 같이 정의된 사상 $\langle \cdot, \cdot \rangle : \mathbb{C}^2 \times \mathbb{C}^2 \to \mathbb{C}$ 중에서, 벡터공간 $\mathbb{C}^2$의 내적인 것을 골라라. 또한, 내적이 아닌 경우에는 어느 정의를 만족하지 않는지를 말하라.

(1) $\langle (x, y), (x', y') \rangle = xx' + yy'$
(2) $\langle (x, y), (x', y') \rangle = x\overline{x'} - y\overline{y'}$
(3) $\langle (x, y), (x', y') \rangle = 2x\overline{x'} + 3y\overline{y'}$

2. $\mathbb{R}$-벡터공간 $\mathbb{R}^3$에서 다음과 같이 정의된 사상 $\langle \cdot, \cdot \rangle : \mathbb{R}^3 \times \mathbb{R}^3 \to \mathbb{R}$ 중에서, 벡터공간 $\mathbb{R}^3$의 내적인 것을 골라라. 또한, 내적이 아닌 경우에는 어느 정의를 만족하지 않는지를 말하라.

(1) $\langle (x, y, z), (x', y', z') \rangle = xx' + zz'$
(2) $\langle (x, y, z), (x', y', z') \rangle = x^2x'^2 + y^2y'^2 + z^2z'^2$
(3) $\langle (x, y, z), (x', y', z') \rangle = xx' + 2yy' + 3zz'$
(4) $\langle (x, y, z), (x', y', z') \rangle = xx' - yy' + zz'$

3. $F = \mathbb{R}$ 또는 $F = \mathbb{C}$일 때, 체 F 위의 벡터공간 V, W에 대하여 사상 $\langle \cdot, \cdot \rangle : W \times W \to F$가 W 위의 내적이고 또 $T : V \to W$가 단사인 선형사상이면 사상

$$\langle \cdot, \cdot \rangle' : V \times V \to F, \quad \langle \mathbf{v}, \mathbf{w} \rangle' = \langle T(\mathbf{v}), T(\mathbf{w}) \rangle$$

는 V위의 내적임을 증명하라.

4. 유클리드공간에서 주어진 벡터와 같은 방향인 단위벡터를 구하라.

(1) $(1,\ -2)$ (2) $(2,\ 2)$

(3) $(3,\ 0,\ -2)$ (4) $(-1,\ 2,\ 5)$

5. $\mathbf{u}=(1,\ -2,\ 3)$, $\mathbf{v}=(2,\ -3,\ 4)$, $\mathbf{w}=(3,\ 0,\ -2)$에 대하여, 다음 식의 값을 구하라.

(1) $\|\mathbf{u}-\mathbf{v}\|$ (2) $\|\mathbf{u}\|-\|\mathbf{v}\|$

(3) $\|2\mathbf{u}+3\mathbf{w}\|$ (4) $\|\mathbf{u}-4\mathbf{v}+3\mathbf{w}\|$

6. $\mathbf{v}=(0,\ 1,\ -2,\ 3)$일 때, $\|k\mathbf{v}\|=20$ 인 모든 스칼라 $k\in\mathbb{R}$를 구하라.

7. 유니터리공간 $\mathbb{C}^3$에서 두 벡터

$$\mathbf{v}=(2+i,\ 1-i,\ 2),\quad \mathbf{w}=(2i,\ 1+i,\ 1-2i)$$

에 대하여 다음 물음에 답하라.

(1) $\langle\mathbf{v},\ \mathbf{w}\rangle$, $\|\mathbf{v}\|$, $\|\mathbf{w}\|$, $\|\mathbf{v}+\mathbf{w}\|$를 구하라.

(2) $|\langle\mathbf{v},\ \mathbf{w}\rangle|\le\|\mathbf{v}\|\|\mathbf{w}\|$, $\|\mathbf{v}+\mathbf{w}\|\le\|\mathbf{v}\|+\|\mathbf{w}\|$ 임을 확인하라.

8. 체 F 위의 내적공간 V의 모든 벡터 $\mathbf{v}$에 대하여, $\langle\mathbf{v},\ \mathbf{0}\rangle=0$임을 보여라.

9. xy-평면(2차원 유클리드공간 $\mathbb{R}^2$) 상의 벡터 $\mathbf{v}$는 길이가 3 이고 양의 x 축 방향의 점이고, 벡터 $\mathbf{w}$는 길이가 2이고 양의 x축 방향으로부터 반시계방향으로 60° 방향의 점일 때, $\langle\mathbf{v},\ \mathbf{w}\rangle$를 구하라.

10. 3차원 유클리드공간 $\mathbb{R}^3$의 벡터 $\mathbf{p_0}=(x_0,\ y_0,\ z_0)$, $\mathbf{p}=(x,\ y,\ z)$에 대하여, $\|\mathbf{p}-\mathbf{p_0}\|=1$인 점 $(x,\ y,\ z)$들의 집합을 구하라.

11. $\mathbb{R}$-벡터공간 $\mathbb{R}^3$에서 내적을

$$\langle X,\ Y\rangle=\langle(x,\ y,\ z),\ (x',\ y',\ z')\rangle=xx'+2yy'+zz'$$

라 정의하고, 벡터 $(1,\ 1,\ 1)$, $(1,\ 1,\ 0)$에 의해 생성되는 부분공간을 W라 할 때, $W_0=\{Y\in\mathbb{R}^3\mid\langle X,\ Y\rangle=0,\ \forall X\in W\}$의 한 기저를 구하라.

12. $\mathbb{R}$-벡터공간 $\mathbb{R}[x]_2$에서 내적을

$$\langle f,\ g\rangle=\int_{-1}^{1}f(x)g(x)dx$$

라 정의할 때, 다음 물음에 답하라.

(1) $\|1+x\|$와 $\|x^2\|$를 구하라.

(2) $\langle x,\ x^2\rangle$와 $\langle 2-x+x^2,\ 2\rangle$를 구하라.

13. $\mathbb{R}$-벡터공간 $\mathbb{R}[x]_2$에서 내적을

$$\langle a_0+a_1x+a_2x^2,\ b_0+b_1x+b_2x^2\rangle=a_0b_0+a_1b_1+a_2b_2$$

라 정의할 때, 다음 물음에 답하라.

(1) $\|1+x\|$와 $\|x^2\|$를 구하라.

(2) $\langle x,\ x^2\rangle$와 $\langle 2-x+x^2,\ 2\rangle$를 구하라.

14. $\mathbb{R}$-벡터공간 $M_2(\mathbb{R})$ 위의 내적을
$$\langle A, B \rangle = \operatorname{tr}(AB^T)$$
라 정의할 때, 다음 물음에 답하라.

(1) $\left\|\begin{pmatrix} 1 & 2 \\ 3 & 4 \end{pmatrix}\right\|$와 $\left\|\begin{pmatrix} 0 & -2 \\ 5 & 1 \end{pmatrix}\right\|$를 구하라.

(2) $\left\|\begin{pmatrix} \cos\alpha & -\sin\alpha \\ \sin\alpha & \cos\alpha \end{pmatrix}\right\|$을 구하라.

(3) $\left\langle \begin{pmatrix} 1 & 2 \\ 3 & 4 \end{pmatrix}, \begin{pmatrix} 0 & -2 \\ 5 & 1 \end{pmatrix} \right\rangle$를 구하라.

15. $\mathbb{C}$-벡터공간 $\mathbb{C}^2$에서의 내적을
$$\langle (z_1, z_2), (w_1, w_2) \rangle = z_1\overline{w_1} + 3z_2\overline{w_2}$$
라 정의할 때, 다음 물음에 답하라.

(1) $\|(1-2i, 2+3i)\|$를 구하라.

(2) $\langle (2-i, 2i), (1-2i, 2+3i) \rangle$를 구하라.

16. F-내적공간 V 위에서 함수 $T: V \to V$를 $T(\mathbf{v}) = \|\mathbf{v}\|\mathbf{v}$라 정의하자. 이때 T가 F-선형사상이 아님을 보여라.

6.2 내적공간에서 직교

이 절에서는 내적공간에서 벡터들끼리의 직교성에 관하여 다룬다.

먼저 2차원 유클리드공간(평면) $\mathbb{R}^2 = \{(x, y) \mid x, y \in \mathbb{R}\}$의 영벡터가 아닌 두 벡터 $\mathbf{v}$, $\mathbf{w}$의 사잇각을 θ $(0 \le \theta \le \pi)$라 할 때, 직각인 경우 내적과의 관계에 대하여 살펴보자.

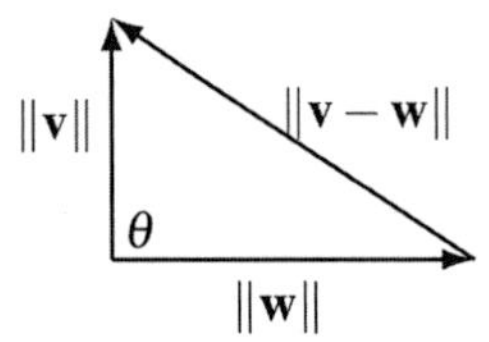

벡터 $\mathbf{v} = (x, y)$, $\mathbf{w} = (x', y')$, $\mathbf{v} - \mathbf{w} = (x - x', y - y')$에 대하여, $\mathbf{v}$, $\mathbf{w}$가 수직일 때, 피타고라스의 정리

$$\|\mathbf{v}\|^2 + \|\mathbf{w}\|^2 = \|\mathbf{v} - \mathbf{w}\|^2$$

를 생각해보자. $\mathbb{R}^2$의 표준내적을 적용하면

$$(x^2 + y^2) + (x'^2 + y'^2) = (x - x')^2 + (y - y')^2$$

이므로

$$xx' + yy' = 0$$

이고

$$\boxed{\langle (x, y), (x', y') \rangle = xx' + yy' = 0}$$

을 얻는다. 따라서 $\mathbb{R}^2$에서 <u>두 벡터가 수직일 필요충분조건은 표준내적이 0</u>일 때임을 알 수 있다.

또한, 일반적인 사잇각 θ에 대해서는, 코사인 제2법칙과 내적의 성질을 이용하면

$$\begin{aligned}
&\|\mathbf{v} - \mathbf{w}\|^2 = \|\mathbf{v}\|^2 + \|\mathbf{w}\|^2 - 2\|\mathbf{v}\|\|\mathbf{w}\| \cos\theta \text{ 이고,} \\
&\|\mathbf{v} - \mathbf{w}\|^2 = \langle \mathbf{v} - \mathbf{w}, \mathbf{v} - \mathbf{w} \rangle = \langle \mathbf{v}, \mathbf{v} \rangle - \langle \mathbf{v}, \mathbf{w} \rangle - \langle \mathbf{w}, \mathbf{v} \rangle + \langle \mathbf{w}, \mathbf{w} \rangle \\
&\qquad\qquad\; = \|\mathbf{v}\|^2 + \|\mathbf{w}\|^2 - 2\langle \mathbf{v}, \mathbf{w} \rangle
\end{aligned}$$

에서

$$2\|\mathbf{v}\|\|\mathbf{w}\| \cos\theta = 2\langle \mathbf{v}, \mathbf{w} \rangle$$

이다. 따라서 $\|\mathbf{v}\|\|\mathbf{w}\| \neq 0$이므로

$$\boxed{\cos\theta = \frac{\langle \mathbf{v}, \mathbf{w} \rangle}{\|\mathbf{v}\|\|\mathbf{w}\|}}$$

을 얻는다.

또한 두 벡터가 수직일 때 여러 가지 좋은 성질을 밝힐 수 있다. 영이 아닌 두 벡터 $\mathbf{v}$, $\mathbf{w}$가 수직이면, 사잇각 $\theta = \dfrac{\pi}{2}$이므로

$$0 = \cos\frac{\pi}{2} = \frac{\langle \mathbf{v},\ \mathbf{w}\rangle}{\|\mathbf{v}\|\|\mathbf{w}\|} \iff \langle \mathbf{v},\ \mathbf{w}\rangle = 0$$

이다. 따라서 두 벡터가 직교할 필요충분조건은 내적이 0일 때이다. 이러한 2차원공간에서 두 벡터의 사잇각의 성질을 일반화하여, 임의의 벡터공간에서의 사잇각과 직교에 대하여 다음과 같이 정의한다.

정의 6.2.1 *[사잇각(angle, 角), 직교(수직, perpendicular, orthogonal, 垂直, 直交)]*
F-내적공간 V의 벡터 $\mathbf{v}$, $\mathbf{w}$의 사잇각을 θ $(0 \le \theta \le \pi)$라 할 때

$\mathbf{v}$와 $\mathbf{w}$의 사잇각 θ에 대한 $\cos\theta$	정의 $\Leftrightarrow$	$\cos\theta = \dfrac{\langle \mathbf{v}, \mathbf{w}\rangle}{\|\mathbf{v}\|\|\mathbf{w}\|}$, $\theta = \cos^{-1}\left(\dfrac{\langle \mathbf{v}, \mathbf{w}\rangle}{\|\mathbf{v}\|\|\mathbf{w}\|}\right)$
$\mathbf{v}$와 $\mathbf{w}$가 **직교(수직)** $\mathbf{v} \perp \mathbf{w}$	정의 $\Leftrightarrow$	$\langle \mathbf{v}, \mathbf{w}\rangle = 0$

※ 영벡터 $\mathbf{0}$은 모든 벡터와 직교한다.

예 6.2.2 3차원 유클리드공간 $\mathbb{R}^3 = \{(x,\ y,\ z) \mid x,\ y,\ z \in \mathbb{R}\}$의 두 벡터 $(1,\ 0,\ 1)$, $(0,\ 2,\ 0)$의 사잇각 θ를 구해보자.

(풀이) $\cos\theta = \dfrac{\langle (1,\ 0,\ 1), (0,\ 2,\ 0)\rangle}{\|(1,\ 0,\ 1)\|\|(0,\ 2,\ 0)\|} = \dfrac{0}{\sqrt{2}\sqrt{4}} = 0$이므로, $\theta = \dfrac{\pi}{2}$이다.

또한 $\langle (1,\ 0,\ 1), (0,\ 2,\ 0)\rangle = 0$이므로, 두 벡터 $(1,\ 0,\ 1)$, $(0,\ 2,\ 0)$은 직교한다.

예 6.2.3 두 벡터 $(1,\ 1)$, $(1,\ -1) \in \mathbb{R}^2$은 $\langle (1,\ 1),\ (1,\ -1)\rangle = 1\cdot 1 + 1\cdot(-1) = 0$이므로 직교한다.

한 벡터에서 다른 벡터로의 직교정사영에 대하여 알아보자.

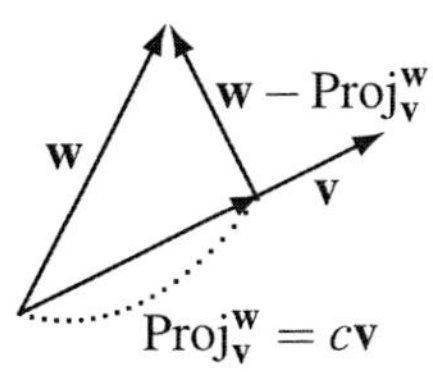

영이 아닌 벡터 $\mathbf{v}$와 $\mathbf{w}$에 대하여, $\mathbf{v}$에 스칼라 $c \in F$배하여, 벡터 $\mathbf{w} - c\mathbf{v}$와 $\mathbf{v}$가 직교하는 c를 구하자. 즉, $(\mathbf{w} - c\mathbf{v}) \perp \mathbf{v}$인 c를 구하자.

$$\langle \mathbf{w} - c\mathbf{v},\ \mathbf{v} \rangle = 0 \quad \Longleftrightarrow \quad \langle \mathbf{w},\ \mathbf{v} \rangle - c\langle \mathbf{v},\ \mathbf{v} \rangle = 0 \quad \Longleftrightarrow \quad c\langle \mathbf{v},\ \mathbf{v} \rangle = \langle \mathbf{w},\ \mathbf{v} \rangle$$

$$c = \frac{\langle \mathbf{w},\ \mathbf{v} \rangle}{\langle \mathbf{v},\ \mathbf{v} \rangle}$$

이때 $\boxed{\dfrac{\langle \mathbf{w},\ \mathbf{v} \rangle}{\langle \mathbf{v},\ \mathbf{v} \rangle}}$ 를 **Fourier 계수**(Fourier coefficient)라 하고,

$$\boxed{\mathrm{Proj}_{\mathbf{v}}^{\mathbf{w}} = c\mathbf{v} = \frac{\langle \mathbf{w},\ \mathbf{v} \rangle}{\langle \mathbf{v},\ \mathbf{v} \rangle}\mathbf{v} = \frac{\langle \mathbf{w},\ \mathbf{v} \rangle}{\|\mathbf{v}\|^2}\mathbf{v}}$$

를 $\mathbf{v}$ 위로의 $\mathbf{w}$의 **직교정사영**(orthogonal projection)이라 하며, 벡터 $\mathbf{v}$와 평행하다. $\mathbf{w}$ 위로의 $\mathbf{v}$의 직교정사영 $\mathrm{Proj}_{\mathbf{w}}^{\mathbf{v}} = \dfrac{\langle \mathbf{v},\ \mathbf{w} \rangle}{\langle \mathbf{w},\ \mathbf{w} \rangle}\mathbf{w}$는 벡터 $\mathbf{w}$와 평행하므로, $\mathrm{Proj}_{\mathbf{w}}^{\mathbf{v}}$와 $\mathrm{Proj}_{\mathbf{v}}^{\mathbf{w}}$는 다른 벡터이다.

정의 6.2.4 [*직교정사영(orthogonal projection, 直交正射影)*]

F-내적공간 V의 벡터 $\mathbf{v}(\neq \mathbf{0})$와 $\mathbf{w}$에 대하여 (정리 6.3.12 참조)

$\boxed{\mathrm{Proj}_{\mathbf{v}}^{\mathbf{w}}\text{는 } \mathbf{v} \text{ 위로의 } \mathbf{w}\text{의 직교정사영}} \overset{\text{정의}}{\Longleftrightarrow} \boxed{\mathrm{Proj}_{\mathbf{v}}^{\mathbf{w}} = \dfrac{\langle \mathbf{w},\ \mathbf{v} \rangle}{\langle \mathbf{v},\ \mathbf{v} \rangle}\mathbf{v} = \dfrac{\langle \mathbf{w},\ \mathbf{v} \rangle}{\|\mathbf{v}\|^2}\mathbf{v}}$

예 6.2.5 유클리드공간 $\mathbb{R}^2$의 벡터 $(3,\ 4)$ 위로 벡터 $(1,\ 2)$의 직교정사영 $\mathrm{Proj}_{(3,\ 4)}^{(1,\ 2)}$를 구하자.

$$\mathrm{Proj}_{(3,\ 4)}^{(1,\ 2)} = \frac{\langle (1,\ 2),\ (3,\ 4) \rangle}{\langle (3,\ 4),\ (3,\ 4) \rangle}(3,\ 4) = \frac{3+8}{9+16}(3,\ 4) = \frac{11}{25}(3,\ 4)$$

한편

$$(1,\ 2) - \mathrm{Proj}_{(3,\ 4)}^{(1,\ 2)} = (1,\ 2) - \frac{11}{25}(3,\ 4) = \left(-\frac{8}{25},\ \frac{6}{25}\right)$$

이므로

$$\left\langle (1,\ 2) - \mathrm{Proj}_{(3,\ 4)}^{(1,\ 2)},\ (3,\ 4) \right\rangle = \left\langle \left(-\frac{8}{25},\ \frac{6}{25}\right),\ (3,\ 4) \right\rangle = -\frac{24}{25} + \frac{24}{25} = 0$$

이 되어, 벡터 $(1,\ 2) - \mathrm{Proj}_{(3,\ 4)}^{(1,\ 2)}$와 $(3,\ 4)$는 직교함을 알 수 있다.

정리 6.2.6 *F-내적공간 V의 벡터 $\mathbf{v}$, $\mathbf{w}$와 스칼라 $a \in F$에 대하여 다음이 성립한다.*

(1) $\|a\mathbf{v}\| = |a|\|\mathbf{v}\|$

(2) $\|\mathbf{v}\| \geq 0, \quad \|\mathbf{v}\| = 0 \iff \mathbf{v} = \mathbf{0}$

(3) $|\langle \mathbf{v}, \mathbf{w}\rangle| \leq \|\mathbf{v}\|\|\mathbf{w}\|$ **(Cauchy-Schwartz 부등식)**

특히, 등호가 성립할 필요충분조건은 두 벡터 $\mathbf{v}$, $\mathbf{w}$가 1차종속이다.

(4) $\|\mathbf{v}+\mathbf{w}\| \leq \|\mathbf{v}\| + \|\mathbf{w}\|$ **(삼각부등식)**

(증명) (1) $\|a\mathbf{v}\| = \sqrt{\langle a\mathbf{v}, a\mathbf{v}\rangle} = \sqrt{a\bar{a}\langle \mathbf{v}, \mathbf{v}\rangle} = |a|\sqrt{\langle \mathbf{v}, \mathbf{v}\rangle} = |a|\|\mathbf{v}\|$

(2) 내적의 정의 (SP_4)에 의해 성립.

(3) 먼저 $\mathbf{w} = \mathbf{0}$이면, $|\langle \mathbf{v}, \mathbf{w}\rangle| = 0 = \|\mathbf{v}\|\|\mathbf{w}\|$이고, $\mathbf{v}$, $\mathbf{w}$는 1차종속이다.

다음에 $\mathbf{w} \neq \mathbf{0}$이라 하자. $\mathbf{v} - \mathrm{Proj}_{\mathbf{w}}^{\mathbf{v}} = \mathbf{v} - \dfrac{\langle \mathbf{v}, \mathbf{w}\rangle}{\langle \mathbf{w}, \mathbf{w}\rangle}\mathbf{w} = \mathbf{v} - \dfrac{\langle \mathbf{v}, \mathbf{w}\rangle}{\|\mathbf{w}\|^2}\mathbf{w}$을 이용하여 증명하자. 내적의 성질 (SP_4)를 이용하면,

$$\begin{aligned}
0 &\leq \langle \mathbf{v} - \mathrm{Proj}_{\mathbf{w}}^{\mathbf{v}}, \mathbf{v} - \mathrm{Proj}_{\mathbf{w}}^{\mathbf{v}}\rangle \\
&= \left\langle \mathbf{v} - \frac{\langle \mathbf{v}, \mathbf{w}\rangle}{\langle \mathbf{w}, \mathbf{w}\rangle}\mathbf{w}, \mathbf{v} - \frac{\langle \mathbf{v}, \mathbf{w}\rangle}{\langle \mathbf{w}, \mathbf{w}\rangle}\mathbf{w} \right\rangle \\
&= \langle \mathbf{v}, \mathbf{v}\rangle - \frac{\overline{\langle \mathbf{v}, \mathbf{w}\rangle}}{\langle \mathbf{w}, \mathbf{w}\rangle}\langle \mathbf{v}, \mathbf{w}\rangle - \frac{\langle \mathbf{v}, \mathbf{w}\rangle}{\langle \mathbf{w}, \mathbf{w}\rangle}\langle \mathbf{w}, \mathbf{v}\rangle + \frac{\langle \mathbf{v}, \mathbf{w}\rangle}{\langle \mathbf{w}, \mathbf{w}\rangle}\frac{\overline{\langle \mathbf{v}, \mathbf{w}\rangle}}{\langle \mathbf{w}, \mathbf{w}\rangle}\langle \mathbf{w}, \mathbf{w}\rangle \\
&= \langle \mathbf{v}, \mathbf{v}\rangle - \frac{\overline{\langle \mathbf{v}, \mathbf{w}\rangle}\langle \mathbf{v}, \mathbf{w}\rangle}{\|\mathbf{w}\|^2} - \frac{\langle \mathbf{v}, \mathbf{w}\rangle\overline{\langle \mathbf{v}, \mathbf{w}\rangle}}{\|\mathbf{w}\|^2} + \frac{\langle \mathbf{v}, \mathbf{w}\rangle\overline{\langle \mathbf{v}, \mathbf{w}\rangle}}{\|\mathbf{w}\|^2} \\
&= \|\mathbf{v}\|^2 - \frac{\langle \mathbf{v}, \mathbf{w}\rangle\overline{\langle \mathbf{v}, \mathbf{w}\rangle}}{\|\mathbf{w}\|^2} = \|\mathbf{v}\|^2 - \frac{|\langle \mathbf{v}, \mathbf{w}\rangle|^2}{\|\mathbf{w}\|^2} \quad \cdots\cdots\cdots\cdots ①
\end{aligned}$$

이므로, 양변에 $\|\mathbf{w}\|^2$을 곱하면,

$$0 \leq \|\mathbf{v}\|^2\|\mathbf{w}\|^2 - |\langle \mathbf{v}, \mathbf{w}\rangle|^2 \implies |\langle \mathbf{v}, \mathbf{w}\rangle|^2 \leq (\|\mathbf{v}\|\|\mathbf{w}\|)^2$$

이다. 따라서 $|\langle \mathbf{v}, \mathbf{w}\rangle| \leq \|\mathbf{v}\|\|\mathbf{w}\|$이 성립한다.

다음에 등호가 성립한다고 하자. 위 증명 ①과 내적의 정의 (SP_4)에 의해

$$\begin{aligned}
|\langle \mathbf{v}, \mathbf{w}\rangle| = \|\mathbf{v}\|\|\mathbf{w}\| &\iff |\langle \mathbf{v}, \mathbf{w}\rangle|^2 = \|\mathbf{v}\|^2\|\mathbf{w}\|^2 \\
&\iff \|\mathbf{v}\|^2 - \frac{|\langle \mathbf{v}, \mathbf{w}\rangle|^2}{\|\mathbf{w}\|^2} = 0 \\
&\iff \left\langle \mathbf{v} - \frac{\langle \mathbf{v}, \mathbf{w}\rangle}{\langle \mathbf{w}, \mathbf{w}\rangle}\mathbf{w}, \mathbf{v} - \frac{\langle \mathbf{v}, \mathbf{w}\rangle}{\langle \mathbf{w}, \mathbf{w}\rangle}\mathbf{w} \right\rangle = 0 \\
&\iff \mathbf{v} - \frac{\langle \mathbf{v}, \mathbf{w}\rangle}{\langle \mathbf{w}, \mathbf{w}\rangle}\mathbf{w} = \mathbf{0} \quad \cdots\cdots\cdots\cdots ② \\
&\iff \mathbf{v} = \frac{\langle \mathbf{v}, \mathbf{w}\rangle}{\langle \mathbf{w}, \mathbf{w}\rangle}\mathbf{w}
\end{aligned}$$

이다. 따라서 $\mathbf{v}$, $\mathbf{w}$는 1차종속이다.

역으로, $\mathbf{v}$, $\mathbf{w}$가 1차종속일 때, $\mathbf{w}=\mathbf{0}$이면 분명히 등호가 성립하므로, $\mathbf{w}\neq\mathbf{0}$인 경우에 성립함을 보이자. 그러면 적당한 스칼라 $a\in F$에 대하여 $\mathbf{v}=a\mathbf{w}$ 이므로

$$\mathbf{v}-\frac{\langle\mathbf{v},\ \mathbf{w}\rangle}{\langle\mathbf{w},\ \mathbf{w}\rangle}\mathbf{w}=\mathbf{v}-\frac{\langle a\mathbf{w},\ \mathbf{w}\rangle}{\langle\mathbf{w},\ \mathbf{w}\rangle}\mathbf{w}=\mathbf{v}-a\frac{\langle\mathbf{w},\ \mathbf{w}\rangle}{\langle\mathbf{w},\ \mathbf{w}\rangle}\mathbf{w}=\mathbf{v}-a\mathbf{w}=\mathbf{v}-\mathbf{v}=\mathbf{0}$$

이다. 그러면, 위 증명 ②에서 $|\langle\mathbf{v},\ \mathbf{w}\rangle|=\|\mathbf{v}\|\|\mathbf{w}\|$이다.

(4) Cauchy-Schwartz 부등식을 이용하면,

$$\begin{aligned}\|\mathbf{v}+\mathbf{w}\|^2&=\langle\mathbf{v}+\mathbf{w},\ \mathbf{v}+\mathbf{w}\rangle\\&=\langle\mathbf{v},\ \mathbf{v}\rangle+\langle\mathbf{v},\ \mathbf{w}\rangle+\langle\mathbf{w},\ \mathbf{v}\rangle+\langle\mathbf{w},\ \mathbf{w}\rangle\\&=\langle\mathbf{v},\ \mathbf{v}\rangle+\langle\mathbf{v},\ \mathbf{w}\rangle+\overline{\langle\mathbf{v},\ \mathbf{w}\rangle}+\langle\mathbf{w},\ \mathbf{w}\rangle\\&=\langle\mathbf{v},\ \mathbf{v}\rangle+2\mathrm{Re}(\langle\mathbf{v},\ \mathbf{w}\rangle)+\langle\mathbf{w},\ \mathbf{w}\rangle\\&\le\|\mathbf{v}\|^2+2|\langle\mathbf{v},\ \mathbf{w}\rangle|+\|\mathbf{w}\|^2\\&\le\|\mathbf{v}\|^2+2\|\mathbf{v}\|\|\mathbf{w}\|+\|\mathbf{w}\|^2=(\|\mathbf{v}\|+\|\mathbf{w}\|)^2\end{aligned}$$

따라서 $\|\mathbf{v}+\mathbf{w}\|\le\|\mathbf{v}\|+\|\mathbf{w}\|$가 성립한다. ■

예 6.2.7 n차원 유니터리공간 $\mathbb{C}^n$의 임의의 두 벡터 $\mathbf{v}=(x_1,\cdots,x_n)$, $\mathbf{w}=(y_1,\cdots,y_n)$에 대하여, Cauchy-Schwartz 부등식을 적용해 보면 다음과 같다.

$$\begin{aligned}|x_1\overline{y_1}+\cdots+x_n\overline{y_n}|&=|\langle(x_1,\cdots,x_n),\ (y_1,\cdots,y_n)\rangle|\\&=|\langle\mathbf{v},\ \mathbf{w}\rangle|\\&\le\|\mathbf{v}\|\|\mathbf{w}\|\\&=\|(x_1,\cdots,x_n)\|\|(y_1,\cdots,y_n)\|\\&=\sqrt{|x_1|^2+\cdots+|x_n|^2}\sqrt{|y_1|^2+\cdots+|y_n|^2}\end{aligned}$$

한편 삼각부등식을 적용해 보면 다음과 같다.

$$\begin{aligned}\sqrt{(x_1+y_1)^2+\cdots+(x_n+y_n)^2}&=\|(x_1,\cdots,x_n)+(y_1,\cdots,y_n)\|\\&=\|\mathbf{v}+\mathbf{w}\|\\&\le\|\mathbf{v}\|+\|\mathbf{w}\|\\&=\|(x_1,\cdots,x_n)\|+\|(y_1,\cdots,y_n)\|\\&=\sqrt{|x_1|^2+\cdots+|x_n|^2}+\sqrt{|y_1|^2+\cdots+|y_n|^2}\end{aligned}$$

정의 6.2.8 [*거리(distance, 距離)*]

F-내적공간 V의 벡터 $\mathbf{v}$, $\mathbf{w}$*와 함수*

$$d : V \times V \longrightarrow \mathbb{R}_{\geq 0}, \quad (\text{단}, \mathbb{R}_{\geq 0} = \{a \in \mathbb{R} \mid a \geq 0\})$$

에 대하여,

$d(\mathbf{v},\ \mathbf{w})$를 $\mathbf{v}$와 $\mathbf{w}$ 사이의 **거리**, 함수 d를 **거리함수**	$\overset{\text{정의}}{\Longleftrightarrow}$	$d(\mathbf{v},\ \mathbf{w}) = \|\mathbf{v}-\mathbf{w}\|$

예 6.2.9 2차원 복소수 벡터공간 $\mathbb{C}^2$에서 내적 $\langle\ ,\ \rangle$이, 임의의 벡터 $\mathbf{v} = (x,y)$, $\mathbf{w} = (x',y')$에 대하여

$$\langle \mathbf{v},\ \mathbf{w} \rangle = \langle (x,y),\ (x',y') \rangle = 2x\overline{x'} + 3y\overline{y'}$$

로 주어졌을 때, 다음을 구하라.

(1) 두 벡터 $\mathbf{v} = (1+i,\ -2i)$, $\mathbf{w} = (2-i,\ 3)$의 거리 $d(\mathbf{v},\ \mathbf{w})$를 구하라.

(2) 도형에서 변의 길이를 두 꼭짓점 사이의 거리로 정의했을 때, 세 벡터 $\mathbf{v} = (1+i,\ -2i)$, $\mathbf{w} = (2-i,\ 3)$, $\mathbf{u} = (1-i,\ 1-i)$의 끝점으로 이루어진 삼각형 $\triangle\mathbf{vwu}$의 각 변의 길이를 구하라.

(풀이) (1) 거리함수의 정의에 의해

$$\begin{aligned} d(\mathbf{v},\ \mathbf{w}) &= \|\mathbf{v}-\mathbf{w}\| = \|(1+i,\ -2i)-(2-i,\ 3)\| = \|(-1+2i,\ -3-2i)\| \\ &= \sqrt{2(1^2+2^2)+3(3^2+2^2)} = \sqrt{49} = 7 \end{aligned}$$

(2) 꼭짓점 사이의 거리를 구하자. (1)에서 $d(\mathbf{v},\ \mathbf{w}) = 7$이다.

$$\begin{aligned} d(\mathbf{w},\ \mathbf{u}) &= \|\mathbf{w}-\mathbf{u}\| = \|(2-i,\ 3)-(1-i,\ 1-i)\| = \|(1,\ 2+i)\| \\ &= \sqrt{2(1^2)+3(2^2+1^2)} = \sqrt{17} \\ d(\mathbf{u},\ \mathbf{v}) &= \|\mathbf{u}-\mathbf{v}\| = \|(1-i,\ 1-i)-(1+i,\ -2i)\| = \|(-2i,\ 1+i)\| \\ &= \sqrt{2(2^2)+3(1^2+1^2)} = \sqrt{14} \end{aligned}$$

정리 6.2.10 *F-내적공간 V의 벡터* $\mathbf{v}$, $\mathbf{w}$, $\mathbf{u}$*에 대하여 다음이 성립한다.*

(1) $d(\mathbf{v},\ \mathbf{w}) \geq 0$이다. 특히, $d(\mathbf{v},\ \mathbf{w}) = 0 \iff \mathbf{v} = \mathbf{w}$

(2) $d(\mathbf{v},\ \mathbf{w}) = d(\mathbf{w},\ \mathbf{v})$

(3) $d(\mathbf{v},\ \mathbf{w}) \leq d(\mathbf{v},\ \mathbf{u}) + d(\mathbf{u},\ \mathbf{w})$

(증명) 연습문제로 남긴다. ■

정리 6.2.11 (피타고라스 정리)

F-내적공간 V의 벡터 $\mathbf{v}$, $\mathbf{w}$가 서로 직교할 때, 다음이 성립한다.

$$\|\mathbf{v}+\mathbf{w}\|^2 = \|\mathbf{v}\|^2 + \|\mathbf{w}\|^2$$

(증명) $\langle \mathbf{v},\ \mathbf{w} \rangle = 0$이므로 다음이 성립한다.

$$\|\mathbf{v}+\mathbf{w}\|^2 = \langle \mathbf{v}+\mathbf{w},\ \mathbf{v}+\mathbf{w} \rangle = \langle \mathbf{v},\ \mathbf{v} \rangle + \langle \mathbf{v},\ \mathbf{w} \rangle + \langle \mathbf{w},\ \mathbf{v} \rangle + \langle \mathbf{w},\ \mathbf{w} \rangle = \|\mathbf{v}\|^2 + \|\mathbf{w}\|^2$$ ■

정의 6.2.12 [*직교보공간(orthogonal complement, 直交補空間)*]

F-내적공간 V의 공이 아닌 부분집합 $S(\neq \varnothing)$에 대하여

집합 $S^{\perp}$는 S의 **직교보공간**	$\overset{\text{정의}}{\Longleftrightarrow}$	$S^{\perp} = \{\mathbf{v} \in V \mid \forall \mathbf{w} \in S,\ \langle \mathbf{v},\ \mathbf{w} \rangle = 0\}$

※ 내적의 정의에 의해 $S^{\perp} = \{\mathbf{v} \in V \mid \forall \mathbf{w} \in S,\ \langle \mathbf{w},\ \mathbf{v} \rangle = 0\}$임을 알 수 있다.

정리 6.2.13 *F-내적공간 V의 공이 아닌 부분집합 $S(\neq \varnothing)$와 V 의 부분공간 W에 대하여 다음이 성립한다.*

(1) S의 직교보공간 $S^{\perp}$는 V의 부분공간이다.
(2) W가 유한생성 부분공간 $W = \langle \mathbf{v}_1,\ \cdots,\ \mathbf{v}_m \rangle \quad \Longrightarrow \quad W^{\perp} = \{\mathbf{v}_1,\ \cdots,\ \mathbf{v}_m\}^{\perp}$
(3) $W < (W^{\perp})^{\perp}$이고 $W \cap W^{\perp} = \{\mathbf{0}\}$.

(증명) (1) 임의의 벡터 $\mathbf{w} \in S$에 대하여 $\langle \mathbf{0},\ \mathbf{w} \rangle = 0$이므로 $\mathbf{0} \in S^{\perp} \neq \varnothing$이다.

또한 임의의 벡터 $\mathbf{v},\ \mathbf{v}' \in S^{\perp}$와 스칼라 $r \in F$, 임의의 벡터 $\mathbf{w} \in S$에 대하여서

$$\langle \mathbf{v}+\mathbf{v}',\ \mathbf{w} \rangle = \langle \mathbf{v},\ \mathbf{w} \rangle + \langle \mathbf{v}',\ \mathbf{w} \rangle = 0+0 = 0$$
$$\langle r\mathbf{v},\ \mathbf{w} \rangle = r\langle \mathbf{v},\ \mathbf{w} \rangle = r0 = 0$$

이므로, $\mathbf{v}+\mathbf{v}',\ r\mathbf{v} \in S^{\perp}$이다. 따라서 S의 직교보공간 $S^{\perp}$는 V의 부분공간이다.

(2) ($\subset$) 임의의 $\mathbf{v} \in W^{\perp}$이면, $\mathbf{v}_1,\ \cdots,\ \mathbf{v}_m \in W$이므로

$$\langle \mathbf{v},\ \mathbf{v}_1 \rangle = \cdots = \langle \mathbf{v},\ \mathbf{v}_m \rangle = 0$$

이다. 따라서 $\mathbf{v} \in \{\mathbf{v}_1,\ \cdots,\ \mathbf{v}_m\}^{\perp}$이고, $W^{\perp} \subset \{\mathbf{v}_1,\ \cdots,\ \mathbf{v}_m\}^{\perp}$이다.

($\supset$) 임의의 $\mathbf{v} \in \{\mathbf{v}_1,\ \cdots,\ \mathbf{v}_m\}^{\perp}$라 하자. 그러면 $\langle \mathbf{v},\ \mathbf{v}_1 \rangle = \cdots = \langle \mathbf{v},\ \mathbf{v}_m \rangle = 0$이다.

한편 임의의 벡터 $\mathbf{w} \in W$에 대하여 스칼라 $x_1, \cdots, x_m \in F$가 존재하여 $\mathbf{w} = x_1\mathbf{v}_1 + \cdots + x_m\mathbf{v}_m$이다.

$$\begin{aligned}\langle \mathbf{v}, \mathbf{w} \rangle &= \langle \mathbf{v}, x_1\mathbf{v}_1 + \cdots + x_m\mathbf{v}_m \rangle \\ &= \langle \mathbf{v}, x_1\mathbf{v}_1 \rangle + \cdots + \langle \mathbf{v}, x_m\mathbf{v}_m \rangle \\ &= \overline{x_1}\langle \mathbf{v}, \mathbf{v}_1 \rangle + \cdots + \overline{x_m}\langle \mathbf{v}, \mathbf{v}_m \rangle \\ &= \overline{x_1}\, 0 + \cdots + \overline{x_m}\, 0 = 0\end{aligned}$$

이므로, $\mathbf{v} \in W^{\perp}$이다. 따라서, $\{\mathbf{v}_1, \cdots, \mathbf{v}_m\}^{\perp} \subset W^{\perp}$이다.

(3) 임의의 $\mathbf{v} \in W$와 임의의 $\mathbf{w} \in W^{\perp}$에 대하여

$$\langle \mathbf{v}, \mathbf{w} \rangle = \overline{\langle \mathbf{w}, \mathbf{v} \rangle} = \overline{0} = 0$$

이므로 $\mathbf{v} \in (W^{\perp})^{\perp}$이다.

$\mathbf{v} \in W \cap W^{\perp}$라 하자. 그러면 $\langle \mathbf{v}, \mathbf{v} \rangle = 0$이므로 $\mathbf{v} = \mathbf{0}$이다. ■

예 6.2.14 유클리드공간 $\mathbb{R}^2 = \{(a, b) \mid a, b \in \mathbb{R}\}$의 부분집합 $S = \{(2, 1)\} \subset \mathbb{R}^2$의 직교보공간 $S^{\perp}$구하라.

(풀이)

$$\begin{aligned}S^{\perp} &= \{(x, y) \in \mathbb{R}^2 \mid \langle (x, y), (2, 1) \rangle = 0\} \\ &= \{(x, y) \in \mathbb{R}^2 \mid 2x + y = 0\} \\ &= \{(x, -2x) \mid x \in \mathbb{R}\} \\ &= \{x(1, -2) \mid x \in \mathbb{R}\} = \langle (1, -2) \rangle\end{aligned}$$

2차원 평면에서 직교보공간에 대한 기하적인 의미를 보면, $S^{\perp}$는 S의 원소 (2,1)에 대응하는 직선 $y = \frac{x}{2}$에 수직인 직선이고, $y = -2x$이 된다.

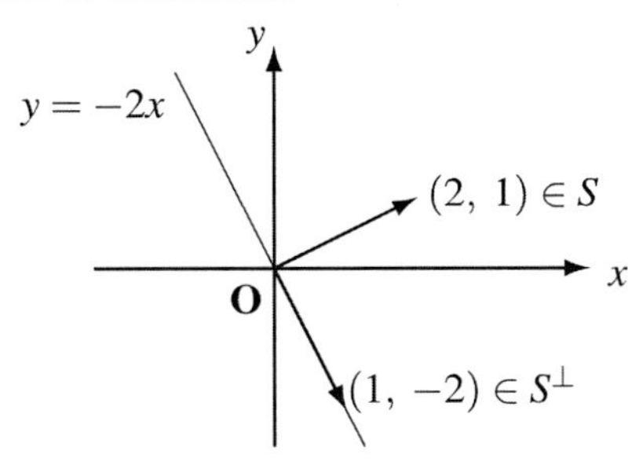

예 6.2.15 $\mathbb{R}$-내적공간 $\mathbb{R}[x]_2 = \{a + bx + cx^2 \mid a, b, c \in \mathbb{R}\}$ 위에서 내적을

$$\langle f(x), g(x) \rangle = \int_{-1}^{1} f(x)g(x)dx, \quad f(x), g(x) \in \mathbb{R}[x]_2$$

라 정의할 때, $S = \{1, x\}$의 직교보공간 $S^{\perp}$를 구하라.

(풀이)

$$\begin{aligned}
S^\perp &= \left\{a+bx+cx^2 \in \mathbb{R}[x]_2 \mid \left\langle 1,\ a+bx+cx^2\right\rangle = 0,\ \left\langle x,\ a+bx+cx^2\right\rangle = 0\right\} \\
&= \left\{ a+bx+cx^2 \in \mathbb{R}[x]_2 \;\middle|\; \begin{array}{l} \int_{-1}^{1}\left(a+bx+cx^2\right)dx = 0, \\ \int_{-1}^{1}\left(ax+bx^2+cx^3\right)dx = 0 \end{array} \right\} \\
&= \left\{a+bx+cx^2 \in \mathbb{R}[x]_2 \;\middle|\; 2a+\frac{2c}{3} = 0,\ \frac{2b}{3} = 0\right\} \\
&= \left\{-\frac{c}{3}+cx^2 \in \mathbb{R}[x]_2 \;\middle|\; c \in \mathbb{R}\right\} \\
&= \left\langle -\frac{1}{3}+x^2 \right\rangle
\end{aligned}$$

예 6.2.16 3차원 유클리드공간 $\mathbb{R}^3$의 부분공간 $W = \langle(1,1,0)\rangle$의 직교보공간 $W^\perp$의 기저를 구하라.

(풀이) W의 생성원 $(1,1,0)$과 직교하는 것을 구하면 되므로

$$\begin{aligned}
W^\perp &= \{(x,y,z) \in \mathbb{R}^3 \mid \langle (x,y,z),\ (1,1,0)\rangle = 0\} \\
&= \{(t,-t,s) \mid t,s \in \mathbb{R}\} \\
&= \{t(1,-1,0)+s(0,0,1) \mid t,s \in \mathbb{R}\}
\end{aligned}$$

에서 직교보공간 $W^\perp$의 기저는 $\{(1,-1,0),\ (0,0,1)\}$이다.

정리 6.2.17 *3차원 유클리드공간 $\mathbb{R}^3$의 두 벡터 $\mathbf{v} = (a,b,c)$, $\mathbf{w} = (a',b',c')$이 1차독립이면 다음이 성립한다.*

$W = \langle \mathbf{v},\mathbf{w}\rangle$(내적이 아니라 생성집합임)의 직교보공간 $W^\perp$의 기저 $\mathbf{w}'$는 다음과 같다.

$$\mathbf{w}' = (a,b,c)\times(a',b',c') = \begin{vmatrix} e_1 & e_2 & e_3 \\ a & b & c \\ a' & b' & c' \end{vmatrix} = \left(\begin{vmatrix} b & c \\ b' & c' \end{vmatrix},\ -\begin{vmatrix} a & c \\ a' & c' \end{vmatrix},\ \begin{vmatrix} a & b \\ a' & b' \end{vmatrix} \right)$$

단, '×'는 3차원 내적공간에서만 정의되는 **외적** (cross product, 外積)이다.

여기서 가운데의 3×3행렬식에서 $e_1 = (1,0,0)$, $e_2 = (0,1,0)$, $e_3 = (0,0,1)$는 $\mathbb{R}^3$의 표준기저로 암기하기 좋게 편의상 행렬식으로 표현한 것이다.

(증명) W의 생성원 (a,b,c), (a',b',c')과 직교하는 것을 구하면 되므로 $(x,y,z)\in W^{\perp}$라 하고 내적을 구하면

$$\begin{cases} ax+by+cz=0 \\ a'x+b'y+c'z=0 \end{cases}$$

이다. 즉, 위 연립방정식의 해공간이 W의 직교보공간 $W^{\perp}$이다.

한편 $\mathbf{v}=(a,b,c)$, $\mathbf{w}=(a',b',c')$이 1차독립이므로, 정리 3.6.1에 의해 해공간 $W^{\perp}$은 1차원공간이다. 또한 $\mathbf{v}$, $\mathbf{w}$는 일직선상에 있지 않으므로, 다음 셋 중에서 적어도 하나는 성립한다.

$$\frac{a}{a'}\neq\frac{b}{b'},\quad \frac{b}{b'}\neq\frac{c}{c'},\quad \frac{a}{a'}\neq\frac{c}{c'} \quad\Longrightarrow\quad \begin{vmatrix} a & b \\ a' & b' \end{vmatrix}\neq 0,\quad \begin{vmatrix} b & c \\ b' & c' \end{vmatrix}\neq 0,\quad \begin{vmatrix} a & c \\ a' & c' \end{vmatrix}\neq 0$$

즉, $\mathbf{w}'=\left(\begin{vmatrix} b & c \\ b' & c' \end{vmatrix}, -\begin{vmatrix} a & c \\ a' & c' \end{vmatrix}, \begin{vmatrix} a & b \\ a' & b' \end{vmatrix}\right)\neq\mathbf{0}$이다. 또한 $\mathbf{w}'$과 각 $\mathbf{v}$, $\mathbf{w}$와의 내적은 다음 행렬식(1행 전개)으로 표현할 수 있다. 행렬식의 성질에 의해

$$\langle\mathbf{v},\ \mathbf{w}'\rangle=\begin{vmatrix} a & b & c \\ a & b & c \\ a' & b' & c' \end{vmatrix}=0,\quad \langle\mathbf{w},\ \mathbf{w}'\rangle=\begin{vmatrix} a' & b' & c' \\ a & b & c \\ a' & b' & c' \end{vmatrix}=0$$

이다. 따라서 $\mathbf{w}'$은 W에 수직인 벡터이다. 즉, $\mathbf{w}'(\neq\mathbf{0})\in W^{\perp}$이고, $\dim W^{\perp}=1$이므로,

$$\mathbf{w}'=(a,b,c)\times(a',b',c')=\left(\begin{vmatrix} b & c \\ b' & c' \end{vmatrix}, -\begin{vmatrix} a & c \\ a' & c' \end{vmatrix}, \begin{vmatrix} a & b \\ a' & b' \end{vmatrix}\right)$$

은 직교보공간 $W^{\perp}$의 기저이다. ■

임용시험 출제 6.2.18 [1997학년도] 실벡터공간 $\mathbb{R}^3$에서의 벡터 a 에 대하여 선형사상 $T(p)=a\times p+(p\cdot a)a$ $(p\in\mathbb{R}^3)$가 정의되었다. 이때 벡터 a의 크기가 $\sqrt{2}$일 때 T의 고윳값을 구하고 1 개뿐임을 보여라. 단, $a\times p$는 외적(Cross product)이고, $(p\cdot a)$은 내적(Inner product) 이다.

임용시험 출제 6.2.19 [2016학년도] 2차원 유클리드 공간 $\mathbb{R}^2$의 단위벡터(unit vector) u에 대하여 선형사상 $T:\mathbb{R}^2\longrightarrow\mathbb{R}^2$을

$$T(x)=x-2(x\cdot u)u$$

로 정의하자. 모든 벡터 x에 대하여 $||T(x)||=||x||$임을 보이시오. 또한 $u=\left(\frac{1}{2},\ \frac{1}{2}\right)$ 일 때, $\mathbb{R}^2$의 기저(basis) $B=\{(1,\ 0),\ (1,\ 1)\}$에 대한 T의 행렬 $[T]_B$를 풀이 과정과 함께 쓰시오.

(단, 두 벡터 x, y에 대하여 $x \cdot y$는 x와 y 의 점곱 (유클리드 내적, dot product, Euclidean inner product)이고, $\|x\|$은 x의 유클리드 노름(Euclidean norm)이다.)

연 습 문 제 (6.2)

1. 정리 6.2.10을 증명하라.

2. 유한차원 유클리드공간에서 다음 각각에서 $\mathbf{u}$와 $\mathbf{v}$의 사잇각을 θ라 할 때, $\cos\theta$를 구하고, 두 벡터 사이의 거리를 구하라.

(1) $\mathbf{u} = (-1,\ 1),\ \mathbf{v} = (2,\ 2)$

(2) $\mathbf{u} = (1,\ 2,\ -1),\ \mathbf{v} = (2,\ 1,\ -4)$

(3) $\mathbf{u} = (2,\ -1,\ 1,\ 0),\ \mathbf{v} = (0,\ -3,\ 2,\ -3)$

3. F-내적공간 V의 영이 아닌 두 벡터 $\mathbf{u}$, $\mathbf{v}$에 대하여, 벡터 $\mathbf{w} = \|\mathbf{v}\|\mathbf{u} + \|\mathbf{u}\|\mathbf{v}$는 $\mathbf{u}$와 $\mathbf{v}$의 사잇각을 이등분함을 보여라.

4. $\mathbb{R}$-벡터공간 $\mathbb{R}[x]_2$의 임의의 다항식 $f(x),\ g(x) \in \mathbb{R}[x]_2$에 대해 내적이 $\langle f(x),\ g(x)\rangle = \int_0^1 f(x)g(x)dx$로 주어질 때, $1-x$ 와 $x+x^2$의 사잇각 θ를 구하라.

5. 세 벡터 $\mathbf{u} = (-1,\ 0,\ 2),\ \mathbf{v} = (2,\ -1,\ 3),\ \mathbf{w} = (2,\ -1,\ 1)$에 대하여 다음을 계산하라.

(1) $\|\mathbf{u} - \mathbf{v} + \mathbf{w}\|$

(2) $\mathrm{Proj}_{\mathbf{w}}^{\mathbf{u}}$와 $\mathrm{Proj}_{\mathbf{u}}^{\mathbf{w}}$

(3) $\langle \mathbf{u},\ (\mathbf{v} \times \mathbf{w})\rangle$

(4) $(3\mathbf{v} + 2\mathbf{w}) \times (\langle \mathbf{u},\ \mathbf{v}\rangle\, \mathbf{w})$

6. $F = \mathbb{R}$ 또는 $F = \mathbb{C}$일 때, 체 F 위의 내적공간 V의 두 벡터 $\mathbf{v},\ \mathbf{w} \in V$에 대하여 다음 등식이 성립함을 증명하라.

(1) $\langle \mathbf{v},\ \mathbf{w}\rangle = \frac{1}{4}\|\mathbf{v} + \mathbf{w}\|^2 - \frac{1}{4}\|\mathbf{v} - \mathbf{w}\|^2$

(2) $\|\mathbf{v} + \mathbf{w}\|^2 = \|\mathbf{v}\|^2 + 2\mathrm{Re}\langle \mathbf{v},\ \mathbf{w}\rangle + \|\mathbf{w}\|^2$

(3) $|\|\mathbf{v}\| - \|\mathbf{w}\|| \le \|\mathbf{v} - \mathbf{w}\|$

(4) $\langle \mathbf{v} + \mathbf{w},\ \mathbf{v} - \mathbf{w}\rangle = 0 \Longleftrightarrow \|\mathbf{v}\| = \|\mathbf{w}\|$

7. 유클리드공간에서 다음 $\mathbf{u}$ 와 $\mathbf{v}$가 직교하도록 k 값을 구하라.

(1) $\mathbf{u} = (1,\ -3,\ 3),\ \mathbf{v} = (3,\ 2,\ k)$

(2) $\mathbf{u} = (-2,\ k,\ 4),\ \mathbf{v} = (k,\ k,\ -2)$

8. 유클리드공간의 세 점 $A(1,\ 2,\ 3),\ B(1,\ -1,\ 0),\ C(3,\ 3,\ 2)$이 직각삼각형의 세 꼭짓점인지 알아보라.

9. 복소수체 $\mathbb{C}$ 위의 2차 정사각행렬 $\begin{pmatrix} \cos\phi & -\sin\phi \\ \sin\phi & \cos\phi \end{pmatrix}$의 고윳값을 구하고, 그에 대응하는 고유벡터를 $\mathbf{v}$라 하면, $\mathbf{v}$의 실수부분 벡터 $\mathrm{Re}(\mathbf{v})$와 허수부분 벡터 $\mathrm{Im}(\mathbf{v})$는 직교하고 크기가 같음을 증명하라.

10. $\{\mathbf{v}_1, \cdots, \mathbf{v}_n\}$이 내적공간 V의 기저일 때 모든 $\mathbf{v}_i$와 서로 수직인 벡터는 영벡터뿐임을 보여라.

11. 2차원 유클리드공간 $\mathbb{R}^2$의 두 벡터 $\mathbf{u}$, $\mathbf{v}$가 영이 아닌 벡터 $\mathbf{w}$와 직교하면, $\mathbf{u}$, $\mathbf{v}$는 평행인 벡터임을 증명하라.

12. 내적공간에서 $\|\mathbf{u}+\mathbf{v}\| = \|\mathbf{u}\| + \|\mathbf{v}\|$이기 위한 필요충분조건은 $\mathbf{u}$, $\mathbf{v}$가 평행인 벡터임을 증명하라.

13. $\mathbf{v}$가 $\mathbf{w}_1$과 $\mathbf{w}_2$에 직교하면, $\mathbf{v}$는 모든 스칼라 k_1, k_2에 대하여 $k_1\mathbf{w}_1 + k_2\mathbf{w}_2$인 벡터와 직교함을 보여라.

14. 내적공간 V의 벡터 $\mathbf{u}$, $\mathbf{v}$가 서로 직교하는 단위벡터라면, $\|\mathbf{u}-\mathbf{v}\| = \sqrt{2}$ 임을 보여라.

15. $\mathbb{R}$-내적공간 V의 벡터 $\mathbf{v}$, $\mathbf{w}$가 $\|\mathbf{v}\| = \|\mathbf{w}\|$이면, $\mathbf{v}-\mathbf{w}$와 $\mathbf{v}+\mathbf{w}$는 수직임을 보여라.

16. 코시-슈바르츠 부등식을 사용하여 a, b와 θ의 모든 실수값에 대해서

$$(a\cos\theta + b\sin\theta)^2 \le a^2 + b^2$$

임을 증명하라.

17. $\mathbb{R}$-벡터공간 $\mathbb{R}^2$의 벡터 $X = (1, -1)$, $Y = (2, 3)$에 대해 다음에 답하라.

(1) X, Y는 표준내적에 대하여 수직인가?

(2) $\langle (x, y), (x', y') \rangle' = 3xx' + 2yy'$로 정의된 내적 $\langle\ ,\ \rangle'$에 대하여 X, Y는 수직인가?

(3) (2)에서 정의된 내적 $\langle\ ,\ \rangle'$을 가진 공간에서 (x, y), $(-y, x)$가 수직일 필요충분조건을 구하라.

18. 연립일차방정식의 일반해를 구하고, 계수행렬의 행벡터들이 해벡터에 직교함을 확인하라.

(1) $\begin{cases} 2x + y - z = 0 \\ 4x + 2y - 2z = 0 \\ x + 3y - 3z = 0 \end{cases}$ (2) $\begin{cases} x + 3y - 4z = 0 \\ 2x + 6y - 8z = 0 \end{cases}$

19. $\mathbb{R}$ 위의 행렬공간 $M_n(\mathbb{R})$에서 내적이 $\langle A, B \rangle = \mathrm{tr}(AB^T)$로 주어질 때, $M_n(\mathbb{R})$의 두 벡터 $X = \begin{pmatrix} 0 & -1 \\ 1 & 2 \end{pmatrix}$, $Y = \begin{pmatrix} 1 & 2 \\ 1 & -3 \end{pmatrix}$에 대하여 다음 물음에 답하라.

(1) $\langle X, Y \rangle$와 $\langle X, Y \rangle$, $\langle Y, X \rangle$, $\langle Y, Y \rangle$를 구하라.

(2) X 위로의 Y의 직교정사영 Proj_X^Y와 Y 위로의 X의 직교정사영 Proj_Y^X를 구하라.

(3) X의 직교보공간 $X^{\perp}$를 구하라.

20. 유클리드공간 $\mathbb{R}^3$에서 다음 벡터가 생성하는 $\mathbb{R}^3$의 부분공간의 직교보공간에 대한 기저를 구하라.

(1) $\mathbf{v_1} = (1,\ -1,\ 3)$　　　(2) $\mathbf{v}_1 = (1,\ 1,\ 2),\ \mathbf{v}_2 = (1,\ 2,\ 3)$

21. 유클리드공간 $\mathbb{R}^3$의 부분공간 W가 다음과 같을 때, 직교보공간 $W^{\perp}$의 방정식을 구하라.

(1) W는 방정식 $x-2y-4z=0$인 평면.

(2) W는 매개변수방정식 $x=3t,\ y=-t,\ z=4t$인 직선.

(3) W는 두 평면 $x-2y-z=0$과 $x+3y-z=0$의 교선.

22. n차원 내적공간 V의 부분공간 U의 기저가 $\{\mathbf{u}_1,\ \mathbf{u}_2,\ \cdots,\ \mathbf{u}_m\}$일 때, $\langle \mathbf{u}_i,\ \mathbf{v}_j\rangle = 0(i = 1,\cdots,m)$인 1차독립인 벡터집합 $\{\mathbf{v}_{m+1},\ \cdots,\ \mathbf{v}_{n-m}\}$은 직교보공간 $U^{\perp}$의 기저임을 보여라.

23. 유한차원 내적공간 V의 부분공간 U, W에 대해, 다음이 성립함을 보여라.

(1) $(U+W)^{\perp} = U^{\perp} \cap W^{\perp}$

(2) $(U \cap W)^{\perp} = U^{\perp} + W^{\perp}$

24. 유한차원 내적공간 V의 부분공간 U, W에 대해 $W \subset U$와 $U \cap W^{\perp} = \{0\}$이 성립하면, $U = W$임을 증명하라.

25. 유클리드 평면 $\mathbb{R}^2$에서 $(a,\ b) \neq (0,\ 0)$일 때,

'점 $P(x_1,\ y_1)$과 직선 $ax+by+c=0$까지의 거리 d'

는 $\boxed{d = \dfrac{|ax_1+by_1+c|}{\sqrt{a^2+b^2}}}$ 임을 증명하라.

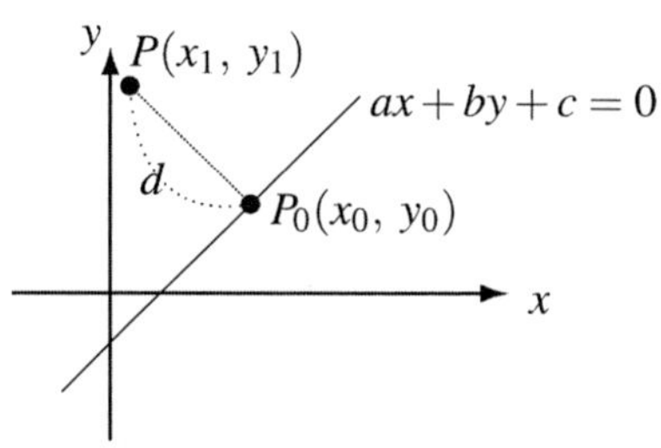

따라서 유클리드 평면 $\mathbb{R}^2$에서 $(a,\ b) \neq (0,\ 0)$일 때,

'벡터 $(x_1,\ y_1)$과 부분공간 $\{(x,\ y) \in \mathbb{R}^2 \mid ax+by=0\}$까지의 거리 d'

는 $\boxed{d = \dfrac{|ax_1+by_1|}{\sqrt{a^2+b^2}}}$이다.

26. 유클리드공간 $\mathbb{R}^3$에서 $(a,\ b,\ c) \neq (0,\ 0,\ 0)$일 때,

'점 $P(x_1,\ y_1,\ z_1)$과 평면 $ax+by+cz+d=0$까지의 거리 d'

는 $\boxed{d = \dfrac{|ax_1+by_1+cz_1+d|}{\sqrt{a^2+b^2+c^2}}}$ 임을 증명하라.

따라서 유클리드공간 $\mathbb{R}^3$에서 $(a,\ b,\ c) \neq (0,\ 0,\ 0)$일 때,

'벡터 $(x_1,\ y_1,\ z_1)$과 부분공간 $\{(x,\ y,\ z) \mid ax+by+cz=0\}$까지의 거리 d'

는 $\boxed{d = \dfrac{|ax_1+by_1+cz_1|}{\sqrt{a^2+b^2+c^2}}}$ 이다.

27. 다음의 주어진 점과 직선 또는 평면 사이의 거리를 구하라.

(1) $(-1,\ 1)$, $2x-3y+4=0$

(2) $(2,\ 5)$, $x-4y+5=0$

(3) $(1,\ 2,\ 3)$, $x-2y-3z=6$

(4) $(-1,\ -1,\ 0)$, $3x+4y-6z=2$

28. 주어진 평행인 평면 사이의 거리를 구하라.

(1) $x-2y-z=7$과 $-2x+4y+2z=10$

(2) $2x-4y+2z=-1$과 $6x-12y+6z=8$

29. 유클리드공간 $\mathbb{R}^3$의 세 벡터 $\mathbf{u}$, $\mathbf{v}$, $\mathbf{w}$에 대하여, 삼중곱$\langle \mathbf{u},\ \mathbf{v}\times\mathbf{w}\rangle$를 구하라.

(1) $\mathbf{u}=(1,\ 0,\ 0)$, $\mathbf{v}=(0,\ 1,\ 1)$, $\mathbf{w}=(1,\ 1,\ 1)$

(2) $\mathbf{u}=(2,\ 1,\ 0)$, $\mathbf{v}=(4,\ 2,\ 0)$, $\mathbf{w}=(1,\ 2,\ 3)$

(3) $\mathbf{u}=(-1,\ 2,\ 3)$, $\mathbf{v}=(3,\ 0,\ -2)$, $\mathbf{w}=(-1,\ 2,\ 3)$

30. 외적을 사용하여, $\mathbf{u}$와 $\mathbf{v}$ 모두에 직교하는 벡터를 구하라.

(1) $\mathbf{u}=(1,\ 1,\ -1)$, $\mathbf{v}=(2,\ 1,\ 3)$

(2) $\mathbf{u}=(1,\ -1,\ 0)$, $\mathbf{v}=(4,\ -1,\ 2)$

31. 유클리드공간 $\mathbb{R}^3$의 세 벡터 $\mathbf{u}=(a,b,c)$, $\mathbf{v}=(a',b',c')$, $\mathbf{w}=(a'',b'',c'')$에 대하여 다음을 증명하라.

(1) $\mathbf{v}\perp(\mathbf{v}\times\mathbf{w})$와 $\mathbf{w}\perp(\mathbf{v}\times\mathbf{w})$임을 증명하라.

(2) $\mathbf{v}$, $\mathbf{w}$가 1차종속(평행)이면, $\mathbf{v}\times\mathbf{w}=\mathbf{0}$임을 증명하라.

(3) $\mathbf{v}$, $\mathbf{w}$의 사잇각을 θ라 하면,

$$\|\mathbf{v}\times\mathbf{w}\| = \sqrt{\|\mathbf{v}\|^2\|\mathbf{w}\|^2 - \langle \mathbf{v},\ \mathbf{w}\rangle^2} = \|\mathbf{v}\|\|\mathbf{w}\|\sin\theta$$

임을 증명하라.

따라서 $\mathbf{v}$, $\mathbf{w}$를 두 변으로 하는 $\boxed{\text{평행사변형의 면적은 } \|\mathbf{v}\times\mathbf{w}\|}$이다.

(4) $\mathbf{u}$, $\mathbf{v}$, $\mathbf{w}$에 대하여

$$\langle \mathbf{u}\times\mathbf{v},\ \mathbf{w}\rangle = \begin{vmatrix} a & b & c \\ a' & b' & c' \\ a'' & b'' & c'' \end{vmatrix}$$

임을 보이고, $\mathbf{u}$, $\mathbf{v}$, $\mathbf{w}$을 세 변으로 하는

$\boxed{\text{평행육면체의 부피는 } |\langle \mathbf{u}\times\mathbf{v},\ \mathbf{w}\rangle|}$임을 증명하라. 따라서 $\mathbf{u}$, $\mathbf{v}$, $\mathbf{w}$ 세 변으로 하는 사면체의 부피는 $\dfrac{1}{6}|\langle \mathbf{u}\times\mathbf{v},\ \mathbf{w}\rangle|$이다.

32. 유클리드 평면 $\mathbb{R}^2$에서 일직선상에 있지 않은 세 점 $A(a, b)$, $B(a', b')$, $C(a'', b'')$을 꼭짓점으로 하는 삼각형 $\triangle ABC$의 넓이는 $\pm\frac{1}{2}\begin{vmatrix} a & b & 1 \\ a' & b' & 1 \\ a'' & b'' & 1 \end{vmatrix}$ 임을 밝혀라.

33. P, Q, R, S를 꼭짓점으로 하는 사면체의 부피를 구하라.

(1) $P(-1, 2, 0)$, $Q(2, 1, -3)$, $R(1, 1, 1)$, $S(3, -2, 3)$

(2) $P(0, 0, 0)$, $Q(1, 2, -1)$, $R(3, 4, 0)$, $S(-1, -3, 4)$

34. 주어진 벡터 $\mathbf{u}$, $\mathbf{v}$에 의해 결정되는 평행사변형의 넓이를 구하라.

(1) $\mathbf{u} = (1, 3, 4)$, $\mathbf{v} = (5, 1, 2)$ (2) $\mathbf{u} = (3, -1, 4)$, $\mathbf{v} = (6, -2, 8)$

35. 주어진 꼭짓점을 갖는 평행사변형의 넓이를 구하라.

(1) $P_1(2, 3)$, $P_2(1, 4)$, $P_3(5, 2)$, $P_4(4, 3)$

(2) $P_1(3, 2)$, $P_2(5, 4)$, $P_3(9, 4)$, $P_4(7, 2)$

36. 주어진 꼭짓점을 갖는 삼각형 $\triangle PQR$의 넓이를 구하라.

(1) $P(1, 0, -1)$, $Q(2, 1, 2)$, $R(0, 1, -1)$

(2) $P(1, 1, -1)$, $Q(2, 1, 2)$, $R(0, 1, -1)$

37. $\mathbf{u}$, $\mathbf{v}$, $\mathbf{w}$를 변으로 하는 평행육면체의 부피를 구하라.

(1) $\mathbf{u} = (0, 2, -2)$, $\mathbf{v} = (1, 2, 0)$, $\mathbf{w} = (-2, 3, 1)$

(2) $\mathbf{u} = (3, 1, 2)$, $\mathbf{v} = (4, 5, 1)$, $\mathbf{w} = (1, 2, 4)$

38. 같은 점을 시점으로 하는 세 벡터 $\mathbf{u}$, $\mathbf{v}$, $\mathbf{w}$가 동일평면에 있는지 판정하라.

(1) $\mathbf{u} = (0, 1, -1)$, $\mathbf{v} = (2, 2, 0)$, $\mathbf{w} = (4, 1, 2)$

(2) $\mathbf{u} = (5, -2, 1)$, $\mathbf{v} = (4, -1, 1)$, $\mathbf{w} = (1, 1, 0)$

39. $\mathbb{R}^3$ 위의 세 점 $(-1, 1, 0)$, $(0, 1, 1)$, $(2, 1, 1)$을 지나는 평면에 수직인 벡터를 구하고, 세 점을 꼭짓점으로 갖는 삼각형의 면적을 구하라.

40. $\mathbb{R}^3$의 네 점 $P(1, 1, 1)$, $A(-2, 1, 6)$, $B(3, 5, 2)$, $C(0, 1, 6)$에 대하여 선분 PA, PB, PC를 모서리로 갖는 평행육면체의 부피를 구하라.

41. 유클리드 평면 $\mathbb{R}^3$에서 점 $P(x_0, y_0, z_0)$을 지나고 벡터 $\mathbf{v} = (a, b, c)$에 평행인 직선의 방정식은 $\boxed{x - x_0 = ta,\ y - y_0 = tb,\ z - z_0 = tc,\ t \in \mathbb{R}}$ 임을 증명하라.

42. 유클리드 평면 $\mathbb{R}^2$에서 점 $P(2, 3)$을 지나고 벡터 $\mathbf{v} = (4, 5)$에 수직인 직선의 방정식을 구하라.

43. 유클리드 평면 $\mathbb{R}^3$에서 점 $P(x_0, y_0, z_0)$을 지나고 벡터 $\mathbf{v} = (a, b, c)$에 수직인 평면의 방정식은 $\boxed{a(x - x_0) + b(y - y_0) + c(z - z_0) = 0}$ 임을 증명하라.

44. $\mathbb{R}^3$상에서 (1, 2, 3)을 지나고 (1, 1, 1)에 수직인 평면을 구하라.

45. 벡터 $\mathbf{u} = (1,\ 1,\ -1)$과 $\mathbf{v} = (2,\ 3,\ 4)$로 생성된 평면의 방정식을 구하라.

46. 세 점 $P(1,\ 0,\ -1)$, $Q(2,\ 1,\ 2)$, $R(0,\ 1,\ -1)$을 지나는 평면의 방정식을 구하라.

47. 유클리드공간 $\mathbb{R}^3$에서 세 점 $O(0,\ 0,\ 0)$, $P(a,\ b,\ c)$, $Q(a',\ b',\ c')$가 한 직선 위에 있지 않을 때, 이들 세 점을 지나는 평면의 방정식을 구하라.

48. 유클리드공간 $\mathbb{R}^3$에서 두 평면의 방정식이

$$2x-3y+z=0, \quad 3x+4y-7z=0$$

일 때, 이들 두 평면의 교선의 방정식을 구하라.

49. 다음 두 평면 사이의 교각 θ의 $\cos\theta$을 구하라.

$$x+y+z=1, \quad x-y-z=5$$

50. 체 F 위의 내적공간 V에서 $\mathscr{B} = \{\mathbf{v}_1,\ \cdots,\ \mathbf{v}_n\}$이 서로 직교하는 단위벡터 집합일 때, 임의의 벡터 $\mathbf{v} \in V$에 대하여 다음이 성립함을 증명하라.

(1) $\|\mathbf{v}\|^2 \geq \sum_{i=1}^n |\langle \mathbf{v},\ \mathbf{v}_i \rangle|^2$ (Bessel의 부등식)

(2) $\|\mathbf{v}\|^2 = \sum_{i=1}^n |\langle \mathbf{v},\ \mathbf{v}_i \rangle|^2 \iff \mathbf{v} = \sum_{i=1}^n \langle \mathbf{v},\ \mathbf{v}_i \rangle \mathbf{v}_i$

(3) $\mathscr{B}$가 V의 정규직교기저이면, $\|\mathbf{v}\|^2 = \langle \mathbf{v},\ \mathbf{v}_1 \rangle^2 + \langle \mathbf{v},\ \mathbf{v}_2 \rangle^2 + \cdots + \langle \mathbf{v},\ \mathbf{v}_n \rangle^2$

51. 체 F 위의 내적공간 V 위의 선형사상 $T: V \to V$가 대칭(즉, $\langle T(\mathbf{v}),\ \mathbf{w} \rangle = \langle \mathbf{v},\ T(\mathbf{w}) \rangle$, $\mathbf{v},\ \mathbf{w} \in V$이 성립)이다. 이때 W가 V의 T-불변 부분공간이면, $W^{\perp}$도 T-불변 부분공간임을 보여라.

6.3 정규직교기저

이 절에서는 내적공간에서 노름이 1 이고 서로 수직인 정규직교기저에 관한 것에 대하여 논한다.

정의 6.3.1 [*직교집합(orthogonal set, 直交集合), 직교기저(orthogonal basis, 直交基底), 정규직교기저(orthonormal basis, 正規直交基底)*]

F-내적공간 V의 부분집합 $S = \{\mathbf{v}_1, \cdots, \mathbf{v}_n\}$에 대하여

집합 S가 **직교집합**	$\overset{\text{정의}}{\Longleftrightarrow}$	$\langle \mathbf{v}_i, \mathbf{v}_j \rangle = 0\ (i \neq j)$. 서로 다른 두 벡터가 직교
집합 S가 **직교기저**	$\overset{\text{정의}}{\Longleftrightarrow}$	직교집합 S가 V의 기저
집합 S가 **정규직교기저**	$\overset{\text{정의}}{\Longleftrightarrow}$	직교집합 S가 V의 기저이고, $\|\mathbf{v}_i\| = 1\ (1 \leq i \leq n)$

예 6.3.2 n차 유클리드공간 $\mathbb{R}^n$의 표준기저 $\mathscr{B} = \{e_1, ,\cdots, e_n\}$은 정규직교기저이다.

(풀이) 각 $i\ (1 \leq i \leq n)$에 대하여 $\|e_i\| = \|(0,\cdots,0,1,0,\cdots,0)\| = 1$이고, $\langle e_i, e_j \rangle = 0\ (i \neq j)$이므로 $\mathscr{B}$는 유클리드공간 $\mathbb{R}^n$의 정규직교기저이다.

예 6.3.3 2차 유클리드공간 $\mathbb{R}^2$에서 모든 정규직교기저는 다음과 같은 꼴이다. 임의의 실수 $\theta\ (0 \leq \theta < 2\pi)$에 대하여

$$\{(\cos\theta,\ \sin\theta),\ (-\sin\theta,\ \cos\theta)\}, \quad \{(\cos\theta,\ \sin\theta),\ (\sin\theta,\ -\cos\theta)\}$$

(풀이) 정규직교기저의 한 벡터 $(x,\ y)$의 노름은 $\|(x,\ y)\| = \sqrt{x^2+y^2} = 1$이어야 하므로, $x = \pm\cos\theta,\ y = \pm\sin\theta$ 또는 $x = \pm\sin\theta,\ y = \pm\cos\theta$이다. 이 중에서 직교하려면

$$\{(\cos\theta,\ \sin\theta),\ (-\sin\theta,\ \cos\theta)\}, \quad \{(\cos\theta,\ \sin\theta),\ (\sin\theta,\ -\cos\theta)\}$$

형태 뿐이다.

예 6.3.4 실수체 $\mathbb{R}$ 위의 2차 이하 다항식 공간 $\mathbb{R}[x]_2 = \{a + bx + cx^2 \mid a,\ b,\ c \in \mathbb{R}\}$에서 내적을

$$\langle f(x),\ g(x) \rangle = \int_{-1}^{1} f(x)g(x)dx, \quad f(x),\ g(x) \in \mathbb{R}[x]_2$$

라 정의할 때, 다음을 확인하라.

(1) 기저 $\left\{1,\ x,\ \dfrac{3}{2}x^2 - \dfrac{1}{2}\right\}$은 직교집합(직교기저)이다.

(2) 위 기저를 이용하여 정규직교기저를 구하라.

(풀이) (1) 내적을 이용하여 서로 직교함을 보이자.

$$\langle 1,\ x\rangle = \int_{-1}^{1} 1\cdot x\,dx = \left[\frac{x^2}{2}\right]_{-1}^{1} = 0$$

$$\left\langle 1,\ \frac{3}{2}x^2-\frac{1}{2}\right\rangle = \int_{-1}^{1}\left(\frac{3}{2}x^2-\frac{1}{2}\right)dx = \left[\frac{1}{2}x^3-\frac{1}{2}x\right]_{-1}^{1} = 0$$

$$\left\langle x,\ \frac{3}{2}x^2-\frac{1}{2}\right\rangle = \int_{-1}^{1} x\left(\frac{3}{2}x^2-\frac{1}{2}\right)dx = \int_{-1}^{1}\left(\frac{3}{2}x^3-\frac{1}{2}x\right)dx = 0$$

따라서 벡터는 서로 직교하므로 직교기저가 된다.

(2) 각 벡터의 노름을 구하자.

$$\|1\| = \sqrt{\langle 1,\ 1\rangle} = \sqrt{\int_{-1}^{1} 1dx} = \sqrt{[x]_{-1}^{1}} = \sqrt{2}$$

$$\|x\| = \sqrt{\langle x,\ x\rangle} = \sqrt{\int_{-1}^{1} x^2dx} = \sqrt{\left[\frac{1}{3}x^3\right]_{-1}^{1}} = \sqrt{\frac{2}{3}}$$

$$\left\|\frac{3}{2}x^2-\frac{1}{2}\right\| = \sqrt{\left\langle\frac{3}{2}x^2-\frac{1}{2},\ \frac{3}{2}x^2-\frac{1}{2}\right\rangle} = \sqrt{\int_{-1}^{1}\left(\frac{3}{2}x^2-\frac{1}{2}\right)^2dx} = \sqrt{\frac{2}{5}}$$

따라서 정규직교기저는 $\left\{\frac{1}{\sqrt{2}},\quad \frac{\sqrt{3}}{\sqrt{2}}x,\quad \frac{\sqrt{5}}{\sqrt{2}}\left(\frac{3}{2}x^2-\frac{1}{2}\right)\right\}$이다.

정리 6.3.5 *F-내적공간 V의 부분집합 $S=\{\mathbf{v}_1,\ \cdots,\ \mathbf{v}_n\}$, $\mathbf{v}_i\neq\mathbf{0}$ $(0\le i\le n)$에 대하여 다음이 성립한다.*

(1) S가 직교집합이면, $\{\mathbf{v}_1,\ \cdots,\ \mathbf{v}_n\}$은 F 위에서 1차독립이다.

(2) S가 직교집합이고 $\dim V=n$이면,

$\mathscr{B}=\left\{\frac{\mathbf{v}_1}{\|\mathbf{v}_1\|},\ \cdots,\ \frac{\mathbf{v}_n}{\|\mathbf{v}_n\|}\right\}$은 V의 정규직교기저이다.

(증명) (1) 적당한 스칼라 $x_1,\ \cdots,\ x_n\in F$에 대하여 $x_1\mathbf{v}_1+\cdots+x_n\mathbf{v}_n=\mathbf{0}$이라 하자. 그러면 각 i $(0\le i\le n)$에 대하여, $\langle\mathbf{v}_i,\ \mathbf{v}_j\rangle=0$ $(i\neq j)$이므로

$$\begin{aligned}0 &= \langle\mathbf{0},\ \mathbf{v}_i\rangle = \langle x_1\mathbf{v}_1+\cdots+x_n\mathbf{v}_n,\ \mathbf{v}_i\rangle\\ &= x_1\langle\mathbf{v}_1,\ \mathbf{v}_i\rangle + x_2\langle\mathbf{v}_2,\ \mathbf{v}_i\rangle+\cdots+x_i\langle\mathbf{v}_i,\ \mathbf{v}_i\rangle+\cdots+x_n\langle\mathbf{v}_n,\ \mathbf{v}_i\rangle\\ &= x_i\langle\mathbf{v}_i,\ \mathbf{v}_i\rangle\end{aligned}$$

이다. 또한 $\mathbf{v}_i\neq 0$이므로 $\langle\mathbf{v}_i,\ \mathbf{v}_i\rangle\neq 0$이고, 따라서 $x_i=0$이다. 그러므로 $\{\mathbf{v}_1,\ \cdots,\ \mathbf{v}_n\}$은 1차독립이다.

(2) (1)과 정리 3.4.12에 의해 $\mathscr{B}$는 1차독립인 직교집합이 되고, $\dim V = n$이므로, 기저 판정조건(정리 3.4.11)에 의해 $\mathscr{B}$는 직교기저가 된다. 또한 $\mathscr{B}$의 모든 벡터는 단위벡터이므로 $\mathscr{B}$는 정규직교기저가 된다. ■

예 6.3.6 내적공간 V의 2차원 부분공간 W의 순서기저 $\mathbf{v}$, $\mathbf{w}$를 직교기저 $\mathbf{v}'$, $\mathbf{w}'$와 정규직교기저 $\mathbf{v}''$, $\mathbf{w}''$로 만들어 가는 방법을 알아보자.

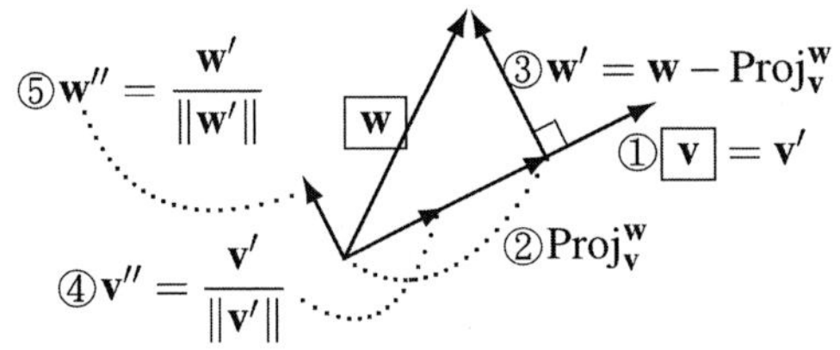

직교정사영을 이용해 위 그림과 같이 W의 직교기저

$$\{\mathbf{v}' = \mathbf{v},\ \mathbf{w}' = \mathbf{w} - \mathrm{Proj}_{\mathbf{v}}^{\mathbf{w}}\} \cdots ①②③$$

를 만든다.

다음에 노름을 나누어 주면 W의 정규직교기저

$$\left\{\mathbf{v}'' = \frac{\mathbf{v}'}{\|\mathbf{v}'\|},\ \mathbf{w}'' = \frac{\mathbf{w}'}{\|\mathbf{w}'\|}\right\} \cdots ④⑤$$

가 된다.

위 예를 일반화하여 보자.

정리 6.3.7 (Gram-schmidt의 직교화 과정)
n차원 F-내적공간 V의 순서기저 $\mathscr{B} = \{\mathbf{v}_1, \mathbf{v}_2, \cdots, \mathbf{v}_n\}$에 대해

$$\begin{aligned}
\mathbf{w}_1 &= \mathbf{v}_1\\
\mathbf{w}_2 &= \mathbf{v}_2 - \mathrm{Proj}_{\mathbf{w}_1}^{\mathbf{v}_2}\\
\mathbf{w}_3 &= \mathbf{v}_3 - \mathrm{Proj}_{\mathbf{w}_1}^{\mathbf{v}_3} - \mathrm{Proj}_{\mathbf{w}_2}^{\mathbf{v}_3}\\
&\ \vdots\\
\mathbf{w}_n &= \mathbf{v}_n - \mathrm{Proj}_{\mathbf{w}_1}^{\mathbf{v}_n} - \mathrm{Proj}_{\mathbf{w}_2}^{\mathbf{v}_n} - \cdots - \mathrm{Proj}_{\mathbf{w}_{n-1}}^{\mathbf{v}_n}
\end{aligned}$$

라 하면, 다음이 성립한다.

(1) $\mathscr{B}' = \{\mathbf{w}_1, \mathbf{w}_2, \cdots, \mathbf{w}_n\}$은 직교기저이고, $V = \langle\mathscr{B}\rangle = \langle\mathscr{B}'\rangle$이다.

(2) $\mathscr{B}'' = \boxed{\left\{\dfrac{\mathbf{w}_1}{\|\mathbf{w}_1\|}, \dfrac{\mathbf{w}_2}{\|\mathbf{w}_2\|}, \cdots, \dfrac{\mathbf{w}_n}{\|\mathbf{w}_n\|}\right\}}$은 정규직교기저이고, $V = \langle\mathscr{B}\rangle = \langle\mathscr{B}''\rangle$이다. 즉, V의 정규직교기저가 존재한다.

(증명) n에 관한 수학적 귀납법을 이용하자. $n=1$인 경우에, 1차독립인 벡터 $\mathbf{v}_1$에 대하여 $\mathbf{w}_1=\mathbf{v}_1\neq\mathbf{0}$은 직교기저이고, $\dfrac{\mathbf{w}_1}{\|\mathbf{w}_1\|}$은 정규직교기저이다. 또한 정리 3.4.12에 의해

$$V=\langle\mathbf{v}_1\rangle=\langle\mathbf{w}_1\rangle=\left\langle\frac{\mathbf{w}_1}{\|\mathbf{w}_1\|}\right\rangle$$

이다. 그러므로 $n=1$인 경우 정리가 성립한다.

다음에 $n\geq 2$, $1\leq r<n$인 r에 대하여 정리가 성립한다고 하자. 즉, $U_r=\langle\mathbf{v}_1,\ \cdots,\ \mathbf{v}_r\rangle$이라고 할 때, $\{\mathbf{w}_1,\ \cdots,\ \mathbf{w}_r\}$은 U_r의 직교기저이고, $\left\{\dfrac{\mathbf{w}_1}{\|\mathbf{w}_1\|},\ \cdots,\ \dfrac{\mathbf{w}_r}{\|\mathbf{w}_r\|}\right\}$은 U_r의 정규직교기저라 하자. 그러면 귀납가정에 의해

$$U_r=\langle\mathbf{v}_1,\ \cdots,\ \mathbf{v}_r\rangle=\langle\mathbf{w}_1,\ \cdots,\ \mathbf{w}_r\rangle=\left\langle\frac{\mathbf{w}_1}{\|\mathbf{w}_1\|},\ \cdots,\ \frac{\mathbf{w}_r}{\|\mathbf{w}_r\|}\right\rangle$$

이다.

1차독립인 벡터 $\mathbf{v}_1,\ \cdots,\ \mathbf{v}_r,\ \mathbf{v}_{r+1}$에 대하여

$$\begin{aligned}\mathbf{w}_{r+1}&=\mathbf{v}_{r+1}-\mathrm{Proj}_{\mathbf{w}_1}^{\mathbf{v}_{r+1}}-\ \cdots\ -\mathrm{Proj}_{\mathbf{w}_r}^{\mathbf{v}_{r+1}}\\&=\mathbf{v}_{r+1}-\frac{\langle\mathbf{v}_{r+1},\ \mathbf{w}_1\rangle}{\langle\mathbf{w}_1,\ \mathbf{w}_1\rangle}\mathbf{w}_1-\ \cdots\ -\frac{\langle\mathbf{v}_{r+1},\ \mathbf{w}_r\rangle}{\langle\mathbf{w}_r,\ \mathbf{w}_r\rangle}\mathbf{w}_r\end{aligned}$$

라 하고, $U_{r+1}=\langle\mathbf{v}_1,\ \cdots,\ \mathbf{v}_r,\ \mathbf{v}_{r+1}\rangle$이라고 하자.

귀납가정에 의해

$$\langle\mathbf{w}_1,\ \cdots,\ \mathbf{w}_r\rangle=\langle\mathbf{v}_1,\ \cdots,\ \mathbf{v}_r\rangle=U_r$$

이고, $\mathbf{w}_{r+1}$은 $\mathbf{w}_1,\ \cdots,\ \mathbf{w}_r,\ \mathbf{v}_{r+1}$의 1차결합이므로

$$\langle\mathbf{w}_1,\ \cdots,\ \mathbf{w}_r,\ \mathbf{w}_{r+1}\rangle\subset\langle\mathbf{v}_1,\ \cdots,\ \mathbf{v}_r,\ \mathbf{v}_{r+1}\rangle=U_{r+1}\ \cdots\cdots ①$$

이다. 한편 $\mathbf{w}_{r+1}=\mathbf{0}$이라고 하면

$$\mathbf{v}_{r+1}=\frac{\langle\mathbf{v}_{r+1},\ \mathbf{w}_1\rangle}{\langle\mathbf{w}_1,\ \mathbf{w}_1\rangle}\mathbf{w}_1+\ \cdots\ +\frac{\langle\mathbf{v}_{r+1},\ \mathbf{w}_r\rangle}{\langle\mathbf{w}_r,\ \mathbf{w}_r\rangle}\mathbf{w}_r\in\langle\mathbf{w}_1,\ \cdots,\ \mathbf{w}_r\rangle=\langle\mathbf{v}_1,\ \cdots,\ \mathbf{v}_r\rangle$$

이므로 $\mathbf{v}_{r+1}\in\langle\mathbf{v}_1,\ \cdots,\ \mathbf{v}_r\rangle$이 되어 $\mathbf{v}_1,\ \cdots,\ \mathbf{v}_r,\ \mathbf{v}_{r+1}$이 1차독립이라는 것에 모순이다(정리 3.3.16). 따라서 $\mathbf{w}_{r+1}\neq\mathbf{0}$이다.

그리고 $\mathbf{w}_1,\ \cdots,\ \mathbf{w}_r$는 서로 직교하므로 각 j $(1\leq j\leq r)$에 대하여

$$\begin{aligned}\langle\mathbf{w}_{r+1},\ \mathbf{w}_j\rangle&=\langle\mathbf{v}_{r+1}-\mathrm{Proj}_{\mathbf{w}_1}^{\mathbf{v}_{r+1}}-\cdots-\mathrm{Proj}_{\mathbf{w}_r}^{\mathbf{v}_{r+1}},\ \mathbf{w}_j\rangle\\&=\langle\mathbf{v}_{r+1},\ \mathbf{w}_j\rangle-\langle\mathrm{Proj}_{\mathbf{w}_1}^{\mathbf{v}_{r+1}},\ \mathbf{w}_j\rangle-\cdots-\langle\mathrm{Proj}_{\mathbf{w}_1}^{\mathbf{v}_{r+1}},\ \mathbf{w}_j\rangle\\&=\langle\mathbf{v}_{r+1},\ \mathbf{w}_j\rangle-\frac{\langle\mathbf{v}_{r+1},\ \mathbf{w}_1\rangle}{\langle\mathbf{w}_1,\ \mathbf{w}_1\rangle}\langle\mathbf{w}_1,\ \mathbf{w}_j\rangle-\cdots-\frac{\langle\mathbf{v}_{r+1},\ \mathbf{w}_r\rangle}{\langle\mathbf{w}_r,\ \mathbf{w}_r\rangle}\langle\mathbf{w}_r,\ \mathbf{w}_j\rangle\\&=\langle\mathbf{v}_{r+1},\ \mathbf{w}_j\rangle-\frac{\langle\mathbf{v}_{r+1},\ \mathbf{w}_j\rangle}{\langle\mathbf{w}_j,\ \mathbf{w}_j\rangle}\langle\mathbf{w}_j,\ \mathbf{w}_j\rangle\\&=\langle\mathbf{v}_{r+1},\ \mathbf{w}_j\rangle-\langle\mathbf{v}_{r+1},\ \mathbf{w}_j\rangle=0\end{aligned}$$

이다. 따라서 $\mathbf{w}_{r+1}$은 $\mathbf{w}_1, \cdots, \mathbf{w}_r$과 직교하므로 직교집합 $\{\mathbf{w}_1, \cdots, \mathbf{w}_r, \mathbf{w}_{r+1}\}$은 부분공간 $\langle \mathbf{w}_1, \cdots, \mathbf{w}_r, \mathbf{w}_{r+1}\rangle$의 직교기저이다. 그러면

$$\dim\langle \mathbf{w}_1, \cdots, \mathbf{w}_r, \mathbf{w}_{r+1}\rangle = \dim\langle \mathbf{v}_1, \cdots, \mathbf{v}_r, \mathbf{v}_{r+1}\rangle = r+1$$

이므로, ①과 정리 3.4.17에 의해

$$\langle \mathbf{w}_1, \cdots, \mathbf{w}_r, \mathbf{w}_{r+1}\rangle = \langle \mathbf{v}_1, \cdots, \mathbf{v}_r, \mathbf{v}_{r+1}\rangle = U_{r+1}$$

이다. 그리고

$$\frac{\mathbf{w}_{r+1}}{\|\mathbf{w}_{r+1}\|}$$

이라 하면, 정리 3.4.12에 의해,

$$U_{r+1} = \langle \mathbf{w}_1, \cdots, \mathbf{w}_r, \mathbf{w}_{r+1}\rangle = \left\langle \frac{\mathbf{w}_1}{\|\mathbf{w}_1\|}, \cdots, \frac{\mathbf{w}_r}{\|\mathbf{w}_r\|}, \frac{\mathbf{w}_{r+1}}{\|\mathbf{w}_{r+1}\|} \right\rangle$$

이고, $\left\{ \frac{\mathbf{w}_1}{\|\mathbf{w}_1\|}, \cdots, \frac{\mathbf{w}_r}{\|\mathbf{w}_r\|}, \frac{\mathbf{w}_{r+1}}{\|\mathbf{w}_{r+1}\|} \right\}$은 U_{r+1}의 정규직교기저이다.

따라서 $r+1$인 경우에 정리가 성립한다.

그러므로 수학적 귀납법에 의해 정리가 성립한다. ■

예 6.3.8 3차원 유클리드공간 $\mathbb{R}^3$의 한 기저 $\{(1, 0, 0), (1, 2, 0), (2, 1, 1)\}$을 정규직교기저로 만들어라.

(풀이) Gram-schmidt의 직교화 과정에 따라 $\mathbb{R}^3$의 정규직교기저를 구해보자.

$$\begin{aligned}
\mathbf{w}_1 &= (1, 0, 0), \\
\mathbf{w}_2 &= (1, 2, 0) - \text{Proj}_{(1,0,0)}^{(1,2,0)} \\
&= (1, 2, 0) - \frac{\langle (1, 2, 0), (1, 0, 0)\rangle}{\langle (1, 0, 0), (1, 0, 0)\rangle}(1, 0, 0), \\
&= (1, 2, 0) - (1, 0, 0) = (0, 2, 0) \\
\mathbf{w}_3 &= \mathbf{v}_3 - \text{Proj}_{\mathbf{w}_1}^{\mathbf{v}_3} - \text{Proj}_{\mathbf{w}_2}^{\mathbf{v}_3} \\
&= (2, 1, 1) - \frac{\langle (2, 1, 1), (1, 0, 0)\rangle}{\langle (1, 0, 0), (1, 0, 0)\rangle}(1, 0, 0) - \frac{\langle (2, 1, 1), (0, 2, 0)\rangle}{\langle (0, 2, 0), (0, 2, 0)\rangle}(0, 2, 0) \\
&= (2, 1, 1) - 2(1, 0, 0) - \frac{1}{2}(0, 2, 0) \\
&= (0, 0, 1)
\end{aligned}$$

이므로, $\{(1, 0, 0), (0, 2, 0), (0, 0, 1)\}$은 $\mathbb{R}^3$의 직교기저이다. 각 벡터의 노름을 구해보면, $\|\mathbf{w}_1\| = \|\mathbf{w}_3\| = 1$, $\|\mathbf{w}_2\| = 2$이므로, $\{(1, 0, 0), (0, 1, 0), (0, 0, 1)\}$은 $\mathbb{R}^3$의 정규직교기저이다.

예 6.3.9 $\mathbb{R}$-내적공간 $\mathbb{R}[x]_2 = \{a+bx+cx^2 \mid a,\ b,\ c \in \mathbb{R}\}$ 위에서 내적을

$$\langle f(x),\ g(x)\rangle = \int_{-1}^{1} f(x)g(x)dx, \quad f(x),\ g(x) \in \mathbb{R}[x]_2$$

라 정의할 때, $\mathbb{R}[x]_2$의 기저 $\{1,\ x,\ x^2\}$에 관한 정규직교기저를 구하라.

(풀이) Gram-schmidt의 직교화 과정에 따라 $\mathbb{R}[x]_2$의 정규직교기저를 구해보자.

$$\begin{aligned}
\mathbf{w}_1 &= 1,\\
\mathbf{w}_2 &= x - \mathrm{Proj}_{\mathbf{w}_1}^{x} = x - \frac{\langle x,\ 1\rangle}{\langle 1,\ 1\rangle}1 = x - \frac{\int_{-1}^{1} xdx}{\int_{-1}^{1} 1dx}1 = x,\\
\mathbf{w}_3 &= x^2 - \mathrm{Proj}_{\mathbf{w}_1}^{x^2} - \mathrm{Proj}_{\mathbf{w}_2}^{x^2} = x^2 - \frac{\langle x^2,\ 1\rangle}{\langle 1,\ 1\rangle}1 - \frac{\langle x^2,\ x\rangle}{\langle x,\ x\rangle}x\\
&= x^2 - \frac{\int_{-1}^{1} x^2dx}{\int_{-1}^{1} 1dx}1 - \frac{\int_{-1}^{1} x^3dx}{\int_{-1}^{1} x^2dx}x = x^2 - \frac{1}{3}
\end{aligned}$$

이므로, $\left\{1,\quad x,\quad x^2 - \frac{1}{3}\right\}$가 $\mathbb{R}[x]_2$의 직교기저이다.

각 벡터의 노름을 구해보면

$$\begin{aligned}
\|\mathbf{w}_1\| &= \|1\| = \sqrt{\langle 1,\ 1\rangle} = \sqrt{\int_{-1}^{1} 1dx} = \sqrt{2},\\
\|\mathbf{w}_2\| &= \|x\| = \sqrt{\langle x,\ x\rangle} = \sqrt{\int_{-1}^{1} x^2dx} = \sqrt{\frac{2}{3}},\\
\|\mathbf{w}_3\| &= \left\|x^2 - \frac{1}{3}\right\| = \sqrt{\left\langle x^2 - \frac{1}{3},\ x^2 - \frac{1}{3}\right\rangle} = \sqrt{\int_{-1}^{1} \left(x^2 - \frac{1}{3}\right)^2 dx} = \frac{\sqrt{8}}{\sqrt{45}}
\end{aligned}$$

이므로, $\mathbb{R}[x]_2$의 정규직교기저는 $\left\{\frac{1}{\sqrt{2}},\quad \frac{\sqrt{3}}{\sqrt{2}}x,\quad \frac{\sqrt{45}}{\sqrt{8}}\left(x^2 - \frac{1}{3}\right)\right\}$이다.

정리 6.3.10 *n차원 F-내적공간 V의 부분공간 W에 대하여 다음이 성립한다.*

(1) $V = W \oplus W^{\perp}$

(2) $\dim\ V = \dim\ W + \dim\ W^{\perp}$

(3) $W = (W^{\perp})^{\perp}$

(증명) (1) $\dim\ W = 0\ (W = \{\mathbf{0}\})$인 경우에는 $W^{\perp} = \{\mathbf{v} \in V \mid \langle \mathbf{0},\ \mathbf{v}\rangle = 0\} = V$이므로

$$V = \{\mathbf{0}\} + V = W + W^{\perp}$$

이고 $W\cap W^\perp = \{\mathbf{0}\}\cap V = \{\mathbf{0}\}$이므로 $V = W\oplus W^\perp$이다.

다음에 $\dim W = n$이면, $W = V$이므로 (1)이 성립한다.

$1\le \dim W < n$일 때, $\dim W = r$이라 하자. 그러면 정리 6.3.7에 의하여, W의 정규직교기저 $\{\mathbf{w}_1, \mathbf{w}_2, \cdots, \mathbf{w}_r\}$이 존재한다. 그러면 기저 확장정리에 의하여, 벡터 $\mathbf{v}_{r+1}, \cdots, \mathbf{v}_n \in V$이 존재하여 $\{\mathbf{w}_1, \cdots, \mathbf{w}_r, \mathbf{v}_{r+1}, \cdots, \mathbf{v}_n\}$이 V의 기저이다. 그러면 정리 6.3.7에 의하여, V의 정규직교기저 $\{\mathbf{w}_1, \cdots, \mathbf{w}_r, \mathbf{w}_{r+1}, \cdots, \mathbf{w}_n\}$이 존재한다. 또한 $W = \langle \mathbf{w}_1, \cdots, \mathbf{w}_r\rangle$이다.

$W^\perp = \langle \mathbf{w}_{r+1}, \cdots, \mathbf{w}_n\rangle$임을 보이자.

임의의 벡터 $\mathbf{w}' = x_{r+1}\mathbf{w}_{r+1}+\cdots+x_n\mathbf{w}_n \in \langle \mathbf{w}_{r+1}, \cdots, \mathbf{w}_n\rangle$과 $\mathbf{w} = x_1\mathbf{w}_1+\cdots+x_r\mathbf{w}_r \in W = \langle \mathbf{w}_1, \cdots, \mathbf{w}_r\rangle$에 대하여,

$$\begin{aligned}\langle \mathbf{w}', \mathbf{w}\rangle &= \langle x_{r+1}\mathbf{w}_{r+1}+\cdots+x_n\mathbf{w}_n,\ x_1\mathbf{w}_1+\cdots+x_r\mathbf{w}_r\rangle \\ &= x_{r+1}\overline{x_1}\langle \mathbf{w}_{r+1}, \mathbf{w}_1\rangle+\cdots+x_{r+1}\overline{x_r}\langle \mathbf{w}_{r+1}, \mathbf{w}_r\rangle \\ &\quad +\cdots+x_n\overline{x_1}\langle \mathbf{w}_n, \mathbf{w}_1\rangle+\cdots+x_n\overline{x_r}\langle \mathbf{w}_n, \mathbf{w}_r\rangle = 0\end{aligned}$$

이다. 그러므로 $\mathbf{w}' \in W^\perp$이다. 즉, $\langle \mathbf{w}_{r+1}, \cdots, \mathbf{w}_n\rangle \subset W^\perp$

다음에 임의의 벡터 $\mathbf{v}\in W^\perp$에 대하여 스칼라 $x_1, x_2, \cdots, x_n\in F$이 존재하여 $\mathbf{v} = x_1\mathbf{w}_1 + \cdots + x_r\mathbf{w}_r + x_{r+1}\mathbf{w}_{r+1}+\cdots+x_n\mathbf{w}_n$이다.

W의 기저 $\mathbf{w}_i\in W$ $(1\le i\le r)$에 대하여

$$0 = \langle \mathbf{v}, \mathbf{w}_i\rangle = \langle x_1\mathbf{w}_1+\cdots+x_r\mathbf{w}_r+x_{r+1}\mathbf{w}_{r+1}+\cdots+x_n\mathbf{w}_n,\ \mathbf{w}_i\rangle = x_i\langle \mathbf{w}_i, \mathbf{w}_i\rangle = x_i$$

이다. 그러므로

$$\mathbf{v} = x_{r+1}\mathbf{w}_{r+1}+\cdots+x_n\mathbf{w}_n \in \langle \mathbf{w}_{r+1}, \cdots, \mathbf{w}_n\rangle$$

이다. 따라서 $W^\perp = \langle \mathbf{w}_{r+1}, \cdots, \mathbf{w}_n\rangle$이다. 그러면 $V = W + W^\perp$이다 (정리 3.2.12).

한편 $\mathbf{v}\in W\cap W^\perp$라 하면,

$$0 = \langle \mathbf{v}, \mathbf{v}\rangle, \quad \mathbf{v} = \mathbf{0}$$

이다. 따라서 $W\cap W^\perp = \{\mathbf{0}\}$이고 $V = W\oplus W^\perp$이 성립한다.

(2) 정리 4.4.4와 (1)에 의하여

$$\dim V = \dim W + \dim W^\perp$$

가 성립한다.

(3) 정리 6.2.13에 의하여 $W^\perp < V$이고 $(W^\perp)^\perp < V$이다.

한편 V가 유한차원이므로, (1)에 의하여

$$V = W^\perp \oplus (W^\perp)^\perp$$

이다. 따라서 $\dim V = \dim W + \dim W^\perp$이고 $\dim V = \dim W^\perp + \dim (W^\perp)^\perp$이므로,

$$\dim W = \dim (W^\perp)^\perp$$

이다. 그리고, 정리 6.2.13 (3)에 의하여 $W \subset (W^{\perp})^{\perp}$이므로 $W = (W^{\perp})^{\perp}$이다 (정리 3.4.17).
■

예 6.3.11 3차원 유클리드공간 $\mathbb{R}^3$의 부분공간 $S = \langle (1,\ -1,\ 0),\ (1,\ 2,\ 3) \rangle$의 직교보공간 $S^{\perp}$를 구하라.

(풀이) $S^{\perp}$는 S의 기저와 직교하면 되므로,

$$
\begin{aligned}
S^{\perp} &= \{(x,\ y,\ z) \in \mathbb{R}^3 \mid \langle (x,\ y,\ z),\ S \rangle = 0\} \\
&= \{(x,\ y,\ z) \in \mathbb{R}^3 \mid \langle (x,\ y,\ z),\ (1,\ -1,\ 0) \rangle = 0,\ \langle (x,\ y,\ z),\ (1,\ 2,\ 3) \rangle = 0\} \\
&= \{(x,\ y,\ z) \in \mathbb{R}^3 \mid x - y = 0,\ x + 2y + 3z = 0\} \\
&= \{(x,\ x,\ -x) \mid x \in \mathbb{R}\} \\
&= \langle (1,\ 1,\ -1) \rangle
\end{aligned}
$$

이다. 그러므로 $\dim \mathbb{R}^3 = \dim S + \dim S^{\perp} = 2 + 1 = 3$이다.

정리 6.3.12 *n차원 F-내적공간 V의 부분공간 W $(1 \le \dim W = r < n)$의 직교기저가 $\mathscr{B} = \{\mathbf{w}_1,\ \cdots,\ \mathbf{w}_r\}$일 때, 임의의 벡터 $\mathbf{v} \in V$에 대하여,*

$$
\mathbf{w} = \mathrm{Proj}_{\mathbf{w}_1}^{\mathbf{v}} + \cdots + \mathrm{Proj}_{\mathbf{w}_r}^{\mathbf{v}} = \frac{\langle \mathbf{v},\ \mathbf{w}_1 \rangle}{\langle \mathbf{w}_1,\ \mathbf{w}_1 \rangle}\mathbf{w}_1 + \cdots + \frac{\langle \mathbf{v},\ \mathbf{w}_r \rangle}{\langle \mathbf{w}_r,\ \mathbf{w}_r \rangle}\mathbf{w}_r \in W
$$

이라 하면 다음이 성립한다.

(1) $\boxed{\mathbf{v} = \mathbf{w} + \mathbf{w}^{\perp}}$ 인 벡터 $\mathbf{w}^{\perp} \in W^{\perp}$가 유일하게 존재한다.
(2) 임의의 벡터 $\mathbf{w}' \in W$에 대하여, $\boxed{\|\mathbf{v} - \mathbf{w}\| \le \|\mathbf{v} - \mathbf{w}'\|}$ 이다.
즉, V의 벡터 $\mathbf{v}$에서 부분공간 W 까지의 최단거리 d는

$$
\boxed{d = \|\mathbf{v} - \mathbf{w}\| = \left\|\mathbf{v} - \left(\mathrm{Proj}_{\mathbf{w}_1}^{\mathbf{v}} + \cdots + \mathrm{Proj}_{\mathbf{w}_r}^{\mathbf{v}}\right)\right\|}
$$

※ (1)에서 정의된 벡터 $\mathbf{w}$, $\mathbf{w}^{\perp} (= \mathbf{v} - \mathbf{w})$를 각각 W, $W^{\perp}$ **위로의 $\mathbf{v}$의 직교정사영** (orthogonal projection)이라고 한다. (정리 4.4.14과 정의 6.2.4 참조)

(증명) (1) $\mathbf{v} = \mathbf{w} + (\mathbf{v} - \mathbf{w})$이다. 이때 $\mathbf{w}^{\perp} = \mathbf{v} - \mathbf{w}$라 하자. 그리고 가정에 의하여 $\mathbf{w} \in$

W이고 $\mathbf{w}_1, \cdots, \mathbf{w}_r$는 서로 직교한다. 또한, 각 j $(1 \le j \le r)$에 대하여

$$\begin{aligned}
\langle \mathbf{w}^{\perp}, \mathbf{w}_j \rangle &= \langle \mathbf{v} - \mathbf{w}, \mathbf{w}_j \rangle \\
&= \langle \mathbf{v} - \mathrm{Proj}_{\mathbf{w}_1}^{\mathbf{v}} - \cdots - \mathrm{Proj}_{\mathbf{w}_r}^{\mathbf{v}}, \mathbf{w}_j \rangle \\
&= \langle \mathbf{v}, \mathbf{w}_j \rangle - \langle \mathrm{Proj}_{\mathbf{w}_1}^{\mathbf{v}}, \mathbf{w}_j \rangle - \cdots - \langle \mathrm{Proj}_{\mathbf{w}_1}^{\mathbf{v}}, \mathbf{w}_j \rangle \\
&= \langle \mathbf{v}, \mathbf{w}_j \rangle - \frac{\langle \mathbf{v}, \mathbf{w}_1 \rangle}{\langle \mathbf{w}_1, \mathbf{w}_1 \rangle} \langle \mathbf{w}_1, \mathbf{w}_j \rangle - \cdots - \frac{\langle \mathbf{v}, \mathbf{w}_r \rangle}{\langle \mathbf{w}_r, \mathbf{w}_r \rangle} \langle \mathbf{w}_r, \mathbf{w}_j \rangle \\
&= \langle \mathbf{v}, \mathbf{w}_j \rangle - \frac{\langle \mathbf{v}, \mathbf{w}_j \rangle}{\langle \mathbf{w}_j, \mathbf{w}_j \rangle} \langle \mathbf{w}_j, \mathbf{w}_j \rangle \\
&= \langle \mathbf{v}, \mathbf{w}_j \rangle - \langle \mathbf{v}, \mathbf{w}_j \rangle = 0
\end{aligned}$$

이다. $W = \langle \mathbf{w}_1, \cdots, \mathbf{w}_r \rangle$이므로 $\mathbf{w}^{\perp} \in \mathbf{W}^{\perp}$이다. 그러므로 $\mathbf{v} = \mathbf{w} + \mathbf{w}^{\perp}$인 벡터 $\mathbf{w}^{\perp} \in W^{\perp}$가 존재하고, 유일성은 정리 6.3.10와 정리 4.4.3을 따른다.

(2) 임의의 벡터 $\mathbf{w}' \in W$에 대하여,

$$\mathbf{v} - \mathbf{w}' = (\mathbf{v} - \mathbf{w}) + (\mathbf{w} - \mathbf{w}'), \quad \mathbf{v} - \mathbf{w} \in W^{\perp},\ \mathbf{w} - \mathbf{w}' \in W$$

이다. 그러면 $\mathbf{v} - \mathbf{w}$와 $\mathbf{w} - \mathbf{w}'$은 직교하므로, 피타고라스 정리에 의하여

$$\|\mathbf{v} - \mathbf{w}'\| = \|\mathbf{v} - \mathbf{w}\| + \|\mathbf{w} - \mathbf{w}'\| \ge \|\mathbf{v} - \mathbf{w}\|$$

이 성립한다. ■

를2차원 유클리드공간 $\mathbb{R}^2$의 $\mathbf{v}$에서 부분공간 W(x축)까지의 최단거리에 대한 기학적인 의미를 보면, 다음 그림처럼 $\mathbf{v}$와 $\mathbf{v}$의 W 위의 직교정사영 벡터 $\mathbf{w} = \mathrm{Proj}_{e_1}^{\mathbf{v}}$ 사이의 거리 $\|\mathbf{v} - \mathbf{w}\|$이다. 여기서 $\{e_1, e_2\}$는 $\mathbb{R}^2$의 표준기저이다.

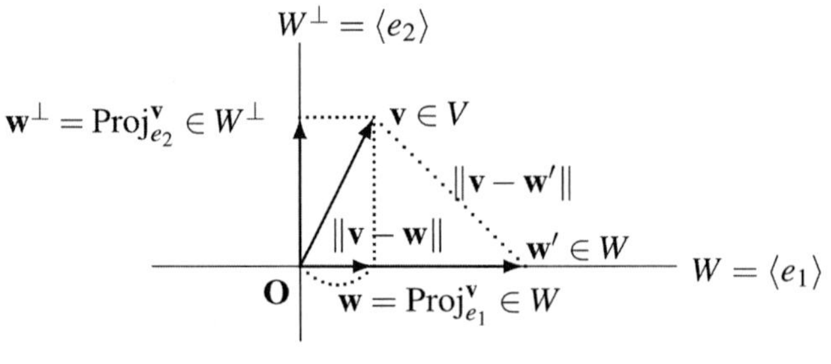

임용시험 출제 6.3.13 [2013학년도] 실수체 $\mathbb{R}$ 위의 벡터공간 $\mathbb{R}^3$에 대하여 선형사상 $T : \mathbb{R}^3 \to \mathbb{R}^3$을

$$T(x, y, z) = (x + y - 2z, y, x - 2z)$$

로 정의하자. T의 상(image) $\mathrm{Im}(T)$와 T의 핵(kernel) $\mathrm{Ker}(T)$에 대하여 옳은 것만 고르면?

ㄱ. $\mathrm{Im}(T)$의 차원은 1이다.

ㄴ. 벡터 (1, 0, 0)의 $\mathrm{Ker}(T)$ 위로의 직교정사영(orthogonal projection)은 $\frac{2}{5}(2, ,0, 1)$ 이다.

ㄷ. 벡터 (x, y, z)의 $\mathrm{Ker}(T)$ 위로의 직교정사영을 $A\begin{pmatrix} x \\ y \\ z \end{pmatrix}$ 로 나타낼 때, 행렬 A의 고유치(eigen value, chracteristic value) 를 모두 더한 값은 1 이다.

임용시험 출제 6.3.14 [2017학년도] 3차원 유클리드 내적 공간 $\mathbb{R}^3$에서 두 벡터 $v_1 = (1, 2, 2)$, $v_2 = (1, -1, 2)$로 생성된 부분공간을 V라 하자. V의 임의의 정규직교기저(orthonormal basis) $B = \{u_1, u_2\}$에 대하여 B에 의해 결정되는 네 실수 $a_{11}, a_{12}, a_{21}, a_{22}$ 가 존재하여

$$v_1 = a_{11}u_1 + a_{12}u_2, \quad v_2 = a_{21}u_1 + a_{22}u_2$$

일 때, $|a_{11}a_{22} - a_{12}a_{21}|$의 값을 풀이 과정과 함께 쓰시오. (단, 두 벡터 $u = (x_1, y_1, z_1)$, $v = (x_2, y_2, z_2)$의 유클리드 내적은 $u \cdot v = x_1x_2 + y_1y_2 + z_1z_2$이다.)

연 습 문 제 (6.3)

1. 유클리드공간의 다음 벡터들이 직교집합을 형성하는지 판정하라.

(1) $(1, 1), (-1, 1)$　　(2) $(1, 1), (-1, 2)$

(3) $(1, 0, -1), (2, 4, 2), (1, -1, 1)$　　(4) $(4, -1, 2), (-1, 2, 3), (2, 1, 2)$

2. 유클리드공간의 다음 벡터 중에서 직교집합과 정규직교집합을 구하라.

(1) $(4, 0), (0, -3)$　　(2) $\left(\frac{1}{\sqrt{2}}, -\frac{1}{\sqrt{2}}\right), \left(\frac{1}{\sqrt{2}}, \frac{1}{\sqrt{2}}\right)$

(3) $\left(0, \frac{1}{\sqrt{2}}, -\frac{1}{\sqrt{2}}\right), \left(-\frac{1}{\sqrt{3}}, \frac{1}{\sqrt{3}}, \frac{1}{\sqrt{3}}\right), \left(0, \frac{1}{\sqrt{2}}, \frac{1}{\sqrt{2}}\right)$

3. 유클리드공간 $\mathbb{R}^2$의 기저 $\{(1, -3), (2, 2)\}$로부터 Gram-Schmidt의 직교화 과정을 이용하여 $\mathbb{R}^2$의 정규직교기저를 구하라.

4. 벡터공간 $\mathbb{R}^2$ 위의 내적을 $\langle (x,y), (x',y') \rangle = 4xx' + yy'$이라 정의할 때, $\mathbb{R}^2$의 기저 $\{(1, 0), (0, 1)\}$은 직교함을 보이고, 이들로부터 정규직교기저를 구하라.

5. 유클리드공간 $\mathbb{R}^3$에서 두 벡터 $\mathbf{w}_1 = \left(\frac{1}{\sqrt{2}}, 0, -\frac{1}{\sqrt{2}}\right)$, $\mathbf{w}_2 = (0, 1, 0)$는 서로 직교하는 단위벡터임을 밝히고, 이들 두 벡터를 포함하는 $\mathbb{R}^3$의 직교정규기저를 구하라.

6. 유클리드공간 $\mathbb{R}^3$에서 다음 기저로부터 Gram-Schmidt 의 직교화 과정을 이용하여 직교정규기저를 구하라.

(1) $\{(1,\ 1,\ 1),\ (1,\ 1,\ 2),\ (1,\ 0,\ 0)\}$

(2) $\{(1,\ 0,\ 2),\ (1,\ 3,\ 0),\ (1,\ -2,\ 3)\}$

7. 벡터공간 $\mathbb{R}^3$ 위의 내적을 $\langle (x,y,z),\ (x',y',z')\rangle = xx' + 2yy' + 3zz'$이라 정의할 때, Gram-Schmidt의 직교화 과정을 이용하여 $(1,\ 1,\ 1)$, $(1,\ 1,\ 2)$, $(1,\ 0,\ 0)$을 정규직교기저로 변환하라.

8. $\mathbb{R}$ 위의 내적공간 $M_2(\mathbb{R})$에서 내적을 $\langle A,\ B\rangle = \mathrm{tr}(AB^T)$라 정의할 때, 다음 벡터에 대한 물음에 답하라.

$$\begin{pmatrix} 1 & 0 \\ 0 & 0 \end{pmatrix},\ \begin{pmatrix} 0 & 1 \\ 0 & 0 \end{pmatrix},\ \begin{pmatrix} 0 & 0 \\ 1 & 1 \end{pmatrix},\ \begin{pmatrix} 0 & 0 \\ 1 & -1 \end{pmatrix}$$

(1) $M_2(\mathbb{R})$의 기저가 됨을 보여라.

(2) 각 행렬의 노름을 구하라.

(3) 직교집합임을 보여라.

(4) 정규직교기저를 구하라.

9. 실수체 $\mathbb{R}$ 위의 내적공간 $\mathbb{R}[x]_2$에서 내적을

$$\langle a+bx+cx^2,\ a'+b'x+c'x^2\rangle = aa' + bb' + cc'$$

라 정의할 때, $\mathbb{R}[x]_2$의 표준기저 $\{1,\ x,\ x^2\}$에 대한 정규직교기저를 구하라.

10. 실수체 $\mathbb{R}$ 위의 내적공간 $\mathbb{R}[x]_2$에서 내적을

$$\langle f,\ g\rangle = \int_0^1 f(x)g(x)dx$$

라 정의할 때, 다음 물음에 답하라.

(1) $\mathbb{R}[x]_2$의 표준기저 $\{1,\ x,\ x^2\}$에 대한 정규직교기저를 구하라.

(2) $\mathbb{R}[x]_2$의 순서기저 $\{1+x,\ 2x,\ x^2-1\}$에 대한 정규직교기저를 구하라.

(3) $\|x^2+1\|$을 구하라.

(4) 벡터 x의 직교보공간 $\langle x\rangle^{\perp}$를 구하라.

11. 구간 $[-\pi,\ \pi]$ 위의 연속인 실함수 전체의 집합으로 이루어진 $\mathbb{R}$-벡터공간 $C[-\pi,\ \pi]$ 에서 내적을

$$\langle f,\ g\rangle = \int_{-\pi}^{\pi} f(x)g(x)dx$$

라 정의할 때, 다음을 보여라.

(1) $\{1,\ \cos x,\ \sin x,\ \cos 2x,\ \sin 2x,\ \cdots,\ \cos kx,\ \sin kx\}$는 직교집합이다.

(2) (1)의 직교집합을 정규화하라.

12. 유클리드공간 $\mathbb{R}^3$에서 두 벡터 $\mathbf{u}_1 = (1,\ 1,\ 0)$, $\mathbf{u}_2 = (2,\ 0,\ 1)$로 생성되는 부분공간을 $W = \langle \mathbf{u}_1,\ \mathbf{u}_2 \rangle$라고 할 때, 다음 물음에 답하라.

(1) 직교보공간 $W^{\perp}$을 구하라.

(2) W 위로의 직교정사영과 $W^{\perp}$ 위로의 직교정사영을 구하라.

(3) 벡터 $\mathbf{v} = (1,\ 2,\ 3)$에 대하여 다음과 같은 벡터 $\mathbf{w} \in W$를 구하라.

$$\forall \mathbf{w}'(\neq \mathbf{w}) \in W \quad \Longrightarrow \quad \|\mathbf{v} - \mathbf{w}\| < \|\mathbf{v} - \mathbf{w}'\|$$

(4) 벡터 $\mathbf{v} = (a,\ b,\ c)$와 부분공간 W사이의 거리를 구하라.

13. W를 방정식이 $3x - 4y + z = 0$인 평면이라 할 때, 다음 물음에 답하라.

(1) W의 기저를 구하라.

(2) 점 $P(a,\ b,\ c)$에서 W로의 직교정사영을 구하라.

(3) 점 $Q(2,\ 1,\ -1)$와 평면 W 사이의 거리를 구하라.

6.4 특별한 형태의 행렬 및 선형사상

이 절에서는 내적공간에서 특별한 형태의 행렬과 선형사상에 대한 성질을 다룬다.

정의 6.4.1 [*직교행렬(orthogonal matrix, 直交行列), 정규행렬(normal matrix, 正規行列)*]

실수체 $\mathbb{R}$ *위의* n*차 정사각행렬* $A=(a_{ij})$*에 대하여*

$A\in M_n(\mathbb{R})$가 **직교행렬**	$\overset{정의}{\Longleftrightarrow}$	$A^{-1}=A^T$ 즉, $AA^T=A^TA=I_n$
$A\in M_n(\mathbb{R})$가 **정규행렬**	$\overset{정의}{\Longleftrightarrow}$	$AA^T=A^TA$

예 6.4.2 실수체 $\mathbb{R}$ 위의 n차 정사각행렬 A에 대하여 분명히 다음이 성립한다.

(1) A가 직교행렬이면, 정규행렬이다.

(2) A가 대칭행렬이면, 정규행렬이다.

예 6.4.3 여러 가지 행렬의 예를 살펴보자. 단, θ는 임의의 실수이다.

(1) 실수체 $\mathbb{R}$ 위의 모든 2차 직교행렬의 예 (참조 예 6.3.3과 예 6.4.5).

$$A=\begin{pmatrix}\cos\theta & -\sin\theta\\ \sin\theta & \cos\theta\end{pmatrix},\quad B=\begin{pmatrix}\cos\theta & \sin\theta\\ \sin\theta & -\cos\theta\end{pmatrix}$$

$$A^T=\begin{pmatrix}\cos\theta & \sin\theta\\ -\sin\theta & \cos\theta\end{pmatrix},\quad AA^T=A^TA=I_2$$

$$B^T=\begin{pmatrix}\cos\theta & \sin\theta\\ \sin\theta & -\cos\theta\end{pmatrix},\quad BB^T=B^TB=I_2$$

(2) 실수체 $\mathbb{R}$ 위의 3차 직교행렬의 예.

$$\begin{pmatrix}1&0&0\\0&\cos\theta&-\sin\theta\\0&\sin\theta&\cos\theta\end{pmatrix},\quad \begin{pmatrix}\cos\theta&0&-\sin\theta\\0&1&0\\\sin\theta&0&\cos\theta\end{pmatrix},\quad \begin{pmatrix}\cos\theta&-\sin\theta&0\\\sin\theta&\cos\theta&0\\0&0&1\end{pmatrix}$$

$$\begin{pmatrix}1&0&0\\0&\cos\theta&\sin\theta\\0&\sin\theta&-\cos\theta\end{pmatrix},\quad \begin{pmatrix}\cos\theta&0&\sin\theta\\0&1&0\\\sin\theta&0&-\cos\theta\end{pmatrix},\quad \begin{pmatrix}\cos\theta&\sin\theta&0\\\sin\theta&-\cos\theta&0\\0&0&1\end{pmatrix}$$

(6) 실수체 $\mathbb{R}$ 위의 2차 정규행렬의 예.

$$A=\begin{pmatrix}1&1\\-1&1\end{pmatrix},\quad A^T=\begin{pmatrix}1&-1\\1&1\end{pmatrix},\quad A^TA=AA^T=\begin{pmatrix}2&0\\0&2\end{pmatrix}$$

이므로, A는 정규행렬이지만,

$$A^{-1} = \frac{1}{2}\begin{pmatrix} 1 & -1 \\ 1 & 1 \end{pmatrix}$$

이므로, $A^T \neq A^{-1}$, $A^T \neq A$이다. 따라서 A는 대칭행렬도 아니고 직교행렬도 아니다.

정리 6.4.4 *실수체 $\mathbb{R}$ 위의 n차 정사각행렬 $A = (a_{ij}) \in M_n(\mathbb{R})$에 대하여*

$$A_i = (a_{i1},\ a_{i2},\ \cdots,\ a_{in})\ (i\text{행벡터}),\quad (1 \le i \le n)$$
$$A^j = (a_{1j},\ a_{2j},\ \cdots,\ a_{nj})\ (j\text{열벡터}),\quad (1 \le j \le n)$$

이라 할 때, 다음은 동치이다.

(1) A는 직교행렬이다.
$\Leftrightarrow$ (2) 유클리드공간 $\mathbb{R}^n$에서 $\mathscr{B} = \{A_1,\ \cdots,\ A_n\}$은 정규직교기저이다.
$\Leftrightarrow$ (3) 유클리드공간 $\mathbb{R}^n$에서 $\mathscr{C} = \{A^1,\ \cdots,\ A^n\}$은 정규직교기저이다.

(증명) 정리 2.2.16에 의하여

$$AA^T = A^TA = I_n \iff AA^T = I_n \iff A^TA = I_n$$

이 성립한다. 또한

$$AA^T = I_n \iff a_{i1}a_{j1} + a_{i2}a_{j2} + \cdots + a_{in}a_{jn} = \langle A_i,\ A_j\rangle = \begin{cases} 1, & i = j \\ 0, & i \neq j \end{cases}$$

이고

$$A^TA = I_n \iff a_{1i}a_{1j} + a_{2i}a_{2j} + \cdots + a_{ni}a_{nj} = \langle A^i,\ A^j\rangle = \begin{cases} 1, & i = j \\ 0, & i \neq j \end{cases}$$

이므로 정리가 성립한다. ■

예 6.4.5 예 6.3.3에 의하여, 2차원 유클리드공간 $\mathbb{R}^2$의 모든 정규직교기저는 적당한 실수 θ $(0 \le \theta < 2\pi)$에 대하여

$$\{(\cos\theta,\ \sin\theta),\ (-\sin\theta,\ \cos\theta)\},\quad \{(\cos\theta,\ \sin\theta),\ (\sin\theta,\ -\cos\theta)\}$$

형태이다. 따라서 정리 6.4.4에 의하여, 실수체 $\mathbb{R}$ 위에서 모든 2차 직교행렬은 다음 행렬과 같은 형태이다.

$$A = \begin{pmatrix} \cos\theta & -\sin\theta \\ \sin\theta & \cos\theta \end{pmatrix},\quad B = \begin{pmatrix} \cos\theta & \sin\theta \\ \sin\theta & -\cos\theta \end{pmatrix}$$

정리 6.4.6 *체 F 위의 내적공간 V에서 <u>고정된 벡터</u> $\mathbf{w} \in V$와 <u>임의의 벡터</u> $\mathbf{v} \in V$에 대하여, 함수 $T_{\mathbf{w}}$를*

$$T_{\mathbf{w}} : V \longrightarrow F, \quad T_{\mathbf{w}}(\mathbf{v}) = \langle \mathbf{v}, \boxed{\mathbf{w}} \rangle$$

라 정의하면 다음이 성립한다.

함수 $T_{\mathbf{w}}$는 F 위에서 선형사상(선형범함수)이다.

(증명) 임의의 벡터 $\mathbf{u}$, $\mathbf{v} \in V$와 스칼라 $a \in F$에 대하여

$$\begin{aligned} T_{\mathbf{w}}(\mathbf{u}+\mathbf{v}) &= \langle \mathbf{u}+\mathbf{v}, \mathbf{w} \rangle = \langle \mathbf{u}, \mathbf{w} \rangle + \langle \mathbf{v}, \mathbf{w} \rangle = T(\mathbf{u}) + T(\mathbf{v}), \\ T_{\mathbf{w}}(a\mathbf{v}) &= \langle a\mathbf{v}, \mathbf{w} \rangle = a\langle \mathbf{v}, \mathbf{w} \rangle = aT(\mathbf{v}) \end{aligned}$$

이므로, 함수 $T_{\mathbf{w}}$는 F 위에서 선형사상이다. ■

문제 6.4.7 복소수 체 $\mathbb{C}$ 위의 내적공간 V의 <u>고정된 벡터</u> $\mathbf{w} \in V$와 임의의 벡터 $\mathbf{v} \in V$에서 함수 $T_{\mathbf{w}}$를

$$T_{\mathbf{w}} : V \longrightarrow \mathbb{C}, \quad T_{\mathbf{w}}(\mathbf{v}) = \langle \boxed{\mathbf{w}}, \mathbf{v} \rangle$$

라 정의하면, 함수 $T_{\mathbf{w}}$는 $\mathbb{C}$ 위에서 선형사상인가? 또, 실수체 $\mathbb{R}$ 위의 내적공간 V에서, 함수 $T_{\mathbf{w}} : V \longrightarrow \mathbb{R}$은 $\mathbb{R}$ 위의 선형사상인가?

정리 6.4.8 *체 F 위의 n차원 내적공간 V에서,*

$$\text{선형범함수 } T : V \longrightarrow F \ \text{ 즉 } T \in V^*(= \mathrm{Hom}_F(V, F))$$

에 대하여 다음이 성립한다.

임의의 벡터 $\mathbf{v} \in V$에 대하여

$$T(\mathbf{v}) = \langle \mathbf{v}, \boxed{\mathbf{w}} \rangle$$

인 $\boxed{\text{벡터 } \mathbf{w} \in V\text{가 단 하나 존재}}$한다.

(증명) $\mathscr{B} = \{\mathbf{v}_1, \mathbf{v}_2, \cdots, \mathbf{v}_n\}$을 V의 정규직교기저라 하자. 그리고

$$\mathbf{w} = \overline{T(\mathbf{v}_1)}\mathbf{v}_1 + \cdots + \overline{T(\mathbf{v}_n)}\mathbf{v}_n$$

라 하자. 그러면 각 i $(1 \le i \le n)$에 대하여

$$\begin{aligned} \langle \mathbf{v}_i, \mathbf{w} \rangle &= \left\langle \mathbf{v}_i, \overline{T(\mathbf{v}_1)}\mathbf{v}_1 + \cdots + \overline{T(\mathbf{v}_n)}\mathbf{v}_n \right\rangle \\ &= T(\mathbf{v}_1)\langle \mathbf{v}_i, \mathbf{v}_1 \rangle + \cdots + T(\mathbf{v}_n)\langle \mathbf{v}_i, \mathbf{v}_n \rangle = T(\mathbf{v}_i) \end{aligned}$$

이다. 따라서 임의의 벡터 $\mathbf{v} = x_1\mathbf{v}_1 + \cdots + x_n\mathbf{v}_n \in V$에 대하여

$$\begin{aligned} T(\mathbf{v}) &= T(x_1\mathbf{v}_1 + \cdots + x_n\mathbf{v}_n) \\ &= x_1 T(\mathbf{v}_1) + \cdots + x_n T(\mathbf{v}_n) \\ &= x_1\langle \mathbf{v}_1, \mathbf{w}\rangle + \cdots + x_n\langle \mathbf{v}_n, \mathbf{w}\rangle \\ &= \langle x_1\mathbf{v}_1 + \cdots + x_n\mathbf{v}_n, \mathbf{w}\rangle = \langle \mathbf{v}, \mathbf{w}\rangle \end{aligned}$$

이다.

또한, 두 벡터 $\mathbf{w}, \mathbf{w}' \in V$와 임의의 벡터 $\mathbf{v} \in V$에 대하여,

$$T(\mathbf{v}) = \langle \mathbf{v}, \mathbf{w}\rangle = \langle \mathbf{v}, \mathbf{w}'\rangle$$

이면, 정리 6.1.12에 의하여 $\mathbf{w} = \mathbf{w}'$이다. ■

정리 6.4.9 *체 F 위의 유한차원 내적공간 V에서*

$$\text{선형사상} \quad T : V \longrightarrow V$$

에 대하여 다음이 성립한다.

$$\begin{cases} (i)\ \langle T(\mathbf{v}), \mathbf{w}\rangle = \langle \mathbf{v}, T^*(\mathbf{w})\rangle, & \forall \mathbf{v}, \mathbf{w} \in V \\ (ii)\ \langle T^*(\mathbf{v}), \mathbf{w}\rangle = \langle \mathbf{v}, T(\mathbf{w})\rangle, & \forall \mathbf{v}, \mathbf{w} \in V \end{cases}$$

을 만족시키는 선형사상 $T^* : V \longrightarrow V$가 단 하나 존재한다.

※ 여기서 T^*를 T의 **수반변환(수반작용소)**(adjoint transformation, 隨伴變換)라 한다.

(증명) 각 벡터 $\mathbf{w} \in V$에 대하여, 정리 6.4.6에 의하여

$$T_{\mathbf{w}} : V \longrightarrow F, \quad T_{\mathbf{w}}(\mathbf{v}) = \langle \mathbf{v}, \boxed{\mathbf{w}}\rangle, \quad \forall \mathbf{v} \in V$$

는 선형범함수이다. 그러면, 각 벡터 $\mathbf{w} \in V$에 대하여 선형사상 $T : V \longrightarrow V$와 선형범함수 $T_{\mathbf{w}}$의 합성 $T_{\mathbf{w}} \circ T : V \longrightarrow F$는 선형범함수이고, 다음이 성립한다.

$$(T_{\mathbf{w}} \circ T)(\mathbf{v}) = T_{\mathbf{w}}(T(\mathbf{v})) = \langle T(\mathbf{v}), \mathbf{w}\rangle, \quad \forall \mathbf{v} \in V$$

그리고 각 벡터 $\mathbf{w} \in V$와 선형범함수 $T_{\mathbf{w}} \circ T$에 대하여, 정리 6.4.8에 의하여, 다음을 만족시키는 벡터 $\mathbf{w}' \in V$가 단 하나 존재한다.

$$(T_{\mathbf{w}} \circ T)(\mathbf{v}) = \langle \mathbf{v}, \mathbf{w}'\rangle, \quad \text{즉}, \langle T(\mathbf{v}), \mathbf{w}\rangle = \langle \mathbf{v}, \mathbf{w}'\rangle, \quad \forall \mathbf{v} \in V \cdots\cdots\cdots ①$$

위 결과를 이용하여 함수 T^*를

$$T^* : V \longrightarrow V, \quad T^*(\mathbf{w}) = \mathbf{w}'$$

라 정의하면 T^*는 잘 정의된 사상이다. 따라서 ①에서 조건 (i)

$$\langle T(\mathbf{v}),\ \mathbf{w}\rangle = \langle \mathbf{v},\ T^*(\mathbf{w})\rangle, \quad \forall \mathbf{v},\ \mathbf{w} \in V$$

이 성립한다. 한편 조건 (i)에 의하여서

$$\langle \mathbf{v},\ T(\mathbf{w})\rangle = \overline{\langle T(\mathbf{w}),\ \mathbf{v}\rangle} = \overline{\langle \mathbf{w},\ T^*(\mathbf{v})\rangle} = \langle T^*(\mathbf{v}),\ \mathbf{w}\rangle, \quad \forall \mathbf{v},\ \mathbf{w} \in V$$

가 되어, 조건 (ii)가 성립한다.

마지막으로, T^*가 선형사상임을 보이자. 임의의 벡터 $\mathbf{u}$, $\mathbf{v}$, $\mathbf{w} \in V$와 스칼라 $a \in F$에 대하여

$$\begin{aligned}\langle \mathbf{u},\ T^*(\mathbf{v}+\mathbf{w})\rangle &= \langle T(\mathbf{u}),\ \mathbf{v}+\mathbf{w}\rangle = \langle T(\mathbf{u}),\ \mathbf{v}\rangle + \langle T(\mathbf{u}),\ \mathbf{w}\rangle \\ &= \langle \mathbf{u},\ T^*(\mathbf{v})\rangle + \langle \mathbf{u},\ T^*(\mathbf{w})\rangle = \langle \mathbf{u},\ T^*(\mathbf{v}) + T^*(\mathbf{w})\rangle \\ \langle \mathbf{u},\ T^*(a\mathbf{v})\rangle &= \langle T(\mathbf{u}),\ a\mathbf{v}\rangle = \overline{a}\langle T(\mathbf{u}),\ \mathbf{v}\rangle = \overline{a}\langle \mathbf{u},\ T^*(\mathbf{v})\rangle = \langle \mathbf{u},\ aT^*(\mathbf{v})\rangle\end{aligned}$$

이므로, 정리 6.1.12에 의하여

$$T^*(\mathbf{v}+\mathbf{w}) = T^*(\mathbf{v}) + T^*(\mathbf{w}), \quad T^*(a\mathbf{v}) = aT^*(\mathbf{v})$$

이다. 따라서, 함수 T^*는 F 위에서 선형사상이다. 다음에 유일성을 보이자. 임의의 벡터 $\mathbf{v}$, $\mathbf{w} \in V$에 대하여

$$\langle T(\mathbf{v}),\ \mathbf{w}\rangle = \big\langle \mathbf{v},\ T'(\mathbf{w})\big\rangle$$

인 선형사상 $T' : V \longrightarrow V$가 존재한다고 하자. 그러면 임의의 벡터 $\mathbf{v}$, $\mathbf{w} \in V$에 대하여

$$\langle \mathbf{v},\ T^*(\mathbf{w})\rangle = \langle T(\mathbf{v}),\ \mathbf{w}\rangle = \big\langle \mathbf{v},\ T'(\mathbf{w})\big\rangle$$

이다. 따라서 정리 6.1.12에 의하여, 임의의 벡터 $\mathbf{w} \in V$에 대하여 $T^*(\mathbf{w}) = T'(\mathbf{w})$이므로 $T^* = T'$이다. ■

정리 6.4.10 *n차원 F-내적공간 V가 유클리드공간 $\mathbb{R}^n$ 또는 유니터리공간 $\mathbb{C}^n$일 때, 체 F 위의 n차 정사각행렬 $A = (a_{ij})$, $B \in M_n(F)$에 대하여 다음이 성립한다.*
다음의 $A^* = \overline{A}^T = (\overline{a_{ij}})^T$를 A의 **켤레전치행렬***(conjugate transposed matrix)이라 한다.*

$$\langle AX,\ Y\rangle = \langle X,\ BY\rangle, \quad \forall X,\ Y \in V \quad \Longrightarrow \quad B = A^*.$$

즉, $\boxed{\langle AX,\ Y\rangle = \langle X,\ A^*Y\rangle}$이다. 특히, $\langle A^*X,\ Y\rangle = \langle X,\ AY\rangle, \quad \forall X,\ Y \in V$

※ A^*가 A의 **수반변환(수반작용소)**(adjoint transformation, 隨伴變換)이 된다.

(증명) 임의의 $X,\ Y \in V$에 대하여

$$
\begin{aligned}
\langle AX,\ Y\rangle &= \left\langle \begin{pmatrix} a_{11} & \cdots & a_{1n} \\ \vdots & \vdots & \vdots \\ a_{n1} & \cdots & a_{nn} \end{pmatrix} \begin{pmatrix} x_1 \\ \vdots \\ x_n \end{pmatrix},\ \begin{pmatrix} y_1 \\ \vdots \\ y_n \end{pmatrix} \right\rangle \\
&= \left\langle \begin{pmatrix} a_{11}x_1 + \cdots + a_{1n}x_n \\ \vdots \\ a_{n1}x_1 + \cdots + a_{nn}x_n \end{pmatrix},\ \begin{pmatrix} y_1 \\ \vdots \\ y_n \end{pmatrix} \right\rangle \\
&= (a_{11}x_1 + \cdots + a_{1n}x_n)\overline{y_1} + \cdots + (a_{n1}x_1 + \cdots + a_{nn}x_n)\overline{y_n} \\
&= x_1(a_{11}\overline{y_1} + \cdots + a_{n1}\overline{y_n}) + \cdots + x_n(a_{1n}\overline{y_1} + \cdots + a_{nn}\overline{y_n}) \\
&= \left\langle \begin{pmatrix} x_1 \\ \vdots \\ x_n \end{pmatrix},\ \begin{pmatrix} \overline{a_{11}\overline{y_1} + \cdots + a_{n1}\overline{y_n}} \\ \vdots \\ \overline{a_{1n}\overline{y_1} + \cdots + a_{nn}\overline{y_n}} \end{pmatrix} \right\rangle \\
&= \left\langle \begin{pmatrix} x_1 \\ \vdots \\ x_n \end{pmatrix},\ \begin{pmatrix} \overline{a_{11}} & \cdots & \overline{a_{n1}} \\ \vdots & \vdots & \vdots \\ \overline{a_{1n}} & \cdots & \overline{a_{nn}} \end{pmatrix} \begin{pmatrix} y_1 \\ \vdots \\ y_n \end{pmatrix} \right\rangle \\
&= \langle X,\ \overline{A^T}Y\rangle = \langle X,\ A^*Y\rangle
\end{aligned}
$$

이 성립한다. 한편 임의의 $X,\ Y \in V$에 대하여 $\langle AX,\ Y\rangle = \langle X,\ BY\rangle$이라 하면

$$\langle X,\ A^*Y\rangle = \langle AX,\ Y\rangle = \langle X,\ BY\rangle$$

이다. 그러면 정리 6.1.12에 의하여, 임의의 $Y \in V$에 대하여 $A^*Y = BY$이다. 그러므로 Y에 표준기저를 대입하면, $A^* = B$임을 알 수 있다.

그리고 임의의 $X,\ Y \in V$에 대하여 $\langle A^*X,\ Y\rangle = \langle X,\ (A^*)^*Y\rangle = \langle X,\ AY\rangle$이다. ■

예 6.4.11 2차원 유클리드공간 $\mathbb{R}^2$에서 선형사상

$$T : \mathbb{R}^2 \longrightarrow \mathbb{R}^2,\quad T(x,\ y) = (x-y,\ 2x+y)$$

일 때, T^*를 구하라.

(풀이1) 임의의 $(x,\ y),\ (x',\ y') \in \mathbb{R}^2$에 대하여

$$
\begin{aligned}
\big\langle T(x,\ y),\ (x',\ y')\big\rangle &= \big\langle (x-y,\ 2x+y),\ (x',\ y')\big\rangle \\
&= (x-y)x' + (2x+y)y' \\
&= x\left(x'+2y'\right) + y\left(-x'+y'\right) \\
&= \big\langle (x,\ y),\ \left(x'+2y',\ -x'+y'\right)\big\rangle
\end{aligned}
$$

이므로, $T^*(x',\ y') = (x' + 2y',\ -x' + y')$이다.

(풀이2) $T(x,\ y) = (x - y,\ 2x + y) = \begin{pmatrix} 1 & -1 \\ 2 & 1 \end{pmatrix} \begin{pmatrix} x \\ y \end{pmatrix}$이므로, $A = \begin{pmatrix} 1 & -1 \\ 2 & 1 \end{pmatrix}$라 하면, 정리 6.4.10에 의하여 T^*은 다음과 같다.

$$T^*(x,\ y) = A^T \begin{pmatrix} x \\ y \end{pmatrix} = \begin{pmatrix} 1 & 2 \\ -1 & 1 \end{pmatrix} \begin{pmatrix} x \\ y \end{pmatrix} = (x + 2y,\ -x + y)$$

정리 6.4.12 *체 F 위의 유한차원 내적공간 V에서 선형사상 $T,\ S \in \mathrm{Hom}_F(V,\ V)$와 스칼라 $a \in F$에 대하여 다음이 성립한다.*

(1) $(T^*)^* = T$

(2) $(T + S)^* = T^* + S^*, \quad (aT)^* = \overline{a}\, T^*$

(3) $(T \circ S)^* = S^* \circ T^*, \quad (I_V)^* = I_V$

(4) T가 가역 선형사상이면, T^*는 가역 선형사상이고, $\quad (T^*)^{-1} = (T^{-1})^*$

(증명) 임의의 벡터 $\mathbf{v},\ \mathbf{w} \in V$와 스칼라 $a \in F$에 대하여

$$\begin{aligned}
\langle \mathbf{v},\ (T^*)^*(\mathbf{w}) \rangle &= \langle T^*(\mathbf{v}),\ \mathbf{w} \rangle = \langle \mathbf{v},\ T(\mathbf{w}) \rangle, \\
\langle \mathbf{v},\ (T + S)^*(\mathbf{w}) \rangle &= \langle (T + S)(\mathbf{v}),\ \mathbf{w} \rangle = \langle T(\mathbf{v}) + S(\mathbf{v}),\ \mathbf{w} \rangle \\
&= \langle T(\mathbf{v}),\ \mathbf{w} \rangle + \langle S(\mathbf{v}),\ \mathbf{w} \rangle = \langle \mathbf{v},\ T^*(\mathbf{w}) \rangle + \langle \mathbf{v},\ S^*(\mathbf{w}) \rangle \\
&= \langle \mathbf{v},\ T^*(\mathbf{w}) + S^*(\mathbf{w}) \rangle = \langle \mathbf{v},\ (T^* + S^*)(\mathbf{w}) \rangle, \\
\langle \mathbf{v},\ (aT)^*(\mathbf{w}) \rangle &= \langle (aT)(\mathbf{v}),\ \mathbf{w} \rangle = \langle aT(\mathbf{v}),\ \mathbf{w} \rangle = a \langle T(\mathbf{v}),\ \mathbf{w} \rangle \\
&= a \langle \mathbf{v},\ T^*(\mathbf{w}) \rangle = \langle \mathbf{v},\ \overline{a}\, T^*(\mathbf{w}) \rangle = \langle \mathbf{v},\ (\overline{a}\, T^*)(\mathbf{w}) \rangle, \\
\langle \mathbf{v},\ (T \circ S)^*(\mathbf{w}) \rangle &= \langle (T \circ S)(\mathbf{v}),\ \mathbf{w} \rangle = \langle T(S(\mathbf{v})),\ \mathbf{w} \rangle \\
&= \langle S(\mathbf{v}),\ T^*(\mathbf{w}) \rangle = \langle \mathbf{v},\ S^*(T^*(\mathbf{w})) \rangle = \langle \mathbf{v},\ (S^* \circ T^*)(\mathbf{w}) \rangle, \\
\langle \mathbf{v},\ (I_V)^*(\mathbf{w}) \rangle &= \langle I_V(\mathbf{v}),\ \mathbf{w} \rangle = \langle \mathbf{v},\ \mathbf{w} \rangle = \langle \mathbf{v},\ I_V(\mathbf{w}) \rangle,
\end{aligned}$$

이므로, 정리 6.1.12에 의하, 임의의 벡터 $\mathbf{w} \in V$와 스칼라 $a \in F$에 대하여

$$\begin{aligned}
&(T^*)^*(\mathbf{w}) = T(\mathbf{w}), \\
&(T + S)^*(\mathbf{w}) = (T^* + S^*)(\mathbf{w}), \quad (aT)^*(\mathbf{w}) = (\overline{a}\, T^*)(\mathbf{w}), \\
&(T \circ S)^*(\mathbf{w}) = (S^* \circ T^*)(\mathbf{w}), \quad (I_V)^*(\mathbf{w}) = I_V(\mathbf{w})
\end{aligned}$$

이다. 따라서

$$(T^*)^* = T, \quad (T + S)^* = T^* + S^*, \quad (aT)^* = \overline{a}\, T^*, \quad (T \circ S)^* = S^* \circ T^*, \quad (I_V)^* = I_V$$

이다. 또한,

$$T \circ S = S \circ T = I_V \quad \Longleftrightarrow \quad S^* \circ T^* = T^* \circ S^* = (I_V)^* = I_V$$

이므로, T가 가역 선형사상이면, T의 수반변환 T^*는 가역 선형사상이고, $(T^*)^{-1} = \left(T^{-1}\right)^*$이다. ■

정리 6.4.13 *n차원 F-내적공간 V의 정규직교기저를 $\mathscr{B} = \{\mathbf{v}_1, \cdots, \mathbf{v}_n\}$라 하고, V에서의 선형사상 $T : V \to V$의 수반변환을 T^*라 하자. 이때*

$[T]_{\mathscr{B}}$를 $\mathscr{B}$에 대한 T의 행렬, $[T^*]_{\mathscr{B}}$를 $\mathscr{B}$에 대한 T^*의 행렬

이라 하면 다음이 성립한다.

(1) $[T]_{\mathscr{B}}$의 켤레전치행렬은 $[T^*]_{\mathscr{B}}$이다. 즉, $([T]_{\mathscr{B}})^* = \overline{([T]_{\mathscr{B}})}^T = [T^*]_{\mathscr{B}}$

(2) T가 가역 선형사상이면, $[T^*]_{\mathscr{B}}$는 가역행렬이고, $\left([T^{-1}]_{\mathscr{B}}\right)^* = ([T^*]_{\mathscr{B}})^{-1}$

(증명) (1) $[T]_{\mathscr{B}} = (a_{ij}) \in M_n(F)$, $[T^*]_{\mathscr{B}} = (b_{ij}) \in M_n(F)$라 하자. 정규직교기저 $\mathscr{B} = \{\mathbf{v}_1, \cdots, \mathbf{v}_n\}$이므로, 임의의 $i, j\ (1 \le i, j \le n)$에 대하여

$$\begin{aligned}\langle T(\mathbf{v}_j), \mathbf{v}_i\rangle &= \langle a_{1j}\mathbf{v}_1 + a_{2j}\mathbf{v}_2 + \cdots + a_{nj}\mathbf{v}_n, \mathbf{v}_i\rangle \\ &= a_{1j}\langle \mathbf{v}_1, \mathbf{v}_i\rangle + a_{2j}\langle \mathbf{v}_2, \mathbf{v}_i\rangle + \cdots + a_{2j}\langle \mathbf{v}_2, \mathbf{v}_i\rangle \\ &= a_{ij}\langle \mathbf{v}_i, \mathbf{v}_i\rangle = a_{ij}\end{aligned}$$

이고,

$$\begin{aligned}\langle T^*(\mathbf{v}_j), \mathbf{v}_i\rangle &= \langle b_{1j}\mathbf{v}_1 + b_{2j}\mathbf{v}_2 + \cdots + b_{nj}\mathbf{v}_n, \mathbf{v}_i\rangle \\ &= b_{1j}\langle \mathbf{v}_1, \mathbf{v}_i\rangle + b_{2j}\langle \mathbf{v}_2, \mathbf{v}_i\rangle + \cdots + b_{2j}\langle \mathbf{v}_2, \mathbf{v}_i\rangle \\ &= b_{ij}\langle \mathbf{v}_i, \mathbf{v}_i\rangle = b_{ij}\end{aligned}$$

이다. 따라서 임의의 $i, j\ (1 \le i, j \le n)$에 대하여

$$a_{ij} = \langle T(\mathbf{v}_j), \mathbf{v}_i\rangle = \langle \mathbf{v}_j, T^*(\mathbf{v}_i)\rangle = \overline{\langle T^*(\mathbf{v}_i), \mathbf{v}_j\rangle} = \overline{b_{ji}}$$

이다. 그러므로 다음이 성립한다.

$$[T^*]_{\mathscr{B}} = (b_{ij}) = (\overline{a_{ji}}) = (\overline{a_{ij}})^T = \overline{(a_{ij})^T} = \overline{([T]_{\mathscr{B}})^T} = ([T]_{\mathscr{B}})^*$$

(2) (1)과 정리 6.4.12, 정리 4.5.6에 의하여

$$\begin{aligned}([T^{-1}]_{\mathscr{B}})^*[T^*]_{\mathscr{B}} &= [(T^{-1})^*]_{\mathscr{B}}[T^*]_{\mathscr{B}} = [(T^{-1})^*T^*]_{\mathscr{B}} = [(TT^{-1})^*]_{\mathscr{B}} \\ &= [(I_V)^*]_{\mathscr{B}} = [I_V]_{\mathscr{B}} = I_n\end{aligned}$$

따라서 $[T^*]_{\mathscr{B}}$는 가역행렬(정리 2.2.16)이고, $([T^*]_{\mathscr{B}})^{-1} = \left([T^{-1}]_{\mathscr{B}}\right)^*$이다. ■

예 6.4.14 2차원 유클리드공간 $\mathbb{R}^2$ 위의 선형사상

$$T:\mathbb{R}^2 \longrightarrow \mathbb{R}^2, \quad T(x,\ y) = (x-y,\ 2x+y)$$

에서, $T^*(x,\ y) = (x+2y,\ -x+y)$이다(예 6.4.11 참조). 이때 $\mathbb{R}^2$의 정규직교기저 $\mathscr{B} = \left\{\mathbf{v}_1 = \frac{1}{\sqrt{2}}(1,\ 1),\ \mathbf{v}_2 = \frac{1}{\sqrt{2}}(1,\ -1)\right\}$에 대하여, $([T]_{\mathscr{B}})^* = [T^*]_{\mathscr{B}}$임을 확인하라.

(풀이) 먼저 $[T]_{\mathscr{B}}$를 구하자.

$$\begin{cases} T\left(\frac{1}{\sqrt{2}}(1,\ 1)\right) = \frac{1}{\sqrt{2}}(0,\ 3) = \frac{3}{2}\cdot\frac{1}{\sqrt{2}}(1,\ 1) - \frac{3}{2}\cdot\frac{1}{\sqrt{2}}(1,\ -1) = \frac{3}{2}\cdot\mathbf{v}_1 - \frac{3}{2}\cdot\mathbf{v}_2 \\ T\left(\frac{1}{\sqrt{2}}(1,\ -1)\right) = \frac{1}{\sqrt{2}}(2,\ 1) = \frac{3}{2}\cdot\frac{1}{\sqrt{2}}(1,\ 1) + \frac{1}{2}\cdot\frac{1}{\sqrt{2}}(1,\ -1) = \frac{3}{2}\cdot\mathbf{v}_1 + \frac{1}{2}\cdot\mathbf{v}_2 \end{cases}$$

따라서 $[T]_{\mathscr{B}}$는 다음과 같다.

$$[T]_{\mathscr{B}} = \frac{1}{2}\begin{pmatrix} 3 & 3 \\ -3 & 1 \end{pmatrix}$$

다음에 $[T^*]_{\mathscr{B}}$을 구하자.

$$\begin{cases} T^*\left(\frac{1}{\sqrt{2}}(1,\ 1)\right) = \frac{1}{\sqrt{2}}(3,\ 0) = \frac{3}{2}\cdot\frac{1}{\sqrt{2}}(1,\ 1) + \frac{3}{2}\cdot\frac{1}{\sqrt{2}}(1,\ -1) = \frac{3}{2}\cdot\mathbf{v}_1 + \frac{3}{2}\cdot\mathbf{v}_2 \\ T^*\left(\frac{1}{\sqrt{2}}(1,\ -1)\right) = \frac{1}{\sqrt{2}}(-1,\ -2) = -\frac{3}{2}\cdot\frac{1}{\sqrt{2}}(1,\ 1) + \frac{1}{2}\cdot\frac{1}{\sqrt{2}}(1,\ -1) = -\frac{3}{2}\cdot\mathbf{v}_1 + \frac{1}{2}\cdot\mathbf{v}_2 \end{cases}$$

따라서 $[T^*]_{\mathscr{B}}$는 다음과 같다.

$$[T^*]_{\mathscr{B}} = \frac{1}{2}\begin{pmatrix} 3 & -3 \\ 3 & 1 \end{pmatrix} = ([T]_{\mathscr{B}})^*$$

정의 6.4.15 [*대칭변환(symmetric transformation, 對稱變換) 등거리변환(isometry transformation, 等−), 직교변환(orthogonal transformation, 直交−), 정규변환(normal transformation, 正規−)*]

체 F 위의 내적공간 V 위의 선형사상 $T:V \longrightarrow V$의 수반변환 $T^*:V \longrightarrow V$에 대하여

T가 **대칭변환**	$\overset{정의}{\Longleftrightarrow}$	$T^* = T$
T가 **등거리변환(직교변환)**	$\overset{정의}{\Longleftrightarrow}$	$\Vert T(\mathbf{v})\Vert = \Vert\mathbf{v}\Vert,\ \forall\mathbf{v}\in V$
T가 **정규변환**	$\overset{정의}{\Longleftrightarrow}$	$T\circ T^* = T^*\circ T$

보조정리 6.4.16 *F-내적공간 V 위의 선형사상 $T : V \to V$에 대하여, 다음은 동치.*

(1) 임의의 벡터 $\mathbf{v} \in V$에 대하여, $\|T(\mathbf{v})\| = \|\mathbf{v}\|$이다. 즉, T는 등거리(직교)변환.
$\Leftrightarrow$ (2) 임의의 벡터 $\mathbf{v}$, $\mathbf{w} \in V$에 대하여, $\langle T(\mathbf{v}),\ T(\mathbf{w})\rangle = \langle \mathbf{v},\ \mathbf{w}\rangle$이다.

따라서, 등거리변환(isometry transformation)은 노름(거리)을 유지하는 변환이다

(증명) (1) $\Rightarrow$ (2) 임의의 벡터 $\mathbf{v} \in V$에 대하여, $\|T(\mathbf{v})\| = \|\mathbf{v}\|$이라고 하자. 그러면

$$\|T(\mathbf{v})\|^2 = \|\mathbf{v}\|^2, \quad \langle T(\mathbf{v}),\ T(\mathbf{v})\rangle = \langle \mathbf{v},\ \mathbf{v}\rangle$$

이다. 다음에 임의의 벡터 $\mathbf{v}$, $\mathbf{w} \in V$에 대하여,

$$\begin{cases} \langle T(\mathbf{v}+\mathbf{w}),\ T(\mathbf{v}+\mathbf{w})\rangle = \langle \mathbf{v}+\mathbf{w},\ \mathbf{v}+\mathbf{w}\rangle \cdots\cdots\cdots\cdots ① \\ \langle T(\mathbf{v}+i\,\mathbf{w}),\ T(\mathbf{v}+i\,\mathbf{w})\rangle = \langle \mathbf{v}+i\,\mathbf{w},\ \mathbf{v}+i\,\mathbf{w}\rangle \cdots\cdots ② \end{cases}$$

임을 이용하자. 먼저 $F = \mathbb{R}$인 경우에는 ①에서

$$\begin{cases} (\text{좌변}) = \langle T(\mathbf{v}),\ T(\mathbf{v})\rangle + 2\langle T(\mathbf{v}),\ T(\mathbf{w})\rangle + \langle T(\mathbf{w}),\ T(\mathbf{w})\rangle \\ \qquad\quad = \langle \mathbf{v},\ \mathbf{v}\rangle + 2\langle T(\mathbf{v}),\ T(\mathbf{w})\rangle + \langle \mathbf{w},\ \mathbf{w}\rangle, \\ (\text{우변}) = \langle \mathbf{v},\ \mathbf{v}\rangle + 2\langle \mathbf{v},\ \mathbf{w}\rangle + \langle \mathbf{w},\ \mathbf{w}\rangle \end{cases}$$

이다. 따라서 $\langle T(\mathbf{v}),\ T(\mathbf{w})\rangle = \langle \mathbf{v},\ \mathbf{w}\rangle$이다.

다음에 $F = \mathbb{C}$인 경우에는 ①에서

$$③ \begin{cases} (\text{좌변}) = \langle T(\mathbf{v}),\ T(\mathbf{v})\rangle + \langle T(\mathbf{v}),\ T(\mathbf{w})\rangle + \langle T(\mathbf{w}),\ T(\mathbf{v})\rangle + \langle T(\mathbf{w}),\ T(\mathbf{w})\rangle \\ \qquad\quad = \langle \mathbf{v},\ \mathbf{v}\rangle + \langle T(\mathbf{v}),\ T(\mathbf{w})\rangle + \langle T(\mathbf{w}),\ T(\mathbf{v})\rangle + \langle \mathbf{w},\ \mathbf{w}\rangle, \\ (\text{우변}) = \langle \mathbf{v},\ \mathbf{v}\rangle + \langle \mathbf{v},\ \mathbf{w}\rangle + \langle \mathbf{w},\ \mathbf{v}\rangle + \langle \mathbf{w},\ \mathbf{w}\rangle, \end{cases}$$

이다. ②에서

$$④ \begin{cases} (\text{좌변}) = \langle T(\mathbf{v}),\ T(\mathbf{v})\rangle + \bar{i}\,\langle T(\mathbf{v}),\ T(\mathbf{w})\rangle + i\,\langle T(\mathbf{w}),\ T(\mathbf{v})\rangle + i\cdot\bar{i}\,\langle T(\mathbf{w}),\ T(\mathbf{w})\rangle \\ \qquad\quad = \langle \mathbf{v},\ \mathbf{v}\rangle + \bar{i}\,\langle T(\mathbf{v}),\ T(\mathbf{w})\rangle + i\,\langle T(\mathbf{w}),\ T(\mathbf{v})\rangle + \langle \mathbf{w},\ \mathbf{w}\rangle, \\ (\text{우변}) = \langle \mathbf{v},\ \mathbf{v}\rangle + \bar{i}\,\langle \mathbf{v},\ \mathbf{w}\rangle + i\,\langle \mathbf{w},\ \mathbf{v}\rangle + \langle \mathbf{w},\ \mathbf{w}\rangle, \end{cases}$$

이다. 따라서 ③과 ④에서

$$\begin{cases} \langle T(\mathbf{v}),\ T(\mathbf{w})\rangle + \langle T(\mathbf{w}),\ T(\mathbf{v})\rangle = \langle \mathbf{v},\ \mathbf{w}\rangle + \langle \mathbf{w},\ \mathbf{v}\rangle, \\ \bar{i}\,\langle T(\mathbf{v}),\ T(\mathbf{w})\rangle + i\,\langle T(\mathbf{w}),\ T(\mathbf{v})\rangle = \bar{i}\,\langle \mathbf{v},\ \mathbf{w}\rangle + i\,\langle \mathbf{w},\ \mathbf{v}\rangle \end{cases}$$

이므로

$$\begin{cases} \langle T(\mathbf{v}),\ T(\mathbf{w})\rangle + \langle T(\mathbf{w}),\ T(\mathbf{v})\rangle = \langle \mathbf{v},\ \mathbf{w}\rangle + \langle \mathbf{w},\ \mathbf{v}\rangle, \\ \langle T(\mathbf{v}),\ T(\mathbf{w})\rangle - \langle T(\mathbf{w}),\ T(\mathbf{v})\rangle = \langle \mathbf{v},\ \mathbf{w}\rangle - \langle \mathbf{w},\ \mathbf{v}\rangle \end{cases}$$

을 얻는다. 여기서 양변을 더하면 $\langle T(\mathbf{v}),\ T(\mathbf{w})\rangle = \langle \mathbf{v},\ \mathbf{w}\rangle$이다.

(2) $\Rightarrow$ (1) 분명히 성립한다. ■

정리 6.4.17 *n차원 F-내적공간 V 위의 선형사상 $T : V \to V$의 수반변환이 T^*일 때,* *등거리변환(직교변환)에 대하여 다음은 동치이다.*

(1) $T \circ T^* = T^* \circ T = I_V$. 즉, $T^{-1} = T^*$.

$\Leftrightarrow$ (2) 임의의 벡터 $\mathbf{v} \in V$에 대하여 $\|T(\mathbf{v})\| = \|\mathbf{v}\|$. 즉, T는 등거리(직교)변환

$\Leftrightarrow$ (3) $\mathscr{B} = \{\mathbf{v}_1,\ \cdots,\ \mathbf{v}_n\}$가 V의 정규직교기저이면,

$T(\mathscr{B}) = \{T(\mathbf{v}_1),\ \cdots,\ T(\mathbf{v}_n)\}$가 V의 정규직교기저이다.

$\Leftrightarrow$ (4) $\mathscr{B} = \{\mathbf{v}_1,\ \cdots,\ \mathbf{v}_n\}$가 V의 정규직교기저이면,

기저 $\mathscr{B}$에 관한 T의 행렬 $[T]_{\mathscr{B}}$가 유니터리행렬(직교행렬)이다.

※ 선형사상 T가 $T^* = T^{-1}$이면 T를 **유니터리변환**(unitary transformation)이라 한다.

※ 행렬 A가 $A^* = A^{-1}$이면 A를 **유니터리행렬**(unitary matrix)이라 한다.

(증명) (1) $\Rightarrow$ (2) $T \circ T^* = T^* \circ T = I_V$이라 하자. 임의의 벡터 $\mathbf{v} \in V$에 대하여

$$\|T(\mathbf{v})\| = \sqrt{\langle T(\mathbf{v}),\ T(\mathbf{v})\rangle} = \sqrt{\langle \mathbf{v},\ T^*(T(\mathbf{v}))\rangle} = \sqrt{\langle \mathbf{v},\ I_V(\mathbf{v})\rangle} = \sqrt{\langle \mathbf{v},\ \mathbf{v}\rangle} = \|\mathbf{v}\|$$

(2) $\Rightarrow$ (3) 임의의 벡터 $\mathbf{v} \in V$에 대하여 $\|T(\mathbf{v})\| = \|\mathbf{v}\|$이라 하자. 그러면 각 $i,\ j\ (1 \le i,\ j \le n)$에 대하여, 보조정리 6.4.16에 의하여,

$$\langle T(\mathbf{v}_i),\ T(\mathbf{v}_j)\rangle = \langle \mathbf{v}_i,\ \mathbf{v}_j\rangle = \begin{cases} 1, & i = j \\ 0, & i \neq j \end{cases}$$

이다. 따라서 정리 6.3.5에 의하여, $T(\mathscr{B}) = \{T(\mathbf{v}_1),\ \cdots,\ T(\mathbf{v}_n)\}$은 1차독립이므로, V의 정규직교기저이다.

(3) $\Rightarrow$ (4) $\mathscr{B} = \{\mathbf{v}_1,\ \cdots,\ \mathbf{v}_n\}$이 V의 정규직교기저일 때, $T(\mathscr{B}) = \{T(\mathbf{v}_1),\ \cdots,\ T(\mathbf{v}_n)\}$이 V의 정규직교기저라 하자.

$$[T]_{\mathscr{B}} = (a_{ij}) = \begin{pmatrix} a_{11} & a_{12} & \cdots & a_{1n} \\ a_{21} & a_{22} & \cdots & a_{2n} \\ \vdots & \vdots & & \vdots \\ a_{n1} & a_{n2} & \cdots & a_{nn} \end{pmatrix} \in M_n(F)$$

라 하면,

$$\begin{cases} T(\mathbf{v}_1) = a_{11}\mathbf{v}_1 + a_{21}\mathbf{v}_2 + \cdots + a_{n1}\mathbf{v}_n \\ T(\mathbf{v}_2) = a_{12}\mathbf{v}_1 + a_{22}\mathbf{v}_2 + \cdots + a_{n2}\mathbf{v}_n \\ \qquad \vdots \\ T(\mathbf{v}_n) = a_{1n}\mathbf{v}_1 + a_{2n}\mathbf{v}_2 + \cdots + a_{nn}\mathbf{v}_n \end{cases}$$

이다. 그러면 $T(\mathscr{B}) = \{T(\mathbf{v}_1),\ \cdots,\ T(\mathbf{v}_n)\}$가 V의 정규직교기저이므로, 각 $i,\ j\ (1 \leq i, j \leq n)$에 대하여,

$$\begin{aligned} \langle T(\mathbf{v}_i),\ T(\mathbf{v}_j)\rangle &= \langle a_{1i}\mathbf{v}_1 + a_{2i}\mathbf{v}_2 + \cdots + a_{ni}\mathbf{v}_n,\ a_{1j}\mathbf{v}_1 + a_{2j}\mathbf{v}_2 + \cdots + a_{nj}\mathbf{v}_n\rangle \\ &= a_{1i}\overline{a_{1j}} + a_{2i}\overline{a_{2j}} + \cdots + a_{ni}\overline{a_{nj}} \\ &= \overline{a_{1j}}a_{1i} + \overline{a_{2j}}a_{2i} + \cdots + \overline{a_{nj}}a_{ni} = \begin{cases} 1, & i = j \\ 0, & i \neq j \end{cases} \end{aligned}$$

이다. 그러므로 $([T]_{\mathscr{B}})^*[T]_{\mathscr{B}} = I_n$이다. 따라서 정리 2.2.16에 의하여, $[T]_{\mathscr{B}}([T]_{\mathscr{B}})^* = ([T]_{\mathscr{B}})^*[T]_{\mathscr{B}} = I_n$이고, $[T]_{\mathscr{B}}$는 유니터리행렬(직교행렬)이다.

(4) $\Rightarrow$ (1) $\mathscr{B} = \{\mathbf{v}_1,\ \cdots,\ \mathbf{v}_n\}$가 V의 정규직교기저일 때, $[T]_{\mathscr{B}}$가 유니터리행렬(직교행렬)이라 하자. 그러면 정리 4.5.6와 정리 6.4.13에 의하여

$$\begin{cases} [T \circ T^*]_{\mathscr{B}} = [T]_{\mathscr{B}}[T^*]_{\mathscr{B}} = [T]_{\mathscr{B}}([T]_{\mathscr{B}})^* = I_n, \\ [T^* \circ T]_{\mathscr{B}} = [T^*]_{\mathscr{B}}[T]_{\mathscr{B}} = ([T]_{\mathscr{B}})^*[T]_{\mathscr{B}} = I_n \end{cases}$$

이다. 그러면

$$\begin{cases} (T \circ T^*)(\mathbf{v}_1) = (T^* \circ T)(\mathbf{v}_1) = \mathbf{v}_1 \\ (T \circ T^*)(\mathbf{v}_2) = (T^* \circ T)(\mathbf{v}_2) = \mathbf{v}_2 \\ \qquad \vdots \\ (T \circ T^*)(\mathbf{v}_n) = (T^* \circ T)(\mathbf{v}_n) = \mathbf{v}_n \end{cases}$$

이다. 그러므로 임의의 벡터 $\mathbf{v} = x_1\mathbf{v}_1 + \cdots + x_n\mathbf{v}_n \in V$에 대하여,

$$\begin{aligned} (T^* \circ T)(\mathbf{v}) &= (T^* \circ T)(x_1\mathbf{v}_1 + \cdots + x_n\mathbf{v}_n) \\ &= x_1(T^* \circ T)(\mathbf{v}_1) + \cdots + x_n(T^* \circ T)(\mathbf{v}_n) \\ &= x_1\mathbf{v}_1 + \cdots + x_n\mathbf{v}_n = \mathbf{v} = I_V(\mathbf{v}) \end{aligned}$$

이다. 따라서 $T^* \circ T = I_V$이다. 같은 방법으로 $T \circ T^* = T^* \circ T = I_V$임을 보일 수 있다. ■

따름정리 6.4.18 *F-내적공간 V 위의 선형사상 $T : V \to V$에 대하여 다음이 성립.*

> T가 등거리(직교)변환이면, 정규변환이다.

(증명) 정의와 정리 6.4.17(등거리 변환)에 의하여 성립한다. ■

정리 6.4.19 *n차원 $\mathbb{R}$-내적공간 V 위의 선형사상 $T: V \to V$와 수반변환 T^*, V의 정규직교기저 $\mathscr{B}$에 대하여 다음이 성립한다.*

(1) T가 직교변환 $\Longleftrightarrow$ $[T]_{\mathscr{B}}$가 직교행렬
(2) T가 대칭변환 $\Longleftrightarrow$ $[T]_{\mathscr{B}}$가 대칭행렬
(3) T가 정규변환 $\Longleftrightarrow$ $[T]_{\mathscr{B}}$가 정규행렬

(증명) 정리 4.5.6, 정리 2.1.16 정리 6.4.12, 정리 6.4.13에 의하여

$$[T \circ T^*]_{\mathscr{B}} = [T]_{\mathscr{B}}[T^*]_{\mathscr{B}} \text{ (정리 4.5.6)}$$

$$([T]_{\mathscr{B}}\,[T^*]_{\mathscr{B}})^T = ([T^*]_{\mathscr{B}})^T\,([T]_{\mathscr{B}})^T = [(T^*)^*]_{\mathscr{B}}\,[T^*]_{\mathscr{B}} = [T]_{\mathscr{B}}\,[T^*]_{\mathscr{B}} \text{ (정리 2.1.16)}$$

$$(T \circ T^*)^* = (T^*)^* \circ T^* = T \circ T^*, \quad (T^*)^{-1} = \left(T^{-1}\right)^* \text{ (정리 6.4.12)}$$

$$([T]_{\mathscr{B}})^T = ([T]_{\mathscr{B}})^* = [T^*]_{\mathscr{B}}, \quad [(T^*)^{-1}]_{\mathscr{B}} = [(T^{-1})^*]_{\mathscr{B}} = ([(T^{-1}t)]_{\mathscr{B}})^T \text{ (정리 6.4.13)}$$

(1) 정리 4.5.12에 의하여

$$T^* = T^{-1} \iff [T^*]_{\mathscr{B}} = [T^{-1}]_{\mathscr{B}} \iff ([T]_{\mathscr{B}})^T = ([T]_{\mathscr{B}})^* = ([T]_{\mathscr{B}})^{-1}$$

(2) 정리 4.5.12에 의하여

$$T^* = T \iff [T^*]_{\mathscr{B}} = [T]_{\mathscr{B}} \iff ([T]_{\mathscr{B}})^T = ([T]_{\mathscr{B}})^* = [T]_{\mathscr{B}}$$

(3) 정리 4.5.12에 의하여

$$\begin{aligned} T \circ T^* = T^* \circ T &\iff [T \circ T^*]_{\mathscr{B}} = [T^* \circ T]_{\mathscr{B}} \\ &\iff [T]_{\mathscr{B}}[T^*]_{\mathscr{B}} = [T^*]_{\mathscr{B}}[T]_{\mathscr{B}} \\ &\iff [T]_{\mathscr{B}}([T]_{\mathscr{B}})^T = ([T]_{\mathscr{B}})^T[T]_{\mathscr{B}} \end{aligned}$$ ■

예 6.4.20 (1) 2차원 유클리드공간 $\mathbb{R}^2$에서 선형사상

$$T: \mathbb{R}^2 \longrightarrow \mathbb{R}^2, \quad T(x, y) = (x - y, -x + y)$$

은 대칭변환이다. 왜냐하면
$T(x, y) = (x - y, -x + y) = \begin{pmatrix} 1 & -1 \\ -1 & 1 \end{pmatrix} \begin{pmatrix} x \\ y \end{pmatrix}$이므로, $A = \begin{pmatrix} 1 & -1 \\ -1 & 1 \end{pmatrix}$라 하면, 정리 6.4.19에 의하여

$$T^*(x, y) = A^T \begin{pmatrix} x \\ y \end{pmatrix} = \begin{pmatrix} 1 & -1 \\ -1 & 1 \end{pmatrix} \begin{pmatrix} x \\ y \end{pmatrix} = (x - y, -x + y) = T(x, y)$$

이므로 T는 대칭변환이다.

한편 $\mathbb{R}^2$의 정규직교기저 $\mathscr{B} = \left\{ \frac{1}{\sqrt{2}}(1,\ 1),\ \frac{1}{\sqrt{2}}(1,\ -1) \right\}$에 대하여, $[T]_{\mathscr{B}}$가 대칭행렬이다. 즉, $([T]_{\mathscr{B}})^T = [T]_{\mathscr{B}}$임을 확인하자.

먼저 $[T]_{\mathscr{B}}$를 구하면

$$\begin{cases} T\left(\frac{1}{\sqrt{2}}(1,\ 1)\right) = (0,\ 0) = 0 \cdot \frac{1}{\sqrt{2}}(1,\ 1) + 0 \cdot \frac{1}{\sqrt{2}}(1,\ -1) \\ T\left(\frac{1}{\sqrt{2}}(1,\ -1)\right) = \frac{1}{\sqrt{2}}(2,\ -2) = 0 \cdot \frac{1}{\sqrt{2}}(1,\ 1) + 2 \cdot \frac{1}{\sqrt{2}}(1,\ -1) \end{cases}$$

따라서 다음이 성립한다.

$$[T]_{\mathscr{B}} = \begin{pmatrix} 0 & 0 \\ 0 & 2 \end{pmatrix} = ([T]_{\mathscr{B}})^T$$

정리 6.4.21 *n차원 F-내적공간 V 위의 선형사상 $T : V \to V$가 등거리(직교)변환일 때, 다음이 성립한다.*

(1) S가 등거리변환이면, $T \circ S$도 등거리변환이다.
(2) 항등사상 I_V는 등거리변환이다.
(3) T는 가역사상이고 T^{-1}도 등거리변환이다.
(4) T의 고윳값 λ가 존재하면, $|\lambda| = 1$이다.

(증명) (1) T, S가 등거리변환이면, 정리 6.4.17에 의하여, $T^{-1} = T^*$, $S^{-1} = S^*$이다. 그러면 정리 1.4.10과 정리 6.4.12에 의하여,

$$(T \circ S)^{-1} = S^{-1} \circ T^{-1} = S^* \circ T^* = (T \circ S)^*$$

이다. 그러므로 $T \circ S$는 등거리변환이다.

(2) $I_V^{-1} = I_V = I_V^*$이므로, 항등사상은 I_V는 등거리변환이다.

(3) T가 등거리변환이면, 정리 6.4.17에 의하여, $T^{-1} = T^*$이므로 T는 가역사상이고

$$(T^{-1})^{-1} = T = (T^*)^* = (T^{-1})^*$$

이다. 따라서 T^{-1}는 등거리변환이다.

(4) 고윳값 λ에 대응하는 고유벡터 $\mathbf{0} \neq \mathbf{v} \in V$가 존재하여

$$\|\mathbf{v}\| = \|T(\mathbf{v})\| = \|\lambda \mathbf{v}\| = |\lambda| \|\mathbf{v}\|$$

이다. $0 \neq \|\mathbf{v}\|$이므로, $|\lambda| = 1$이다. ■

연 습 문 제 (6.4)

1. 다음 행렬 중 어느 것이 직교행렬인지 판별하고, 그 직교행렬의 역행렬을 구하라.

(1) $\begin{pmatrix} 0 & 1 \\ 1 & 0 \end{pmatrix}$ (2) $\begin{pmatrix} \frac{1}{\sqrt{2}} & -\frac{1}{\sqrt{2}} \\ \frac{1}{\sqrt{2}} & \frac{1}{\sqrt{2}} \end{pmatrix}$ (3) $\begin{pmatrix} 1 & 2 & 0 \\ 0 & 1 & 2 \\ 0 & 0 & 1 \end{pmatrix}$

2. 다음 행렬이 직교행렬이 되도록 실수 a, b, c, d의 값을 정하라.

(1) $\begin{pmatrix} \frac{1}{3} & \frac{2}{3} & a \\ b & \frac{2}{3} & c \\ \frac{2}{3} & d & \frac{2}{3} \end{pmatrix}$ (2) $\begin{pmatrix} \frac{1}{\sqrt{3}} & \frac{1}{\sqrt{3}} & a \\ b & c & \frac{1}{\sqrt{2}} \\ \frac{1}{\sqrt{6}} & d & \frac{1}{\sqrt{6}} \end{pmatrix}$

3. 실수체 $\mathbb{R}$ 위의 2차 정사각행렬 $\begin{pmatrix} a+b & b-a \\ a-b & b+a \end{pmatrix}$가 직교행렬이 되기 위해서는 a와 b는 어떤 조건을 만족해야 하는가?

4. 실수체 $\mathbb{R}$ 위의 n차 정사각행렬에 대하여, 다음을 증명하라.

(1) A, B가 직교행렬이면, AB도 직교행렬이다.

(2) A가 직교행렬이면, A^{-1}도 직교행렬이다.

5. 실수체 $\mathbb{R}$ 위의 2차 정사각행렬 $\begin{pmatrix} a & b \\ c & d \end{pmatrix}$가 정규행렬일 필요충분조건을 구하라.

6. 실수체 $\mathbb{R}$ 위의 3차 삼각행렬 $A = \begin{pmatrix} a_{11} & a_{12} & a_{13} \\ 0 & a_{22} & a_{23} \\ 0 & 0 & a_{33} \end{pmatrix}$가 정규행렬이면, A는 대각행렬임을 밝혀라.

7. 유클리드공간 위의 선형범함수 $T : \mathbb{R}^2 \to \mathbb{R}$가 다음을 만족할 때, 모든 $\mathbf{v} \in \mathbb{R}^2$에 대하여 $T(\mathbf{v}) = \langle \mathbf{v},\ \mathbf{w} \rangle$ 를 만족하는 벡터 $\mathbf{w}$를 구하라.

(1) $T(x,\ y) = x + 2y$

(2) $T(1,\ 1) = 2,\ T(1,\ 0) = 3$

8. 유클리드공간 $\mathbb{R}^n$에서 다음 선형사상 $T : \mathbb{R}^n \to \mathbb{R}^n$의 수반변환을 T^*라 할 때, 다음 물음에 답하라.

(1) $T(x,\ y) = (2x+y,\ x-3y)$일 때, $T^*(x,\ y)$와 $T^*(1,\ 2)$의 값을 구하라.

(2) $T(1,\ 2) = (3,\ 4),\ T(0,\ 1) = (2,\ -1)$일 때, $T^*(x,\ y)$와 $T^*(1,\ 2)$의 값을 구하라.

(3) $T(x,\ y,\ z) = (2x+y-z,\ x+z,\ x-3y)$일 때, $T^*(x,\ y,\ z)$와 $T^*(1,\ 2,\ -1)$의 값을 구하라.

9. 실수체 $\mathbb{R}$ 위의 다항식공간 $\mathbb{R}[x]$에서 내적 $\langle\ ,\ \rangle$이

$$\langle f,\ g\rangle = \int_0^1 f(x)g(x)dx$$

일 때, 선형사상 $M_f : \mathbb{R}[x] \to \mathbb{R}[x]$, $M_f(g) = fg$, $g \in \mathbb{R}[x]$의 수반변환 M_f^*를 구하라.

10. $\mathbb{R}$-내적공간 V 위의 대칭변환 T가 임의의 벡터 $\mathbf{v} \in V$에 대하여 $\langle T(\mathbf{v}),\ \mathbf{v}\rangle = 0$이면, $T = \mathbf{O}$(영사상)임을 보여라.

11. $\mathbb{R}$-내적공간 V에서의 선형사상 $T : V \to V$가 임의의 벡터 $\mathbf{v}, \mathbf{w} \in V$에 대하여 $\langle T(\mathbf{v}),\ \mathbf{w}\rangle = \langle \mathbf{v},\ T(\mathbf{w})\rangle$이면, T는 대칭변환이다.

12. 다음 선형사상은 등거리변환인가?

(1) $T : \mathbb{R}^3 \to \mathbb{R}^3$, $\quad T(x,\ y,\ z) = (x+y,\ y+z,\ z+x)$

(2) $T : \mathbb{R}[x]_2 \to \mathbb{R}[x]_2$, $\quad T(f(x)) = f'(x)$

(3) $T : M_2(\mathbb{R}) \to M_2(\mathbb{R})$, $T\begin{pmatrix} a & b \\ c & d \end{pmatrix} = \begin{pmatrix} d & b \\ c & a \end{pmatrix}$

13. $\mathbb{R}$-내적공간 V에서의 선형사상 $T : V \to V$가 V의 정규직교기저 $\mathscr{B}$에 대하여, 다음 조건 $T(\mathbf{v}_1)$을 만족하는 등거리변환일 때, 나머지 기저에 대한 T의 상을 구하라.

(1) $\mathscr{B} = \{\mathbf{v}_1,\ \mathbf{v}_2\}$, $\quad T(\mathbf{v}_1) = \frac{1}{\sqrt{2}}(\mathbf{v}_1 - \mathbf{v}_2)$

(2) $\mathscr{B} = \{\mathbf{v}_1,\ \mathbf{v}_2,\ \mathbf{v}_3\}$, $T(\mathbf{v}_1) = \frac{1}{\sqrt{6}}(\mathbf{v}_1 - \mathbf{v}_2 + 2\mathbf{v}_3)$

14. 유클리드공간 $\mathbb{R}^n$에서 함수 $T : \mathbb{R}^n \to \mathbb{R}^n$가 조건

$$\|T(\mathbf{v}) - T(\mathbf{w})\| = \|\mathbf{v} - \mathbf{w}\| \quad (\mathbf{v},\ \mathbf{w} \in \mathbb{R}^n)$$

을 만족시키고 또 $T(\mathbf{0}) = \mathbf{0}$일 때, 다음이 성립함을 증명하라.

(1) 모든 $\mathbf{v} \in \mathbb{R}^n$에 대하여 $\|T(\mathbf{v})\| = \|\mathbf{v}\|$이다.

(2) 모든 벡터 $\mathbf{v}, \mathbf{w} \in \mathbb{R}^n$ 에 대하여 $\langle T(\mathbf{v}),\ T(\mathbf{w})\rangle = \langle \mathbf{v},\ \mathbf{w}\rangle$이다.

(3) T는 선형사상이고 따라서 직교(등거리)변환이다.

15. $\mathbb{R}$-내적공간 V 위의 선형사상 $T : V \to V$에 대하여 다음은 동치임을 보여라.

(1) T가 정규변환이다.

(2) 모든 $\mathbf{v}, \mathbf{w} \in V$에 대하여 $\langle T(\mathbf{v}),\ T(\mathbf{w})\rangle = \langle T^*(\mathbf{v}),\ T^*(\mathbf{w})\rangle$이다.

(3) 모든 $\mathbf{v} \in V$에 대하여 $\|T(\mathbf{v})\| = \|T^*(\mathbf{v})\|$이다.

16. 내적공간 V 위의 정규변환 $T : V \to V$에 대하여 다음이 성립함을 보여라.

(1) $\mathrm{Ker}(T) = \mathrm{Ker}(T^*)$

(2) $\mathrm{Ker}(T) = (\mathrm{Im}(T))^\perp$

(3) $\mathrm{Im}(T) = \mathrm{Im}(T^*)$

6.5 특별한 형태의 행렬 및 선형사상의 대각화

이 절에서는 내적공간에서 특별한 형태의 행렬과 선형사상의 대각화에 대하여 다룬다.

정리 6.5.1 *n차원 F-내적공간 V 위의 선형사상 $T : V \to V$에 대하여 다음이 성립.*

(1) T는 중복을 허락하여 복소수체 $\mathbb{C}$ 안에서 n개의 고윳값을 갖는다.
(2) $T^* = T^{-1}$ (유니터리변환)이면, T의 고윳값 λ가 존재하고 모두 $|\lambda| = 1$이다.
(3) $T^* = T$ (대칭변환)이면, T의 고윳값 λ가 존재하고 모두 $\lambda \in \mathbb{R}$(실수)이다.
(4) $T^* = -T$이면, T의 고윳값 λ가 존재하고 모두 λ는 순허수이다.

※ $T^* = -T$이면 사상 T를 **교대변환**(alternating transformation)이라 한다.

(증명) (1) 대수학의 기본정리에 의하여 T는 중복을 허락하여 복소수체 $\mathbb{C}$ 안에서 n개의 고윳값을 갖는다.

(2) $\lambda\overline{\lambda} = 1$임을 보이자(정리 6.4.21 참조). λ에 대응하는 고유벡터를 $\mathbf{0} \neq \mathbf{v} \in V$라 하자.

$$\lambda\overline{\lambda}\langle \mathbf{v}, \mathbf{v}\rangle = \langle \lambda\mathbf{v}, \lambda\mathbf{v}\rangle = \langle T(\mathbf{v}), T(\mathbf{v})\rangle = \langle \mathbf{v}, T^*T(\mathbf{v})\rangle = \langle \mathbf{v}, \mathbf{v}\rangle$$

이다. $\langle \mathbf{v}, \mathbf{v}\rangle \neq 0$이므로, $\lambda\overline{\lambda} = 1$이다. 즉, $|\lambda| = 1$이다.

(3) $\lambda = \overline{\lambda}$임을 보이자. λ에 대응하는 고유벡터를 $\mathbf{0} \neq \mathbf{v} \in V$라 하자.

$$\lambda\langle \mathbf{v}, \mathbf{v}\rangle = \langle \lambda\mathbf{v}, \mathbf{v}\rangle = \langle T(\mathbf{v}), \mathbf{v}\rangle = \langle \mathbf{v}, T^*(\mathbf{v})\rangle = \langle \mathbf{v}, T(\mathbf{v})\rangle = \langle \mathbf{v}, \lambda\mathbf{v}\rangle = \overline{\lambda}\langle \mathbf{v}, \mathbf{v}\rangle$$

이다. $\langle \mathbf{v}, \mathbf{v}\rangle \neq 0$이므로, $\lambda = \overline{\lambda}$이다. 즉, λ는 실수이다.

(4) $\lambda = -\overline{\lambda}$임을 보이자. λ에 대응하는 고유벡터를 $\mathbf{0} \neq \mathbf{v} \in V$라 하자.

$$\lambda\langle \mathbf{v}, \mathbf{v}\rangle = \langle \lambda\mathbf{v}, \mathbf{v}\rangle = \langle T(\mathbf{v}), \mathbf{v}\rangle = \langle \mathbf{v}, T^*(\mathbf{v})\rangle = \langle \mathbf{v}, -T(\mathbf{v})\rangle = \langle \mathbf{v}, -\lambda\mathbf{v}\rangle = -\overline{\lambda}\langle \mathbf{v}, \mathbf{v}\rangle$$

이다. $\langle \mathbf{v}, \mathbf{v}\rangle \neq 0$이므로, $\lambda = -\overline{\lambda}$이다. 즉, λ는 순허수이다. ■

보조정리 6.5.2 *F-내적공간 V 위의 선형사상 $T : V \to V$가 정규변환 일 때, 다음이 성립한다.*

(1) 임의의 벡터 $\mathbf{v}, \mathbf{w} \in V$에 대하여, $\langle T(\mathbf{v}), T(\mathbf{w})\rangle = \langle T^*(\mathbf{v}), T^*(\mathbf{w})\rangle$이다.
(2) $\lambda \in F$가 T의 고윳값이면, $\overline{\lambda} \in F$는 T^*의 고윳값이다.
(3) T의 서로 다른 고윳값 λ_1, λ_2에 대응하는 고유벡터를 $\mathbf{v}_1, \mathbf{v}_2 \in V$라 하면, $\mathbf{v}_1$과 $\mathbf{v}_2$는 직교한다.

(증명) (1) 임의의 벡터 $\mathbf{v}, \mathbf{w} \in V$에 대하여 다음이 성립한다.

$$\langle T(\mathbf{v}), T(\mathbf{w})\rangle = \langle T^*T(\mathbf{v}), \mathbf{w}\rangle = \langle TT^*(\mathbf{v}), \mathbf{w}\rangle = \langle T^*(\mathbf{v}), T^*(\mathbf{w})\rangle$$

(2) 고윳값 $\lambda \in F$에 대응하는 고유벡터를 $\mathbf{v} \neq \mathbf{0}$라 하자.

그러면 $T(\mathbf{v}) = \lambda\mathbf{v}$, $T(\mathbf{v}) - \lambda\mathbf{v} = \mathbf{0}$이다. (1)에 의하여

$$\begin{aligned}
0 &= \langle T(\mathbf{v}) - \lambda\mathbf{v},\ T(\mathbf{v}) - \lambda\mathbf{v}\rangle \\
&= \langle T(\mathbf{v}),\ T(\mathbf{v})\rangle - \overline{\lambda}\langle T(\mathbf{v}),\ \mathbf{v}\rangle - \lambda\langle \mathbf{v},\ T(\mathbf{v})\rangle + \lambda\overline{\lambda}\langle \mathbf{v},\ \mathbf{v}\rangle \\
&= \langle T^*(\mathbf{v}),\ T^*(\mathbf{v})\rangle - \overline{\lambda}\langle \mathbf{v},\ T^*(\mathbf{v})\rangle - \lambda\langle T^*(\mathbf{v}),\ \mathbf{v}\rangle + \lambda\overline{\lambda}\langle \mathbf{v},\ \mathbf{v}\rangle \\
&= \langle T^*(\mathbf{v}),\ T^*(\mathbf{v})\rangle - \langle \overline{\lambda}\mathbf{v},\ T^*(\mathbf{v})\rangle - \langle T^*(\mathbf{v}),\ \overline{\lambda}\mathbf{v}\rangle + \langle \overline{\lambda}\mathbf{v},\ \overline{\lambda}\mathbf{v}\rangle \\
&= \langle T^*(\mathbf{v}) - \overline{\lambda}\mathbf{v},\ T^*(\mathbf{v}) - \overline{\lambda}\mathbf{v}\rangle
\end{aligned}$$

이다. 따라서 $T^*(\mathbf{v}) - \overline{\lambda}\mathbf{v} = \mathbf{0}$, $T^*(\mathbf{v}) = \overline{\lambda}\mathbf{v}$이므로 $\overline{\lambda} \in F$는 T^*의 고윳값이다.

(3) $\langle T(\mathbf{v}_1),\ \mathbf{v}_2\rangle = \langle \mathbf{v}_1,\ T^*(\mathbf{v}_2)\rangle$이므로 (2)에 의하여,

$$\langle \lambda_1\mathbf{v}_1,\ \mathbf{v}_2\rangle = \langle \mathbf{v}_1,\ \overline{\lambda_2}\mathbf{v}_2\rangle,\quad \lambda_1\langle \mathbf{v}_1,\ \mathbf{v}_2\rangle = \lambda_2\langle \mathbf{v}_1,\ \mathbf{v}_2\rangle,\quad (\lambda_1 - \lambda_2)\langle \mathbf{v}_1,\ \mathbf{v}_2\rangle = 0$$

이다. 따라서 $\lambda_1 - \lambda_2 \neq 0$이므로

$$\langle \mathbf{v}_1,\ \mathbf{v}_2\rangle = 0$$

이 되어 $\mathbf{v}_1$과 $\mathbf{v}_2$는 직교한다. ■

정리 6.5.3 *n차원 F-내적공간 V 위의 선형사상 $T : V \to V$가* 대칭변환 *일 때 다음이 성립한다.*

(1) 임의의 벡터 $\mathbf{v},\ \mathbf{w} \in V$에 대하여, $\langle T(\mathbf{v}),\ \mathbf{w}\rangle = \langle \mathbf{v},\ T(\mathbf{w})\rangle$이다.
(2) T는 중복을 허락하여 n개의 실수인 고윳값을 갖는다.
(3) T의 서로 다른 고윳값 $\lambda_1,\ \lambda_2$에 대응하는 고유벡터를 $\mathbf{v}_1,\ \mathbf{v}_2 \in V$라 하면, $\mathbf{v}_1$과 $\mathbf{v}_2$는 직교한다.

(증명) (1) 임의의 벡터 $\mathbf{v},\ \mathbf{w} \in V$에 대하여, 다음이 성립한다.

$$\langle T(\mathbf{v}),\ \mathbf{w}\rangle = \langle \mathbf{v},\ T^*(\mathbf{w})\rangle = \langle \mathbf{v},\ T(\mathbf{w})\rangle$$

(2) 정리 6.5.1에 의하여 성립한다.

(3)대칭변환은 정규변환이므로, 보조정리 6.5.2에 의하여 성립한다. ■

따름정리 6.5.4 *실수체 $\mathbb{R}$ 위의 n차 정사각행렬 $A \in M_n(\mathbb{R})$이* 대칭행렬 *이면, n차원 유클리드공간 $\mathbb{R}^n$에 대하여 다음이 성립한다.*

(1) 임의의 벡터 $X,\ Y \in \mathbb{R}^n$에 대하여, $\langle AX,\ Y\rangle = \langle X,\ AY\rangle$이다.
(2) A는 중복을 허락하여 n개의 실수인 고윳값를 갖는다.
(3) A의 서로 다른 고윳값 $\lambda_1,\ \lambda_2$에 대응하는 고유벡터를 $X_1,\ X_2 \in \mathbb{R}^n$라 하면, X_1과 X_2는 직교 한다.

(증명) n차원 유클리드공간 $\mathbb{R}^n$에서의 선형사상 T_A를

$$T_A : \mathbb{R}^n \to \mathbb{R}^n, \quad T_A(X) = AX,\ X \in \mathbb{R}^n$$

이라 정의하면, $\mathbb{R}^n$의 표준기저 $\mathscr{E}$에 대한 T_A의 행렬 $[T_A]_{\mathscr{E}}$는

$$[T_A]_{\mathscr{E}} = A$$

이다. A가 대칭행렬이므로, T_A는 대칭변환(정리 6.4.19)이다. 따라서 정리 6.5.3에 의하여 성립한다. ■

보조정리 6.5.5 *F-내적공간 V의 부분공간 W와 선형사상 $T : V \to V$의 수반변환 T^*에 대하여, 다음이 성립한다.*

(1) W가 T-불변부분공간이면, 직교보공간 $W^\perp$은 T^*-불변부분공간이다.
(2) W가 n개의 고유벡터로 생성된 부분공간이면, W는 T-불변부분공간이고 $W^\perp$은 T^*-불변부분공간이다.
(3) W가 n개의 고유벡터로 생성된 부분공간이고 T가 정규변환이면, $W^\perp$은 T-불변부분공간이다.

(증명) (1) 임의의 벡터 $\mathbf{w} \in W$에 대하여 $T(\mathbf{w}) \in W$이다. 따라서 임의의 벡터 $\mathbf{v} \in W^\perp$에 대하여

$$\langle \mathbf{w},\ T^*(\mathbf{v})\rangle = \langle T(\mathbf{w}),\ \mathbf{v}\rangle = 0$$

이다. 그러므로 $T^*(\mathbf{v}) \in W^\perp$이고 $W^\perp$은 T^*-불변부분공간이다.

(2) W가 고유벡터로 생성된 부분공간이면, 고윳값 $\lambda_1,\ \cdots,\ \lambda_n \in F$에 대응하는 고유벡터로 된 W의 생성원 $\mathbf{v}_1,\ \cdots,\ \mathbf{v}_n$이 존재한다. 그러면 임의의 벡터 $\mathbf{v} = x_1\mathbf{v}_1 + \cdots + x_n\mathbf{v}_n \in W$에 대하여

$$T(\mathbf{v}) = x_1T(\mathbf{v}_1) + \cdots + x_nT(\mathbf{v}_n) = x_1\lambda_1\mathbf{v}_1 + \cdots + x_n\lambda_n\mathbf{v}_n \in W$$

이다. 따라서 W는 T-불변부분공간이고, (1)에 의하여 $W^\perp$은 T^*-불변부분공간이다.

(3) W에서 각 고윳값λ_i $(1 \le i \le n)$에 대응하는 W의 생성원 $\mathbf{w}_i \in W$와 $\mathbf{v} \in W^{\perp}$에 대하여, 보조정리 6.5.2에 의하여

$$\langle T(\mathbf{v}),\ \mathbf{w}_i\rangle = \langle \mathbf{v},\ T^*(\mathbf{w}_i)\rangle = \langle \mathbf{v},\ \overline{\lambda_i}\mathbf{w}_i\rangle = \lambda_i\langle \mathbf{v},\ \mathbf{w}_i\rangle = 0$$

이다. 따라서 정리 6.2.13 (2)에 의하여, $T(\mathbf{v}) \in W^{\perp}$이므로 $W^{\perp}$은 T-불변부분공간이다. ■

정리 6.5.6 *n차원 F-내적공간 V 위의 선형사상 $T : V \to V$가 정규변환이면 다음이 성립한다.*

T의 고유벡터로 된 V의 정규직교기저 $\mathscr{B} = \{\mathbf{v}_1,\ \cdots,\ \mathbf{v}_n\}$이 존재한다.

(증명) n에 관한 수학적 귀납법으로 증명한다.

먼저 $n = 1$인 경우에는 $V = \langle \mathbf{v}_1\rangle$이므로 $T(\mathbf{v}_1) \in V$, $T(\mathbf{v}_1) = \lambda_1\mathbf{v}_1$이다. 즉, $\mathbf{v}_1$은 T의 고유벡터이고 V의 기저이다. 따라서 $\dfrac{\mathbf{v}_1}{\|\mathbf{v}_1\|}$은 고유벡터로 된 V의 정규직교기저이다.

$n \ge 2$일 때, $n-1$차원 복소내적공간에서 정리가 성립한다고 하자. 모든 다항식은 복소수근을 항상 가지므로(대수학의 기본정리) 적어도 1개의 T의 고윳값 $\lambda_1 \in F$이 존재하므로 영이 아닌 단위 고유벡터 $\mathbf{v}_1 \in V$을 택할 수 있다.

그러면 $\langle \mathbf{v}_1\rangle$은 고유벡터 $\mathbf{v}_1$로 생성된 부분공간이므로, 보조정리 6.5.5 (3)에 의하여, $\langle \mathbf{v}_1\rangle$의 직교보공간 $\langle \mathbf{v}_1\rangle^{\perp}$은 T-불변부분공간이다. 그러므로 T의 $\langle \mathbf{v}_1\rangle^{\perp}$에 관한 축소사상

$$T_{\langle \mathbf{v}_1\rangle^{\perp}} : \langle \mathbf{v}_1\rangle^{\perp} \longrightarrow \langle \mathbf{v}_1\rangle^{\perp}$$

이 잘 정의된다. 또한 T가 정규변환이므로 $T_{\langle \mathbf{v}_1\rangle^{\perp}}$도 정규변환이다. 그리고 직교보공간 $\langle \mathbf{v}_1\rangle^{\perp}$의 차원은 $n-1$이므로, 귀납가정에 의하여 T의 고유벡터로 된 $\langle \mathbf{v}_1\rangle^{\perp}$의 정규직교기저

$$\{\mathbf{v}_2,\ \cdots,\ \mathbf{v}_n\}$$

이 존재한다. 그러면 $\{\mathbf{v}_1,\ \mathbf{v}_2,\ \cdots,\ \mathbf{v}_n\}$이 정규직교집합이므로 1차독립이 되어, $\{\mathbf{v}_1,\ \mathbf{v}_2,\ \cdots,\ \mathbf{v}_n\}$은 V의 정규직교기저가 된다. ■

정리 6.5.7 *실수체 $\mathbb{R}$ 위의 n차 정사각행렬 A가* 대칭행렬 *이면 다음이 성립한다.*

$\mathbb{R}^n$에서 A의 고유벡터로 된 정규직교기저 $\mathscr{B}=\{P^1, \cdots, P^n\}$이 존재한다.
이때 $\lambda_j \in \mathbb{R}\ (1 \le j \le n)$가 고유벡터 P^j의 고윳값일 때,

$$P^j = (p_{1j}, p_{2j}, \cdots, p_{nj}), \quad AP^j = \lambda_j P^j \quad (1 \le j \le n)$$

라 하고, $P=(p_{ij})=\begin{pmatrix} P^1 & P^2 & \cdots & P^n \end{pmatrix} \in M_n(\mathbb{R})$, $D=\mathrm{diag}\{\lambda_1, \cdots, \lambda_n\}$라고 하면, P는 직교행렬이고, A는 다음과 같이 대각화된다.

$$P^TAP = P^{-1}AP = D$$

(증명) n차원 유클리드공간 $\mathbb{R}^n$에서의 선형사상 T_A를

$$T_A : \mathbb{R}^n \to \mathbb{R}^n, \quad T_A(X)=AX,\ X \in \mathbb{R}^n$$

이라 정의하면, $\mathbb{R}^n$의 표준기저 $\mathscr{E}$에 대한 T_A의 행렬 $[T_A]_{\mathscr{E}}$는

$$[T_A]_{\mathscr{E}} = A$$

이다. A가 정규행렬이므로, 정리 6.4.19에 의하여, T_A가 정규변환이다. 그러면 정리 6.5.6에 의하여, A의 고유벡터로 된 $\mathbb{R}^n$의 정규직교기저 $\mathscr{B}=\{P^1, \cdots, P^n\}$이 존재한다. 정리 6.4.4에 의하여 P는 직교행렬이다. 즉, $P^{-1}=P^T$이다. 또한, $\mathscr{B}$가 A의 고유벡터로 된 $\mathbb{R}^n$의 기저이므로, 정리 5.3.3에 의하여 A는 다음과 같이 대각화 가능하다.

$$P^TAP = P^{-1}AP = D$$ ■

※ 대각행렬을 대각화하는 P를 구할 때 정규직교기저로 구하는 이유는
P의 역행렬을 $P^{-1}=P^T$로 간단히 구할 수 있기 때문이다.

예 6.5.8 실수체 $\mathbb{R}$ 위의 대칭행렬 $A=\begin{pmatrix} 1 & \sqrt{3} \\ \sqrt{3} & -1 \end{pmatrix}$의 고윳값을 구하고 대각화하는 직교행렬 P를 구하라.

(풀이) A의 고유다항식은 $P_A(x)=\begin{vmatrix} x-1 & -\sqrt{3} \\ -\sqrt{3} & x+1 \end{vmatrix} = x^2-4$이다. 따라서 고윳값은 2, -2이다.

고윳값 2에 대한 고유공간 E_2를 구하자.

$$\begin{pmatrix} 1 & -\sqrt{3} \\ -\sqrt{3} & 3 \end{pmatrix}\begin{pmatrix} x \\ y \end{pmatrix} = \begin{pmatrix} 0 \\ 0 \end{pmatrix}$$

에서 $x-\sqrt{3}y=0$이고, $x=\sqrt{3}y$이므로,

$$E_2=\left\langle\left(\sqrt{3},\ 1\right)\right\rangle$$

고윳값 -2에 대한 고유공간 E_{-2}를 구하자.

$$\begin{pmatrix}-3 & -\sqrt{3}\\ -\sqrt{3} & -1\end{pmatrix}\begin{pmatrix}x\\ y\end{pmatrix}=\begin{pmatrix}0\\ 0\end{pmatrix}$$

에서 $\sqrt{3}x+y=0$이고, $\sqrt{3}x=-y$이므로,

$$E_{-1}=\left\langle\left(1,\ -\sqrt{3}\right)\right\rangle$$

한편 고유벡터를

$$\mathbf{v}_1=\left(\sqrt{3},\ 1\right),\quad \mathbf{v}_2=\left(1,\ -\sqrt{3}\right)$$

이라 하면, $\mathbf{v}_1$과 $\mathbf{v}_2$는 서로 직교한다. 또한 단위고유벡터는

$$\frac{\mathbf{v}_1}{\|\mathbf{v}_1\|}=\left(\frac{\sqrt{3}}{2},\ \frac{1}{2}\right),\quad \frac{\mathbf{v}_2}{\|\mathbf{v}_2\|}=\left(\frac{1}{2},\ \frac{-\sqrt{3}}{2}\right)$$

이므로 $E_2=\left\langle\frac{\mathbf{v}_1}{\|\mathbf{v}_1\|}\right\rangle$이고 $E_{-2}=\left\langle\frac{\mathbf{v}_2}{\|\mathbf{v}_2\|}\right\rangle$이다. 따라서 $\left\{\frac{\mathbf{v}_1}{\|\mathbf{v}_1\|},\ \frac{\mathbf{v}_2}{\|\mathbf{v}_2\|}\right\}$ 은 고유벡터로 된 유클리드공간 $\mathbb{R}^2$의 정규직교기저이다. 또한

$$P=\begin{pmatrix}\frac{\sqrt{3}}{2} & \frac{1}{2}\\ \frac{1}{2} & \frac{-\sqrt{3}}{2}\end{pmatrix},\quad PP^T=P^TP=I_2$$

는 직교행렬이고, 다음이 성립한다(정리 6.5.7).

$$P^{-1}AP=P^TAP=\begin{pmatrix}2 & 0\\ 0 & -2\end{pmatrix}$$

그러므로 A는 대각화가능하다.

연 습 문 제 (6.5)

1. 실수체 $\mathbb{R}$ 위의 다음 대칭행렬 A를 대각화하는 직교행렬 P를 구하고 $P^{-1}AP$를 계산하라.

(1) $A=\begin{pmatrix}1 & 3\\ 3 & 1\end{pmatrix}$　　(2) $A=\begin{pmatrix}4 & 2\\ 2 & 4\end{pmatrix}$

(3) $A=\begin{pmatrix}3 & 0 & 1\\ 0 & 2 & 0\\ 1 & 0 & 3\end{pmatrix}$　　(4) $A=\begin{pmatrix}1 & 1 & 0\\ 1 & 1 & 0\\ 0 & 0 & 0\end{pmatrix}$

2. A가 실수 위의 n차 직교행렬일 때, $|A| = 1$이고 n이 홀수이면, 1은 A의 고윳값임을 보여라. (hint: $|A - I| = 0$임을 보임)

3. 실수체 $\mathbb{R}$ 위에서 $b \neq 0$이라 가정할 때, 행렬 $\begin{pmatrix} a & b \\ b & a \end{pmatrix}$을 직교대각화하는 행렬을 구하라.

4. 실수체 $\mathbb{R}$ 위의 $m \times n$ 행렬 A에 대하여, $A^T A$는 n개의 고유벡터로 이루어진 정규직교집합이 존재함을 증명하라.

5. 실수체 $\mathbb{R}$ 위의 행렬 X에 대하여 다음 물음에 답하라.

(1) X가 $n \times 1$행렬일 때, $I - XX^T$는 직교대각화 가능함을 보여라.

(2) $X = \begin{pmatrix} 1 \\ 0 \\ 1 \end{pmatrix}$일 때, $I - XX^T$를대각화하는 직교행렬 P를 구하라.

6. 실수체 $\mathbb{R}$ 위에서 3차 대칭행렬 중에서 고윳값이 -1, 2, 3이고, 이에 대응하는 고유벡터가 $(0,\ 1,\ -1)$, $(1,\ 0,\ 0)$, $(0,\ 1,\ 1)$인 행렬을 하나 구하라.

제 7 장

이차형식과 이차곡선

이차형식(quadratic form)은 각 항이 2차인 다항식으로서 수학, 물리학, 경제학, 통계학, 이미지 처리기법 등 다양한 분야에서 사용된다. 이 형식을 해석할 때 행렬, 특히 대칭행렬이 매우 중요한 역할을 한다. 2차곡선(원, 포물선, 타원, 쌍곡선)을 원뿔곡선이라고도 하는데, 이는 원뿔을 꼭지점을 지나지 않는 한 평면으로 잘랐을 때의 단면에서 이들이 나타나기 때문이다. 원뿔곡선에 대한 역사적 배경을 살펴보자.

BC 350년 경, 그리스의 메나에크무스(Menaechmus, BC 375~325)는 그리스 수학의 3대 난문제를 연구하다가 3대 작도문제 중 '주어진 정육면체의 2배의 부피를 갖는 정육면체를 작도하는 문제(BC 430)'를 해결하는 과정에서 원뿔곡선을 발견하였다. 원뿔을 모선에 수직인 평면으로 잘라낼 때 꼭지각이 예각이면 타원, 직각이면 포물선, 둔각이면 쌍곡선이 만들어진다는 사실을 알아냈다.

한편 아폴로니우스(Apollonius, BC 262~190)는 메나에크무스와는 달리 하나의 직원뿔에서 자른 면과 밑면이 이루는 각의 크기에 따라 원뿔곡선을 분류하였고, 원뿔곡선에 타원(ellipse), 포물선(parabola), 쌍곡선(hyperbola)이라는 이름을 붙였다.

원뿔곡선에 대한 본격적인 응용은 1610년경에 케플러(독, Kepler, 1571~1630)가 행성들이 태양을 한 초점으로 하는 타원 운동을 하는 것을 발견하고, 갈릴레이(이, Galilei, 1564~1642)가 던져올린 물체가 포물선 운동을 한다는 것을 보임으로 과학에 적극적으로 활용되었다. 또한 데카르트(프, Descartes, 1596~1650)와 페르마(프, Fermat, 1601~1665)를 시작으로 해석기하학이 발달하면서 원뿔곡선을 방정식으로 나타내게 되었고, 정확한 수치를 계산할 수 있게 됨에 따라 새로운 사실들이 발견되면서 과학이나 실생활 등 여러 방면에 이용할 수 있게 되었다. ([10])

7.1 대칭행렬과 이차형식

이 절에서는 대칭행렬과 2차형식에 관한 성질을 다룬다.

변수 x, y와 체 F의 원소 $a, b, c, d, e, f \in F$. 단, a, b, c중 적어도 1개는 0이 아닐 때,

$$\begin{cases} ax^2+bxy+cy^2+dx+ey+f \text{를} & \textbf{2차식} \text{ (quadratic expression, 二次式)} \\ ax^2+bxy+cy^2+dx+ey+f=0 \text{을} & \textbf{2차방정식} \text{ (quadratic equation, -方程式)} \\ ax^2+2bxy+cy^2 \text{(2차동차다항식)을} & \textbf{2차형식} \text{(quadratic form, 二次形式)} \end{cases}$$

이라 한다.

일반적으로 n개의 변수 $x_1, \cdots, x_n$이 모든 항에서 2차로 나타나는

$$a_{11}x_1^2+\cdots+a_{nn}x_n^2+2\sum_{i<j}a_{ij}x_ix_j, \quad (a_{ij}\in F,\ i,\ j=1,\ 2,\ \cdots,\ n)$$

형태의 식을 **2차형식**(quadratic form)이라 한다. 2차형식은 대칭행렬로 간결하게 나타낼 수 있다. 예를 들어 2변수 2차형식인 경우

$$ax^2+2bxy+cy^2 = ax^2+bxy+byx+cy^2 = \begin{pmatrix} x & y \end{pmatrix}\begin{pmatrix} a & b \\ b & c \end{pmatrix}\begin{pmatrix} x \\ y \end{pmatrix}$$

로 나타낼 수 있다.

다음은 함수에 대한 2차형식을 알아보자.

정의 7.1.1 [*2차형식(quadratic form, 二次形式)*]

체 F 위의 영이 아닌 n차 정사각행렬 $A=(a_{ij})\in M_n(F)$가 [대칭행렬] *일 때,*

함수 $q: F^n \longrightarrow F,\ q(x_1,\cdots,x_n)=\begin{pmatrix} x_1 & \cdots & x_n \end{pmatrix} A \begin{pmatrix} x_1 \\ \vdots \\ x_n \end{pmatrix}$ 를 변수 $x_1, \cdots, x_n$에 대한 2차형식이라 한다.

q는 A에 대응하는 **2차형식**, 행렬 A는 2차형식 q의 **행렬**	$\overset{\text{정의}}{\Longleftrightarrow}$	$q(x_1,\cdots,x_n)=\begin{pmatrix} x_1 & \cdots & x_n \end{pmatrix} A \begin{pmatrix} x_1 \\ \vdots \\ x_n \end{pmatrix} = a_{11}x_1^2+\cdots+a_{nn}x_n^2+2\sum_{i<j}a_{ij}x_ix_j$

정리 7.1.2 (주축정리) 실수체 $\mathbb{R}$ 위의 n차 정사각행렬 $A=(a_{ij}) \in M_n(\mathbb{R})$이 대칭행렬이고, A의 고윳값 $\lambda_j \in \mathbb{R}$ $(1 \le j \le n)$에 대응하는 고유벡터 P^j로 이루어진 유클리드공간 $\mathbb{R}^n$의 정규직교기저 $\mathscr{B}=\{P^1, \cdots, P^n\}$로 이루어진 직교행렬

$$P=(p_{ij})=\left(P^1,\ P^2,\ \cdots,\ P^n\right) \in M_n(\mathbb{R})$$

을 생각하자. 이때 임의의 벡터 $X=(x_1, \cdots, x_n) \in \mathbb{R}^n$에 대하여

$$X=x_1'P^1+\cdots+x_n'P^n$$

이라 하고, 유클리드공간 $\mathbb{R}^n$에서 $\mathbb{R}$로의 함수 $q:\mathbb{R}^n \longrightarrow \mathbb{R}$이 대칭행렬 A에 대응하는 2차형식일 때, 다음이 성립한다.

(1) $X=\begin{pmatrix} x_1 & \cdots & x_n \end{pmatrix}=\begin{pmatrix} x_1' & \cdots & x_n' \end{pmatrix}P^T$ 이고, $X^T=\begin{pmatrix} x_1 \\ \vdots \\ x_n \end{pmatrix}=P\begin{pmatrix} x_1' \\ \vdots \\ x_n' \end{pmatrix}$ 이다.

(2) 고윳값이 대각성분인 대각행렬을 $D=\begin{pmatrix} \lambda_1 & 0 & \cdots & 0 \\ 0 & \lambda_2 & \cdots & 0 \\ \vdots & \vdots & \cdots & \vdots \\ 0 & 0 & \cdots & \lambda_n \end{pmatrix}$ 라 하면

$$\begin{aligned} q(x_1, \cdots, x_n) &= \begin{pmatrix} x_1 & \cdots & x_n \end{pmatrix} A \begin{pmatrix} x_1 \\ \vdots \\ x_n \end{pmatrix} = a_{11}x_1^2+\cdots+a_{nn}x_n^2+2\sum_{i<j} a_{ij}x_ix_j \\ &= \begin{pmatrix} x_1' & \cdots & x_n' \end{pmatrix} D \begin{pmatrix} x_1' \\ \vdots \\ x_n' \end{pmatrix} = \lambda_1 x_1'^2+\cdots+\lambda_n x_n'^2 \end{aligned}$$

※ q가 A에 대응하는 2차형식일 때, A의 고유벡터로 이루어진 정규직교기저 $P^1, \cdots, P^n$을 2차형식 q에 대한 **주축**(principal axis, 主軸)이라 한다.

(증명) (1) $X'=[X]_{\mathscr{B}}=(x_1', \cdots, x_n')$이라 하자. $X=x_1'P^1+\cdots+x_n'P^n$에서

$$X=x_1'\begin{pmatrix} p_{11} \\ p_{21} \\ \vdots \\ p_{n1} \end{pmatrix}+\cdots+x_n'\begin{pmatrix} p_{1n} \\ p_{2n} \\ \vdots \\ p_{nn} \end{pmatrix}=\begin{pmatrix} x_1'p_{11}+\cdots+x_n'p_{1n} \\ x_1'p_{21}+\cdots+x_n'p_{2n} \\ \vdots \\ x_1'p_{n1}+\cdots+x_n'p_{nn} \end{pmatrix}=X'P^T$$

이므로,

$$X = X'P^T, \quad X^T = PX'^T$$

이다.

(2) 정리 6.5.7에 의하여 $P^TAP = D$이므로, (1)에 의하여

$$q(x_1, \cdots, x_n) = XAX^T = X'\left(P^TAP\right)X'^T = X'DX'^T = \lambda_1 x_1'^2 + \cdots + \lambda_n x_n'^2$$

이다. ■

※ 주축정리는 행렬을 사용하여 이차형식을 기술하는 문제로, '모든 이차형식은 적절한 변수변환을 통해 혼합항이 없는 형태로 표현할 수 있음'을 보장한다.

예 7.1.3 유클리드공간 $\mathbb{R}^2$, $\mathbb{R}$에서의 x, y에 대한 2차형식

$$q : \mathbb{R}^2 \longrightarrow \mathbb{R}, \quad q(x, y) = 3x^2 + 2xy + 3y^2$$

의 행렬 A와 주축을 구하여 A를 대각화하라.

(풀이) q의 행렬 A는

$$A = \begin{pmatrix} 3 & 1 \\ 1 & 3 \end{pmatrix}$$

이므로, q의 주축을 구하기 위해 A의 고유벡터로 이루어진 $\mathbb{R}^2$의 정규직교기저를 구하자. A의 고유다항식은

$$P_A(x) = \begin{vmatrix} x-3 & -1 \\ -1 & x-3 \end{vmatrix} = (x-2)(x-4)$$

이므로 고윳값은 2, 4이다. 먼저 고윳값 2에 대한 고유공간 E_2를 구하자.

$$\begin{pmatrix} -1 & -1 \\ -1 & -1 \end{pmatrix}\begin{pmatrix} x \\ y \end{pmatrix} = \begin{pmatrix} 0 \\ 0 \end{pmatrix}$$

에서 $x = -y$이므로, 고유공간 E_2는

$$E_2 = \left\langle \begin{pmatrix} -1 \\ 1 \end{pmatrix} \right\rangle = \left\langle \frac{1}{\sqrt{2}} \begin{pmatrix} -1 \\ 1 \end{pmatrix} \right\rangle$$

이다. 다음에 고윳값 4에 대한 고유공간 E_4를 구하자.

$$\begin{pmatrix} 1 & -1 \\ -1 & 1 \end{pmatrix}\begin{pmatrix} x \\ y \end{pmatrix} = \begin{pmatrix} 0 \\ 0 \end{pmatrix}$$

에서 $x = y$이므로, 고유공간 E_4는

$$E_4 = \left\langle \begin{pmatrix} 1 \\ 1 \end{pmatrix} \right\rangle = \left\langle \frac{1}{\sqrt{2}} \begin{pmatrix} 1 \\ 1 \end{pmatrix} \right\rangle$$

이다. 그러면 $(-1,\ 1)$, $(1,\ 1)$은 A의 고유벡터로 된 $\mathbb{R}^2$의 직교기저이다. 그러므로 q의 주축은

$$\begin{pmatrix} \frac{-1}{\sqrt{2}} \\ \frac{1}{\sqrt{2}} \end{pmatrix}, \begin{pmatrix} \frac{1}{\sqrt{2}} \\ \frac{1}{\sqrt{2}} \end{pmatrix} \quad \text{또는} \quad \begin{pmatrix} \frac{1}{\sqrt{2}} \\ \frac{1}{\sqrt{2}} \end{pmatrix}, \begin{pmatrix} \frac{-1}{\sqrt{2}} \\ \frac{1}{\sqrt{2}} \end{pmatrix}$$

이다. 또한 A를 대각화하는 직교행렬을 P라 하면 (고유벡터의 순서를 바꾼이유는 회전변환 P에 대응시키기 위함)

$$P = \begin{pmatrix} \frac{1}{\sqrt{2}} & \frac{-1}{\sqrt{2}} \\ \frac{1}{\sqrt{2}} & \frac{1}{\sqrt{2}} \end{pmatrix} = \begin{pmatrix} \cos 45^\circ & -\sin 45^\circ \\ \sin 45^\circ & \cos 45^\circ \end{pmatrix}, \quad P^{-1} = P^T = \begin{pmatrix} \frac{1}{\sqrt{2}} & \frac{1}{\sqrt{2}} \\ \frac{-1}{\sqrt{2}} & \frac{1}{\sqrt{2}} \end{pmatrix}$$

이고, 정리 6.5.7에 의하여, 다음과 같이 대각화된다.

$$P^{-1}AP = P^TAP = \begin{pmatrix} 4 & 0 \\ 0 & 2 \end{pmatrix}$$

예 7.1.4 유클리드공간 $\mathbb{R}^3$, $\mathbb{R}$에서의 x, y, z에 대한 2차형식

$$q : \mathbb{R}^3 \longrightarrow \mathbb{R}, \quad q(x,\ y,\ z) = 3x^2 + 2y^2 + 3z^2 + 4xz$$

의 행렬 A와 주축을 구하여 A를 대각화하라.

(풀이) q의 행렬 A는

$$A = \begin{pmatrix} 3 & 0 & 2 \\ 0 & 2 & 0 \\ 2 & 0 & 3 \end{pmatrix}$$

이므로, q의 주축을 구하기 위해 A의 고유벡터로 이루어진 $\mathbb{R}^3$의 정규직교기저를 구하자. A의 고유다항식은

$$P_A(x) = \begin{vmatrix} x-3 & 0 & -2 \\ 0 & x-2 & 0 \\ -2 & 0 & x-3 \end{vmatrix} = (x-1)(x-2)(x-5)$$

이므로 고윳값은 1, 2, 5이다. 먼저 고윳값 1에 대한 고유공간 E_1를 구하자.

$$\begin{pmatrix} -2 & 0 & -2 \\ 0 & -1 & 0 \\ -2 & 0 & -2 \end{pmatrix} \begin{pmatrix} x \\ y \\ z \end{pmatrix} = \begin{pmatrix} 0 \\ 0 \\ 0 \end{pmatrix}$$

에서 $x=-z,\ y=0$이므로, 고유공간 E_1는

$$E_1=\langle(1,\ 0,\ -1)\rangle$$

이다. 다음에 고윳값 2에 대한 고유공간 E_2를 구하자.

$$\begin{pmatrix}-1 & 0 & -2\\ 0 & 0 & 0\\ -2 & 0 & -1\end{pmatrix}\begin{pmatrix}x\\ y\\ z\end{pmatrix}=\begin{pmatrix}0\\ 0\\ 0\end{pmatrix}$$

에서 $x=-2z,\ 2x=-z$이므로, 고유공간 E_2는

$$E_2=\langle(0,\ 1,\ 0)\rangle$$

이다. 다음에 고윳값 5에 대한 고유공간 E_5를 구하자.

$$\begin{pmatrix}2 & 0 & -2\\ 0 & 3 & 0\\ -2 & 0 & 2\end{pmatrix}\begin{pmatrix}x\\ y\\ z\end{pmatrix}=\begin{pmatrix}0\\ 0\\ 0\end{pmatrix}$$

에서 $x=z,\ y=0$이므로, 고유공간 E_5는

$$E_5=\langle(1,\ 0,\ 1)\rangle$$

이다. 그러면 따름정리 6.5.4에 의하여, $(1,\ 0,\ -1)$, $(0,\ 1,\ 0)$, $(1,\ 0,\ 1)$은 A의 고유벡터로 된 $\mathbb{R}^3$의 직교기저이다. 그러므로 A의 고유벡터로 된 $\mathbb{R}^3$의 정규직교기저는

$$\begin{aligned}P_1&=\frac{(1,\ 0,\ -1)}{\|(1,\ 0,\ -1)\|}=\frac{1}{\sqrt{2}}(1,\ 0,\ -1)\\ P_2&=\frac{(0,\ 1,\ 0)}{\|(0,\ 1,\ 0)\|}=(0,\ 1,\ 0)\\ P_3&=\frac{(1,\ 0,\ 1)}{\|(1,\ 0,\ 1)\|}=\frac{1}{\sqrt{2}}(1,\ 0,\ 1)\end{aligned}$$

이다. 따라서 q의 주축은

$$\begin{pmatrix}\frac{1}{\sqrt{2}}\\ 0\\ \frac{-1}{\sqrt{2}}\end{pmatrix},\quad \begin{pmatrix}0\\ 1\\ 0\end{pmatrix},\quad \begin{pmatrix}\frac{1}{\sqrt{2}}\\ 0\\ \frac{1}{\sqrt{2}}\end{pmatrix}$$

이다. 또한 A를 대각화하는 직교행렬을 P라 하면

$$P=\begin{pmatrix}\frac{1}{\sqrt{2}} & 0 & \frac{1}{\sqrt{2}}\\ 0 & 1 & 0\\ \frac{-1}{\sqrt{2}} & 0 & \frac{1}{\sqrt{2}}\end{pmatrix},\quad P^{-1}=P^T=\begin{pmatrix}\frac{1}{\sqrt{2}} & 0 & \frac{-1}{\sqrt{2}}\\ 0 & 1 & 0\\ \frac{1}{\sqrt{2}} & 0 & \frac{1}{\sqrt{2}}\end{pmatrix}$$

이고, 정리 6.5.7에 의하여, 다음과 같이 대각화된다.

$$P^{-1}AP = P^{T}AP = \begin{pmatrix} 1 & 0 & 0 \\ 0 & 2 & 0 \\ 0 & 0 & 5 \end{pmatrix}$$

대칭행렬의 고유치가 다르면 대응하는 고유벡터가 직교한다. 다음은 고유치를 중근으로 갖는 경우의 예이다. 이때 정규직교기저는 그램 슈미트의 직교화 방법으로 구한다.

예 7.1.5 유클리드공간 $\mathbb{R}^3$, $\mathbb{R}$에서의 x, y, z에 대한 2차형식

$$q : \mathbb{R}^3 \longrightarrow \mathbb{R}, \quad q(x,\ y,\ z) = 4x^2 + 4y^2 + 4z^2 + 4xy + 4yz + 4zx$$

의 행렬 A와 주축을 구하여 A를 대각화하라.

(풀이) q의 행렬 A는

$$A = \begin{pmatrix} 4 & 2 & 2 \\ 2 & 4 & 2 \\ 2 & 2 & 4 \end{pmatrix}$$

이므로, q의 주축을 구하기 위해 A의 고유벡터로 이루어진 $\mathbb{R}^3$의 정규직교기저를 구하자. A의 고유다항식은

$$P_A(x) = \begin{vmatrix} x-4 & -2 & -2 \\ -2 & x-4 & -2 \\ -2 & -2 & x-4 \end{vmatrix} = x^3 - 12x^2 + 36x - 32 = (x-2)^2(x-8)$$

이므로 고윳값은 2(중근), 8이다. 먼저 고윳값 2에 대한 고유공간 E_2를 구하자.

$$\begin{pmatrix} -2 & -2 & -2 \\ -2 & -2 & -2 \\ -2 & -2 & -2 \end{pmatrix} \begin{pmatrix} x \\ y \\ z \end{pmatrix} = \begin{pmatrix} 0 \\ 0 \\ 0 \end{pmatrix}$$

에서 $x = -y - z$이므로, 고유공간 E_2는

$$E_2 = \langle (1,\ -1,\ 0),\ (1,\ 0,\ -1) \rangle$$

이다. 다음에 고윳값 8에 대한 고유공간 E_8를 구하자.

$$\begin{pmatrix} 4 & -2 & -2 \\ -2 & 4 & -2 \\ -2 & -2 & 4 \end{pmatrix} \begin{pmatrix} x \\ y \\ z \end{pmatrix} = \begin{pmatrix} 0 \\ 0 \\ 0 \end{pmatrix}$$

에서 $x=y=z$이므로, 고유공간 E_8는

$$E_8 = \langle (1,\ 1,\ 1) \rangle$$

이다. 그러면 따름정리 6.5.4에 의하여 $E_2 = E_8^{\perp}$이다. 정규직교기저를 구하기 위해 그램슈미트의 직교화 과정을 거쳐 직교기저를 구하면

$$\begin{aligned}
X_1 &= (1,\ -1,\ 0)\\
X_2 &= (1,\ 0,\ -1) - \frac{\langle (1,\ 0,\ -1), (1,\ -1,\ 0)\rangle}{\langle (1,\ -1,\ 0), (1,\ -1,\ 0)\rangle}(1,\ -1,\ 0) = \frac{1}{2}(1,\ 1,\ -2)\\
X_3 &= (1,\ 1,\ 1)\ (\text{따름정리 6.5.4에 의해 } X_1,\ X_2\text{와 직교})
\end{aligned}$$

이다. 그러므로 A의 고유벡터로 된 정규직교기저는

$$\begin{aligned}
P_1 &= \frac{X_1}{\|X_1\|} = \frac{(1,\ -1,\ 0)}{\|(1,\ -1,\ 0)\|} = \frac{1}{\sqrt{2}}(1,\ -1,\ 0)\\
P_2 &= \frac{X_2}{\|X_2\|} = \frac{(1,\ 1,\ -2)}{\|(1,\ 1,\ -2)\|} = \frac{1}{\sqrt{6}}(1,\ 1,\ -2)\\
P_3 &= \frac{X_3}{\|X_3\|} = \frac{(1,\ 1,\ 1)}{\|(1,\ 1,\ 1)\|} = \frac{1}{\sqrt{3}}(1,\ 1,\ 1)
\end{aligned}$$

이다. 따라서 q의 주축은

$$\begin{pmatrix} \frac{1}{\sqrt{2}} \\ \frac{-1}{\sqrt{2}} \\ 0 \end{pmatrix},\quad \begin{pmatrix} \frac{1}{\sqrt{6}} \\ \frac{1}{\sqrt{6}} \\ \frac{-2}{\sqrt{6}} \end{pmatrix},\quad \begin{pmatrix} \frac{1}{\sqrt{3}} \\ \frac{1}{\sqrt{3}} \\ \frac{1}{\sqrt{3}} \end{pmatrix}$$

이다. 또한 A를 대각화하는 직교행렬을 P라 하면

$$P = \begin{pmatrix} \frac{1}{\sqrt{2}} & \frac{1}{\sqrt{6}} & \frac{1}{\sqrt{3}} \\ \frac{-1}{\sqrt{2}} & \frac{1}{\sqrt{6}} & \frac{1}{\sqrt{3}} \\ 0 & \frac{-2}{\sqrt{6}} & \frac{1}{\sqrt{3}} \end{pmatrix},\quad P^{-1} = P^T = \begin{pmatrix} \frac{1}{\sqrt{2}} & \frac{-1}{\sqrt{2}} & 0 \\ \frac{1}{\sqrt{6}} & \frac{1}{\sqrt{6}} & \frac{-2}{\sqrt{6}} \\ \frac{1}{\sqrt{3}} & \frac{1}{\sqrt{3}} & \frac{1}{\sqrt{3}} \end{pmatrix}$$

이고, 정리 6.5.7에 의하여, 다음과 같이 대각화된다.

$$P^{-1}AP = P^TAP = \begin{pmatrix} 2 & 0 & 0 \\ 0 & 2 & 0 \\ 0 & 0 & 8 \end{pmatrix}$$

연 습 문 제 (7.1)

1. 다음 2차형식 q의 행렬을 구하라.

(1) $q(x,\ y) = 4x^2 - y^2 + 8xy$　　　(2) $q(x,\ y,\ z) = x^2 + 4xy - 2y^2 + 2yz + 4z^2$

2. 실수체 $\mathbb{R}$ 위에서 다음 대칭행렬과 닮은 대각행렬을 구하라.

(1) $\begin{pmatrix} 2 & 3 \\ 3 & 4 \end{pmatrix}$ (2) $\begin{pmatrix} 1 & 4 \\ 4 & -3 \end{pmatrix}$ (3) $\begin{pmatrix} 2 & 1 & 1 \\ 1 & 2 & 1 \\ 1 & 1 & 2 \end{pmatrix}$ (4) $\begin{pmatrix} 10 & 0 & 2 \\ 0 & 6 & 0 \\ 2 & 0 & 7 \end{pmatrix}$

3. 주축정리를 이용하여 다음 식의 변수를 적당히 변환하여 혼합항을 없애라.

(1) $q(x,\ y) = -x^2 - y^2 - 6xy$

(2) $q(x,\ y) = 2x^2 + 3xy - 2y^2$

(3) $q(x,\ y) = x^2 + 8xy - 3y^2$

(4) $q(x,\ y,\ z) = x^2 + y^2 - z^2 + 4xz + 4yz$

(5) $q(x,\ y,\ z) = 2x^2 + 3y^2 + z^2 + 2\sqrt{2}xz$

7.2 이차곡선의 표준형

이 절에서는 유클리드 평면 $\mathbb{R}^2$에서 2차형식을 이용하여 2차곡선의 표준형을 구하는 방법에 대하여 논한다.

유클리드평면 $\mathbb{R}^2$에서 2변수 x, y와 실수 $a, b, c, d, e, f \in \mathbb{R}$ (단, a, b, c 중 적어도 1개는 0이 아님)에 대하여, 2차방정식 $ax^2+bxy+cy^2+dx+ey+f=0$을 만족하는 점 (x, y)의 집합

$$G = \{(x, y) \in \mathbb{R}^2 \mid ax^2+bxy+cy^2+dx+ey+f=0\}$$

를 **2차곡선** (quadratic curve, 二次曲線) 또는 **원뿔곡선** (conic, ─曲線 : 원뿔을 평면으로 잘랐을 때 생기는 곡선)이라 한다.

정의 7.2.1 *[표준형(canonical form, 標準型), 타원(ellipse, 楕圓), 쌍곡선(hyperbola, 雙曲線), 포물선(parabola, 抛物線)의 정의]*

유클리드평면 $\mathbb{R}^2$에서 2변수 x, y와 실수 $a, b, c, d, e, f \in \mathbb{R}$ (단, a, b, c 중 적어도 1개는 0이 아님)에 대하여, 2차방정식

$$ax^2+bxy+cy^2+dx+ey+f=0 \cdots\cdots\cdots (*)$$

이 적절한 변수변환 $(x, y) \to (X, Y)$을 통해, 다음과 같은

$$a'X^2+c'Y^2=f', \text{ 또는 } X^2=4pY, \text{ 또는 } Y^2=4pX \quad (a', c', f', p \in \mathbb{R}) \cdots (**)$$

형태로 변형되었을 때, 방정식 $(**)$를 방정식 $(*)$의 **표준형***이라고 한다. 2차방정식의 표준형은 양의 실수 α, β에 대하여 다음과 같은 3가지 형태가 있다.*

$(**)$가 **타원**	$\overset{\text{정의}}{\Longleftrightarrow}$	$(**)$가 $\boxed{\dfrac{X^2}{\alpha^2}+\dfrac{Y^2}{\beta^2}=1}$ 형태
$(**)$가 **쌍곡선**	$\overset{\text{정의}}{\Longleftrightarrow}$	$(**)$가 $\boxed{\dfrac{X^2}{\alpha^2}-\dfrac{Y^2}{\beta^2}=\pm 1}$ 형태
$(**)$가 **포물선**	$\overset{\text{정의}}{\Longleftrightarrow}$	$(**)$가 $\boxed{X^2=4pY \text{ 또는 } Y^2=4pX \ (0 \neq p \in \mathbb{R})}$ 형태

※ $\dfrac{X^2}{\alpha^2}+\dfrac{Y^2}{\beta^2}=0$이면 **점타원**, $\dfrac{X^2}{\alpha^2}+\dfrac{Y^2}{\beta^2}=-1$이면 **허타원**,

※ $\dfrac{X^2}{\alpha^2}-\dfrac{Y^2}{\beta^2}=0$이면 두 직선 $\dfrac{X}{\alpha}=\pm\dfrac{Y}{\beta}$이고, $\dfrac{X^2}{\alpha^2}=r$이면 직선 $\dfrac{X}{\alpha}=\pm\sqrt{r}$이다.

2차곡선 $(*)$의 표준형을 구해보자. 먼저 xy항을 없애는 방법을 알아보자. $(*)$의 2차항만

을 생각하면 다음과 같은 2차형식이 된다.

$$ax^2+bxy+cy^2 = ax^2+\frac{b}{2}xy+\frac{b}{2}yx+cy^2 = \begin{pmatrix} x & y \end{pmatrix}\begin{pmatrix} a & \frac{b}{2} \\ \frac{b}{2} & c \end{pmatrix}\begin{pmatrix} x \\ y \end{pmatrix}$$

이때 2차형식의 행렬을 $A=\begin{pmatrix} a & \frac{b}{2} \\ \frac{b}{2} & c \end{pmatrix}$라 하면, 따름정리 6.5.4에 의하여 대칭행렬 A는 중복을 허락하여 실수인 고윳값 λ_1, λ_2를 가지며, 정리 6.5.7에 의하여 고윳값 λ_1, λ_2에 대응하는 단위고유벡터로 된 유클리드공간 $\mathbb{R}^2$의 정규직교기저 $\mathscr{B}=\{P',\ P''\}$가 존재한다. 또한, λ_1, λ_2에 대응하는 고유공간은

$$E_{\lambda_1}=\langle P'\rangle=\langle(-1)P'\rangle,\quad E_{\lambda_2}=\langle P''\rangle=\langle(-1)P''\rangle$$

이므로, 적당한 실수 θ $(0\le\theta<2\pi)$에 대하여 (예 6.4.5 참조)

$$P'=\begin{pmatrix} \cos\theta \\ \sin\theta \end{pmatrix},\quad P''=\begin{pmatrix} -\sin\theta \\ \cos\theta \end{pmatrix}$$

라 할 수 있다. 따라서 단위고유벡터 $\mathscr{B}=\{P',\ P''\}$로 이루어진 직교행렬을

$$P=\begin{pmatrix} \cos\theta & -\sin\theta \\ \sin\theta & \cos\theta \end{pmatrix},\quad P^{-1}=P^T=\begin{pmatrix} \cos\theta & \sin\theta \\ -\sin\theta & \cos\theta \end{pmatrix}$$

라 하면, 직교행렬 P는 회전이동이 되고 대칭행렬 A를 다음과 같이 대각화한다 (정리 6.5.7 참조).

$$P^{-1}AP=P^TAP=\begin{pmatrix} \lambda_1 & 0 \\ 0 & \lambda_2 \end{pmatrix} \cdots\cdots\cdots ①$$

이것을 이용하여 2차 방정식의 xy항을 제거하여 표준형을 구하는 방법을 알아보자.

$$\begin{pmatrix} x \\ y \end{pmatrix}=P\begin{pmatrix} x_1 \\ y_1 \end{pmatrix}=\begin{pmatrix} \cos\theta & -\sin\theta \\ \sin\theta & \cos\theta \end{pmatrix}\begin{pmatrix} x_1 \\ y_1 \end{pmatrix},\quad \begin{cases} x=\cos\theta x_1-\sin\theta y_1 \\ y=\sin\theta x_1+\cos\theta y_1 \end{cases}$$

을 2차방정식 $(*)$에 대입하면, 주축정리(정리 7.1.2; 위 ①식 참조)에 의하여

$$\begin{aligned} 0 &= \boxed{ax^2+bxy+cy^2}+dx+ey+f=\boxed{\begin{pmatrix} x & y \end{pmatrix}\begin{pmatrix} a & \frac{b}{2} \\ \frac{b}{2} & c \end{pmatrix}\begin{pmatrix} x \\ y \end{pmatrix}}+\begin{pmatrix} d & e \end{pmatrix}\begin{pmatrix} x \\ y \end{pmatrix}+f \\ &= \boxed{\begin{pmatrix} x_1 & y_1 \end{pmatrix}P^TAP\begin{pmatrix} x_1 \\ y_1 \end{pmatrix}}+\begin{pmatrix} d & e \end{pmatrix}P\begin{pmatrix} x_1 \\ y_1 \end{pmatrix}+f \\ &= \boxed{\lambda_1x_1^2+\lambda_2y_1^2}+2d'x_1+2e'y_1+f,\quad (\exists\, d',\ e'\in\mathbb{R}) \cdots\cdots\cdots ② \end{aligned}$$

이다. $A \neq \mathbb{O}_{2\times 2}$이므로 고윳값 λ_1, λ_2 중 적어도 하나는 0이 아니다. 즉, $\lambda_1 \neq 0$이라 해도 좋다. 그러면 다음 2가지 경우를 생각할 수 있다. 고윳값 하나가 0인 경우와 둘 다 0이 아닌 경우로 나누어 표준형을 구해보자.

(1) $\lambda_1 \neq 0, \lambda_2 \neq 0$인 경우 ($|A| = \lambda_1 \cdot \lambda_2 \neq 0$). ②식에서

$$\lambda_1 \left(x_1 + \frac{d'}{\lambda_1}\right)^2 + \lambda_2 \left(y_1 + \frac{e'}{\lambda_2}\right)^2 = \frac{d'^2}{\lambda_1} + \frac{e'^2}{\lambda_2} - f$$

이므로, 표준형으로 바꾸기 위해

$$\begin{cases} X = x_1 + \dfrac{d'}{\lambda_1}, \\ Y = y_1 + \dfrac{e'}{\lambda_2}, \\ r = \dfrac{d'^2}{\lambda_1} + \dfrac{e'^2}{\lambda_2} - f \in \mathbb{R} \end{cases}$$

이라 하면,

$$\lambda_1 X^2 + \lambda_2 Y^2 = r \cdots\cdots\cdots ③$$

와 같은 꼴로 표준형을 구할 수 있다. 여기서 방정식 ③의 표준형은 $r \neq 0$일 때,

$|A| = \lambda_1 \cdot \lambda_2 > 0$이면 타원이 되고, $|A| = \lambda_1 \cdot \lambda_2 < 0$이면 쌍곡선

이 된다. $r = 0$이면 어떤 그래프가 될까 생각해 보세요.

2차방정식의 표준형을 구하는 과정을 그래프로 나타내면 다음 그림과 같다.

(1) 2차방정식의 **O**-x-y 좌표계 (①)를 원점 **O**을 중심으로 시계반대방향으로 θ만큼 회전이동 (xy항 소거)하여 새로운 **O**-x_1-y_1 좌표계 ②를 만들고,

(2) **O**-x_1-y_1 좌표계의 원점 **O**를 **O**$'$(2차곡선의 중심)로 평행이동(x_1, y_1항 소거)하여 2번째 **O**$'$-X-Y 좌표계 ③을 만들어 2 차방정식의 표준형을 구한다.

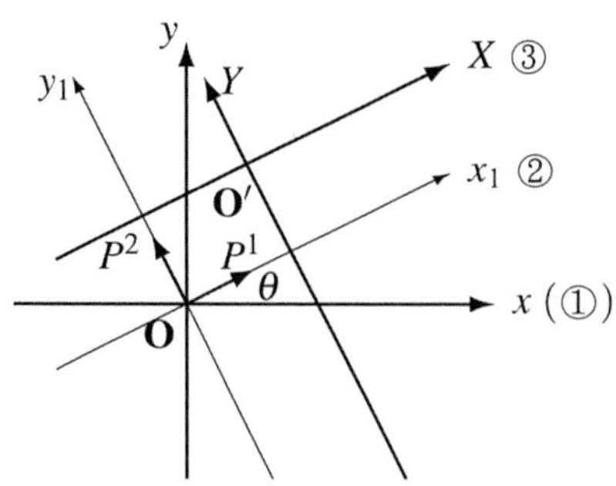

(2) $\lambda_1 \neq 0, \lambda_2 = 0$인 경우 ($|A| = \lambda_1 \cdot \lambda_2 = 0$). ②식에서 $e' \neq 0$이면

$$\lambda_1 \left(x_1 + \frac{d'}{\lambda_1}\right)^2 + 2e' \left(y_1 - \frac{d'^2}{2e'\lambda_1} + \frac{f}{2e'}\right) = 0$$

이므로, 표준형으로 바꾸기 위해

$$\begin{cases} X = x_1 + \dfrac{d'}{\lambda_1}, \\ Y = y_1 - \dfrac{d'^2}{2e'\lambda_1} + \dfrac{f}{2e'} \end{cases}$$

이라 하면,

$$\lambda_1 X^2 + 2e'Y = 0$$

와 같은 꼴로 표준형을 구할 수 있다. 여기서 방정식 ②의 표준형은

$e' \neq 0$이면 포물선이 되고, $e' = 0$이면 $\lambda_1 X^2 = \dfrac{d'^2}{\lambda_1} - f$로 직선이 된다.

$$\boxed{|A| = \lambda_1 \cdot \lambda_2 = 0\text{이면 포물선}}$$

예 7.2.2 2차방정식 $5x^2 - 6xy + 5y^2 + x + y - 1 = 0$의 표준형을 구하라.

(풀이) 2차방정식에서

$$(*) \cdots \begin{pmatrix} x & y \end{pmatrix} \begin{pmatrix} 5 & -3 \\ -3 & 5 \end{pmatrix} \begin{pmatrix} x \\ y \end{pmatrix} + \begin{pmatrix} 1 & 1 \end{pmatrix} \begin{pmatrix} x \\ y \end{pmatrix} - 1 = 0, \quad A = \begin{pmatrix} 5 & -3 \\ -3 & 5 \end{pmatrix}$$

이다. A의 고유다항식

$$P_A(x) = \begin{vmatrix} x-5 & 3 \\ 3 & x-5 \end{vmatrix} = (x-2)(x-8)$$

에서 A의 고윳값은 2, 8이다. 고윳값이 모두 양수이므로 2차방정식의 표준형은 타원임을 알 수 있다. 다음에 표준형을 구하자.

먼저 고윳값 2에 대한 고유공간 E_2를 구하자.

$$\begin{pmatrix} -3 & 3 \\ 3 & -3 \end{pmatrix} \begin{pmatrix} x \\ y \end{pmatrix} = \begin{pmatrix} 0 \\ 0 \end{pmatrix}$$

에서 $x = y$이므로 고유공간은

$$E_2 = \left\langle \begin{pmatrix} 1 \\ 1 \end{pmatrix} \right\rangle = \left\langle \frac{1}{\sqrt{2}} \begin{pmatrix} 1 \\ 1 \end{pmatrix} \right\rangle$$

이다.

다음에 고윳값 8에 대한 고유공간 E_8을 구하자.

$$\begin{pmatrix} 3 & 3 \\ 3 & 3 \end{pmatrix} \begin{pmatrix} x \\ y \end{pmatrix} = \begin{pmatrix} 0 \\ 0 \end{pmatrix}$$

에서 $x = -y$이므로 고유공간은

$$E_8 = \left\langle \begin{pmatrix} -1 \\ 1 \end{pmatrix} \right\rangle = \left\langle \frac{1}{\sqrt{2}} \begin{pmatrix} -1 \\ 1 \end{pmatrix} \right\rangle$$

이다. xy항을 제거하기 위해 $P = \frac{1}{\sqrt{2}} \begin{pmatrix} 1 & -1 \\ 1 & 1 \end{pmatrix} = \begin{pmatrix} \cos 45° & -\sin 45° \\ \sin 45° & \cos 45° \end{pmatrix}$(회전이동)라 하고,

$$\begin{pmatrix} x \\ y \end{pmatrix} = \frac{1}{\sqrt{2}} \begin{pmatrix} 1 & -1 \\ 1 & 1 \end{pmatrix} \begin{pmatrix} x_1 \\ y_1 \end{pmatrix}, \quad \begin{cases} x = \frac{1}{\sqrt{2}}(x_1 - y_1) \\ y = \frac{1}{\sqrt{2}}(x_1 + y_1) \end{cases}$$

이라 하자. 이것을 (*)에 대입하면 주축정리(정리 7.1.2)에 의하여

$$2x_1^2 + 8y_1^2 + \frac{1}{\sqrt{2}}(x_1 - y_1) + \frac{1}{\sqrt{2}}(x_1 + y_1) - 1 = 0$$

이고, 이를 정리하면

$$2x_1^2 + 8y_1^2 + \frac{2}{\sqrt{2}}x_1 - 1 = 0, \quad 2\left(x_1 + \frac{1}{2\sqrt{2}}\right)^2 + 8y_1^2 = \frac{5}{4}$$

이다. 이때

$$\begin{cases} X = x_1 + \frac{1}{2\sqrt{2}} \\ Y = y_1 \end{cases}$$

(평행이동)라 하면, 다음 표준형(타원)을 얻는다.

$$\frac{X^2}{\left(\frac{\sqrt{5}}{2\sqrt{2}}\right)^2} + \frac{Y^2}{\left(\frac{\sqrt{5}}{4\sqrt{2}}\right)^2} = 1$$

☜ 2차방정식의 표준형 구하기 ☞

2차방정식 (즉, a, b, c 중 적어도 1개는 0이 아님)

$$0 = ax^2 + bxy + cy^2 + dx + ey + f = \begin{pmatrix} x & y \end{pmatrix} A \begin{pmatrix} x \\ y \end{pmatrix} + \begin{pmatrix} d & e \end{pmatrix} \begin{pmatrix} x \\ y \end{pmatrix} + f$$

(Step 1) 2차형식부분 $ax^2 + bxy + cy^2$에서 대칭행렬 A를 구하기.

(Step 2) 대칭행렬 A의 고윳값 λ_1, λ_2와 그에 대응하는 단위고유벡터로 된 정규직교기저 P^1, P^2를 구하여 $P = \begin{pmatrix} P^1 & P^2 \end{pmatrix}$라 하기.

(Step 3) 2차방정식에 $\begin{pmatrix} x \\ y \end{pmatrix} = P \begin{pmatrix} x_1 \\ y_1 \end{pmatrix}$을 대입(회전이동) $\boxed{(xy\text{항 소거})}$하여 **O**-x_1-y_1 좌표계 ② 만들기.

(Step 4) **O**-x_1-y_1 좌표계를 평행이동(완전 제곱꼴로 변형) $\boxed{(x_1,\ y_1\text{항 소거})}$하여 **O**′-$X$-$Y$ 좌표계 ③을 만들어 2차방정식의 표준형을 구하기.

(Step 5) 2차곡선 표준형 판정하기.

(**O**′-X-Y 좌표계 ③에서 0이 아닌 α, β가 표준형으로 변형가능한 경우)

$$\begin{cases} |A| = \lambda_1 \cdot \lambda_2 = 0 \Longrightarrow \text{포물선 } \left(y = \alpha x^2 \text{ 또는 } x = \alpha y^2\right) \\ |A| = \lambda_1 \cdot \lambda_2 > 0 \Longrightarrow \text{타원 } \left(\dfrac{x^2}{\alpha^2} + \dfrac{y^2}{\beta^2} = 1\right) \\ |A| = \lambda_1 \cdot \lambda_2 < 0 \Longrightarrow \text{쌍곡선 } \left(\dfrac{x^2}{\alpha^2} - \dfrac{y^2}{\beta^2} = \pm 1\right) \end{cases}$$

※ 3변수 이상인 2차방정식도 같은 방법으로 표준형을 구할 수 있다.

예 7.2.3 2차방정식 $2xy + 4x - 2y + 5 = 0$의 표준형을 구하라.

(풀이) 2차방정식에서

$$(*) \cdots \begin{pmatrix} x & y \end{pmatrix} \begin{pmatrix} 0 & 1 \\ 1 & 0 \end{pmatrix} \begin{pmatrix} x \\ y \end{pmatrix} + \begin{pmatrix} 4 & -2 \end{pmatrix} \begin{pmatrix} x \\ y \end{pmatrix} + 5 = 0, \quad A = \begin{pmatrix} 0 & 1 \\ 1 & 0 \end{pmatrix}$$

이다. A의 고유다항식

$$P_A(x) = \begin{vmatrix} x & -1 \\ -1 & x \end{vmatrix} = (x-1)(x+1)$$

에서 A의 고윳값은 1, -1이다. 고윳값이 양수, 음수이므로 2차방정식의 표준형은 쌍곡선임을 알 수 있다.

먼저 고윳값 1에 대한 고유공간 E_1를 구하자.

$$\begin{pmatrix} 1 & -1 \\ -1 & 1 \end{pmatrix}\begin{pmatrix} x \\ y \end{pmatrix} = \begin{pmatrix} 0 \\ 0 \end{pmatrix}$$

에서 $x = y$이므로 고유공간은

$$E_1 = \left\langle \begin{pmatrix} 1 \\ 1 \end{pmatrix} \right\rangle = \left\langle \frac{1}{\sqrt{2}}\begin{pmatrix} 1 \\ 1 \end{pmatrix} \right\rangle$$

이다.

다음에 고윳값 -1에 대한 고유공간 E_{-1}구하자.

$$\begin{pmatrix} -1 & -1 \\ -1 & -1 \end{pmatrix}\begin{pmatrix} x \\ y \end{pmatrix} = \begin{pmatrix} 0 \\ 0 \end{pmatrix}$$

에서 $x = -y$이므로 고유공간은

$$E_{-1} = \left\langle \begin{pmatrix} -1 \\ 1 \end{pmatrix} \right\rangle = \left\langle \frac{1}{\sqrt{2}}\begin{pmatrix} -1 \\ 1 \end{pmatrix} \right\rangle$$

이다. xy항을 제거하기 위해 $P = \dfrac{1}{\sqrt{2}}\begin{pmatrix} 1 & -1 \\ 1 & 1 \end{pmatrix}$ (45° 회전이동) 라 하고,

$$\begin{pmatrix} x \\ y \end{pmatrix} = \frac{1}{\sqrt{2}}\begin{pmatrix} 1 & -1 \\ 1 & 1 \end{pmatrix}\begin{pmatrix} x_1 \\ y_1 \end{pmatrix}, \quad \begin{cases} x = \dfrac{1}{\sqrt{2}}(x_1 - y_1) \\ y = \dfrac{1}{\sqrt{2}}(x_1 + y_1) \end{cases}$$

이라 하자. 이것을 (*)에 대입하면 주축정리(정리 7.1.2)에 의하여

$$x_1^2 - y_1^2 + 4\frac{1}{\sqrt{2}}(x_1 - y_1) - 2\frac{1}{\sqrt{2}}(x_1 + y_1) + 5 = 0$$

이고, 이를 정리하면

$$x_1^2 - y_1^2 + 2\frac{1}{\sqrt{2}}x_1 - 6\frac{1}{\sqrt{2}}y_1 + 5 = 0, \quad \left(x_1 + \frac{1}{\sqrt{2}}\right)^2 - \left(y_1 + \frac{3}{\sqrt{2}}\right)^2 = -9$$

이다. 이때

$$\begin{cases} X = x_1 + \dfrac{1}{\sqrt{2}} \\ Y = y_1 + \dfrac{3}{\sqrt{2}} \end{cases}$$

(평행이동)라 하면, 다음 표준형(쌍곡선)을 얻는다.

$$\frac{X^2}{3^2} - \frac{Y^2}{3^2} = -1$$

임용시험 출제 7.2.4 [2014학년도] 좌표평면 $\mathbb{R}^2$ 위의 곡선

$$C = \{(x,\ y) \in \mathbb{R}^2 \mid 14ax^2 + 2a^2xy + 14ay^2 + x + y - 1 = 0\}$$

이 주어져 있다. 곡선 C를 원점을 중심으로 시계방향으로 $45°$만큼 회전이동했을 때, 초점이 x축에 있는 쌍곡선이 되는 자연수 a 중에서 가장 작은수를 구하시오.

연 습 문 제 (7.2)

1. 다음 이차방정식의 표준형을 구하라.

(1) $-2xy = 1$

(2) $5x^2 + 5xy = 3$

(3) $9x^2 + y^2 - 4xy = 4$

(4) $4x^2 + 12xy + 9y^2 + 3x - 4 = 0$

(5) $4x^2 + 6xy - 4y^2 = 20$

(6) $x^2 - 6xy - 7y^2 + 10x + 2y + 9 = 0$

연습문제 풀이

연습문제 풀이 및 교재의 정오표는 저자의 홈페이지 (http://www.cnu.ac.kr/∼scchung/) 또는 교우사 홈페이지 (http://www.kyowoo.co.kr)에서 구할 수 있습니다. 단, 연습문제는 자신의 노력으로 푸는 것이 좋겠습니다. 연습문제 풀이는 어디까지나 참고용으로만 활용하세요. 연습문제 풀이 및 교재의 정오는 수시로 업데이트며, 이에 대한 문의와 교재 구성에 대한 건의는 저자의 메일(math888@naver.com)로 해 주세요.

참고 문헌

[1] 김응태·박승안, *선형대수학 제5판*, 경문사, (2011).

[2] 김태균·문은호·박미경 역/HOWARD ANTON 저, *알기쉬운 선형대수 개정10판*, 범한서적, (2012).

[3] 임근빈·임동만, *선형대수학 개정3판*, 형설출판사, (2006).

[4] 한재영·한응섭·김익성, *선형대수학 제5판*, 경문사, (2008).

[5] S. Lang, *Linear Algebra 3rd Edition*, Springer, (1987).

[6] S. Lipschutz·M. Lipson, *Schaum's Outline of Linear Algebra, 5th Edition*, McGraw-Hill, (2013).

[7] G. Strang 지음/허민 옮김, *선형대수학과 그 응용*, 경문사, (2013).

[8] http://ko.wikipedia.org/wiki/

[9] http://navercast.naver.com/수학산책/벡터의합(이광연)

[10] http://xahlee.info/SpecialPlaneCurves_dir/ConicSections_dir/conic Sections (원뿔곡선)

[11] 두산백과

[12] 네이버 지식 백과 사전

찾아보기

[수학 기호]

[ㄱ]

[ㄴ]

[ㄷ]

[ㄹ]

[ㅁ]

[ㅂ]

[ㅅ]

[ㅇ]

[ㅈ]

[ㅎ]

저자소개

정 상 조

공주대학교(University of Kongju) 교육학사
나고야대학교(University of Nagoya) 이학박사
현재, 목원대학교 수학교육과

사범대생을 위한 선형대수학 (제2판)

2판2쇄발행 2022년 3월 15일

지은이 정상조 / **펴낸이** 오판근
펴낸곳 (주) 교우
주 소 서울시 동대문구 약령시로 8 교우빌딩 2층 (주)교우
전 화 02-925-2861 / **팩 스** 02-925-2860, **편집부** 02-925-2825
홈페이지&북스토어 www.kyowoo.co.kr / 이메일 kyowoo@kyowoo.co.kr

등 록 1994년 3월 24일 제1994-000013호
ISBN 979-11-251-0236-6 (93410)

값 30,000원

교우미디어는 (주) 교우의 Imprint 사입니다.
수학정원·과학정원은 (주) 교우의 새로운 브랜드명입니다.